网络空间安全技术丛书

U0174449

企业网络安全管理

孔令飞

著

CYBERSPACE SECURITY
TECHNOLOGY
ENTERPRISE CYBERSECURITY MANAGEMENT

机械工业出版社
CHINA MACHINE PRESS

本书分为三个部分，介绍了企业网络安全管理工作的整体情况以及一些具体实务中的琐碎细节。本书可当作一本工具书使用，遇到类似问题时，可以挑选其中任何所需章节进行参考。第 1 部分主要介绍了企业网络安全管理体系的领域特色、行业特色以及方法论中的某些重点，对网络安全管理、团队建设、企业治理、行业协作等问题之间的联系进行了深入探讨，有助于读者从宏观视角理解网络安全问题的整体。第 2 部分主要介绍了一些具体实务的操作方法，包括设防、侦查、接敌、应战、取胜等实际工作中的内容；也包括一些开放式的探讨，例如安全运营、应急响应以及从业者自身发展等内容。这些内容对企业的网络安全负责人更好地掌控全局或对企业的网络安全技术人员更好地认知自身价值都具有积极意义。第 3 部分主要介绍了一些真实的实践案例，在此基础上探讨了企业网络安全管理体系运行过程中可能遇到的典型问题及其解决方案。

本书尽可能兼顾了理论与实践之间的平衡关系，试图探讨并总结最佳实践经验，并未涉及具体技术的底层实现细节。

本书适合具有一定经验的网络安全从业者、网络安全爱好者或研究人员以及企业中高阶管理人员阅读。

图书在版编目（CIP）数据

企业网络安全管理／孔令飞著 . —北京：机械工业出版社，2023.3
（网络空间安全技术丛书）
ISBN 978-7-111-72428-5

Ⅰ.①企…　Ⅱ.①孔…　Ⅲ.①企业管理–计算机网络–网络安全–安全技术　Ⅳ.①TP393.08

中国国家版本馆 CIP 数据核字（2023）第 010584 号

机械工业出版社（北京市百万庄大街 22 号　邮政编码 100037）
策划编辑：秦 菲　　　　　　责任编辑：秦 菲　汤 枫　尚 晨
责任校对：贾海霞　王 延　责任印制：邵 敏
三河市宏达印刷有限公司印刷
2023 年 4 月第 1 版第 1 次印刷
184mm×260mm · 25 印张 · 634 千字
标准书号：ISBN 978-7-111-72428-5
定价：159.00 元

电话服务　　　　　　　　　网络服务
客服电话：010-88361066　机 工 官 网：www.cmpbook.com
　　　　　010-88379833　机 工 官 博：weibo.com/cmp1952
　　　　　010-68326294　金 书 网：www.golden-book.com
封底无防伪标均为盗版　机工教育服务网：www.cmpedu.com

出版说明

随着信息技术的快速发展，网络空间逐渐成为人类生活中一个不可或缺的新场域，并深入到了社会生活的方方面面，由此带来的网络空间安全问题也越来越受到重视。网络空间安全不仅关系到个体信息和资产安全，更关系到国家安全和社会稳定。一旦网络系统出现安全问题，那么将会造成难以估量的损失。从辩证角度来看，安全和发展是一体之两翼、驱动之双轮，安全是发展的前提，发展是安全的保障，安全和发展要同步推进，没有网络空间安全就没有国家安全。

为了维护我国网络空间的主权和利益，加快网络空间安全生态建设，促进网络空间安全技术发展，机械工业出版社邀请中国科学院、中国工程院、中国网络空间研究院、浙江大学、上海交通大学、华为及腾讯等全国网络空间安全领域具有雄厚技术力量的科研院所、高等院校、企事业单位的相关专家，成立了阵容强大的专家委员会，共同策划了这套"网络空间安全技术丛书"（以下简称"丛书"）。

本套丛书力求做到规划清晰、定位准确、内容精良、技术驱动，全面覆盖网络空间安全体系涉及的关键技术，包括网络空间安全、网络安全、系统安全、应用安全、业务安全和密码学等，以技术应用讲解为主，理论知识讲解为辅，做到"理实"结合。

与此同时，我们将持续关注网络空间安全前沿技术和最新成果，不断更新和拓展丛书选题，力争使该丛书能够及时反映网络空间安全领域的新方向、新发展、新技术和新应用，以提升我国网络空间的防护能力，助力我国实现网络强国的总体目标。

由于网络空间安全技术日新月异，而且涉及的领域非常广泛，本套丛书在选题遴选及优化和书稿创作及编审过程中难免存在疏漏和不足，诚恳希望各位读者提出宝贵意见，以利于丛书的不断精进。

机械工业出版社

网络安全或网络空间安全，越来越受到社会各方的关注和重视，是近年来一个持续保持"热度"的焦点话题。网络安全已经不可辩驳地发展成为一个专业领域，历久弥新，正伴随着国际政治、军事、经济、社会等多重环境因素的深刻变化，从象牙塔里、从庙堂高处，迅速走入了人们的日常生活，甚至一改往日的矜持清冷之貌，俨然成为街谈巷议的热门谈资。伴随大数据、人工智能、云计算等新技术逐步进入大规模商用阶段，可以预期，网络安全相关领域的研究和应用，将会在相当长的时期内呈现出蓬勃发展的势头。

网络安全的历史几乎与电子计算机的历史一样久远。我们甚至可以将其历史追溯到 20 世纪中叶早期。网络安全又是一个全新的领域，从迄今为止都还没有一个关于"网络安全"的严格定义就可见一斑。网络安全是一门交叉学科。自然科学、技术科学和人文社会科学的交叉是网络安全领域的实然结果，应当着眼于社会发展的历史趋势去理解网络安全，而不应当局限在信息技术的窠臼之中。这既包括对网络安全自身体系结构的真实性和准确性的理解，在一定程度上也包括对网络安全的应用与实践过程中的某些艺术性的把握。我们今天所说的"网络安全"的含义已经和历史上的"网络安全"，有了巨大的变化。

本书的内容和所面向的读者对象

网络安全从业者一定非常关心一个问题：自己究竟要如何做，才能学习到必需的专业知识和工作技能并不断提高自己的工作水平？通常，一个较为合理的答案是，至少要找到一本合适的书来参考并能够从中得到启发。

本书正是立足于此，尽力围绕企业网络安全的概念和内涵，聚焦于一些具有普适性的案例中的治理结构、业务架构、解决方案和方法论周边内容，较为系统地阐述了管理技术与艺术在网络安全工作中的独特作用。本书所指的企业网络安全管理，是指社会各行各业的组织中的网络安全管理。这个概念相对宽泛，但本书在这个概念中仅侧重民用领域而通常未涉及军事领域。即便如此，仅是民用领域的网络安全管理，其内容也已足够繁杂。尽管作者没有试图提供关于企业网络安全工作方方面面的知识，只尽可能地兼顾了对实践经验的汲取，就已涉及了大量细节。因此，本书只对那些被认为更具普遍意义的内容进行介绍。对于单个点的某项具体的安全技术，市面上已经有了很多著作和资料，本书便未再涉及。

本书主要面向在网络安全领域有一定从业经验的读者。当然，本书的内容也会有助于初学者提高对网络安全的整体理解水平。安全产品或服务的供应商，可以从本书中了解到需求方的某些规律，以及这些需求的变化趋势，在提升自家产品或服务的针对性和可操作性方面获得帮助。从事网络安全渗透测试的技术人员或相关技术的爱好者，或许可以通过本书了解一些防守者思路上的规律——这可能是这类读者朋友在技术追求之路上必须要跨过的一道门槛——否则，在攻守博弈这样一个高迭代率的领域中，最终恐怕只能是"会行走的工具箱"。

本书同样适于企业中想要整体了解企业网络安全规划、建设和运营的中高阶管理者阅读，例如，首席安全官/技术官/信息官（CSO/CTO/CIO、CISO），以及产品总监、研发总监、运维总监或相关工作的负责人等。

本书还可以作为高等院校网络空间安全、计算机科学与技术等相关专业师生的参考书，以及企业内部专业培训教材。

致谢

我能够完成本书的创作，得益于很多人的理解、支持和无私帮助，在此，我一并进行诚挚的感谢。

感谢机械工业出版社的工作人员，正是各位编辑的求实、耐心和高效，以及各位版务和印制工作人员的协作与敬业，才使得本书能够得以顺利出版。特别感谢本书的策划编辑秦菲找到我并建议我将从业经验和思考写下来，还在本书的写作过程中不断给予我鼓励，并且给出大量专业和富有建设性的建议。

十分感谢我的家人，他们给予我的爱是我的灵感之源，是他们的支持才使我最终得以完成此书。

感谢我的领导和同事们，感谢他们对我的启发、支持和包容。正是工作中的历练，才使我有了写出这本书的勇气。也感谢国内外同行给予我的关心与合作。

谨以此书向计算机科学的先驱者、开拓者和奋进者们致敬。

谨以此书向网络安全事业的无名英雄们致敬。

受限于个人的学识和能力，书中纰漏之处在所难免，诚请读者批评指正！

孔令飞

目　录

出版说明

前　言

第 1 部分　企业网络安全管理体系结构

- 第 1 章　网络空间语境下的"网络安全"　/　002
- 1.1　关于"网络空间"的含义　/　003
- 1.2　如何理解"安全"　/　006
  - 1.2.1　"安全"含义的演变　/　006
  - 1.2.2　演变路径的启示　/　007
- 1.3　从"信息安全"到"网络安全"　/　007
  - 1.3.1　术语混用问题　/　008
  - 1.3.2　术语含义变迁　/　009
- 1.4　网络空间的安全　/　011
  - 1.4.1　网络空间分层结构模型　/　011
  - 1.4.2　网络空间安全的特征　/　013
  - 1.4.3　网络空间安全概念框架　/　013
- 1.5　从"网络安全"到"企业安全"　/　014
  - 1.5.1　国家战略的要求　/　015
  - 1.5.2　内外威胁的压力　/　015
  - 1.5.3　自身发展的动力　/　016
- 1.6　企业安全的旁观者　/　017
  - 1.6.1　首席智囊　/　017
  - 1.6.2　首席安全官　/　018
  - 1.6.3　袖手旁观的情况　/　020
- 1.7　企业的安全生态　/　020
  - 1.7.1　企业的安全环境　/　022
  - 1.7.2　企业的安全赋能　/　025

1.7.3 业务与安全共赢 / 028
1.8 小结 / 029

第2章 网络安全视角下的企业管理 / 031
2.1 安全的管理基因 / 032
2.1.1 管理统筹安全 / 033
2.1.2 安全需要管理 / 033
2.1.3 管理安全技术 / 034
2.2 安全管理的框架、标准 / 035
2.2.1 常见的框架、标准 / 035
2.2.2 相互关系 / 037
2.2.3 引申含义 / 039
2.3 安全管理的内容 / 041
2.3.1 基本概念 / 041
2.3.2 主要特点 / 042
2.3.3 目标要点 / 044
2.3.4 范畴或范围 / 045
2.4 安全管理的原则 / 046
2.4.1 富生产力原则 / 047
2.4.2 服务属性原则 / 047
2.4.3 松耦合性原则 / 048
2.5 安全生态与安全管理 / 050
2.5.1 安全管理的局限性 / 051
2.5.2 要妥善处理几个关系 / 051
2.5.3 再看安全生态 / 054
2.6 小结 / 055

第3章 一种网络安全管理体系结构 / 056
3.1 "双通道"框架 / 056
3.1.1 "双通道"的概念 / 056
3.1.2 "双通道"的结构 / 058
3.2 安全管理措施的原则 / 059
3.2.1 "互斥"原则 / 060
3.2.2 "绩效与责任"原则 / 061
3.2.3 "职能"原则 / 062
3.3 能力成熟度 / 062
3.3.1 能力成熟度模型 / 063
3.3.2 成熟度模型的开发 / 066
3.3.3 成熟度模型的运用 / 067

3.4　ECMA 的若干模型　/　069
　　3.4.1　一种"弹性"防御模型　/　069
　　3.4.2　一种"拟态"防御模型　/　076
　　3.4.3　一种"免疫"防御模型　/　082
3.5　小结　/　084

第 4 章　网络安全管理体系规划设计　/　086
4.1　规划设计的必要性　/　086
4.2　规划设计的方法论　/　089
　　4.2.1　内容要素　/　089
　　4.2.2　技术方法　/　090
4.3　滚动规划问题　/　096
　　4.3.1　操作流程　/　098
　　4.3.2　调查研究　/　099
　　4.3.3　差距分析　/　101
　　4.3.4　设计与优化　/　103
4.4　投资回报问题　/　105
　　4.4.1　投资回报率　/　106
　　4.4.2　安全预算的编制　/　110
4.5　小结　/　113

第 5 章　网络安全专业团队　/　114
5.1　团队的组成　/　114
　　5.1.1　基本组成元素　/　115
　　5.1.2　团队中的角色　/　116
　　5.1.3　角色间的关系　/　117
5.2　团队的结构　/　117
　　5.2.1　内部结构　/　118
　　5.2.2　环境结构　/　120
　　5.2.3　结构与规模　/　121
5.3　团队的专业化　/　121
　　5.3.1　专业化发展的内涵　/　122
　　5.3.2　专业化发展的途径　/　123
　　5.3.3　专业化发展的策略　/　125
5.4　团队的能力　/　126
　　5.4.1　团队能力的形成与发展　/　127
　　5.4.2　团队能力的认证与认可　/　131
　　5.4.3　从业者的职业生涯规划　/　133
5.5　团队的文化　/　137

5.5.1　简明定义　/　137

5.5.2　构建方法　/　138

5.5.3　局限性　/　139

5.6　团队的考评　/　139

5.6.1　设立考评体系　/　139

5.6.2　分级分类考评　/　141

5.6.3　考评方法与内容　/　142

5.6.4　考评的局限性　/　145

5.7　小结　/　145

第6章　网络安全从业者　/　146

6.1　职业伦理　/　147

6.1.1　一般内涵　/　147

6.1.2　主要内容　/　148

6.1.3　黑客精神　/　149

6.2　知识与技能　/　151

6.2.1　基本要求　/　151

6.2.2　一般路径　/　153

6.2.3　职业标准　/　154

6.3　小结　/　155

第7章　网络安全治理与协作　/　156

7.1　企业的网络安全治理　/　156

7.1.1　主要任务　/　157

7.1.2　多方博弈　/　158

7.1.3　典型模型　/　159

7.2　企业的网络安全协作　/　161

7.2.1　以共赢为愿景　/　161

7.2.2　谋求共同安全　/　162

7.3　小结　/　163

第2部分　企业网络安全管理实务操作

第8章　网络安全管理体系运作　/　165

8.1　安全域划分　/　165

8.1.1　基于网络划分安全域　/　166

8.1.2　基于授权划分安全域　/　168

8.2　系统的加固　/　170

8.2.1　安全基线　/　170

8.2.2　自动化手段　/　172

8.3　访问与控制　/　175

8.3.1　基本模型　/　176

8.3.2　典型策略　/　179

8.3.3　4A 系统　/　183

8.4　威胁的发现　/　184

8.4.1　威胁建模　/　186

8.4.2　态势感知　/　191

8.5　DDoS 防御　/　196

8.5.1　典型攻击过程　/　198

8.5.2　典型防御手段　/　200

8.6　小结　/　203

第 9 章　等级化网络安全保护　/　204

9.1　安全等级保护发展简史　/　204

9.1.1　安全等级保护标准的变迁　/　205

9.1.2　我国的安全等级保护情况　/　205

9.2　安全等级保护主要内容　/　207

9.2.1　识别认定　/　207

9.2.2　定级备案　/　211

9.2.3　测评整改　/　213

9.2.4　风险评估　/　217

9.2.5　动态管理　/　222

9.3　关键信息基础设施安全保护　/　223

9.3.1　配套立法　/　224

9.3.2　责任制度　/　225

9.3.3　相互关系　/　225

9.4　数据分类分级保护　/　226

9.5　"分保"与"密保"　/　228

9.6　小结　/　229

第 10 章　安全事件的应急处置　/　230

10.1　几个基本概念的辨析　/　230

10.1.1　网络安全事件　/　230

10.1.2　安全应急处置　/　232

10.2　几种典型的应急处置　/　234

10.2.1　网络中断类事件处置　/　235

10.2.2　系统瘫痪类事件处置　/　236

10.2.3　数据破坏类事件处置　/　238

10.2.4　其他的典型事件处置　/　239

10.3　情报分析方法的应用　/　241

10.3.1　情报分析及其方法简介　/　241

10.3.2　情报获取及其方法简介　/　244

10.4　应急预案体系及演练　/　248

10.4.1　应急预案　/　249

10.4.2　应急（预案）体系　/　251

10.4.3　应急（预案）演练　/　253

10.5　小结　/　254

第11章　网络安全测试与评估　/　255

11.1　测试与渗透　/　255

11.1.1　测试方法的分类　/　255

11.1.2　开放源码安全测试方法（OSSTM）　/　257

11.1.3　信息安全测试和评估技术指南（NIST SP800-115）　/　259

11.1.4　渗透测试执行标准（PTES）　/　261

11.2　测试用工具　/　263

11.2.1　Metasploit Framework　/　266

11.2.2　Kali Linux　/　269

11.2.3　OWASP Web Testing Framework　/　271

11.3　自动化测试　/　273

11.3.1　基于脚本的自动化测试　/　274

11.3.2　基于模型的自动化测试　/　275

11.3.3　数据驱动的自动化测试　/　277

11.4　红蓝对抗　/　278

11.4.1　组建蓝队　/　280

11.4.2　运用蓝队　/　282

11.4.3　发展蓝队　/　284

11.5　小结　/　284

第12章　开发与交付中的问题　/　286

12.1　IT化运维的安全问题　/　287

12.1.1　IT开发中的安全问题　/　288

12.1.2　移动App开发中的问题　/　292

12.2　开发与安全软件工程　/　293

12.2.1　安全编写代码建议　/　293

12.2.2　面向安全的软件工程　/　294

12.3　安全开发的最佳实践　/　295

12.3.1　现代软件开发方法　/　295

12.3.2　安全开发的"左移"　/　297

12.4　小结 / 302

第13章　网络安全威胁的治理 / 303

13.1　长期监测 / 304

13.1.1　网络服务商的能力 / 305

13.1.2　网络威胁的监测 / 306

13.1.3　对 IP 地址的溯源 / 309

13.2　威胁画像 / 311

13.2.1　非主观恶意者 / 312

13.2.2　伪客观善意者 / 313

13.3　信用评价 / 315

13.4　小结 / 318

第14章　网络安全的攻防战略 / 319

14.1　阵地战的原则 / 319

14.1.1　谋求优势 / 320

14.1.2　建立优势 / 321

14.1.3　保持优势 / 322

14.2　防守三部曲 / 323

14.2.1　基础策略 / 323

14.2.2　战术步骤 / 325

14.2.3　技术范畴 / 326

14.3　大规模的网络纵深防御 / 327

14.3.1　换一种互联网思维 / 328

14.3.2　看看攻击者的视角 / 329

14.3.3　设防等级基本模型 / 331

14.3.4　游击战可能更适合 / 332

14.4　小结 / 333

第3部分　案　例　分　析

第15章　结合业务控制风险 / 335

15.1　内网不内与外网不外 / 336

15.1.1　案例简况 / 336

15.1.2　印象与体会 / 338

15.2　轻信盲从与社交工程 / 339

15.2.1　案例简况 / 339

15.2.2　印象与体会 / 341

15.3 数据流动的艰难选择 / 342
　15.3.1 案例简况 / 342
　15.3.2 印象与体会 / 343
15.4 小结 / 344

第16章 运营网络安全服务 / 345
16.1 安全运营中心 / 346
　16.1.1 基本概念 / 346
　16.1.2 概念演变 / 347
　16.1.3 新发展阶段 / 349
16.2 工作组织 / 350
　16.2.1 章程 / 351
　16.2.2 结构 / 351
　16.2.3 人员 / 354
16.3 技术基础 / 355
　16.3.1 工具 / 356
　16.3.2 资源 / 358
16.4 服务模式 / 360
　16.4.1 内容 / 361
　16.4.2 质量 / 363
　16.4.3 其他 / 364
16.5 小结 / 365

附 录 / 367
附录A 图目录 / 367
附录B 缩略语 / 370
附录C "职业标准"示例——网络安全渗透测试员 / 377
　C.1 职业定义 / 377
　C.2 技能要求 / 377

参考文献 / 381

后记 / 384

第 *1* 部分
企业网络安全管理体系结构

  企业的网络安全管理应当是一门学问，但至今尚未出现"网络安全学""网络安全管理学"之类的独立学科。因此，不可避免地，在网络安全的语境下还包括大量在情绪上不够理性的内容。

  企业的网络安全管理是实践性很强的领域。世界上没有两个完全相同的企业，不同企业的使命、形态、规模都各不相同，所面临的网络安全挑战也就不尽相同，所以，针对万千世界就有万千法门，不同的企业就有不同的网络安全管理方法。各种方法各有其妙，只能针对具体情况具体分析而不可生搬硬套。

  大道至简，不论万千法门如何变化，其中总还是会有些规律性的经验总结或趋势性的经验判断，可以被不同的企业相互借鉴、参考。这些规律性或趋势性的内容，可以看作是企业网络安全管理知识的基础，它们之间自有一定的体系和结构。

  讨论企业安全管理的体系结构，就要源于企业的网络安全工作实践——这种讨论不应脱离企业所处的环境，应当在适当的语境下讨论企业网络安全工作的目标、过程和方法。并且，还应讨论：为有效开展网络安全工作而必须具备的工作环境的特征有哪些，以及对这些工作环境的约束条件（的集合）有哪些。例如，这些内容中应包括但不限于：企业内部的网络安全生态、企业主营业务与网络安全融合发展的趋势、企业治理结构相关变革的可能路径等。

第1章 网络空间语境下的"网络安全"

2016 年 11 月 7 日，中华人民共和国主席令（第五十三号）公布《中华人民共和国网络安全法》（简称为《网络安全法》，下同），这是我国对网络空间实施管辖权的第一部法律，也是迄今为止我国网络安全领域相关问题的基本法。该法已于 2017 年 6 月 1 日起正式实施。《网络安全法》是全国人民代表大会为了保障网络安全，维护网络空间主权和国家安全、社会公共利益，保护公民、法人和其他组织的合法权益，促进我国经济社会在信息化过程中健康发展而专门制定的法律。

2016 年 11 月是一个时间上的分水岭。此后，在中国，网络空间的概念被正式赋予了法定内涵。也正因此，有关企业网络安全相关话题的讨论，就应自觉且不可避免地，要在网络空间的概念环境之中展开才更有意义。此外，在网络空间概念环境中讨论企业网络安全话题，也具有相当的现实意义，因为，今天的一切正是网络空间的一部分。如果不正视这个问题，依旧把企业网络安全问题局限在企业内部或者局限在企业的某个信息系统之上进行讨论，则难免会有盲人摸象式的无奈和掩耳盗铃式的尴尬。这种漠视网络空间的世界观所导致的方法论问题或者企业在网络安全问题上采取"鸵鸟政策"的做法，在我国坚持和完善中国特色社会主义制度、推进国家治理体系和治理能力现代化的进程中，恐怕将会寸步难行。本书把这种观念上的变化，称为网络空间世界观。

定义 1　网络空间世界观，是指人们因为网络空间的存在而对世界持有的基本看法和观点。

这是一种世界观对网络空间环境的适应。在本书的讨论范围内，将使用上述定义来描述人们对网络空间的判断的反应，包括处在什么样的位置、用什么样的时间、空间观念去看待与分析网络空间等。由于人的世界观具有实践性，会根据环境变化或因对环境的认知而不断更新。因此，此处的定义中并没有严格区分到底是人对网络空间的认知补充或改变了人已有的世界观，还是人可以在网络空间中逐渐形成新的世界观。

关于"企业"的含义

作为开始，有必要首先讨论一下"企业"的含义。后续的所有讨论，都将在此限定的含义范围内展开。本书尽可能地为每个术语提供外文对照词以便于读者理解。在没有特殊说明的情况下，这些对照词将通常采用英文形式给出，并且会以加注括号的形式示意。

一般来说，"企业"是一个经济学范畴的术语，通常是指各种独立的、营利性的组织。但是，近几十年来经常在信息技术（IT）应用领域的书籍、资料中看到诸如：企业架构（Enterprise Architecture）、企业计算（Enterprise Computing）、企业应用（Enterprise Applications）、企业网络安全（Enterprise Cybersecurity）、企业建模（Enterprise Modeling）等术语。这往往会给普通读者造成困扰，即：这些术语指代的内容都只适用于企业环境吗？是否也可以适用于其他场合？或者，比如针对"企业安全"，是不是还应该有"政府安全""学校安全""医疗卫生机构安全""社会团体组织安全"之类的术语？显然在不同的场合或为了不同的需要，肯定有上述各种不同的"安全"，其中的含义肯定都不相同。

一定的技术应用具有一定的适用范围和应用场合。例如，信息化技术无论是在政府、学校、医院、社会团体，还是在汽车制造、矿产开采、金融行业、通信行业等各种形态的组织中应用，都不会有本质上的差别，不能因为某台通用型电子计算机（例如便携式计算机）是用在了学校的办公室而与用在了某幢写字楼里就有了本质的不同。又比如，基础电信运营商的手机信号，不会因为其覆盖范围的不同而有本质的不同。所以，即便考察了前述那些术语的内容，也没有发现它们具有对某种通用技术进行行业区别的意思。

从传播学的角度来看，似乎有一种现象：中文中冠以"企业"的有关信息技术领域的术语，通常都是来自于对英文"Enterprise"的直译，但其内容却基本和经济领域不相关。在原生的中文语境中，类似结构的术语的含义却往往被限定在"企业"一词的经济学含义之内，或者与"企业"一词的经济学含义强相关。例如，"企业经营""企业管理""企业文化"等术语，通常意义上分别是指企业的经营、企业的管理、企业的文化之类的含义。它们所表达的概念，限定在经营性组织从事经济活动的范畴之内。又比如，"企业安全"一词，通常意义上也是指企业的经营安全、生产安全、财务安全之类的概念，而并不单独指代企业的网络安全。因此，有必要在本书讨论的范围内给"企业"明确一个定义：一方面，是为了更好地兼容其他技术资料，尊重已有的表述习惯，方便读者与其他书籍资料的对接；另一方面，也是为了厘清概念，帮助读者更好地体会网络安全的含义。

定义 2　企业，是指处于社会当中的，由若干元素因相互间的一定目的而联系形成的聚合。

在本书讨论范围内，不将"企业"的含义限定在经济学范畴内，而将"企业"的含义基本等价于"组织"或"团体"等名词的通常含义。可以用上述定义中的"企业"来泛指各种独立的营利性组织（或团体）和非营利性组织（或团体）。但是，反之不然。这主要是为了避免混淆。不可将"组织"或"团体"等的概念用上述定义替代。

此处所指的"组织"（或团体）首先是一种合法意义上的存在，进而是一种由其自身的任务和目的来决定的存在。并且，倾向于指代那些承担了艰巨而重大的社会使命，追求创新、开拓、进取理念的组织（或团体）。营利性组织（或团体）是指通常含义上的独立的公司等，非营利性组织（或团体）是指政府机构、科研院所、社会团体等。

上述定义的英文对照词仍然是"Enterprise"。在这里顺便简单提一下，在美国的信息技术领域，确实可能存在一种习惯使用"Enterprise"一词的传统（也可能是某种文化现象）。对其含义的理解，不妨从描述信息系统结构的角度入手：将由较底层的信息系统组成的更大规模的"人—机协作系统"及其组织形式，统称为"企业"（Enterprise）。

1.1　关于"网络空间"的含义

2015 年 12 月 16 日，习近平主席向全世界提出共同构建网络空间命运共同体的"五点主张"。2016 年 12 月 27 日，《国家网络空间安全战略》颁布，首次明确了中国网络空间安全战略的基本方针和主要任务，进一步丰富和发展了习近平主席关于推进全球互联网治理体系变革的"四项原则"和构建网络空间命运共同体的"五点主张"，勾勒了构建网络空间的中国方案。至此，构建网络空间成为新时期中国社会发展的关键内容。

目前一般认为，中文的"网络空间"一词，出自对英文"Cyberspace"一词的翻译和使用。虽然 Cyberspace 一词最早的汉译对应词是"赛博空间",但大约在 2011 年前后,新华社的稿件中将 Cyberspace 翻译为"网络空间"。在那之后,"网络空间"一词被广泛接受。自 2015 年左右开始,在信息化技术领域和其他一般语境(非学界书面用语)下,基本上用"网络空间"替代了"赛博空间"。

对于"网络空间"概念的认识和理解,目前大致有两种观点。一种是"词源"派,主要是从考据"Cyberspace"一词的文字根源和构词轨迹的变迁来认识"网络空间";另一种是"技术"派,主要从互联网工程技术和互联网作用下的经济社会发展流变来认识"网络空间",包括早期的"赛博空间"的概念。本书在此对两者都做一些简要介绍。

(1)"词源"派观点

据一些考证,"Cyberspace"一词最早于 1982 年出现在加拿大科幻小说作家威廉·吉布森(William Ford Gibson)先生的短篇小说《燃烧的铬》(Burning Chrome)之中。原文满含诗意,描述了 Cyberspace,渲染出某种哲学启蒙的意境。后来,这个词随着他于 1984 年出版的小说《神经漫游者》(Neuromancer)引起轰动而被大众所熟悉。这部小说曾获英语科幻文学界的三大主要奖项:雨果奖(Hugo Award)、星云奖(Nebula Award)和菲利普·狄克奖(Philip K. Dick Award)。据说吉布森先生在 1985 年用《神经漫游者》的版税买下他人生中的第一台电子计算机之前"对计算机一无所知",他是依靠自己的听闻和想象创造出了笔下的赛博空间(Cyberspace)。

Cyberspace 在词源上应该是受到了 Cybernetics 的影响。Cybernetics 一词由诺伯特·维纳(Norbert Wiener)博士在其著作《控制论》(Cybernetics)中首先使用。据他本人的回忆录记载,Cybernetics 这个词是"一种对人类,对人类关于宇宙和社会的知识的全新阐释"。语言学者通常认为 Cybernetics 一词应是来源于古希腊语 κυβερν άω(kyberman),原意为"掌舵"。英文词缀"Cyber-"即来源于 Cybernetics。据希腊语原意理解,Cybernetics 本意为控制(船的)航行(to navigate)。单从字面意思来看,Cyberspace 有"可航行的空间"的意思,进而可将其引申为"可探索、可认知的世界"。自 20 世纪 50 年代起,Cyber 的含义开始变得复杂,涉及计算机科学、神经生物学、人工智能、哲学等多个领域以及它们之间不确定的交叉领域。对此感兴趣的读者不妨阅读小说《神经漫游者》来进一步体会。

(2)"技术"派观点

这一类观点中,Cyberspace 的含义大致经历两个阶段。

第一个阶段是"赛博空间"阶段。从威廉·吉布森先生首创的 Cyberspace 概念肇始,大约是在与当时美国社会的一些激进思潮的相互启发的作用下,逐渐出现了一种后来被称为"赛博朋克"(Cyberpunk)的文化现象,影响深远。其代表是 1991 年 9 月《科学美国人》(Scientific American)出版的《通信、计算机和网络:如何在网络空间中工作、娱乐和发展》(Communications, Computers, and Networks: How to Work, Play and Thrive in Cyberspace)的专刊,刊载了米奇·卡普尔("Mitch Kapor",Mitchell David Kapor)先生的文章"网络空间的公民自由"(Civil Liberties in Cyberspace),文章使用了"Cyberspace"一词,较为系统地阐述了有关概念。根据其文意推测,Cyberspace 是指"赛博空间",即存在于计算机网络中的虚拟世界和自由世界。20 世纪 80 年代中期至 90 年代后期,"赛博空间"的概念和"乌托邦主义",以及"朋克"文化现象存在较大关联性。

第二个阶段是"网络空间"阶段。代表是 2001 年 2 月发布的美国国家安全 54 号总统令(National Security Presidential Directives,NSPD)或 2001 年 10 月发布的美国国土安全 23 号总令（*Homeland Security Presidential Directives*，HSPD），其对 Cyberspace 的定义是："连接各种信息技术的网络，包括互联网、各种电信网、各种计算机系统，及各类关键工业中的各种嵌入式处理器和控制器"。这类观点大多立足于计算机技术、通信技术或与之相关的技术领域，相关理解被限定在相对狭义的技术层面，并且在很大程度上服务于国家安全领域政治、军事层面。

（3）本书观点

本书认为网络空间是一种实在空间，是一种虚拟的实在，是一种自为的世界，不是非现实的空间，不是一个依赖于人的想象才能被认知的非自在的（或可能是非自然的）抽象空间。在网络空间之中，人把（利用信息技术构建的）网络作为一种介质和工具进行使用，同时，这种（由人利用信息技术构建的）网络又构成人存在于现代现实社会之中的一种必要条件。因此，给出如下定义。

定义 3　网络空间是指行为体以及行为体的活动在信息技术作用下使得社会发生延伸和拓展而形成的空间。

在这个定义中不严格区分行为体是否具有人类属性，构成网络空间的行为体不仅仅是自然人或自然人组成的行为实体，也可以泛指人造物，例如人工智能及各种其他智能工具的集合等。此外，还可以把"网络—实体系统"（Cyber-Physical Systems，CPS）、物联网（Internet of Things，IoT）等，作为进一步的、更具象的网络空间概念的实例。

狭义的网络空间，只是指包含信息以及存储、传输和处理信息的系统。这些系统不单指国际互联网或某个计算机网络，还包括电信网络或工业控制系统，以及通过导向型介质（电缆和光纤）或非导向型介质（无线）访问电磁频谱的各种设备。这一类狭义的网络空间概念多见于某些技术性语境或场景，侧重于对网络空间的技术性把握，以美国军方的表达最有代表性。例如，马丁·利比基（Martin Libicki）博士在《网络威慑与网络战争》（*Cyberdeterrence and Cyberwar*）中，对网络空间做了结构性分析，认为网络空间由三层构成：①最下层的物理层，即构成网络信息系统的物质性基础；②中间的语法层，即系统设计者与使用者发给机器的指令、程序以及机器之间彼此交互所依赖的协议等；③最上层的语义层，主要指机器所含的信息以及一些服务于系统操作的信息。

定义 3 的概念更倾向于将人的因素引入网络空间的概念当中。可以将狭义的网络空间概念看作是广义网络空间概念演变路径上所经历的一个阶段。网络空间具有动态性，行为体之间的关系也是网络空间的组成部分，既有信息技术进步自身所带来的结构上的发展，也包括各行为体的活动所展现出的过程性。曼纽尔·卡斯特尔（Manuel Castells）博士曾经有一句名言"空间不是社会的拷贝，空间就是社会"，与此类似，网络空间也具有社会性——网络空间相对于人类生存的物理空间而言，可以被称为人类生存的第二空间。

第五域（The Fifth Domain）

网络安全空间也被称作是第五域。这一概念较早出现在 2011 年 7 月美国国防部发布的《网络空间行动战略》（*Strategy for Operating in Cyberspace*）。该文件将网络空间称为与陆、海、空（大气层内）、天（大气层外）并列的第五个可供人类进行战争的领域（Domain of Operations）。第五域的概念大致起源于 1999—2009 年间美国针对网络空间以及本国关键基础设施安全保障问题的一系列研究。第五域的概念可被宽泛地引申为：网络空间是第五个关乎国家安全的竞争领域或第五个国家主权领域。沈昌祥院士曾经于 2014 年指出，"网络空间已经成为陆、海、空、天之后的第五大主权领域空间，也是国际战略在军事领域的演进，对我国网络安全提出了严峻的挑战。"

伴随着社会信息化的发展进程，人类在物理空间的政治、经济、文化、军事等活动将被投射到网络空间中，物理空间和网络空间将会相互融合发展，即网络空间也可以并且正在以各种不同的形态和方式反过来影响和控制物理空间的运行，体现出一种互相控制的关系。例如，对网络空间中大量数据的应用，可以作为改造和优化物理空间的工具。随着网络空间的构建，物理世界已有的国际秩序和治理体系、法律和道德、经济关系和经济活动等，都将进入一个全新的发展阶段。

1.2 如何理解"安全"

不知从何时起，出现了网络安全和信息安全的"鸿沟"，谈及安全，就要分成两个"安全"，甚至多种多样的"安全"。因此，有必要探究一下如何理解安全。

1.2.1 "安全"含义的演变

"安全"一词，古已有之，但是其含义却在不断演变并且变得越来越丰富。

例如，《新华字典》对"安全"词条的基本解释是"没有危险，不受威胁，不出事故"（其他主要中文字典和词典的解释大致与此相同）。"安"字本意是指稳定，比象建筑物的周正和平衡，后逐渐引申出：人处在自由自在、心情放松的状态或（属于人的）物处在使人感到心情放松的状态的意思。"全"字本意是指完整、没有瑕疵，大致是描述某种行动的结果处在理想的状态，后逐渐引申出：停止损失或者修理复原等意思。据推测，汉字"全"出现的年代可能远远晚于"安"字，证据之一是至今尚未发现（或解读出）"全"字的甲骨文字形。所以，在中国历史上，可能有很长一段时期，没有"安全"二字。现代意义上"安全"的意思，通常用"安"一字就足以表达了。据目前已知中文文献记载，"安全"二字最早出现在《易林》里的一句占辞之中。该书是一本有关"易"的书籍，作者是焦赣（字延寿）。书成于中国西汉时代，距今已有约 2100 年。

现在，在安全领域，英文中的"Security"一词已被广泛作为中文"安全"一词的对照词使用。英文"Security"一词，是自西历 16 世纪中期由拉丁语引入并变化而来。有三种含义：①它源自拉丁文"securus"，本意是指"免于焦虑的""免于照顾的""（情绪）放松的"，作为形容词使用；②源自拉丁文"securitas"，本意指"处于安全（状态）的条件""安全的东西"，作为名词使用；③本意"确保""确定"，作为动词使用。至西历 20 世纪中叶，其含义中又扩展出"国家和人身的安全"的意思。《牛津词典》（*Oxford English Dictionary*）对"Security"词条的基本解释是"保护、担保；感觉愉快；抵押品"（其他主要英文词典的解释大致与此相同）。

通过上面的简单追溯，大致可以看出，无论中、西方"安""全"或"安全"的含义演变都经历了这样一个过程（或演变路径）：从描述人本能感受到的自身的某种状态，到描述人自身某种行为结果的某种状态，再到描述人周边宏观环境内的某种和人或人群相关的状态。安全概念的形成，始终围绕着人、人所处的自然环境和人所处的社会环境这三个方面的因素。因此，"安全"从一开始就应当是一个"关于人"的话题，其后逐渐扩展到那些能够和人发生相互作用或联系的环境。

1.2.2　演变路径的启示

考察这个演变路径，可能会发现一个现象，就是往往很难直接说清楚"安全"的准确含义，而是通常会用间接的方法，排除什么是"不安全"；之后，与不安全相对的自然就是安全。例如，与安全相对的是危险、危害、损失等，所以就采用否定其对立面的方式对其进行肯定——安全是没有危险、不受危害或损失，免除了遭受危害的威胁。

那么，为什么会出现这种现象？是偶然巧合吗？会不会还有更深层次的意义？

首先，安全的范畴非常之大，用一一列举的方法进行说明或者用面面俱到的方法进行描述，必然会需要比较大的篇幅才行，而且往往还会遗漏某些内容，所以就不如用"假之假为真"的逻辑方法进行处理，会简便许多。这是第一个层面的原因，但这可能仅仅只是一个技术原因、一个基于文字表达技巧的原因。

其次，不安全的情况相对于什么是安全的，可能会更直观地被人们所认识，因为人们日常所能接触的环境都是相对安全的环境。不安全的环境已经淘汰了人或物（即，适者生存）或者被人逆淘汰（即被改造）了。所以，用一个更加容易被人理解的概念去描述一个不易被人理解的概念，效果可能会更好一些。这是第二个层面的原因，一个基于认知规律的原因。

最后，人们对安全的认识一直伴随着社会的发展进程而被不断丰富和完善。客观上，对安全的评价标准也就会跟着发生变化。而这种变化通常很难进行量化或者量化的标准具有不确定性，这就会在概念上造成一些争议，留下模糊地带。所以，用一些相对概念进行比较和阐释，就不失为一种实用的方法了。这可能是第三个层面的原因，基于方法论与世界观的原因。

进一步讨论

在对安全的概念的理解上，人们惯用一种基于"逆向思维"的方法，这种方法是从事安全工作所最为常用和最为有效的方法。同时，进行逆向思维还是一种从事安全工作所必需的、实用工作习惯。安全界那句"不知攻焉能防"的名言就非常生动地诠释了这种思维方法的重要性。现实当中的安全工作在很大程度上都是在研究不安全的问题，试图通过处理不安全的情况来换得安全的结果。人们的潜意识里通常认为安全问题是有限的，不存在无限的不安全的可能性，认为不安全的要比安全的更明确，也更容易处理，研究不安全远比研究安全要更容易取得成效。但非常遗憾的是，这种实用主义的方法论可能最终并不能让人们取得预期的效果。疑点之一就是，人们遇到的安全问题并没有越来越少，相反，却是越来越多且越来越棘手。特别是，身处开放系统、巨系统、耗散结构的场景下——也就是人们处在网络空间的条件下，原本"有限"的不安全可能就会因为数量增多、范围变广而变得相对无限起来，逆向思维的方法是否还依然有效，就很值得人们去研究。

当我们树立网络空间世界观之后，就更应该深入思考相关的问题。

1.3　从"信息安全"到"网络安全"

说起"网络安全"，就会让人想到"信息安全""信息网络安全""网络信息安全""信息内容安全""网络与信息安全""网络空间安全"等若干形式相近的术语。这些术语的含义有的相互交叉涵盖，有的甚至相互嵌套，出现在各种场合之中，让人莫衷一是。因此，很是有必要进行一番梳理。需要声明的是，不论哪个术语的定义都是经过了实践检验，本书无意质疑这些术语的定义是否准确，而是试图从不同语言环境和不同文化环境的角度，简要地梳理一些现象，希望能够找到这些术语含义流变的蛛丝马迹，借以来说明或规范当前网络空间环境下安全概念的范畴，以方便后续的讨论。

1.3.1 术语混用问题

大致而言，造成这种混乱的原因主要有两个：一是因为不同时期对外文资料的不同翻译方法和翻译习惯所引起的混乱；另一个是因为对翻译而来的术语望文生义，依据传统的使用习惯而引起了不同程度的混乱。

对于第一个原因，主要表现在对一些术语的翻译没有很好地结合语境和上下文的文意，单纯从字面意思进行了直译。例如，对英文 Network Safety 和 Network Security 进行中文翻译，通常都会翻译为"网络安全"，但严格来讲，两者的含义并不相同。又比如，对英文 Networking Security 的中文翻译同样还是可以翻译为"网络安全"，而这个"网络安全"的含义和前面的两个"网络安全"的含义也不相同。当然，随着安全学科的发展，越来越多的专业人士已经能够准确地区别外文资料中不同术语之间的细微区别并体现在了翻译的结果上，这类问题正在慢慢减少。但是，存量的资料中还是会存在这个问题。

对于第二个原因，主要是因为汉语存在独特的性质而导致某些术语在翻译过程中出现了表意偏差。本书将这种因为不同语言的固有属性原因而引起译文表意偏差的问题，称为"转译陷阱"问题。汉语不同于西方语言，从西方语法的角度来说，汉语"无词性"，不以句为本位而是以字或以句子逻辑链接（语序）为本位，这是汉语的一个独特性质。在汉语中经常会有一些由翻译而来的短语或专业术语的词义，与汉语原有的同形词汇的词义发生杂糅。因此，遇到转译陷阱问题时，那些通过直译而来的专业术语很容易在不同的场景中，使非专业背景的读者根据习惯而望文生义。

"转译陷阱"问题不同于"语义扩展"问题。后者是因为某些汉语的原生词汇，被后来引入的某些外来语的译文扩展了词义。两者的不同在于，转译陷阱问题的存在使得转译而来的专业术语在使用过程中给专业人员带来了一定程度上的表意方面的困扰；而语义扩展问题则只是扩展了原有词汇的含义，但通常不会给专业人员的使用造成明显的干扰。

定义 4 转译陷阱是指翻译过程中由于不同语言的固有属性，导致译文的语义理解出现偏差的现象。

例如，英文"Network Security"和"Networking Security"被按照惯例翻译为"网络安全"时，就会出现转译陷阱问题。事实上，如果它们被分别翻译为"网络的安全"和"组网的安全"会更贴切一些。按照中文习惯，上述的"网络安全"既可以表示"网络的"安全，也可以"整体地"表示网络安全。前者可以表示所特指的某一个网络的安全，既可指网络系统范围内的安全，也可以指网络系统本身的安全，还可泛指网络相关概念范畴内的安全。后者可以表示整个网络安全领域的意思，或者表示网络处于安全的状态。无论译文是哪种含义，都和原文的含义有一些出入。此时，再基于译文去理解后续内容恐怕就不是那么容易了。

再简单举个例子：按照中文习惯，在结合上下文的情况下，表意的名词通常可以在一定程度上被简化表达。例如，短语"计算机网络的信息安全问题"，可被简化表达为"计算机网络信息安全问题"；短语"计算机网络信息安全问题"可被简化表达为"网络信息安全问题"；

短语"网络信息安全问题"可被简化表达为"网络安全问题"或"信息安全问题";短语"网络安全问题"或短语"信息安全问题"都可被简化表达为"安全问题"。此时,在安全专业人士看来,"安全问题""网络安全问题"或"信息安全问题"所要表达的含义已经和原句"计算机网络的信息安全问题"有了明显的不同。如果说此时尚可以借助原文的上下文语境进行理解而不至于造成混乱。那么,一旦脱离原有的上下文环境,从原文中引出一部分内容用在别的地方,那么引文的含义则会很容易被混淆。这种情况在日常环境中很常见。比如,为传达布置工作,某些文件需引述上级文件或者领导人讲话的内容,往往会进行缩写或者只是摘录部分内容,这就很容易带来因简化表达而出现的问题,并且还可能会随着一级一级地传达而不断放大其中的偏差。

不太可能找到一个"标准"的方法来处理"转译陷阱问题"。事实上,既不需要这样做也没必要这样做。现阶段,在我国网络安全领域,舶来词还比较多。希望读者朋友们在接触相关文献资料时要尽可能结合所阅读资料的上下文语境来理解。随着经验的增加,应该就能够很好地适应或应对这些转译陷阱问题。

1.3.2　术语含义变迁

接下来,不妨稍微深入一些讨论一下前面提到的那几个容易混淆的术语的含义。

(1)信息安全

"信息安全"的概念发端于计算机科学(Computer Science,CS)领域,后来逐渐延展至信息技术(Information Technology,IT)领域,其内涵从早期的通信保密(Secure Communications)逐步发展为计算机安全(Computer Security)、计算机信息系统安全(Security of Computer Information Systems)以及今天广泛意义上的信息及信息系统安全(Information Security,InfoSec)。通信保密和保密通信(Communications Security,COMSEC)的内容不同,后者涵盖的范围更广。

计算机科学技术的不断发展促进了现代通信技术的发展,并且在不断与通信技术的融合发展中,形成了信息技术。信息技术是泛指可用于管理和处理信息的各种技术,但主要是指应用计算机科学和通信技术来设计、开发、实施和控制信息处理系统。从这个含义上讲,信息技术又可被理解为广泛采用计算机处理社会活动中的信息交流事务的技术。同时,将这种逐步广泛采用计算机处理社会活动中的信息交流事务的过程,称为信息化。正如梅棹忠夫(Tadao Umesao)先生所说的那样,"信息化是指通信现代化、计算机化和行为合理化的总称"。

因为计算机和信息化有这种历史发展脉络上的渊源和关联,所以,随着信息化进程的推进,以及在信息化过程人们不断加深对计算机安全相关问题的认识,最终一定程度上出现了"信息技术安全"(IT Security)的概念。信息化的重点(或者目的)在于"信息"而不在于"技术",并且,在信息化过程中出现的安全问题也不仅仅是技术问题,有人因此得以将信息"技术"安全的概念范畴扩大——把 IT Security 的中的"Technology"去掉,变成了"Information Security"。翻译成中文,就是"信息安全"。

很不巧的是,翻译过程中出现了转译陷阱问题。按照中文表达习惯,"信息安全"字面意思理解可以指"信息的安全",也可以"整体的"表示信息安全。前者可以特指某一条、某一类信息自身的安全情况或信息所归属的系统、环境的安全;后者可以泛指整个信息安全领域,或者,也可以"整体地"指"信息"处在安全的状态。结合历史环境和技术发展过程来看,"Information Security"也可以是指"信息化的安全",不仅指信息在产生、存储、处理、传输、销毁等整个生命周期内各环节的安全,还可包括信息本身所表达的含义的安全(这种安全,可以认为是：人因为理解了信息所表达的含义后受到影响，改变了自身的社会活动能力）。

此外，由于有了对"信息安全"的字面意义的理解，还可以很自然地派生（扩展）出现"网络安全""传输安全""存储安全"……"某某安全"一系列各式各样的"安全"。

（2）网络安全

"网络安全"的含义稍微复杂一些，大概有四个层面的解释（依次记为含义1~4）。

第一个层面（含义1），指"网络安全"原本的含义，即计算机网络自身的安全，以及经由网络连接的计算机的安全。在这种含义下，网络安全和信息网络安全是同一内涵。由于信息安全（或信息化的安全）涵盖了管理和技术等多个方面，有些时候，为了特指信息安全中不涉及人的层面（即技术层面），而会使用网络安全这个术语；与此对应地，会使用术语"信息安全管理"来特指非技术层面的安全。上述"信息网络安全"一词，在中文环境中，可被简化表达为"网络安全"。

第二个层面（含义2），由于某些行业的独特专业背景而形成了特有的表达习惯。例如在通信行业，习惯上将通信网络简称为"网络"，用以指代为社会提供通信服务的"大网"。人们常说的互联网、Internet、客户专线、虚拟专用网等，都属于这个"大网"的范畴。所以，"大网"的安全，就被习惯性地称为"网络安全"。

第三个层面（含义3），通信技术因为自身信息化的缘故而发展成为现代通信技术。人们利用现代通信技术将传统的通信系统发展形成了无所不在的通信网络。人们的生活与通信网络的关系越来越紧密，网络成为现代社会不可或缺的基础。从通信网络或网络基础设施的视角而言，信息化就是网络化。"信息化的安全"此时就可以被理解为"网络化的安全"。从这个角度来说，网络安全泛指信息安全，可以理解为网络设施及其外延的信息安全。这只是在表达方式上，略微带有一些特定行业的习惯性色彩而已。顺便提一下，在使用术语"信息安全"的过程中也会经常遇到这种带有行业习惯的表达方式的问题。例如，企业中负责业务支撑信息化或企业管理信息化的人们更习惯用"信息安全"进行表达。在他们的概念里，网络就是指网络本身，不会将网络的概念外延到包含所承载的业务。所以对他们而言，网络安全不是信息安全，而是包含于信息安全。再比如，在金融行业，涉及网络安全的工作通常归属在信息科技范畴内，因此，习惯上也是使用"信息安全"进行表达（当然，一定程度上，这和金融行业十分关注用户信息保护的历史沿革有关）。

第四个层面（含义4），"网络安全"一词在《网络安全法》生效后被赋予新的内涵。比如，《中华人民共和国网络安全法》的英文译法就是 *Cyber Security Law of the People's Republic of China*，即认为网络安全等同于"Cybersecurity"。发布于 2016 年 12 月的《国家网络空间安全战略》之中就明确将网络空间安全简称为网络安全。再比如，由于法律名称采用了"网络安全"的表达方式，因此，有些研究者为了保持与法律的一致，而将原本的"信息安全"一词更新成了"网络安全"。2019 年 5 月，国家标准化管理委员会发布了新修订的《信息安全技术 网络安全等级保护基本要求》（GB/T 22239—2019），其原本的名称是《信息安全技术 信息系统安全等级保护基本要求》（GB/T 22239—2008）。

在国内外文献中常见：①在特指信息内容安全方面时，通常使用术语"信息内容安全"或"网络信息安全"；②在特指大数据安全保护、用户数据保护或隐私信息保护方面的内容时，通常使用术语"数据安全"；③在泛指网络的安全和数据安全的时候，可以使用术语"网络与信息安全"。当然，这些都只是习惯用法，具体含义还应该结合其文意。图1-1展示了本节所辨析的几个概念之间的关系。

● 图 1-1　网络安全相似概念关系示意图

本书倾向于：①使用"网络安全"（含义 3 或含义 4，对照词为"Cybersecurity"）来进行泛指，以便和大的语境相适应并尽量避免歧义；②将含义 1 和含义 2 之下的"网络安全"称为狭义的网络安全（对照词为"Network Security"）。

1.4　网络空间的安全

网络空间是一种由社会与信息化了的社会两者交互融合而形成的空间。虽然它不单纯指物理空间，但也具有客观性。网络空间可能是超物理空间的存在，和人的行为和思想具有超距离或无距离的关联性，但它依然具有自己的物理基础。为了简化相关内容的讨论，本书仅从网络空间的一种可能的构型入手展开相关话题。

1.4.1　网络空间分层结构模型

如图 1-2 所示为一种可能的网络空间结构模型（该图为正视图投影）。本书采用分层的方法，将网络空间划分为 5 个层次进行理解并将这种理解称为"网络空间分层结构模型（The Layers Model of Cyberspace Architecture，LMCA）"。这 5 个层次从顶到底依次是：（人类）行为关系层、（人类与网络空间的接口）适配层、数据层、计算层和物理层。"层"既是一种组件，也是一种逻辑概念。

定义 5　网络空间分层结构模型是指用层次化的方法理解网络空间的可能结构。

"分层（Layers）"对于理解互联网具有十分重要的作用。根据开放系统互连参考模型（Open Systems Interconnection Reference Model，OSI-RM），互联网可以被视为拥有 7 层结构。根据用以实现互联网模型的 TCP/IP 族的概念，互联网可以分

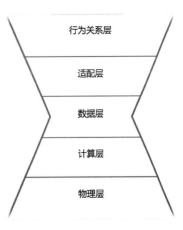

● 图 1-2　一种可能的网络空间
结构模型：分层结构

为 4 层。因此，由于目前已知的网络空间是构建在互联网的基础之上，所以，自然也就继承了互联网及 IT 系统的分层结构。既然网络空间是可以分层的，那就不妨综合考查它的形态、内容、功能等方面的特征，对其进行分层。

1) 行为关系层是网络空间分层结构模型的顶层，是人类社会所在的层级。这一层主要描述人类个体（或团体）之间经由网络空间的作用而建立或被影响的社会关系。网络空间的存在对人类个体（或团体）行为发生作用和影响，人类的角色可以投射到网络空间之中形成虚拟角色；而反过来，虚拟角色也可以借由某种形式（例如，人工智能体）融入人类社会之中。在这一层级，自然意义上的人类和人工智能体的界限可能会彼此浸润，变得越来越模糊。这一层级有可能是未来更高层级的过渡层级。

2) 适配层指人类的角色与网络空间内的虚拟角色之间的投射关系，需要在物质层面靠某种人—机交互的界面来完成，这就是第二层（也可以称其为接口层），主要描述人类如何进出网络空间。例如，移动互联网客户端 App，或者，其他人类活动的场景所使用的应用软件。

3) 数据层主要描述人类及其虚拟角色在网络空间中的逻辑形态。网络空间自身的运行会产生大量的数据。这些数据既包括不同的人类角色或虚拟角色因为自身的行为或活动而产生的数据，也包括需要人类理解的其他数据。此处所说的"数据"并不是指具体的某个网络传输中的载荷内容，也不单指存储于某种介质之中的比特，而是指一种宏观意义上的可以被人类理解的信息集合。比如，大数据（Big Data）就是数据层的重要组成成分。

4) 计算层指承载网络空间实体功能的组件所组成的层级。这一层主要描述网络空间所需功能的实现方式和运行规则（协议），包括很多子层，例如传感器层、数据链路层、网络层、传输层、应用层、服务层等。

5) 物理层指物理空间中的物质实体，由所有承载逻辑功能的硬件和所有完成人类预期指令动作的硬件构成。在描述每个硬件时，还包括该硬件在三维空间中的地理位置信息。此外，在这一层级，也涉及网络空间与自然环境的能量交换问题，有可能是未来更基础层级的过渡层级。

如果说网络空间分层结构模型是一种"纵向"的概念，大致描绘了网络空间中的信息承载、信息流动和网络空间整体运作的某种框架性的概念，那么，还有一种"横向"的概念，即信息基础设施（Information Infrastructure，II），可以视作这种框架性概念的另一种可能的描述方法。网络空间可以由若干信息基础设施构成其物理基础和应用软件基础，对现实社会的运行具有决定性的支撑作用甚至是保障作用。在信息基础设施之上，施加各种不同的应用或者更加细分场景的应用，则可以构建出更多的"区域"。可以将这些不同区域的总和理解为网络空间。所以，信息基础设施可以被认为是一种"横向"概念或者"分域"的概念。某种信息基础设施就是网络空间的一个子集，但在其内部，同样可以具有分层的结构。网络空间分层结构模型可以兼容信息基础设施的模型，两者并不存在根本性的不同。如果狭义地理解信息基础设施，可以粗略地将信息基础设施归为网络安全分层结构模型中的中下层（即数据层、计算层和物理层），或者，也可以简要地归为计算层。

"信息基础设施"原本指电信网络的基础设施，较早见于美国 1991 年版的《高性能计算法案》（*The High-performance Computing Act of* 1991）。其后，又出现了关键信息基础设施（Critical Information Infrastructure，CII）的概念并逐渐被广泛采纳和接受。

1.4.2　网络空间安全的特征

在网络空间分层结构模型的基础上，可以初步理解网络空间安全所具有的一般特征，即网络空间安全遵循以人为本的原则，否则，网络空间安全就毫无意义。

原则 1　以人为本原则：网络空间安全中，人是根本动因，一切都需考虑"人"这个因素。

此处所讲"以人为本"有三个层面的含义：①网络空间安全是对"人"才有意义，或者说，网络空间安全存在目的性，其目的就是满足"人"的安全需求；②网络空间安全存在过程性，需要"人"作为主体来驱动它，"人"不能超然于"安全"之外；③网络空间安全存在对抗性，安全是"人"和"人"较量的结果，也是这种较量过程的本身。

人创造了网络空间并且居于网络空间的顶层，没有人或没有人的需要和目的，就没有网络空间。在自然环境中安全就已经成为人的一种基本需求，自然会随着人构建网络空间的过程而被投射到网络空间之中。在网络空间之中，安全需求依然是自然的，是伴随着人的自然存在而存在的。同时，人的存在也是社会性的存在，社会关系表征着人所存在的过程，网络空间作为人实现自身社会存在的一种方式，也将会存在社会关系。有社会关系就会有社会活动，例如政治、军事、文化等，这些社会活动都会随着由人（或人组成的团体）的生存欲望所决定的自我保护意识而投射到他们在网络空间中的行为之上，这些行为——即人在网络空间内寻求安全的活动——也就成了网络空间安全的重要内容。网络空间安全和传统社会中的安全问题，必然存在以"人"为耦合点的联系。总体而言，网络空间安全就是为了让人在网络空间之内，处在受保护的过程里、让人处于安全的状态下、让人有安全感。

传统上，网络安全通常包含 5 个属性：机密性、完整性、可用性、可控性和不可否认性。而在网络空间安全的范畴中，还应当包括自限性（Self-lockout），即网络空间应当与人类社会之间在技术层面设置有保护机制，网络空间的失陷不应当给人类社会造成（实质）伤害。

在网络空间不同的层，安全的概念会相应地有不同的侧重内容。比如，"物理层"重点关注的是保护"物"不受人为或环境影响的破坏；"计算层"重点关注的是保护人的通信、交流等不受人为影响的破坏；"数据层"重点关注的是控制人的数据被人为破坏的风险；"适配层"重点关注的是保护人的虚拟身份；"行为关系层"重点关注的是社会活动的正常、有序等。不同的层之间需要彼此联系，需要系统地看待，不能因为分层就画地为牢。网络空间安全是一个整体。

1.4.3　网络空间安全概念框架

网络空间安全的范围极广，国内外的学者给出的定义还未能统一，这也证明了网络空间安全的复杂性和前沿性。图 1-3 展示了一种基于 LMCA 的网络空间安全概念框架。

在这个概念框架中，层与层之间存在依高低顺序逐层兼容包含的关系，较高一层的内容包含较低一层的内容，较低一层的内容支撑较高一层的内容。例如，在网络空间安全研究范围内会涉及国家安全相关的内容，而国家安全的构成中又可细分为政治安全、经济安全、文化安全、社会安全、国防安全等专门的领域。又如，在经济安全领域内又会继续细分能源、交通、通信、金融等不同的行业领域。在不同的行业领域里，还可继续细分出涉及人（或由人组成的团体）作为主体直接或间接参与的社会关系。与这些社会关系对应的内容就处在行为关系层。在这一层，需要考虑的是各种主体（如企业）间在网络化的环境中（或借助网络化手段）的

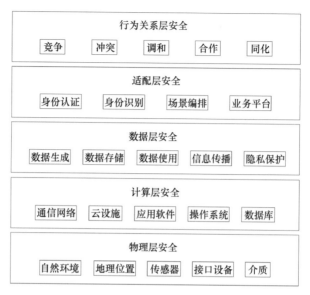

● 图 1-3 网络空间安全概念框架示意图

竞争、冲突、调和、合作乃至某种程度的认同和融合（同化）等。而想达到这些目的，社会关系的各个主体就需要向下一层寻求具体的方法和手段，即在适配层来完成自身行为目的的目标选定与实现目的所需工具的组装，需要确认对手的身份、明确场景、找到合适的切入途径（业务）等。而这些选定目标、组装工具（包括制造工具）的方法和手段，也需要更具体的技术细节，需要利用信息化技术来实现。以此类推，逐层向下细化并具体实施。

1.5 从"网络安全"到"企业安全"

网络空间的存在已经是不争的事实。企业是社会的组成单元和有机体，也是网络空间的组成部分。网络安全（从本节起，本书将使用"网络安全"代指"网络空间安全"）话题中的重要内容之一，就是讨论网络空间环境下企业的网络安全。在今天的时代，企业的日常运作以及业务流转已经不可能离开网络空间的环境。因此可以说，企业的网络安全，甚至就是相当程度上的企业安全，关乎企业的生存和发展。虽然"企业安全"的含义范畴要大于"企业的网络安全"，但本书不严格区分"企业安全"和"企业的网络安全"这两种表达之间的差别，在不进行特意声明的情况下，认为两种表达方式的含义等价。

网络空间肇始于互联网的蓬勃发展。尤其是互联网的商业化应用（互联网经济），在事实上逐步促成了网络空间的形成。正是经济基础决定上层建筑，互联网经济的基础催生了网络空间的政治博弈，并且，由于这种博弈而引发的诸多边际效应，反过来又在深刻地影响社会，并影响到企业。企业在网络空间时刻面临生存问题。此处所说企业的生存问题不是指企业的经营和运作比没有网络空间时要艰难，而是说，网络空间中有一种力量在不断地将原有的社会关系持续地碎片化。在这种碎片化过程的冲击下，人力、资本、科技、资源和市场等这些关乎企业生存的要素所依赖的经济、技术、社会、政治、法律环境甚至自然资源环境都将存在不确定性。这种不确定性的存在，甚至对国家安全这样的宏大结构也会有所撼动。习近平主席指出："没有网络安全就没有国家安全，就没有经济社会稳定运行，广大人民群众利益也难以得到保障。"

这就决定了企业对网络安全问题要比以往任何时候都应该更加重视。

1.5.1　国家战略的要求

我国是社会主义国家，在中国共产党的领导下，国家的各项事业和中华民族的伟大复兴取得巨大发展。自 2012 年 11 月中国共产党的第十八次全国代表大会召开以来，以习近平为核心的党中央高度重视网络与信息安全工作，推动网络安全和信息化发展取得了历史性成就、发生了历史性变革。网络安全的顶层设计逐步显现并日臻完善。

2012 年 12 月，全国人民代表大会常务委员会做出了加强网络信息保护的决定，为加强网络信息保护提供了法律依据，是贯彻落实党的十八大关于加强网络社会管理，推进网络依法规范有序运行要求的重要举措。2016 年 11 月《中华人民共和国网络安全法》颁布并于 2017 年 6 月正式实施。2016 年 12 月，我国开始实施国家网络空间安全战略，目的是维护国家在网络空间的主权、安全和发展利益。2017 年 8 月，国务院发布《关于进一步扩大和升级信息消费持续释放内需潜力的指导意见》，明确要求深入推进互联网管理和网络信息安全保障体系建设，加强移动应用程序和应用商店网络安全管理。2017 年 10 月，习近平总书记在向中国共产党第十九次全国代表大会所做的报告中明确提出，"加强互联网内容建设，建立网络综合治理体系，营造清朗的网络空间""完善国家安全战略和国家安全政策"。2018 年 3 月，中央网信办和中国证监会联合印发《关于推动资本市场服务网络强国建设的指导意见》，鼓励完善网信产业链条，参与全球资源整合，提升技术创新和市场竞争能力。2019 年 7 月，工业和信息化部等十部门联合印发了《加强工业互联网安全工作的指导意见》，明确要在 2020 年年底初步建立并在 2025 年基本建立较为完备的工业互联网安全保障体系。2019 年 10 月《中华人民共和国密码法》颁布并于 2020 年 1 月 1 日起施行。

从宏观的政策环境和国家战略要求来看，开展网络安全工作已经成为全社会不可突破的底线。开展网络安全工作是国家意志的体现，是国家战略的要求，是每个企业所应尽的义务和责任。无论在我国境内的任何行业的企业，都应自觉学习、接纳、树立和坚持总体国家安全观以形成自身的网络空间安全观，遵从法律法规的要求，自觉服从服务于国家战略的需要，正确对待和妥善解决自身所面临的网络空间环境中的各类安全问题。对企业而言，这恰恰也是谋求自身新发展的机遇。

1.5.2　内外威胁的压力

企业在网络空间之中时刻受到来自内外部的威胁，有些威胁是传统威胁的网络化，而有些威胁是在网络空间所特有。传统威胁是指来自竞争对手或某些利益诉求者所驱动的有目的的竞争、牵制和冲突等行为，这些行为都可以在网络空间实施，甚至还可以升级出更多更新的花样，形成一些网络空间特有的威胁形式。

威胁可以来自企业内外。威胁的主体可以是"天灾"也可以是"人祸"。总体而言，在网络空间环境下，"人祸"的可能性会更大，甚至这种由人引发的威胁是企业所面临的主要威胁。威胁的对象不一定在企业内部，也可以在企业外部。例如，威胁对象可以是企业自身，也可以是被威胁企业的上下游合作伙伴（供应商或采购商）、被威胁企业的客户或服务对象等。

来自实体空间（第一空间）的威胁（称为"传统威胁"）是企业可以直观感受到的威胁，

来自网络空间的威胁（称为"非传统威胁"）就未必会那么直观。非传统威胁有三个主要特征区别于传统威胁：①隐蔽性，非传统威胁可以不经由实体显性存在或被察觉，可以潜伏、隐藏、混杂、伪装、冒充在企业的内部或企业的服务对象之中；②泛在性，非传统威胁不仅可以是某个企业的有针对性的威胁，还可以是某个行业甚至整个国家利益的针对性威胁；③不确定性，非传统威胁的主体的身份可以是不确定的、不能确定的，甚至是不可确定的。无论哪种威胁，它们都是企业生存和发展过程所必须面对的挑战，是企业处于被动位置且不得不应对的问题。这是一种压力，同时也是一种动力，可以帮助企业的决策者提早动手，早做应对。当然，如果听之任之的话，企业必然遇到各种各样的困难。

可通过以下两组数据感受网络安全威胁所带来的影响。

例一，根据普华永道（Pricewaterhouse Coopers，PwC）会计师事务所于 2018 年 4 月公布的《2018 全球经济犯罪调查》（*PwC's Global Economic Crime and Fraud Survey* 2018）报告显示：①在过去两年（自 2016 年）以来 49% 的全球企业曾经遭遇经济犯罪事件，较 2016 年调查增加 13% 并且创下历史新高；②最常见的几种经济犯罪方式是挪用资产（45%）、网络犯罪（31%）、消费者诈欺（29%）以及不当的商业行为（28%）等；③大多数外部肇事者和企业的关系亦敌亦友，包括代理商、共享服务提供者、供应商和客户。

例二，根据埃森哲（Accenture）公司于 2019 年 1 月发布的《护航数字经济：重塑互联网信任》（*Accenture Securing the Digital Economy*，*Reinventing the Internet for Trust*）研究报告显示，针对全球 13 个国家（分别是澳大利亚、巴西、加拿大、中国、法国、德国、印度、意大利、日本、西班牙、瑞士、英国和美国）的年收入超过 10 亿美元企业的 1711 位高级管理者（其中，首席执行官占 61%、首席运营官占 20%、首席创新官占 9%、首席战略官占 9%）调研发现：①有 67% 的受访中国企业表示其业务对于互联网的依赖与日俱增，网络风险也随之上升，各种网络犯罪将会威胁业务运营、创新和增长，影响新产品和新服务的推广，最终将会给企业造成数万亿美元的损失；②全球范围内，高科技行业所面临的风险最高，潜在损失达 7530 亿美元，其次是生命科学与汽车行业，潜在损失分别是 6420 亿美元和 5050 亿美元。

更多关于企业面临的非传统威胁话题，可参见本书的"企业的安全环境"一节（1.7.1 节）。

1.5.3　自身发展的动力

网络空间给企业的发展带来威胁的同时，同时也带来了新的发展机遇，所谓"危机"是也。这就好比一条船航行在未知的大海，是探索新的世界发现新大陆还是沉没在惊涛骇浪之中，排除运气的偶然因素之外，更多的是依靠船长和水手的决心、经验、能力以及船体自身的技术性能来决定。企业就好比这条船，网络空间就好比这未知的大海，做好网络安全工作，就是排除了那一点点运气之后所获得的探索新世界、发现新大陆、获得新发展的必然保障。

企业可以在开展网络安全工作的过程中得到自身发展的内生动力，可以在实现自我保护的同时，获得追求新市场或新发展空间的能力。首先，开展网络安全工作是合规达标的过程，就是凝聚企业心力的过程，也是形成或促进企业文化的过程。合规意味着企业的内部管理符合最佳实践，达标意味着操作流程顺畅，机制运转灵便，这是"船长"和"水手"们凝聚决心、汇聚经验、提升能力的过程。其次，开展网络安全工作是满足行业准入的要求。比如，对上市公司而言，公司进行有效的安全治理是对资本市场的承诺之一。最后，开展网络安全工作取得效果，可以将信任感传递给企业的合作伙伴以及服务对象。这是"船体"

技术性能水平的标志。不是说每个企业都要研发自己的网络安全技术，而是说，每个企业在网络空间的环境下应当具备保护自己业务的网络安全保障能力。对安全漠不关心的企业大致是两种情况，一种是还挣扎在生存线上，无暇顾及安全；另一种是沉浸于生存需求的满足感之中，满足于现状。无论是哪种情况，可能都不会获得良好的发展。

举个可能不太恰当的例子：某 A 是个菜贩（俗称"卖菜的"）。有一天，地面儿上的网安要求他做等保。于是，某 A 懵了："我一个卖菜的需要做啥等保"？姑且不论 A 是否知道等保是什么，单就这件事，可以这样来理解什么是等保：假如，A 的卖菜业务只是线下形式（路边或菜市场摆摊等），那么等保护工作基本上和他没什么关系。但是，如果他的业务扩展到了线上（比如在某小区附近，支持居民用 App 下订单，按单送到指定位置），那他的业务就涉及了用户信息保护、用户行为分析等网络安全问题。这些安全问题小到会对 A 的经营造成麻烦（例如，被"薅羊毛"），大到会对公共安全造成威胁（例如，隐私泄露）。所以网安要求 A 开展等保工作不是没有道理。由此可见，连卖菜的小贩搬上互联网后都需要做好安全工作，就更不用说那些像模像样的企业了。

1.6　企业安全的旁观者

网络安全对于企业安全的价值体现在，网络安全的角色正在从企业安全的旁观者、参与者向引领者的角色演进。此处的"旁观者"是指"一旁观望的人、不相干的人或袖手旁观的人"。但是，本节所要讨论的"旁观者"是指"从旁边观看或者观察的人"，引申为那个"旁观者清"的人——那个以冷静、深邃的目光来洞察全局的人。

1.6.1　首席智囊

绝大多数企业的网络安全都起源于企业的 IT 安全。这就造成了一种现状，要么网络安全是从属于 IT 部门，要么网络安全是企业内部处于从属地位的部门。虽然我国《网络安全法》对企业开展网络安全工作给出了硬性约束，但是，如果安全部门被企业管理者理解为是一个成本中心，那安全部门就会始终是那个在企业管理架构中处于从属位置的部门。

从这个意义上来说，需要一个"旁观者"以客观的视角和专业的知识来帮助企业的最高管理者尽快地理解身边的世界——至少是要弄明白：为什么企业的网络安全作为企业的内部工作事项需要被以法律的形式对企业进行硬性约束？为什么企业管理的实践与网络安全法律的要求之间会存在如此明显的差距？安全部门到底应不应该是一个成本中心？

大多数企业的管理者都不是网络安全专家，甚至也可以说，企业的管理者没有必要是网络安全领域的专家。但是，在网络空间的环境下又不得不考虑企业安全的问题，企业的最高管理者最好找到一位网络安全专家来当自己的参谋，帮助自己获取必要的专业意见来进行决策，甚至是辅助自己进行一定的管理工作。企业的管理者关注的永远是利益（对于营利组织来说就是经营活动所带来的利润，对于非营利组织来说就是运作过程所带来的收益和影响），只要通过网络安全工作能够带来利益或者减少损失，就有必要存在这样一位参谋。事实上，2018 年以来国内很多大型企业已经意识到了这个问题，专门设立了首席安全官（Chief Security Officer，CSO）或首席信息安全官（Chief Information Security Officer，CISO）这样一个职位并聘请合适的人作为董事会或者最高管理者的专业参谋。本书不严格区分两者，并且在某些场合，首席安全官也可能被称作"首席网络安全官"（Chief Cybersecurity Officer，CCO/CCSO）。

现实情况可能还稍微有些复杂。因为 CSO 毕竟还是处在企业的常规管理体系之中，参谋的作用可能并不会完全发挥出来。这一点，可以从下面两个问题的讨论中得到启发。

第一个问题，为什么这些被请来的安全专家只能当参谋而不是当管理者？这个问题其实很难回答，大致的情况是：一方面，不是安全专家不可以担任企业管理者的职位，而是安全专家相对更熟悉安全专业领域，从客观、中立的角度提出安全专业意见可能比完全介入企业的运营更有实际意义，特别是在非网络空间环境的条件下，这种倾向更明显一些。从长远来看，不排除安全专家担任管理者职位的可能。另一方面，在网络空间环境下，企业在内部治理结构上根据分权和授权的原则，应当有一种趋势，就是将企业运营和安全监管分作两个层面来对待，即：将企业主要业务相关的运营工作划作一个层面，称为业务部门；将企业的安全管理、安全防御、危机处理等工作划作另一个层面，称为安全部门。两个部门在同一种制度约束下总归企业的最高管理者（或管理机构）管辖。这时，安全专家作为企业管理者的参谋作用和地位就显而易见了，因为只有他才适合作为最高管理者的代表在业务部门和安全部门之间进行协调和沟通，同时，评估两个部门的意见与法律、技术之间的差距并为最高管理者提供专业参考建议。

第二个问题，为什么需要一位参谋来客观、中立地看待安全问题而避免介入企业的实际业务运营之中？原因大致有：一方面，网络安全的专业工作需要管理、控制和测度方面的授权，存在"岗位互斥"原则，不可将指令和执行合二为一，否则，管理者很难确认安全部门所提的要求是否是适合的，以及那些对企业而言所必需的安全要求是否已经在业务部门被正确执行。另一方面，企业的业务运营往往关乎企业的利益，因此业务部门的话语权通常会大于那些对它有克制和消减作用的部门。从控制风险的角度来说，就需要一位"懂行"的人，一位没有"利益纠葛"的人来做出客观的评价。安全专家作为参谋，恰恰就是这样的角色和定位，可以发挥这个作用；否则，发展和安全的整体平衡就很容易被打破。第三个方面，因为网络安全工作是一项综合性较强的工作，需要达到何种安全要求和如何落实安全要求之间存在巨大的差异，存在一定的专业技术门槛，在企业的决策过程中需要在一定程度上尊重安全领域的专业意见。因此，需要中立于企业实际业务运营的安全专家做出客观的评价。

此外，这位"参谋"的定位很重要。如果他没有得到授权、不受尊重，那他就没有机会做到"独立"观察、"独立"思考、"独立"建议，最终也就基本没有机会做到"旁观者清"。这样一位"旁观者"，可能更适合是企业最高管理者的网络安全事务助手，可以没有管理层级上的限制，只需就企业的网络安全事务向最高管理者发挥影响即可，如此，称这位参谋是企业最高管理者在网络安全领域的首席智囊可能也不为过。

这位"首席智囊"可以只被授予最高的或最终的建议权而不被授予决策权。同时，企业必须要有配套的、有效的机制来保证这种来自首席智囊的专业建议会得到应有的尊重。否则，如果"首席智囊"的建议总是被忽视或者被不友好地对待，那么这位本该冷静的"旁观者"恐怕也就"冷静"不下来了，最终将可能失去耐心并失去继续留在这个企业的必要性。从这个角度来说，这位"首席智囊"对企业最高管理者来说，应该是"亦师亦友"。

1.6.2 首席安全官

首席安全官制度起源于美国，是在借鉴首席信息官（Chief Information Officer，CIO）制度取得巨大成功的经验基础之上发展而来的，目前仍处在不断探索和发展的过程之中。有必要深入了解一下美国的做法，即通过考查首席安全官制度在美国的由来和发展，对启发我们开展相关工作，具有很现实的借鉴意义。

（1）CISO 制度在美国的发展

按照历史脉络来看，美国的首席安全官制度是由首席信息官制度按照"工商企业→政府部门→军队→社会"的历程逐渐发展完善而来。大致经历四个阶段。

第一阶段：萌芽阶段（约 1980—1995 年）。1981 年，威廉·R. 辛诺特（William R. Synnott）先生和威廉·H. 格鲁伯（William H. Gruber）博士最先提出了首席信息官的概念。之后，美国一些工商企业采纳他们的建议尝试设立了首席信息官并在不长的时间内大幅提高了信息化系统的资源利用率和员工工作效率，显著提升了企业竞争力。在这一阶段，首席信息安全官的部分职责由首席信息官以保护计算机系统安全的名义代为履行，安全并未独立成为一个专业而受到人们重视。

第二阶段：起始阶段（约 1995—2009 年）。美国联邦政府根据美国《克林哥-柯恩法案/信息技术管理改革法案》确立政府首席信息官制度，开始陆续在美国联邦政府各部和各州政府设立首席信息官并成立联邦首席信息官委员会。在这一阶段首席信息官制度得到发展壮大。首席信息安全官通常在首席信息官的监督管理之下开始履行自身的职责。信息安全开始成为独立专业。

第三阶段：成长阶段（约 2009—2016 年）。2001 年"9·11 事件"之后，美国政府高度重视网络空间在国家安全方面的重要意义，以国家信息化带动军队信息化，推动军事信息系统与国家信息基础设施紧密接轨，开辟并逐步构建了网络空间战场。2016 年，美国在其国家首席信息官职位之下设立国家首席信息安全官（U. S. CISO）。在这一阶段，首席信息安全官开始独立于首席信息官，单独负责网络安全事务。其层级在名义上处在首席信息官之下，但是已经明确将涉及网络安全的事务授权给首席信息安全官进行管理。

第四阶段：发展阶段（约自 2016 年起）。首席信息安全官的层级得到了较大幅度的提升，开始统筹网络空间安全事务。未来，在 2025—2030 年，首席信息安全官或首席安全官的层级将有可能处在首席信息官之上。

（2）CISO 在我国的发展

我国的大致情况是：自 2006 年前后，在国家层面开始部署和推进企业建立首席信息官制度。2007 年 2 月，国务院国有资产监督管理委员会（以下简称国资委）、国家信息化领导小组联合发布的《关于加强中央企业信息化工作的指导意见》，要求有条件的中央企业要设立总信息师（CIO）岗位。2009 年 4 月，国资委发布《关于进一步推进中央企业信息化工作的意见》，明确提出建立首席信息官（CIO）制度，设立信息化专职管理部门。2014 年 11 月，工业和信息化部发布《企业首席信息官制度建设指南》，同时和国资委联合下发文件推动央企首席信息官制度建设。2016 年 12 月，教育部、人力资源和社会保障部、工业和信息化部印发《制造业人才发展规划指南》，要求提高制造业人才的关键能力和素质，到 2020 年全面实行首席信息官制度。2019 年 8 月，中央网信办网络安全协调局副局长在第七届互联网安全大会（ISC 2019）开幕式上致辞时表示"要加强关键信息基础设施供应链和重要数据的安全管理，逐步建立首席网络安全官、网络安全审查、数据出境评估等制度，扎实推动网络安全信息共享、监测预警和应急处置等工作。"

（3）美国经验带给我们的启发

前面颇费了些篇幅来介绍有关首席信息官的发展历程，就是想尽可能使读者体会到，企业安全在其发生、发展的过程中自然选择了"旁观者"。已有的实践也证实，没有安全观就没有安全官，并且，随着安全观的提升，首席安全官的作用也将更大。展望未来，现代意义上的首席安全官将会是企业中的高级管理人员，负责确保企业在网络空间环境下得到充分保护，被授权为达到上述目的而：①建立和维护企业的安全战略、规划和计划；②建立适当的标准并统筹采取控制措施，指导员工确定、开发、实施和维护整个企业的内部流程以减少网络安全风险；③就网络安全事件向企业最高管理者提出决策建议；④评估企业在网络安全合规性要求方面的情况并与有关网络空间安全管理机构保持联系。

首席安全官正朝着"旁观者"的角色方向发展。

1.6.3　袖手旁观的情况

简单谈一下在现实中，企业里那些对网络安全袖手旁观的人和部门。企业中的网络安全工作在相当长的一段时间内都被认为是计算机管理部门的工作。后来，随着信息化工作的推进，网络安全工作又被认为是信息化管理部门的工作。到了网络空间时代，网络安全工作被认为是安全部门的工作。

总是有种倾向，认为安全就是安全部门的事、安全就是安全人员的事，出了安全问题就是安全部门没有尽到责任——把安全部门当成"养老院"，把安全人员当成"替罪羊"——没"事"就闲着、空着，有"事"就顶到"风口"。有监管或检查就用"安全部门"和"安全人员"去搪塞应付，有不合规的问题也是迎检不力而不是企业有管理缺失或不足。

还比如，在企业内部，非 IT 部门只负责使用 IT 手段或者提出 IT 需求，至于是不是需要在业务过程和需求中考虑安全保护的问题则毫不关心。而在 IT 部门内部，负责服务器的员工只管自己的服务器的安全（如计算机病毒查杀），负责 IT 承载网络的员工只管自己的网络设备的安全（如设备负载控制），负责数据库的员工只管自己的数据库的安全（如账号口令），负责应用软件的员工只管自己的应用程序的安全（如账号口令）。

这种情况，正是应了"旁观者效应"的论断，将网络安全"划出片儿、切成段儿、分成块儿"来分头负责，最后就是谁也不负责。

旁观者效应（或责任分散效应）是指：对某一件事来说，如果是员工被要求单独完成任务，那该员工的责任感就会相对较强，会做出相对积极的反应。而如果是要求一个群体共同完成任务，则群体中的每个员工的责任感就会变弱，面对困难或遇到责任时往往就会退缩或躲避。

"旁观者效应"的反作用，会加重人们安全意识的不足。只有正视问题的症结所在，辅以制度约束，那些企图逃避安全责任的人才没有了行动机会或在出现问题后很快就会得到有效的纠正。如果网络空间有了这种规则约束，那么那些不能尽到安全义务的企业，也就没有了存在机会。坦率来说，从竞争的目的而言，竞争的对手之间可能都会乐见对方出现弱点从而丧失竞争优势。由此推论，那些对自身网络安全问题放任自流的企业一定会成为网络空间中的熵，最终将处在价值链的末梢，逐渐被淘汰。

1.7　企业的安全生态

安全的问题越来越宏大，涉及的主体越来越多，主体之间的关系纷繁复杂却又不都是那么直观，这种情况和我们生存所依赖的自然生态环境的概念有些相似。因此，本书尝试提出"企业的安全生态"（Enterprise Cybersecurity Ecology，ECE）概念来理解企业网络安全工作的内在规律并寻求可行之路。

此处的 "企业的安全生态"，主要指企业的网络安全生态。这里，使用 "生态" 一词，是一个借用，或者说是一种比喻。如果把企业看成一个世界（一定的时空范围），企业中的各个部门或专业条线以及员工就是这个世界中的生物群落或有机体，这样就相当于构成了一个生态系统（或生态圈）。具体到企业的网络安全工作场景，就可以称其为企业的网络安全生态或企业的安全生态（以下简称为 "安全生态"）。

对安全生态的理解可以有不同方法，大致来说可以有两种：一种是 "系统论"，侧重对安全生态结构和运行机制的理解，而将安全生态看作是一个生态 "系统"；另一种是 "环境论"，侧重对安全生态的环境效应的理解，而将安全生态看作是一个生态 "环境"。环境效应是指，企业的运作（经营）效果与自身开展安全工作本身对外输出的影响和企业因网络安全原因受外界的影响之间的关联作用。

（1）"系统论" 的观点

一般来说，构成一种生态需要三种要素，即生态主体、生态环境和生态调节。从功能上说，生态主体可分为生产者（加工者）、消费者以及分解者等几类不同的基本角色。生态环境是指生态主体共同生存和生活的一定的时空范围以及所包含的供生态主体所需的物质、能量和信息。生态调节泛指某些机制或规律，决定着生态主体在生态环境中的行为或活动，如自我调节、（负）反馈调节机制等。此外，一个生态系统还存在代谢机制，可以分为单向流动机制、简单循环机制和完全循环机制。具备完全循环机制的生态系统是代谢封闭系统，可持续运转。仅有单向流动或简单循环机制的生态系统是代谢开放系统，不可持续运转。生态系统中，不同生态主体或生态群落之间都遵循一种 "位置原则"，彼此竞争又相互合作，使得生态系统整体具有达到某种动态的稳定状态的趋势，体现出一定 "弹性"，能够自身维持内部平衡。这种 "位置原则" 又可被称为 "生态位法则"，是指生态系统中的主体都拥有自己的角色和地位，在生态系统中占据一定的空间和资源并发挥一定的功能，即有价值，或者值得存在。

参考这种 "系统论" 的观点，企业的安全生态应当可以是一种生态系统，是一种开放的复杂巨系统。

定义 6 企业的安全生态（系统）是指在企业在其运作的范围和时间内，内部各部门或专业条线及员工，为了企业自身网络安全的目的，通过彼此间的相互配合与影响而形成的相互依赖的动态平衡（系统）。

其中，企业的各个部门或专业条线以及企业的员工构成企业的安全生态系统的主体；企业及来自企业内、外部的 "业务需求" "安全需求" "监管要求" 等安全专业资源以及企业的 "人" "财" "物" "时间" 等基础性资源构成安全生态系统的生态环境；安全事件处置、挑战应答机制或应力机制等构成安全生态系统的生态调节。主体之间遵从 "位置原则"，为了企业整体的利益和各自的利益而彼此竞争又相互配合。

定义 7 挑战应答机制（或应力机制）是指企业由于外因（竞争、监管、破坏）作用而面临危机时，企业管理者和企业内部各部门或员工之间产生相互协作，以抵抗这种外因的作用并试图使企业从危机状态过渡到没有危机的状态。

挑战应答机制可以是人为设定的机制，也可以是自发形成的机制。例如，通过设置专职的安全部门来应对安全挑战，就是一种人为设定的机制；员工在日常的工作中主动检举揭发来源不明的软件或恶意程序等，就是一种自发形成的机制。

（2）"环境论"的观点

如果从更加宏观的角度来看，企业是处在更大、更宏观的生态系统之中，行业、社会等都可以是生态系统，网络空间安全本身也可以是一种生态系统。根据"位置原则"，企业所在的（竞争）位置和所面临的竞争关系，就更加显性地体现在其所处的更为宏观的生态系统的"生态环境"之中。同样，对于立足于企业的安全部门来说，也处在企业的安全生态系统之中，安全部门或专业相对于其依托的周边"环境"表现有一定的独立性。这些"环境"包括文化环境、制度环境、组织环境等。

"环境论"的观点更加关注企业的安全生态所处在的一系列内、外部环境以及企业竞争过程中受"位置原则"支配的问题。

本书认为，上述对企业的安全生态的两种理解并不是本质上对立的两种观点，它们只是立足点和关注角度不同，倾向于融合上述两种观点。事实上，安全生态理论还在快速发展之中，在合理性论证、必要性论证、必然性论证以及方法论的研究和实践等诸多方面还面临诸多挑战，其本身还有待进一步完善。

1.7.1　企业的安全环境

企业的安全环境包括内部安全环境和外部安全环境，和企业的安全生态环境存在交集但内涵又不完全一样。企业的内部安全环境基本上就是企业的安全生态环境，而其形成和存在，在很大程度上是由企业的外部安全环境来推动和决定。

1. 内部安全环境

定义8　企业的内部安全环境，是指存在于企业内部的有利于保障企业实现自身利益目标的各种物质的或非物质的因素的总和。

"物质的因素"可以简单理解为日常办公或开展工作所需的物质基础，如工作场所、工具、能源等。"非物质的因素"是指组织机构、工作流程，以及管理者和普通员工的关于网络安全的基本价值观、企业文化、工作氛围等。这里，"环境"的概念是指相对于"人"（员工）本身而言的各种存在，它反映的是企业安全范畴内所拥有的客观物质条件、所处在的工作状况和所具备的实际工作能力，是企业保持自身安全的内在基础。

组织机构主要是指企业的安全管理部门与其他部门之间在人员组织、职责划分、任务衔接等方面的相互关系的具体形式。一个企业的组织机构中，网络安全部门的位置，直观反映了企业最高管理者对网络安全的认识水平和对网络安全工作的重视程度，能在很大程度上表征该企业网络安全水平的高低。甚至可以说，企业的组织结构是决定企业内部安全环境的直接原因。组织机构和工作流程是相互匹配的一对"搭档"，有"足够的合适的人"才能"做成该做的事"。

企业文化，或可称为文化氛围，主要是指企业的所有员工所共同拥有的一个思想观念和管理风貌，包括价值标准、生存哲学、思想教育、行为准则、礼仪典礼、企业形象等。企业文化中关于网络安全部分的内容，是构成内部安全环境的重要组成部分，可以被称为企业的"安全文化"。当代企业在自己的企业文化中建设、容纳、提升自己的安全文化，会调动员工（不仅是专职网络安全工作的员工）从事安全工作的积极性和创造力，提升企业的凝聚力，有利于强化员工对企业的归属感和认同感，促进自发应力机制的形成和强化。同时，企业的员工还会向外部辐射这种情感从而能够美化企业的外在形象并提升企业合法性。此处所说的"企业合法性"泛指企业在具有特定的价值观或社会规范的体系（如网络空间）内开展运营活动或施行的行为，被广泛地认为具有恰当性和正当性。

企业（安全）文化是形成内部安全环境过程中指向"人心"的根本性的因素。它是那部分"软性"的约束力量，是企业制定战略与成功实施战略的重要条件和手段。如果在企业文化中，从传统上就漠视网络安全或者根本就不存在企业的安全文化，那么，内部安全环境将会失去"土壤"。

内部安全环境的"好"与"不好"，对企业的安全生态具有重要意义。好的内部环境中，各部门会形成网络安全工作的合力，在合力的作用下，网络安全工作会屡创佳绩，内部环境会持续向好，这会形成一个理想的良性循环和持续自我优化的过程。相反，一个不好的内部环境中，各部门对网络安全工作推诿扯皮、互相掣肘，会严重销蚀企业的活力，造成人浮于事或者各自为政的局面。在缺乏合力与向心力的情况下，网络安全工作将举步维艰，为企业的正常运营和可持续发展留下隐患。进而，企业会在内外部压力的作用下问题频出，还很可能会形成恶性循环。内部安全环境的恶化，最终会导致企业安全生态的分崩离析。

2. 外部安全环境

企业，无论其规模的大小，都处在一种外部安全环境之中。这种外部安全环境通常由 5 个方面的因素构成。

（1）客户因素

这可能是构成企业外部安全环境的核心因素。任何一个企业都不会对自家客户（或服务对象）的需求置若罔闻，自然对客户的安全需求也不会例外。客户对安全的需求可能并不会非常明显，或者并不会非常迫切，这是客户根据自身对外界环境的感知和对自我价值的判断来决定的。但是，这并不能成为企业不重视客户安全的理由。对企业的选择权在客户而不在企业自己，毕竟，市场对资源的配置会起决定性作用。企业的客户对自身所使用的产品或服务的安全需求或所需要达到的安全目的，对企业的生存和发展构成重要影响，是构成企业的外部安全环境的重要组成部分。

（2）监管因素

监管因素即合规性要求或合法性要求，是社会对企业的硬性要求。同时，企业所处行业，或企业的同行们之间，对彼此的约束和共处，也构成了客观上的对彼此的监管因素。监管因素的存在不以企业的意志为转移，是来自强制力或企业不可抗力的因素，是构成企业外部安全环境的重要组成部分。

（3）供应链因素

供应链因素侧重于陈述一个事实，即没有哪个企业可以从头到尾完全地依赖自身的能力而存在于"市"或"世"。几乎每个企业都会购买或使用来自企业外部的软件、硬件或服务。几乎每个企业都需要依赖上游的供应和下游的消费，来完成自身的业务。不同的企业在这样的社会分工和协作中，成为"链条"的一环或一段。事实上，单从这个角度来说，应该就能直观地理解现代企业都是处在一种"环境"之中。甚至，成功的企业还能在一定程度上塑造环境并从涵养环境的过程中获得巨大的收益。特别是，在网络空间的环境下，越来越多的企业会使用云服务，或将自身的一些服务需求社会化，通过购买专业服务的方式来降低自身的成本，这就不可避免地将自身原本封闭的运营环境进行了外化，从而不得不在运营过程中需要考虑到外部的环境因素。从另一个角度来说，每个企业都会被它的上、下游企业要求在安全方面要达标或合规并证明它自身的安全性，以便这些上、下游企业能够最终向它们的客户保证或追溯自身的安全性。有关供应链因素的内容，也可以被归入第三方安全风险管理的范畴。

（4）竞争对手因素

这其实是一种在竞争中此消彼长的过程所带来的影响。只要企业有同行进行竞争，就无法回避这个因素。从经济的角度来看，性价比更优的企业总是占有优势，同时，为了巩固并扩大自己的优势，一定会通过设置行业门槛（或称为"确立标准"）的方法为竞争对手或潜在的竞争者"制造麻烦"。安全，即是这种门槛的重要组成内容，是竞争过程中，领先者的技术优势的主要表现领域，也是领先者发挥优势超越对手的先锋领域。还存在另外一种情况，就是某种形式的"行业同盟"的存在，形成"寡头""垄断"可能会抵消部分竞争因素，即以"卖方市场"的方式牺牲客户对自身安全利益的诉求。这种情况下虽然在某个行业中能够形成小气候，但是无论是哪个"同盟"企业，终究都不能脱离社会（网络空间）而单独存在，还要在更大的环境中面临竞争。

这个话题还涉及一些生态系统中生态主体多样性的问题，此处不多讨论，留待后续。本书持略微保守一些的观点，倾向于将竞争对手因素也作为企业外部安全环境的一部分加以识别和考虑。

（5）恶意势力因素

恶意势力因素主要包括互联网黑色产业、敌对破坏势力等。互联网黑色产业（简称"黑产"，例如职业"薅羊毛"的"羊毛党"），在一些企业的管理者看来，可能还仅仅是一种"寄生"在企业某种业务之上的"癣疥之疾"，虽然会造成一些损失，但通过媒体的放大也不啻为一种有效的话题营销，可能最终并不是什么坏事。但是，凡事有度，姑且不论那些因为自身能力问题被"薅羊毛"的企业所付出的资金成本和机会成本，单就那些心存侥幸容忍"薅羊毛"的企业来说，"羊毛党"们有组织、有规模、有分工地来企业"挖矿"，绝对不会是来当"活雷锋"，他们的背后一定都有自己的利益目的。事实上，"黑产"绝不仅仅是"薅羊毛"这么温柔，在利益的驱使下，他们会走得更远——不仅仅是对一个企业进行破坏——还会给一定范围内的互联网用户（或网络空间的人类角色）都造成损失，如遂行诈骗、控制（引导）舆论等。"黑产"的方法可以被敌对破坏势力用来作为工具，而敌对破坏势力难免也会收编一定的"黑产"作为外围，不一而足。"黑产"可能和敌对破坏势力并没有什么技术上的严格界限，都是企业在一定条件下所不得不面对的破坏者，是不可回避的外部安全环境的一部分。

以上5个因素并不是完全独立的发挥作用，很多情况下是作为整体来影响企业，在企业边界之外形成企业必须面对的安全环境。

外部安全环境的严苛与否，对企业的安全生态具有关键意义。严苛的外部安全环境一定会催化企业安全生态的形成和进化。反之，友好的外部安全环境会在很大程度上延缓甚至是限制企业安全生态的发展。事实上，如果没有来自网络空间这种特殊时间—空间之内的威胁，安全可能也就不会成为一个问题——至少不会是一个很大的问题——企业的安全生态就是因应这种人为挑战而出现和存在的。和内部安全环境的恶化会最终导致安全生态的分崩离析不同，外部安全环境的恶化，反而会刺激企业安全生态的茁壮成长。

3. 内外安全环境之间的关系

企业无法左右自身所处的外部安全环境。对企业而言，为了生存和有效应对这种来自外部安全环境的挑战，更现实的做法应该是想办法去适应这种环境，为应对外部压力而不断地调整自身内部的环境，聚集生态，就像自然界之中的生物演化那样。最终，足够强的企业，还可以被自身安全生态所使能，甚至可以获得改造自身外部安全环境的能力。

一方面，外部安全环境的压力可以在很大程度上塑造或驱动企业内部安全环境中的非物质因素。企业出于自身需要，必须首先要能够足够准确地感受到这些压力，进而对压力做出最恰当的反应，最后通过企业的运营和服务过程，理想情况下会以负反馈的方式输出到外部环境之中，以试图减轻企业面临的压力或使企业走出危机。这就要求，企业的内部组织机构、工作流程、安全文化、工作氛围等都需要具有一定的功能效果——出于企业可对外部安全环境输入的压力做出最恰当的反应的需要。

这其实是一种"环境选择"的观点。在这种"选择"过程之初，企业的管理者并不知道什么反应才是"恰当"的，恰恰是经过付出代价的"试错"之后，最终留下来的，才是"恰当"的。可以用一个中国的成语"亡羊补牢"来形容这种过程。这说明，企业内部安全环境的形成，可以是对外部环境的一种适应。即企业内外安全环境之间的关系中，外部安全环境通常处于主导位置。

另一方面，由于企业的内部安全环境可以通过自身的运营和服务过程向外部环境（当然，也包括对外部安全环境）施加反馈作用，所以，在企业内外安全环境之间的关系中，内部安全环境也并非只能处于从属位置，两者之间也可此消彼长，存在一定的相互制约的可能。这应当是一种动态平衡，也可以说是内部安全环境对外部安全环境的特异性选择。应当注意到，企业的外部安全环境并不总是一成不变，或者说，企业的外部安全环境存在不稳定性。

这种不稳定性，一是由于其自身也处在更宏大范围的生态系统之中而可能受到其中的应力机制的影响所导致；二是由于企业的内部安全环境的改善可以反过来对外部安全环境施加影响所导致，这种影响也可以被称为"博弈机制"。

例如，为了应对"羊毛党"时不时来"薅"企业"羊毛"的这种来自企业外部安全环境的压力，某企业甲选择了招募专门的业务安全团队进行对抗的策略，形成了安全部门与业务部门根据营销任务随时组建联合任务团队的内部安全环境。在形成这种内部安全环境之后，甲企业的大型线上营销活动都会事先经过审慎的安全评估并在活动期间设有专门的实时监控进行全程保障。并且，甲企业的安全部门和监管机构、执法力量日常保持着良好、密切的工作联系。这种情况下，"羊毛党"对甲企业展开行动的成本被大幅提高，以至于最终不得不放弃对甲企业展开行动而是将"黑手"伸向了内部安全环境远差于甲企业的乙企业（甲的同行竞争对手）。在这个例子中，甲企业的内部安全环境在与"羊毛党"的博弈过程中，暂时居于上风，从而加剧了甲企业外部安全环境的不稳定并最终在客观上恶化了竞争对手乙企业的外部安全环境，即企业内外安全环境之间的关系中，内部安全环境对外部安全环境具有一定的选择作用。

企业的内外安全环境之间有直接或间接的联系，不宜将两者孤立地看待。本书在此仅简单地做出一些定性描述。更多细节，例如，基于定量方法给出一些关系模型的内容，有待后续补充完善。

1.7.2　企业的安全赋能

网络空间条件下，企业涵养自身的安全生态，不仅是一种明智之举，更可能是一种无奈的被动之举。良好的安全生态将会发挥出巨大的结构性作用，会为企业的持久发展赋予能力和能量，是企业建立安全生态所得到的红利。可将这种作用过程称为"安全赋能"。

能够获得安全赋能的前提，是企业已经建立安全生态，表现在三个方面：①建立了基本恰当的安全组织；②建立了覆盖企业全体的安全文化；③具备了必要的网络安全技术手段条件。

定义9　安全赋能，是指企业通过自身的网络安全生态，使其利益相关方去获得或发展安全感（或安全保障）。

其中，"利益相关方"不仅仅是指企业的客户、合作伙伴、监管机构等企业"外部"的群体（或角色），更重要的，还包括普通员工、管理者、领导者、所有者等这些企业"内部"的群体（或角色）。

也可以将企业作为整体来看，则安全赋能就是企业的一种"自我赋能"，是直面网络安全挑战的自力图强。自我赋能也包括企业的内部群体（角色）作为安全生态的一部分而对自己赋能，这是因为自我赋能的过程就是自我提升的过程，赋能过程的"受体"（相对地，安全生态就是赋能过程的"供体"）可以首先是自己，其次，可以外化、复制、传播到更宏大的框架范围内。自我赋能和给他人赋能，在本质上并没有太多不同之处。

从另外一个角度来说，安全赋能可以被视为是一种"同化"行为。企业通过这种同化行为可以获得更加丰富的生态环境，可以构建并维持生态主体的多样性，从而更有利于自身安全生态的稳定。最终，企业通过安全赋能还可获得改造自身外部安全环境的能力。

安全赋能包括两个层面的含义，一是能力层面，二是能量层面。能量层面的"能量"，主要是指心理学意义上的能量，是指与企业利益相关方的人员的心理能量。

本书假设两个层面的含义之间并没有先后顺序或递进的关系，暂不对不同层面之间的关系进行阐述，仅就其大致含义进行说明。

1. "能力层面"

"能力"的内涵会因为其主体的身份或角色的不同而不同。对企业"内部"角色而言，"能力"包括完成工作所需的专业技术能力、管理能力和职业化能力（自主学习能力、执行能力、沟通能力）等。对于企业"外部"角色而言，"能力"包括达成自身目的的能力、选择的能力等。这当中也包含由经验而凝结的技巧。

从能力层面来看，安全赋能是企业安全生态对企业内外的相关主体（利益相关方）赋予了必要的网络安全经验（知识）和网络安全保障技能。也可以更宏观地来理解，安全赋能使企业利益相关方被赋予了获得安全感的能力。即，企业内外的相关主体获得了并可发展出能够正确认识网络安全问题，能够对自己或弱者进行一定程度的网络安全保护的能力。

在这一层面，安全赋能所赋之"能"的来源是企业独有的网络安全知识（体系）。这个网络安全知识（体系）包括一切可以接触到的通用的网络安全知识（如学校里学来的、培训机构里学来的等），还包括本企业独有的网络安全知识（由企业运作过程中积累的经验，经过萃取和提炼，沉淀形成）。当然，形成这种独有的网络安全知识（体系）的前提是网络安全成为企业运作过程中获得正式认可和广泛接受的技能和专业，能够在企业的运作过程中发挥作用。

此外，安全赋能的方式，在能力层面大致会是一种类似"言传身教"的模式，即赋能过程的受体，通过跟随学习赋能过程的供体所展现或提供的示范而获得能力。通常，宜宏观地将安全生态整体认为是赋能过程的供体，而不宜微观地将安全生态中的某个主体认为是赋能过程的供体。

例如，某范围内的大型企业的安全部门配合客户服务部门除了与客户进行常规的业务（即企业运作目的所涉及的服务）接触以外，还对客户输出业务相关的网络安全技术和安全保障标准，免费指导客户参照安全保障标准建设自身的生态系统、为客户提供技术指导、参与客户的安全保障过程管理等。这就是一种企业对客户进行安全赋能的形式。受到赋能的客户，自然延展了该企业的安全生态。安全赋能在整体上有助于为该企业形成更加友好的运作环境。

2. "能量层面"

此处所说的"能量"，大致是指一种能够对人的心理产生积极影响的力量，能使人的行为、态度、行动更具有建设性。这种建设性表现为，人在遇到挑战或困难时，能够保持开放、温和、认真、冷静的态度并最终寻找到可以战胜挑战或克服困难的方法。这种心理层面的能量是非物质的，不可见但真实存在，不仅难于用语言描述，而且甚至还不愿被人们提及。因为，人们通常会拒绝谈论那些无法用具体的或具有可操作性的术语来表达的任何内容。

从能量层面来看，安全赋能就是企业安全生态在心理层面使得企业内外的相关主体（利益相关方）因为获得了可靠的网络安全保障而得到信心，并且得到合法性方面的归属感（从众心理）。信心，是一种富有影响力的能量。利益相关方对安全的信心只能来源于可靠的技术和有效的管控。当人们对企业的运作过程充满信心之时，会更倾向于采取建设性的行动，倾向于与企业合作并保持相互利益的一致。这对企业而言，至关重要。企业的安全生态正是因为能够结构性地产生可预期的安全结果，而能够传递出巨大的安全信心，即会使这些利益相关方感到安全。这种信心的传递，无论是对企业的员工而言，还是对企业的客户和合作伙伴而言都尤为重要。毕竟，在大多数情况下，在激烈的竞争当中，焦虑远比信心更容易被获得并且更容易被传播。

从这个角度说，安全赋能就是让这些利益相关方能够获得并保持信心，积极参与或主动协同，为企业发展谋得利益和最优效果。这其实是一种"共赢"，在 1.7.3 节还会提到。

在这一层面，安全赋能可以有两个不同的方式。一是对企业"内部"角色而言，企业可以通过自身安全生态系统的细粒度划分，将日常工作领域内所面临的网络安全挑战封装为微观的"小安全生态"，授予他们明确的权和利，使他们有足够的意愿、资源和自由度来经营自己的"小安全生态"。这会使他们在自己的领域内最大限度发挥自身的安全潜能，用他们对网络安全工作的参与感、成就感来树立他们对企业整体网络安全的信心。二是对于企业"外部"角色而言，企业的安全生态就是一个为他们自己提供安全保障的场景，是一个透明、互动的平台，服务过程的安全信息可以高效快速流转，一切关注点都按需可见。甚至还可以通过企业的安全生态聚合更大范围内的资源为己所用。这种对网络安全的明确界定的相互期望，可以树立他们对企业的信心，使企业对他们进行安全赋能。

3. 其他几个问题

在本节的结尾，还需要再简单提及三个相关问题。

第一，"赋能"这个词有可能存在转译陷阱问题。按照中文习惯，"赋"和"能"通常是作为两个词使用，而罕见"赋能"的用法。例如，在《新华字典》的解释中不存在"赋能"这个词条。而近二三年来这个词却频频出现在各种媒体之上，大有时髦之感。本书似乎也未能免俗，提出了"安全赋能"的概念，或许是被耳濡目染所致？根据公开资料，在媒体上大行其道的"赋能"大致是来源于 *Team of Teams* 一书的中文译本书名，而后"赋能"一词开始在中文环境中流行开来。先是出现在一些商业精英著作资料中的"管理赋能""组织赋能"，而后出现在一些政策文件中的"产业赋能""5G 赋能"，最后泛化在各种场合有关创新的话题之中。"赋能"一词的英文对照词是 Empower 或 Empowerment，通常的直译是"使……有能力"或引申为"授权"。因此推测，"赋能"是首译者采用意译法的结果。对于"赋能"的理解，可以是"激活、唤醒内在的某种东西，使能够"的意思，或者是"使某事成为可能或可行"

的意思，还可以是字面的"给予能力、给予能量"的意思。

第二，作为对照，简单讨论一下企业的"安全使能"问题。"使能"和"赋能"两词的含义十分接近，"安全赋能"与"安全使能"的不同，主要体现在原则上的不同。"安全赋能"强调以人为本，重在调动人的内在积极性主动去寻求安全，是安全生态可持续发展的一种体现；而"安全使能"侧重的是客观的"能够"——哪怕是使人能够有条件做一些最终不符合他们利益的事情也在所不惜。例如，一些企业会寻求一些第三方安全服务提供者，利用服务者所具备的资质，通过为其提供能够"使得"他们达标的不真实评估资料，而方便他们在安全事项上变得"合规"。简单来说，"安全使能"是一种手段（或权宜之计），而"安全赋能"则是一种方法（或战略）。如果有必要将"安全赋能"和"安全使能"翻译成英文，则分别用Empowering of Cybersecurity 和 Enabling of Cybersecurity，可能会比较贴切一些。

第三，关于安全赋能概念的局限性问题。前面虽然从不同的层面提及了安全赋能可能是安全生态发展的趋势或结果，大致说明了针对谁赋能、赋什么能、用什么方式赋能以及赋能的收益如何等问题，但仍没有提出较为完整的方法和可操作流程——没有计算出通过安全赋能可以实现何种程度的价值回流、价值能够回流多久、回流多少，也没有说明安全赋能的运营方法，没有明确启动安全赋能或退出安全赋能的边界条件是什么等——还需要进一步的思考和实践。在这种情况下提出这样一个概念，其实也是冒着风险。这就好比一位商家在当众招徕顾客说：我有个好东西，能帮你，试试看？而作为顾客，可能大都会对此将信将疑。

安全赋能涉及企业的组织结构和管理模式，不同企业的安全赋能会有明显的不同，但是，作为一种愿望，总还可以尝试一下。本书倾向于认为，安全赋能是安全生态的必然结果，没有安全赋能能力的"安全生态"是不成熟的"生态"。

1.7.3 业务与安全共赢

企业存在的目的就是完成自身的业务任务，业务不存在了，则企业也就没有了继续存在下去的理由。企业的最高管理者以及企业的管理团队和各个部门，为了完成企业的业务任务，将完成业务、优化业务、提升业务作为自身的首要工作内容来考虑，也无可厚非。但是，偏偏就在这个过程中，出现了一个"矛盾"——业务与安全之间的矛盾——不是所有企业中都有这种矛盾，但这种矛盾却是一个客观的常态。

1. 关于业务和安全的矛盾

从事业务的人对工作的关注点总是聚焦在谋求业务的发展上，聚焦在谋求如何增加收入或者扩大业务受众上。他们的这种努力，归根结底就是谋求在其从事的业务的生命周期里尽可能多地获得收益——尽可能快速地度过业务成长期并尽可能延长业务成熟期。这是一种对效率的追求，是一种和时间赛跑、和机会博弈的较量。

对照一下：从事安全的人，他们对工作的关注点总是聚焦在谋求企业的安全上，聚焦在谋求如何减小损失或抑制运作过程（将要）面临的风险上。他们的这种努力，归根结底就是谋求在其服务的企业里，让一切都遵循法律、规范或有益的经验——尽可能地思虑周全不留漏洞并尽可能地留有后路以便降低不可预期的失败带来的损失。这首先是一种对价值的追求，进而是一种对概率的控制，是一种和风险共舞、和未知博弈的较量。

安全人员和业务人员在追求上都涉及公司的利益，前者是希望保有、保护、尽可能少损失，而后者是希望占有、占领、尽可能多的收入。本来是一件事的两面，无非是一个侧重守正，一个侧重创新，本质上他们没有对立的基础，但确实又往往存在矛盾。那么，问题出在了哪？

首先，人的认识能力存在局限。隔行如隔山，业务人员和安全人员各自的专业背景和职业定位不同，这不可避免地使彼此之间存在认知上的隔阂。这种隔阂在彼此缺乏信任感和有效沟通的情况下，会比较容易引起彼此的冲突。随着冲突的积累，事情的性质就会发生变化。

其次，企业管理者的价值观导向，对企业整体的价值观导向有很强的塑造作用，而且也存在认知能力的局限。坦率地讲，如果团队的领导决定冒险前进，那团队的成员又能有多大的能力可以选择稳妥地前进？当然，如果团队成员决定拒绝执行领导者的命令，导致团队危机，那就是另外的情形了。

最后，技术角度来说，要想安全就必要付出代价。这代价可能是成本方面的代价，也可能是机会方面的代价，还有可能是操作特性（或者叫客户体验）方面的代价（如简便性、快捷性等）。但是，企业无法准确衡量这些代价的大小，无法量化失去安全保障后会对企业造成多大的损害，这就使得企业无法获得所需的关键信息，无法就如何分配有限的资源做出理性的决策。这种情况下，如果工作人员所需的授权不足、威望不够，并且还没有趁手的工具来维持规则的权威，甚至规则都是缺失的，那谁又会去选择用阻力最大的方式来履行职责呢？

所以，这是个假性的矛盾。这个 "矛盾" 之所以是矛盾，几乎完全是由于人自身的认知能力不平衡的问题所造成。把业务和安全之间的 "矛盾" 说成是从事业务的人和从事安全的人之间由于工作产生的矛盾，可能更贴切一些——企业里提倡的 "对事不对人" 的职业精神被抛在脑后，从 "针对事" 演变成了 "针对人"，甚至演变成企业内部的 "江湖之争"。

2. 共赢是理念，更是方法

业务和安全没有真正的矛盾，所以，"矛盾" 必然可以化解。以安全生态的观点来看，业务人员和安全人员各有自己的生态位置，每位员工有自己的生态位置，每个岗位也有自己的生态位置。由于每个生态位占据生态环境中的一定量的资源并发挥一定的功能作用，所以，这些生态位之间不只是有竞争，还有合作，而且竞争有上限，合作有下限，否则，就会被生态系统淘汰。过度竞争会造成竞争主体之间不可调和的矛盾，过度合作（妥协）会造成生态系统的不可持续，两者各有其度。因此，这种动态的平衡所体现出的弹性可以很好地调和矛盾并维持整体稳定。这种整体稳定对生态中的所有主体都是有利的和最优的，也就是，所有主体处在了共赢状态。

如果将企业锐意进取的样子比作是一只雄鹰，那么业务和安全就是这只雄鹰的一体之两翼。如果将企业在攻坚克难的样子比作是一辆战车，那么业务和安全就是这辆战车的驱动之双轮。这 "两翼" 和 "双轮" 需要均衡发展，也必须要均衡发展。这种 "发展观" 是 "国家安全观" 的一部分，既是一段时期内我国境内的宏观政策方向，又是有理有据的经验总结，很是值得认真借鉴。安全是业务发展的保障，业务发展是安全的目的。安全需要业务配合，业务需要安全支持，这大概就是业务与安全共赢的写照。

引入了安全生态，共赢就从一种理念，变成了可供遵循和应用的方法。

1.8　小结

网络空间并不是独立于人们的社会结构之外独立存在的新世界，而是在不断与现有社会融合发展着的新世界。企业是社会的组成单元，社会在进化，企业必将与之同步，或者反之亦然。企业将不可避免地需要谋求在网络空间之中的生存和发展。企业的网络安全从无到有至不断加强，可以在保护企业的同时也为企业的发展拓展新的蓝海。网络安全工作是管理艺术与工程技术的有机整体，有其专门的体系结构，需要系统地、动态地、有层次地去开展相关的工作。从专业的视角去审视企业的管理，以人为本是企业网络安全工作的首要原则，构建良好的生态是企业网络安全工作的战略方向和可行方法。业务发展和网络安全，可以共赢，也应当共赢。

 # 第2章　网络安全视角下的企业管理

企业的管理涵盖企业运作的方方面面，必然涉及企业的网络安全相关范畴。

从渊源上来说，企业中的网络安全话题相比于企业管理来说，只是个相对年轻的、次要的话题，而且也只是因为在近30年来，随着信息技术的快速发展对企业有了比较大的影响力之后，才开始走入大部分企业最高管理者的视线。

现代意义上的管理学的发展历程，可以追溯到20世纪40~60年代，是以彼得·德鲁克（Peter Ferdinand Drucker）博士的卓越工作所奠定的基础开始的。而网络安全工作，乃至其中的网络安全管理（以下简称为"安全管理"），则是在20世纪70~90年代才得以出现并开始发展的。

这为我们提供了一个绝佳的机会——可以从网络安全的视角来审视企业管理。我们正需要在新时代和新环境中反思企业的运作方式，以谋求能够有更加有效的战略或过程使企业实现自身的目的。可能正是因为网络安全管理的发展恰好是现代企业管理理论形成的时代，很多网络安全管理的要素和方法，与企业管理有着很直观的相关性，这恰好启发我们，如果可以从新时代网络安全专业的视角来审视进而借鉴一些已经经过实践检验且切实可行的企业管理方法，对于我们做好网络安全工作，是否会有积极意义？

1. 管理（或企业管理）是什么？

企业管理无论表现为何种方式，最终都指向由人对人进行管理。管理的目的是使企业内部的人际之间的关联能够彼此和谐，人与人之间能够处在一种相互协作、互相配合的状态，以便最大化集体利益或企业的利益。企业的利益就是指实现企业之所以存在的任务和目的（或使命）所涉及的相关当事人的利益。相关当事人包括三类：企业内部的利益相关方（如企业的所有者、雇员等）、外部的利益相关方（如业务相关的上下游企业、消费者或服务对象）以及与企业有间接关系的利益相关方（如政府监管机构、网络空间、自然环境等）。

进一步来说，企业管理涉及人们共同在某项事业中进行的合作问题以及作为整体进行协作的问题，所以，企业管理绝对不是通过某种单一的方式或方法就可以达到预期目的的工作，也不是一件一劳永逸的工作。企业管理是企业当中一项"永恒"的事业：只有开始，没有终点。人们长期从事一项事业的动力来源，从根本上说是其自身的内因。即人们只有认可所从事的事业的价值或目的，乐于并对此满怀希望时，才会坚持下去，才会去克服一个个障碍，战胜一个个挑战，坚定地前进。文化是促成人的这种内因的形成，使人保持信念的重要原因和载体，是人的精神追求和心理寄托所构成的环境。

具体到对企业的管理而言，就需要从企业文化或企业所处的文化环境中寻求力量和灵感。所以，构建适合的企业文化，或者，如果能着意去发现并努力顺应文化发展的趋势，那么，企业的管理就会处在良性的循环之中，企业就会越来越兴旺。每一个企业都需要明确认识到自身的价值，为实现自身价值树立共同的目标并形成统一的价值观，还需要将这种价值观凝练成简

明扼要、独一无二的表述，通过时常的、公开的强调来促进达成一种共同的愿景（即对完成使命的憧憬，给予希望）。使命感、价值观和愿景，构成了一种精神追求的氛围，这就是企业管理所需仰赖的企业文化，是"管理"所必须深深根植其中的土壤。

管理从来不是一个静止的状态或者某种预设的一成不变的规范。企业面临的环境在变，人是对环境最为敏感的环节，所以，管理就是要以最快速度适应人的变化，需要把握机会并根据需要而变。唯一不变的就是变化本身。企业管理的变化是为了促使企业及其成员能够得到更好的发展，是有目的地去变，这是对管理本身的管理。管理求变不是为了变而变，更不是随便去变。而且，管理的变化需要根据情况果断地变，大多数时候，变化所能带来的积极效果和变化所需的时间长短成反比关系，当然，这不是说要"瞬变"，而是要"慎变"，是"谋定而后动"地主动去变。管理的这种与环境的顺应之变不是出于追求效果而进行的权宜之变。德鲁克博士曾说：管理是一种实践，其本质不在于"知"而在于"行"；其验证不在于逻辑，而在于成果；其唯一权威就是成就。

管理的目的不是去约束人，而是去领导人，是使平凡的人在一起做出不平凡的事情。管理的过程是尊重人并激发人去发挥才能，将人的"学习能力"转化为企业的"核心竞争力"。当然，这里所说的"尊重"并不单单是一种礼貌的要求，更重要的是基于这样一个理念：以人为本。

2. 更多事实以及本书的观点

现代管理学大致是因为人的认识的局限性而自然形成了很多学派，不同学派的研究所关注的角度大不相同，形成了很多理论，出现了"派系林立"的局面。这种现象被哈罗德·孔茨（Harold Koontz）博士形象地称为"管理理论丛林"（The Management Theory Jungle）。

孔茨博士于1961年12月在《管理学会杂志》（*The Journal of the Academy of Management*）发表了名为"管理理论丛林"（*The Management Theory Jungle*）的论文，将当时的管理学理论分为6个主要学派：管理过程学派、经验或案例方法学派、人类行为学派、社会系统学派、决策理论学派和数学学派。1980年4月，孔茨博士在《管理学会评论》（*The Academy of Management Review*）发表名为"重温丛林管理"（*The Management Theory Jungle Revisited*）的论文，提到"管理理论和科学还远未成熟，这在管理理论丛林的延续中显而易见"，并且一共总结出11种管理科学和理论的研究方法：经验或案例方法、人际行为方法、团体行为方法、合作社会系统方法、社会技术系统方法、决策理论方法、系统方法、数学或"管理科学"方法、权变方法、管理角色方法以及操作理论方法。

这是一种经典的分类方法。此后的40多年来，现代管理学大体上都围绕以上的学派（方法）进行发展，在数量上有些起伏和增减，但是门类上基本没有太多变化。在本书看来，"理论丛林"的存在，恰恰可以用一个中国传统哲学的观点——关于"（器）、技、艺、术、法、道"的观点来理解。本书无意评价这些经典学派中到底哪个是"法"，哪个是"术"，而是认为：这些学派所解决的问题和面临的对象各不相同，只要做到以人为本，明确目的，坚守初心，履行使命，就实现了管理。由此而得到启发，网络安全和企业管理有很多相通之处，当可借鉴一二。

2.1　安全的管理基因

网络安全工作带有管理工作的基因。安全管理是网络安全工作实践的重要组成部分。网络安全工作的具体范畴，有自己的历史发展脉络，从中可以清晰地看到网络安全对于企业的意义，以及对于企业管理的意义。在网络空间时代，企业的管理已经和组织、业务、应用、数据、基础设施等紧密相连，应当在企业管理的内容、方法、过程中统筹网络安全。

2.1.1　管理统筹安全

目前，世界各国和国内各行业对网络安全的众多实践已表明，对如何开展网络安全工作的基本观点已经趋于达成一致，安全管理和安全技术两者都要有，缺一不可。本书将此概括为网络安全的"管理统筹原则"。

原则 2　管理统筹原则：企业在网络安全保障过程中，人的要素和物的要素之间，需要进行可控的互动。

对于这一原则的理解，可以从若干前提条件入手。

1）根据对企业网络安全生态环境的认知和理解，构成安全生态环境的因素是所有网络安全工作的约束条件，这些环境因素包括企业外部的网络空间环境和企业内部的文化、人员、企业管理和技术条件等。生物意义上的"人"及其组成的社会意义的"人"（集体），构成这里所说的"人的要素"。开展网络安全工作所需的工具或系统等，构成这里所说的"物的要素"。

2）网络安全工作中最大的不确定性因素是人。从开展工作的目的角度而言，只有关于人的不确定性不容易认知，也不容易进行控制。这里的"人"，可以理解成企业的相关利益者，既包括企业内部的人，也包括企业外部那些和企业相关的人，甚至是和企业只有间接关系的人。

3）从事网络安全工作的人可以不断地在自己认知能力范围内优化实现工作目标的方式，并且，应当在网络安全工作的全过程中理性迭代这一优化过程。在网络安全保障的过程中，人的要素和物的要素，必须都处在网络安全工作者的考虑范围之内。这些要素之间的关系是一种互动，应当可控或者受控，即要素之间需要相互配合，步调一致，及时纠偏，避免或消除异常。

根据这个原则，网络安全工作需要兼顾人的要素和物的要素，要将两者有机地联系在一起并采取协调一致的行动，而不能简单地将两种要素堆砌在一起，要防止弄成"两张皮""两条线"。在方法上，可以根据两种要素各自的特点和属性形成独特的作业系统，但在观念上，应当兼顾两种要素。实现这种"兼顾"的基本方法就是进行统筹，即全盘考虑资源投入的相关问题，做到合理、必要和充分。统筹的过程可以借助量化处理的模式，例如，通过确定管理功能结构或质量技术标准等方法，根据目标需求来得以实现。

2.1.2　安全需要管理

当人们考虑网络安全保障问题时，通常习惯上首要考虑的是应当或需要采用哪些"技术"来保证安全，包括为信息本身以及为承载或处理这些信息所需的应用系统等提供安全方面的保护。对这些信息的保护过程，还需要考虑到不论它们是处于存储状态还是处于传输或使用状态，都需要采取措施。而应用系统的范畴，也需要从具体的计算机或其他的终端设备，扩展到信息的处理系统以及为这些信息系统提供连接的网络系统（包括网络系统附带的接入、分发等子系统）等。

例如，人们通过密码学、安全协议和系统安全等技术，可以构建出更加安全的应用系统和网络系统，但这就是我们确保企业安全所需要的一切吗？技术系统是否足以确保企业和数据（包括企业自身的数据、企业在运营过程中产生的数据以及企业所服务对象的敏感数据或个人隐私数据等）的安全？

大量事实证明：安全性不仅与实现它的技术手段有关，还与这些业务过程中涉及的流程和人员有关。正如凯文·米特尼克（Kevin Mitnick）先生在其《欺骗的艺术：控制安全防护中的人的因素》（*The Art of Deception*：*Controlling the Human Element of Security*）一书中指出的那样："这些保护信息的技术方法可能以各自的方式有效。但是，许多损失不是由于缺乏技术或技术缺陷造成的，而是由技术使用者和错误的人类行为造成的。"比如，如果员工的授权凭证使用了弱口令，那么，企业是否使用最安全的加密算法对业务系统中的数据进行加密就不重要了。从同样的意义上讲，如果企业配备了具有最先进的安全技术的软、硬件系统，而员工却可以随意地绕过那些安全措施，例如，能够随意地卸载工作终端上的安全软件或在办公网络的通信链路上随意将网络安全设备短路，那这些技术措施也就没有了意义。这就好比是锁头和钥匙的关系，再坚固的锁也可以被配套的钥匙或者被持有配套钥匙的人打开。

安全技术本身是中立的，并不会"自动"具有其所处环境所需要的安全能力或者"自觉"发挥安全保护作用。所以，对于它们被使用的流程和使用的过程以及使用它们的人，必须加以关注并采取适当的措施进行控制，以确保安全技术的应用和其运作效果符合预期。这些控制需要被管理，或者，这些控制本身就是管理的一部分。

没有被正确使用的安全技术无助于保护企业的资产，无助于企业应对威胁或者控制风险。网络安全管理不仅仅决定使用哪种安全技术，还需要将安全性、流程和人员的技术方面结合起来，决定如何恰当地使用这些技术，以便企业能够实现其业务目标。网络安全管理包括以下几个方面。

1）网络安全技术措施方面的管理。各种网络安全措施都需要被正确配置并被有效整合到企业的日常运行当中（包括企业的业务承载设施的日常运行，也包括企业自身运作所依赖的信息化设施的日常运行），根据需要调配资源对它们进行日常监视、维护更新或升级替换。并且，还需要维持并保障企业所必需的网络安全审计能力和人员问责机制，以有助于所有员工能够遵守行业标准和法律法规的要求。

2）人力资源方面的管理。例如，协助人事部门对新员工进行背景审查，评估新员工既往历史对企业网络安全可能的风险等，以及组织开展安全培训和模拟演练，不断强化员工的安全意识。

3）网络安全事件的管理。例如，协助业务部门制订和维护保障业务连续性的计划，确保企业能够在发生网络安全事件的时候继续开展业务，同时，将事件带来的影响降至最低。

因此，安全需要管理。或者，也可以说，管理是安全的一部分。

2.1.3　管理安全技术

对网络安全进行管理，可以使企业能够有效地使用恰当的安全技术，这不仅会带来资源利用效率的提高，更重要的是，可以使安全技术应有的作用能够真正发挥出来。对企业来说，最重要的资源就是人才、资金、技术、机遇等构成的有形或无形的成本。这些资源利用效率的提高，可以为企业降低成本奠定坚实的基础。根据迈克尔·E·波特（Michael Eugene Porter）博士的研究，企业获得竞争优势的战略只有三种，"成本领先" 只是其中之一。能够取得成本领先优势的方法对企业的意义不言而喻。当然，此处所说的获取 "成本领先" 优势，不是通过 "偷工减料" 或者 "山寨"（仿制）的方法以减小必要开支的模式来降低成本，而是通过提高资源使用效率的方式，以获得更高 "性价比" 的模式来取得成本方面的优势。

网络安全管理能够为企业提供一种用来优化人与技术（措施）之间互动方式的工具，并且能够减小这些互动之中所蕴含的风险。但同时也要注意到，实施安全管理并不能使企业不再发生安全事故或免于安全事件造成的损失，只是，可以减少网络安全风险并帮助企业高效地实现其安全目标。

在这里，简单说明一下不同语境中 "技术" 一词在含义上的细微差别。在企业安全的范畴内，一般对 "技术" 一词有三种理解。第一种是从学术研究的角度来理解，指一些 "底层" 的实现方法，如具体的算法、协议等，甚至包括编码实现的方式方法等；第二种是从应用的角度来理解，指某种措施或手段，如具体的设备、系统、平台等；第三种是从操作性的角度来理解，指与思路、理念等相对的实施过程、操作流程等，更关注 "如何做" "做得如何" 等方面的含义。要注意结合不同场景对其含义进行理解。

企业的网络安全管理需要发展自己的框架并遵循标准。本书结合网络空间的新形势、新特点，在比较的基础上提出了一种网络安全管理的体系结构。

2.2 安全管理的框架、标准

在企业实施网络安全管理方面，现在通行的做法是由企业自行选择某种常见的安全框架或标准作为指导来开展相关工作。由于这些工作的理论还没有形成公认的较为完备的体系，因此这些工作通常会被认为是一种安全实践。

企业在确定如何做出这种选择的依据时，往往出于某种直接的利益目的而并非出于实施安全保障的目的，而且，这种选择往往也是被动为之。但实际上，企业应当主动对自身所必须遵从的约束性条件进行审视，形成对自身所需的安全管理的基本理解，之后，基于这种理解，综合考虑自身运作需要和安全保障的技术性目的，来选择适合自己的网络安全管理框架或标准。

所谓 "约束性条件"，是指企业所必须要满足的一些要求，主要包括：法律、法规方面的要求，企业与相关方所订立的合同（或协议）中的相关要求，以及企业所做出的公开承诺中的某些相关要求。所谓 "对所需的安全管理的基本理解"，是指一个关于必要性的最小集合，包括但不限于：①企业可信地遵守了适用范围之内的法律、法规的要求，履行了与相关方所订立的合同（或协议）中的有关约定，兑现了自身的公开承诺；②企业对网络安全保护的整体目的（含对服务对象的隐私数据的保护）有明确的、合理的期望，能够确保不被外界视为对网络安全不重视、对网络安全保护相关事务漫不经心或故意对不安全情况持有纵容态度；③企业采取了适当的控制措施，能够保护自身的业务系统、数据和服务过程应对现实威胁的挑战。这里所说的 "必要性" 是指企业对安全管理的需求方面的必要性。

2.2.1 常见的框架、标准

目前常见的安全管理框架、标准，大致可以分为几个典型的 "流派"。

1）由美国国家标准与技术研究院（National Institute of Standards and Technology，NIST）主

导的一系列成果，包括"网络安全框架"（Cybersecurity Framework，CSF）、"风险管理框架"（Risk Management Framework，RMF）和美国"联邦信息系统安全系列（建议）"（NIST 's Special Publication，NIST SPs)⊖ 等。

2）由国际标准化组织（International Organization for Standardization，ISO）制定的"ISO/IEC 27000 系列标准"（ISO/IEC 27000-series，ISO27K)。

3）由国际信息系统审计协会（Information Systems Audit and Control Association，ISACA）制定的"信息及相关技术控制目标"（Control Objectives for Information and Related Technology，COBIT)。

4）由英国商务部（Office of Government Commerce，OGC）主导的"信息技术基础架构库"（Information Technology Infrastructure Library，ITIL）以及由其衍生的 ISO 20000 标准、"信息技术服务管理"（IT Service Management，ITSM)、"信息技术服务标准"（IT Service Standards，ITSS）等。

5）由开放组织（The Open Group，TOG）主导的"信息风险的因素分析"（Open Factor Analysis of Information Risk，Open FAIR）等。

据不完全统计，截至 2022 年初，世界各国共有约 350 种与安全管理相关的框架、标准。

（1）NIST 的网络安全框架

该框架由美国国家标准技术研究院编写，初版（V1.0）于 2014 年 2 月发布，旨在"改善（美国的）关键基础设施的网络安全性"。2018 年 4 月，NIST 根据美国 2014 年版《网络安全增强法》（*The Cybersecurity Enhancement Act of* 2014）要求，对该框架进行了升级。截至本章内容成稿之时（2020 年），该框架的最新版本为 V1.1。自 2022 年 2 月起，NIST 已正式启动了该框架 2.0 版本的升级工作。

这个框架是基于已有标准、指南和实践经验开发出来的指导文件，供企业（倾向于或建议那些运行有关键信息基础设施的企业）自愿使用。该框架主要说明了：①在企业内部，有助于改善企业的 IT、规划和运营等部门之间，以及企业的高级管理人员之间的沟通、感知和理解，以助于确定哪些活动对确保企业的关键业务和服务交付最为重要；②在企业内外之间，即企业与客户、企业与供应商之间，有助于相互说明企业当前的或被期望的网络安全态势方面的需求或要求。这最终将能够帮助企业更好地理解、管理和降低其网络安全风险。其内容主要是 IPDRR（Identify Protect Detect Respond Recover，识别、保护、监测、响应、恢复）模型，也可称为"五元功能模型"（Five Functions Model，FFM)。

NIST 网络安全框架能较好地适应网络空间的概念。

（2）ISO 的安全管理系列标准

ISO/IEC 27000 系列标准是现行的关于安全管理的国际标准，被认为是关于安全管理"最佳实践"经验的总结。该系列标准由国际标准化组织和国际电工委员会（International Electrotechnical Commission，IEC）联合发布，也被称作是信息安全管理体系系列标准（ISMS Family of Standards)，具有较为广泛的国际影响力。该系列标准自 2005 年首次发布以来一直持续保持扩展和更新（每个标准自首次发布后每 5 年更新一次)，至 2019 年已经发布 50 多个标准。这些标准中也陆续涵盖了金融服务、关键基础设施保护、隐私信息管理等范畴的内容。其中，信息安全管理体系（Information Security Management System，ISMS）是指一种系统化的方法，通

⊖ 国内常将此译为"特别出版物"。

过应用包括人员、流程和 IT 系统在内的风险管理流程，来管理敏感的企业信息，帮助企业管理 "信息资产的安全"（如财务信息、知识产权、员工详细信息或第三方委托给企业的信息），保证其安全。

ISO/IEC 27001 是这个系列标准中最著名的一个。我国于 2008 年开始引入该标准，将《ISO/IEC 27001：2005 信息安全管理体系要求》（*ISO/IEC 27001：2005 Information Security Management Systems-Requirements*）转化为我国的推荐性国家标准《信息技术　安全技术　信息安全管理体系要求》（GB/T 22080—2008）。其后，我国还多次引入了 ISO/IEC 27000 系列标准中的其他标准。

2.2.2　相互关系

这些主要的（即广泛使用的，和具体行业属性无关的，可不局限在某个应用业务场景之内的）安全管理的框架或标准大致都起始于 20 世纪 80 年代中期至 90 年代早期，并且都保持着较为旺盛的生命力，绵延至今仍然在不断地更新和完善。由于历史的原因，它们不可避免地都和计算机安全管理具有一定的渊源。概括而言，从演进的角度来看，这些框架或标准的发展大致可被划分为两个时代。并且，还有几种不同类型的发展路径贯穿其中。

1. 两个时代

划分不同时代的基准（分水岭）是网络空间概念的形成以及 "网络空间纪元" 的开始，大致对应的年代是 21 世纪最初的 10 年。

第一个时代（20 世纪 80 年代早期至 2010 年前后）：其特征是人们从无到有，逐步认识到安全管理的重要性和必要性；在进行安全管理的过程中，普遍以计算机系统、计算机信息系统、企业 IT 技术管理或 IT 环境治理中涉及的计算机安全的内容为主要出发点和关注点。管理过程的技术导向鲜明，局限在 IT 技术本身或 IT 领域本身，比较明显的特点是只关注 "物" 而较少关注 "人"。此时，"管理" 的含义更多的是指 "如何做正确的事"。这一时代的典型代表是 ITIL、COBIT、BS7799（即 British Standard 7799，是 ISO 17799 的前身）。

第二个时代（2010 年前后至今）：其特征是人们从小到大，逐步认识到安全管理对于依赖于 IT 技术的现代社会发展的重要性和必要性，开始以 IT 技术（工具）与现实社会的耦合与相互作用作为关注点，普遍开始尝试以人的行为模型、心理模型为出发点开展安全管理。整体过程中，安全文化的特点越来越突出，管理过程不再局限于技术本身。可以说，"管理" 的含义，更多的是指 "如何正确地做事"。这一时代的典型代表是 ISO27K、NIST SP、NIST CSF 等。

2. 几种路径

识别不同框架或标准所经历的发展路径，主要依据是它们各自体现出来的特征，即它们在不同时代都保持着自身体系的某种迭代或演进的特征。首先可以发现的是服务管理型、内部治理型和 ISMS 型三种路径。

1）"服务管理型" 路径主要以 IT 管理为内容发展而来。关注 IT 服务的管理，将安全问题视作企业 IT 环境中，因发展而逐步出现的一种伴生问题加以关注。其认为安全管理是 IT 系统或环境中（即 IT 服务）的子集，侧重计算机系统的应用业务交付、软件产品质量管理、IT 开发过程管控等内容。这一路径中的典型代表是 ITIL 系列（ITIL4、ITSM、ITSS 等）。

2）"内部治理型" 路径主要以内部控制，即以内控（Internal Control）为内容发展而来。关注企业内部风险控制，将安全问题视作 IT 能力治理（指企业 IT 部门与企业内部其他部门之间寻求平衡的过程）的子集，侧重审计。这一路径的典型代表是 COBIT 系列（COBIT5、COSO-ERM 等）。

3）"ISMS 型"路径以信息安全管理体系（ISMS）为主要内容发展而来。从企业整体视角着眼，以信息安全风险控制过程的管理为主，侧重于实践经验的固化和沉淀。这一路径的典型代表是 ISO27K。

此外，可能还存在某些未经识别的新类型的发展路径（暂且笼统称为"第四路径"）。例如，在 2014 年之后，以美国 NIST CSF、NIST SP800s、NIST SP1800s 等为典型代表的一些框架和标准表现出与上述三种类型的发展路径都不相同的特征。

3. 不同路径之间的关系

传统上，企业中的 IT 部门一般都会因为具有某种相对独立的地位而在企业内部体现出某种"独特性"，所以，网络安全管理也就常常被"独特地"看待而不太容易融合在企业管理过程中。在网络空间环境下，这种情况已经越来越不利于企业的安全管理。NIST 识别了这种情况的隐患，正在试图融合或消除 IT 部门的这种独特性。NIST 系列标准认为，IT 是基础设施的一部分，在企业内部的"IT 可达"之处，以及企业的相关利益者之间，都应该（广泛地）进行风险管理，这样才能有效地控制企业的网络安全风险。

"IT 服务管理型"和"IT 治理型"两种路径则实际上都默认 IT 系统在企业（或企业的业务）中具有某种独立的地位，认为企业所不得不予以关注的（安全）风险，大多由 IT 服务过程或 IT 体系的安全问题所引发，具有局部性质。因此，安全管理只是在 IT 服务过程或 IT 体系内部进行管理，或者以 IT 部门的身份参与到企业的内部治理之中。"ISMS 型"路径虽不强调 IT 的必要性，但并没有在更宏观的结构上提供网络安全管理的方法，所以，与第四路径也存在较为明显的区别。由此可见：

一方面，不同类型的发展路径的形成应有其历史原因，但都是在为了满足一定需求的条件下逐步发展而来。不同的框架或标准之间并没有本质上的对立，它们只是适用的环境不同，或者说对同一件事的关注点不同，这和选用它们的企业对自身安全管理的需要有关，而且，更关键的是它们之间在控制措施、管控流程等具体的方面还有交集，可以彼此配合和相互补充。非常常见的情况是，企业大都不会单独采用某种框架或标准作为遵循，而是结合自身的情况综合选用若干框架或标准。这种情况也可被称为"框架、标准的实施路线图"方法。

例如，COBIT 本身就是一种框架，虽然它提供的很多方法也是事实上的标准，但是并不妨碍企业同时在 IT 服务的范畴内引入 ITIL，同时，也不妨碍企业根据 ISO27K 的认证要求，在 CSF 内补充实施若干措施，甚至在产品的开发中还会应用"舍伍德商业应用安全架构"（Sherwood Applied Business Security Architecture，SABSA）等。

另一方面，由于这些框架或标准之间存在一定的交集且彼此之间有技术层面上细微的差别，所以，在客观上也形成了一种知识门槛，比较容易在实施过程中让非专业人员产生各种混淆甚至抵触，特别是对企业的管理者（甚至最高管理者）而言有些不太容易把握。套用孔茨博士的"管理理论丛林"的观点来说，这种情况也可算是一种"框架标准丛林"。

图 2-1 简单示意了常见框架、标准之间的关系。图中，用椭圆图形表示框架或标准，用椭圆图形的面积表示某种框架或标准所涵盖内容的多少，图形面积越大则表示其代表的框架或标准所涵盖的内容越多。椭圆图形重叠的区域表示各自代表的框架或标准之间有交集。坐标轴的横轴表示框架或标准的概念化程度，即理论完备程度，从左至右逐渐增大。坐标轴的纵轴表示框架或标准的可直接操作的程度，即内容的详细程度，从下至上逐渐增大。该图仅为示意，图

形之间没有严格的比例关系。图中的省略号表示被忽略了的其他框架或标准。

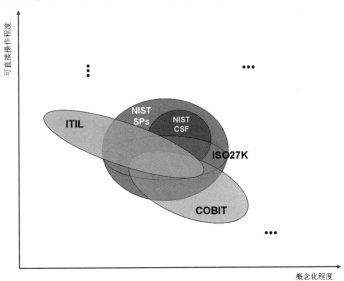

● 图 2-1　常见网络安全管理框架、标准关系示意图

再者，进入网络空间时代之后，不同路径之间呈现了某种融合的趋势，除在不断完善已有优势之外，还在努力扩展自己的适用性。例如，根据各自发布组织的说明，综合来看：①2019 年发布的 ITIL（ITIL4）中，将重点放在综合服务管理上，通过服务价值体系（Service Value System，SVS）促进服务关系共同创造价值，安全管理融入 SVS 之中，而不仅仅局限在 IT 服务管理之内；②2018 年发布的 COBIT（COBIT 2019）中，将重点放在了企业的信息和技术治理上，侧重于治理和管理企业接收、处理、存储和传播信息所需的 IT 组件，并且认真考虑了利用 COBIT 2019 映射和适配 NIST CSF 的问题。

以上的比较，无意为得出孰好孰坏的结论。可以注意到，有一些框架和标准的发展正在经历不同的时代。这不是说它们存在的时间长短能够充分说明它们存在的价值，也不能反证那些已经消失的框架或标准毫无意义，而是希望能够通过对它们发展路径的观察，来获得一些有益的经验。网络安全管理基本上都是某种实践过程，只要能够适合企业的需要，满足企业内外部约束条件的要求就基本达到了目的。

2.2.3　引申含义

前面对安全管理的框架和标准进行了一些简单讨论，但是关于什么是框架和标准，却还没有进行说明。而且，随着不同框架和标准的不断演进，它们之间似乎又有一种相互融合的趋势，这就很容易使读者在概念的理解上产生某些困惑。因此有必要澄清一下"框架"和"标准"之间的区别。特别需要注意，在安全管理的范畴内提到"框架"和"标准"这两个词，还要考虑到它们各自所具有的引申含义。

1. 框架

无论是进行学术研究还是技术或产品的研发或是在企业的运作管理中，都会面临着方法论的问题，而这正是使得人们在"框架"和"标准"之间产生混淆的地方。习惯上，人们对"框架"的理解就是指方法论。以"科学"的观点而言，人们在解决问题之前，需要发现问题；发现问题之后，需要明确定义问题；只有能够明确定义问题，才能够分析问题；而能够准确分析问题，才能找到有效解决问题的措施。对问题缺乏明确的定义或者没有足够的实践经验可供参考的情况下，面对所有这些可能的措施，如何进行取舍就需要一些技巧和方法。

通常，人们会首先粗略地构建一个"框架"，来列出所有可能措施的清单，然后用实践来检验——根据实际场景来选择性地执行这些措施，检查或测量这些措施的效果并进行适应性调整（或改进），直至问题被彻底解决或使问题的影响减小到可承受的范围之内。这种方法就是找到方法的方法，即方法论。解决一个问题或者一类问题的，叫作方法；解决一个"框架"内涉及的一众问题的方法，就是方法论。方法论通常都需要足够宏观，需要有足够的深度和广度，因此，它虽然是一个写满各种情况下可采取措施的清单，但由于不够细致而会表现为一种思维方式、一系列要求，甚至是一些具有普适性的原则，而不会那么精确，甚至可以说是可操作性不强。可见，"框架就是方法论"这种看法，是人们基于科学的朴素的直觉。

事实上，一旦人们在明确定义问题的环节遇到障碍，那么后续的分析问题和寻找解决问题的措施的环节就会变得复杂起来，即从方法变成了方法论。当这些障碍足够大时，"科学"甚至就要让位于"艺术"。比如，安全管理框架在一定意义上说，已经可以算是一种艺术。因为，安全框架的搭建、实施和维护都需要聚集一群不同知识背景的人，通过他们的发挥和演绎才能得以实现。每个运转着的安全框架都各不相同，可以说就像人的指纹一样，独一无二。并且，运用每个框架的实际过程都难于描述和记录，正所谓"运用之妙，存乎一心"。

2. 标准

标准比框架的情况相对要简单一些。标准，用来衡量做事的度，是经过协商达成一致并得到公认的做事规则或做事结果的特性；可以是供遵循的方法，也可以是供测度的指标。这个"事"是指具有重复性的事物。处理偶发的、孤立的事，没有标准可言。标准存在的目的，就是提供一种规范，使得人们做某事时，可以在一定范围内获得当时条件下所能达到的最佳效果。此外，标准还有一个非常重要的作用——为相关各方的交流提供共同语言。

标准所代表的方法，就是对广为接受的实践经验的总结。对这种总结，往往还有另一种说法，称其为最佳实践。虽然说，通过最佳实践获得的结果通常优于通过其他替代方法获得的结果，但最佳实践通常具有普适性，不考虑企业之间的差异，不考虑行业之间的差异，而是"非常"专注于方法本身的结果。当然，最佳实践具备普适性并没有什么不对，但是人为地忽略这种普适性就会造成很多不必要的困扰。请注意，"结果"是相对概念，掺杂有主观判断的成分，和人（以及人所处的社会环境或文化环境）有关，不单纯是狭义的、客观上的事实。

例如，某企业开展安全管理工作时，遵循了某些最佳实践的要求，那就意味着，该企业是遵循了一些被广泛接受的惯例方法，其安全管理工作所能达到的水平就比较容易被全国各地，甚至是世界各地的合作伙伴或服务对象所接受，具有了普遍的信服力，而不再需要花很大的力气去从头证明自己。当然，是否如企业所说那样是遵循标准开展的工作，则还需要有专门机构来评价。

3. 框架和标准的区别与联系

通常，标准都是最著名的实践经验的总结，但对实施者来说却未必是最适用的经验的总结；而在框架中则可以较为随意地选用适合的措施，这些措施可能是某些成熟的经验总结，但可能尚未被广泛接受。标准通常是僵化的，不允许实施者随意进行修改、适配，具有一定的约束性，人们必须遵循特定的方法来完成规定的工作；而框架却保持着某种开放性，它至少是灵活的，允许实施者利用框架所提供的一套准则，来发展最适合的、属于自己的方法。也就是说，框架只是定义了一种"思想体系"，并不涉及具体的方法。所以，在某些不严格区分的场合，框架也可以被称为"体系架构"或"架构"。

简单来说：①框架提供了思路来指引人们在实践中找到最恰当的措施，这些措施通过检验（或得到公认）则可以成为标准；②标准规范了具体的方法，受此约束，人们在实践中遵循标准以取得可以得到公认的效果；③框架的范畴更大，虽然要实现框架中规定具体的目标可以遵从不同的标准，但标准对框架而言只是一个可选项。

企业开展网络安全管理的实践意义通常大于其理论意义，大多数人总觉得方法比方法论更重要，标准比框架更"实用"。方法是具体的，是可以直接操作的，风险较小，而方法论虽然在观点上鲜有不被接受的错误，但需要耗费较多的精力并承担着失败的风险去尝试可行的方法，而且，还会在效果评价的公信力、接受度方面遇到一些挑战。

2.3 安全管理的内容

网络安全管理不能脱离企业的实际，例如，需要统筹考虑企业的管理模式、业务结构、人员组成等方方面面。通常认为，层次分明、规范有序，是网络安全管理所期望达到的目标，但这种期望在网络空间时代却未必现实。安全管理的对象是人而不是机器，所以安全管理是十分困难而又微妙的工作。如果不结合事实和环境而是根据管理者的意志进行安全管理，比如用专断的命令强制施行某些要求等（这在企业中很常见），那么，安全管理工作恐怕会很难取得理想的效果。

2.3.1 基本概念

网络空间时代，企业的正常运作乃至社会的运转，都需要网络安全的保障。在这种条件下，网络安全是企业赖以生存发展的必需资源。

任何资源的供给对于企业乃至整个社会来讲，都非常有限，我们没有无限的能力去获取它们。网络安全作为一种资源供给，同样也面临这个"稀缺"问题。这是一种矛盾：正如人们常听到的"不管怎么重视安全都不过分"那样，企业对网络安全的需求没有止境，对安全总有无限的需求，但在现实中，受各种条件限制，网络安全的供给却不可能没有限度。企业必须要有某种方法来解决这种矛盾或化解这种矛盾，至少，也要能够运用某种可以达成平衡的方法，在获得网络安全资源所应提供的效用的同时，也能获得利益。

安全管理的"资源论"观点

能够被直接利用或可被使用而为企业产生效用或利益的事物，都可被视为资源。因此，网络安全就是企业的一种资源。

定义 10　网络安全资源是指企业中可以为实现网络安全目的提供效用和结果的物和人，以及由这些人所组成的工作团队或他们在网络安全工作关系方面形成的社会关系网络。

可以从三个方面来理解网络安全资源的概念。

第一，企业的网络安全（工作）不仅涉及那些基本的用于网络安全目的的软、硬件设施设备（可称为工具），以及使用这些软、硬件设施设备开展工作的人，还涉及与他们相关的人（可称为"干系人"），比如，他们的管理者（或领导者）以及他们的同事等。在工作的过程中，人形成或发展了专门的技能，建立并扩展了与干系人之间进行交流和沟通的社会关系网络。工具不能被视为网络安全资源的全部，它们只是工具，不经人使用发挥不出全部的作用，甚至它们仅仅是企业用来构建网络安全屏障的一些"材料"。网络安全的资源属性，真正体现在使用工具开展工作并形成了相关经验和技能的人身上。但这不是说网络安全资源就是某种人力资源，而是说网络安全资源是一种知识资源。虽然上述定义中包含了物的因素，但这不是主要关注点，因为物可以被替代，相对于知识资源而言并不稀缺。

第二，网络安全（工作）是网络空间的历史发展所不可缺少的基础，其本身就是历史与传奇的体现，而且还逐渐发展成为企业、社会在网络空间形态下正常运转的核心之一，甚至一定程度上还可以深刻影响企业在网络空间中前进的方向。这种特性，使得网络安全与天然的物质和自然的能源一样，与信息一起成为企业发展所必需的资源。德鲁克博士曾预言说，"现在真正控制资源的决定性的'生产要素'既不是资本也不是土地或劳动力，而是知识"。在网络空间时代，这个预言已经成为现实，一些知识型企业取得巨大的成功。我国正在建设网络强国，大力发展知识经济。因此，广义上讲，网络安全资源也可以说是企业的信息资源或知识资源的一部分，对网络安全资源的开发和利用将会对企业的发展具有基础性影响。

第三，网络安全资源也可以被视为"网络安全即资源（Cybersecurity as a Resource, CSaaR）"。网络空间时代的到来，带来了理念、方法和技术的创新，并且由于这些创新打破了原有的格局，引发或加剧了竞争，这将迫使企业更加关注网络安全问题。网络安全问题的复杂性决定了网络安全问题不仅仅是一种技术问题，还是企业运营所面临的一项风险，是企业作为整体所面临的问题。

这就进一步决定了企业的专业部门，如从事主要业务的部门（主业部门）或 IT 部门等，都无法按照以往的方式来处理网络安全问题。或者，如果不改变处理网络安全问题的方式，将会很难收获到良好的效果。企业中的专业部门都应该专注于它们各自职责和资源禀赋所决定的、比起从事网络安全工作来说所应该更擅长的事情，即服务创新、创造并保有客户（服务对象）以及灵活和敏捷地支撑业务的运营等。而这就需要在企业内部提供经济、灵活、快捷、可控的网络安全服务，将网络安全作为一种业务资源来管理，以更有效地获取更加富有弹性的保障，从而在网络安全风险面前更有韧性。

那些旨在单纯通过加强网络安全技术（甚至是 IT 技术）以加强运营保障的战略，具有内卷性。因为它们忽视了企业中从事网络安全的工作团队在为企业服务过程中获得的隐性知识所具有的不可替代性、稀缺性、排他性（例如，制定安全防护策略的具体方法应当是受控信息，不宜随意公开或分享）和增值性——它们无法可靠地应对网络安全的挑战，甚至会将企业的运营拖入困境。

为确保网络安全资源的可用（即"有得用"以及"用得上""用得好"等）而进行管理以满足企业的需要，就是企业进行网络安全管理的理论意义之所在。也就是说：

定义 11　网络安全管理是企业对网络安全资源进行开发和利用的总的方法和过程。

2.3.2　主要特点

如果从企业运营的视角来看待网络安全管理，则网络安全管理可以是一个为完成网络安全保障任务而被定义的过程。网络安全管理需要规划、组织、执行和控制运营网络安全资源的过程，协调网络安全涉及的人的要素和物的要素之间的关系。

1. 全局性与困难性

在这种"过程"中会涉及不同的人或工作角色，如管理者、执行者、操作者、利益相关者、等。员工的工作角色并不影响他们是否属于企业的网络安全"资源"，只有他们所具有的经验、技能、思想，才是真正的资源。

在网络安全管理过程中，需要网络安全的管理者履行一些职能，包括规划（或计划）、组织、人员配备、指导（或指挥）以及控制，还包括为了履行这些职能而付诸的行动。所有的行动，都应该是有效果的（不能为了做而做）并且要具有可被企业的运作需要所能接受的效率。网络安全管理者需要保持这种有效性和高效率之间的平衡，尽可能以最优的资源投入方式来实现网络安全目标。这意味着网络安全管理除了保证必需的安全技术手段的有效性和开展安全工作的效率外，还需要参与到企业运作过程中的很多方面：

1）财务方面，如预算计划和控制等。

2）人事方面，如待入职员工的背景评估、安全意识教育培训、安全责任考核、员工离职的安全审计等。

3）市场（泛指企业的业务或服务的"变现"过程，变现是指将应得利益兑现成现金）方面，如新技术新业务的安全评估、潜在消费者（或服务对象）信用的安全评估等。

4）生产（泛指企业的主要业务或服务的实现过程）方面，如生产技术和工艺的安全控制（监测和分析）、安全检查、安全评估、安全加固以及安全需要的升级或改造等。

5）研发方面，如生产技术、市场等的实验和研究过程中的安全保障以及建议和评估等。

6）采购方面，如供应链的网络安全评估、招投标条件审查等。

7）信息传输或通信方面，如企业员工之间或企业运作过程所需的信息交换、信息分发、信息传播和信息处理过程中的安全保护等。

8）日常方面，如企业安全事务的对外接口、为管理层参谋安全战略、向管理层反馈基层安全状况等。

这是网络安全管理的一个很重要的特点，即全局性（或全覆盖性），这同时也是网络安全管理的困难性所在。

2. 更多特点

总结起来，网络安全管理的特点还有以下几个方面。

第一，网络安全管理是一个"从上到下"的管理过程，是企业管理的重要组成部分。每个企业都有自己的基本目标，这是企业存在的根本原因，而网络安全管理的目标应当也被认可包含在这些基本目标之中，否则，企业将很难适应网络空间时代的环境。这意味着，应当是企业的管理层主动地将企业中的所有员工为实现这些目标而做的努力统一起来（请注意"管理统筹原则"），而不是反过来靠基层的员工自觉自愿来实现网络安全的管理（当然，这不是否定基层的员工会自觉自愿地参与到网络安全管理的过程中）。

第二，网络安全管理是一项复杂的活动。这种复杂性体现在多个维度，主要涉及：①岗位职责与安全责任的划分和认定。为实现目标而需要对每个工作岗位的安全职责进行认定，需要对每个员工的行为所涉及的安全风险进行评估，既要保证安全措施不影响业务流程的正常运转，又要平衡业务流程的运转与安全措施之间的效率问题。②网络安全工作任务的拆解与分配。网络安全管理需要将必要的网络安全要求转化为具体的工作事项，按照最优的方案将这些工作事项进一步拆解和分配给每个岗位或相关的员工，并且还要为完成这些工作事项分配必要的措施、手段。③网络安全事务运作过程的控制。安全管理需要控制上述这些"投入"的流动，需要将"投入"转化为效果的技术，需要测量网络安全工作事项完成的效果和进度，以保证企业整体运行在期望的状态。

第三，网络安全管理是一个连续的、动态的、复合的功能。很难将网络安全管理的过程划分为独立的步骤或区分成"段"——即便从规划的角度来看，习惯于并且经常是有着不同的划分——但运行起来的安全管理过程就是一个富有弹性的循环，会与企业的运作交织在一起，会根据环境的需要调整（或改变）自己。因为，企业很难预知自己将要面对什么样的网络安全挑战。这也是企业进行"敏捷"服务与"灵活"运营的趋势下，对网络安全管理的重大考验。

第四，网络安全管理是一项开展集体活动的艺术。网络安全管理不仅仅是看得到的各种约束、流程、工具，更是一种无形的力量，它的存在可以被人感受到。企业由具有各种不同需求的个体组成，因此，安全管理虽然可以是规划（或计划）、组织、人员配备、指导（或指挥）以及控制的过程，但从以人为中心的角度来看，网络安全管理也可以是一种动员不同个体参与集体活动以实现共同目标的艺术。这需要网络安全管理者以及管理团队，能够通过某种方式（例如，构建网络安全生态），使得企业中所有个体都能随着网络安全环境的持续优化和安全风险的持续可控，而能够有机会同步获得成长和发展。这将体现出一种非凡的领导力，可以说是一门艺术：这既是协调、组织、引领网络空间环境下的企业员工控制自己并利用物力资源，为实现共同的企业目标而努力的艺术，也是企业以最小的代价来确保获取最大发展的艺术。

2.3.3 目标要点

实施网络安全管理有三个要点：科学的方法、定量的技术以及社会化的关系（作为个体的员工与作为整体的企业之间所呈现出来的社会网络关系）。有效发挥作用，就是网络安全管理的目标所在。可以从战略、战役和战术三个层面，分别进行说明。

（1）战略目标

网络安全管理的战略目标，主要是指：

1）合理利用网络安全资源。不限于以最经济的方式利用资源，还包括以最公平的方式利用资源。

2）提高企业的效能。网络安全管理所期望得到的结果是企业的网络安全生态活跃，企业运作过程中的每个要素（生产要素）都发挥了正向的效能，而不是给企业带来不可控的安全风险。

3）帮助企业的管理者规划未来。企业的未来表现将取决于当下的基础，网络安全管理的效果决定基础的质量。

（2）战役目标

网络安全管理的战役目标，主要是指：

1）识别并持续评估企业所面临的不断变化之中的网络安全风险，以便合理地控制网络安全风险。

2）减少企业关键服务（业务）的脆弱性，采取措施以减少企业信息系统中的安全漏洞，与主要的利益相关者合作来确保企业的基础服务设施达到适当的网络安全水平。

3）抑制或反制来自网络空间的安全威胁，与治理机构和执法力量合作，配合预防和打击网络犯罪的工作。

4）控制或缓解网络安全事件对企业造成的实质性影响，通过协调性的快速响应工作，最大限度减小潜在重大网络安全事件所带来的后果。

5）在网络安全领域取得成就或成果，实现网络安全管理的战役目标，促进和提高企业网络安全生态的健壮性。

（3）战术目标

网络安全管理的战术目标，主要是指那些具体到管理过程中的细节活动的目标，是为达到战役目标而建立更加具体化的目标。战术目标的数量极多，实现起来既有现场紧迫性，也有循序渐进性。这些目标无论大小，应当都是出于安全的目的，以保障企业处于安全的状态。非安全目的的行动目标不属于安全管理的战术目标。

在战术的层次上可以不需要考虑太多宽泛的内容，将细小而明确的任务按要求完成就行。通常，战术目标来自战役目标，战役目标来自战略目标，它们的级联反馈最终能够形成整体的工作合力。

除此之外，临时性的、小规模的任务目标也可以被归为战术目标。这是一种灵活性的体现，其结果最终也将汇聚到战略决策者那里。

2.3.4　范畴或范围

网络安全管理是企业在网络空间时代保持正常运作所必需的一项机体功能，因此，网络安全管理应当在企业中无处不在——它的范围会非常大。尽管很难精确定义网络安全管理的范围，但通常会在实际工作中将网络安全管理分成"管理实质"的"点"和"管理功能"的"面"。并且，还会进一步将管理功能范围内所涉及的工作内容细分为几个主要的分支，比如企业生产过程的网络安全管理、企业市场活动的网络安全管理、企业日常运作的网络安全管理等。

1. 管理实质

管理实质主要是指网络安全管理自身包含的一些管理实质性工作内容，即保证网络安全管理工作质量的那部分工作，分别是教育培训并达成对网络安全管理目标的共识，围绕目标制订计划、实施计划或采取计划所需的措施，对实施过程和效果的研究分析以及进一步对原定计划进行改进等活动构成的循环。

网络安全管理实质是在 PDCA 方法的基础上扩展而来，本书将其称为"协商学习改进循环"（Negotiating Plan-Do-Study-Act，NPDSA）。PDCA 方法是指"计划、实施、检验和改进"的循环（也可被称为"持续改进"循环模型），最早起源于沃特·A·休哈特（Walter A. Shewhart）博士提出的现代质量管理（质量控制）思想，后经过 W·爱德华兹·戴明（W. Edwards Deming）博士的发展而被广泛接受并被列入了 ISO27K 之中。PDCA 方法是目前已知的网络安全管理方法中，可被验证的、最为有效的方法之一，可以说是一种标准工作方法和基本工作方法。

2. 管理功能

管理功能主要是指网络安全管理体现出"机体功能"的工作内容，主要分支包括以下几个方面。

（1）生产过程的网络安全管理

生产，泛指企业的主要业务或所提供服务的实现过程。对制造业而言，就是制造产品；对服务业而言，就是提供服务。生产是将原材料转化为成品的过程。原材料和成品的形态，可以是物质，也可是能量和信息。转化的过程就是加工的过程，是人的脑力劳动和体力劳动作用的过程和结果。在将原材料加工为成品的过程中，必然需要科学的计划和规定作为指导，否则就无法实现规模化作业并保证成品的质量。网络安全管理的内容就包含在这些计划和规定之中，也包含在执行这些计划和规定的效果评价过程之中。

网络安全管理的功能就是保障生产过程正常、稳定和持续地进行，其具体的工作内容需要根据其保障的生产过程而确定，通常包括：生产设施（基础设施）的安全保护（防攻击、防破坏、防滥用措施的管理）、生产原材料供应链的甄别与风险控制、生产过程中的安全合规性检查（含操作人员的行为审计）、生产技术和工艺的安全控制（安全事件的监测、分析、响应和处置）、安全风险评估（含决策建议）、安全加固（含漏洞管理、情报管理）以及出于安全目的的技术升级或工艺改进（安全开发和标准化）等。

（2）市场活动的网络安全管理

市场活动，泛指企业将通过生产过程得到的成果"变现"的过程。"变现"是指将企业输出生产成果后应得的利益兑现成现金（流）。市场活动是生产过程的依据和导向，是用生产过程的成果满足消费者（或服务对象）需求的关键过程。将需求导入生产以及将产品导入客户的过程中，必然需要科学的分析和可靠的渠道作为指导，否则就无法稳定获取利益。网络安全管理的功能就是保障市场活动正常、敏捷和高效地进行，其具体的工作内容需要根据其保障的市场活动而确定，通常包括：业务营账设施（计费、账目管理等 IT 支撑手段，含云化资源、智能终端的 App 等）的安全保护（防攻击、防破坏、防滥用措施的管理）、IT 支撑过程中的安全合规性检查（含操作人员的行为审计）、数据保护（防泄露、防窃取、防失密措施的管理，含大数据部分）、分销渠道或分支机构的 IT 资源保护（安全事件的监测、分析、响应和处置）、安全风险评估（含决策建议）、安全加固（含漏洞管理、情报管理）以及新技术新业务的安全评估、潜在消费者（或服务对象）信用的安全评估、潜在合作伙伴的网络安全信用评价等。

（3）日常运作的网络安全管理

日常运作，泛指企业运作过程中必需的财务、人事、行政等业务部门的运作过程，涉及企业正常运转所必需的职能条线，是对生产过程和市场活动等条线的支撑、保障和服务，也是贯彻企业管理者意图的主要载体。网络安全管理的功能就是从企业整体的角度去开发网络安全资源，为生产过程和市场活动等条线的网络安全管理提供根本的保障。具体的工作内容需要根据企业的决策导向和企业内部对网络安全资源的需求来综合确定，通常包括：企业网络安全战略管理（含网络安全预算计划的编制和执行过程的控制等）、人员安全（控制措施的管理，含待入职员工的背景评估、正式员工的安全意识教育培训、全员安全责任考核、员工离职前的安全审计与信息脱敏等）、研发过程的安全控制（含"规划—开发—投产"过程中的安全措施合规控制）、供应链的网络安全评估、招投标条件审查、企业安全事务的对外协调联络等。

网络安全管理既是企业的基础管理又是企业的"安全专业"的管理，核心目的是在企业建立网络安全工作的秩序。此外，网络安全管理还需要有更深层次的目的，即引领企业产生变革以顺应网络空间的时代要求。因此，与此对应的管理功能还包括：①管理企业的网络安全文化并融入企业文化之中；②管理网络安全领域的发展趋势在企业观念创新方面的影响，促进企业形成新的核心竞争优势；③管理与企业利益相关者（包括企业的客户或服务对象、监管者等）在网络安全领域开展的合作，构建企业的网络安全生态。这三个功能，还可以被合称为企业的战略级网络安全管理。

2.4 安全管理的原则

企业实施网络安全管理，除了在本书前述的两个基本原则基础上之外，还需要遵循其他一些基本原则，分别是：富生产力原则、服务属性原则和松耦合性原则。同时，也要兼顾效率原则、效益原则和适度原则等通用的原则。

这里所说的"原则",是从网络安全学科的角度提出,并未包括一些带有监管色彩的规定性原则,如"谁主管谁负责""谁接入谁负责""谁使用谁负责""谁运营谁负责""管生产必须管安全"以及网络安全的"一票否决"原则等。

2.4.1 富生产力原则

原则 3 富生产力原则:企业开展网络安全管理工作,须确保工作的效果能够增加企业的生产力,产生效益。

网络安全管理的关注点首先应当是"人"以及人的行为,其次才应当是选取什么样的控制措施以及如何去具体实施控制措施。网络安全管理的全过程以及网络安全管理对企业的全部功能中都不应当将"人"视作"默认忽略"的选项。是"人"构成了企业的组织并驱动着企业开展各种业务,企业的生产力来源于人以及人对生产要素的利用过程和方式,所以,开展网络安全管理就是要保证"人"的因素能够始终发挥积极因素,通过员工的努力和配合来提高生产力,进而促进产生效益。不能以开展网络安全管理的名义排斥正常的业务需求,或不计成本地片面强调网络安全管理的意义而造成"为了安全而安全"的局面。同时,安全管理工作必须要有实际效果并产生效益。虽然"效益"可能从避免损失的角度体现出来,是间接的经济效益,但不可否认安全管理工作能够产生效益而且必须产生效益;否则,就没有必要开展这种"安全管理"工作。避免任何工作的内卷化,是每个企业的管理者都需要冷静思考、明智判断、认真对待的事情,这对于网络安全工作也不例外。

按照保障网络安全的要求来组织工作,仅仅只是网络安全管理的第一步。接下来需要做的是,使网络安全工作中的具体要求与其他业务工作中相应岗位上的员工能够相互配合起来,这将要困难很多。因为不从事网络安全专业的人的逻辑与从事网络安全专业的人的逻辑存在明显的差异,所以,必须正视这种差异,把人看成活生生的人而不是机器或者冷冰冰的岗位职责,然后才能去开展网络安全管理工作。员工变被动为主动、变消极为积极,会使网络安全管理的约束感变得不那么强烈,处处受人抵触的情况就会有根本改观。安全管理人员与业务条线的员工相互配合开展工作,将安全管理带来的不便变得更让人乐意理解和接受,则能够在很大程度上提高生产力,为企业产生更多的效益。从这个角度来说,坚持富生产力原则就是坚持合作,就是谋求企业的业务与安全共赢。

在这个原则中,隐含一种前提:员工的能力是企业的生产力。在网络空间时代,知识就是生产力,而如何使掌握知识的人为企业贡献生产力,将是企业管理者所不得不面对的问题。

2.4.2 服务属性原则

原则 4 服务属性原则:企业开展网络安全管理工作的本质,是为员工在网络空间环境下发挥正常作用而服务。

网络安全管理工作的方法中包括很多控制措施,这在客观上会对被管理的对象形成诸多限制和约束,要么会使被管理的对象失去一定的自主性,要么会使被管理的对象失去一定的便利性。而这些"被控制"的工作属性,如果加诸于非生命体上,如工具、流程、系统等(可以统称为"机器属性"的工作),并不是问题,但如果针对人类员工进行控制,则会在很大程度上使员工积累出负面情绪。此外,从主观上来说,如果负责网络安全管理的员工将自己的工作目的视为针对受其管理的对象本身而不是聚焦于受其管理的对象为企业发挥正常作用，或者刻意忽略自己所从事的工作中同样具有的被管理属性，则往往会加剧被管理对象的抵触心理，甚至引发对立。因此，对安全管理工作的本质应当加以澄清并作为开展网络安全工作的原则加以贯彻应用。

服务属性是网络安全管理的基本属性

一方面，从"是什么"的角度来看，有三个原因：

1）网络安全管理不是为了管理而管理，其出发点是为了企业的运作可以更安全，或者说是为了控制企业运作过程中的风险。网络安全管理的目的性非常明确，这决定了网络安全管理的方法或管理过程是出于企业发展的需要而不是出于网络安全管理人员的个人需要，也就是说，网络安全管理的目的是服务于企业利益，是企业实现自身目的的需要。

2）网络空间环境下，网络安全管理为企业的正常运作提供保障，这是网络安全管理所应发挥的作用或者职能，具体的管理措施和方法构成了网络安全管理的过程，用以保障在网络空间环境下，员工能够发挥正常的作用，不受破坏或不实施破坏。也就是说，网络安全管理的职能是服务于企业正常运作。

3）网络安全管理过程由一系列具体的实施管理的方法组成。企业的运作受限于自身的资源禀赋，因此必须要选择恰当的方法来保证用最小的代价满足网络安全的需要，达到企业控制自身风险的目的。这决定了网络安全管理方法的选择，也就是说，网络安全管理的过程是服务于企业的需要。所以，网络安全管理的目的、职能、方法和过程都是服务于企业的利益或需要，这决定了网络安全管理的本质是服务。

如果从这个角度来看，企业中的所有工作都会有服务属性。因为它们和网络安全管理一样，都是服务于企业需要。那么，强调网络安全管理的服务属性有什么意义？关于这个问题的解释，可以参阅本书"安全生态与安全管理"一节（2.5节）。

此外，在当前和未来一段时间内，网络安全管理工作只能由人来实施，其本质是一种劳动，其成果以非实物形式存在。所以，单纯从经济学意义上，也能理解企业的网络安全管理具有服务属性。

另一方面，从"怎么做"的角度来看，安全管理非常依赖于受其管理的对象之间的关系。企业是一个整体，安全管理的对象相当于这个整体的不同"器官"，因此，善待每个"器官"就成了基本要求。也就是说，安全管理应当是"服务型"管理，否则每个"器官"都不愿相互配合，其结果于整体而言就不言而喻了。在具体实施安全管理的过程中，需要从事安全管理的人员必须具备足够的知识、能力并自重形象，不能把安全管理单纯视为目的，而是应当视为服务：需要以友好的态度、富于理解和同理心，与受其管理的对象开展合作；否则，安全管理就会和安全管理的工作对象脱节，寻求安全的努力最终会付之东流。

需要补充一点：网络安全管理虽然需要遵循服务属性的原则，但并不是要求网络安全管理人员去一味迁就被管理的对象，而是要去坚持工作要求，不悖职业操守，平等、高效地为被管理的对象提供服务。

2.4.3　松耦合性原则

原则 5　松耦合性原则：企业的网络安全管理工作应当具有普适性或基础共性。

回顾网络安全管理发展的历史，可以看到，网络安全管理在相当长的时期内，曾经是计算机安全管理、IT 管理的一部分，所以，很容易给人们造成一种假象：网络安全管理仅仅是个计算机相关的技术问题。所幸，随着时间的推移，人们已经逐渐认识到了网络安全管理不是 IT 问题，而是企业管理的一部分。

例如，在普华永道会计师事务所于 2019 年 9 月公布的《2019 年数字信任洞察之中国报告》中显示，"81% 的（中国）受访者认为，其网络安全团队在网络风险和相关风险问题上能够与董事会和高级管理层进行有效沟通（全球：70%）"。

做一个比较：据由美国国土安全部所属的美国特勤局（United States Secret Service，USSS）和卡内基梅隆大学软件工程学院计算机应急响应小组（CERT of SEI）等机构于 2018 年 8 月联合发布的一项调查报告显示，在美国受访者中，有 "20% 的首席安全官或首席信息安全官每月都会向董事会进行安全报告"，环比增加了 3 个百分点，但仍 "有 61% 的董事会将安全视为 IT 问题，而不是公司治理问题"，这个比例环比下降了 2 个百分点。

可见，在典型发达国家，企业的高层正在越来越关注网络安全问题，而我国这一趋势更加明显。这种情况至少说明，网络安全管理已经从 "IT 耦合状态" 逐步转向了 "企业耦合状态"，甚至是 "社会耦合状态"（即网络空间的一个特性，本书在前面已经进行了简要介绍）。所以，无论是理论分析还是实践经验的统计，网络安全管理都呈现出一种与 IT "解绑" 的特性，这意味着 "松耦合性原则" 正在成为企业的选择。

松耦合（Loose Coupling）是指网络安全管理工作应当是企业内部的基础性工作，应当是对内⊖提供的一种共性服务而不应当被局限在某些部门或者专业之内。如果不然，轻则在技术层面，会不可避免地受到安全技术手段之间的 "短板效应" 影响，严重破坏网络安全防护措施的整体性和有效性；重则在企业运作层面，会出现监管 "真空地带" 或工作 "无人区"，同时，在安全防护投资方面会出现重复投资或过度投资问题，给企业的成本管理造成混乱或带来人力、物力方面的巨大浪费与损失，这都会严重影响企业的运作。

事实上，从企业的内部格局上也可以看出：

1）网络安全管理在其提供服务的过程中体现出一种非竞争性，即在企业拥有一定的网络安全管理能力的情况下（当然，也是在合理的工作量的前提下），多一个或多一些额外的被管理的对象，所需的成本可以忽略不计。一个部门接受网络安全管理并不会减少其他部门能够接受的网络安全管理。

2）网络安全管理工作不具有排他性，企业的任何部门或员工，接受网络安全管理并不影响其他部门或员工也接受网络安全管理。或者可以说，网络安全管理工作取得的效用无法分割，不能将其分割成若干部分然后分别归属于某个员工或部门。

3）网络安全管理具有强制性，这意味着员工或部门对网络安全管理不应有选择余地。因此，网络安全管理的能力供给，天然地具有垄断性，任何员工或部门都不应自行拥有 "独享的" 网络安全保护措施，否则势必会破坏企业的整体安全防护能力。

网络安全管理工作应当遵循松耦合性原则，但这并不意味着网络安全方面的技术手段或措施可以松耦合于具体业务场景或被管理的对象。对于它们，需要具体情况具体分析：分别对待，精准施策。

其他原则

网络安全管理的过程中，还应当遵循合理性原则、必要性原则、效率原则、效益原则和适

⊖ 在适当情况下，通过安全生态赋能等，也可以向外延伸服务至利益相关者，即 "对外"。

度原则。同时，还应当遵循一些更细化的原则，如权责匹配原则、统一指挥原则、军民融合原则等。关于这些原则，有一个基本的"原则之原则"，就是无论遵循什么原则，都应当着眼网络攻防实战和风险控制的实务需要，既要利于各级员工能够发挥正常作用完成工作任务，也要兼顾处置突发事件或进行日常培训和演练的需要，并且还要确保网络安全管理过程自身的安全。

2.5 安全生态与安全管理

网络安全管理工作始终涉及不同员工（其实是不同的人）之间的关系，这无疑是十分复杂的，其复杂性一定会影响到实施安全管理的实际操作所能达到的效果。如果安全管理可以作为一种安全生态机制存在，那么是否可以适当简化其中的结构？

前面已经讨论发现安全管理具有服务属性。在开展安全管理的工作时，从业人员需要遵循服务属性原则。从安全生态理论的观点来看，识别出安全管理所具有的服务属性，可以更好地确认网络安全专业在企业内部的"生态位"。正是因为网络安全具有管理职能，不仅仅是对安全业务的管理，而且是涉及企业运作的管理，才使得网络安全管理具有了服务属性的本质。从这个角度可以清晰地看到网络安全工作不是企业的附属品或者可选项，而是在网络空间环境下企业的"机体功能"，失去网络安全，企业就会失去活力和能力。这是强调网络安全管理具有服务属性的意义所在。

通常，"服务"一般是指人为他人的需要而付出的劳动，包括脑力劳动和体力劳动，服务过程可能并不可见，劳动的结果也没有物质形态，这是和生产过程很明显的一个区别。通常，生产总是要有产品出来，即劳动成果有物质形态（称为"有形"）或者可以被人直接转移。因此，习惯上，把劳动结果是否有形作为区分服务和生产的标志。在企业中，如果一个部门或员工的劳动成果有形，则不强调其服务属性，而主要依靠知识提供服务，劳动成果无形，才会被关注其具有的服务属性。同样道理，"产品"通常是指生产的结果，"服务"通常是指生产之外的劳动结果。例如，常说的"安全产品"就是用以描述和"安全服务"相对的概念。

企业中不管是生产、市场，还是其他日常工作，之所以能够体现出"服务于企业需要"的属性，恰恰是因为它们含有管理具体业务的职能，其"服务属性"是因其为了本部门业务开展的方便而扩展出来的专业管理职能所体现，而不是其业务职能所体现。所以，通常企业中负责具体业务（主要用以实现企业目的，具体为服务对象提供服务）的部门称为"业务部门"，而将其他的提供内部保障和管理的部门称为"管理部门"，就是为了区分不同性质的部门的"生产属性"和"服务属性"，这对企业的现代化管理而言具有非常重要的意义。

另外，从组织结构的角度来说，这种情况（指同时存在"业务部门"和"管理部门"）属于一种"事业部"形式的组织结构，特别是在"大型"企业中，为了有效地开展多样化经营的需要而普遍采用。"大型"企业是指业务多样化的企业，不是单纯指规模和体量上的"大"。

近年来，逐渐出现一种"中台"的概念，可以作为一个说明"生产属性"和"服务属性"之间关系的示例：企业中一些传统的"管理部门"具有在企业范围内支撑业务部门开展工作的"生产属性"，并且这些"生产属性"具有通用性，在技术上存在复用的可能。因此，形成了一种业务导向的基础，将服务固化为生产，可以更好地为"前台"提供服务、为"后台"提供驱动。

2.5.1　安全管理的局限性

安全管理虽然是安全工作的必要组成部分，不可或缺，但也有自己的局限性：第一，具有明显的历史继承性，实施过程自身的过程性明显，预备期较长；第二，本质上具有服务属性，不可转移、不便理解，在实际操作过程中依赖具体的场景，结果存在不确定性；第三，虽然是以保障发展机会和发展成果为出发点，但容易造成业务发展和安全保障之间的二元对立，因而对安全管理人员的能力要求较高。存在这些局限性的原因，或许可以被简单地归纳为一条规律，本书称之为"重演现象"。

"重演现象"

这里所谓"重演现象"（Recapitulation）其实是一种比喻的说法，用以比喻企业在预备实施安全管理的过程中，通常都会在一定程度上完整地"重温"安全管理方法的发展历史：从着重业务过程、层级控制为主的"古典方法"，到重视人的因素，强调行为管控的"现代方法"，再到系统分析、科学管理的"当代方法"。

定义 12　重演现象是企业的网络安全管理总要重复网络安全管理发展历史进程的一种现象。

几乎每个企业都会完整地重新经历这样的历史过程。当然，企业在预备实施安全管理的早期，比如，在为什么要实施安全管理（即动因方面）这个问题上肯定存在各种差异，情况各不相同。但是到了一定阶段，在方法上似乎就有些"殊途同归"的意思。所谓"重演"也就是以这个阶段为起点。而当安全管理步入了正轨之后，不同企业的安全管理理念和方法便又各具特色，最终可能是"百花齐放"的场景。这其实很好理解，因为安全管理活动的基础一样，存在所谓共性的东西，而且安全管理是体系化的活动，其构建过程不会一蹴而就，构建它的方法和构建过程中的试错将保持一致，符合人们的认知规律。

使用"古典方法"带来的结果就是"岗哨林立"、层层设防，成本和业务规模大都呈指数关系，以至于可能最终因为无法负担的资源投入而"塌缩"；使用"现代方法"带来的结果就是"有罪推定"会给员工带来的诸多心理阴影，信任感缺失甚至会引发严重的反感与对立情绪；使用"当代方法"带来的结果就是安全管控措施会"科学地"介入业务细节，最终导致业务创新的活力被严格限制，给安全工作甚至是企业的发展带来内卷化效应。

"重演现象"的存在，提示人们应当深入研究和把握安全管理的内容和原则，客观冷静地看待安全管理的特点及其局限性；不应夸大网络空间的安全问题（指大幅超出当前的认知水平和企业的整体基础），要稳妥地推进网络安全工作，既不能盲目地对待网络安全工作甚至故意忽视它，也不能盲目地崇拜安全工作的效果，更不能一味地借助"外脑"而放弃自身在安全工作中的主导作用。

对安全管理的局限性也需要不断地进行管理，这是企业内部的复杂性和安全管理的复杂性相结合的产物。

2.5.2　要妥善处理几个关系

安全管理是企业管理的一部分，但有相当大的专业特色，因此需要在实施安全管理的过程中妥善处理与传统的企业管理之间的关系。

1. 和资源投入的关系

实施安全管理需要企业管理者给予相应的资源投入。这不同于网络安全本身也是一种资源的概念，这里所述的资源是指安全管理工作在实施过程中所需要的"人""财""物""时间"等基础性的资源，不仅指有形资源，还包括无形资源。可以从以下几点来理解。

1）这些必需的基础性资源是保障网络安全资源运营的基础，也是一种促进所有参与网络安全工作的人员的激励因素。安全管理的"责""权""利"必须要与企业提供的基础性资源相适应，这是安全管理能够达到效果的最低要求。安全管理的目标、方式等细节必须要考虑到企业的资源条件的限制，有关安全管理的决策必须建立在现有资源条件的基础上，即需要遵循合理性原则、必要性原则；否则，就是一种不切实际的、激进的行为，是为了安全而安全的形式主义。请注意：这不是说如果企业的资源条件不够就可以不开展网络安全工作——《网络安全法》以及配套的法律法规已经划定了底线和红线，以企业不具备开展安全工作的基础性资源条件为借口不开展网络安全工作，将会是一种非常不明智的选择。

2）这些基础性资源的配置，需要企业决策者亲自决定并组织实施，否则，安全管理的"生态位"就会得不到良好的确认，不但安全管理不能有效推进，还会损害员工的积极性。这就要求企业最高管理者必须建立足够的安全意识并最好能深刻理解网络安全对企业的意义。因为他要比企业的中层和基层管理人员以及普通员工对企业的整体情况更了解，对企业运作过程涉及的各个方面的情况以及相互之间的关联关系了解得更为全面，更适合统一领导和指挥资源投入与分配工作。只有这样，企业对安全管理的资源投入与分配，以及在此过程中可能涉及的企业组织机构的调整、企业（安全）文化的建设、人员激励制度的建立等各方面事务才能相互协调并尽快达成平衡，取得效果。比如，有来自企业最高管理者的决策和实际支持会比较容易抵消或抑制那些来自传统职能部门的"本位主义"的影响。由企业最高管理者亲自决定并组织对网络安全管理的资源投入与分配，其实也是一种具体的安全管理机制，其作用在构建网络安全生态的过程中至关重要。

3）为安全管理配置基础性资源，需要特别注意那些往往会被忽视的"软性"的资源，即高层管理人员、关键业务人员对网络安全管理的参与支持，特别是要包括他们的工作时间、精力、绩效和观念等。这种要求，是为了在为安全管理投入资源的过程中，既要立足于当前，又要着眼于未来——要着眼于企业的长久发展。一个企业是否真正实施网络安全管理，不是看它说要实施什么，而是要看它真正投入了什么，实施的又是什么。这些"软性"的资源既是网络安全生态系统的环境要素，是现实的工作配合方面的要素，也是安全管理的关键成功因素。

2. 和"人"的关系

网络安全管理重要的工作内容就是和人打交道——对人实施管理，因此，在工作开展过程中，就不得不妥善处理和"人"的关系。

第一，需要有结构合理的、数量足够的、专业技能合格的工作团队——安全管理人员，来实施安全管理。可以按照三个类别设置网络安全管理的工作岗位：事务管理类、专业技术类和监督检察类。不应将安全管理"行政化"或者"机械化"，因为这是一个专门的工作领域，需要工作人员以足够的知识来完成而并不能完全依靠所谓的安全设备或行政管理来完成。在企业中常见任意指定安全管理人员上岗的现象，这将会导致该企业的安全管理要么虚无缥缈，要么不得要领，不论是对企业来说还是对网络安全工作来说，这都不是值得期待的结果。

第二，需要有科学的、适合安全管理工作性质的绩效考核制度——不能简单、机械地照搬其他工作岗位的考核制度。直观而言，网络安全工作给人的印象是并不能产生直接的效益（特别是在非专业进行网络安全生产或服务的企业），因此，那些传统的基于产量或质量评价的岗位薪酬制度在此就并不适用。事实上，网络安全问题是一种风险，与采取措施控制它的工作过程并不存在绝对的因果关系：控制得好，未必不出问题；出问题，未必是控制得不好。比如，很可能会在未知时间，因为某种企业不可抗力的原因而出现问题，但无法就此而说出现问题的原因是控制过程的失灵或错误；也有可能仅仅是因为恰好错过了触发问题的条件幸运地避免了问题，从而并没有暴露出控制的缺失或不足，很显然，也并不能以没有出现问题而作为十足的证据，认为是控制过程正常发挥了其效用才没有出现问题。因此，对于网络安全工作人员的绩效考核必须有别于其他部门的工作人员，更应该是从理性的角度出发，采用某种综合评价法，统筹网络安全对企业的战略性贡献和一些阶段性的战术成果情况，来对工作人员进行绩效考核。

第三，需要处理好工作授权问题。安全管理工作团队必须代表企业的最高管理者开展工作，而不是作为一个职能部门或生产单元的若干员工在开展工作。安全管理工作，在性质上不排除计划、组织、指导和控制其他部门员工行为的内容，如果对他们授权不足，他们显然会无法履行职责；而对他们授权过度，又很容易形成对其他部门的干扰，甚至是破坏。

还有很多诸如储备人才、开发人才、教育员工、延伸服务利益相关者等和"人"相关的问题，都需要妥善予以处理。这些问题宜在安全管理启动之初就能够有足够的顶层设计进行保障，而不宜在安全管理的实施过程中一点点去探索，否则，不但因此而付出的时间成本和机会成本可能会让企业难以承受，更为重要的是安全管理的目标将很难真正实现。

3. 和"财"的关系

网络安全管理工作需要足够的资金支持，这是一项旷日持久的管理水平竞争和专业技术竞争并驾齐驱的工作。如果企业舍不得在安全方面投资或者在安全方面盲目投资，都会导致安全工作的"行政化"或者"机械化"，投资回报将经不起任何考验。简单说，负责企业财务的部门、负责企业发展（计划）的部门、负责生产的部门，应当与安全管理工作团队密切联系，应当听取他们的专业意见并统筹考虑资金使用问题。一方面，安全管理工作团队需要有自己的独立预算并且必须得到保证；另一方面，其他部门的预算中最好有一定比例的部分用来和安全管理的要求进行对接。

此外，还应当充分利用政府给出的政策调节工具或利用市场给出的机会"开源节流"，通过与企业所处的网络空间环境的互动，配合产业链分工，优化配置资金资源，为网络安全工作获取充足的发展动力，进而保障企业持续发展。当然，在网络安全工作的资金投入方面，还需要加强财务管理和效能审计，不可盲目投资。更多内容，可以参阅本书"投资回报问题"一节（4.4 节）。

4. 其他

网络安全管理工作还需要妥善处理和其他方面因素的关系。例如，网络安全管理工作要处理好和"物"的关系问题，主要是做到物尽其用：一方面，要保证存量的安全设备正常发挥效用；另一方面，要结合技术的进步适当升级新设备，做好技术手段的规划和建设，确保技术手段的有效性。此外，网络安全管理工作还要处理好和"时间"的关系问题，把握好效率因素：一方面，宜将安全管理当作"事业"来做，而且很可能是企业的"世代工程"；另一方面，要兼顾"当下"，兼顾时间、机会的资源属性，尽可能提高效率，为企业发展争取更多的回旋余地。

以上"人""财""物""时间"等实施安全管理所需的基础性资源，同时也是企业管理所涉及的几个核心要素，处理好它们与网络安全管理的关系，也是开展网络安全工作的必由之路。

2.5.3　再看安全生态

本书在前面章节已经简单讨论了什么是企业的安全生态（可参看"定义6"），而经过本章前面部分对网络安全管理的讨论可以发现，安全管理涉及企业的方方面面，与企业的基础性资源密不可分，与各部门之间的关系天然复杂，因此，有必要讨论一下安全管理与安全生态之间的关系，这可能会更有助于企业的管理。

1. 概念的再认识

网络安全生态的概念主要强调的是企业内部各专业条线以及各个部门的员工在开展网络安全工作方面的系统性，而不是不加区别地强调所谓普遍性和一致性。网络安全管理虽然是企业管理的一部分，但这不是要求企业内部所有部门和人在网络安全方面要做到同一化或者均质化。这就好比，企业在运作过程中，需要标准化，但不是凡事都用同一个标准，或者，凡事都追求同一个标准。

此外，网络安全生态的概念还强调生态主体的多样性，以及多样性的统一，这有助于安全生态整体保持平衡，维持其应有的功能和效率。安全生态整体应该处于某种平衡态，尽管这种平衡态也不是不可打破。同时，这种平衡态绝不应该靠安全管理来对企业的部门或者员工施加强制性甚至是压制性而取得。网络安全生态伴随企业的运作而存在，平衡态也是动态平衡，是包括主体多样性所引发的变化在内的环境因素、机制因素等的各种变化不断累积的结果。如何精确描述网络安全生态的这种动态平衡现象和过程，是个难题。本书认为，这应当需要综合运用博弈论、信息论的有关方法和工具等加以研究解决。杨义先教授已在其《安全通论》一书中进行了开创性的研究，有兴趣的读者可以参阅。

在网络安全生态中，还存在"生态位"的概念（应该是一种功能性生态位）。这意味着生态中的不同主体之间应该会存在一种秩序，并且在秩序中的位置和他们在企业中各自占据的资源以及彼此之间的人际关系应该都会直接相关。比如，为了定量说明生态位，可以设定若干关于生态位资源禀赋、人际关系的指标，然后按照一定的时间周期进行统计学分析，进而可以得出更丰富的结论。例如，可以将这些定量分析的结果作为一种参考，用以识别出企业对安全管理的资源投入方面的某些特征；也可以作为一种辅助评价手段，应用在安全管理制度或流程的设计与优化工作中。

2. 构建安全生态

构建安全生态可以是安全管理的一种方法，反之，也可以将安全管理作为安全生态之中的若干生态机制来看待。大致而言，构建安全生态可以从以下三个方面着手。

第一，丰富生态主体。首先，识别出企业内部与安全管理相关的部门和员工，作为最基本的生态主体。其次，可以根据业务需要和其他的内外部需要而进一步扩大主体的范围。丰富安全生态主体的目的是保持安全生态的多样性。识别生态主体的标准并不固定，本着有利于开展安全工作的目的即可。

第二，营造生态环境。综合运用企业管理的各种工具和手段，从生态主体的存在性条件入手，逐步营造生态环境。例如，以顶层设计的方式构建满足安全需要的企业组织结构或在现有组织结构的基础上进行专门的优化与改造。此外，以提倡恰当的网络安全观念的方式凝聚并形成适合企业的网络安全文化，将其逐步沉淀形成企业的品牌价值并体现在企业的日常经营或运作活动中。

第三，确定生态机制。处理"人""财""物""时间"等几个关系的具体方法和操作流程，就是一些具体的生态机制。此外，不同生态机制适用在企业的管理框架之内，也是一种生态机制。例如，安全事件（信息）就是安全生态中不断循环的一种要素，可以围绕这个要素构建某种处理中心并将其与其他部门以接口的形式沟通起来，从而针对这个要素形成一个完整的处理机制，使得不同的生态主体之间可以平衡地实现各自的价值。

2.6 小结

网络安全涉及企业的方方面面，将会与企业管理逐步进行深度融合。网络安全和其他安全工作一样，带有"管理"的基因，并且，经过几十年的发展，已经形成了自己的框架和标准。网络安全事实上并不是附属于企业 IT 的某种分支——是时候正视这个事实了。

企业的网络安全，离不开企业的经营和运作，需要遵循三个基本原则来开展工作。将安全和企业存在的目的相对立或者相剥离的方法，不但不会使企业变得更安全，而是必将会导致企业反受其害——片面强调或者试图压制两者中的任何一方，都将导致战略危机。

构建安全生态将是企业安全工作的发展方向之一，甚至将是企业保持可持续发展所应遵循的方向。以生态观的视角审视和总结过去所获得的安全经验，将会是一种新颖的思路，应该会为管理者带来更多的启发。不难得出这样一条关于安全生态观的推论——企业利益相关者应当是理性的，会逐步践行"命运共同体"的理念，以便在新时代取得新的发展。

第3章　一种网络安全管理体系结构

在网络空间时代到来以前，企业开展网络安全管理的主要内容就是在自己的 IT 环境中控制安全风险，这种方法被称作基于风险的网络安全管理。在进入网络空间时代之前，基于风险的网络安全管理是企业关于网络安全所能使用的最好的或最有效的工作方法。

随着网络空间时代的到来，情况正在变得复杂，企业如果还停留在"仅仅能看到 IT 环境"这样的层次上，恐怕将远远不够（关于这个看法，本书在前面章节已经进行了说明）。在人们找到更好的方法之前，只能对着基于风险的网络安全管理"练内功"——不断提高其有效性或不断优化具体措施。因此，不论怎样，企业在网络安全管理方面所需要的，都应不只限于一个层面，除非有人能使用一个精确的定义，把网络安全涵盖的所有内容都描述清楚。

本书将使用术语"网络安全管理体系结构"（Enterprise Cybersecurity Management Architecture，ECMA）来描述企业开展网络安全管理工作涉及的一些具体内容之间的关系。为方便起见，以下将这个术语简称为"安全管理体系结构"或"体系"。

这个体系包括方法论（框架）、操作指引（流程与措施）、能力成熟度等。

3.1　"双通道"框架

企业的网络安全管理体系是指在企业中用以实现网络安全管理目标的一整套体系。网络安全管理的对象应主要是企业的员工或必要情况下的企业利益相关者。这些人可被统称为网络安全管理的"管理对象"。网络安全管理体系的任务就是研究并实现如何高效地对管理对象施加影响，从而保障企业的安全。

3.1.1　"双通道"的概念

企业的员工为企业进行的劳动，其本质是员工用自己的知识、体力、时间与企业的拥有者进行交换的过程。总的来说，这些劳动可以被分为创造性劳动和机械性劳动两类。在创造性劳动的过程中，员工主要以自己的常识、技能、经验以及人际信息（网），来满足企业提出的需求，比如，为企业开发新产品、应对新需求、处理新信息等。在机械性劳动的过程中，员工主要是按照一定的具体规则或方法，重复执行具有确定性结果的动作或行动，来满足企业提出的需求，比如，完成额定作业计划、办理固定程序的手续、值守设备等。两种劳动之间的区别也并不一定非常明显，也有很多情况下会是两者兼而有之。

比如，某人为一项业务过程设计网络安全策略，可以说是以创造性劳动为主。而他将策略提交相关同事审核，通过答辩的方式得到支持并被采纳的过程，则是创造性劳动和机械性劳动两者兼具；最终，他可能还需要参与实施工作，将经过论证的策略部署到设备上，就是以机械性劳动为主了。

对企业的拥有者而言，雇佣员工的目的，无外乎就是收购他们的劳动来实现企业（或自己）的目的，他们真正关心的首先是员工的劳动或劳动能力，其次才可能会是作为这种劳动或劳动能力的载体的员工本人。这种现象，可以被称为是"劳动力工具论"。即员工可能仅仅是被视为工具；或者员工的人类属性被物化。关于这一点，卡尔·马克思（Karl Marx）博士曾经有过精彩论述。他在《1844 年经济学哲学手稿》（*Ökonomisch-philosophische Manuskripte aus dem Jahre 1844*）中谈及"劳动异化"问题时指出："劳动的产物是劳动，它把自己固定在客体中，成为一种物，这就是劳动的物化（Vergegenständlichung）……"也就是说，劳动是物体，劳动者是一种自然界中的对象而不是一个人，或者人本身单纯作为劳动力存在时并不是人而是物体。

将充满个性的人视作某种工具或者物，显然会带来诸多问题。例如，常常将网络安全工作归结为一堆"事"，堆砌各种工具、系统或流程来"解决问题"，基本忽略"人"的存在。或者，虽然考虑了"人"，但将"人"视作系统的某种弱点（漏洞）或威胁，将人（的行为）视为网络安全风险的一个因素，忽略"人"的能动性和适应性。结果就是，网络安全工作往往得不到理想的效果。

由此推论，如果企业的拥有者或管理者持有类似"劳动力工具论"这种观点，不仅会严重影响网络安全管理的效果；更有甚者，特别是在网络空间的条件或环境下，会严重影响企业的管理和运作。

因此，为了预防或解决这个问题，可以尝试树立一种开展网络安全管理的"双通道"概念：更加理性地看待企业的员工——首先，将他们还原成人，其次他们才是雇员。与他们合作，不是以自己的目的为出发点并通过相互间的地位不同来"强制"达到目的，而是通过共赢的方式，共同取得网络安全管理的效果。

定义 13 双通道，是指在网络安全管理的观点和方法上，存在以"人"作为工作对象和以"事"作为工作对象的两种实现目的路径，这些路径可被称为"通道"。

以"人"作为工作对象的通道（简称为"C 通道"）是指系统地对人开展工作，树立并不断增强人的网络安全意识和接受网络安全管理的自觉，侧重对人的创造性劳动的引导和鼓励。这里，"人"是指包括企业的各级管理者在内的全体员工以及利益相关者。

对应地，以"事"作为工作对象的通道（简称为"T 通道"），是指对安全工作相关具体措施和实际操作或动作行为等的管理，侧重对人的机械性劳动的规范和约束。"事"是泛指企业网络安全管理过程所必需的，或者是那些为实现网络安全管理的"机体功能"目的所必需的事务性工作。

虽然是将不同的工作路径形象地比作了"达到目的的通道"，但并不是说两条通道彼此之间"泾渭分明"，它们之间也存在着相互运化的关系。在本质上，双通道网络安全管理（可简称为"双通道管理"或 Dual-Routing Methodology，DRM）适应了网络安全管理的二重性属性的内在要求，具有辩证关系。第一，双通道管理具备领导员工共同行动的功能。这里强调的是网络安全管理工作最终体现出的"领导力"效果，即尊重人的能动性和主动性，使人愿意接受网络安全方面的管理。从企业管理的角度而言，这实际上是一种维护企业生产关系的功能。第二，双通道管理还具备指导员工行为的功能，能够监督或者指挥员工完成具体的网络安全的事务性工作，即"做事"。同样地，从企业管理的角度而言，这实际上是一种保障企业发挥生产力作用的功能。

此外，双通道管理还体现了网络安全工作的科学性和艺术性的协调统一。一方面，双通道管理将企业所追求的安全目的通过规律性的过程予以保证，是可衡量的，具有明确的方法和步骤来分析问题、解决问题，这体现了网络安全工作的科学性。另一方面，双通道管理将企业追求网络安全的过程中所具有的灵活性和创造性予以保留，不是一味僵化、教条地开展工作，这既有助于克服盲目性，又方便约束随意性，表现出网络安全工作艺术性的一面。

3.1.2 "双通道"的结构

遵循双通道（DRM）框架开展网络安全管理是一种方法论。DRM 要求网络安全管理者提出安全管理的目标和具体任务——这些被称作是安全管理需求。这不是说各业务部门或具体的业务环节不能提出自己的安全管理需求（相对"零散"的需求），而是更加强调企业网络安全管理的整体性。因为企业的安全管理需求恰恰正是汇聚了这些内、外部的"零散"需求，在考虑了企业资源使用效率的约束之后，站在企业整体的视角统筹而来。这里所说网络安全管理者是指企业的最高管理者或其在网络安全方面的代表，例如 CEO 或者 CSO。

从识别或理解企业真正的安全管理需求，到找到满足这些需求的具体措施之间，存在着重要的过渡，即路径，这正是 DRM 的意义所在。图 3-1 简单示意了一种可能的"双通道"结构。

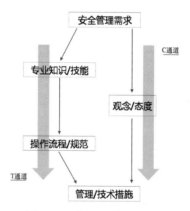

● 图 3-1　"双通道"结构示意图

该结构假设，企业对安全管理需求的理解具有相当的专业性。如果对于某项安全管理需求能够找到专门的知识储备或经验认知，那么就应当遵循（已有的）具体的操作流程或规范来确定相应的管理或技术方面的措施以达到目的，当然，也不排除根据实际情况开发新的操作流程或规范的可能（但这种可能仅适用于基于已有具体知识和经验的范围内的情况）。这种路径就是 T 通道，适用于"机械式"的、"标准化"的场景。此外，如果对于某项安全管理需求没有办法（直接）根据已有的知识找到合适的措施，或者很难忽略其中人的因素，那就需要遵循某种观念或态度（如网络空间世界观）来确定所需的措施。这种路径就是 C 通道，适用于无法"标准化"或尚未进行"标准化"的场景。图 3-1 所示的结构还暗示了这样一种推论，即 C 通道比 T 通道的普适性更强，但是出于成本考虑，在企业中，有将 C 通道尽可能转化为 T 通道的趋势。事实上，并不存在"C 通道更重要或者 T 通道更重要"这样的"选择题"，无论 C 通道和 T 通道是并存或融合，都并不影响双通道客观存在的事实。

DRM 是从网络安全管理需求过渡到找到能够满足这些需求的措施的方法，即找到解决问题的方法。下面将围绕这些措施展开一些讨论。

3.2 安全管理措施的原则

本书倾向于将安全管理措施理解为一种宏观的概念，认为安全管理措施是在一定程度上系统地对安全管理的方法论进行细化而得到的结果。安全管理措施不具体指某一种单独的操作动作或某一项配置参数，而是指为应对某种场景而采取的具有整体性、过程性和有效性，追求相应的最终效果的一系列正式的方法，应当聚焦于企业的安全资源开发与配置，并向企业提供公共的安全服务，动态地稳定控制企业的安全风险。

在安全管理工作中通常会涉及守法合规方面的措施、企业组织方面的措施、雇员安全方面的措施（如传统意义上的政审，就属于这一类）、实体物理空间方面（如企业运营的场所、地理环境、物理环境等）的措施、网络空间方面的管理的措施（信息资产的管理、存取访问控制、通信或信息传输、开发或供应链管理等）以及企业安全运营方面的措施（含运行、维护、监控、安全事件处置等）。

有必要强调一下安全管理措施的"正式性"问题。这通常体现在安全管理措施具有一定的强制性，即安全管理措施可以是在企业的范围内以规章制度、操作流程等形式固化下来的"规则"。这种强制性自身也需要遵循一定的原则，即

原则 6　安全措施强制性的约法原则：只能以有限的明确的岗位作为实施管理的主体和被管理的主体；只能出于必要原则以限制某些岗位的职务行为为内容；只能建立在明确的动态适用性和时效性基础之上。

本书倾向于将技术手段理解为用以实现管理措施的目的而采取的操作动作或所具有的功能。这通常不涉及"操作者"或"设计者"的概念，而单纯指"物"的范畴内的概念。关于安全管理措施与技术手段的区别，简单而言就是两者层级不同——大致上，技术手段包含在安全管理措施之中，措施可以选用不同的手段来实现目的。安全管理措施相对于技术手段而言更宏观一些，其范畴相对更广一些；而技术手段相对于安全管理措施而言更客观、具体一些，其功能性相对更强一些。然而，并不是每种安全管理措施都一定会有对应的技术手段，因为这同时受到诸如技术发展水平和企业成本方面的策略等诸多因素的限制。当技术手段缺失时，就需要更多地依赖措施本身的过程性和强制性，在可接受的范围内来寻求实现对安全管理需求的满足。

安全管理措施应当是由每个企业根据自身情况量身定制而来。这意味着企业的安全管理措施应当是基于有经验的人的灵感和其经验积累情况而制定，还并不能以"标准化"的方式存在。虽然存在某些模板（如各种最佳实践、标准等），但正如同每个企业都各有独特基因一样，企业的安全管理措施也不应是千篇一律。如果安全管理措施不能适应企业自身所处的环境和企业的管理风格，不能伴随着企业的运营发展而不断得到优化或完善，那么，安全管理措施要么将是一纸空文，要么将会"事倍功半"甚至"寸步难行"。安全管理措施应当服务于企业的运营发展，不仅包括通常意义上的安全视角之下的策略或技术手段，还要包括企业管理视角下的业务规范和业务流程等。

安全管理措施需要因地制宜，各有特色，但这并不意味着制定措施的方法也要"百花齐放"，这其中确实存在着一些规律。关于安全管理措施，需要遵循以下一些原则。

3.2.1 "互斥"原则

网络安全措施的目的性决定了网络安全措施本身具有一定的强制性（比如，出于某些更高优先级的目的）和困难性（比如，不易被理解或不易被直观评价），特别是针对那些习惯于在缺乏（或没有）网络安全管控的情况下开展工作的场景，这种强制性和困难性更显突出，不可避免地会使相关工作人员在遇到网络安全措施时产生各种形式的抵触行为。例如，网络安全监管机构对企业运营过程中的网络安全义务进行监督、评价时，企业中某些人员往往会想出各种专门的"对策"并加以实施，以期蒙混过关或不正当地谋求私利。

因此，需要在设计网络安全措施的过程中遵循"互斥"原则（Mutual Exclusion Principle，MEP）进行统筹考虑，提高网络安全措施自身的健壮性以保证它们的有效性。

原则7 "互斥"原则：是指将不相容的工作环节（或职能）分离，使得一个岗位（或角色）不能独自完成一个完整的涉及网络安全的任务事项（或流程）。

此处，"不相容"是指不可互相兼容或不可并存，在功能或利益方面存在冲突或对立。"互斥"原则通常涉及业务的授权者/审批者、操作者/执行者、记录者/观察者、保有者/使用者、检查者/分析者，这些可以被称为"互斥"原则的"五类要素"。

应用"互斥"原则，首要任务是识别某项措施全流程中不兼容的功能的集合。确定了这些功能，就要跟踪流程中每个员工或业务单元的工作行为（直接和间接），以确保没有人（或团体）可以在流程中实现一组不兼容的功能，即网络安全措施的全流程至少应当在设计上需要将涉及的各个环节都包括在"五类要素"的集合中，而且各类要素之间应当彼此互斥。

举例：比如在有关网络安全事件监控措施的设计过程中，需要识别出监控活动的授权者、监控工作的实际操作者、监控数据的记录者、实际操作的日志记录者、监控数据的保管者、操作日志的保管者、监控数据的使用者（分析者以及读取者）、操作日志的审计者或检查者等不同的功能（或角色）之后，再设计出保证这些要素之间互斥的规则。例如，任何人没有授权不得启动监控设备、授权审批者不得操作监控设备、监控设备的任何操作都必须记录、所有日志必须异地（或异构）保存、任何人无权修改日志、监控数据分析者不得审批监控操作的授权、被监控者（可视作保有者）不得操作监控设备等。

"互斥"原则不单纯是一种内部牵制或内部控制性质的原则，而更应当是在企业管理者视角下的制度设计原则，是融入企业业务的管理控制原则。应用"互斥"原则设计网络安全措施不可避免地会带来经济成本和工作效率方面的压力，即通常会增加企业成本和降低业务效率。这意味着企业管理者如何理解"成本"和"效率"的概念，在很大程度上决定了"互斥"原则的适用与否。经济成本虽然是有些企业所必须考虑的首要成本，但并不是企业生存和发展所唯一需要考虑的成本，同时，工作效率也不是企业衡量经济成本的唯一标准，因此，企业管理者应当对企业取得长期成功有更大需求。否则，如果他们只是将自身的身份认同为某种受托于人的代理人，而不会把自己视为企业的利益相关人，缺乏使命担当，那么"互斥"原则多半会因此而失去必要的支持，最终会严重削弱或抵消网络安全管理措施应有的效能。企业没有网络安全措施或网络安全措施处在低效的状态，就会让一些人选择铤而走险，直到有一天使得企业因为网络安全问题而承受不可挽回的损失。

事实上，"互斥"原则的作用在于更深层次地倡导网络安全措施能够更广泛地关注两个焦点问题。第一，消除或减少发生网络安全事件的内部诱因。例如，一些员工出于纾解绩效考核等各种和工作相关的压力目的，或者为了寻求某种"自我实现"的刺激或体现某种自定义的"自尊"等目的，可能会故意制造安全漏洞或放任安全威胁，这将导致网络安全事件发生的概率大幅提升，从而使得企业面临巨大的网络安全风险。这些内部诱因的作用会因为"互斥"的限制而得到有效遏制。第二，消除或减少因内部原因（如无法客观评价安全工作的质量、专业能力方面有欠缺而又易被掩盖等）而导致发生网络安全事件的机会。

此外，"互斥"原则也是在安全工作中常见的"独立监督"的基础。

3.2.2 "绩效与责任"原则

"谁主管，谁负责"，安全必须是主管负责人的责任。在这里，"主管"一词不仅指某个岗位或工作环节上负有工作职责的员工，还包括技术操作人员以及从他们的班组长到企业高层的各级管理人员。

因此，网络安全措施在设计、实施过程中，必须针对所有主管人员明确他们的岗位责任、安全绩效标准和绩效管理的规则；必须激励各级管理人员努力履行自身安全职责并实现其安全责任的绩效目标。这可以被称为"绩效与责任"原则。

在大多数的情况下，如果某个人没有被指定负责某项工作，几乎可以肯定，他不会承担与此项工作相关的责任。但是，事实上，几乎所有的员工（尤其包括各级管理人员）都会重视上级管理者分配给自身的任务与责任，因为这关联着他们的上级管理者对其工作绩效的评价和衡量，特别是会非常关注管理层在最近一段时间所"施压"的任何一项不在其岗位职责之内的"其他"任务。

这意味着，在网络安全措施的设计和实施过程中，如果具备了受到企业的管理者所认可（或批准）的安全工作目标、计划、组织和管理机制，将会非常有助于明确各级主管人员的安全责任。从而在各级主管人员工作伊始被赋予他们的相应的工作权限时，就为他们相应的落实安全工作的要求而进行了赋能。这一点非常重要。

不应将安全措施孤立地看成是某些需要完成的具体安全工作事项的集合，这些事项的完成过程中所需要的责任划分、权限授受、管控指标以及对完成结果的预期等内容同样应当包含在措施范围内。这些内容可以被视作企业整体的安全管理体系在具体场景落地过程的接口，会有助于让安全管理有效地嵌入企业原有的业务体系和工作方法之中。

一些企业在推行网络安全责任制时，往往只是将安全指标一层层地分解到已有的各级业务部门或岗位，既不明确授权，也不明确各级主管人员的职责和任务，对于完成任务的绩效激励或惩戒更是无从谈起。这种做法本质上看，只是一种推卸责任的方法而已，和"绩效与责任"原则的内涵大相径庭。

"绩效与责任"原则的内在逻辑是：企业安全战略→业务发展目标→部门（团队）指标→定岗→定责→技能辅导→履职→考评（考核）→兑现→改进。坚持"绩效与责任"原则，可以在制定网络安全措施时，将措施所期望达成的目标纳入企业已有的考核体系之中。这些指标可被称为安全指标（不仅仅是控制安全事件发生情况的指标，还包括应采取的行动等指标）。企业的高层及专业的安全管理人员应定期依据这些指标对企业中各相关部门的管理人员进行安全绩效考评。

3.2.3 "职能"原则

专业的安全管理人员（如企业的首席安全官及其专有技术团队的成员）的核心任务之一应当是寻找导致企业网络安全风险的系统性问题并有效控制风险。这就要求专业的安全管理人员需要注意安全管理的系统性而不仅仅是注意和安全相关的行为和状态。因此，网络安全措施应当涵盖这些安全人员履行职责所需的，包括计划、组织、指挥、控制、协调在内的全过程要素。可将这一原则称为"职能"原则。

这意味着，网络安全措施可以是企业内部管理的一种职能，从事制定、实施、监督这些措施的相关工作的员工（或工作岗位）应然地带有职能属性。遵循"职能"原则，在制定安全措施时，所首要关注的内容将会是其形成和施行的背景而不是其自身的内容形式，即关注措施为什么（需要）存在而不是首要关注措施是关于什么的。这一点很重要，它将会使得安全措施更加关注将同一业务活动中安全相关的约束集中起来，维系了它们之间"有机的联系"，可以确保措施和业务的关系能够更容易地被充分理解，这将在很大程度上为提高安全措施的适用性打下基础，使后续的改进、扩展等工作得以有效进行。

此外，"职能"原则还要求安全措施的设置必须统筹守法合规、业务驱动、统管全局、载体中立等各方面因素，必须尽可能地同步介入（或前端介入）并精细化、集成运作，必须（发挥绩效与责任原则的作用）与工作对象进行友好合作。

"职能"原则要求安全措施的实现可以是模块化的，以便"精细化、集成运作"。例如，企业在某一方面的安全措施，应是满足企业某项安全需求的所有工作活动中的最大单元，代表着企业为实现其安全需求目标而进行安全管理的主要逻辑。安全措施可以进一步分解为活动，活动又可进一步分解为事项。这里"活动"（Activities）是指企业为达到每一个措施的目的而需开展的主要工作任务。一个措施可以包含若干活动。同一个措施的若干活动之间存在线性或循环的顺序（即连续性的一种）。"事项"（Routines）是"活动"的最小单元，一系列事项构成完整的活动。事项通常应根据不同参与者或系统之间的交流来区分。事项的执行或完成结果直接形成活动的效果。技术手段是完成事项的物质基础（即可操作性的一种）。

根据"职能"原则，允许安全管理人员可在其职责范围内根据安全措施的限定，直接调度主管人员开展安全工作。这有助于大幅减少对管理者开展安全专业培训所花费的时间以及他们因为接受培训而投入的精力。因此，非安全专业的员工也可以在专业人员的指导下从事相对于他们而言较为复杂（或明显感觉不熟悉）的安全工作，从而降低整个企业的运营费用，提高企业的成本效益。这也是网络安全工作专业化的一种内在要求和具体体现。

3.3 能力成熟度

网络安全管理者应定期反思如何能提高成效并依此对自身乃至企业的策略做出调整，持续地对网络安全管理方法和体系进行改进，这是管理工作的一个基本常识。

这种改进直接表现在提升安全管理团队的效能（更高效地保护企业价值、更快的响应速度、更高的保护质量，以及更低的成本等）并最终服务于企业的发展目标，以及企业在网络空间中履行应尽义务。

通常，由企业的安全管理团队在提供自身的业务价值时，由所面临的问题或挑战而触发对网络安全管理体系的改进，进而由团队通过自身努力找到改进点并采取改进措施，验证改进的效果并切实地提升价值或解决问题。这种改进没有终点，将周而复始，长期持续下去。这是一条漫漫长路，以至于在如此漫长的过程中必然需要校正、纠偏、适应和进化。满足这种需求，最适合的"人选"，就是企业自身。一个最直白的理由就是，企业在网络空间生存、发展的过程中必须要有核心竞争能力，而安全管理正是这种核心竞争能力之一。由此而言，企业网络安全管理的改进，当以自我纠偏、自我适应、自我进化为最优选择；而这种"自我"，则以自给率超过 85%时才有意义。

能力成熟度（Capability Maturity Level，CML）描述了安全管理体系的这种自我纠偏、自我适应和自我进化的过程和水平，是安全管理体系中不可或缺的一部分。

3.3.1　能力成熟度模型

能力成熟度，在此处用以表征网络安全管理体系自身成长所达到的完备程度，或其发展过程所达到的完善程度。能力成熟度越高，则可直观说明网络安全管理体系越完备，反之，则说明体系还比较脆弱；还可以通过能力成熟度的指标来找出体系发展的短板和不足，抑或体系可能存在的方向性偏差，以帮助体系健康成长或可持续发展。

对于能力成熟度的描述，可以归结在一个结构化的框架之内，这种框架可被称为网络安全管理体系的能力成熟度模型（Model of ECMA Capability Maturity Level，MECM），简称为"成熟度模型"。

成熟度模型应避免过于散乱，否则，由于其自身的复杂性，不仅不利于实际应用过程中的操作，更有可能会极大加重网络安全管理体系的复杂性和不确定性。

1. 模型的构型分类

成熟度模型有两种可能的结构，即阶梯（式）成熟度模型和花瓣（式）成熟度模型。两种结构的模型在表现形式和侧重点方面略有不同，其实都是试图利用一种可视化的方法将难以被人直观理解的网络安全管理体系变得易于理解一些。

（1）阶梯（式）成熟度模型

关注网络安全管理体系是如何随着时间的推移而发展成熟（即变得更加完备或完善），在其经历的时间进程中，通过观察发现它的某些存在明显变化的特征；根据这些特征来划分出若干"阶段"；将这些演进路径上的每个阶段，称为成熟度的一个级别，进而形成一个由若干级别构成的阶梯式结构。所谓"观察发现某些特征"是指，识别出那些从某一个阶段提升到更高一级阶段所需解决的"根本性"的具体问题并加以分类。

这类结构的模型侧重于表示安全管理体系整体从一个阶段发展到另一个阶段的时序进程特性，阶段越靠后，成熟度越高。并且阶梯成熟度模型还形象地揭示了安全管理体系的发展在通常情况下应当协调发展、循序发展、稳步发展，不应该一蹴而就直接"平地起高楼"。

（2）花瓣（式）成熟度模型

花瓣成熟度模型关注若干关键能力所能达到（或已经达到）的水平，从确认功能状态的视角来观察被描述或被刻画的主体随着其关键能力的提升而发展成熟。将这些被观察的关键能力，称为"测量点"。对每个测量点给出不同的评价等级，然后，可以通过绘制雷达图的形式，在一张图内对若干测量点的情况给出直观的评价结果。由于这种雷达图看起来像绽放的花，所以也可以形象地将这种结构称为花瓣式结构。

测量点的选取或设立应遵循"互斥"原则。对考察点的评价需要独立开展——当然，在实际过程中，必须要考虑到工作环境中各类约束条件对不同考察点之间彼此的支撑和适配问题。这种结构的成熟度模型侧重表示安全管理体系在功能上的完备性以及发展过程中的连续性特性，承认构建安全管理体系的过程中存在可以"并行"发展的事项和能力。应用这类模型会比较容易辨识体系运作过程中的弱点和优势，便于为体系的规划和改进过程的控制提供有力的帮助。

2. 成熟度模型的一般结构

成熟度模型的结构分为"内在结构"和"外在结构"两个组成单元。

（1）内在结构单元

成熟度模型的内在结构单元通常包括成熟度等级区划、成熟度能力要素和成熟度等级要求三个主要部分。

成熟度等级区划在阶梯结构中是指成熟度的若干（通常分为5个）级别。在花瓣结构中通常是指能力要素在不同水平下的分级，通常也分为5个级别。

成熟度等级要求则是规定能力要素在不同成熟度等级中所应满足的具体条件，通常会以矩阵的形式给出。

成熟度能力要素是表征能力成熟度等级提升的若干关键方面的核心特征，包括人员、技术、资源、架构、业务等范畴内的若干具有关键作用的能力，既包括通用能力也包括专业能力。不同的目的将会需要不同的能力要素，这是一个相对概念，可在具体的场景中将成熟度能力要素做进一步细化。

在阶梯结构中，通常会将能力要素细分为若干能力域和构成能力域的子域。为便于实际操作，划分出能力子域即完成了能力要素的识别和标记，不应将能力子域再进一步细分出"子域的子域"——如果这样，那就应该看看是否在能力域的识别中出现了问题。在花瓣结构中，能力要素通常是指那些值得关注的"测量点"。

（2）外在结构单元

成熟度模型的外在结构单元通常包括成熟度模型的使用指南、成熟度模型日常运作的作业系统（或支撑工具的集）、成熟度模型的评估方法等主要部分。

成熟度模型的使用指南提供了成熟度模型的业务操作层面的说明，是一种作业手册。通常和成熟度模型一同发布并且具有明确、清晰的版本演进控制。同时，使用指南也是在模型适用范围内开展培训的主要依据。

成熟度模型日常运作的作业系统是一种IT支撑手段，为成熟度模型的具体运作提供必要的技术保障。这是成熟度模型不可或缺的部分。例如，能力要素的状态信息的采集、计算、更新和展示、共享等，都需要自动化的手段进行支撑和保障。

成熟度模型的评估方法则具体明确了如何依据现状来确认成熟度模型的结果，侧重于对成熟度模型状态的确认方法。评估方法与使用指南的区别在于，前者面向审视模型的事实效果，后者面向模型的实施过程。

成熟度模型的一般结构如图3-2所示。

关于成熟度模型，还可以用形式化的方法进行更一般的描述。图3-3以成熟度等级为例，给出了一种形式化的描述。可以看到，这种方法将成熟度等级定义为一种关于特征的向量并组成向量空间进行处理。这样处理的好处是方便进行迭代运算，适合特征值（的种类或数量）较多以及所涉及范围内异构化现象较明显的情况。最终，可以使用"网络安全管理体系发展指数"（Architecture Development Index，ADI）作为成熟度模型的具体应用工具，直观地评价安全管理系统的完备程度和发展进程。

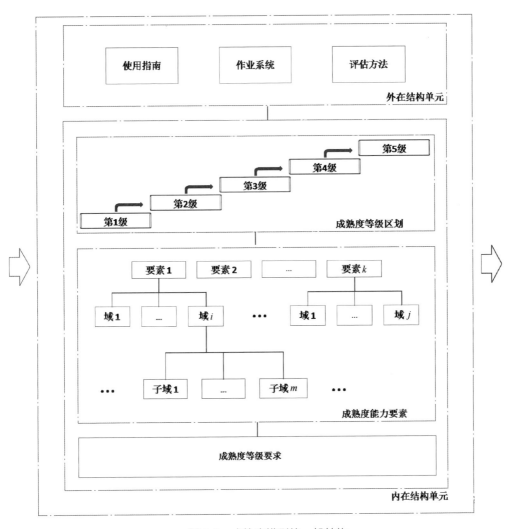

• 图 3-2 成熟度模型的一般结构

令 $f_n^{K_m} \in [\tau_{\min}, \tau_{\max}]$ 为成熟度能力要素 K_m 的取值下限，且有 $f_{n-1}^{K_m} < f_n^{K_m}$，$m$，$n \in [1, N]$。

对于不同的成熟度能力要素 K_m 的域∅或子域 φ，有类似定义的 $\varnothing(g_n^{K_m})$ 或 $\varphi(p_n^{K_m})$ 等。

记 $CE = [CE_1, CE_2, \cdots, CE_n]$ 为成熟度等级。

其中，$CE_n = [f_n^{K_1}, f_n^{K_2}, \cdots, f_n^{K_m}]$

$$CE_{n-1} = [f_{n-1}^{K_1}, f_{n-1}^{K_2}, \cdots, f_{n-1}^{K_m}] - CE_n$$

$$\vdots$$

$$CE_1 = [f_1^{K_1}, f_1^{K_2}, \cdots, f_1^{K_m}] - \sum_{i=2}^{n} CE_i$$

• 图 3-3 成熟度等级的一种形式化描述

3.3.2　成熟度模型的开发

谈及能力成熟度模型的开发和运用，在某种意义上来说，最好能将成熟度模型本身也视作是一种方法论。美国卡耐基梅隆大学（Carnegie Mellon University）的软件工程研究所（Software Engineering Institute，SEI）的"一体化能力成熟度模型"（Capability Maturity Model Integration，CMMI）⊖是最为著名的关于"成熟度"的方法。此外，英国的"国家网络安全能力成熟度模型"（Cybersecurity Capacity Maturity Model for Nations，GCSCC CMM）经由一些国际组织在部分国家和地区进行了审查和区域评估，也具有一定的影响力。GCSCC CMM 于 2014 年由牛津大学（University of Oxford）的全球网络空间安全能力中心（Global Cyber Security Capacity Centre，GCSCC）受英国外交部（Foreign & Common wealth Office，FCO）的网络安全能力建设计划资助而创建。截至本章内容成稿之时（2020 年），GCSCC CMM 的版本为 2016 年"修订版"（Revised Edition）。2021 年 3 月，GCSCC CMM 已更新至"2021 版"（2021 Edition）。

1. 关于 CMMI/CMM

CMMI 的前身是 CMU SEI 的"软件能力成熟度模型"（Capability Maturity Model For Software，CMM）。CMM 由瓦茨·汉弗莱（Wattss Humphrey）先生于 20 世纪 80 年代中后期在软件工程研究所领导团队创建。该模型受美国国防部的委托而开发，用以评估软件供应商有效交付软件项目的能力，后逐渐演变为软件工程领域接受度最高的评估认证体系。由于 CMM 仅关注软件工程这一单一的过程质量控制，对于除软件开发和交付本身之外的其他相关领域，诸如复杂业务需求的管理、多源产品的集成化开发与供应链管理等系统工程性质的工作存在较大的不适用性，而这些相关领域的过程质量控制也同样十分重要。因此，在总结经验的基础上，至 21 世纪初，CMM 演变成为 CMMI，目的是更有效益地和更顺畅地适应多学科交叉、多任务组分工合作的复杂场景中对统一质量控制的要求。这些复杂场景都满足"涉及人、过程和技术的集成"模式（Paradigm of Integration in People Process and Technology，PIPPT）。在大型企业管理、大型工程项目（如国防工程）的开发和管理中都已经广泛使用或借鉴了 CMMI。

CMMI 采用了阶梯式结构，定义了 5 个渐进的成熟度阶段，从级别 1（最不成熟）开始，到级别 5（最成熟）结束；根据其成熟度特征对每个阶段进行描述，包含目标、实践和实例等。CMMI 已于 2018 年演进到第二版（CMMI V2.0）。

2. MECM 开发要点

开发网络安全管理体系的成熟度模型的目的主要是提高网络安全管理体系的适用性或合理性，寻求认知水平与现实能力之间的一种妥协。构成网络安全管理体系的框架和措施在运行过程中需要不断地被观察和测量，体系的成熟度模型就是为了保证这种观察和测量的过程本身是可操作的并且其结果是合理的、值得信赖的。MECM 表达了企业对网络安全管理体系效能的期望，明确了测量这些期望被满足程度的标准。应用成熟度模型，要能够引导安全团队和企业持续提升安全管理方面的效能，进而改善安全管理自身的业务成果以及企业的整体状况。

为此，开发 MECM 时需要关注以下一些要点。

第一，保持通用性与实用性的相对平衡。通用性是指适用的范围广，对细节的约束或刻画并不精确。实用性是指对改进工作的指导性强，通常只适合某些特定的场景而并不能达到普遍

⊖　也译作"能力成熟度集成模型"。

适用的程度。基于网络安全管理理念的方法和实践具有多样性，实施过程具有灵活性，因此，应当根据企业的现状寻求一种平衡，在开发成熟度模型时，考虑企业的业务方向、技术路线、人员水平和治理模式等约束，而不是简单地瞄准理想状态来进行设计，更不能只设计出框架就算完成了模型开发。MECM 在结构上应当是完备的，但是允许在细节中留有一些空间以便后续可以不断进行迭代开发。

第二，充分考虑导向性的作用。不同构型的成熟度模型之间并没有本质上的不同，因此，在实际开发成熟度模型时，可以灵活地组合运用不同的构型以突出成熟度模型对体系运作过程的导向性作用。在能力要素（包括能力域和能力子域）的识别上，以及在测量点的功能设定与评价标准设定上，都要具有明确的导向性，反映出企业对网络安全体系的效能目标要求以及对效能关注点的期望和洞察。所谓的导向性是指明确地指明目标，而不是严格限定是否执行了某种具体动作。这意味着根据业务的需要，可以允许存在某些不违背安全管理目的的变通。通过对目标的关注，使得企业的各类团队和员工能够了解自身在网络安全管理体系中的位置并明确自身的差距，自己决定采用何种措施来弥合差距并在通往目标的过程中不断自觉调整措施，而不是教条地执行千篇一律的命令。

例如，关于效能目标，企业是关注体系建设速度优先，还是体系运作效率优先？是为了更好地内部治理效果还是为了尽可能地降低成本，抑或是为了追求更好地满足监管要求？再比如，关于效能方面的关注点，企业是关注安全组织的弹性，还是流程的便捷？是倾向于更先进可靠的工具，还是更希望拥有高效精干的专业团队？通过成熟度模型所具有的导向性设计，可以在安全管理体系的运作过程中引导企业中的各类团队和员工表现出企业所期望的行为。

第三，去达标化与去考核化。成熟度模型的初衷是为了指导体系的健康发展，不是为了考核，也不是为了达标，因此，在其设计开发中应避免完全量化或过分追求客观性。只要描述清楚目标要求和期望各类团队和员工在体系运作过程中所表现的行为是可观测的即可。MECM 的运用过程中，在可控的范围内存在某些争议，引发一些讨论，会更有益于网络安全管理体系自身的强化。同时，这也会有助于 MECM 自身保持动态演进的能力，不断吸收最新的成果，帮助企业达成指导网络安全管理体系日趋成熟的目标。

第四，同步开发合适的工具。网络安全管理体系涉及企业的方方面面，评估其成熟度所依赖的信息源自然也是要遍布企业的各个角落。这就需要合适的信息化支撑手段，不可采用阶段式的、手工为主的作业模式。因此，在开发成熟度模型时需要同步考虑必要的作业支撑系统——这个系统本身就属于成熟度模型的外在结构单元，是成熟度模型整体中的一部分。这个工具应当是一种包括发展指数、数据采集与统计分析模型、正向与逆向反馈接口等组件在内的软件工具集。

3.3.3 成熟度模型的运用

成熟度模型的本义在于度量。其定位应是评估网络安全管理体系的完善程度乃至指导企业的网络安全管理能力的成长、成熟。所谓度量是指在网络安全管理体系的运作过程中，对其进行持续的观测，分析其现状并指出改进的方向。

成熟度模型度量的只能是网络安全管理体系的某些关键性测量点，例如，体系运作的效能和连续性；安全措施的变更率、体系或安全措施的平均失效时长或平均生效时间；安全管理人员的劳动负荷（加班程度）等。

成熟度模型对安全体系指出的改进方向，包括能力事项的改进和作业优先级设定等方面的内容。例如，对能力事项的改进主要围绕安全管理体系的某些功能结果而提高必要的技术、技能或技巧。而对作业优先级设定的改进则主要是一种规划性质的改进建议，采取分步走的方法，围绕约束点（或瓶颈）而制定专门的方案，有针对性地采取措施，优先解决最迫切的问题。

定义 14 成熟度原理，是指成熟度模型的内在逻辑在于通过网络安全管理体系自身的优化，推动网络安全的全局价值产出的优化，最终推动企业客户的价值得到进一步增长。

1. 避开误区

首先，应当防止"一阵风式"地应用成熟度模型。成熟度等级是成熟度模型的一部分，在安全管理体系沿着这样的"阶梯"不断实现持续改进的过程中，往往会成为焦点。例如，会使一些部门不自觉地成为"应试思想"的俘虏——以通过或达到某个成熟度等级为追求，或以静态地、一过性地满足某个成熟度等级的状态要求为目的来运用成熟度模型。这种情况下，对成熟度等级的片面追求很容易让改进行动脱离安全管理体系日常运作的现状，还更容易使成熟度模型沦落为安全管理体系内各部门的负担，对各团队的正常工作形成干扰（因为要采集和保留各种证据）。在理解成熟度原理的基础上，要避免应试心态、搞运动式地运用成熟度模型。否则，"潮水退去"，除了留下一堆"做出来的"作为证据的文档外一切照旧，这对企业的发展所造成的损害不言而喻。

其次，应当在一定程度上"专业地"应用成熟度模型。成熟度模型只是设计用以评估网络安全管理体系的一种方法（或工具），目的是推动企业建立自身的网络安全管理体系并推动其不断发展和完善，除此之外，并不涉及其他目的。成熟度模型作为一种工具而言，其自身天然带有技术中立性，不存在对错之分，关键在于是否能够被合理运用。成熟度模型在其运用的过程中不可避免地会涉及企业不同部门（或各类团队和员工）之间的博弈问题，但这种使用中的博弈并不是成熟度模型自身的问题，通过设定约束条件可以很好地控制这种博弈问题带来的负面影响。例如，可以把成熟度模型作为网络安全管理体系运作过程中的参照对象，但不把它设计成网络安全管理体系的标准（或者模版）并强迫企业各部门遵照执行。又比如，也可以用成熟度模型来设定网络安全管理体系的改进目标，但不把它用作网络安全管理（乃至企业管理）的绩效考核依据并实际应用在企业的考核体系之中。

最后，应当从中立的角度看待成熟度模型，进而慎重地运用成熟度模型。因为构建成熟度模型的基础往往来源于一些个人对企业安全管理的看法，或是基于个人的某些工作经验，对于网络安全管理体系的认识往往具有不确定性。比如，成熟度模型中关于成熟度等级的划分，可以分为"初始级""起步级""中级""高级"和"领先级"5个等级，但这并不是唯一的或者科学的划分方法。将其划分为"原始级""初创级""改进级"和"可管理级"4个等级或者"初级""中级"和"高级"3个等级也无不可。通过成熟度模型所给出的改进方向，仅仅是一种如何进行改进的参考结论，只能是辅助安全管理人员进行决策或采取行动（防止止步不前）。无论是否达到某个成熟度等级，都需要以体系的功能是否得到完善以及体系的能力是否得到加强为关注点。毕竟，成熟度模型自身也需要演进。

成熟度模型所包含的等级要求往往出于可视化以及可测量的目的而以微观上的考虑为主，会不可避免地存在孤立和分散的问题，很容易被拼凑满足或被绕过，反之亦然。这往往给其使用过程带来一种困境：安全体系的成熟度等级越高，则能从企业管理层获得的资源支持可能就会越少。

2. 体现价值

成熟度模型至少可以为网络安全管理体系的发展回答三个问题："在哪?"（当前的成熟度等级）、"去哪?"（阶段式的目标成熟度等级）以及"如何?"（能力成长的方向和要素水平的发展路径）。

在理想情况下，网络安全管理体系在自身的规划中设定了明确的目标，如果企业管理者如同其承诺的那样，提供了必要的资源并给予安全管理部门足够的信任和支持，那安全管理体系自己就可以逐步实现预定目标。但现实情况是，这种"自发"的成长往往不会如期而至。最常见的问题是，企业的管理团队以及安全管理团队并不十分清楚应当怎么做才能持续改进安全管理体系，他们往往会被海量的信息淹没，沉浸其中而失去目标，甚至不知道自己究竟是不是还需要改进。

成熟度模型的价值在于可以弥补这种缺失。在安全管理体系的构建之初帮助安全管理团队顺利开工，进而在模型的实际使用中逐步训练出合适的业务领导者，由其带领体系的运作团队持续改进。通过成熟度模型，可以向企业的全体员工直观地明确网络安全管理体系的效能预期。模型的结构化方法，可以系统性地给出网络安全管理体系运作过程中主要改进目标和具体的点位，能够清晰地为企业的发展建立参照系；还能够使企业的管理者对在网络安全方面的投入（无论是时间还是资源的投入）更有保障；同时，也为营造企业的网络安全文化氛围提供有益的工具。

3.4 ECMA 的若干模型

网络安全管理体系的结构并不唯一，实现 ECMA 的方法和途径也不会唯一，因此，作为对 ECMA 的描述的补充，本书给出了一些可能的 ECMA 原型，当然，也可以将它们理解为 ECMA 的某种实例。这些模型之间并没有严格的定义差别，也不是准确的分类，而只是为了方便说明在实现 ECMA 的过程中，由于侧重点的不同（方法论的不同）而导致结果不同。

为便于理解，有必要重申一下网络安全管理的目的：网络安全管理对于企业而言，其战略目的是保持企业的竞争优势以及保证企业在面对网络空间的各种威胁时的生存能力；其战术目的是保证企业的安全管理体系能够正常运作以开展日常安全保护工作。

3.4.1 一种"弹性"防御模型

安全防御是企业的战略需求同时也是战术要求，是实现企业安全管理需求的一种承载方式。从通常意义上理解，"防御"是指一种动态过程，区别于以静态为主的"保护"。所谓"动态"过程就是强调"行动"，指网络安全相关的机制和事务"动"起来，不仅是指网络安全的设施、设备等技术手段的运转和运行的"动"，更是指包含了专业团队参与其中的"动"——对网络安全的设施、设备在运行过程中的维护（运维）以及对它们的运行过程或机制的经营（运营）。

安全防御是一种实战化的、"攻""防"对抗的工作，需要妥善平衡三方面的关系：①企业最高管理者维护自身网络安全的决心和安全意识；②企业有限的资源（人员、技术和时间）投入；③网络安全保护能力及其性能、效果。这种平衡脱离不了企业所能获取到的安全技术的先进程度（或适用程度）的制约，也和企业员工的技能（知识、经验和为企业服务的意愿）

水平相关。这些恰恰就是网络安全管理所关注的领域，也是网络安全管理工作的重心所在。

出于成本考虑，安全防御的各项措施最好能够在较长的时间内"有效""可用"，要"结实"并且"耐用"。这意味着在理想情况下，防御体系最好在面对攻击时，是完整的、绵密的、禁得住打击的（不会溃败，或在受损时可以及时有效地恢复应有的功能和性能）；而在没有遇到攻击时，防御体系又是沉寂的，甚至是让人感觉不到它的存在。即所有安全防御的措施和方法在整体上是经济的，不明显地消耗（占用）企业的资源或相对少地消耗（占用）资源并且不对企业的日常运作和员工的日常行为中便捷性方面的习惯形成约束。这就好比让安全体系具有了一种非牛顿流体式的性质——在没有外界压力的情况下保持常态（"液态"），而一旦遇到外力打击就变得坚硬起来（"固态"）。

可以将这种理想情况的安全防御，称为"弹性"防御（Defense-In-Flex，DIF）；但是，其内涵却远远不止于上述内容。

1. "弹性"防御模型

定义15 **"弹性"防御是指，弥漫在时空结构内，有足够的宽度、广度和韧度来承受或转化自身因被攻击而出现的功能休克（失能）或者性能劣化，使企业具备足够的能力，快速、有效地控制风险，最终提高企业在网络空间的生存能力。**

企业面对网络攻击时，其"弹性"防御体系可以被"攻而不破"，还可以"破而不损"，乃至"损而不害"。这是一种层层设防、处处设检、协调一致的防御体系。"攻而不破"是指防御体系可以承受一定强度的攻击而不会彻底失效。"破而不损"是指企业的安全防御能力（人员和装备）可以在防御体系（部分）被突破后，不发生大的损失或损坏，仍然能够在一定程度上有效地转入其他层面进行后续防御，整体不发生混乱。"损而不害"是指企业的业务或业务能力因网络攻击受损后也不至于给企业的生存造成大的危害，企业所面临的局面不至于完全失控。这种"不至于完全失控"是指企业在整体运营层面仍然能够保持足够的活力，而不是指企业的运营活动仅仅是在和网络或网络安全技术相关的层面内（例如，防止大量敏感信息或数据的泄露、业务长时间中断或异常等）保持可控。

"层层设防"是指对每个保护目标都设置非单一的或不止一层的防御措施。"层"是逻辑概念。层与层之间的划分，主要依据所有可能采用的安全措施之间的互补特性（例如，功能特性的不同）来确定，而不是依据它们之间简单的叠加关系（例如，处理能力的冗余）来确定。分层通常为3~5层，最多不超过8层。

"处处设检"是指对每个保护目标进行访问控制，在其被访问可达的所有路径和关键节点都综合运用审核、认可等管理和技术措施设置防御手段，同时，还对已有的不同层的安全措施的运行状态、运行效果等功能或性能方面的情况进行复核与确认。

"协调一致"是强调防御体系的完整性和一致性，而且在必要的时候，还可以跨越企业的边界延展出去。

此处所谓"防御"，仅仅是为了强调企业在网络安全事项上通常都是采取一种克制的、保守的态度，不会主动出击或者首先发起攻击（当然，这并不是排除某些企业会采用这种策略的可能性）。事实上，防御并非只能这样完全"被动"，也可以做到"主动"防御，甚至可以是"防御—反击（或反制）"。弹性防御并不否认自身所应具有的这类"主动"性质。

防御体现在不同的层面，"弹性"也暗示着企业需要在信息资源、物质资源以及管理与技术能力方面为网络安全而旷日持久地蓄积力量。同时，在面对不确定性时，需要展现出足够的灵活性，积极应对，做出快速、有效的反应。图3-4简要给出"弹性"防御的一种可能结构

（该图为正视图投影）。网络安全管理的过程
本就是企业管理自身的安全风险，实施这一过
程本身就可以为企业构建充满"弹性"的防
御体系。弹性防御体系的设计、构建和运作，
明显具有专业性，是满足企业安全需求的一种
具体的方法和过程。在这个过程中，企业应当
分别遵循 T 通道和 C 通道的路径（无论有意
或无意）来选定并实施安全管理和技术方面的
措施。

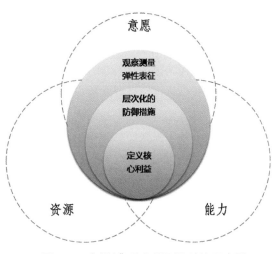

● 图 3-4 "弹性"防御模型的结构示意图

　　一方面，以 T 通道的范畴而言，建立弹性
防御体系的方法是：①持续地识别攻击者的身
份并要达到至少能预见到何种人会成为攻击者
的程度；②持续地分析攻击者的行为动机或评
估企业有哪些价值必须得到保护，包括对内、
对外的甄别与研判；③持续地跟踪技术的发展，有针对性地部署技术手段，不断进行训练（操
练）并形成期望的工作能力（战斗力）。当然，还包括不断地对上述三个环节的工作进行测
量、修正和改进。特别是要对整个防御体系的功能、效率、效益等不断做出优化和提升。否
则，弹性防御（包括任何系统化的防御体系）自身的复杂性将抵消其设计初衷，甚至从工程实
施或运行使用的角度而言，将会成为非常棘手的困难。

　　另一方面，从 C 通道的范畴考虑，企业建立弹性防御体系的方法是：①邀请安全团队的代
表参加企业的决策会议，形成在企业治理中尊重安全专业团队意见的机制；②弥合企业的业务
和安全保障之间的分歧，形成在员工的从业过程中使其牢固树立网络安全意识的机制，确保所
有员工都接受基础的网络安全培训，将安全知识普及到所有业务部门和职能部门的全体员工
（当然包括这些部门的负责人），将安全防御以及安全责任落实到岗、到人；③持续地积极构建
网络安全生态，形成与客户、合作伙伴、供应商或其他第三方的合作机制，分享企业的网络安
全方面的知识、服务和产品，为客户创造网络安全方面的价值并保护客户利益。特别是构建安
全生态将会有力地拓展企业的发展空间，很有可能推动企业原有业务形成"网络+"或"安
全+"模式的新业态。

　　可以进一步看到，两个通道范畴内的方法虽然不同，但需要彼此支撑和配合。"弹性"防
御既是对 LMCA 思想的一种具体体现，也是网络安全管理体系的一种构型和实现原型，其方法
论上的意义在于表征了这样一种内涵：一个企业如果希望在网络空间中取得发展，必然要了解
其新处的环境的本质以及这种环境中动态变化的因素，必须要有适应这种环境以及适应环境中
突发的或影响巨大的变化的意愿和行动，要由专业的人组织必要的人，围绕安全需求找到对企
业而言最为合理的应对措施，通过不断反思和检验来进行改进，追求并得到当时条件下最好的
结果并为可预见的未来发展谋求更好的环境，这既是企业网络安全管理体系的战略使命，也是
其战术层面的内在属性。

2. 简化实例

　　在较长的一段时期内，"弹性"防御都很难不被认为是一种理想化的防御模型。因为在实
现它的过程中将会面临大量难以克服的工程难题，并且受自身发展水平的限制，企业很难独立
衡量自身所建"弹性"防御体系的质量。但幸运的是，相对于"弹性"防御模型而言，恰好

有一些实践（如纵深防御和等级保护）可以被看作是"弹性"防御的某种"简化"版本，因此，不妨将它们作为一种已知的案例（实例）来进行一些简要的讨论。

"纵深防御"（Defence in Depth，DID）的概念起源于军事领域。欧洲中世纪城堡防御战、第一次世界大战中后期的（堑壕）阵地战和第二次世界大战期间苏联红军成功实施的莫斯科保卫战、斯大林格勒保卫战等要塞保卫战，是纵深防御战术技术和战略理论不断成熟和完善的重要里程碑，对当代网络安全战略思想具有深远的影响力。近20年来，世界各主要政治经济实体，均提出了基于纵深防御战略的网络安全保障方法。纵深防御作为一种网络安全策略被大量讨论并不断得到应用、推广和迭代升级。

图 3-5 是英国多佛城堡（Dover Castle，Kent，England）的照片，它很好地展示了典型的纵深防御思想的起源和应用。该城堡始建于 12 世纪中后期并于 20 世纪晚期退出现役。此外，我们还可以从风靡一时的各种"塔防类"的电脑游戏或手机游戏中，对纵深防御的概念获得更为直观的理解。

● 图 3-5　多佛城堡（Dover Castle）鸟瞰照片

纵深防御的主要思想是基于这样一种假设，即防守方的安全取决于防线的多少，如果防守方有多道防线时，则入侵的一方突破防守方全部防线的概率，要远小于防守方只有唯一一道防线时的情况。攻击者在有限的时间和空间范围内穿透防守方多层的防御措施比简单地突破其唯一一条防线要困难得多，甚至其可行性微乎其微，这时，防守方的安全就得到了保障。通常，虽然防守方的安全防御措施不仅是有形的，还包括很多软性的、无形的手段，但更多时候都局限在有限的管理资源投入和面向技术的基础之上。纵深防御不仅仅是关注如何有效地对付直接的、明确的攻击者，还逐渐发展为关注和防范来自于更加广泛的范围或更加不确定范围内（相对于己方的保护范围而言）的攻击者或潜在的攻击者。

纵深防御体系在时间维度上对"弹性"防御进行了简化，基于"检测-响应-恢复"的方法，使得"弹性"防御在工程和实践上变得可行。例如，美国的"信息保障技术框架"（Information Assurance Technical Framework，IATF）将纵深防御的方法概括为"防护-检测-响应"范式（PDR Paradigm），将纵深防御战略描述为"人、技术和运维"（综合运作）的集合。我国在《信息安全技术　网络安全等级保护基本要求》（GB/T 22239—2019）中以国家标准的形式明确了网络安全保护工作的纵深防御思想。时至今日，世界上其他各主要经济体或国家集团，均已开发了自己的纵深防御方法论并实现了相关的技术体系。事实上，在纵深防御体系发展的历史过程中，曾经有一段时期将纵深防御称作动态防御（当然，这种提法现在并未消失，但是其含义发生了明显的变化——从强调从事防御的人以及防御的策略要"动起来"逐步变化为设防的技术设施的内部要"动起来"），正是鲜明地突出了时间维度对安全保障的重要意义。

可以认为"检测-响应-恢复"的方法是"防护-检测-响应"范式的一种具体的实现方式。这一方法的逻辑基础是"基于时间的安全"（Time Based Security，TBS）理论（见图 3-6）。这虽是网络安全领域一个"古老"的（形成于 20 世纪 90 年代中后期）原理模型，但却是一个非常重要的经典模型。

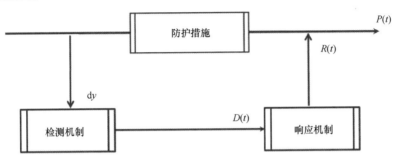

如果对攻击行为的检测 $D(t)$（含系统时延 dy）和响应 $R(t)$ 比安全措施所能提供保护的
时间 $P(t)$ 更长，即 $P(t)<D(t)+R(t)+dy$，那么，在该系统中将无法有效地实现安全

● 图 3-6　基于时间的安全（TBS）原理示意图

在其基础之上衍生了其他众多模型，比如，具有广泛影响力的"P+DR"系列模型（可被称为"P+DR 模型族"），包括 PDR.v1（Protection Detection Reaction，保护、检测和响应）、PDRR（Protection Detection Recovery Response，防护、检测、恢复和响应）、PPDR（Policy Protection Detection Response，策略、防护、检测和响应，也可写作 P2DR 或被称为"安全生命周期模型"，由潘柱廷先生于 2000 年左右提出）、WPDRRC（Warning Protection Detection Recovery Response Counterattack，预警、防护、检测、恢复、响应和反制，由赵战生教授于 2002 年左右提出）、GPDRR（Govern Protect Detect Respond & Recover，治理、保护、监测、响应和恢复）、PDR.v2（Prevention Detection Recovery，预防、检测和恢复）等。

TBS 提供了一种可验证的定量的安全防御方法论：人类在现实世界中的任何行为都需要消耗时间，时间不可逆，只要被攻击一方发现遭受攻击的用时与采取针对性防御措施的历时之和小于已有安全保护措施的有效工作时长，则被攻击一方的安全就能得到可靠保护。

如果攻击者愿意投入足够的资源穿透其目标的安全防御机制，在被攻击方没有任何检测或反应的情况下，攻击者将总能达到目的。最终，攻击者实现自己的攻击意图就只是一个（时间）早晚的问题。相关原理描述和证明可参见维恩·施瓦陶（Winn Schwartau）先生的《基于时间的安全》（*Time Based Security*）。TBS 是纵深防御取得成功的核心原理，却也是造成纵深防御自身局限性的关键所在。理解 TBS，会有助于理解以纵深防御为基础而衍生出来的以消耗攻击者资源和力量为核心的安全策略，这些策略是构成现代网络空间中战争/竞争行为的若干基本规则的基础。

图 3-7（正视图投影）展示了纵深防御的典型结构。由于习惯上所采用的描述纵深防御的分层结构的方法使结构图最终看上去像个洋葱，因此，纵深防御模型经常被形象地称作"洋葱头模型"（Onion Model）或"彩虹模型"（Rainbow Model）。

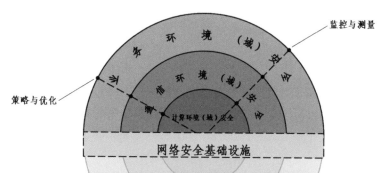

1. 计算环境（域）主要包括：承载企业主要业务的事务处理服务器（集群）或处理与企业主要业务紧密关联的数据的事务环境或逻辑区域（含应用软件）。

2. 通信环境（域）主要包括：为计算环境提供内、外部通信服务的支撑环境或逻辑区域，例如，通信网络设施（局域网、互联网）或通信联络服务软件等。

3. 业务环境（域）主要包括：为企业核心业务的正常运行提供更广泛保障的支持环境或逻辑区域（包括广义的企业管理相关），例如，物理场所、物资/信息供给、多样化的办公终端、操作流程与教育培训等。

● 图 3-7　纵深防御体系结构示意图（洋葱头模型）

在纵深防御的体系中，通常会划定若干安全域，然后基于域的内容特征和边界属性分层设置特定的安全防御措施并将网络安全基础设施（Cyber Security Infrastructure，CSI）贯穿所有安全域。CSI 是判定一个防御体系是否为纵深防御体系的标志性依据。

安全域大致分为计算环境（域）、通信环境（域）和业务环境（域）三种类型，彼此之间存在逻辑关系，不同域之间以特定的物理设施或物理设备相连。不严格区分安全域的定义的情况下，实际工作中通常用整体系统的"自然分区"（即整体系统在设计上的区域划分）来代指安全域，或将其视同为安全域。不同的行业对这些域的命名各有特色，例如，通信行业将其称为"B 域、M 域、O 域、D 域"，电力能源行业将其称为"Ⅰ区、Ⅱ区、Ⅲ区"，金融行业将其称为"关键域（涉密网）、重要域（业务网）、一般域（互联网）"等。部署安全域之中的防御措施时，通常会在综合考虑经济性、工程复杂性和维护便捷性等方面的因素下在"分层保护"的基础上采用"分级设防"的策略。网络安全基础设施包括所有在技术特性上需要保持全局一致的基础性的技术手段（如 PKI/KMI、C&A、密码体系/加解密设施等），还包括承载安全管理的业务流程的自动化技术手段（本质上是管理信息化的手段，属于 DRM 中 T 通道的一部分）。

纵深防御中分层设置安全措施或分层保护是指，针对不同的攻击向量使用一系列不同的防御措施来进行防护，不同措施之间需要形成相互配合的关系，以弥补单一防御措施在整体防御能力上的不足（可以称之为"交叉掩护"）。特别需要注意，分层的设置安全措施不是人为地划定"层"并在各"层"内独立设置安全措施，更不是在各安全域内独立设置安全措施。它们之间需要有某种协调机制（主要指技术层面的实现），使得各层的安全措施（可以称之为"组件"）组合成一个整体，并在功能、效能的发挥上大于各组件的总和。这些安全措施将在技术层面形成阻碍攻击者取得进展的绊脚石，拖延他们的攻势并消耗他们的力量，直到他们停止攻击或不得不放弃攻击。当然，如果这一切安全措施对攻击者都未取得预期效果，至少也可以为企业赢得宝贵的时间，以便企业能够启用其他一些非技术性的额外资源，如求援、转移、撤离等。

分层设置安全措施的目的和结果都不应是尽可能多地布放安全设备（或采取安全措施），

更不是让安全设备在能力上或计算性能上形成冗余。在实际中，由于措施众多，技术各异，分层设置安全防护措施很容易使得整个体系处于一种非常复杂甚至杂乱无序的状态。因此，从工程实施和运行维护的角度来看，需要遵循一定的策略（原则）来管理如何最优地分层设置安全措施，"分级设防"就是这种策略之一。所谓"分级"就是分等级，是指综合考虑成本、效率和难易程度等要素，从低到高设定不同的安全保护等级并明确其标准，然后根据需要选定适合企业自身条件的等级标准作为依据，分层设置安全措施。通常，划分出 3~5 个等级即可，不宜过多或少。分级设防的策略主要是一种实用主义策略，在其应用的过程中需要尽可能地听取安全专家和业务专家的建议而不应以企业管理者的个人意志作为基准。

纵深防御的方法在不断地发展，可以粗略地根据划定资产和安全域（边界）方法的不同，将纵深防御进一步划分为"基于硬件资产的纵深防御"和"基于数据资产的纵深防御"两个阶段，不妨将它们分别称为"纵深防御 1.0"和"纵深防御 2.0"，如图 3-8 所示。划分这两个阶段，恰恰是为了更清晰地理解纵深防御所固有的局限性。这种局限性比较突出地体现在纵深防御体系无法在无边界的场景下提供有效的安全保护，无法应对身份不明（或未知身份的）的攻击者（或攻击手段）带来的安全挑战。例如，近些年困扰网络安全业界的 APT（Advanced Persistent Threat，高级持续性威胁）问题，就是一种典型的无边界场景下的网络安全问题。

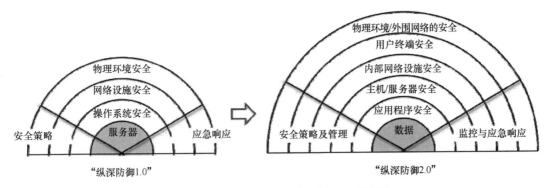

● 图 3-8　纵深防御体系的发展过程（示意图）

从方法论点角度来看，造成这种局限性的原因至少包括两方面。

一方面，已有的纵深防御体系中并没有明确表达"人"在整个体系中的作用，而是"隐性地"默认"人"是对立于整个（技术）体系的存在；或者，在潜意识中赋予了"人"以一种"超系统"存在的地位——即体系中所涉及的"人"都无条件地值得信赖并凌驾于技术之上。在部署层层叠叠的安全措施时，既没有足够意识到来自外部的潜在对手所可能具有的足够的灵活性（包括不可预测性和技术能力方面的超然性）对整个防御体系的威胁，也没有足够意识到可能潜在的、来自内部的人员或因失误或因受骗或另有动机（企图）而给整个体系带来的隐患（这让人不禁会想起那句著名的警句——"堡垒往往是从内部被攻破"）。当然有人可能会说，为了应对信息基础设施云化的情况而在纵深防御体系中的最外层（或第一层，即"外围层"）强调了安全策略和操作流程、培训和安全意识教育等防御要素及配套的安全措施。但是，这种叠加一层或扩展一层内容的做法还并不能弥补已有的纵深防御体系在方法论上对"人"的因素的认知局限性，从可操作性角度来说，这种做法的象征意义大于实际意义。

另一方面，已有的纵深防御体系没有对自身所依托的两个基础（一个是"资产"，一个是"边界"）给予足够的定义，这将会导致这样一种情况：如果它们的含义被模糊化，那么依赖于它们的整个体系都将失去意义。例如，"资产"的内涵，从纯物理资产（实体），到信息化资产，再到数据资产，一直在发展变化。显然，用保护纯物理资产的纵深防御体系无法有效保护信息化资产和数字化资产。甚至可以从这个角度来说，已有纵深防御的范式可以写成："资产+边界=防御"。所谓"纵深"就是在边界上不停地进行检测并对检测发现的结果进行相应的处理；所谓"防御"就是利用时间差，将重心放在对资产所具有的期望服务属性不停地进行确认或恢复以保证其可用性。因此，如果将火力对准目标的资产或边界本身，而不是目标的那些用来保护其资产和确立其防御边界的安全措施，那么，纵深防御体系可能将会彻底失效。这种方法在现实中被称作"不对称打击"或"降维打击"。

此外，纵深防御的理念在实现过程中，还面临这样一个现实策略问题：在成本（包括时间成本和资金成本，甚至机会成本等）的约束下，防御过程（或保护）应当以资产（物理资产、信息化资产和数据资产）为核心进行构建还是以边界为核心进行构建？抑或两者兼而有之或者另有其他？在"纵深防御2.0"的基础上，会不会还有"纵深防御3.0"（事实上，当前的发展中已经有了基于云化环境的纵深防御体系）乃至更多的发展阶段？

从纵深防御的发展过程中可以看到，防御的边界在不断地由内向外随着人们对网络安全风险的认知疆域的拓展而逐步"推远"——从服务器实体向数据信息逐步"虚化"推远；从服务端向客户端推远；从企业向行业乃至企业所依赖的生态环境（即网络空间）逐步推远——对资产的保护从围绕资产"修建堡垒"到"构筑要塞"，再到"安全岛链""武装联盟"……这种将边界越推越远的方法，必然需要越来越复杂的控制结构，进而导致成本变得越来越高，这对安全行业来说当然是一个利好，但对企业来说，真的值得吗？可以做得到吗？

顺便提一下对资产的理解：其内涵从最初的硬件，逐步扩展到软件、固件，再到现在正在经历的"信息化件"，并最终可能会"进化"到"数据件"。

定义16 **"信息化件"**（Information-ware），是指利用信息化技术显式地实现某种特定业务功能的计算环境或实体系统（含微系统）。可以将其称为**"信息化体"**，或简称为**"信件"**。

也可以简单地将其理解为逻辑封装了的具有通用性的功能部件，例如，虚拟化技术就是一种构建"信息化件"的实例。而未来的发展，当数据和其承载实体可以作为独立单元存在并可以进行流通的时候，就形成了"数据件"，这或许是网络空间演进发展的一种趋势。

定义17 **"数据件"**（Data-ware），是指含有数据的实体单元，或数据与某种实体相结合之后的实体单元。

无论如何，纵深防御努力使得网络安全保障向着"进不来、找不到、拿不走、读不懂、躲不掉"的目标努力，是网络安全保障工作发展历程中的必然环节，也是现实世界中几乎所有网络安全防御体系的现状；不可过分夸大其局限性或故意无视其合理性，更不能因为纵深防御存在局限性而对其全盘否定或直接跃过；相反地，可能在相当长的时期内，业界还依然需要不断深入研究，以更深刻地理解和应用纵深防御的思想（纵深防御也可以是一种方法论）——站在纵深防御的基础上恰恰能够更好地开启新的征程——不断丰富或发展纵深防御体系，可以为构建弹性防御体系探索并积累更多的经验。

3.4.2 一种"拟态"防御模型

"弹性"防御模型是从安全管理技术层面的细节处着眼而形成的一种理性的模型，可以被认为是一种专注于针对特定威胁的技术解决方案，能在很大程度上使企业增强其在网络或信息系统中，抵御各种类型攻击的能力。但是，这种在技术层面的改进还远远不够，特别是在网络空间的条件下，当今的网络安全问题已经开始系统地波及人类社会（第一空间），因此，网络安全问题不仅必须要通过技术手段来解决，而且还必然要在人类社会运行的层面上寻求解决之道。对于企业而言，即使是单从网络安全生态的视角来审视安全保障工作，也可以寻找到不同的方法。

企业为了生存而处的环境，的确可以被视为一种生态环境。受到大自然生态系统的启发，可以借鉴拟态的策略和方法，构建企业的网络安全管理体系——可称之为"拟态"防御（Defense-In-Mimicking，DIM）。

1. 生物拟态与"拟态"防御模型

拟态原本是个生物学概念，是指一些生物依靠在形态、外观、行为等方面模拟它物或周边环境，借以提高自身存活概率的一种生存方式。拟态是生物界普遍存在的一类现象，但对于拟态的科学研究最早于 19 世纪的中叶才开始。时至今日，根据已有的发现，生物学意义上的拟态，大致可以分为以下几种（需要特别声明一下，拟态的分类法并不唯一，本书此处仅从略表达）：一种是防御性拟态，主要包括贝茨氏拟态（Batesian Mimicry）、米氏拟态（Müllerian Mimicry）、瓦氏拟态（Wasmannian Mimicry）等；另一种是攻击性拟态，如佩氏拟态（Peck-hamian Mimicry）等；第三种是繁衍性拟态，如贝克氏拟态（Bakerian Mimicry）、多氏拟态（Dodsonian Mimicry）、珀氏拟态（Pouyannian Mimicry）等；此外，还有一些其他类型的拟态，可以统归为第四种，主要包括一些同物种生物间存在的自拟态（Automimicry）或种内拟态（Intraspecific Mimicry），以及其他一些不便归类的拟态，如某些真菌类生物的拟态。

拟态现象中通常包括拟态者、被拟态者和受骗者三方。简单来说，无论进行拟态的生物所模仿的是敌是友（包括敌害的敌害），或者是其他物体（包括周边环境），它只有一个目的：保存自己、活下去或壮大自己。

贝茨氏拟态，由英国博物学家和探险家亨利·贝茨（Henry Walter Bates）先生发现，主要是指拟态者对天敌展示出警示性外观以达到防御性目的。米氏拟态，由德国博物学家和医生弗里兹·米勒（Fritz Müller）博士发现，主要是指拟态者群组性地对天敌展示警示性外观以达到防御性目的。瓦氏拟态，由奥地利籍耶稣会昆虫学家和科学哲学家埃里希·瓦斯曼（Erich Wasmann）神父发现，广义讲主要是指拟态者"融入"周边环境（包括寄生环境）从而达到自身的防御性目的。佩氏拟态，由美国博物学家乔治·佩克汉姆（George William Peckham）和伊丽莎白·佩克汉姆（Elizabeth Maria Gifford Peckham）伉俪发现，主要是指拟态者展示出与其攻击对象相近的形态或外观从而利于自身向目标发起攻击。其他如多氏拟态，由美国植物学家卡拉威·多德森（Calaway Homer Dodson）博士发现，主要是指一种（兰花）植物拟态，拟态者模仿其他植物的感知信号以迷惑传粉昆虫为自己传粉。

通过拟态的主要分类特征可以看出，进行拟态的生物主要是通过干扰信息的传递（甚至还包括信息的接收）方式来达到使对手误判的目的，从而在与对手竞争的过程中增加自身的获利（生存）机会。这或许只是依据实用主义的观点来理解自然，但在现实世界，这一现象的确是客观的存在并作为一种机制发挥了作用。进行拟态的生物，通过模仿，要么试图隐匿自身的信息特征，要么试图散布特征相近的假消息，从而使得对手根据得到的信息做出误判。这些误判，要么使信息接收者混淆了原本的目标而向错误目标施加了反应，要么使信息接收者出于自身保护的目的而放弃了原本的目标，或者，干脆使信息接收者迷失了原本的目标。进行拟态的生物在这个过程中只是制造了假象，并非毫无破绽，否则，自然的平衡就会被打破——那些做出了误判的生物，就会因为错误的累积而会被自然选择无情地淘汰。

77

那么，这个破绽在什么地方？

根据目前科学界对拟态的研究来看，普遍认为拟态是受到进化的作用而形成。原本，自然生物某些与它（物）相似的形态或特征，只是物种特征的一种随机结果，但在一定的生存压力下被自然选择出来，经过世代的遗传而成为稳定的拟态。这个过程中，存在某种自然平衡。如果说一种生物的拟态总是对被模仿者无利，那么被模仿者可能就会发展（进化）出种种差异，以便与拟态者区别开来，从而使拟态失效。同样地，如果一种生物的拟态总是对其对手无利，那么这些"受骗者"将可能不得不发展（进化）出更强的分辨能力以图识破拟态。

进一步来看，拟态其实就是一种博弈。企业的网络安全与此何其相似。在拟态的博弈中，是拟态者（信息发送端）与其对手（信息接收端）围绕一定的特征信息展开较量；而在网络安全的攻防博弈中，是防御者与其对手围绕着自身的特征信息展开较量。因此，不妨从信息论的角度来理解，大自然已经将拟态作为这种博弈的解决方案，值得我们在网络安全工作中进行借鉴和参考。

下面给出"拟态"防御的定义。

定义 18 "拟态"防御是指，弥漫在时空结构内，在可观测水平上有针对性地虚构或展示出某些特征，使企业有效地适应网络攻击并最终提高在网络空间的生存能力。

需要说明的是，"拟态"防御模型包含以下要素或假设：第一，网络安全工作在很大程度上（在一定条件下，甚至几乎全部）是攻、防双方的一种博弈。安全管理是对博弈期望的认知和调整，即控制。第二，在这种博弈中，攻、防相关的信息是必要的资源，两方都会尽力争取。第三，这种博弈应当存在纳什均衡（Nash Equilibrium），或者，防御一方至少可以围绕纳什均衡的条件有针对性地制定防御战略。制定战略并实施战略，是安全管理的主要工作任务和内容。

"拟态"防御模型认为，攻、防双方的概念是相对的，不区分双方存在互相转化的可能。可以将攻击者与防御者分别看作攻、防相关信息的相互的信源（发送端）和信宿（接收端），经由网络空间（信道）组成了一种通信系统，从而可以将"网络攻击-防御"过程理解为一种通信。在这个系统中，攻击方为了达成攻击目的，需要努力从防御方尽可能得到确定的信息，根据这些信息才能有针对性地采取更多的措施，而所采取的措施也一定是期望能够进一步增加信息的确定性或得到确定的信息。这里所说的"信息"的含义是指，攻、防双方中任一方所拥有的引发对方兴趣的现象及其属性标识的合集。

根据克劳德·香农（Claude Elwood Shannon）博士在《通信的一种数学理论》（*A Mathematical Theory of Communications*）中指出的原理：信息传输中的"不确定性"可以用信息熵（Entropy）来度量，不确定性越大，信息熵越大。因此，不妨这样来理解在"拟态"防御模型中，攻、防双方其实就是在围绕信息熵的增减展开竞争，而且竞争优势就体现在如何使对方所获得的关于己方的信息熵不减小（或在可能的范围内以可接受的速率减小）。

防守一方如果能维持使攻击一方所观测得到的信息熵不减小的状态，便获得了攻、防博弈的竞争优势。无论是为了获取这种竞争优势，还是为了维持这种竞争优势，都需要资源，且都需要消耗能量。

根据列夫·朗道（Lev Davidovich Landau）院士指出的原理，信息熵减小则自然环境的热力学熵就增加并且存在一个明确的能量消耗下限，因此可以发现，"网络攻击—防御"的过程必然只存在于开放系统之中。巧合的是，任何企业的信息系统，包括网络空间的任何组成部分，都是开放系统。这就意味着，人们在网络空间可能永远无法回避"网络攻击—防御"的博弈（游戏）。这可能就是"拟态"防御模型所揭示的最为本质的一个事实。

此外，根据小约翰·纳什（John Forbes Nash Jr.）博士指出的原理可以看到，在资源或能量约束一定的情况下，攻、防双方存在平衡点（或平衡态，即纳什均衡）。也就是说，不可能彻底消除或避免网络攻击，除非防御方相对于攻击方拥有无限的资源或能量。反之，如果攻击方确实相对于防御方拥有了不平衡的资源和能量（即具有压倒性的优势）且对防御方发起了攻击，则防御将难以求存。这意味着，防御方在"网络攻击—防御"的过程中，应该持有一种理性的期望：适应所面对的攻击（以遭受攻击作为常态进行适应），可能比单纯地"想"彻底消除攻击或在攻击中始终保持不败要现实得多。这是"拟态"防御模型所揭示的又一个事实。

同时，以"网络攻击—防御"过程是一种通信的观点来看，攻、防过程（即"通信"过程）存在着某种固定的"信道容量"。这个"信道容量"实质应是网络空间的一种背景能量耗散（Cyber Entropy Background，CEB）。对企业而言，这个背景能量耗散意味着企业在运营过程中必须要为网络安全投入资源——能否认识到这一点，对网络安全管理来说，至关重要。

"拟态"防御模型在方法上为落实网络安全管理提供了具体方向，即网络安全管理应当为保持信息熵不减而筹措具体的措施并为这些措施的有效施行提供保障。

图 3-9 简要地给出了"拟态"防御的一种可能的结构（该图为正视图投影）。在"拟态"防御中应该至少包括 5 种机制，分别是价值机制、观测机制、感知机制、适应机制和展示机制。观测机制侧重于对内外部情况的侦察和侦测，感知机制侧重于在观测机制的结果上制定防御策略并开展相应的决策。展示机制本身就是防御策略的具体组成部分，和适应机制的不同点在于，后者侧重于企业内部的结构、能力、资源禀赋等方面的适应性，而前者侧重于以企业外部为工作对象。

"拟态"防御模型包含在 DRM 框架范围之内，同样可以遵循 T 通道和 C 通道的路径来实现"拟态"防御模型。一方面，"拟态"防御模型中的 5 种机制之间，需要技术承载体系，时效是这 5 种体系有效运转的关键要素之一，T 通道的范畴包含

● 图 3-9　"拟态"防御模型的结构示意图

这些层面的要求和具体事项并且为整个防御体系的运作提供基础支持。另一方面，"拟态"防御模型要求企业应当着力维持自身内外的多样性，加大攻击者探测到有价值目标的难度和复杂度，以有效应对越来越多的自动化攻击工具的威胁。在 C 通道的范畴内，从企业运营的整体视角提供了更多的选项，为整个防御体系的构建提供基础支持。

2. 简化实例

受限于现有的技术发展水平，"拟态"防御也很难被认为是一种理想化的防御模型。因此，不妨在此介绍一些先锋性的技术路线（如动态目标防御）作为"拟态"防御模型的某种"简化"版本，以帮助读者更好地建立相关概念。

动态目标防御（Moving Target Defense，MTD），也可称为"移动靶"防御或"移动目标防御"，起源于学术和军事研究，相关工作最早出现在美国。其灵感来源于"移动目标比静态目标更难命中"的军事常识。苏希尔·贾约迪亚（Sushil Jajodia）博士、王小刚博士等曾在《动态目标防御：为网络空间威胁创建非对称不确定性》（*Moving Target Defense：Creating Asymmetric Uncertainty for Cyber Threats*）中，系统地提出了动态目标防御的概念。

在网络安全领域，动态目标防御是一种在多个维度上使系统受控发生变化，以增加对系统发动攻击者所面临的不确定性、复杂性和行动的成本，从而达到对系统实施网络安全保护目的的一系列理念和方法的集合。动态目标防御假设：①不可能实现完美的安全性；②所有系统都会受到损害。基于这样的出发点，动态目标防御将研究的重点聚焦在：如何使系统在不安全的环境中持续地实现安全运行的目标并使系统能够有效抵御攻击造成的损坏，而不是谋求使系统获得绝对的安全。

动态目标防御的设计初衷，在很大程度上是得益于准确地意识到了攻击者相对于防御者的竞争优势问题。这种优势主要是由技术上的静态特性所产生。出于简化设计和便于实现的目的（也可以理解为出于控制成本和控制技术风险的目的），构建依赖现代信息技术系统的过程中，通常都是以相对静态的方法来实现编码。例如，控制器的内存管理、操作系统和应用软件的堆栈、网络的地址空间和域名、网络拓扑、路由条目、安全策略等，从设计到实现再到运行，操作流程是固定的、协议是已知的，各种情况在相对较长的时间段内大部分或多或少地保持不变。这种静态的特性，甚至可以说成是一种信息技术行业内的传统——我们今天所面临的网络安全问题，归根结底，在很大程度上就因为这种传统在持久地发挥着效力——静态特性为攻击者提供了一个好得令人难以置信的优势，因为这种优势是一种不对称优势。攻击者可以有足够的时间对一个系统进行针对性的研究并识别其漏洞和寻找相应的攻击媒介；可以选择发起攻击的时间和地点，从容地计划和实施攻击并在攻击过后，全身而退。

在动态目标防御概念中，通常会使用术语"攻击面"（Attack Surface）和"攻击图"（Attack Graph）来进行相关描述。

攻击面是指系统暴露在攻击者面前的部分，是可被攻击者用于实施攻击的系统漏洞的总和。对攻击面的理解，应当限定在两个前提之下，一个是特定的目标，另一个是特定目标所处的环境。因此，准确描述一个攻击面，应当使用一个五元组，还应包括方法、路径以及交互等信息。攻击面本身可以是物理的形态，也可以是数字化的（信息的）形态。能被穿越或穿透的物理形态的攻击面，以及仅能被注入数据或摄取数据数字化形态的攻击面，称为单向攻击面，而兼具两者的攻击面则被称作双向攻击面。通常，现实中存在的攻击面往往都是双向攻击面。

动态目标防御的想法是，通过使系统因随机性而体现出动态性并具有和保持多样性，降低系统的同质性、静态性或确定性，使系统目标更难被探索和预测，从而削弱攻击者的优势或给攻击者施加不对称的劣势。随着系统不断变化，攻击面不断调整，攻击者在攻击过程中将不得不像防御者今天所遇到的情况一样，来应对大量不确定性并将因此而付出巨大的代价。

这就像是防御者在和攻击者玩一种壳子游戏（The Shell Game, Thimblerig）。系统中能够被攻击者探索和预测的部分（即攻击面）好比是一个个"壳子"（Shell），而系统中真正需要保护的目标则会被这些不同的"壳子"所包覆或遮掩，从而实现防御的目的。

因此，有时也可将动态目标防御（MTD）形象地说成是"数字化壳子游戏"（Digital Shell Game）。关于这些"壳子"，有多种实现方法。这些方法正是动态目标防御研究领域中的主要内容和方向，例如，通过移动、变形等方法都能实现这类"壳子"。根据实现这些"壳子"的方法所遵循的技术路线的不同，将会形成动态目标防御的诸多变体。

攻击图是一种描述复杂攻击序列的方法，从攻击者视角综合考虑了可导致系统安全状态发生转换的诸多因素，如攻击目的、目标系统中的漏洞、攻击路径中各节点之间的连接性等。攻击图的概念由劳拉·斯威勒（Laura Painton Swiler）博士和辛西娅·菲利普斯（Cynthia A. Phillips）博士于20世纪90年代末首次提出。

攻击图是一种由"顶点"和"有向边"构成的有向图，可展示攻击者发动攻击的时序和攻击效果。攻击图中的"顶点"用于表示"安全要素"和"安全状态",图中的"有向边"用于表示攻击者攻击行为的先后顺序。"安全要素"包括计算节点的物理/逻辑属性、服务的状态/属性、漏洞、权限等。"安全状态"包括口令被攻击者破解、权限被攻击者获取等。图 3-10 给出了攻击图方法的示意。

　　理论上,攻击图可以构建完整的网络安全模型,反映网络中各个节点的脆弱性并刻画出攻击者攻陷重要节点的所有途径,弥补了以往技术只能根据漏洞数量和威胁等级评估节点和全网的安全性,而不能根据节点在网络中的位置和功能进行评估的缺陷,因此,攻击图技术是现代网络安全领域的基础技术方向之一。但是,攻击图是一种较为理想化的方法,因为当网络规模较大或漏洞种类较多时,攻击图的构建过程和构建效率,将不可避免地在计算中遇到几何级复杂度的困难,即"组合空间爆炸"问题,而变得不可实现或不可接受。所以,在实际使用中,一般会假设基于某种"单调性"才会使用攻击图方法。

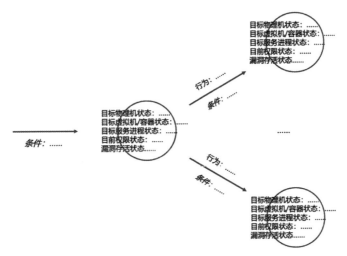

● 图 3-10　攻击图（Attack Graph）方法示意

　　攻击图中以原子攻击（Atomic Attack）来表示攻击者攻击行为的最小单位。通过讨论一系列原子攻击之间的关系,便可以在一定程度上刻画出某种攻击行为的规律。原子攻击可以是一次漏洞利用、一次社交工程攻击或是一次非授权登录行为,或仅表示网络状态发生了变化而不反映具体的攻击细节。因此,通过攻击图方法可以方便地使用数学方法对攻击防御的过程进行定量计算,即量化设计和可信度量,这无疑将有利于攻防机制的研究并为工程实现创造了有利条件。攻击图在构建动态目标防御的过程中,具有独特的优势。例如,使用基于马尔可夫模型（Markov Model）的方法,根据网络配置信息、安全规则和知识库等要素,就可以对攻击行为进行建模并构建攻击图。这种方法是一种基于多重约束的简化的条件随机场（Conditional Random Field,CRF）方法。此外,针对攻击图的"组合空间爆炸"问题,人们也提出了"分而治之"的思路,例如,通过"分域裁剪—生成算法""前向搜索—生成算法"等方法在一定程度上给出了工程解决方案。借助生成对抗网络（Generative Adversarial Networks,GAN）技术,相关研究将会更加深入。

　　根据麻省理工学院林肯实验室（Lincoln Laboratory,Massachusetts Institute of Technology）的《网络空间移动目标调查（第二版）》（*Survey of Cyber Moving Targets Second Edition*）,达成动态目标防御的技术可被归为 5 个门类,即动态数据技术、动态软件技术、动态运行实时环境技术（含"地址空间随机化"和"指令集随机化"两项子类别）、动态平台技术和动态网络技术。而实用化的动态目标防御系统中将会综合运用这些不同门类的技术，可以在指令编码、网络、数据等多个层面来实现动态目标防御的功能。

1）在指令编码层面，可以通过面向重用的编程（Anti Return-Oriented Programming，Anti-ROP）技术或面向跳转/调用的编程（Anti Jump/Call-Oriented Programming，Anti-JOP/Anti-COP）技术来对抗"零日"攻击（0-Day）就是一种动态目标防御的使用实例。这种技术有两种典型路径，一种是由英特尔（Intel）公司和微软（Microsoft）公司的基于控制流强化技术（Control-flow Enforcement Technology，CET）为代表的"硬件-软件组合体"路径，另一种是以IBM研究部海法实验室（IBM Research，Haifa）为代表的"基于软件的解决方案"路径。这两种路径的原理虽各不相同，但都利用了通过变换系统中程序的可执行代码的存储位置的技术（不同于"地址空间布局随机化"技术，即Address Space Layout Randomization，ASLR）来改变攻击面。

2）在网络层面，可以在网络中的核心节点和接入节点之间串行加入一种专门的设备，由它不断变换互联设备之间的IP地址，使得网络上的对等方（Peers）无法发现彼此，从而改变攻击面。

3）在数据层面，可以将系统中的原生数据进行碎片化，然后通过加密信道将它们"随机"转移到某些指定的存储位置（如本地存储和云存储）中，从而改变攻击面。这些都说明：伴随技术的进步，动态目标防御技术已经取得进展并正在逐步实用化。通过软件定义网络（Software-Defined Networking，SDN）和网络功能虚拟化（Network Functions Virtualization，NFV）、基于编排（Orchestration）技术的服务网格（Service Mesh）等技术，能够更加有效地、有目的地更改大规模系统/复杂系统的攻击面，为系统提供更高级别的保护。

动态目标防御的相关理论和技术在一些层面已经取得实质进展，为安全防御体系的构建提供了新的方向和保障。但由于其本质所依托的随机化变换技术，在工程实现上还需要很长的路要走，因此，动态目标防御技术很可能会需要在更大尺度的空间结构上才能取得理想的费效比。此外，动态目标防御在理论上也有一些局限性。基于攻击图理论，根据给定环境的先验知识和行为信息只能"正向"处理"已知"的攻击行为（即攻击面），并不能防止目标系统中的资源共享机制或依赖于资源共享的分级操作机制从内部被破坏；也无法阻止目标系统中的后门功能以及借由后门功能而发生的短路、旁路或产生反向通路的情况（即"未知"）的发生。但无论如何，就好比纵深防御不仅可以是一种技术体系，更可以是一种方法论一样，动态目标防御的方法已经对未来给出了深刻的启示。

拟态防御将是网络安全防御体系的发展方向之一。邬江兴院士在此领域已取得首创性突破，提出了网络空间拟态防御（Cyber Mimic Defense，CMD）理论，实现了基于动态异构冗余构造（Dynamic Heterogeneous Redundancy，DHR）技术的拟态防御的工程样机和商用系统，取得可喜进展。

3.4.3　一种"免疫"防御模型

"拟态"防御模型是受到大自然生态系统的启发，在研究攻击和防御的博弈过程本质中形成的一种理想的模型，可以被认为是一种颠覆现有攻防双方游戏规则的解决方案。但这些远远不是网络安全防御体系的全部。比如，同样是受到大自然的启发，在自然界存在的免疫现象，对于安全保护的目的而言，自然会引起人们的注意——在构建企业的网络安全管理体系时，还可以有一种"免疫"防御（Defense-In-Immunity，DII）的模型。

免疫现象与"免疫"防御模型

免疫是人们至今都叹为观止的自然生命现象之一，无论植物、动物还是微生物，都普遍具有免疫能力，而且这种能力与生俱来，是一种生命体内源性的能力。现有的科学研究认识到，生命体的免疫系统（姑且认为是个系统）似乎没有智能（至少看上去并不受神经系统支配或受智能控制）但让人们禁不住好奇地认为它具有智能——免疫系统能够在生命体内部高效地识别并压制异己。这里所谓的"异己"是指外来的不属于生命体的（外源性）病原体和生命体自身所产生的（内源性）恶性细胞（对于多细胞生命形式而言）等，也可称为"抗原"。这个概念的内涵较广，涵盖可以使生命体感染病害的生物体或生物信息媒介（包括特定的核酸片段或蛋白质片段）。恶性细胞是指损害生命体生命机能的自体细胞（对于多细胞生命形式而言）。生命体通过自身的免疫机能维持自身机体生理平衡和健康状态稳定的现象，可称为免疫现象。这种现象表征了生命体能够自洽地维持自身的新陈代谢与抵御入侵之间的动态平衡。当然，这种平衡存在边界和极限。

一般认为，免疫系统通常表现为一种保护生物体免受抗原侵害的防御系统，但这个系统在生物体中也会发挥其他作用。生物学的研究表明，以人体的生物免疫为例，免疫系统具有模式识别、学习和记忆的能力。免疫力可能依赖于某种"认知"功能并同时作用于一系列具有广泛调节和修复等防御功能的效应器机制当中。人体免疫系统可以分为先天性免疫系统和适应性免疫系统两大类（分类方法不唯一）。先天性免疫系统是人体固有的免疫系统，以隔离性的防护功能为主，称为非特异性防护。适应性免疫系统为人体提供获得性的免疫保护功能，能够自适应地对抗原进行特异性响应，或者通过自身的代谢以随机变异方式累积"学习"的成果，生成"抗体"，对抗原进行具有特异性的精准响应。"适应性"一词是指对人体而言的"我"和"非我"的区别，以及针对特定外来入侵者的应对措施的取舍。先天性免疫系统提供的非特异性免疫可世代遗传。适应性免疫系统提供的特异性免疫总是基于非特异性免疫且不可遗传（迄今为止尚未发现特异性免疫的遗传学证据），只存在于个体的生命周期之内——有些获得性免疫可以维持终身，而有些则只能维持几天到几年不等的一段时间。

基于明显的相似性，一些计算机科学家在 20 世纪 70 年代末期就意识到了计算机安全和免疫现象之间可能会存在某种关联关系并对此持续进行了深入而广泛的研究。现在，人们仍然可以很自然地将企业看作是像人体一样的"机体"，将企业外部的网络攻击者和内部的破坏者视作"抗原"，则人们所期望的网络安全保护体系将十分接近于人体的免疫系统。本书的看法如下。

定义 19 "免疫"防御是指，弥漫在时空结构内，使企业对网络安全攻击具有内源性的和广泛性的包括认知、调节和修复在内的防御能力，保持企业自身业务机能的完整性，最终提高企业在网络空间的生存能力。

对企业而言，网络安全的目标应该是在网络空间环境下寻求关乎自身业务的基础设施的可用性和安全性之间的平衡，并且在这个基础上聚焦于可持续地维持这种平衡状态。保持企业自身业务所依赖的基础设施的完整性，是维持这种动态平衡的基础手段之一。这里所说的这种"基础设施的完整性"更倾向于指企业机能的完整性。基于一种假设，即业务机能既包括处理与业务相关事务的功能，也包括这些事务处理过程中的安全保障方面的功能，还包括所有这些功能性的统一。基础设施是广义概念，不局限在物理设备或信息系统，还包括企业运作过程中组织员工所必需的管理机制。

"免疫"防御模型认为，企业的网络安全保障依赖其自身业务基础设施的机能完整性，这将假设网络安全的保障不再遵循认知范式。即"网络安全功能"虽然可以仍被视为一种"感知"能力的载体，通过探测、识别、学习、记忆等过程来实现，但这种功能更应当是能力本身。

网络安全保障是一种能力。这个能力的强弱取决于企业业务功能单元之间及其环境之间的信息交换。这些信息由信号转导和行为调控机制进行处理和集成，即形成"刺激"或称为"扰动"。在整个过程中，未必需要一个中心化的"总控制端"，而可能需要的是一种类似人类神经系统的"内部网络"。在理想情况下，这个"内部网络"将与企业的管理体系平行交互即形成"响应"，也就是实现"安全功能"——最终归结、统一于企业的最高决策者。企业业务功能单元不仅是企业中的每个岗位，还包括所有为开展业务而使用的自动化工具和系统。它们之间的环境，既包括企业内部环境也包括业务依存的外部环境。

在"免疫"防御模型中，将这个"内部网络"称为"免疫网络"（Security Dynamics）。构成这个"网络"的功能单元称为"抗体"，与抗体相对立的则称为"抗原"。将抗体之间的关联称为"状态"，将抗体的数量和位置称为"拓扑"，则状态和拓扑之间的连续性（即基于时间的相互作用）将使免疫网络本身对抗原体现出某种"自适应"的性质——构成对网络攻击的响应。响应的方式包括忍耐（承受攻击造成的破坏）、消除攻击、阻断攻击行为或路径、遏制（或反制）攻击源等。这意味着从"以威胁为中心"的安全防御到"以企业整体为中心"的安全防御的转变。企业对网络攻击的"免疫"将只需遵循其规则的调节，而不再需要集中指令的控制。企业这个"机体"的"范围型"集体反应，决定其自身安全防御的特性。马克·范·雷根莫特尔（Marc Van Regenmortel）博士曾在《生物医学科学中还原主义的承诺与局限》（Promises and Limits of Reductionism in the Biomedical Sciences）一书中，举过这样一个例子：在对疫苗的研发案例进行分析时发现，如果疫苗的开发研究只限于研究抗原—抗体相互作用的结构相关性，而没有更深入地了解宿主—病原体遭遇时的动态特征，则这种疫苗往往会被证明是失败的。通过这个观察结论，我们可以更直观地体会"免疫"防御模型所强调的动态特性，以及这种动态特性所隐含着的"安全生态"的观点。

企业的防御措施（免疫网络）可以和企业的攻击者（抗原）处在某种平衡态，这种平衡态并不需要显式地给予定义，只要企业能够合法地存活于网络空间，就可以认为处在这种平衡之中。当抗原和抗体之间的稳定连续性不再静止或静默，意味着平衡状态被打破，免疫将被激活。"免疫"防御模型中，企业这个"机体"中的抗体，可以经由 C 通道不断转化或培育而得。抗体之间的状态可构成 T 通道。

免疫防御将是多学科交叉的复杂科学研究领域之一。于全院士提出了类生物免疫机制的网络安全架构（Biological Immunology-inspired Network Security Architecture，BINSA），给出了一种新思路：通过在平行伴生网络中进行对抗学习，以获得网络疫苗的方法，谋求网络空间的对抗优势。

3.5 小结

网络安全管理体系结构试图刻画出完整的理论框架以指导企业开展网络安全工作。这不是一个可以轻松完成的任务。本章所给出的若干解释，总结了已有的经验并提出若干新的思路以试图更深层次地理解开展网络安全工作的规律。网络安全管理是一个基于已知，面向未知的领域，始终与实用主义的干扰相伴前行——这不是一个对问题没感觉就等于没问题的领域。

网络安全管理的人因性固有机制无法直接被改变，因此，实际中人们往往只能通过调控系统结构的方法来达到间接控制网络安全管理的过程和预期结果的目的。调控的方法不外乎递归机制或迭代机制，这些机制都折射出某种时间依赖的特性。这就又往往会使人们习惯性地将关注点聚焦于最终的稳态（或静态）。然而，真实情况却是，在很多时候，被人们所关注的其实只是呈现出的中间态。

人们可能无法接受的是，企业的任何有效的网络安全管理体系都必须和它所管理的企业一样复杂。而一个复杂体系的自身往往才是说明其机能的最简单的描述。人们都期待网络安全管理体系能足够智能化，但任何足够简单易懂的网络安全管理体系恐怕都不能够实现智能化。企业的网络安全管理，任重道远。

第4章　网络安全管理体系规划设计

网络安全管理体系好比广厦千间，我们无法想象在没有规划和设计的情况下，如何能够得到最适合企业的安全管理体系。即便我们没有开展网络安全工作的经验作为基础，只是从企业管理或者项目管理的常识角度而言，也能大致理解：规划和设计是搭建一个（管理）体系的基础和关键。这种经验，值得借鉴在安全管理体系的建设之中。规划和设计安全管理体系是企业管理的一项基础性工作，也是一项战略性工作，是决定企业网络安全工作效果好坏乃至成败与否的关键。

为什么安全管理体系的规划设计对企业如此重要？

首先，安全管理体系的规划和设计将为企业保持业务运营的安全而定义边界条件，为开展特定的安全工作流程和运营活动设定明确的目的和方向，从而确保能够建立、维持并持续改进安全管理体系。

其次，对安全管理体系进行规划和设计，有助于促使企业管理者为网络安全威胁和风险或其他的潜在影响（或后果）做好心理准备。同时，这也是一种让企业管理者理解网络空间环境中保持业务运营连续性的简便方法。

然后，在规划和设计安全管理体系的过程中，可以将企业中涉及业务运营和日常管理的所有参与者（代表）都聚集在一起，请他们帮助定义工作过程所需的那些特定的术语和表达方式，从而使网络安全管理体系更易于理解，让他们能够更加直观地意识到自己在网络安全工作中的职责。

最后，安全管理体系的规划和设计中通常会包含行动计划和项目建议，这将使企业的管理者能够更加清晰地了解企业在未来的一定时期内，需要对特定的业务领域或整个管理体系所应进行的投资或投入。此外，这还有助于企业正确定义其运营过程中的安全性约束（即安全策略），有助于企业明确自身与员工、客户、供应商、商业伙伴或其他内外部合作伙伴之间签订安全协议的方向和底线。

规划设计本身所具有的重要性和专业性，就已经为开展规划设计工作的必要性做出了解释，但这还不够。如果不对开展规划设计的必要性有更深入的了解，往往可能会因为得不到企业内外部的理解和支持，而使网络安全管理工作在获取所需资源的过程中受到限制或受到不必要的掣肘，最终，使安全管理体系的整体效能受到削弱或限制，甚至是导致安全管理体系的缺失或失能。

4.1　规划设计的必要性

网络安全管理体系的规划设计，涵盖设计和构建网络安全管理体系所触及的管理艺术和管理技术的相关范畴，虽然已经能够很明显地区别于搭建安全管理体系所需的相关操作类的技能，但仍然有必要厘清一些相关概念。与建筑领域类似，规划必先于建造，否则将会无可避免地造成浪费，甚至导致更为严重的后果。

一个安全管理体系，首先应当是可供使用的，其次是适合使用的，最终才会是优于使用的。这个过程，恰恰是规划和设计所需要发挥作用的地方。这就好比一个建筑物，其本身的构筑过程除了会满足其实际用途的要求外，还要满足艺术表现力的要求——既要服务于功利性，又得服务于审美目的。一个安全管理体系能完成安全管理的任务要求，应当仅仅是实现了最为基础的要求，即只是达到了功利性目的；而让人能够欣然接受，乐于合作，才是值得追求更高层次的目标。从安全生态的视角来看，安全管理体系的参与者所固有的习惯和认知以及企业文化的氛围和传统，都在时刻影响着安全管理体系的许多方面。（可参阅本书 2.5 节"安全生态与安全管理"内容的介绍）

企业的网络安全管理体系有三方面的特征：①自身结构的稳定性和持久性；②功能的适用性，既要适应管理一般员工行为的需要，又要适应管理特定员工行为的需要；③通过自身的运作和外在形式等，所体现出来的导向性以及对人的心理、想法等构成的（潜在）影响。所有这些都应该在体系结构中得到满足。

其中，第一个方面的特征是常量，任何体系的搭建都需要考虑。后面两个，则是相对的变量，其重要性因整个网络安全管理体系在企业中的管理功能而异：如果其管理功能主要是功利的，就像工厂中的流水线一样，那么影响力方面的需求就不那么重要了；反之，如果其管理功能主要是人本的，那么强制性方面的需求就不那么重要了；而强调对网络安全管理体系的基础性作用的理解时，两者将同等重要。可参阅本书有关 DRM 的介绍（3.1 节）。

因此，可以说网络安全管理体系的规划设计就是一个专门化的过程，用来最终地协调包括安全管理体系按照预期有效运作、企业的管理环境以及成本等因素在内的多方面需求之间的关系。本质上说，网络安全管理体系规划设计是一个在企业内部解决（或调和）网络安全管理体系的资源需求与企业管理层所允诺的资源供给之间的矛盾的过程。这个过程不可避免地会影响网络安全管理体系的执行方式。

据经验数据估计，在缺乏规划的情况下，构建网络安全管理体系的过程中造成的直接资金浪费的占比不会低于 15%，而由此造成的时间浪费（或机会成本损失）则无法估量。从实践的角度来说，规划设计是网络安全管理体系生命周期的必然阶段，但很容易被人忽略——可能并不容易被人当作是网络安全管理的一部分——即便如此，规划设计也是降低网络安全管理体系自身运作风险和失败率的最为重要的工作内容。正因为规划设计可以预防或解决一些问题，而且是以最优的或最为可行的方法来解决，因此，规划设计确有其必要性。这种必要性至少体现在以下几个方面。

（1）规划设计是辨明目的并设定目标的过程

目的，通常是指导人们开展某项工作的一般意图，是回答"为什么要做"的问题，相对而言，其表意更加宏观和宽泛。目标，含义则更加明确，用来指导人们在短时期内的行动，是回答"要做什么"的问题；可以被看作是一系列步骤，引导人们一步步实现更宽泛意义上的或最终意义上的"目的"。

构建网络安全管理体系，需要一个总体方向和最终目的。围绕这个目的，需要设定一系列明确的目标。这既是规划设计工作的根本出发点，也是规划设计工作最主要的工作内容。这些事情，是在实际动手构建网络安全管理体系之初就需要首先想清楚的内容，即便是毫无经验

"摸着石头过河"，也需要从一开始就要大致上有个方向，而不是盲目乱闯。

在规划中需要设定什么样的目标？根据经验，这些目标至少应该是：①有具体的内容；②现实可行的；③可测量的/可感知的；④有明确的期限。

具体而言：

①有具体的内容，是指将要做什么？如何做？由谁来做？②现实可行的，是指与企业现有条件或所需的特定情况是什么关系？与企业维持正常运作的一般前提是何关系？解决某个问题或冲突所面临的挑战有多大？③可测量的/可感知的，是指在某个时刻出现的（或所得到的）结果是否是预期的？以及如何知道已取得预期成果？根据什么可以说明已经取得了进展？程度怎样？④有明确的期限，是指可用时间有多少？受到什么样的基准或时限的约束？

同时，还需要注意：应该基于专业意见并通过多方商议确定目标，这些目标本身应该是一种参与性决策过程的结果。如果没有通过达成共识就设定目标，那么是否能在实际过程中实现这些目标就很值得怀疑，因为目标的实现，在很大程度上受到具体工作人员工作动机的限制。通过协商达成共识，是确保动机一致性的有效方法。此外，设定的目标不应当过于"雄心勃勃"（指范围广泛或含义模糊不清）。未能很好地定义目标或定义不明的目标，将使工作难以实施。

（2）规划设计是定义起点并设定路线的过程

起点，也可以说是工作的基础，是构建网络安全管理体系的工作开始前，企业所处的水平和所具备的条件。定义起点意味着：一方面要调查企业在构建网络安全管理体系的工作开始前的原始状况；另一方面则是找到网络安全管理体系与企业现状的契合点。

找到正确的起点，对顺利构建网络安全管理体系非常重要。在开始实施体系构建工作之前，可以通过编制规划的方法，对相关情况进行调查研究，这几乎是一种找到正确起点的标准做法。例如，通过文档回顾、访谈、观摩、收集并运用企业级/部门级的统计数据等调研方法，可以总结出某些发现或者刻画出某些状态特点——这些内容，都将是定义起点所需的素材。而且，这种刻画越准确，就越有利于对体系构建工作进度的评估和把握。有些情况下，也会把"定义起点"称为"基线研究"，包括对现状进行定性研究，也可以包括一些定量研究。

一个良好定义的起点，还可以从一开始就定义或调整将要开展的工作——这除了可以帮助体系构建工作顺利进行之外，还有助于安全管理团队与企业的管理层进行良好的沟通，能帮助后者比较和评估安全管理体系建立前后的变化，有助于使他们能更直观地理解构建安全管理体系的效果——可以判断企业发生的变化是否来自于安全管理体系所发挥的作用，以及这些作用是多么有效。

从起点开始，向着目标进发，通常会有多种不同的路线。规划设计的另一个重要任务，就是识别这些路线并阐述将要被选定的路线，为何是必要的且是最优的。路线包括达到目的所要达成的主要目标，以及达到这些目标所需要的主要步骤（称为"里程碑"）。当我们能够理解在规划中设计路线的工作，其实是将路线作为一种工具的时候，就应当能够理解，设定路线的过程就是落实战略意图的过程——路线本身是战略性的，而不是用来说明实现目标所需的那些细节。路线不是按优先级排序的待办事项列表。不能把目标分解而来的各项任务、各项任务的负责人员、安排讨论具体问题或里程碑的会议等这些事情的集合当作路线。路线更应当是理由的集合，用来阐述目标背后的逻辑，用来和管理层进行沟通——说不出令人信服的理由，则不需要列入规划，也就是意味着不需要去做。

（3）规划设计是确定尺度的过程

在网络安全管理体系构建过程中，为了防止出现错误或及时纠偏，需要对构建过程本身（的变化）不断进行监督或评估，因此，需要有衡量变化的手段，指标（体系）就是手段之一。指标是指那些能够反映出值得关注的现实变化情况的标志性信号或数量值，是度量、分析工作开展情况的一种尺度，通常必须具有简单、可靠、易得、明显等特点。指标通常不止一个或一种，可以根据需要增加或减少。相互联系、互相补充，从不同的视角、不同的范围、不同的层次来衡量或评价的一整套指标，就构成了指标体系。无论选取哪些指标，都需要至少涵盖：①过程管理和效率；②技术性能和效果；③人员反应和效益（经济的和战略的）等内容。

规划中还需要列出根据指标而开展的评估任务的进度安排。内容需要包括：①安全管理体系构建过程的效率、有效性情况如何？②由谁来领导和参与评估？③开展评估的合适时机是什么？④需要哪些资源？⑤如何使用评估结果？由谁使用？事实上，这种评估就是体系构建过程的一种"质量控制"，需要对风险和冲突保持敏感。

除此之外，规划设计还是简化决策并统一步调的过程、是统筹资源并促进发展的过程、是彰显承诺并持续改进的过程。规划设计还可以降低体系构建过程中的不确定性风险，可以促进理念创新。

4.2 规划设计的方法论

"规划"与"设计"虽然经常联系在一起使用，但其内涵稍有不同。"规划"的内容更偏向宏观和战略层面的布局，而"设计"的内容更倾向于确定实现布局要求所需的具体的功能模块或设施的细节内容。在不加严格说明的情况下，"规划设计"则泛指企业构建网络安全管理体系时的整体安排以及制订具体方案的全过程。

如何做好规划设计？整体上说，至少需要遵从三个基本原则：①"自主原则"，企业需要根据自身的特点，自主开展规划设计工作；②"科学原则"，企业的管理层需要充分尊重专业意见，不能干预技术性工作；③"效能原则"，规划设计本身需要尽可能兼顾多样性，应至少从不少于两种的可能方案中择优产生。

以下主要围绕两个内容简要探讨规划设计的方法论问题：第一，规划设计在实质内容上所必须具备的要素；第二，编制规划的技术方法。进行规划设计需要有系统性观念和系统性思维方法，切记不要走向"蛮干"和"盲干"这两个极端。

4.2.1 内容要素

应当在网络安全管理体系的规划设计中明确企业在网络安全领域所应具备的核心能力，明确能力建设的举措，权衡企业整体的发展重点与网络安全管理的契合点以评估、确认能力建设的投资需求，还要研究确定相应的权力运行机制——如果没有人具有落实能力建设的权力，那么能力建设和培养也就无法成功。

归纳起来，规划设计的实质内容中应当至少包括三个主要部分。

（1）目的和目标

这是企业构建网络安全管理体系的意义和网络安全管理体系存在的价值的体现。这个意义和价值，都不是纯客观的概念，而是管理体系所依托的企业环境和具体从业人员个人特质相结合的产物，是一种实践经验与现实条件的折中——也就是说，必须要考虑到可行性。一般来说，在规划设计中最后确定下来的目的和目标，不太可能是某个人的个人愿望或者个人价值观。如果规划设计的目的和目标是某个人意志的体现，那整个规划设计所能起到的作用将很可能适得其反。

关于目的和目标的区别，本书在"规划设计的必要性"一节中已经提到。此处，再补充说明一些内容。可以说：①目的是终极性的，而目标是阶段性的。②目的通常不可以被替代但可以变更；而目标却可以被迭代，一个目标可以被拆解成若干个子目标，甚至还可以用子目标来替代目标。③目的不可避免地带有某些涉及个人认知的东西，容易带有某种风格、印象，往往会根据外部环境的情况来叙述，是一种相对的概念；而目标则相对客观，是在某一时刻可以达到的东西，可以被绝对地测量或度量。

（2）条件和策略

条件是指企业构建网络安全管理体系所需的或所依据的内外部约束，包括监管环境的变化、客户的要求等提出规划设计需求的动因。策略是指根据构建体现的开销或成本以及企业的承受能力而确定如何寻找、获取和分配企业资源的方法。这是企业构建网络安全管理体系的时机、环境和企业资源之间的妥协。

策略需要在条件的限制之下根据企业的实际能力来开发（当然，企业的实际能力本身对网络安全管理体系而言也是一种限制条件）并且需要在规划中明确阐述。因为涉及多个部门或团队的配合，所以网络安全管理体系所涉及的部门或团队，都应当在策略开发阶段进行充分沟通、协商并达成相互的谅解，形成协调一致的方案。

（3）任务和指标

任务是指企业构建网络安全管理体系过程中那些具有重要里程碑意义的事项所对应的具体的工作任务。这些任务通常是短期之内的具体事项，是推进规划取得进展的落脚点和工作抓手，通常以"年度计划"的方式呈现，也可以用"时间表"的形式提出。确定任务以及工作步骤的优先级，是规划编制中的重点。

指标是指用来跟踪体系构建过程的进程和衡量工作质量的信号或测量结果。有关规划设计中的指标的内容，还可参看本书"规划设计的必要性"一节（4.1节）。

4.2.2　技术方法

技术方法是指，开展网络安全管理体系规划设计工作时在操作层面所需要的方法，包含两个层面的内容：第一指组织实施规划编制工作的方法；第二指开展规划编制工作本身的方法（往往表现为编写规划文本涉及的方法）。

1. 组织与实施

实际工作中，开展网络安全管理体系规划工作必然受到既定的时间、预算和期望目标的限制，可以说，规划编制工作从开始到结束都是在有限的条件下进行，只有得到很好的管理（组织与实施）才可能取得预期的效果。

在这些可能的方法中，重点介绍一下分步法和分层法。此处为简化讨论，假设规划工作是阶段性的，其本身已具有时间特性，因此，未将持续地开展规划工作所涉及的动态特性列在此处讨论而是专置一节予以单独说明。

（1）分步法

可以根据逻辑先后顺序将网络安全管理体系规划的编制工作分成若干阶段（或步骤），然后分步骤组织完成。这种方法就是分步规划的方法，也可称为规划设计的分步法。这是最为常见的方法，也是一种基本方法。

这种方法的特点是聚焦最终结果，采用逻辑方法来处理管理工作并有组织地进行相应的工作；其难点和关键在于如何合理地划分出"阶段"。分步实施的好处是，每个步骤都会有清晰的定义来规范可交付物（即规划文本或其他相关的成果）的内容，以及用来确认这些交付物是否符合预期的测量方法。这也能够为所有相关方（指那些对规划工作具有关键影响力的人）提供一种易于理解的语言来进行沟通，例如，可以直观地告知他们关于规划进展的相关情况："目前，我们正在进行第 M 阶段的第 N 步"等；也有助于参与人员在规划工作开展期间，根据时间表协同地开展工作。

分步法中，通常将规划设计工作的组织实施分为谋划、准备、执行、评估和交付 5 个步骤。

在谋划阶段，主要是收集足够的信息并做出战略研判，对网络安全管理体系的规划范围给出明确定义（包括期望达到的目的以及规划设计工作的验收标准），帮助企业的管理层认识到缺失网络安全管理体系所带来的风险并促使他们为了在最大程度上获得成功构建网络安全管理体系的机会而决定投入资源（包括人力资源以及企业运营过程中涉及的其他技术性资源）。这个阶段必须是由企业的管理层来驱动的阶段（请注意，这个阶段是由企业的管理层来驱动而不是由他们来主导）。同时，这个阶段还是整个规划工作的构思阶段，在很大程度上决定了规划能否取得成果以及取得何种成果。在这个阶段投入更多的时间和精力，将会增加规划取得成功的机会。

在准备阶段，主要是检查和评估某些先决条件是否已经得到满足。如果先决条件尚未得到满足，就要进行适当的筹措和确认，或在资源供给方面取得保证。需要确认的问题包括：规划工作是否处在有利的环境（或时机）之中？（例如，企业管理层是否正式承诺？内外部监管的约束是否支持？与规划工作将要涉及的人或团队是否进行了磋商？有没有共识或达成了什么程度的共识？）规划的需求是否定义明确？规划的预计交付物是否确定？所需资金的来源是否确定？是否确定工作团队的人选？进度方面的约束有哪些？是否已经预见到规划结束时企业可能的环境变化或需求变化？是否已经办理必需的手续？（例如，什么时候以及如何签署各许可文件、授权文件？或者与合作伙伴的协议、合同？）通常，在这个阶段需要明确规划设计相关的工作计划。

在执行阶段，主要是完成计划中定义的工作，创建出整个规划工作的可交付物（网络安全管理体系规划的文本或其他相关的成果）。这需要有意识的、一致的努力。通常，这是整个规划设计工作中历时最长的一个阶段。在这个阶段需要注意的事项主要有：遵循既定工作流程并保持灵活性、管理工作人员并为他们做好支撑保障、及时发布信息并进行多层面的必要沟通。遵循既定的工作流程有助于确保工作的高效进行，否则将需要不停地就具体问题做出一系列的一次性决策，这显然会耗费大量时间。但同时还要配合评估阶段：如果环境或外部力量发生了明显变化，则不要害怕调整工作流程，这就是要保持灵活性。工作团队中的人员需要得到鼓励，信任他们并帮助他们解决实际困难——结果虽然是导向但并不是规则——确保不要对团队中的个人工作进行微观管理（干预）。此外，在规划工作的进行过程中，要及时发布工作进展方面的信息，与企业的管理层进行沟通，不要在人们的视线中消失。这可以有效防止误解——这种误解的代价对规划工作而言，乃至对规划的质量而言，往往具有巨大的破坏性。

在评估阶段，主要是使规划工作的开展保持正轨，要与谋划阶段的构思保持必要的一致，同时，还要在必要的时候做出更正。这是个与执行阶段紧密联系的阶段，通常是与执行阶段并行并且还可以和执行阶段在局部进行循环。评估内容包括：积极地审视（即短周期回顾）规划工作开展过程的整体状态，例如，是否遵守时间表、是否遵守预算、团队能力是否符合预期等；分析"堵点"原因，预测可能的非计划内事项；监控需求变更的要求，避免规划范围的"蠕变"；选择和实施必要的调整措施以及及时规避其他的一些管理风险等。

在交付阶段，主要是将预期的交付物，正式提交给企业的领导层和其他的相关团队并完成有关验收程序，之后，对规划工作进行总结并将相关资料归档。这些交付物，是指网络安全管理体系规划的文本以及在规划编制工作过程中可能附加产生的某些可以输出的数据、研究结论、评估结果、项目规划等。具体提交的交付物以及提交交付物的方式，以规划工作谋划阶段做出的约定为准。验收的依据应当是事先约定的而不能在规划设计工作完成之后再确定。在验收过程中，通常包含一至两次的内外部论证会，以确定交付物的质量达到预期水平。最后，最好能够召开一次规划工作的总结会，开诚布公地沟通经验教训。这将有助于鼓励创新，可能会激发出新的想法。规划所涉及的文件、资料等要视情况确定密级，妥善归档保存。企业的领导层需要在规划验收之后，及时安排后续措施，正式发布规划并将规划纳入企业的管理工作体系，使规划工作的成果及时应用于企业的运营之中。

（2）分层法

组织开展规划设计工作，除了使用常见的分步法之外，还可以使用按层次开展工作的方法。这类方法可被称为规划设计的分层法，它是指根据一定的性质（如复杂性或重要性），将网络安全管理体系规划的编制工作分成若干层次，然后分层次地组织完成。每一个层级的概念，都有一个状态递进的含义，较高层级的规划设计工作可直接引用较低层级工作的结果；所有较低层级的规划设计工作的整体，构成较高层级工作的基础。

分层依据的复杂性主要来源于：网络安全管理体系的规划设计工作需要将企业运营过程中的多个维度的网络安全需求和保障工作集成到一体化的框架之内，每个维度都各自拥有独特的现实，包括团队、流程、技术、绩效等方面。因此，采用分层的方法，可以使两方面之间寻得最佳的平衡。这两个方面分别指：一方面，在尊重现实的基础上整合这些不同维度的力量；另一方面，帮助这些不同维度的力量各自保有独特的敏捷性和适应性。分层组织实施规划设计工作，是一种系统化的工作方法，对于企业在规划开始之前的状态的适应性较为理想，同时，也可以获得很好的兼容性。

此外，还有其他一些用来分层的依据，具体如下。

1）将规划设计工作视为整体，然后根据网络安全管理体系的内容拆分成若干的规划工作模块，在每个规划工作模块中再继续拆解出若干具体的规划工作活动，从而实现分层。例如，从"网络安全管理体系（总体）规划"，到"网络安全管理体系—组织机构（专项）规划"，再到"网络安全管理体系的组织机构—部门设置与变更（业务）规划"，就是一个"总体规划—专项规划—业务规划"逐级分层的规划方法。

2）依据企业内部的组织层级来分层，比如，从企业总部级规划，到企业某业务群（或部门）级规划，再到某部门内业务单元级规划。

3）依据地理区划或不同的管辖空间范围来分层，比如，企业在 A 地的网络安全管理体系规划，在 B 地、C 地……的规划等，这些规划之间需要某种协调，以便企业的网络安全管理体系可以统一运作并能与属地的个性化要求相兼容。

4）以不同角色的主体来分层，比如，从企业内部规划，到供应链适配的规划，再到客户准入的规划等，这些规划之间存在类似于标准接口的关系，以便网络安全管理体系乃至网络安全治理可以形成端到端闭环。

在分层法中，"层"的数量通常不超过 3 个，也不会少于 2 个。分层法的难点在于必须要有非常专业的核心工作团队来统筹规划工作本身，要能将总体工作按层分解到位并且还要能将各层的成果收拢到位。而且，分层法需要首先完成最高层级的规划之后，才能开展较低层级的工作，是一种"从上到下"的有限并行的工作模式。

分层法只是为了更好地组织、开展规划设计工作而采用的一种工作方法，主要目的还是降低开展工作的难度并保证工作质量；对于开展工作所需的人力、资金等资源的需求可能会有变化但并不会缺失。

分层法与分步法并不矛盾，"层内"可以"分步"，"步内"也可以"分层"。在实际操作中，往往会综合运用分层法和分步法，将规划工作所涉及的各项内容按其相关关系逐层进行分解，直到细化成工作内容明确、便于组织管理的"最小工作单元"为止。从本质上说，这是一种穷尽法，需要规划工作的组织者对规划的需求、规划的内容以及规划工作的过程都非常熟悉才能使这种方法发挥出作用。在此基础上，还可以借助一些数学方法，形成更加庞杂的网状规划方法，可以更加精细地为构建网络安全管理体系提供参考并指明方向。

（3）编委会

网络安全管理体系的规划设计工作可以由企业委托外部的咨询服务机构来完成，这些机构应当是负责、守信和权威的，否则，如果咨询服务机构不具备这些必要的条件，则将为企业带来危险。除了不好规避如何判断咨询服务机构是否值得信赖所带来的风险之外，咨询服务机构如何满足企业的个性化禀赋要求，则是又一个比较棘手的问题。因此，比较稳妥的做法是，最好还是采用由企业自己主导并在指定范围内与外部咨询机构进行有限合作的方式，来完成规划设计工作。这体现一种"自主可控"的策略。

企业可组建专门的工作团队——规划编制委员会（简称编委会）来负责组织、施行网络安全管理体系的规划设计工作（当然，这个名称不是固定的，也不暗示工作团队的规模大小）。这将是一种委员会型的工作组织结构。采用这种结构主要是为了能更好地适应规划编制工作的需要——这是由网络安全管理的性质所最终决定的（相关内容可参阅本书的 2.1 节"安全的管理基因"部分）。也可以不采用委员会结构，但在做出这种决定前，最好更加谨慎地评估一下规划编制工作的目的——是不是还有必要开展规划工作？或者开展规划工作是出于更好地发挥网络安全管理体系作用的目的吗？

编委会一般不是常设机构，只是一个有专门任务目的和存续时间限制的工作组织，通常会在规划编制工作完成之后解散（当然，解散的形式会多种多样，未必是彻底地遣散工作人员，也可保留必要的留守人员为后续工作做准备）。其内部组织一般是一种三层结构，分为决策层代表、任务专家和普通工作人员三个层级。编委会通常由 1 名总负责人及若干工作组组成，每个工作组由 1 名负责人及若干成员组成。编委会的总人数不宜过多，如果人数过多则可能无法在有限的时间内找到必要的方向；总人数应不少于 3 人，具体人数可视工作需要增加。

编委会的总负责人最好是企业的最高管理者，但通常也可能只是由企业的领导层代表来出任，负责领导规划编制工作。编委会各工作组的负责人，通常是网络安全领域内的资深技术专家以及企业内部的资深业务专家，也可以是企业管理者代表。工作组负责人负责指导和管理本组成员开展工作，审核本组成果并与其他工作组进行协调。工作组的成员应具备网络安全管理或企业业务管理的专业知识，具有从事编制规划工作的能力，其人选还需要具有多样性，以便能够汇集不同的技能，预见网络安全管理体系实施过程中的潜在障碍并将解决方案纳入规划建议之中。工作组的成员主要应是来自企业内部不同部门的不同级别的富有经验的员工，此外，还可以有一些利益相关者，包括客户、合作伙伴、内部和外部服务提供商的人员。工作组负责具体执行分配给他们的规划编制任务，向工作组负责人报告结果，他们中的每个人都应有特定的角色和职能，以便高效地协同工作。

编委会的建立方式以及成员的协作方式在很大程度上影响规划编制工作是否能够顺利进行，也在很大程度上影响规划的质量。为便于开展工作，最好由企业的领导层对编委会的负责人进行正式任命，而不是让这位负责人默默无闻地开始相关工作。在组建编委会之初，需要从关键技能、工作角色、工作资历等方面对可能的人选进行精心挑选。此外，还要确保工作组成员的工作时间，当他们在组内开展工作期间尽可能不要给他们安排其他工作——至少，也要尊重他们的个人意见，在可能的情况下，合理安排工作。

（4）难点和误区

网络安全管理体系的规划设计有其难点：第一，受到企业所处的网络空间环境越来越开放的情况的影响，规划工作所必须涉及的形势判断的难度越来越大；第二，来自于企业内部成员个体的不确定性越来越大，导致规划工作需要平衡的资源投入和保障需求之间的相对差距越来越大，使得规划工作的技术难度不断变大；第三，网络安全专业自身发展不断取得进展，需要和企业发展的同步协调的难度在变大，使得规划工作的过程风险的控制难度加大。

此外，规划工作还应避免几个误区：第一，要避免以网络安全项目建设计划来实际代替网络安全管理体系规划，或者，要避免以网络安全管理体系规划的名义来追求网络安全项目建设计划的实际目的。业务过程不是企业的全部，若干的网络安全技术手段配置所需的项目建设也仅仅是企业网络安全管理一个环节，期望以一个或几个环节的网络安全保障来实现企业整体的网络安全保障并不具有可行性。第二，要避免以考核指标来驱动规划的编制。否则，容易使企业管理层滋生侥幸心理，也容易使企业高层将考核不利的责任归咎于员工的执行不力。更为严重的是，这容易使企业领导层错判形势而白白浪费发展良机。第三，要避免单纯以网络安全管理的业务视角来开展规划设计，而应当以企业整体作为规划的基本单位。否则，将不可避免地仅仅停留在"产品经营"的层面，难以体现打造战略优势的目的，很难避免将网络安全管理形式化的问题，最终将在一段时间后使企业陷入无法有效拓展生存空间的困境。

2. 编写规划文本

规划文本是指规划的文字载体，通常是一份以"某某（企业）网络安全管理体系规划"为名字的文件。在编写文本的方法上，需要注意以下几点。

（1）结构形式

习惯上，规划文本的结构通常是格式化的，形式上分为"（部）—章—节—目"。其中"部"是根据规划的规模大小可选的部分，而"章""节""目"则是常见的部分。以"章"为单位而言，规划应至少包括：目的综述、问题分析、目标设定、重点举措、任务计划、资源配置、措施保障、风险控制等几部分。章下又分节，节下又分目，依次按逻辑关系进行阐述。

这虽是文本的结构形式，但更可以说是一种文本编写方法（或工作方法）。这种写法是将规划涉及的内容分成了几个大部分，然后按条块依次来写。这种写法的优点是信息容量大且结构清晰，但是，对编制规划的人的要求较高且通常需要较长的编制周期。因此，这种写法通常更适用于编写大型规划或全面规划等场景。由于网络安全管理体系涉及企业的方方面面，其规划具有"全面"的性质，因此，建议尽量以这种传统的方法编写网络安全管理体系规划的文本。无论企业规模大小，其网络安全管理体系应该都是适配其整个组织，因此其网络安全管理体系规划的文本篇幅的长短与其企业规模大小之间不存在必然联系。

（2）正文内容

正文部分通常包括：目的综述、问题分析、目标设定、重点举措、任务计划、资源配置、措施保障、风险控制 8 个主要章节。在文本的前言部分通常还要包括"编制说明"，用以说明该文本的来龙去脉等基本信息。

在"目的综述"部分，需要总述有关网络安全管理体系建设工作的情况，内容主要是对网络安全形势进行研判、认清开展网络安全工作的背景、阐述企业所面临的新环境以及新的机遇和挑战，在更高层级（或维度）聚焦本企业网络安全管理体系的建设要求（必要性），科学谋划，结合企业愿景，明确构建网络安全管理体系相关工作的方向和思路。这一部分内容，是整个规划的"纲"，需要突出重点，即主要方面的内容可以在接下来的章节里分项来写，而不是主要方面的内容都可以在此一并简要说明。

在"问题分析"部分，需要盘点已有的网络安全管理体系的运作情况乃至网络安全工作的开展情况，在肯定成绩（即认可有效的经验和做法）的基础上，梳理存在的主要问题与不足并在一些特定场景下聚焦这些问题，有针对性地予以量化说明，要准确、具体、清楚地说明这些问题给企业造成的困难、损失等事实。然后，从网络安全管理（体系）的角度，分析和探寻这些问题的现象背后的更深层次的原因。对问题的分析需要有内在的逻辑性，不应一概而论或事无巨细"眉毛胡子一把抓"，不应追求面面俱到而是要充分地对现象进行归纳总结，找到出现问题与不足的主客观原因并提炼出核心的障碍点和困难点。

在"目标设定"部分，需要以前两阶段的工作为基础，结合国家的政策方针、法律法规、行业的指导意见或标准、客户需求、企业内因或自身动力等情况，将规划目的细化明确成若干可达到的目标（包括阶段性目标），确定可行的策略，构建出实现目标的路径或框架结构并设定具体的量化要求。

在"重点举措"部分，需要紧密围绕网络安全管理体系规划中提出的目标路径或目标框架，找到有助于实现它们的措施，并根据效能优先、效率优先、效果优先等不同的策略，按照必要性、可行性、难易程度来选择确定重点与辅助、优先与置后等清单制与名单化的内容。这些内容通常涵盖：健全工作制度的顶层设计、完善体系机制的运行保障、优化人员结构的适应调整、促进技术手段的发展融合、加强监督检查的结果兑现等方面。

在"任务计划"部分，需要将重点举措再进一步细化成若干工作任务（或项目），排列具体的时间表，明确实施计划。这些任务（或项目）是落实重点举措的落脚点和工作抓手。原则上，在这一部分中，网络安全管理体系的规划从"想做什么"转入"要做什么"，详细说明需要开展的工作事项、项目计划、实施步骤等内容。

在"资源配置"部分，需要以前两阶段的工作为基础，特别是以"任务计划"部分的内容作为输入，明确给出完成计划中所列任务而需要的资源（包括人力资源、资金预算、项目管理、运营策略、时机机会等）以及如何获取或配置这些资源的方法。尤其要重点说明构建网络安全管理体系以及网络安全管理体系规划事项中所需资源配置的内容：总体的资源需求、现有的资源禀赋、供给与需求之间的匹配关系或方法，以及对于企业的价值活动的影响（例如，是否做到统筹？遵循何种导向？效率和质量能否满足要求？）。所谓"明确给出"就是指要做到能以绝对数值进行量化说明。

在"措施保障"部分，需要着眼网络安全管理体系规划实施的全局，紧密衔接其他相关规划的要求和工作进度，确保企业内、外部相关工作的协同一致。在这一部分，需要说明规划内事项的实施过程所需要的组织保障、机制保障、服务保障（如激励措施）和创新/创造领域的许可空间（或容错机制）等方面的情况。

在"风险控制"部分，需要对网络安全管理体系规划实施过程中的风险进行说明并给出管控方案。在管控方案中需要给出指标（体系）以及如何测量和应用这些指标的方法（或预案）。需要注意，企业内外部环境与规划中的各个项目的建设情况是随着相关工作的推进而不断变化的，规划实施的风险会随之变化。因此，风险控制工作需要贯穿规划的全过程，而不能仅局限于某一环节、某一阶段。管控方案需要说明应对这种动态变化的准备和措施，通常应聚焦于团队、技术和进度方面的风险进行重点说明。

（3）避免误区

编制网络安全管理体系规划应首先进行通盘考虑，根据对工作的整体性思考，列出大纲并根据大纲，在深入研究的基础上再补充所需内容，否则将会陷入"细节陷阱"使规划退化为类似项目计划的东西。

应当避免"临阵磨枪"式的突击编写、避免"八股文"式的机械编写。应本着实事求是的原则，尽量用规范、简洁的语言阐明情况，避免病句和错别字；要平衡专业术语和行业特色的行文习惯之间的关系，既避免一切与规划工作无关的"大话""套话"等形式化的东西，又要兼顾读者的习惯，尽量不要把文本写得晦涩难懂；能用数据描述的内容尽量用数据描述，从具体案例入手，尽量使用定量分析工具的结果作为论据，突出重点内容；要注意界定规划的范围，不要试图一下子把所有问题都解决掉而要充分说明目标设定、路径规划、项目实施等具有可操作性部分的内容。

4.3　滚动规划问题

从本质上来说，规划是基于假设而开展的工作，是预防性的，需要透彻的思考才能完成；规划工作直接体现了管理职能，但一般不涉及管理决策。网络安全管理体系规划设计的目的是通过经济合理的过程，充分协调网络安全管理与企业发展之间的关系，最终构建出可正常发挥作用的网络安全管理体系。毫无疑问，这需要经历一个过程，甚至还会在网络安全管理体系建成之后的一定时期内，因为对体系进行迭代优化的需要而持续进行规划设计工作。这种情况，可以称为广义上的网络安全管理体系规划设计，其本质在于对企业开展网络安全工作具有导向性；其实质是，在管理层面对企业的网络安全工作的发展走向的不确定性进行可接受程度上的缓解和抵消。从这个意义上说，规划的结果对未来的不确定性具有动态的影响，因此除了需要谨慎地制订规划之外，还需要充分利用动态的不确定性因应不确定的动态性。

滚动规划法是一种动态制订规划的方法，也是对规划的实施过程所应采取的一种科学的态度，能够兼顾短期计划和中长期谋划的需要。滚动规划的目的是，在网络安全管理体系的规划设计过程中，采用科学的方法，规范有序地（持续）调整规划，及时发现和适时修改规划实施过程中出现的偏差并使这些偏差对企业网络安全管理体系的构建和运作工作所产生的负面影响最小化。从网络安全管理的角度而言，滚动规划也是上级机构管理下级机构的一种有效手段，特别是在和投资管控相结合的情况下，滚动规划可以说是一种重要的管理工具。而且，每一次滚动均是对规划阶段性实施结果的一次考查，可以用来保证规划真正得以付诸实施。

原理上来说，滚动规划法是在给定的人力、物力条件下，追求网络安全管理体系能最大限度地发挥其作用，这其实是落在了运筹学所关注的领域。从科学方法上来讲，滚动规划过程中，通常会用到时间序列预测模型、总成本（Total Cost of Ownership，TCO）最低/效益最大化计算模型等数学的方法，来合理地调整源规划中的某些项目的建设需求。

　　滚动规划一般是首先按照"粒度"原则和"容差"原则，制订出一定时期内的规划，然后按照规划实施的情况和环境因素的变化情况，从确保实现规划目的的基点出发，定期对未来时期内的原规划进行调整和修订，并按年（或季度）逐期（这个固定的周期被称为"滚动周期"或"滚动期"）向未来方向迭代。这是一种兼顾短期计划和中长期谋划的规划方法。"粒度"原则是指，从规划工作的起点算起，时间跨度越大的，规划内容相对越粗；时间跨度越小的，规划内容相对越详细。"容差"原则是指，在规划期中预留一些做规划调整的时间，同时，还要在阶段性目标之间留有适当的时间余量，或者，在一定的许可范围内（即可接受的范围内）对阶段性目标允许存在某些例外，并能够在后续的调整工作中予以妥善处理。显然，如果不先"规划"好"做规划"的时间，那么规划和做规划两者当中，必然会有一个要打折扣。此外，没有人可以在规划之初就能考虑到所有问题，因此，预留一些时间出来，对实际开展工作而言会方便许多。

　　通常，时间跨度达到或超过 5 年的，称为"远"；时间跨度在 3 年之内的，称为"近"。一般情况下，滚动规划法所适用的"一定时期"是指 3~5 年的一个周期，这个周期也可被称为是一个"规划期"。每次进行规划调整时，一般都会保持原年度规划的期限不变，将规划期的顺序向未来方向推进一个滚动期。比如，以一个五年期规划为例，滚动规划时会根据规划中第一个年度执行计划的情况，通过在原定的第二个年度的计划基础上进行有限范围内的调整来确定下一年度的计划及后续四年的框架计划，形成新的五年期滚动规划。依次类推，每次编制的滚动规划必须包括下一年度的年度计划和其后四年的框架计划。

　　图 4-1 大致示意了五年期滚动规划的情况。其中，D 年表示规划起始年份。在 D 年的前一年（D-1 年）的第四季度的中后期，确定以 D 年开始的五年期规划。在 D 年的第一季度末至第二季度初，着手开始进行滚动规划，至 D 年的第四季度形成最终文本，经评审后正式确定为

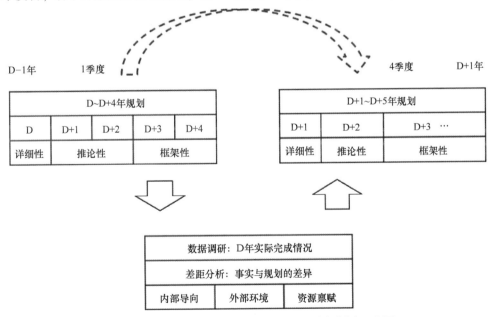

● 图 4-1　网络安全管理体系的五年期滚动规划法示意图

以 D 年的下一年（D+1 年）为起始的新的五年期规划。

对于五年规划来说，网络安全管理的任务和体系运作的条件，在这样长的一个时间跨度内有可能会发生很大变化。因此，需要把"远""近"和"当下"的工作更好地衔接起来，"瞻前顾后"，不断地跟踪规划在中长期时间跨度上的执行情况和走向，把握重要时间节点的各项措施的进度目标，使必要的调整和修订能够满足主客观条件变化的实际需要，从而提高规划的科学性和实用性，真正发挥出规划指导实际工作的效能。从操作经验来说，三年期的滚动规划往往能在连续性、适应性、经济性和科学性、可控性等各方面因素间取得较好的平衡，因此较为常见，被称为"三年滚动规划"，简称为"三滚规划"。同时，还可能会保留一个五年规划，和国家的、行业的、地方的五年规划相衔接。

4.3.1 操作流程

三年滚动规划每年编制一次。除了需要制订未来三年的管理过程、人员队伍、技术手段、绩效评价等主要方面的发展目标外，还需要制订出计划在次年执行的详细的工作策略（颗粒度要非常细，相当于次年的年度工作计划的内容），尤其是管理手段和技术手段的建设计划、投资和每一年度的建设项目的安排等。以后两年的规划可为框架性的，或仅对主要规划目标和重大建设项目做出年度任务分解和预备性安排。

整个滚动规划编制工作可以分为 5 个步骤，按照下述流程进行操作。

（1）任务下达

大致可以在每年的 5 月，由企业的网络安全管理机构（或企业的最高管理者代表）授权有关部门或组织（如网络安全管理体系规划编委会）开始进行滚动规划的编制工作。这个过程以正式下达编制下一轮滚动规划的通知为标志。工作期限大致为 6~11 月，历时半年左右。

（2）全面启动

编委会根据通知要求，起草修订工作的思路、调研大纲、工作计划等技术性文件并正式报经规划编制工作的主管部门核准同意后，召开规划编制工作启动会后正式开始工作。启动会应由企业主管网络安全工作的领导层人员参会并进行工作动员，相关部门的管理者（代表）参会并确认正式启动相关工作。

（3）编制初稿

编委会需要派成员深入企业的各个环节（场景）进行调研，通过开办网络安全管理方面的技术讲座、沟通交流会、管理者座谈会等形式，对网络安全管理体系的运作效能情况进行摸排调查，形成第一手资料并进行分析加工，形成规划初稿。

（4）修改定稿

编制出的滚动规划初稿，需经编委会内部讨论成熟后，召集相关部门的业务骨干人员和网络安全管理人员进行会审。会审也可称为初审，编委会在会审意见基础上进行修改后，经再审讨论通过后定稿。再审时，通常需要企业管理层的主要代表和决策层的代表参与讨论。定稿后，编委会向企业的网络安全管理机构提交滚动规划文本（称为规划的报批稿）并等待审核批准。

（5）审核批准

大致在每年的 12 月左右，由企业的网络安全管理机构召开规划评审会（也可称为论证会），集中对报批稿进行讨论确认。这是企业的最高管理当局对网络安全管理体系的发展状况进行回顾和展望的机会，也是为网络安全管理工作争取管理资源的机会。通过评审后，报批稿便正式成为规划。相关部门即可根据规划进入下一年度的体系构建工作的实施周期。

滚动规划的主体工作通常可以分为调研、分析、起草、论证、优化 5 个步骤。以下将对部分重点内容予以介绍。

4.3.2 调查研究

调查研究是滚动规划的一个基础性的工作起点。调查研究的范围需要非常广泛和深入，包括进行基础调查、信息搜集、课题研究以及规划涉及的重要项目的论证等。这之中，应注意以下几个重要的方向。

1）企业的外部环境调查，这里所说的外部环境，是除了传统意义上的企业以外的环境之外，还包括企业在网络空间的生存环境，特别是企业所处的网络安全环境，包括行业水平、监管要求、客户需求、技术发展的客观影响等。能否识别外部环境乃至对外部环境识别的准确程度，将在很大的程度上影响规划的结果。这是滚动规划的根基，是在滚动规划过程中，据以进行调整的主要依据之一。正确的规划离不开对企业发展大势的清醒认知，也离不开对企业内部情况的扎实调研。

2）企业的内部导向调查主要是指，对企业的管理层（含高层、中层、基层等各级管理者）意图、企业文化以及企业整体表现出来的价值观进行调查。

3）企业的资源禀赋调查。

4）企业的现实问题调查，按照轻重缓急排列出急需解决的现实问题，包括网络安全管理体系的设计缺陷、网络安全管理要求的执行缺位、网络安全相关的意外情况（或突发情况）等，应涵盖网络安全管理体系运行和企业管理的多方面情况。

1. 主要方法

调查研究的方法主要有人员访谈、问卷调查、资料（或历史数据）分析等。调查研究的方法，基本上都是通过对抽取的样本进行考查了解，以直接获取个体情况，进而分析得出对整体情况的判断。调查研究的工作量非常大且不受时间和空间的限制，因此，如何进行有效的数据采集和数据分析，历来是调查研究工作中的难点。

调查研究的工作也可分为若干步骤，包括选题、准备、调查、数据处理、修改定稿和补充调查等。

1）选题，是指在网络安全管理体系构建过程中阶段性目标涉及的重点问题所关联的若干范畴中挑选出最具代表性和迫切性要求的问题（方向），用以作为调研的聚焦点——"好"的选题意味着成功了一半。

2）准备，是指在实地调查开始前做好充足的工作准备，包括背景资料的汇集、工作方法的确定、明确调研范围和数据处理相关的准备等。在这个阶段通常已经对如何取得结果，以及对如何把握调研工作的走向，形成了基本的想法，能够明确工作重点，为后续工作开展打好坚实的基础。

3）调查开始后，要注意坚持"占有材料+形成观点"的总体方法，要在调查过程中寻求结论并验证结论；要"点面结合"，将"点"上掌握的情况和形成的观点拿到"面"上去验证，同时，要将"面"上掌握的情况、形成的观点拿到"点"上去深化。调查时还要注意"扣题要紧、挖根要深、收数要全"的操作要领；记录、思考、提问相结合，及时向调研对象索要相关资料和数据，必要时还要与调研对象进行讨论。

4）数据处理、修改定稿和补充调查这三个步骤是指对调查结果的归纳汇总、形成初步结论并提炼总结以及在前序工作中发现问题时，需要进行必要的"回头看"。"光调查不研究不是调查研究"——在调查研究过程中，要从全局上思考问题，切记要使用"联系"的思维方法，做到定量分析与定性讨论相结合、总量与结构相结合、"纵向"与"横向"结合。

需要注意的是，虽然调查研究是最为普遍的方法，但调查研究法被证明只是在一些初级研究场景中才适用。调查研究的主要优点是经济性和便利性较好，数据源的多样性以及得出结论的时效性也不错；但缺点是，在某些情况下，受限于人类调查对象的配合意愿和对非人类调查对象（如资料和历史数据等）的理解上的差异，不可避免地会对结论带来一些主观性影响。更为复杂的场景的研究，就需要其他一些更为系统的方法，如空间数据分析、系统仿真分析、系统动力学方法等；或者，需要借助大数据能力。

2. 历史数据

调查研究中涉及的资料（历史数据）通常包括三类：①企业在网络安全方面（或者与网络安全相关的）的投资、收益、损失等财务数据；②企业安全管理体系运行过程的数据、组织机构情况、人力资源情况、内外部审查/考核情况、与业务相关的保障情况等；③企业日常监测到的网络安全方面的技术性数据、日志分析结论、安全风险评估结论、安全趋势分析数据等。

对历史数据的分析，结合访谈结果，将有力地证明企业的内部导向。也就是说，对于企业内部导向的判断，不能只依靠人员访谈或调查问卷的结果就给出结论，而是必须要与历史数据分析的结果相互印证后，得出令人信服的结论。

特别要指出，大数据（Big Data）是历史数据中不可忽视的"金矿"。将大数据引入调查研究的资料分析工作后，最为突出的特点是，能够从已经发生的、历史的静态调研向不断变化的、可追踪的动态调研转变——某些情况下，这会给调研工作带来"质变"。

"传统的"调查研究是对现状的梳理、问题的分析、情况的总结和对策的选择，着眼于历史上已经发生的和现实中已经存在的种种问题，其实质是通过精心选择的样本和精心设计的方法，找出现状、问题、原因、对策之间的"因果关系"，归根结底是对某一时刻的静态分析。其局限性，就在于其历史性和静态性，以及在此过程中"先有果再找因"的"后验效应"所不可避免地带来的主观性。引入大数据之后，则可以依赖广泛的相关性，能够对数据分析拥有更加直观的了解，这会给调查研究指明新的方向。更为重要的是，相关性往往预示着某些趋势性，可以在问题真的出现到之前而被"提前"察觉，这一点对编制规划来说，显得尤为可贵。此外，趋势的动态性可以透过大数据的分析被持续跟踪，可以为滚动规划工作显著地带来效率方面的提升。

需要补充说明的是，调查研究所追求的因果性的目的，并不会因为通过大数据分析更容易得到相关性方面的结论而发生改变；事实上，虽然因果性会导致相关性，但相关性并不能代替因果性。调查研究的结果需要体现动量和变化，为后续的分析工作提供基础。因此，引入大数据的方法，仅仅是为调查研究提供了新的工具：在加强趋势判断和柔化"后验效应"带来的主观性的边界方面，为适应动态性要求以便更高效地进行滚动规划，进而为更好地构建网络安全管理体系，提供了新的途径。

运用大数据的能力将会成为网络安全管理体系规划设计过程中开展调查研究工作所需要的一种基本能力。

4.3.3 差距分析

差距分析是进行滚动规划时，在调查研究的基础上需要开展的后续工作，是在更系统的方法框架下，对调查研究环节所占有的资料进行更深入的分析，以期找出需要对规划进行调整的地方。

所谓差距，就是指现实和期望之间的不同。不能简单从字面意义来理解"差距"。①差距是一个双向的概念。既包括现实不及期望而产生的差距，这种差距称为"亏差"；还包括现实超过期望而产生的差距，可以称为"超差"。要从实证的角度出发，找到其中的因果性或至少是最可能的内在关联性。②差距是一个相对的概念。如果期望过高，则差距（亏差）就是纠正期望的最好论据；反之，如果期望过低，则差距（超差）则能很好说明这种过低期望的局限性。③差距是一个动态的概念，从滚动规划的工作目的而言，在规划期内，差距的变化应当处在一种受控平衡的状态。超差并不总是好的，亏差也并不总是坏的，一切需要以有利于企业发展、有利于网络安全管理体系的建设为出发点做出判断和决策。差距分析还是一项涉及企业内部结构和网络安全生态的工作。

如图 4-2 所示，差距分析可以是链接网络安全管理目标和网络安全管理效果之间关系的工具，是通过滚动规划全面调整网络安全管理体系运作的系统化的方法。差距分析所关注的内容聚焦于网络安全管理体系运营/运作过程的要素配置情况，包括：①企业对网络安全工作的态度，以及由此而决定的工作氛围；②网络安全工作的关键任务和措施，以及完成或实现它们的情况；③开展网络安全工作的正式组织和企业的治理结构；④开展网络安全工作所能依赖的核心人才，以及相关的工作团队。这些要素之间彼此交织，共同决定了企业网络安全管理体系的运营情况，与目标、效果、分析，构成了统一的整体。

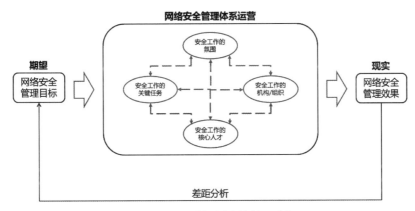

● 图 4-2 滚动规划中的差距分析

1. 方法

差距分析的范式可以归纳为性能、潜力和措施。性能是对网络安全管理体系当下运行情况的反映。潜力是对理想情况下网络安全管理体系所应具有的效能的反映。措施就是在认识到性能和潜力之间的差距后，为了缩小差距而需要去做的工作。

进行差距分析可以从现状差距、"对标"差距和认知差距三个方面着手，最终的分析结论应当是在综合运用了多种分析方法之后才能得出。在分析结论中除了明确说明差距在什么地方，还要给出若干可选的方向，用以消除或弥合差距。

1）现状差距分析，是指根据现状和规划目标（预测目标）进行比较而确定差距的分析过程。这是最常用的差距分析方法。

2）"对标"差距分析，是指寻找和学习最佳实践案例，或根据现实中最接近本企业所能接受的理想模式，进行比较并确定差距的分析过程。

3）认知差距分析，是指跳出企业当前的认知层面，在企业自以为"对"的视角之外分析和探究企业的网络安全管理工作，在方向上和思路上，找到经验、技能和知识方面的差距，以滚动规划的方式对现有规划进行调整，从而能够渐进地、平滑地将新的认知成果引入现有的网络安全管理体系之中。

2. 工具

有许多工具（或者更确切地说是模型）可用于执行差距分析的工作。最为常用的是"四象限模型"（Quadrant Model，QM）。这是一种经常被用来推动创新和指导决策的工具。阿尔伯特·爱因斯坦（Albert Einstein）博士曾说："一个理论越令人印象深刻，它的前提就越简单，它所涉及的事物就越不同并且其适用范围越广"。正好可以借用这句话，来描述四象限模型作为一种分析模型所具有的广泛适用性特性（通用性）。

四象限，即 2×2 矩阵，是指由两个轴正交形成的一个包含四个单元格的平面表格。这两个轴可以结合起来代表一组在某种意义上有相互关联的事物（称为"表征物"，或"标签"）。这些关联关系的类型并不固定，一般是相互冲突的关系，也可以是具有某种内在的联系，甚至还可以是仅仅出于某种需要而被人为认定具有联系。轴可以有方向，这个方向被称为"轴向"。如果轴有方向，则习惯上用轴的方向来示意该轴所表示"量"的某种定性度量情况，例如，顺着轴的方向表示由小到大或由低到高（当然，用逆序来表示也可以）。轴和单元格都需标注标签，用以表征这个象限模型所用来分析的事物。这是四象限模型的基本构型。此外，还有一些在此基础上衍生出来的形式相近的其他类似构型（同时，模型所表征的事物也就随着从一组扩展为二组），可算作是广义概念上的四象限模型（见图 4-3）。

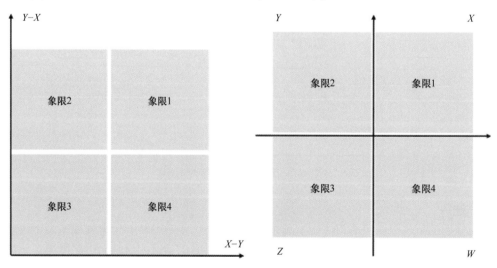

四象限模型（基本构型）　　　　四象限模型（一种类似构型）

● 图 4-3　四象限模型示意图

举个例子：以差距分析的范式中的"性能—潜力"分别作为横、纵两轴，对某个关键因素（如核心人才）的情况（可以是来自调查研究阶段的结论）建立四象限。则有：① "象限1"代表人才情况已经达到理想状态，符合预期；② "象限2"代表人才情况还达不到理想状态，产生一定的亏差；③ "象限3"代表人才情况不理想，产生严重亏差；④ "象限4"代表人才情况超出理想状态，产生超差。可以看到，这个过程将会非常简明地帮助规划人员建立概念，为后续确定调整规划的内容找到清晰的方向。

上述所说的理想状态是指网络安全管理体系规划中的设计值，是个定性的取值区间。当然，根据实际情况，它也可以是个定量的取值区间。

再举一例。还是对核心人才这个关键因素，还可以用"技术—过程—资源—收益"分别作为四个标签（以逆时针顺序排列），建立四象限。则有：① "象限1"代表人才情况在技术层面已经达到的水平，涉及人才发现、培养、任用和保有等模式是否可持续且可扩展，以及如果出错将会造成的影响等；② "象限2"代表人才情况在企业管理过程层面已经达到的水平，例如企业对网络安全核心人才的包容性/兼容性等；③ "象限3"代表人才情况在资源层面已经达到的水平，例如内外部赋能等；④ "象限4"代表人才情况在收益（价值）层面达到的水平，例如因团队实力形成的不可被外界复制的竞争力等。进而，可以将人才情况进一步细化并在结合更多限制条件的情况（相邻的两个象限）下找到亏差、超差的位置。

除四象限法之外，还有很多其他工具可以用于差距分析，如模拟检验模型（试错法）、因果关系模型等。需要指出的是，无论使用哪种工具，都应尽可能采用自动化的手段来实现，否则，效率问题和人为影响将会是差距分析工作中的大麻烦。

4.3.4 设计与优化

完成调查研究和差距分析之后，就应当进入具体的规划调整环节。在这个环节，需要能够针对具体问题或问题的发展趋势，来对网络安全管理体系做出必要的修改，使之能够迭代、演进。这个过程，就是设计。

如果仅追求功能性的效果，那么就不需要网络安全管理体系能够彻底融入那些缺乏网络安全管理的业务环节之中，反之亦然。同样道理，如果在追求功能性的效果之外还有其他更多考虑，则往往需要将网络安全管理体系嵌入需要网络安全管理的业务环节之中，或者反过来，需要在网络安全管理体系中引入具体的业务环节。这意味着，两种情况的结合可能才是企业的网络安全管理体系的常态，这一点需要体现在规划的设计之中。

网络安全管理体系就是企业管理的一部分，网络安全管理的功能完全可以作为企业管理的功能组件。通过有效地复用这些组件，可以为企业很好地平衡安全成本与安全风险之间的关系。这种方法将网络安全管理体系看作是网络安全管理功能组件的集合，不同于将网络安全管理体系视作某种结构化的"系统"的方法。使用"组件方法"进行设计，会因灵活性而带来的适应性与自治性，使滚动规划的效率和效果都将好于"整件方法"。

网络安全管理的复杂性直观体现在构建网络安全管理体系所必须予以重点考虑的灵活性之上，在同一个系统中同时考虑确定性和不确定性，始终是一件富有挑战的事情。在实践中，通常情况下，人们会设计出封闭的系统来满足确定性的要求，而依靠开放的系统来满足不确定性的需要。并且，还始终存在一种思路，就是要将经实践检验过的开放系统尽可能地转化为封闭系统，以便在经济性和便利性方面能够达到更理想的水平。这种转化的思路，可以归结为是一种"封装"方法。被封装了的系统，就是一种全新的"组件"，可以提供更好的扩展性并在更高层级上为人们提供适应性方面的选择。

从开放系统封装成组件，还是一种"裁剪"的过程，是通过忽略某些不确定性以达到了解确定性的目的，或是根据某些经验简化对它们的建模或分析而得到的近似。

在网络安全管理体系的设计中也需要应用这种"组件方法"。例如，可能的"组件"包括：监管（含监控和感知）体系、智囊体系、决策体系、指挥体系；责任体系、协调体系；演练体系、平战结合体系；设备和物资保障体系等。这些组件都有专属的特性、功能或行为，是某个领域的技术层面的核心，可以通过数据共享或专业人才共享的方法，复用到企业的不同业务环节之中并能够在保持安全管理的整体性的同时，灵活地应对各自所处环节中的不确定性。这种灵活应对不确定性的能力非常重要。任何高度集中化的机制或体系都会促进分歧和冲突的产生并抑制体系中的各成员的能动性以及他们之间的协作，虽然这种结构的体系在某些情况下可以提高效率，但对于体系所承载的功能而言提高效率的过程却往往是低效的，特别是在面对不确定性的时候，还将面临额外的困难。网络安全管理体系尤其需要避免这种情况，这恰恰是安全管理的松耦合性原则所试图强调的事实。因此，为了有效地完成设计环节的工作，可以在实务操作层面应用"组件方法"。

在设计中，需要首先确定网络安全管理体系涉及的角色、行为的集合以及它们之间交互的中间结果的集合（中间结果可以是实测产生而未必需要提前定义）。整个设计过程本质上是个由现实的网络安全问题所驱动的管理迭代过程（当然不排除认知过程的提升所带来的新的方向），而且是以管理体系的架构为核心的迭代过程。这些过程还可以进一步细分为四个阶段：①概要设计，指在现有体系的约束条件下，针对特定问题找到的改进思路；②细化设计，指将概要设计与角色和行为的集合匹配后，所找到的改进方法；③适配设计，指论证、测试、配置或变更管理等方面的考虑，为设计定型进行准备；④定型设计，指最终确定本次滚动所需要的修改。

这四个阶段同时也构成了完整的优化过程。优化，是指需要调整某些在设计过程所给定的参量，以使设计在满足约束条件的情况下在可测量的水平上成为最优的选择。设计过程与优化过程可以同步实现，这是一种敏捷的策略，但同时也是一种难度较大的方法。需要注意的是：①优化可以发生在设计的任一阶段，但在进行尝试之前，必须要充分理解原规划、现状、期望与设计等这些因素之间的关系，也就是说，优化的范围必须明确定义；②优化必须是现实的、可操作的，需要在实务操作层面有明确的判断并且优化所产生的信息不能过于庞杂，更要避免优化以及优化过程的信息对最终确定设计产生干扰。换句话就是，优化是对设计的去概念化过程，更是设计的工程化过程的起点。

通过"组件方法"的设计，网络安全管理体系将成为企业的基础设施——这强调了网络安全管理体系与企业中其他各团队之间相互依赖的事实，也强调了网络安全管理体系为企业的平稳运转提供必不可少的可靠的服务属性。企业的各个组成部分都将使用网络安全管理体系，这是一种"公共体系"，对企业的使命或生产效率有直接或间接的提高作用。更为形象的一点是，所有人都离不开基础设施，但又几乎不乐意对基础设施进行投资——这一特点，对网络安全管理而言尤其鲜明——很多情况下，对网络安全的投资都被有意无意地忽略了，因为对它们的投资回报并不是那么及时和直观。

当然，这不是说网络安全管理体系是因为不易获得投资而成为基础设施，而是说：①网络安全管理体系为企业提供的"公共服务"是企业自身能够正常地直接开展生产/经营活动的前提；②网络安全管理体系所提供的"公共服务"几乎是不能交由企业以外的力量完全掌控的，虽然可以购买某些专业的网络安全技术、设备，甚至可以在网络安全管理方面融智、融资，但要将企业的自主运营构建在企业外部的网络安全管理体系之上，则将令人难以想象；③网络安全管理体系具有统一性和整体性，只有达到一定规模时才能提供服务或有效地提供服务，分散在各处的网络安全手段几乎不可能为企业提供有效帮助；④网络安全管理体系与企业的具体业务之间的关联性并不明显，企业中的所有团队都可以同时接受网络安全管理体系的"公共服务"，而这些接受服务的团队通常并不会对网络安全管理体系本身造成影响，也不会通过网络安全管理体系对其他同时接受服务的团队造成影响。

认识到网络安全管理体系的基础设施属性，将有助于启发对使用"组件方法"进行设计的理解，也将有助于更深刻地领悟到滚动规划对构建网络安全管理体系的意义。

4.4 投资回报问题

从半个多世纪的发展历程一路走来，网络安全工作的价值已经得到了公认——至少当代社会具有通识的人们中，没有人会公然否认网络安全对于自身、对于企业乃至对于社会和国家的价值。但如何衡量这种价值却仍然困扰着人们，因为要想获得这种价值首先就需要投入成本。这意味着，获取安全价值应当是某种"投资"。从"理性人"的角度来说，投资回报问题就是这个"投资"过程中所必须要关心的问题。这无可厚非，但无论是对企业的决策者来说，还是对企业的网络安全管理团队来说，衡量网络安全的投资回报却又都是一种现实的挑战——长期以来，安全投资通常都会被视为一种不可估量（至少是不便于衡量）的必要成本，因为人们不太容易理解：如何去衡量未发生既已避免的事件到底意味着多少真实的损失；或者，在这种过程中，人们投入的成本到底得到了多少回报？

网络安全的投资回报问题是个行业性难题，但这丝毫不影响人们"辩证"地看待这个问题："难道安全专家们没有危言耸听吗？""事情会是那样可怕吗？""还有更现实的投资机会摆在那，难道我不能选择接受安全风险吗？""安全不应当是相对安全就够了吗？还需要投入那么多吗？不能省一些吗？"……在企业中，网络安全管理团队必须要对网络安全管理体系规划之中涉及的所有项目预算的合理性进行说明，而这种说明基本上都只是建立在预测的基础之上，并且这些预测也大都是对尚未发生的风险的预测——事实上，这些风险，包括对这些风险的预测，通常都很难让非专业人士能够直观而清晰地理解或主动地予以承认。而企业的决策者则又必须要在"不要陷入过多细节"的告诫中，在企业所有的预算中确定最终需要执行的是哪一部分——整个过程几乎就是一种博彩活动。

尽管我们每个人可能都会认为人的生命是无价的，但事实是，即便网络安全经常会被类比为企业的生命，也没有企业愿意为安全性投入无限的资源。企业的决策者能够接受在安全方面进行"一定的"投资，以保护人员、财产（包括数据资产等无形资产）和业务能力，但他们无一例外地都希望这个"一定的"应当是尽可能小；或者，他们会尽可能地苛求于网络安全工作人员，让他们要对这个"一定的"，务必予以"清晰的""可接受的"量化说明。

企业的决策者需要得到一种方法，以确认安全方面投资的效益并指导企业在安全方面的投资活动。

4.4.1　投资回报率

企业的决策者在日常的工作中形成了一种语言习惯，他们更习惯使用财务管理方面的或经济学方面的术语进行表达和沟通。近年来，企业的网络安全管理团队也学会了使用"投资回报率"这样一个专业术语与企业的决策者或其执行团队进行沟通。这个术语原本是企业财务管理方面的一个专业术语，现在却有了新的含义。

"投资回报率"（Return on Investment，ROI）本义是指权益人从一项投资性商业活动中得到的经济回报。其计算公式通常是

$$投资回报率 = \frac{净收入}{投资总额} \times 100\% = \frac{期末估值-期初估值}{投资总额} \times 100\%$$

或

$$投资回报率 = \frac{利润}{直接投资+运行费用} \times 100\%$$

在网络安全领域，可以直接借用这个概念，来表示企业在一定时期内因安全工作所得到的回报。

财务意义上的投资回报率（不妨将之称为"狭义投资回报率"）和网络安全工作范畴的投资回报率（可对应称之为"广义投资回报率"），两者在形式上相似，但概念上确有不同之处：在后者的概念中，"回报"并不单纯指经济方面的回报。这个概念上的区别很重要，企业的网络安全工作很难被完全归结为是一种投资性的商业活动——虽然在企业的决策者及其执行团队的印象里，可能所有的企业行为最终都会被归类于某种商业活动或经济活动。

使用形式类似的统一术语，在一定程度上促进了网络安全管理团队和企业决策者及其执行团队之间的沟通。但事实上，双方在对"回报"含义的理解上的差别，在很大程度上又使双方的沟通变得不那么理想。凡是单纯用狭义投资回报率来讨论安全投资的努力，最终都落入了一种尴尬境地：决策者更希望看到的是直接的净收入，而安全团队通常只能通过描述预测避免了多少损失来间接说明这种"净收入"；决策者更希望能直观地看到控制安全投资的依据，而安全团队还是只能通过描述预测避免了多少损失来暗示安全投资的必要性不应被轻视；……安全团队似乎除了通过描述预测避免了多少损失之外并没有什么"硬通货"可以代入投资回报率的公式中，让决策者简单明了地得出结论。

这种尴尬局面的背后应该有着更深层次的原因。其实是狭义投资回报率自身的局限性以及当事双方对狭义投资回报率的"迷之信任"，造成了这种理解上的不同。

1. 决策依据的问题

狭义投资回报率自身的局限性决定了人们不能透过投资回报来对固定资产投资进行控制。更准确的说法是，人们不应将狭义投资回报率作为决策的依据，特别是不能将狭义投资回报率作为网络安全投资的决策依据。

首先，狭义投资回报率只是一个适用于简单场景和语境的概念。从它的计算公式中可以清楚地看到，它只是侧重于当期的收益和成本之间的关系，而对跨账务周期的收益和支出（或投入）并未加以考虑。例如，以年为单位进行计算，如果一项投资在第一年未盈利，甚至在前若干年（即处在"建设期"或"投入期"）按计划都不盈利，则该项目的当期投资回报率就是零甚至还是负数，而这个计算结果显然说明不了什么问题，既不能说明该项投资不应当上马，

也不能说明该项投资的运行过程是否有问题。这些跨账务周期的支出或投入，是一种"持续性投入"，往往是企业用于提高自身的业务能力或长期盈利能力，是培育自身战略优势的"投资"，关乎企业发展的长久利益。狭义投资回报率的计算方法，恰恰忽略了"投资"的本义，在一定程度上还掩盖了其没有对投资活动进行任何实质控制或管理的事实，因此，并不适合用来作为投资决策的依据。网络安全投资具有现实的战略性属性，其决策不应当依赖狭义投资回报率。

其次，从企业的整体利益来看，单纯的基于狭义投资回报率，基本上做不出最优的决策。狭义投资回报率的计算缺乏整体观念，其计算过程在很大程度上只是适用于分散的、单一的场景，并不适合较为复杂的场景。比如，在某些需要协同工作的场景下，整个协作范围内包含多种参与主体、交织多种变化方式或多种变化过程。不同主体的利益的"此消彼长"很可能使最终的收益是零甚至还是负数，此时，狭义投资回报率就又失去了意义。如果仍然以此作为决策依据，则可能在事实上鼓励某个主体会为了保持自身现有的投资回报率而有意放弃投资不超过其当前投资回报率的工作，甚至还会因为回报的不确定性或者因为得到回报需要一定的成长过程而倾向于避免进行投资，或仅专注于维持现状。这种情况，将会扭曲包括资源分配机制在内的企业整体运行机制，最终将毒化企业的内部生态，对企业的长期盈利能力产生负面影响，导致企业陷入内、外部的利益冲突之中。通常，网络安全投资的经济效益（即狭义投资回报率），不太可能高于企业所从事的某种盈利能力良好的业务；甚至单纯和企业的资本成本相比，可能都是个不太好看的数据。此时，如果单纯以狭义投资回报率来决策，其结果就是，网络安全的投资预算不仅都会被拒绝，而且还会习惯性地被拒绝。即便有一些预算最终迫于某些"红线"的压力会被批准，也通常都是"救火型"的临时性投资，于企业的网络安全管理体系发展而言，益处有限。

最后，单纯从计算的技术角度来看，狭义投资回报率的计算过于简单，所以更容易被人为地加以操纵。

因此，应当避免盲目地使用（或滥用）它作为评价标准或决策依据，最多只能将它作为一个参考依据。例如，可以在成熟度模型 MECM 中引入投资回报率作为一个评价指标；也可以在网络安全管理体系的滚动规划中，在调研阶段或差距分析阶段引入投资回报率作为某种参考等。当然，不可否认的是，即使投资回报率具有局限性，但在某些场合，从纯粹的技术角度来看，使用这种"财务语言"进行表达的效果要好于使用网络安全专业的技术语言。

2. 综合评价的问题

对于网络安全的投资回报问题，可以尝试使用综合评价的方法来加以讨论。狭义投资回报率虽然有自身的局限性，但是由于其计算简便，在一些特定的场合也可以定性地说明问题，因此，不妨对其加以改进，将狭义投资回报率的公式稍做改动：

$$投资回报率 = \frac{\sum （内部效益，外部效益）}{\sum （直接投资，运行费用）} \times 100\%$$

所谓综合评价就是指，将网络安全工作所产生的效益的概念做一定的外延，将其区分为内部效益和外部效益，将两者的总和记为收益，同时将相关的直接投资和/或费用的总和记为成本，则可以套用狭义投资回报率的方法进行计算。

在内部效益中，可以包括企业内部因网络安全管理体系正常发挥出效能而带来的收益的折现量（这些收益中包括因避免损失而带来的节省），还可以包括因网络安全管理体系解决了企业管理中的若干问题而带来的技术能力、工作效率（或业务生产率）、创造出新的业务（盈利）场景等方面的提升所对应的折现量等。在外部效益中，可以包括企业因自身网络安全管理水平的提升而带来的社会效益/网络空间的生态效益（主要指一些社会性、公益性的收益，如社会责任的履行、社会治理的参与和社会认可的加强等）、企业员工的成长/职业发展、客户感受/客户满意度等方面的效益等。

不论是内部效益还是外部效益，为了方便起见，其数值的量都可以通过估算而得。估算的依据应尽可能是相对值，即，有网络安全管理体系和无网络安全管理体系两相比较，前者为企业减少（避免）的损失（包括各种直接开销或损耗）值或带来的业务收入方面的增加值都可作为效益。当然，能确切地通过财务意义的计算得到的，则直接使用财务数据；能统计得到的，则直接使用统计数据；能通过比较得到的，则直接使用比较数据。对于通常只能定性说明的效益，则可以通过"专家断言"的方式将主观的感受，量化为数值进行计算。然后，将量化计算所得的投资回报率的计算值，按照分类分级的方法再经"专家断言"转换为定性结论，最终通过纵向和横向的比较后，确定为最后的结果。可以直接将这个结果视作广义投资回报率。

可以看到，广义投资回报率的计算引入了估算环节，其计算过程并不总是"客观定量的"，这可能会在一定程度上引起争议。而且即便是那些定量计算的内容，也会因为其专业性所带来的封闭性，而不太容易建立在被广泛接受的基础之上，这确实是其局限性。广义投资回报率也并没有解决狭义投资回报率不能作为投资决策依据的问题，只是相对更全面地说明了网络安全的投资回报问题的意义。

还需要注意以下一些内容：

1）网络安全工作是企业的战略性工作之一，对于网络安全的投资整体上应划入战略性投资范畴。所谓战略性投资，就是企业以相对较低的成本来获得所需要的资源。资源具有稀缺性和不可替代性。网络空间时代，网络安全正是这样的一种资源。关于网络安全的投资回报，更多的将是以战略性收益（即长期的安全红利）的形式体现出来，并不主要是短期的、快速的、简单的财务方面的利润。当然，出于解决现实问题需要而进行的投资理应带来直接收益，但这种收益也通常不适合使用是否产生收入项的方式进行计算和评价。网络安全工作需要以战略的眼光对待，这是企业的决策者及其执行团队与网络安全团队应该达成的共识之一。

2）由于财务制度要求，只有实际的收入才能算作财务意义上的效益，因此，广义投资回报率的财务意义并不那么突出。这意味着，与企业中的其他业务类投资相比，对网络安全的投资回报问题的评价，并不适用财务效益评价方法。这是企业的决策者及其执行团队与网络安全团队应该达成的又一个共识。

3）对网络安全的投资回报问题，不妨通过"事后审查"的方法加以控制。事后审查是一种在事后（即项目实施之后），基于计划和实际行动、成本和资源使用、结果和收益之间的情况进行系统的比较，对预算决策的正确性以及预算项目实施进程中的管理适用性、管理合规性、管理有效性和管理效率进行评估的过程。此处的"项目"是个术语，指所有类型的投资活动或资源再分配过程。

事后审查通常包括以下三个部分。

1）决策审查（需特别注意决策过程中涉及的投资的定义过程）；过程审查（规划和预算所依据的假设以及得出这些假设的过程）。

2）性能审查（此处"性能"与差距分析范式中的"性能"含义一致）。事后审查会依据实际的结果，对投资决策期间所依据的财务、人员、技术、内外部环境等方面的所有假设进行审查。重点是收集事实信息和可量化的数据，并不针对责任人确定责任，不是对项目相关人员进行审查。

3）通过事后审查可以探寻产生偏差的方式和原因，是企业不断学习并持续改进的过程，而这恰好正是滚动规划的意义之所在，适合在滚动规划方法中应用。

3. ROI 计算示例

CISSP 通用知识体系中提到了计算 ROI 的方法，本书在其基础上稍做了一点扩展，附于此处，供读者体会。

CISSP 的通用知识体系（Common Body of Knowledge，CBK），又名"关键或完全知识体系"，是国际信息系统安全认证联盟（即 ISC）开发的一个关于网络安全主题的知识大纲，其主要内容是常见的安全术语和概念。根据 ISC 中文官方网站的介绍，申请进行 CISSP（Certified Information Systems Security Professional，注册信息系统安全师）认证的人员需通过实践技能测试。这些实践技能所依据的理论知识与 CBK 所含内容紧密相关。

根据 CISSP CBK，可将 ROI 的定量计算分为 7 个步骤。

1）识别资产并为资产赋值（Asset Value，AV）。所谓赋值，就是以货币单位，量化资产的价值。资产必须是值得保护的物品，包括有形资产和无形资产。可以通过三种方法得到这个量化数值：第一，以资产的现值为资产赋值。资产的现值以购置资产的市场价格为基准，考虑折旧等因素后确定。第二，以资产当下状态预计能为企业带来的收入为资产赋值。第三，以替换资产或重新购置资产而产生的成本为资产赋值。确定资产赋值时，在上述三种方法中任选其一即可。或者，应用其他更适合企业现状的公允的方法也可以。

2）估算资产的"暴露系数"（Exposure Factor，EF）。所谓暴露，就是资产未经防护而展露在特定的威胁之下而可能遭受损失。所谓系数，就是指资产遭受这种可能损失的概率。暴露系数的取值通常是一个在开区间（0，1）之上的小数，计算时一般保留 4 位有效数字。

3）估算威胁的"年度发生率"（Annualized Rate of Occurrence，ARO）。威胁针对资产而言才有意义，即特定威胁。所谓估算，就是预计（或推断）威胁在一年内会出现多少次。这是一种线性的"年化率"计算方法。

4）计算资产的"单次预计损失"（Single Loss Expectancy，SLE），其计算公式为

$$SLE = AV \times EF$$

5）计算资产的"年化预计损失"（Annualized Loss Expectancy，ALE），其计算公式为

$$ALE = SLE \times ARO$$

为控制或减小资产的损失，需要采取一些安全措施。获得这些措施需要投入的成本记为"措施成本"（Cost of Countermeasures，COC）。措施成本包括措施的获取（开发或购置等）成本和日常运维成本。

6）计算安全措施的"投资回报"（Return of Investment，ROI），其计算公式为

$$ROI = ALE\_p - ALE\_n - COC$$

其中，ALE_p 和 ALE_n 分别代表采取安全措施之前和之后的年化预计损失。此时，如果 ROI>0，则安全投资或安全控制措施在经济上是值得的。为了避免混淆，可以将这个"安全措施的投资回报"称为"安全措施的投资收益"（Benefit of Countermeasures，BOC）。

此外，如果为了进一步说明投资回报的效益问题，还可以再进行如下计算。

7）计算"安全措施的投资回报率"（Return on Investment，ROI），其计算公式为

$$ROI = \frac{BOC}{COC + \delta} \times 100\%$$

其中，δ 是一个"复杂度因子"，用来表示在不同规模的场景下获取安全措施时可能会偶发的某些意外的成本。对于单个资产的单个措施而言，δ 通常为 0。

4.4.2 安全预算的编制

安全规划的执行需要配套的资金（或资源）保证。安全预算就是用来说明这些资金安排的计划书。通常，安全预算的概念中不仅包括企业预计要为开展网络安全工作而投入的资金，还包括预计要投入的实物和资源。后两者往往是以其货币化价值的形式来描述。确定安全预算的过程，就是预算编制。

虽然安全预算最终是以资金定量使用（包括收入和支出，双向）计划的形式展现出来，但安全预算并不仅仅是一份关于资金使用的计划那么简单，它更是一种管理工具，可以用来在整个企业的范围内为构建网络安全管理体系提供一种控制技术。安全预算既是安全规划的组成部分，又是一个可以作为组件与企业现有的管理体系进行耦合的触点，用来在一定时期内为企业的网络安全工作获得和使用必要的资源而进行协调或控制。无论企业采用的是何种预算体系，安全预算最终通常都会纳入企业的整体预算之中。

如何看待安全预算在企业经营管理工作中所处的位置，既是一个观念问题也是一个实务问题。安全预算虽然重要但不应成为企业发展的负担，正所谓"坚持量入为出的原则"；同样，企业的发展虽然是安全预算的基础和前提，但不能将企业发展视为安全预算的"否决器"或者"封口石"。所谓"需要统筹发展与安全之间的关系"，由此可见一斑。

值得推荐的一种预算编制思路是，统筹企业各方面的安全需求，在确立安全规划是企业的战略规划的有机组成部分的情况下，根据安全规划归口编制安全预算，兼顾短期（1 年）、中期（2~3 年）和中长期（3~5 年）利益，施行灵活的预算编制。

1. 预算的底线

编制预算的过程中至少需要说明 5 个方面的问题：①为达成规划目标的各种必需环节的投入（或支出）具体需要多少资金？②为什么必须要支出（或投入）这么多数量的资金？③所需资金的来源是什么？④什么时候完成支付？⑤能否做到收支平衡或什么时候可以实现这种平衡？

此处重点讨论一下预算所需资金来源的问题。这里所说的资金来源，不是单指这些资金的性质是"企业自筹"还是"外部支持"，而是强调，网络安全作为一种生态，其所需预算理应在生态圈中形成一种良性的循环。

传统上讲，"企业自筹"资金，主要包括权益人的投资、企业贷款或其他形式的融资，以及企业盈余的再投入等；"外部支持"资金，主要包括政府给予的财政支持或某种形式的政府补贴，例如，直接财政补贴、退税、定向扶持或其他形式的转移支付或拨款等。

现实中，很多企业的安全预算都面临着资金不足的问题。一方面，这是因为资金的使用要求都已经具有较为成熟的规范，这些规范在未充分考虑网络安全问题的时代就已经定下，而且对这些流程进行适应性修改的流程烦琐且限制极多，因此，这在一定程度上限制了安全预算获得充足资金的可能。另一方面，网络安全工作往往是"只知成本，不知回报"，企业的决策者及其执行团队通常很难衡量这一领域对企业财务的影响，因此，他们往往选择保守策略，普遍对安全投资不足。

那么，是否还有其他方法为安全预算提供充足的资金？答案是肯定的。可以在企业内部设立网络安全专项基金，专款专用，保障安全规划的预算需要。这个基金的资金渠道可以多种多样，视企业自身情况而定即可。例如：①企业在年度总预算中按照比例计提预留，划入基金，通常，这个比例以不超过 5% 为宜；②企业按年度在当年新上项目中，按项目数量预扣一定比例的预算，划入基金，这个比例以每个项目不超过 10% 为宜，而且还可以根据项目规模进行适当调整；③申请政府专项拨款、重大专项经费等，划入基金专款专用；④在既有业务平台的年度维修保养费中，按比例计提预留，划入基金；⑤网络安全管理体系自身的溢价直接划入基金；……这些渠道之间并不互斥，可以综合并行。这种方法体现了安全预算的底线，因此，不妨将其称为"底线预算法"。

底线预算法并非新颖的做法，只是将从预算平衡原则中衍生出来的建立和使用应急基金的方法常态化而已。建立这个网络安全专项基金的出发点，其实也是在遵循一种"备用金"制度。这个基金可以单独作为安全预算的资金池，也可以作为安全预算的有益补充，甚至它本身就可以是安全规划的一部分。无论对它如何定位，其存在的目的和意义，只能是为了企业能更好地开展网络安全工作，而并不是为了违反企业的财务管理制度另辟蹊径，特别是对政府拨备、财政给付的资金更是要慎之又慎，严格按要求进行管理。

2. 安全预算的分类

单纯将安全预算视作成本时，根据财务规则，从企业的资金支出的角度来说，可以将安全预算大致分为两类，分别是资本支出（Capital Expenditures，CapEx）类和运营支出（Operating Expenses，OpEx）类。

根据税务法规方面的规定，资本支出和运营支出分别对应不同的税率。因此，企业对资金支出类型和支出方式，通常都会非常在意，这在一定程度上增大了安全预算受到不必要干扰的概率，当然，这只能算是企业内部沟通协调方面的小问题，不应该将其看作是内部矛盾。

通常，资本支出是指企业用于固定资产全生命周期的资金。固定资产一般是指那些服务于企业业务目的且具有较长（至少应比一个会计周期的时间要长）使用寿命的资产。在固定资产的生命周期中，企业需要资金来购置、维护、升级和回收固定资产。发生资本支出的目的，是希望为企业带来利润。运营支出是指企业定期地、持续地用于自身日常运营活动的资金。发生运营支出并不能给企业带来收入，因此企业通常会通过仔细地规划和管理来尽量减少这部分支出。

资本支出和运营支出之间的界限并不固定。如何确定一笔资金的使用归属为哪一类，应当是企业的决策者及其执行团队需要深思熟虑的一个问题。资本支出一旦发生则不能撤销，因此，如果没有预期的业务或固定资产未能按照期望的那样服务于企业的业务目的，就是企业资金的重大损失。如果业务不"固定"，那对其相关资产的投入则未必需要"固定"。如果业务存在较为明显的预期变化，例如政策环境的变化、技术方面的变革、服务对象需求的变迁等，则运营支出相比资本支出而言，可能是个更好的选择。

具体到安全预算中来说，传统上，人们习惯将对网络安全设备、设施等有形物（包括附着于这些有形物之中的软件）的投资视为资本支出。但近年来，随着云计算技术/云安全服务的兴起，企业渐渐地将对这些有形物的投资变成为使用云设施而支付的服务费（按月或按年支付，即包含在一个会计周期之内），从而"理所当然"地将这部分支出划入了运营支出的范畴。此外，用于加强网络安全管理的"软性"的资金投入和不可见的资金投入，通常也都是分摊在企业各相关的职能部门（如财务部门、人事部门等）的运营费用中加以"解决"——这就是网络安全的"宿主预算"问题。对于"宿主"职能部门和网络安全团队而言，双方都需要为此进行充分的沟通，甚至还经常需要提升到更高的执行层级来进行协调。而且，还很可能是在每个新的会计周期开始之时都要进行一轮这样的"充分沟通"，毕竟，理论上讲，网络安全的滚动规划中，每年都会有新意出现。

本书无意讨论安全预算到底是资本支出还是运营支出的"身份问题"，而是乐于暂时搁置这个困惑。在实务中，如何编制安全预算可能才是更现实的需要关注的问题。

3. 预算编制方法

安全预算应当相对客观地说明资金使用计划，这些资金必须是为实施安全规划中的项目而必需的，是规划落地执行的重要依据，甚至是项目实施过程中所有可能的采购活动的主要依据，其内容必须包括对项目造价和配套费用的估算。

项目造价包含的内容，视情况可以分为两类：如果项目内容不涉及购置设备，则项目造价主要指技术服务费以及其他相关费用（一些相关的辅助性工作发生的费用），可以列支研发费、知识产权转让费、咨询费、劳务费等科目。如果项目内容涉及购置设备，则项目造价还需要列支设备（含软件）购置费、安装费、调试费、许可费、保险费等科目。

配套费用包含的内容，主要是为配合项目实施而开展的工作所需的费用，其内容不固定，需要视现场情况确定，例如，可以包括工作人员为项目需要而专门进行培训的费用，或者在项目范围之外的某些与项目具有较强关联关系的范畴内出于适应性（改造）所需的费用，以及某些为了保证项目顺利开展的其他费用等。

编制预算时，需要根据项目自身特点，综合运用以下方法。

1）以"量"定"额"法。在规划期内，对项目所关注的主要业务的量或主要的考察指标的量与费用之间的关系给出统计值，形成某种"单价"，然后根据预测量（即预测模型）确定所需预算金额。如果量是基本固定的，则所需费用通常也是固定的，此时，可以直接套用历史数据作为预算金额的基础值。如果量是变动的，则需要合理地估算"量"的变动范围，以最小量作为基础值，叠加经验系数后给出预算金额。使用这种方法时，需要分别从"量"和"额"的角度，保留一定的"裕量"。例如，需要综合考虑通货膨胀因素和资本使用成本的问题等。

2）以"标"定"额"法。广泛地了解行业现状，参考行业标准、最佳实践经验，对标具有可比性的标杆企业的做法，根据类似项目的经验整体估算预算金额。可以分块估算，也可以分项估算，只需要参考行业的平均值来估算即可，不需要深入具体的细节。使用这种方法时，需要特别注意企业自身的各种约束条件，毕竟别人的经验未必能够照搬过来直接使用。

3）以"效"定"额"法。首先设定一个实验性的预算基底（通常会略大于项目所需），然后根据一个规划期内项目所取得效果或发挥效能的情况，在接下来的规划期内对预算进行调整。如果已经实施的项目的效能较好，则追加预算以便进一步扩大成果；如果效能不理想，则考虑调整预算直至取消该项预算。

4. 几点注意事项

在预算编制过程中还需要注意以下一些问题。

1）安全预算要与企业的业务目的保持一致。应当将安全预算视为安全规划与企业治理之间的桥梁，否则就会在企业的业务操作层面造成脱节。预算能够强烈地表达企业的近期目的，规划则是描绘中长期的蓝图。两者之间如果产生隙距，将会不利于企业将精力和资源集中于实现既定的目标。

2）安全预算要突出重点且保持弹性。应当将安全预算的"好钢用在刀刃上"，要优先保护企业最核心的价值；要体现出"立足于解决方案进行投资"的理念，而不要将宝贵的资金拿来用于堆砌各种安全工具——在安全预算中应当控制设备采购部分的占比，不要忘记分配出来一部分作为配套费用，专门用于对员工进行必要的持续的安全培训和教育。

3）安全预算要避免自身的风险。过于烦琐的计算或基于不容易理解的预测模型进行计算，对于编制预算而言都是风险，应当尽量避免。此外，不应将安全预算作为企业的财务目标，应当纳入企业的总预算中进行比较和平衡。例如，本企业安全预算与上一年度的同比、环比变化有多大？与本企业安全预算的历史最高水平相比变化多大？与本地、全国、国际同行的平均水平或先进水平相比，有多大不同？

4）要冷静对待预算编制工作中的摩擦。有时会遇到一些关于预算编制工作的不太光彩的事实。例如，年度总预算的额度事先已定，各部门的预算编制工作其实就是分解这个额度，然后配合财务部门编制完成预算文本。而在配合编制预算的过程中可能就是一系列"讨价还价"，无论预算的必要性如何，审核部门总是需要提防预算金额被"注点水再说"，需求部门则总要需要提防预算金额被"砍一刀再说"……

5）安全预算需要良好的解释和说明。出于种种原因，在实务操作中，安全预算往往会被视为"无底洞"——耗费了大量资金，但除了换回模糊的安全感外，不会带来其他任何回报，并且还基本上无法清晰地计算出具体的投资收益。但企业安全的旁观者（有洞察力的人）却深知，强大的网络安全管理体系的能力远不止于为企业的业务过程减小出现安全漏洞的概率，它还可以成为企业中带来积极财务影响的业务推动者。

对网络安全的投资回报问题的把握，散发着浓重的艺术气息。是否能认识到这一点，在很大程度上折射出企业决策者的管理水平和企业网络安全团队的专业水平。如果能在预算编制阶段与企业的决策者就这个观点进行深入而友好的沟通，向他们进行充分的解释和说明，则可以乐见安全预算的编制工作将会是另一番景象。

4.5 小结

理解网络安全管理体系只是迈开了构建网络安全管理体系"远征"的第一步。在中国，传统观念中人们通常都追求"行稳致远"——这是一种朴素的规划基因，引导人们做事必要有方略，"看路"当与"走路"并举。"稳"，不意味着"慢"，而是意味着要因时而动、因势而行，徐疾有度；以"踏石留印、抓铁有痕的劲头""善始善终、善做善成"，让企业的网络安全工作不断取得实实在在的成效。

规划并不万能，它不是企业网络安全事业的必然前提，而只是这项事业的一部分。规划有时还会发挥反向的作用。对于网络安全管理体系的规划设计需要兼顾经验和灵活性，一方面要按照"需求—设计—实施"的范式"正向"地开展工作，另一方面还要按照"承认现状—构建基础—长期适应"的"逆向"思路对"正向"的工作加以补充。

网络安全管理体系自身也处在长期发展的过程中，很多情况下，如果我们的知识尚不足以告诉我们应该做什么，那就不如首先去规避我们不应该做的，这是保持规划理性的一个实用主义原则。

在细节方面，要处理好网络安全的投入到底是成本还是费用的观念问题，必须妥善解决"宿主预算"问题。无论企业的业务目的如何，网络安全都将是其生命周期中的一项事业，从中获得的长期利益将远大于短期效益。

第5章 网络安全专业团队

　　无论是从网络空间的语境来理解，还是从企业管理的视角来审视，都可以发现：网络安全工作不但是一种体系化的工作，而且还是一种精细化的工作；既要有宏观的形势把控，也要有细节流程的操作；既涉及企业的管理，也关联企业的业务。网络安全工作是一种专业的、复杂的工作。显然，这些工作需要若干人来承担，而不太可能由某个人来完成，这便涉及了团队。

　　关于团队的概念有很多抽象化的描述，但无论如何表述，所谓"团队"，就是指在一定的条件下，由若干人为实现共同的目标而形成的某种行为共同体。从传统上而言，"团队"的概念强调的是一群人的组织性和目的性，区别于"人群"的概念。后者的含义中更强调的是一种"一盘散沙"似的状态。

　　具体到网络安全领域，团队就是指企业内部专门开展网络安全工作的团队。和通常意义上团队的概念比起来，对网络安全团队的理解可以相对更灵活一些，不必将团队的概念局限在某种具体的组织形式之内。例如，网络安全团队可以是专门的网络安全部门的全体员工；也可以是来自于不同部门的员工，为了共同的网络安全目标而合作开展工作。而对于"网络安全专业团队"的概念，则更加强调的是网络安全团队的专业化（职业化）问题。

　　团队是现代企业管理中的核心概念之一。形成这个概念的最朴素的一个原因就是为了提高管理的效率，进而提高企业的运营效益。与管理每个具有个性的人相比，管理具有"共同个性"的一群人，在很大程度上会使事情变得更富有条理一些。这个"相同个性"就是团队的目的、秉性，也是我们在介绍概念的过程中反复强调的，"人群"和"团队"之间的主要区别之所在。显然，一个"团队"是否形成了"共同个性"，在很大程度上决定了团队的效能，网络安全团队也不例外。

　　网络安全工作需要团队合作来完成任务。网络安全团队的主要任务目标是：有效地应对网络安全挑战并维持企业的网络安全管理体系的正常运转。一方面，网络安全的挑战不具有可预测性（或者对它们的可预测空间极其有限），特别是对体量较大或业务范围较广的企业而言，靠几个网络安全人员单打独斗甚至是靠几个影子岗位的工作人员疲于应付，将很难取得网络安全工作应有的效果。另一方面，在网络安全管理体系的日常运作过程中，会在企业的方方面面形成触点，在这种时间和空间分立的情况下，只有相关的工作人员相互协作和配合，彼此进行有效的沟通并建立起融洽的关系，才能解决问题并使得网络安全管理体系发挥出应有的作用。

5.1 团队的组成

　　围绕着网络安全团队的目的性和组织性特点（本书将之称为"网络安全团队的本质"），可以通过合理地选定团队结构的方法，在尽可能短的时间内组建网络安全团队并对团队的日常运作进行有效的管理——这种管理的直接目的就是，希望能尽可能地帮助并促使企业中所有从事网络安全工作的员工可以完成工作任务并取得预期的绩效，为企业的长久发展提供动力和潜力。

从这个意义上说，网络安全团队从一开始就应是一种层次化的结构，它既是一种工作组织形式，也是一种开展网络安全工作的方法（团队合作）。一方面，网络安全团队对企业整体而言，是一个统一展示企业决策者决心和力量的方式，表达了企业决策者对网络安全工作的态度和重视程度。另一方面，网络安全团队对网络安全工作者而言，传递了企业决策者对他们作为贡献者或合作伙伴身份的期望、信任和激励，代表着对网络安全工作的资源投入的承诺。这正应了那句中国古语，"名不正则言不顺，言不顺则事不成"——网络安全团队就是网络安全工作在企业内部的"名"。

网络安全团队的结构对于团队组建和团队运营而言，具有基础性影响。不同结构的团队的适用场景和使用方法不尽相同。随着企业的发展，乃至网络空间的发展，企业的网络安全团队也需要随之变化，同时，还应注意到网络安全团队与企业的发展，两者之间也存在相互作用。对于团队结构的讨论，可以从两方面着手：一是团队的组成，即团队的基本组成元素；二是团队的组成元素之间的相互关系。

5.1.1　基本组成元素

网络安全团队的存在意义，首先体现在：由若干人从事网络安全工作，处理安全事项并完成工作任务。直观而言，组成团队的基本元素首先是企业的员工。显然，这种概念还不够清晰——虽然所有工作确实是由员工来完成，但并不是每个员工都具备完成任何工作的能力。因此，团队的组成不应该是具体的若干员工，也不应是抽象的"员工"群体，还应该进一步澄清其含义。再从工作事项的角度考虑，工作过程可以被拆解为不同的"岗位"，员工按照岗位的要求被挑选出来，按照工作操作手册的指导完成工作。

那么，岗位是否可以是团队的基本组成元素？事实是，这种概念还是不够清晰，至少是并不那么实用。岗位需要根据工作的性质或内容而不断调整变化，更重要的是，岗位的概念更适合那些"循规蹈矩"的场景或者那些能够以"个人技能"为基础的工作场景，而对于知识密集型的工作或者总是需要面对新挑战的工作（如网络安全工作）来说，岗位的概念就显得过于僵化。例如，岗位通常和职责相提并论，对于已知的职责尚且可以用"岗位"来明确进行界定，但对于新出现的职责则往往无法落实在已有的岗位之上，成为无人管理的真空地带。最终，即便新增的职责或者那些未经已有岗位定义的职责能够落实，也只是在现有岗位上层层叠加。而至于效果，就成了另外一回事。

稍微深入一点来看，可以发现，"岗位"通常是指由个人来从事的工作，其实质是基于工作过程，是面向"工序"或者"工件"而组织工作人员的一种方法。而对于网络安全这种工作来说，其管理属性和服务属性乃至松耦合属性，决定了结果往往要比过程更重要。因此，对从事网络安全工作的人员的期望，应该更偏向于他们在工作中发挥了什么样的作用，而不是侧重于他们完成了多少可以"计件"的工作量。也就是说，员工在工作中的作用，才是网络安全团队更为核心的概念。

员工这种在工作中发挥的作用，可以被称为员工在工作团队中的"角色"。这是站在团队整体视角而言的概念。更确切一些的含义是，"角色"是与员工在工作中的职责或职位目的相一致的预期行为和期望的集合。角色是一个抽象的概念，不是指某个具体的员工或岗位（即与工作相关的知识和技能等），它本质上反映的是员工在其被期望的环境中所表现出的行为。在工作角色的场景下，允许员工根据自身的能力和所面对的挑战而做出对结果负责的工作而非一定要按照固定的流程完成任务，这一点，对于从事网络安全工作（所需的创造性和艺术性）而言，显得尤为重要并且更加适用。

因此可以说，网络安全团队的基本组成元素可以是"角色"。

对于这一概念，更适合从团队的运作和管理的视角来进行理解。角色的含义强调的是员工的行为，这些行为在团队范畴内更有现实意义。团队的成员在团队内都具有各自的角色，团队成员之间需要进行有益的交互以促进整个团队的进步，团队成员彼此之间都会有基于自身利益和团队利益的期望，这来源于团队的目的性和组织性的内在要求。

对于团队中的角色划分，需要综合考虑"个体需要""岗位需要"和"团队需要"等多方面的因素并要适当具有多样性。"个体需要"是指员工自身的职业生涯诉求，如员工个人所追求的价值观、个人从事网络安全工作的动机等。"岗位需要"是指网络安全工作人员为完成工作任务所需要具备的思维能力、心理素质和操作技能等。"团队需要"是指团队作为整体，遵循自身生命周期规律而对团队成员的个性特点、经验技巧和环境适应能力（包括某些限制进入的领域）等方面的要求。团队中的角色之间需要在一定程度上保持某种平衡，这对于形成或促进团队的凝聚力将会有帮助。

此外，从员工个体角度来理解团队中的角色，还需要包含角色的复用性和动态性的含义。一方面，对于具体的某个员工（或团队成员）个人来说，角色并不一定是唯一或固定，而是会随着个人的发展、团队的发展和工作的发展，而可能出现按需要"扮演"不同角色的情况，这就是角色的复用性问题。另一方面，角色的动态性会有效增强团队对自身目的性的适应能力。动态性是指，一名团队成员可以在同一个时间段内拥有不止一个角色，也可以在不同的时间段内拥有多个角色，其角色不会始终保持不变。

那么，在一个网络安全团队中，会有哪些角色呢？

5.1.2　团队中的角色

角色和员工的个性有着密不可分的关系。可以分两类来说明团队中的角色：一类是任务型角色，另一类是组织型角色。前者主要聚焦在完成团队任务方面的作用，后者主要聚焦在维持团队自身稳定和促进团队自身发展等方面的作用。

任务型角色，主要指"生产者""代理者"和"指导者"。"生产者"主要是具体实施团队所承担业务的人，是通常意义上的"技术人员"，乐于负责操作工具或直接接触业务内容。"代理者"主要是具体办理业务流程的人，是通常意义上的"接口"，乐于负责代表本团队与"外界"接洽业务，或根据实际情况向团队内外双向沟通业务有关的事项。"指导者"主要是解决业务实施过程中的问题，对"技术层面"的事项进行决策，同时，还会乐于用新思想去主动适应不断变化的业务环境并影响团队的走向。

组织型角色，主要指"维护者"和"协调者"，除了解团队的基本业务情况之外，还能够满足团队自身和团队内部各成员之间在人际关系方面的需求。"维护者"有着很强的适应不同环境和人际关系的能力，在团队中能够给予其他成员大量的情感、心理层面的支持。"协调者"有着很强的全局性思考和建设性思考的能力，具有远见卓识，能够得到团队成员的信任和充分尊重。

　　具体在网络安全团队中，上述五种角色缺一不可。即"网络安全团队"是个"五元组"，包括安全技术人员和安全管理人员，涵盖业务性角色和社区性角色。可将这种概念称为网络安全团队的"角色五元组"。这里，有意忽略了另外一个角色——"破坏者"。任何一个网络安全团队的运作过程中，都难免会出现与团队价值观不相符的成员。团队价值观（也可称为核心价值观）是指在团队成员的价值观中占有主导地位或能够得到团队成员广泛认同的那部分价值观。"破坏者"的出现并不是一个理想的团队所期望的事情，但从网络安全的生态属性来看，似乎并没有办法避免"破坏者"的出现。也许"破坏者"带给团队的影响并不都是负面的，比如，"破坏者"可以在一定程度上促进团队的成长和自我管理。从更宏大的尺度来说，"破坏者"还可以在调节企业安全生态平衡的需要中发挥作用。但是，"破坏者"终究并不是网络安全团队所希望容纳的角色，毕竟，"破坏者"的存在如果超越了一定限度，则最终将会导致团队的瓦解。有时，"破坏者"是在团队组建之初由于种种原因而存在的"先天"隐患发展而来；也有一些"破坏者"则是在团队运作的过程中形成。

5.1.3　角色间的关系

　　团队中的角色和团队成员之间并没有确定的对应关系，既不是要使成员与角色一一对应，也不是要使成员与角色固定搭配。角色除了来自于成员自身（如个人的禀赋、个性等）之外，更多的是由团队成员之间的相互认可而形成。

　　角色与角色之间虽然互不统属，但需要聚合在一起发挥作用。团队中任何角色之间并没有交集，但可以由同一名团队成员同时担当。并且，这五个角色还要同时出现在团队之中，否则，团队的功能性将变得不完整或者很容易失去自身的结构稳定性。需要注意的是，虽然角色与成员之间没有必然的对应关系，但是团队至少也需要由 2 个人组成。一个人虽然可以集所有团队角色为一身，但一个人的"团队"并不在本书讨论的范围之列。

　　网络安全团队角色五元组的概念，仅仅是给出了最小角色集合。在实践过程中，完全可以根据理解的不同而扩展出其他的角色，这就是角色之间的"泛化关系"问题。在角色的泛化过程中，需要注意边界，过多的角色对于团队而言未必是一件轻松的事情。

5.2　团队的结构

　　无论团队的形式和组成如何，都可以首先分为两类成员：一类是团队的普通成员；另一类是团队的负责人，可以称为是团队的特殊成员。所谓的团队结构就是要寻求一种机制，尽可能地保持这两类成员能够融洽相处并开展协作，使他们能够发挥出被期望的效能和效率。团队的负责人首先是团队的成员，在团队中肩负了更多的责任，相对于普通成员而言具有更大的影响力，从而具备了某些特殊性。但这不是说，特殊成员是具有特权的成员。任何时候，所有成员在团队中享有的利益都应与其肩负的责任相匹配。"团队的负责人"并不是团队的"角色五元组"概念中的角色，只是习惯上对团队成员身份或职位的一种称呼。（为便于理解，有时也会在讨论网络安全团队的结构时，基于表达习惯而使用职位名称来进行表述。）

　　如何有助于将所有的团队成员有效地组织起来以顺利开展工作，是团队结构问题所需要重点关注的内容。讨论团队的结构不能脱离团队在企业中所处的环境。通常，对团队结构的设计会以团队的目的、业务特性、受众和地域等条件作为遵循和指导，需要适应时机、需要满足企业所处行业中的特定要求，并且必须要适配企业的规模。

团队的结构可以有很多种形式。可以打个比方，将团队所有可能的结构排成一条"光谱"，就能够更加形象地描述它们。这条"结构光谱"表示了团队结构从"有序"到"杂序"的演变：一端是"强结构化"的结构，另一端是"弱结构化"的结构。所谓"有序结构"就是指层级分明，倾向于将工作任务的分工细碎化的结构。与之相反的是"杂序结构"，是指内部不再等级分明、组织灵活且富有韧性的结构。随着网络安全团队任务属性的不断演变，团队的结构也将演变：从适应专注于固定的事务性工作的结构，逐步演变到适应于战略性工作的结构。这就好比自然光的频谱，从一端的紫色"逐渐过渡"到另一端的红色。

越贴近"紫色波段"的团队结构越适合标准化作业的场景，如例行的漏洞扫描、安全事件的监控、合规审查等安全监管流程相关的例行操作等。这容易使得团队成员对自身工作能力方面的要求变得相对稳定，团队比较容易出现"官僚化"的问题。相对地，越贴近"红色波段"的团队结构越适合面对充满挑战的作业场景，如安全事件的应急响应与攻防对抗、安全能力的输出与赋能、安全开发与测试等。在这些结构中，网络安全团队将比较容易保持旺盛的创造力和必要的敏捷性，有较强的一致性以适应正在快速变化的环境。团队成员通常会在一定程度上保有较为鲜明的独立性，特别对团队负责人的综合能力的要求会比较高。从长远来看，这些结构的团队会更有利于企业在网络安全方面的工作能力变得更加强大。

5.2.1 内部结构

传统上，网络安全团队通常采用集中式（或中心化的、集约化的）结构，但在宏观上将呈现出去中心化的趋势。集中式结构，是指团队的负责人居于"指挥链"的顶端，在团队成员的业务能力覆盖范围形成的"控制域"内拥有最高"决策权"，向更高层级的管理者负责。去中心化的趋势表明网络安全团队与企业的业务团队的衔接将越来越紧，甚至会分散在业务团队中以"本地化"的方式完成某些预处理的工作。当集中的安全中枢失能或过载时，也不至于导致企业完全失去保障自身业务网络安全的服务能力。

网络安全团队之所以通常是集中式的结构，是因为网络安全领域的工作性质更加关注（攻防双方的）对抗性，以及由对抗性的存在而对团队的组织性有较高的要求。"决策权"问题、"控制域"问题和"指挥链"问题是影响网络安全团队内部结构的三个核心问题。"决策权"主要涉及临机决策的权限和方式，这在事态比较紧急的情况下，尤其是个突出的问题。"控制域"是指网络安全工作职责涉及的"权力"或影响力所能达到的范围。"指挥链"是指一条不间断的传递"命令"（即权威信息或控制信息）的链条，从核心或顶部（例如，最高决策者或高级管理层）一直延伸到基层或末梢。这个问题关注的是汇报层级、执行力度和责任范围的问题。"指挥链"有长链和短链之分，在团队内部和团队外部，链长不一定相同。集中式的结构天然地有利于解决这三个问题，所有的挑战都更容易被理解、定义和测量，短时间内就能够以一个整齐的姿态体现出工作效果。但这种整齐划一的结构需要更多的资源，在企业中要长久地维持一个足够规模的集中式结构的网络安全团队，就已经是一件非常困难的事情，更何况，集中式的网络安全团队还会有"尾大不掉"的系统性风险。

图 5-1 给出了去中心化的网络安全团队的结构示意。去中心化的结构将会有三方面的显著特点。第一，可以将工作内容分布在企业的底层或网络安全业务的底层，这将使网络安全事务

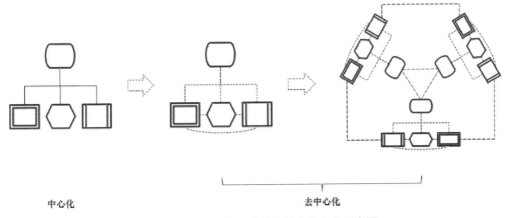

中心化　　　　　　　　　　　　　去中心化

● 图 5-1　网络安全团队结构的去中心化示意图

的管理者能够将更多注意力集中在更加关键问题上，从而有机会以更快的速度和更有力的资源配给来谋划和实施那些重要性更高的安全举措。第二，有助于改善网络安全团队与企业其他团队之间的关系，甚至可以提高他们对网络安全管理工作和网络安全团队的信任感和满意度，这对于构建企业的网络安全生态具有重要的积极意义。第三，将会鼓励团队成员的个人成长，鼓励他们主动发挥创造力并放大他们创造性地开展工作的愿望和动机，提高网络安全工作的实用性；更有可能会使他们通过实践自己的想法而帮助网络安全团队向更多的方向进行开拓。这之中，也包括在网络安全管理的广度或深度方面的拓展，从而能够敏捷地处理新问题、适应新环境，降低或避免企业所面临的系统性风险。如图 5-2 所示，从角色五元组概念的角度给出了一种可能的网络安全团队的内部结构。

代理者在团队中的位置（见图 5-3）可以十分灵活，在一定意义上甚至可以作为"接口"，深入目标团队中开展工作，通过与具体的场景相结合，从而能使网络安全管理工作的基础性作用得到更加有效的发挥。

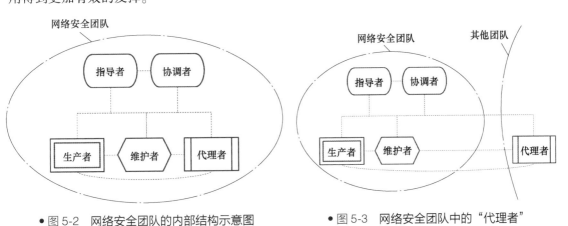

● 图 5-2　网络安全团队的内部结构示意图　　　● 图 5-3　网络安全团队中的"代理者"

如果以更开放一些的心态来看待这个问题，将会发现这里还可以有一种"反向代理"的方式。即从网络安全团队之外的其他团队的视角而言，甚至不妨将自己团队的某个成员以"接口"的方式输出到网络安全团队的范畴内，让他们在网络安全管理的事务上接受更专业的指导，那么，本团队在网络安全方面的工作效果可能会更加理想。

5.2.2 环境结构

网络安全团队在企业内部与其他团队或部门的相对位置与相互关系，构成了网络安全团队的环境结构。这种环境结构的形成和发展，在很大程度上受到网络安全团队负责人的个人能力和工作风格的影响。当然，在这个过程中，网络安全团队全体成员的工作表现都不容忽视，只是团队负责人的影响力会更大一些。如果网络安全团队的负责人不能站在团队利益和企业整体利益的平衡点之上或缺乏一些洞见，那么网络安全团队的环境结构将会变得越来越脆弱并且将引发团队内部结构的裂变。这一方面说明了团队负责人对团队和企业的重要性，另一方面则揭示了网络安全团队的内部结构和环境结构之间存在辩证关系。

网络安全团队的负责人应当在企业的决策层占有一席之地，应当与企业的决策者保持经常性的互动。这将决定网络安全团队带有直属于企业决策层的性质，在企业发展的过程中肩负着一定的责任，需要在企业内部发挥战略性的作用。

网络安全团队的负责人应当向谁进行汇报？这个情况在不同的企业中会有很大的差异，这通常是由企业对网络安全工作的认识和定位来决定，但会受限于法律法规的最低要求。例如，企业的主要负责人需要负有本企业的网络安全工作的领导责任，以及企业需要设置有首席网络安全官的职位等。因此，即便网络安全团队的负责人并不在企业高级管理者名单之中，或者也不是企业的决策者及其执行团队的成员，但他们有资格、也有责任，作为可被企业高级管理层所信赖的合作伙伴，向企业的决策者汇报。也有一些企业可能选择了将网络安全事务外包给非常专业的承包商或其他企业之外的团队，这并不意味着这些企业可以因此而节省一个网络安全团队负责人的职位。相反，无论具体执行网络安全工作的团队在哪里，都需要一位网络安全团队的负责人作为管理层（需求）和业务技术团队（结果）之间的接口，否则，就只能是企业的决策者自己与外包团队直接对话。

针对不同类型的企业，网络安全团队的环境结构会有一些细微的差别（见图5-4）。是否单独设置首席网络安全官（CSO）职位，或者是否将CSO纳入网络安全团队作为正式的成员，都需要根据企业的具体情况来决定。网络安全团队应当专职从事网络安全工作，需要保持团队的独立性，不应与其他团队以任何形式"混合"在一起。在大多数情况下，安全团队在自身的发展过程的早期阶段，往往会不得不经历这样一个与其他团队"混合"在一起的过程。如果是这样，那就务必要尽早度过这个阶段。特别是：①网络安全团队不应以任何形式与自己的服务对

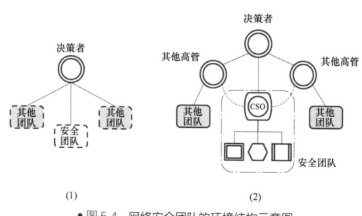

(1)　　　　　　　　　　　　　　(2)

● 图 5-4　网络安全团队的环境结构示意图

象（监管对象）合署办公；②网络安全团队的负责人不应以任何形式兼任自己的服务对象（监管对象）团队的负责人，反之亦然，即任何需要接受网络安全监督或需要接受跨团队/部门网络安全服务的团队的负责人都不能兼任网络安全团队的负责人；③网络安全团队必须要拥有直接向企业的决策层直接汇报的官方（正式）渠道。

5.2.3　结构与规模

网络安全团队选取什么样的结构与企业的规模或者企业对网络安全业务的需求等因素（可以笼统地将之称为"规模因素"）有直接关系。此外，团队成员的能力、个性等因素（可以笼统地将之称为"个性因素"）也会在一定程度上对团队结构的选取具有影响。

采用中心化的结构时，团队的成员不宜过多，规模保持在 3~7 名成员最佳。去中心化的结构中，团队的成员可以多一些，规模保持在 12~20 名成员较为理想。相对而言，大型企业通常需要更大规模的安全团队，可以在权衡规模因素和个性因素的限制的情况下，优先选用去中心化的结构，并且还要根据实际情况在团队内部设立若干工作组，将每个工作组的规模保持在 12~20 人。如果必要，在每个工作组内部还可以设立工作小组，但工作小组之内不应再设立更小的组织单位。规模太大则不利于团队保持自身的结构稳定，而且团队的规模应该根据工作需要逐步调整。

团队中的角色分配通常没有比例的限制，但往往会有一种"基线"（经验值）。例如，团队中生产者的人数最多，协调者和指导者的人数最少；代理者的人数与生产者的人数相当或略小。以中等规模的安全团队为例，通常情况下，生产者不少于 5 人，代理者不超过 3 人，维护者有 2 人左右，指导者和协调者各有 1 人。不要混淆了人数和角色的概念，在团队中，一个人未必只有一种角色。

实际运作过程中的团队规模，与理想情况相比往往会有些波动，这主要取决于团队成员的个性因素的限制。在排除个性因素干扰的情况下，可以尝试使用将团队去中心化的方法来应对这种波动。

在组建网络安全团队时，对团队结构的设计可能要比对团队规模的估计要更有意义。对团队结构的设计首先来源于对团队的期望——包括团队的任务和目标。在这些被确定之后，才需要统筹考虑团队的规模。而考虑团队规模的目的也只是更合理地确定团队的结构，以便团队在实际的运作过程中能够发挥出应有的效能。

当然，这一切讨论都是基于这样一个假设：企业中从事网络安全工作的员工的个人能力都足够好，都是在最大程度上为企业贡献了自己的能力。显然，我们在实务中，不能过于乐观地看待这个假设，并且尤其不能有意无意地忽略这个假设。

5.3　团队的专业化

网络安全团队的专业化（职业化）是企业的网络安全工作走上良性发展道路的标志；是企业网络安全工作的组织结构、管理能力与技术能力要达到一定实战化水平而对网络安全团队整体的素质能力和组织运作机制提出的要求。

5.3.1　专业化发展的内涵

网络安全工作属于高技术性质工作的范畴，带有事实上的"门槛"。从事网络安全工作的人员如果不掌握必要的技术和方法，不太可能参与到相关工作的细节之中，不要说从事企业层面的网络安全管理了，可能连作为普通的网络安全技术工作人员的资格都没有。

所谓高技术性质的工作，简单说，就是指那些在实施过程中需要主要应用高技术的工作。高技术是指在当前社会发展阶段中已经服务于经济活动的先锋技术或前沿技术。这些技术所依赖的主要原理，都建立在人类最新科学研究成就的基础之上；所需要的工程技艺的水平，都要高于其他传统领域的平均水平。

高技术具有攻克难度大、复杂程度高、发展变化快的特点，需要其从业者的主体是知识密集型的劳动者。高技术从业者在理解和掌握必要的技术知识方面，以及在形成可靠的工作能力方面都面临着相对较大的挑战和相对漫长的成长周期，需要从业者付出巨大的努力。

网络安全工作的内容和工作性质均在信息技术领域中处于前沿位置。信息技术作为高技术已经得到了广泛认可，由此可以看到，合格的网络安全工作从业者只有在跨越一定的"门槛"之后才能胜任工作。这个"门槛"，既包括网络安全工作自身的业务技术方面的知识下限，也包括从业者所处企业、行业的业务知识下限，还包括从业者个人所必须要掌握的专业（职业）技能和必须具备的身体素质与心理素质（包括精神状态、执业动机等）。

从经验上看，网络安全工作从业者如果不经过足够的学习、训练，甚至是磨砺，则几乎不可能跨越这个"门槛"。这个道理对于企业中从事网络安全工作的团队同样适用：企业中从事网络安全工作的团队必然要走上专业化（职业化）的道路，这是整个网络安全团队跨越"门槛"所必不可少的过程。

网络安全工作是一种职业，自身就具有专业化发展的趋势。所谓职业（或正当职业），就是指具有必要的专门技能和知识的执业者可以借以谋生的某种处在社会分工体系之中的工作，这涉及三个层面的含义。

第一，无论哪种职业的从业者都应该是掌握了从事这种职业所必须具备的技能和知识的人，也就是说，从业者应该具有相应的专门作业的能力，即专业能力。这是一种工作能够成为一种职业的首要条件。从业者是在从业之前就具备专业能力，还是在从业后积累形成从业能力并不是我们讨论的重点，重点在于从业者必须要具有满足所从事职业需要的技能和知识。没有专业能力的"从业者"，要么不应该无条件获得该职业中的正常水平的劳动报酬（例如，现实中的学徒或实习生性质的情况，以及某些"筹建""筹备"等"过渡"性质的情况），要么干脆就不被规则所允许（例如，涉嫌违法或属于违规行为）。

第二，某种工作是否能形成职业，要看这种工作是否承担了其所处（社会）环境中的分工，或者说，这种工作是否是（社会）环境中所需要的工作。这种分工并不是以某些个人意愿所决定，是在（社会）环境中伴随生产力发展而逐步形成的，可以提高劳动效率，而且会随着技术的进步而逐步细化直至被其他更先进的方式取代。反过来说，一种工作能否成为职业，也意味着这种工作是否具有合法性。所谓合法性，就是指能够被（社会）环境所接纳或允许。

第三，某种合法的工作是否能形成职业，要看其从业者是否能够依靠从事这种工作解决自身生活的经济来源问题。如果从业者从事的工作得不到在其所处（社会）环境中维持一般生活水平的收入（即得不到该环境中的社会认可），则这种工作的从业者将会越来越少并最终彻底消失，这种工作在（社会）环境中也就没有了成为一种职业的可能。

　　一种工作不能成为职业就意味着，在（社会）环境中要么每个人都能从事这种工作，要么没有人能够从事这种工作。这就带来另一个重要的问题，如果这种工作恰好对社会的存在和发展具有基础性作用却又没人从事，那么缺失这种职业的社会，在面临竞争或应对恶意的过程中将处于不利位置，这将是这个（社会）环境整体所要面对的可能危及自身存在和发展的风险。

　　上述三个方面都是从社会宏观角度对职业的理解。而如果具体到企业中来说，某种具体的岗位（集合）就是指社会当中相应的某种职业，代表着企业在整体运作中的劳动分工情况。例如，企业中的网络安全工作岗位就对应着社会中的网络安全职业，这是企业作为社会有机组成部分所具有的必然属性。如果对此视而不见，在企业内部人为地限制或取消网络安全工作岗位，其后果将不可避免地作用在这个企业自身的生存和发展过程之中。从这个意义更进一步地说，网络安全团队作为企业网络安全工作岗位的集合体和组织形式，也应符合网络安全工作作为职业的一般规律，不断推进自身的专业化（职业化）发展。

5.3.2　专业化发展的途径

　　建立和维持专业化（职业化）的网络安全团队必然是一项系统性的工作，旨在使网络安全团队和企业的管理当局能够充分了解企业内外、所处行业内外，甚至是国内外，在网络安全领域的工作惯例与有关的技术标准、规范、制度或治理方法，进而能够产生对网络安全团队整体价值观的理解和认同；同时，使网络安全团队在获得开展工作所需资源或获得必要的发展空间等方面得到来自企业决策层及其执行团队的机制保障和行动支持。

　　系统性地开展网络安全团队建设，需要：①建立企业范围内的网络安全治理组织和操作流程；②建立制度化的指挥链条或网络安全应急处置机制；③有计划地训练新的团队成员并维持已有团队成员的技术能力水平；④维护网络安全工作的技术标准或操作规程；⑤为执行纪律和问责制提供协助；⑥建设网络安全文化；⑦建立团队成员身份认同感和归属感等。

　　而目前通行的做法仅包括：①对从业者进行网络安全专业技术或管理相关的在职培训和课堂教育；②开展网络安全技术手段建设；③依托团队开展网络安全演习等。这些做法基本上就是围绕着如何在专业技术层面提高网络安全团队的工作适应性做文章，与系统性地开展团队建设还有一些差距。只针对个人进行培训或教育，充其量只会在企业现有的规范或结构内制造出一些"反常现象"，这种"反常"仅仅是一种"特殊的"（或临时性的）"应激反应"，并不能从根本上使企业的规范、结构等适应网络安全的需要，更谈不上使网络安全团队专业化（职业化）。

　　1. 专业、专业人员和专业化

　　"专业"一词当名词讲时，是指某种学科或者某种专门的学问，其含义本身就涵盖了"知识"和"技能"两个层面。所谓"专业"必然是来自于实践和积累、探索和传承。无论是人还是事，要变得"专业"，就必须要经历时间的考验，只有付出专注的努力或在一定程度上形成了独特而具体的领域才有资格专业。

　　在人们日常的概念里，"专业人员"的概念却通常不仅仅是指一个从事某项专业工作的人，往往更多地是指一个人在某个专业领域内已经具有一定的水平，是值得信赖的人选，并且还往往会被寄予一定的期望，在某项工作遇到困难时或遇到挑战时，是要被倚赖的人。他们往往还具有超越获得经济回报的主动性，在这种主动性的范围内，能够以足够的能力，自愿地肩负做出判断并采取恰当行动的责任。这种能力、责任，是区别于非专业人员的典型特征。"专业人员"的身份会给人一种信心，这种信心既是专业人员的自信，也是接受专业人员服务者对自己所委托事项取得预期结果的自信。

这种场景丰富了"专业"的内涵，除了"知识"和"技能"之外，还要涵盖人的道德和伦理等其他一些精神或心理层面的内容（如职业精神、职业道德、职业操守等）。当然，此处并不严格区分道德、伦理等概念的内涵与职业精神、职业道德、职业操守等概念之间的异同，虽然后三者是包含于前二者之内且前二者之间也有区别。

专业化，顾名思义就是"变得专业"以及这种变化（发展）的过程，既可以指某个人在特定领域内的知识、技能和心理状态逐步符合该领域的专业标准的过程，也可以指一定环境条件下某个领域中的不可或缺的事务逐渐形成具体的业务规模、操作流程和获得相应认可的过程。某种事务在不同时期的细化程度和细化涉及内容的不同，会引发从事这项事务的人的分工的变化，反之亦然。如果这种变化是正向的、增量的，那就是专业化的。越是代表了技术发展方向的、适应新挑战的领域，就越是需要进行细分的领域，这种细分领域的过程本身也是专业化。细分领域或细化分工，更倾向于专业涉及的技术或技艺的精熟发展，这意味着，适度的专业化将会带来更高的工作效率，使事务处理的成本越来越低且处理所得效果将会越来越理想。同时，专业化在客观上需要建立在更丰满的知识体系和更丰富的技能经验的基础上。

具体到企业而言，网络安全专业就是企业中专门肩负了网络安全事务分工的部门。这个分工部门由适当数量的胜任工作的人员，以及必要的工作资料所组成。网络安全团队就是这个分工部门中的人员的组织形式。为胜任工作而须具备的知识技能素养和个人修养方面的标准，就是网络安全对从业人员的专业要求。同样，由这些人员组成的团队所需具备的能力和价值观方面的标准，就是对网络安全团队的专业要求。使网络安全专业的从业人员和团队达到网络安全专业要求的过程，就是网络安全人员的专业化和网络安全团队的专业化。网络安全专业团队就是专业化的网络安全团队。虽然，其含义也可以是指网络安全专业的工作人员团队，但更侧重于表达"团队（正在）进行专业化（发展）"的含义。

2. 专业化与职业化

还有一个概念叫作"职业化"，会经常伴随"专业化"的概念出现。有必要澄清两者之间的关系，因为这是网络安全团队专业化发展过程中无法回避的问题。

通常认为，职业化是一种在心理上或行动上更为"成熟"的状态，但职业化受从业者个体乃至团队整体的非专业技术性因素的影响更大。职业化虽然与专业化的性质不同、含义不同、作用不同，但对员工个人或团队整体而言，职业化却是他们职业生涯中专业化发展过程的重要目标之一。职业化可以帮助专业化的员工更好地适应企业的环境，能够在更大程度上把自身专业化了的成果转化为对企业而言更有意义的业绩，从而使企业发展与员工个人收入之间实现双赢。

企业的决策者及其执行团队往往更倾向于认为或更易于接受：在表现出同样的专业水准的情况下，职业化程度更高的员工或团队所取得的业绩会更理想。这种理念会直接体现在薪酬制度的设计上：员工所得薪酬中的绩效（奖励）部分，通常会与员工的工作能力成正比，即会通常采用"一个基数乘以一个系数"的算法来给出具体的薪酬金额。而这个"系数"，其实就是企业管理者对员工的职业化程度的评价结果的某种量化值。

正常情况下，"专业化"是"职业化"的前提。脱离"专业化"而片面强调"职业化"，或者不经历专业化发展的过程而直接迈进职业化的进程，对企业和员工（或团队）而言，是一种零和游戏（可称为是"过度职业化"）。应当尽力避免这种情况，否则，"职业化"难免变成"过场化"，"专业化"难免变成"工具化"，最终，团队的发展就变成了一种形式主义，企业和员工（或团队）终将被"空心化"——于企业而言，"空心化"的结果是真正有专业能力的员工很可能因为职业化程度达不到企业的要求而失去了继续留下来的理由，最终是人才的流失、经验的流失和发展空间的流失；于员工或团队而言，虽然专业是细分领域，不具备专门知识的人对于专业问题的分辨能力十分有限，给投机者留下了大量可自由发挥的表演空间；但是，这种投机游戏中的表演，也会给表演者自身带来风险，舞台能够成就表演者但也可能会反噬表演者——毕竟，"观众"并不能总是生活在"戏"里，随着表演的继续，"表演者"终将会变成专业的表演者。

5.3.3　专业化发展的策略

看两个简单的例子。

例 1　假设：

某从事网络安全工作的员工 E，在一个工作日的 8h 内，

1）如果仅做机器漏洞扫描的工作，可以完成探查 80 个目标 IP 的工作量。

2）如果只做手工渗透测试的工作，则可完成探查 2 个目标 IP 的工作量。

3）通常，机器漏洞扫描的价值（记为 V_s）小于手工渗透测试的价值（记为 V_p）。记两者的比例为 d，有

$$0 < d = \frac{V_s}{V_p} \leq 1$$

为便于表述，约定：

4）以向量（80，2）表示员工 E 的工作能力，称为能力结构（记为 A_E）。例如，如果有员工 X 的能力结构为（100，3），则表示 X 比 E 更适合从事手工渗透测试的工作。

现令 $d = 0.1$，则该员工每日工作的单位价值，可用价值函数 $Z_E(t)$ 计算：

$$Z_E(t) = 8t_s + 2t_p$$

其中，变量 t_s 和 t_p 分别表示员工 E 每日在机器漏洞扫描和手工渗透测试工作中投入的时间占当日工作时长的比例。在这个例子中，两者之间满足约束条件：$t_s + t_p = 1$。

可以发现，函数 $Z_E(t)$ 取得最大值的条件为 $t_s = 1$，$t_p = 0$。即如果员工 E 要想达到单日工作产出的最高效率，他必须将全天工作时间都投在他最擅长（最专业）的工作上。

当然，上面这个例子仅仅是一个非常粗糙的举例。比如，使用"能力结构向量"对员工的专业工作能力进行了量化，就是一种很粗略的假设。还比如，假设网络安全的工作过程是可以简单叠加的过程等，但这并不妨碍说明问题的性质。在本节讨论的范围内，不妨暂时容忍由于这种粗略的假设而可能引发的各种局限性。

例 2　场景：某企业需要对某个业务系统进行网络安全保护。

假设：

1）本项网络安全保护工作需涉及三项具体工作任务，分别是安全事件监测、安全漏洞发掘和系统加固整治，依次记为 M_w、M_p 和 M_s。

2）该业务系统的维护团队经过培训，稍稍掌握了网络安全防护的专业知识。该业务系统负责人指定了团队中的 3 个人（称为 A 团队）负责网络安全防护工作。他们的能力结构向量分别是（50，30，30）、（30，50，30）和（30，30，50）。

3）此外，该企业还组建了专门的网络安全团队 X，虽然是初创的团队，但其成员都是通

过筛选而来，已经掌握了一定程度的网络安全防护的专业知识且经认证取得了职业资格。他们的能力结构向量分别是（80，0，0）、（0，80，0）和（0，0，80）。

4）经该业务系统负责人与X团队负责人商议确定，各项网络安全防护工作任务的工作量，各是400 。工作周期暂定为5个工作日，每日工作8h。

两支团队各自展开工作。那么：团队A和团队X，将会分别提交什么样的工作结果？

我们利用前述"例1"的思路，对这个问题进行简要的分析。可以发现，在这个例子中：

1）通过构造价值函数的方法计算可知，在5个工作日内，团队A至多只能完成总任务量的62.5%，而团队X则可以完成全部工作量。

2）假设引入质量系数的概念，即团队A可以用牺牲质量的方法换取更大的工作量，那么，如果团队A要完成全部任务量，则其工作质量至多是团队X工作质量的62.5%。或者，也可以说，在完成同等工作量的情况下，团队X的工作质量至少能够比团队A的工作质量高60%。

3）团队A的每个成员虽然不是"职业选手"，但是他们当中的每个人却都可以在足够长的时间内完成所有指定工作任务。而团队X的每个成员却因为过于专注某项工作能力而成为"专业选手"，所以，无法独立完成全部工作任务。

至此，通过上述两个简单的举例，已经可以隐约发现，网络安全团队进行专业化发展的过程中必须要讲策略。总结来看，这些策略至少包括：

1）网络安全团队整体应当尽量向着"分工协作"的方向发展，分工的细化必须要以伴随提高团队整体的协作水平作为补偿和平衡，否则，团队将失去活力。

2）网络安全团队的成员应当尽量向着通晓多个专业领域的"专家"方向发展，但必须认识到人精力的有限性，避免接触过多的专业领域而导致自身专业能力的平庸化。

3）无论网络安全团队整体还是其中的成员，都应当在专业领域中经历成长的过程，不要将希望寄托在"跨越式"发展之上。

此外，业务团队的成员兼职做网络安全工作，事实上并不节省人力。相反地，兼职的人员要想完成网络安全任务，也需要全身心地投入进去才行，否则，将意味着工作质量可能会严重不合格或者根本没有可能完成既定的工作任务。但这却不失为一种充实网络安全专业团队的方法。即业务团队中那些有条件的成员，在经历一段时期内兼职从事网络安全工作的锻炼后，经过专业技术考核合格而被吸纳进入网络安全专业团队。每个网络安全团队的成员首先应当是某个专业领域的专业人员，再经过专业化的网络安全技能培训和职业历练才能组成真正的网络安全专业团队。

对企业而言这是一种有利的策略。这种策略的最大意义并不在专业本身，而是意味着只需少数几人即可让大量员工从网络安全工作任务中解脱出来，使他们更加专注于自己所主要从事的（业务）专业。

本质上说，这其实就是在企业内部利用了网络安全团队专业化所带来的"规模效应"。网络安全工作并不是一种适合"计件"的工作，此处只是为了简化表达过程以便于说明问题而进行了粗陋的假设。更重要的是，网络安全团队专业化之后带来的好处并不仅有"规模效应"，还有集聚效应、传导效应、网络效应等。

5.4　团队的能力

网络安全团队存在的价值之一，就是要发挥"1+1>2"的效能，将零散的网络安全专业人员组织起来形成一种"全新"的能力，以使他们能够为企业最大化地发挥个人专业才能。通常，将这种能力称为团队能力。这包含两层含义，一层是指团队整体具有胜任复杂工作任务的"工作能力"；另一层意思是团队是有力的，内聚并且稳定，足以应对团队内、外部的挑战并能寻找合适的生存环境且立足其中，是一种"适应能力"。

需要注意的是，团队的工作能力一般特指针对胜任复杂任务而言。这种复杂任务一般是一种需要在最新的信息技术的帮助下为企业获取知识并重新分配知识的密集管理活动，因此也可理解为是一种关于知识的管理活动。知识需要管理，是因为社会和经济的发展呈现出专业化程度越来越深的现象，这种现象最终导致形成了某种"知识富集"的情况，就好比自然界中的矿藏所具有的"富集"特性一样。"知识富集"情况会带来事实上的专业门槛——要么是企业在没有专业的人才的情况下，就没有办法完成专业工作的任务；要么是，企业仅凭某个"全能选手"式的员工进行"单打独斗"，已经不可能完成专业领域内的工作。知识管理就是要努力发挥"知识富集"情况带来的效率提升和质量改善等有益的作用，同时要尽可能地抑制或消除由"知识富集"情况带来的垄断、排他等壁垒性的负面影响，促进企业运营过程中的平稳、有序，不断取得进步。专业团队在企业中以组织的形式为知识管理提供了必要的基础，将成为企业的知识密集型工作领域的发展方向。

可以将团队的内聚理解为团队中所有成员的自组织现象。每个团队成员都是特定知识的载体，正是这种多样性的个体之间具有模糊性的自组织过程，才能够适应知识密集型工作领域诸多复杂性任务场景的挑战。这恰恰是网络安全工作领域的特征——并非所有的事项都可以像工业时代的"一板一眼"那样，可以按照"生产线"的方式开展工作。在网络安全领域工作的团队，需要具有足够的灵活性，以便能够对自己的任务和工作目标有更前瞻、更宽泛的理解。要知道，"走在对手的前面"是网络安全专业团队得以成功的基本信条。当然，在所有这些过程中，都需要为团队寻找合适的生存环境或者不断地去适应所处的环境，这也是团队能力所不可或缺的组成部分。

5.4.1　团队能力的形成与发展

构建和发展团队的能力，是打造一支网络安全专业团队的主要内容，按其方法论，从总体上可以归为两种模型。

一种是阶段论的模型，包括"群体动力学阶段模型""社会技术学阶段模型"以及在此基础上改进、衍生的其他一些阶段论模型，如"不连续平衡—阶段模型"等。这类模型认为团队的形成和发展可以分为若干阶段，通常包括团队的成型、震荡、规范、行动和消退 5 个阶段。事实上，这些阶段之间可能并不总是顺序发展的关系。很多情况下，团队在成型阶段所耗费的时间可能更多，而消退阶段的来临可能又往往会比预期的要提前。打造网络专业团队的工作本身应当也是一种专业工作，需要由专门的人才来完成。

另一种是过程论的模型，从团队的功能以及内部角色的关系等视角，整体认为打造一支团队应该更注重过程，应当充分意识到动态性在其中的重要作用以及团队所处环境所具有的客观影响。有三个关键点需要把握，一是要有效地形成专业技术工作能力，这是团队能力的前提；二是要有效地形成良好的团队内部关系，这是团队能力的基础；三是持续地改善团队面向外部的关系，这是团队能力的保障。团队能力是团队存在的前提和基础，也是团队获得发展的保障，要想成功打造一支网络安全专业团队，其关键就是一定要把握住上述三个关键点。

对于团队能力的形成和发展，基于上述的方法论，业界已经有了很多成功经验，本书在此不予赘述，而是换个角度：假设，企业的首席网络安全官是网络安全专业团队的最终倡导者和负责者，那么成功打造网络安全专业团队将是这位首席网络安全官的重要业绩表现。不妨以首席网络安全官的视角为例进行一些简单的讨论，看能否得到新的启发。

1. 在团队中从事工作的愿望

首席网络安全官经常会有机会直接领导一支网络安全专业团队，或者，至少在其职业经历当中应该肩负有领导网络安全团队的职责。这就意味着，首席网络安全官应当有建立、运作并发展团队的能力，要能够激发和释放团队的潜力。

在这里需要首先区分一下团队中的岗位和角色的概念。"团队领导者"是岗位，而"团队指导者"是角色。岗位的形成可以早于团队的形成，因为在规划建立团队的阶段就可以指定团队所包含的岗位。但是，角色的形成最好是团队运作过程中成员之间相互磨合认可的结果，否则，很容易给团队留下结构不稳定的隐患。而为了抑制或消除这种隐患，势必要在团队的日常运作中额外耗费大量的资源。无论是"领导者"获得了"指导者"角色，还是"指导者"走上了"领导者"岗位，对团队而言都是一种有利的发展成果。反之，如果团队中长期形成"领导者"和"指导者"分立的局面，则团队将长期处于成长状态而很难形成高水平的工作能力。

领导团队是组织、引导和影响团队成员为实现团队目标而努力的专业性工作，胜任这一工作的前提条件是必须对网络安全团队具有认同感、责任感和使命感，从而具有主观的动力去形成勇于面对困难、克服挑战的能力。拥有这种在网络安全团队中从事工作的愿望的人，才能从团队工作中获得乐趣；倘若没有这种愿望，其个人就不会花费时间和精力去探索团队工作的规律和方法，也会缺乏做好团队工作的动力，最终将很难致力于团队成员之间的协调与合作，无法胜任对团队的领导。

2. 处理专门业务的技术能力

网络安全专业团队的各项工作，不论是综合性的团队内部管理抑或是依据团队使命和功能为企业各部门提供服务（即网络安全服务），都有其特定的技术要求。团队领导者应当掌握必要的专业知识，或者要对团队工作涉及的专业知识有相当的了解，虽然不一定直接从事具体的技术操作，但必须要熟悉有关业务的技术特点；否则，团队领导者就无法在技术上给团队成员进行正确的指导，也不可能对团队运作过程中出现的问题做出准确判断，甚至还可能成为团队在工作中除了要面对的专业技术领域挑战之外的另一个挑战。

一般来说，网络安全专业团队对于企业而言最好是一种适应网络安全工作需要、专业处理网络安全事务的"扁平化"的"精英化"组织，这意味着最好不要具有传统意义上的那种"层级"结构。如果非要对网络安全专业团队进行"分层"，也最多只能分成两层。在这种情况下，那种认为"专业技术能力对基层管理人员显得比较重要，中层管理人员次之，高层管理人员则不需要太强的专业技术能力"的观点，就显得有些不太适用。

网络安全团队的领导者将为团队承担参与企业重大战略决策、协调团队内外环境平衡的职能，可以不必是网络安全领域的专家，但至少必须具有与团队中的专家就专业技术问题进行交流的能力，必须具有一种"语言互译"的能力，即能够将网络安全专业问题的有关情况翻译成企业决策者所习惯使用的语言，同时也能将企业决策者的意见完整、准确地传达至网络安全团队的每位成员。否则，网络安全团队领导者的影响力和工作效能将受到很大限制，会累及网络安全专业团队的发展，甚至造成更易失控的影响。

3. 保持敏感性，具有敏锐的洞察能力

团队是一个整体，始终处于动态变化当中，在调整、选择和行动之间循环往复。当团队面对变化（挑战），团队的成员感到困惑和无助时，最为职业化的表现就是要"遵从领导者"或"与他人保持一致"，人们将缄口不言，小心地掩盖自己的想法。团队中将呈现出并维持着一种人尽皆知的但浮于表面的"和谐"——看似平静，实则"暗流涌动"。这种"暗流"其实并不是毫无痕迹，往往会以一种"能量场"的形式表达出来，能够被敏感的人所觉察。俗话说"听话听音""弦外之音"往往折射着行为背后的深层含义。

团队与团队的成员一样，也有自己的情绪、精神和态度。它们就是一种潜在的团队能量，还会随着团队遇到的挑战而不断叠加形成一种弥漫在整个团队之中的"能量场"。能量场本身拥有大量宝贵信息，由于其具有无形的特质，虽然人们的确能感知到它的存在，但经常说不清道不明，以至于索性不说或不信，这是一种让人感到困惑和无助的事情。

团队的领导者需要有能力觉察到团队能量出现变化的迹象，关注到能量水平和能量流动的方向，并且在这种洞见的基础上还要直言不讳，以团队整体的立场毫无保留地说出自己的感受。要鼓励团队成员也能够这样直言不讳，而不是只"关注"于团队成员的个人层面，使自己陷于厘清团队成员个体想法和处理他们之间可能的冲突的漩涡当中——那将很容易失去方向，疲于应对。请注意，此处使用"关注"这个词，其实是试图提醒读者去领悟上述看法中所隐含着的更加深刻一些的含义：团队的领导者需要具备的这种洞察能力和"积极""主动"有关。

4. "照亮"他人的能力

团队领导者的工作职责要求他（她）能够对团队施加影响。在具备敏锐的洞察力的基础上，通常，团队领导者用来施加影响的办法中，最简单的就是让团队的成员"照镜子"。中文有句名言"以人为鉴可以明得失"，恰好可以拿来比喻这个"照镜子"的方法——让团队成员"照镜子"时，"镜子"就是团队领导者自己。当领导者充当"镜子"时，团队的成员将有动力认真思考自身的工作状态，从而做出选择并会据此展开行动。

实际上，团队作为一个"系统"，一直处于一种"开启"状态，会按照其自身的方式运行，如果不加以把握，则有可能偏离正确的方向。这些方式多种多样，带有团队成员的个性，例如，可能是基于某种个人习惯，也可能是受到某种个人风格的影响等。它们抑或很好，抑或很差，抑或不好不坏，团队自身对此的感知效果往往不会那么理想。只有团队的领导者处在一个较为理想的位置，既能够脱离业务细节的限制又能够足够深入团队的内部，向团队提出问题，将这些无意识的行为或态度予以揭示。比如："这是我的观察，具体表现在……你（们）怎么看？是否还有其他更有效的方法？"……这将有助于使团队能够明确认识现状并乐于进行某些形式的改进。

当然，这些还必须要建立在彼此信任的基础之上——团队的领导者自己也要"照镜子"——任何成员都应该有足够安全的通道向团队领导者提出自己对团队领导者的看法并得到应有的合理回应。如果团队领导者将此视为畏途或挑战，则足以证明他（她）与团队之间并没有足够的信任。所谓"照亮"他人，也就成了无稽之谈。

5. 保持和促进多样性的能力

网络安全团队总是面临着更多的未知和挑战，只有具备强大的创造力并保持足够的创造力，才能维持团队的不断前进。而获得这种创造力，则需要保持团队成员的多样性，并且要使团队中的每位成员都具有足够的安全感。

保持团队成员的多样性，既包括要使每位成员的专业技能形成互补和相互支撑，也包括使每位成员的价值观得到充分的尊重和欣赏。前者需要团队领导者熟悉网络安全技术的特点，能够与团队成员探讨其"技能树"乃至团队整体的"技能树"的生长方向的问题；后者需要团队领导者必须具有超越个人、个性和对方表述观点的能力——也许某个成员的观点只有些许意义，但就是这些许意义对于整个团队而言却有着重要价值。有价值的观点并不意味着必须实施，但可以将其整合，以促进团队成员在更高、更广的层面进行思考和交流，使他们能够更加深入、全面地了解、把握团队的任务特点。

事实上，只有当团队的领导者能够使整个团队行动起来，主动拥抱各种不同观点，才能找到更多的创新思路。反之，如果团队的领导者不论是出于什么动机，总在强调或试图形成所谓的"一致"和"服从"时，团队成员则只能选择缄口不言，掩盖不同意见，总是显得小心翼翼，担心做错什么，生怕"反馈"找上门来，团队里"一团和气"却毫无战斗力可言，呈现出人尽皆知的、浮于表面的虚假和谐。

当团队能够全面和系统地聆听每一个人的声音时，在团队内表达观点不再是一件私人属性的事情，而是一种团队责任。团队成员可以从容地发表工作上的意见和想法，而不必顾及是否会被评判，因为所谓"评判"也只是大家从工作的角度出发，对工作方法和思路进行论证而并不会针对个人本体进行攻击，这样将会使每个成员都有机会博采众长，从而推动形成一种齐心协力的团队氛围。这其实是在客观上让团队形成了一种系统认知，促进团队成员从关注个人立场转变到好奇并关注团队共同利益，从"独行侠"转变到团队共同行动的倡导者、践行者和受益者。

6. 强化共同责任的能力

团队的领导者除了要有能力使每位团队成员自愿承担自身的责任之外，还要有能力使团队成员乐于与自己的队友共同承担责任，让每个人都对团队使命共同负责。

网络安全专业团队的专业性代表着一种"带有门槛的分工"机制，这非常不同于其他一些常见的工作组织形式。例如，经常见到的是，一个工作小组中的成员之间的合作，往往只是一种随意组合，这表现在两方面：第一，需要进行合作的工作人员并非是经过"门槛"筛选的专业人员而可能是某些被指派的人员；第二，需要进行合作的内容也不一定是经过仔细评估或精心设计的业务流程中的必要环节而是出于指派而形成。在这两种随意组合中，工作人员之间很容易无法共处或很难开展合作，这时，团队中几乎每个人都会认为这需要依靠团队负责人或其他外部（如更高层级）的人员协助才能解决问题，大家都会认为这是负责人的事儿，与其他成员无关，甚至与当事人个人都无关。

网络安全专业团队并不适合这种工作方式，这对团队领导者的能力有了明确的需求。团队领导者必须要构建并不断强化团队成员的共同责任意识；否则，将无从谈起及时有效地应对网络安全突发事件并为企业提供网络安全保护服务的团队使命。团队领导者的这种能力应当主要来源于自身的领导力以及团队行动的制度设计所提供的驱动力。

7. 提供和提升正能量的能力

团队领导者除了在网络安全专业的业务上起到主心骨的作用之外，还要能有效调动或激发团队成员的工作动机，这需要团队领导者有足够的能力为团队成员和团队整体，提供正能量并不断地补充或提升这种正能量。"正能量"的含义与我们传统认知中的"积极向上"或"积极性""建设性"的含义，大致相当，包括信任、宽容和坦荡等。与"正能量"相对的，可以称为是"负能量"，是团队中的"毒素"，例如，团队成员之间的抱怨、指责、批评、轻视、讽刺、挖苦和不敢直面冲突等。

团队领导者这种提供和提升正能量的能力，通常是构建在其自身具有良好的道德品质修养的基础之上。有时，也可将这种能力笼统地归入领导力（影响力）的概念范畴之中。构成领导力的主要因素是价值观、思想品德、工作作风、生活作风、性格气质等。团队领导者具备了能对他人起到榜样、楷模作用的道德品质修养，才能赢得团队中其他成员的尊敬和信赖，才能使自己在团队中建立起威信和威望。这种可以作为其他人榜样、表率和楷模的道德品质，表现在持久一致的行为举止当中，相对于他人而言是一种优秀与优异，是对他人的折服与感召，这是形成领导力的根源之一。这绝不是"表演"或某种为人处世的技巧，不能有些许的投机想法，否则，也就谈不上什么道德品质的修养了。

上述是围绕团队领导者所需的主要能力而进行的简要介绍。从观察团队领导者的视角可以发现，通常，有什么样的团队领导者就会有什么样的团队，团队能力的形成和发展也不例外。当团队的成员能够自我认知、自我实现的时候，团队的能力也将随之同步形成，在卓越地处理专业技术工作的基础上，形成以具有归属感为特征的良好的团队内部关系，并且能够持续地推动与团队外部力量的谅解从而改善自身的环境并获得发展。

5.4.2 团队能力的认证与认可

网络安全专业团队的能力为什么需要认证和认可？两者有什么区别和联系？或者，如果不对团队的能力进行认证或认可，会有什么影响？

如果说，网络安全专业团队是企业网络安全管理不可或缺的力量，那么，合理、健全、完备的组织方式，专业、可靠、扎实的技术能力，充足、高效、坚实的资源保障，这三个要素则是构建或运营网络安全专业技术团队所不可或缺的元素。这当中，认证与认可作为网络安全专业团队的组织、人员与技术工作中的重要组成部分，在控制、防范风险方面具有关键的基础性作用。网络安全技术的专业性和网络安全团队的特殊性，使得非专业人士很难对网络安全事务做出客观的评价。通常，企业的决策者都是网络安全事务的非专业人士（这种状况还将在足够大的范围内，持续足够长的时间），他们需要对网络安全团队做出评价但在做出评价方面面临现实困难。此外，企业的服务对象或合作伙伴也需要就企业的网络安全能力或为企业提供网络安全能力的安全团队做出评价，同样在如何取得公正、真实的信息方面面临现实困难。因此，对于企业而言，需要就此而得到值得信赖的、权威的信息作为参考——对团队能力的认证与认可，便应运而生。

1. 认证与认可

认证是一种评价认定活动，是指借由具有公信力的主体（称为"认证主体"）依照明确且公开的程序（称为"认证程序"），对提出申请的客体（称为"认证对象"）的符合特定标准或规范（称为"认证依据"）的情况进行评价或认定并给出结论（称为"认证结果"）的活动。认证结果为"合格"时，通常由认证主体向认证对象出具认证证书（或其他形式的已事先约定的标识物）。认证主体，必须是具有公信力的主体。其公信力体现在两个方面：一方面，该主体值得信任，具有充足的合法性和良好的信誉；另一方面，在认证事项上，该主体具有充足的专业性和权威性。认证对象，通常是法人或其代表，也可以是自然人。当认证对象是非自然人时，通常是指法人指定的某种归属于法人的产品、服务或管理体系。认证依据，通常是一些国家标准或国际标准，以及一些受到专门法律约束而具有强制性要求的技术规范。

认可也是一种评价认定活动，是指借由具有管理权限的主体（称为"认可主体"）依照特定的程序（称为"认可程序"），对其管辖范围内的客体（称为"认可对象"）的符合特定条件或要求（称为"认可依据"）的情况进行评价或认定并给出结论（称为"认可结果"）的活动。认可结果为"承认"时，通常由认可主体向认可对象出具认可证书（或其他形式的书面证明）。认可对象，通常来自于一定范围之内，这个范围是由认可主体出于管理需要而划定。认可依据，通常是一些管理要求（包括有关的法律、法规）或由管理要求演变而来的认可准则或标准，也包含一些技术规范。认可结果更倾向于是对某些资格予以承认。

认证所发挥作用的本质是一种信任传递。认证主体一般可以是某种获得认可的商业组织（如认证机构、检查机构和检测实验室等）为有认证需求的各方提供认证服务。通常认为，认证证书具有商标属性。一般所说的认证，都是指外部认证（也称为"第三方认证"）。当然，也有内部认证的情况，但是，内部认证的效力一般仅限于内部。

认可所发挥作用的本质是一种授权确认。与认证不同，认可带有一些更明显的强制性和行政色彩，是管理当局意志的一种体现。认可主体相对就没有营利组织的色彩，可以是内部认可，也可以是外部认可。外部认可的主体通常都是获得政府授权的非营利组织。

认证与认可，是通行的质量管理和风险管理的手段，在跨专业交流与合作方面具有天然的优势，在为监管提供技术支撑、促进专业发展（技能提升）、解决信息不对称、便利沟通往来等方面具有不可替代的作用。

2. 能力认证与能力认可

网络安全专业团队的能力认证问题，主要集中在团队的"工作能力"方面。相应地，对网络安全专业团队的能力认可问题，则主要集中在团队的"适应能力"方面。前者可以简称为"能力认证"，后者可以简称为"能力认可"。

能力认证的主要内容包括：团队内部的管理体系（称为"管理能力认证"）、团队的处理网络安全事务的水平（称为"服务能力认证"）以及团队成员个人的技能（称为"人员能力认证"）三个方面。能力认证虽然不是团队建设的主要目标，但却是团队发展过程中的标志性成就，其主要作用除了用以向企业的决策者及企业内部其他部门直观地展示出网络安全团队自身发展的成果之外，还有助于鼓舞所有相关人员的信心。这些相关人员包括企业的决策者及网络安全团队全体成员，以及企业的潜在合作伙伴或某些战略合作伙伴等。

能力认证虽然带有商业行为的属性，需要企业支付一定的成本，但放眼企业长远发展的视角来看，这些成本值得付出。进行能力认证，最好能坚持"够用""适用"的原则，循序渐进，不必一开始即追求对己而言难度较大的认证。当然，也要避免"为了认证而认证"的情况。由于进行能力认证带有"证明自己"的性质，所以，有些时候，"够用"原则意味着，团队选择要获得何种认证之时，可以向那些对团队提出证明需求的一方来确认，这可以少走弯路，也是"适用"原则的内涵。

能力认可主要围绕"是否具有资格"展开，主要内容包括团队整体的资格和团队成员的资格。承认资格与否，是明显的带有区域管辖性质的事情，在与更高管辖权限的要求不冲突的情况下，管理当局对此具有自主性和相对独立性。资格条件包含哪些内容、资格授予范围包括哪些、资格适用场景包括哪些等问题，均由管理当局来确定。

这个"管理当局"的概念，就是指有管理权限的人或组织，例如，在团队内部可以有管理当局，在企业内部也可以针对网络安全团队有管理当局等。无论哪种管理当局，均是依据管理要求和管辖权限来界定，因此，对能力认可的设置不可随意，应当遵循"适度""必要"的原则。能力认可在鼓舞团队成员士气、为团队成员营造团队归属感和安全感等方面具有特殊重要的意义。合理设置和运用能力认可，可以促进团队凝聚。应当防止滥用能力认可现象的发生，防止将能力认可形式化和工具化，更不应当使能力认可成为"排他"的手段和借口。

无论是能力认证还是能力认可，其本质都只是对团队实力的某种测量结果（瞬时结果，不具有恒定性），是外在的，而且在团队发展过程中只能是对团队的最低要求。坦率地讲，能力认证与能力认可都不具有绝对性。对于专业人士而言，网络安全专业团队的实力应当远高于能力认证与能力认可所代表的水平。此外，能力认证和能力认可往往还和某些行业的准入资质或某些职业的准入资格等相关联，有兴趣的读者，可以参考其他书籍进行更多了解。

3. 有关认证与认可体系的若干背景知识

我国的认证认可工作主管机构是国家认证认可监督管理委员会（Certification and Accreditation Administration of the People's Republic of China，CNCA）。其职责已于 2018 年 3 月划入国家市场监督管理总局（国务院直属机构），相关业务职能由国家市场监督管理总局的认证监督管理司、认可与检验检测监督管理司承担。

中国合格评定国家认可委员会（China National Accreditation Service for Conformity Assessment，CNAS）是根据《中华人民共和国认证认可条例》的规定，由国家认证认可监督管理委员会（CNCA）批准设立并授权的国家认可机构，统一负责对认证机构、实验室和检验机构等相关机构的认可工作。

中国网络安全审查技术与认证中心（China Cybersecurity Review Technology and Certification Center，CCRC），原名中国信息安全认证中心（China Information Security Certification Center，ISCCC），是经中央机构编制委员会办公室批复设立、经 CNCA 批准并经 CNAS 认可的认证机构（已于 2019 年 3 月成为国家市场监督管理总局直属单位）。依据《网络安全法》《网络安全审查办法》及国家有关强制性产品认证法律法规，CCRC 承担网络安全审查技术支撑和认证工作，在批准范围内开展与网络安全相关的产品、管理体系、服务、人员认证和培训等工作。

随着中国全面深化改革的推进，政府职能角色由"全能政府"向与市场经济相适应的"有限政府"转变的步伐将加快。行业组织（如行业协会等）等中间人角色，将发挥更大作用，这也将体现在认证与认可领域。乐观估计，行业组织将成为推动认证与认可工作的重要力量。企业的网络安全团队应当对此趋势保持足够的热情并积极参与其中。

5.4.3 从业者的职业生涯规划

网络安全在当今社会的众多职业中，是涉及知识最杂、技能要求最高、学习曲线最陡峭的一个细分领域。这个领域成为一种社会职业只有区区 20 年的时间，却始终处在高速变化、发展的过程之中。甚至，在这个领域中，由知识更新带来的淘汰周期，已经接近或达到"五年"这样一个水平，并且这个周期还在不断缩短。这意味着，从事网络安全职业的人员（简称为"从业者"），每 20~30 个月，就要更新自己的知识；否则，将面临淘汰，这种淘汰并不区分主动淘汰或是被动淘汰。这两者唯一的区别可能就是，主动淘汰可能还会给被淘汰者相对充足的心理适应期，使他们能够以更好的心态投入其他职业途径中，以便重新开始新的发展。

从业者需要从一开始就清醒地对待自己的职业发展之路，需要对自己从事网络安全职业的全过程进行持续的系统设计和把握。这个过程就是从业者的职业生涯规划。在网络安全这样的高淘汰率职业中，越早开始职业生涯规划，越有利于从业者自身的发展。

职业生涯规划的目的非常明显，就是要为从业者在整个从业过程中（当然，利用职业生涯规划找到适合自己的工作也未尝不可）寻求最佳执业策略、建立最合理期望、制定并随时执行最可行的应急预案，以便在关键的时间点做出最有利于自身发展的选择。

职业生涯规划通常包括：自我认知、自我定位和自我实现三个组成部分，是一个循环往复、不断修正的持续过程。职业生涯规划就好比一台机器，需要为了实现自身的功能而不断进行测量、处置和调整。其本身也有生命周期的限制。

1. 自我认知

从业者需要从个人对网络安全职业的主观认识和客观感受出发，对自身的兴趣、知识结构（含技能水平）、经验积累、形势判断等内容给出明确的自我说明，找出自己最擅长的领域并标记出让自己感到最为吃力的领域。自我认知是后续自我定位的基础。

"知之者不如好之者，好之者不如乐之者"。诚然，兴趣是最好的老师，从业者投入网络安全领域，可以凭着自身的强烈兴趣开始，但不能依靠兴趣来维持。第一，兴趣带着明显的个性化色彩，其主观属性决定了自身的不可测量性，而这种不确定性则会给职业生涯的发展带来难以抗拒的"否定优先"影响。试想一下，如果一个人对自己从事的工作感到厌倦，觉得毫无乐趣，那他还真的会有动力心甘情愿地继续从事这个工作吗？第二，职业场合并不以某个人的喜好兴趣为存在基础，价值导向的作用非常明显，即使某个从业者对所从事的职业的兴趣再高，如果他拿不出被要求的工作业绩，也将很难留在工作岗位上。第三，要保持兴趣，就需要不断在从事兴趣当中获得正向激励，不能全靠想象。中国古代"叶公好龙"的寓言，已就此给出了深刻的启迪。兴趣不在于寻找，而在于培养。在日常从事的工作中，学会从中找到乐趣，也可以形成兴趣。可见，兴趣并不总是那么可靠，将职业生涯完全建立在自己兴趣之上则不是一种成熟的（职业的）做法。

从业者的知识结构应当合理，技能水平应当不断提升并取得突破。既要有精且深的专门知识，又要有符合从事网络安全职业所实际需要的宽博的知识面，正所谓要"专博相济"。从业者的思维方式，在很大程度上决定了其自身知识结构，同时，从业者的知识也会影响其思维方式。因此，不能将它们简单地割裂开来看待。形成合理的知识结构，需要经过专门的学习和培训，两者缺一不可并且必须假以时日，这是一个复杂且长期的过程，完全不存在"一朝一夕便成才"的可能。而现实是，网络安全行业正处在大发展的黄金时期，很多企业大量招聘网络安全从业人员，形成了供不应求的就业景气，恨不得新来的员工都能随到随用。殊不知，从业者的知识结构早已在根本上锁定了从业者执业高度的上限，如果从业者不能对此有客观的自我认知，最终将不可避免地蹉跎了岁月。

网络安全从业者的知识结构大体上应该是：①掌握现代科学基础知识、计算机科学与技术的专业基础知识、当代网络安全专业的基础知识和若干细分领域的专门知识；②有系统的思考能力、逻辑思维能力和抽象概括能力，有分析困难、解决复杂问题的能力；③有操控精密机器或复杂设备的技能，有开发、使用、改进专门工具的能力；④有进行周密计划和组织的能力，有捕捉信息、沟通信息的能力；⑤除熟练使用母语外，有熟练使用一种联合国工作语言的能力，有社交能力等。

需要特别指出的是，网络安全从业者的价值观和道德修养，是优先于其知识结构的存在。武者有其德、兵者知其止，否则，讨论网络安全从业者的知识结构毫无意义。

总体而言，自我认知就是要做到：在自己执业的过程中，要清醒地知道自己能做什么、擅长什么、欠缺什么、做不到什么和不能做什么；要明确自己需要巩固什么、填补什么和争取什么、回避什么；以及要对自己的兴趣、期望和选择，不断给出真实、准确的答案。做到这些，只能以自己为主而不能寄希望于他人。

2. 自我定位

从业者需要在自我认知的基础上，充分认识身处周边环境及网络安全工作的周界，进而为自己的职业生涯成就或执业高度确定合理的期望，以此作为奋斗的目标，为后续的自我实现打下基础。

从业者的执业高度，大致可以分为五级（称为"五级法"），从低到高依次是入门级、专业级、精通级、专家级和大师级。这五个级别，既是一名网络安全从业者职业生涯高度的一种标定，更可以是从业者对自己职业生涯路径进行自我定位的标准。

通常可以将这五个级别直接套用到大多数企业的职级体系中，分别用来对应初级、中级、高级、资深级和首席级等级别的职位。其中，资深级也可称为"超高级"，首席级也可称为"顶级"。虽然不同行业或不同国家地区的标准体系对职位等级的称呼不尽相同，但对级别划分的结果却大致与此相同。例如，我国的职称体系的划分，恰好就是应用了这种"五级法"。

不同企业或行业对网络安全职位的等级划分并没有通用的标准，最多只是按照企业的规模、性质和行业地位分类后，可以进行简单的对照。但无论如何对照，从业者在某一个企业中的职位等级只能是他在这个企业从事网络安全工作获得职业发展过程中的一种简单标识。虽然这个标识经常被企业中的某些职能部门拿来锚定员工的薪酬，但这并不能改变这样一种事实——职位等级并不具有完整揭示从业者工作能力和水平的作用。职位等级高低并不代表所谓职权的大小，相反，却更多的是用来提醒从业者所肩负工作责任的大小并引示着从业者自身努力所需要的方向。因此，从业者应当注意，不应当用自己在某个企业获得职位等级的高低作为自我锚定的基准，应当不断地反省自己是否还可以有更强的能力、更高的职业水准和更多的发展机遇。

按工作性质来说，网络安全工作大致可以分为安全管理和安全技术两条职业发展路线，在每条路线中都适用"五级法"来标定从业者的执业高度。但细分起来，两条路线的对应等级稍微会有一些差别，通常是管理线的等级会比技术线的等级高一至两级。这其中的差异主要是由两个"不同"所导致：第一，两条路线上的从业者在各自发展历程中所从事工作的性质有所不同；第二，两条路线上的从业环境对从业者的专业化程度和职业化程度的要求有所不同。

比如，企业中的首席安全技术人员的"职级天花板"大致与本企业中的资深安全管理人员的相当，或者，要成为资深安全管理人员，则至少应该是在首席安全技术人员的职位等级上积累一定时间才可，否则，即便走上了更高一级职位等级所对应的岗位，也将很难有机会完成工作任务或担负起必需的工作职责。当然，这其中没有绝对的区分，很多时候，企业的首席安全技术人员往往可能兼任首席安全管理人员的岗位，或者，在"首席"这个职位等级上，不再区分安全管理和安全技术而是将两者融合在一起。

由于职位等级是企业的内部事务，完全可以不必在乎某些"标准"，因此，存在职位等级与岗位不匹配的情况就不足为奇，但从业者有必要对此保持清醒的认识。谈及"自我定位"的话题时，这是其中很重要的一个内涵。

除此之外，"资深级"是从业者职业生涯中的分水岭。在"高级"和"资深"两个级别之间隐约存在一条不那么容易引起人们注意的界限，除了受限于自身的从业意愿和健康情况外，绝大多数从业者仍然会止步在"高级"这个级别，不再追求或不能追求向更高级别的发展。表现在岗位晋升过程中，就是形成了一个难以突破的"瓶颈"。

从初级岗位到高级岗位，从业者基本上可以按部就班地逐级获得晋升——按年限积累知识、经验和资历，只要不出现严重的问题就可以。这一过程大概需要花费从业者连续 10～15 年的时间。而从高级岗位到资深级岗位，可能也要花上这样长的时间才行——甚至在大多数情况下，这一步的晋升和所花费的时间之间完全没有直接的对应关系，在此不予展开，仅陈述这样的一种情况，希望能够启发网络安全从业者的思考，以便能够尽早清晰地自我定位，找到自己的前进方向。

3. 自我实现

自我认知是基础，自我定位是目标，两者的结合过程就是自我实现。这个过程既涉及思考的模式，也涉及行动的方法，是主动扬长避短、不懈进取的过程。一个人的职业定位最根本还要归结于他的能力，而他职业发展空间的大小则取决于自己的潜力。所谓自我实现，就是要全面发现和总结自己的能力与潜力，积聚力量，在时机到来的时刻能够将能力与潜力充分发挥出来而不留遗憾。

对时机的把握，则需要不断地问自己："当下的环境支持我做什么？我能做什么？"在客观方面，需要考虑的环境因素包括工作单位内外两部分。外在部分主要是指企业所在地的经济发展形势，甚至也要包括当前工作的企业所处行业的发展形势，乃至国家宏观的政策环境和经济环境等；内在部分主要是指企业的人事政策和网络安全治理结构，这些政策和制度直接关系到网络安全相关职位的设置，决定着个人职业空间容量、职业发展路径等关键问题。在主观方面，需要考虑的环境因素主要是一些个人因素，包括同事关系、领导态度、人脉资源等。两方面的因素应该综合起来考虑。

积聚力量是一项长期的工作。从业者应尽可能地为自己创造机会参加培训，锻炼自己的动手能力并扩大自己的知识面，提高自己的适应性；还要保持不懈的学习热情，按照既定的目标和计划持续学习，更新自己的知识结构，跟随技术的发展方向并不断做出自己的判断，时刻做好实现自我目标的准备。对学习热情的保持，很大程度上取决于兴趣的大小，只有真的有兴趣，才会耐得住寂寞，才会有动力持续投入大量的精力和时间从事如此艰难的专业学习。如果不是真的有兴趣，那就应该理智一些，趁早选择其他专业，否则，越往后拖越不利于自己转型——必须要考虑到，时间成本在职业发展的过程中是一个不可逆因素。关于网络安全专业的学习难度之大，本书将会在后面的章节中试着进行更详细一些的介绍。

此外，积聚力量还是一种比较依赖自身敏锐性的过程，这需要保持从业的热情，从积极乐观的角度看待自己的职业发展，努力从长远的利益出发做出决定。发现自身不足之处的时候，就要积极设法去改善。在漫长的职业生涯征程上，要为自己设立连续的具体的目标，然后全力以赴争取其实现。不要苛求自己，要允许自己失败——特别是当目标经过验证是不可行的或接近目标的难度超出想象之时，就要敏感地调整自己的目标，为自己在思想与行动上留出一些弹性空间——或许，换个方向和角度用力，效果可能就会好很多。

例如，某个新入行的从业者可以从普通的技术人员做起，将自己的职业理想设定为：在不太长的时间内，使自己成为某个领域的技术专家。在这个基础上，这位新手要努力熟悉网络安全工作的各个领域并不断提高自身能力：①要不断预判工作范围、工作内容等方面的变化以及不同的工作对自己的要求的变化情况，要有应对措施；②要预测可能出现的竞争，分析并找到自我提高的可靠途径，要找到与竞争对手的相处之道以及应对竞争的方法；③如果在发展过程中出现偏差或者对自己从事的工作不适应，要能够调整或改变自己的工作方向，甚至要做好更改职业方向的准备等。

5.5 团队的文化

网络安全工作在企业内部具有泛在性，因此企业的网络安全团队就必不可免地需要具有相当的灵活性才能够适应这种泛在性的要求。灵活性的要求决定了网络安全团队的组织和运作所需要的基础结构将取代传统意义上集中化或部门化的机制结构。事实上，网络安全团队自身的存在就是企业为适应安全工作的泛在性而表现出来的灵活性。在没有团队的情况下，网络安全工作所取得的效果只能局限于从事网络安全工作的员工的个人努力，甚至至多是其所在工作小组的努力。建设和运作网络安全专业团队，则可以将他们的个人能力转变成有凝聚力的组织行为。这将大幅度提高网络安全工作的成效。

大多数已有的实践表明，通过构建团队文化的方法构建团队并保持团队的有效运作，是一种非常值得期待且能为企业带来很多益处的方法。在企业管理者的概念中，网络安全团队的存在目的，除了是要进一步提高网络安全从业员工的生产力之外，更重要的衡量因素是要在整体上为企业获取利益（包括经济效益和社会效益），谋求更高的效率和更好的质量。这在很大程度上决定了，从管理者角度而言，基于安全团队的结构所带来的适应性优势，恰恰是团队文化发挥作用的理想契合点。

5.5.1 简明定义

企业的决策者应当意识到，企业内部的网络安全专业团队是一个掌握着特殊工作技能的专业组织，也是一个知识密集型的专业组织，需要确保安全团队自身的稳定和发展。而要确保安全团队的稳定和发展则离不开团队内赋秉性的作用，这取决于许多因素，包括安全团队成员个人的专业素质和工作意愿，以及企业对安全团队的业绩期望、资源投入、组织支持、薪酬奖励等。所有这些，都可以被理解为广义上的团队文化。还可以更聚焦一些来看，在团队自身范畴之内则需要明确的共同目标、清晰的责任意识、专业的决策权威、有效的问责机制、公平的发展机遇等这些相对狭义的团队文化。

企业的网络安全团队文化，一定要根植于企业内部并来自于网络安全团队成员的认知，是网络安全团队的内赋秉性的集中体现，通常会具有鲜明的特征。这种内赋秉性是团队成员所追求的共同信念或价值观及其行为所交织形成的某种集体效应和综合影响。其起始内容可能会借鉴自其他团队，但一定会在本团队的运作过程中形成并发展出自己的独特内涵。团队文化虽然不能被精确描述，无法被人量化认知或控制，但却是一种客观实在，能够真切地影响团队成员的士气和敬业程度并最终传导至对企业的运营风险的管控之中。将团队文化放在首位的团队往往会具有强大的竞争优势，有可能成为企业中最具创新能力和工作热情的那部分组织。

网络安全团队的工作性质中天然含有对抗性。正如习近平主席所指出的那样，"网络安全的本质在对抗，对抗的本质在攻防两端能力较量"，网络安全团队就是企业面对这种较量时所能依赖的主体力量，是身处较量最前线的主体力量，应当是企业的"虎狼之师"。这意味着，必当有足够的管理艺术，才能让"狼"和"羊"的性格完美融合在同一支团队之中。而目前看来，团队文化就是发挥这种艺术的理想载体。

网络安全团队的文化至少会有三个作用，一是规范了团队成员如何专业地开展工作的行为；二是引导团队成员之间如何融洽相处并能够进行高水平的合作；三是感召团队成员，使他们有动力真诚地投入团队的工作使命之中。

网络安全团队的文化还是团队成员在团队范围（包括组织约束等软性的范围，也包括共同的工作场所等硬性的范围）内开展工作过程中的个人体验，带有强烈的个人主观色彩或精神层面的感受，甚至是具有相当程度的情绪化表现。例如，如果某个团队的成员总感到有一种不愉快、想抱怨，或者，总感觉自己所从事的工作很无聊或缺乏正当的意义等潜在的负面情绪，则几乎可以肯定这个团队的长期前景将不会乐观。同时，团队文化还可以向外彰显团队的价值，直接反映团队内部的精、气、神，能够吸引那些潜在的适合加入团队的人员，这将有助于促进团队的发展和壮大。

定义 20　网络安全团队的团队文化，是建立在相对稳定的内部结构基础上的内赋秉性；是团队成员共享经验、共同学习、共同成长的结果；是被团队成员所接受和认可并被视作理所当然的基本习惯；是网络安全从业者的职业传统在企业中的一种自然传承和自我发展。

5.5.2　构建方法

团队文化通常是描述一个团队内部的集体行为方式和行动规范的静态意义上的概念，但完全可以赋予其功能化的内涵——对网络安全团队文化进行设计和运用，使其成为一种促进团队成员获得更好的工作体验和生活体验的方法。这也是一种凝聚、巩固和加强团队的方法，所有这些，通常可以统称为团队建设。

从方法论的角度来看，团队建设本身就是一种设计哲学，其出发点有两个：第一，要尊重员工的个性，将团队成员视为相互依赖的伙伴而不是单个的劳动力（这一点可以被称为"凝聚力原则"）；第二，要鼓励员工做出贡献，将团队成员视为创造者和知识的载体而不是某种听话的机器（这一点可以被称为"生产力原则"）。

团队建设的核心在于培育和发展良好的团队文化——这需要尊重、鼓励和关心团队成员而不是利用或者强迫他们，只有团队成员自己才能创造属于自己的团队文化。在这个过程中，需要团队的领导者以及企业的决策层清楚地表达出他们对网络安全团队的期望，在团队成员之间以及在他们与企业的其他员工的互动中确立并认可网络安全团队文化的特色。同时，团队成员需要理解并信任自己的工作伙伴和工作团队，确认自身团队文化的价值并维护和保持这种价值。

团队的建设需要融入团队的业务工作过程之中，与其相辅相成。理想情况下，不应为了团队建设而脱离日常工作环境单独进行所谓的团队文化建设活动。如果团队成员没有看到企业兑现与团队建设相关的承诺或在承诺事项上有所改进，他们可能会认为团队建设是在浪费时间，管理层只是在口头上支持团队文化——这将可能不可避免地导致他们对团队，乃至是对企业的信任感下降，甚至将严重削弱团队建设的效果。

团队成员对团队的态度决定了团队建设成功的可能性。团队建设虽然涉及现有价值观的延伸，但团队建设的过程也可能有助于使团队文化实现期望中的变革。网络安全团队在处理网络安全事件的过程中，需要灵活地应对变化，这与按照工业时代的组织形式开展工作有明显区别。网络安全团队的每个成员都应当具备足够的快速反应能力并获得足够的授权，要能够向有权批准最终决策的领导直接报告。可见，由这种工作性质所形成的团队文化，往往需要与企业管理者以及企业的其他部门经历一个相对较长的磨合、适应过程。这也是设计哲学思想需要体现在团队建设之中的原因所在。

团队建设本身也是一种高度专业化的工作，需要综合运用职业伦理和人类认知规律等方面的知识，还要充分结合企业自身的情况以及网络安全团队成员的个性等情况。其方法实质是建立在如何构建人与人之间的信任、人与人相处的规范、团队的共同学习和团队成员之间的竞争合作等一系列关乎团队内禀秉性的基础之上，必须要尊重和包容团队成员的个性，要敏锐地帮助团队成员合理管控情绪变化，将团队成员的情绪负担始终保持在中等强度的水平，不宜放任其过高或过低。

5.5.3 局限性

网络安全团队依靠自身的团队文化建设提供凝聚力并提高战斗力，是一种有效的方法。但这种方法对团队领导者和企业管理者的要求比较高，实际操作的难度也比较大，这是一种局限性。但更重要的是，团队文化的形成需要时间积淀，还需要妥善把握其自身的特点，才能加以合理运用。

团队建设是对团队自身进行维护的一种过程，这需要一定的时间投入来保证维护过程的可靠。团队成员必须定期经历共同的工作以实现这个过程，例如，讨论确定项目和任务目标、研究分配团队的角色并保持接触、探讨困难问题并寻找解决方案、参加培训或演练以及集体学习等。这种共同经历不可或缺，因此也决定了团队的工作节奏必须要适度加快。否则，将会导致额外的工作延迟，甚至由于提高效率带来的节省时间的优势还可能会因此而被抵消。

网络安全团队并不是网络安全工作组织的唯一形式，因此不宜将团队建设作为企业组织开展网络安全工作的排他性选择。尤其应当避免生搬硬套团队建设的理念，避免形成团队建设的"执念"，否则，团队建设很容易蜕变成一种形式主义，将网络安全团队建成一个人尽其才的队伍才是最终目的，过分强调团队概念对那些最有能力的员工而言只能适得其反。不要让团队的概念成为无形的视界束缚住管理者的头脑，要有的放矢，灵活地凝聚最有能力的人一起工作。

5.6 团队的考评

理想中的网络安全团队是由团队成员和企业管理层组成的一个共同体，他们秉持共同的期望，愿意共同承担责任，能够分享网络安全工作的成果。这需要运行一些机制对团队的情况进行考核与评价，一方面要保证企业管理者兑现有关团队建设的承诺，另一方面要促进团队成员以及团队整体为履行自身使命、保障企业的网络安全而不断努力并取得进步。

5.6.1 设立考评体系

传统的考评体系通常都建立在基于控制论观点的基础之上，而网络安全团队始终处在具有高度不确定性的工作环境之中，多变的环境构成了许多需要依赖个人判断力和团队经验的场景，相关工作的性质具有"多任务驱动"和"任务优先"的显著特点，这对传统的控制论观点来说，是个不小的挑战。常见的考评方法所依赖的既定目标或参照系，很难与频繁变化的环境相适应，采用基于控制论的方法对网络安全团队进行考评将不可避免地成为拖累团队提高工作业绩的一种负担，这将与考评工作的初衷背道而驰。

网络安全团队是知识密集型的劳动组织。考虑到风险和收益之间的关系，网络安全团队在企业内部通常都具有较强的不易替代性或一定程度上的不可替代性。对团队进行选择和运用乃至考评和管理，都需要尊重这个现实主义的理由，应当尽可能跳出传统观念的窠臼。一个听话的、"好管理"的网络安全团队，虽然容易被控制，但在网络安全的较量之中、在真实的"战场"之上则难免是一个平庸的存在。安全团队越好被管理就意味着这个企业的管理者自身所肩负的风险越大，虽然管理者可以更好地体验到控制欲被满足时带来的快感，但企业需要为这种个人体验付出代价——这是一个无论如何都不能被长久掩盖的事实，企业的决策者需要对此保持清醒的认识。甚至，有些管理者出于对网络安全团队的不理解，因为不易控制他们而感到迷茫甚至恐慌，想方设法要利用考核手段试图加强自己的存在感，企图得到他们对权威的认可与服从——这将不可避免地会人为制造出矛盾与对立，其结果就是管理者和安全团队两者必去其一。这种情况下，不论结果如何，企业都不可能从中受益。事实上，在网络安全这个职业领域中，"劣币驱逐良币"的现象比比皆是，数字化程度越低的环境中，这种现象越突出。

从工作性质和团队使命而言，对网络安全团队进行考评应当以有利于团队更加专业化作为导向，应当尽力避免网络安全团队的过度职业化。这就好比考试，考什么就学什么，虽然能提高考试成绩，但未必能让考生真正掌握知识。对网络安全团队的考评也存在类似的问题，考评体系就是"考题"，当考核指标与个人利益挂钩的时候，过程就不如结果重要，这将不可避免地助长"应试"思维——对企业的利益而言，这不见得是个好兆头。最终，企业得到的只是企业所考核的，损失的却可能是能够使自身长久发展的能力和机遇。

冰山理论可以更加形象地解释这其中的原理。网络安全工作如同其他任何具有较强专业性的工作（如企业管理）一样，只有当事人自己才知道事实的真相，人们能觉察到的往往只是可被理解的那一部分，有如冰山一角。这种情况很容易使从业者利用信息不对称的便利为自己牟利，因此，对网络安全团队的职业伦理要求就是一个重点，同时也是一个基准点。伦理不可见、不可量化，只能通过引导和鼓励的方法加以培育和彰显，这正是团队文化发挥其作用的地方，也是团队建设的重要目的之一。设立网络安全团队的考评体系时，需要特别注意这个基本事实。

此外，对网络安全团队的考核、评价，只是一种工作手段而不是工作目的，企业的决策者需要尽力客观地看待这个问题并努力对此保持理性的认识。特别是要防范自己的执行团队或各级管理者，出于这样那样的私利（例如，企图掩饰自身对网络安全专业技术的认知不足或企图转嫁自身承担的法定网络安全义务等），有意或无意地巧立名目，对网络安全团队设立不切实际的考评体系。例如，将网络安全团队的监测、监控、监督职责的概念偷换成"监管"职责，一旦出现网络安全事件需要追责的时候，就以监管不力为由，歪解"谁主管谁负责"的原则，强行把网络安全团队推出来当"替罪羊"；更有甚者，还有鼓励网络安全团队"要勇于替监管对象承担责任"的情况出现。毫无疑问，他们的这种做法是将自己置于网络安全团队的对立面。这种对立的管理方法，在工业时代那些管理具有高度可替代性的产业工人的场景中常见且有效，但在新时代是否依旧可以使用，则必须审慎对待。

设立网络安全团队的考评体系应当是企业整体管理的一部分，但因为其独特的作用和专业内涵而需要在企业整体的绩效管理体系框架下为其留出相对独立的操作空间。这是一件系统性的工作，除了需要确定考评对象与考评者，以及确定考评策略的导向等基本事项外，还需要设计考评指标（或考评要素）体系、选择考评方法、制定考评工作方案并在计划周期内组织实施、沟通和确认考评结果，以及对考评结果进行应用等具体而专业的事项。

5.6.2 分级分类考评

对网络安全团队的考评，在方法上应总体遵循分级、分类考评的原则。最终形成的考评体系是一种多重矩阵式的结构。不同的分级和分类所对应的考评对象、考评者及考评方法均不同，如图 5-5 所示。

分级考评	内部考评	外部考评		分类考评	基于行为考评	基于结果考评
团队成员	√	○		任务型角色	√	○
团队负责人	○	√		组织型角色	○	√

图例：√ 建议采用 ○ 不宜采用

● 图 5-5 网络安全团队的分级、分类考评矩阵

分级考评，是指将考评对象分为团队级和员工级两个级别进行考评，分别对应整体考评和个体考评两套规则。团队级考评也可称为外部考评，关注的是团队整体的情况，以网络安全保障工作的有效性（即效果）为主要考评内容。员工级考评也可称为内部考评，关注的是团队成员的个人情况，以团队成员在团队内部的行为和日常从事工作过程中的情况作为主要考评内容。

分类考评，是指将考评对象按角色分类，对不同的角色（任务型角色和组织型角色）对应采用不同的考评规则。

团队级考评的考评者是企业的管理者代表或企业的人力资源管理部门，考评对象虽然是团队整体，但可以简化为以团队负责人作为团队整体的代表接受考评。此时，根据"责权利统一"的原则，企业需要对团队负责人授予对其团队成员实施员工级考评的权限并将考评结果应用于团队全体的人员。此外，作为配套的机制，须采用"推举—审核"制选任团队负责人，应避免由上而下的"派任"团队负责人，即网络安全团队的负责人须由团队全体成员推举，经企业人力资源管理部门审核后，选拔产生，而不是由企业的决策者直接委派人选担任。

对团队级考评对象进行简化的主要目的是避免考评工作的落空。团队是个整体概念，具有结构（即，可分解但缺一不可），因此，考评团队的所有人，在方法论上就不可避免地要遇到矛盾——没人能够精确说明团队整体取得的成绩中，有哪些是某个团队成员的贡献以及贡献了多少。如果对团队级考评对象进行简化，则可以方便得到近似最优解，可以较好地平衡这个现实中的矛盾。

同时，对团队级考评对象进行简化还可在实务中绕开时效性差和确定性差两个棘手的问题。一方面，对团队全体进行考评的工作周期通常都比较长，收集和整理考评数据较为烦琐，时效性差；简化后，则可大幅度削减考评工作的工作量，有助于及时发挥考评工作的作用。另一方面，影响网络安全团队工作效果的因素较多、不可预测性较强、牵涉范围较广，考评工作的标准化程度（或量化程度）较低，考评结果的不确定性大；简化后，对企业的人力资源管理部门而言，相当于直接"封装"了网络安全团队的业务细节，简单划一，便于操作。必要时，

也方便对结果进行复查核验。

　　企业对网络安全团队的考评应以考评团队的负责人为限，不应过多地深入团队内部。对团队成员的考评，则主要依靠团队的负责人，使其有能力、有机会、有手段将团队建设与团队运作结合起来，促进团队文化的形成以提升团队的卓越表现。这将最终有助于在更深远的尺度上，促进企业健康地发展。

5.6.3　考评方法与内容

　　对网络安全团队的考评方法通常应以"相对法"为主，其实施过程大致可以分为三个步骤：①抽取一定的特征作为标的进行测算，测算采用积分制，积分上不封顶；②根据测算数值结果的"横向"与"纵向"的相对次序进行分析，"横向"侧重考评对象之间的比较，"纵向"侧重考评对象自身历史表现的比较；③参考一定的过程表现对测算分析的结果进行修正后，最终形成评价意见。

　　这种相对法，在逻辑上是试图将效能引导和结果管理的概念结合起来以求得一种平衡，在尊重考核对象对本职工作以及对团队的认同感的基础上，以其工作成效及其对团队施加的战略影响作为评价因素进行综合考虑并将结果应用在兑现个人利益的过程中。可将这种方法称为"影响力锚定法"（Influential Anchored Method，IAM）。

　　所谓"锚"，就是其字面意思，指固定船所用的物体。锚定，也是其字面意思，指船被锚固定在水中。在动态的水域，锚定的船会随着水流在锚点附近波动。在这个过程中，无论锚点是否固定不变，锚与船之间的距离总体上会相对恒定，船的位置相对于锚点可以出现多尺度、多比例的变化，体现出一种弹性。对网络安全团队的考评工作，恰好与此类似：如果将网络安全比作船，那么企业的网络安全工作就是动态水域。考评就好比锚定，目的是让船在水流中有弹性地保持稳定，使船和水流之间能够形成某种平衡，最终形成双赢，一方面企业不用终日忧虑由什么样的团队来消除网络安全风险带来的困扰而可以专心谋求发展，另一方面网络安全团队的成员也不用担心受到无谓的束缚而可以自由发挥自己的才干。

　　1. KPI 方法并不适用

　　KPI（Key Performance Indicator，关键绩效指标）方法大致成形于 20 世纪 90 年代中期，源自于"平衡计分卡"（The Balanced Score Card，BSC）技术，由罗伯特·卡普兰博士和大卫·诺顿博士（Robert. S. Kaplan & Dvaid. P. Norton）提出，主要是一种根据员工个人业绩的衡量指标进行考核的方法。其特点是，认为企业的战略目标都是长期性的、指导性的、概括性的、不具体的，因此需要将战略目标逐级分解到各级工作岗位并形成员工个人的工作目标，在"可操作的"（即可被测量）尺度上对其完成情况进行衡量，进而对每个员工的目标完成情况进行明确考核。

　　谈及考核或考评，企业的管理者就会习惯性地想到 KPI，这其实是一种"迷之自信"，总觉得在没有把握的情况下，如果什么都不做最终肯定什么也得不到，如果至少做点什么，最起码可以通过一定的调整，还有机会得到贴近期望的结果。但事实是，正如墨菲定律（Murphy's Law）所揭示的那样，调整通常都会不足。起点能够决定结果，只是人们倾向于接受那个其实未必有什么意义的起点所带来的约束与摆布。

　　网络安全团队中的每个人都应当是企业网络安全工作能力的核心贡献者，他们在个人特质、心理需求、价值观及工作方式等方面有着诸多特殊之处。这些特殊之处决定了，对他们的考评不宜单纯地使用 KPI 考核之类的"刚性"方法，因为对他们所能提出的所谓"关键绩效指标"通常都不是显性的或无歧义的，很难达到"可操作"的水平；或者，即便有一些能够应用的所谓"关键绩效指标"，但对他们所从事的网络安全保障工作而言，可能毫无意义。比如，在 KPI 方法中最常用的"效率指标"对网络安全人员而言，就不那么具有说服力，而是一种文字游戏。以网络安全团队的工作中最常见的响应网络安全事件为例，衡量效率的指标通常包括：调用的响应者数量、投入的专业设备数量、平均响应时间、响应过程历时……但这些仅仅是响应网络安全事件过程中那些可以被测量（甚至是可以被精确测量）的部分，而至于响应的结果如何，却因无法得到保证、被确认或被测量而很少纳入指标体系，这就导致了响应工作可以"效率"很高但未必有效的尴尬。对企业而言，这种做而无果的情况就是隐患，恰恰是网络安全工作所要努力消除的对象。再比如，试想一下，一个非安全专业人士是否能够为其不了解的领域提出一份无可辩驳的工作标准？如果有人确实能提出这样的规则，那又如何保证其不利用其中的信息不对称优势为自己寻求私利？让我们假设有这么一位专家，恰好既懂网络安全专业又能洞悉人性且道德高尚，还愿意为企业制定一份对安全团队进行考核的完美规则，那问题是，企业能够接受付出什么样的成本去找到这位专家？如何才能找到这位专家？何时才能找到这位专家？……

2. 方法论问题

如果对目前使用比较广泛的各种考核/考评方法进行比较，基本上可将它们归结为两个大类：一类是基于"控制论"的方法，另一类是基于"实践论"的方法。两类方法各有所长，因此，在网络安全团队考评这种较为复杂的场景下，从方法论的角度而言，应该尝试根据团队文化的特点以及所处在的发展阶段的不同，综合运用两类方法而不拘泥于具体形式，融合发挥它们的优势，促进团队管理、团队建设和团队发展，更好地服务于企业实现自身愿景和既定目标的过程。需要再次强调的是，对网络安全团队的考评只是一种管理手段而不是目的。考评的目的是启发和引导团队形成内生动力去完成团队使命而不要受驱于外部力量，最终，在成就团队成员们自身成长的同时，实现团队的使命。

基于"控制论"方法的代表就是 BSC 方法，著名工具是 KPI 考核法。这类方法在指导思想上倾向于认为，需要通过管控并使用利益杠杆来驱动员工，才能使员工去实现企业的战略目标，但通常也默认，企业的战略目标是某种经营目标，是以盈利为目的。员工在工作过程中，行为需受到管控和衡量，其结果与员工自身的利益兑现具有强相关性，具有明显的"结果导向"性质。其特征是："简单"，但难免"粗暴"；有"刚性"，易执行，但争议也比较多。其适用性局限在环境相对稳定、产出（目标）清晰而明确（便于计量）的场景。需要声明的是，应用 KPI 考核法也可以基于"关键成果因素"（Critical Success Factors，CSF）方法。该方法由克里斯汀·布林博士和约翰·罗卡特博士（Christine V. Bullen & John F. Rockart）于 1981 年提出。

基于"实践论"方法的代表是 OKR（Objectives and Key Results，OKR）。这类方法倾向于认为，只要目标方向明确即可，而无须限定目标的具体内容，目标由员工在实践中发现和确认。员工对自己的行为负责，能够以最终实现目标为目的进行自我管理和自我激励。这类方法具有较为显著特征：尊重、信任员工，不以目标为唯一目的，重在过程，更广泛地关注于提高每位员工的贡献能力或生产能力，鼓励员工释放自己的主观能动性去进行更多的创新；鼓励他们采取理性的行动并保证行动过程的正确性，通过不断取得前进方向上的关键成果而最终达成具有巨大挑战性的目标。这类方法有一些比较明显的适用性限制，比如，只适用于对员工群体的创造力要求较高或者工作本身的挑战性较强（无先例可循）的场景。

严格来说，OKR 方法应该算是一种源于目标管理理论（由彼得·德鲁克博士提出，1954年）的管理策略或管理方法，是一种与用于薪酬兑现的绩效考核相脱钩的"考核"方法。在OKR 中并不是完全没有绩效考核，而是使用一种同行评议的方法进行替代。OKR 方法由安迪·格鲁夫（Andrew Stephen Grove）博士在 20 世纪 60 年代末至 70 年代中期创立，后经约翰·多尔先生（John Doerr）于 20 世纪末期进行推广。本书只为便于说明问题暂将 OKR 方法列为此类的代表。

3. 考评内容

考评内容多种多样，适用于不同的考评对象，通常可以分为考评要素、要素阈值、要素表现、特征值排序等若干具体项目。考评内容必不可免地需要涉及一些网络安全专业领域的知识，因此，在考评过程中可以引入一些外部（企业之外）专家作为顾问。网络安全团队的工作通常具有创新性，其中表现突出的工作可能还会有一定的引领学术的作用，具有行业影响力，因此通过外部专家参加团队的考评，对相关工作成果进行鉴定和评议就具有现实意义。

考评内容的选取还应当兼顾考评实施过程的需要。例如，对团队负责人的考评虽然是一种外部考评，但团队成员也需要以某种方式参与其中，虽然他们的意见的占比（或权重）可能不会太高，但不能过低。尤其是团队负责人对团队成员的成长/发展所提供帮助的情况，必须列入考评内容。同样，对团队成员的考评虽然是内部考评，由团队负责人根据授权进行，但考评过程也需要受到外部（如企业管理层代表或人力资源管理部门）的监督。

无论考评内容如何设置，均应在团队内部公开，并且根据情况，还要向企业的管理层公开。图 5-6 和图 5-7 大致示意了对不同对象的考评内容。例如，以团队成员的考评过程为例，由团队成员根据推荐模板自行设定考评特征开始，经团队负责人校正后由被考评人确认生效。如果存在异议，则可先在团队内部进行协商确定，或在必要时，提交更高阶管理者（或委托外部顾问）进行协调，直至考评对象确认为止。

	考评对象	团队负责人
考评要素	团队影响力	团队在企业各部门/团队之中的受认可程度
	资源裕度	团队发展所需的预算、物资/设施设备的完备程度
	任务成果	团队做出的有关自身使命的承诺的兑现情况
	人才培养	团队成员的素质、能力、数量等方面的发展情况
	负面清单	团队不应/不宜出现的事项的情况

• 图 5-6　网络安全团队（负责人）考评内容示例

	考评对象	团队成员
考评要素	内外影响力	团队成员在团队内外部的受认可程度或影响力的形成与发展情况
	知识水平	工作所需专业知识和技能的水平
	业务能力	业务流程熟练程度；分配、使用和管理工作资源的能力
	工作成果	岗位职责履行情况；岗位工作完成情况（工作量、时效性、工件质量）等
	负面清单	不应/不宜具有的行为

• 图 5-7　网络安全团队（成员）考评内容示例

5.6.4 考评的局限性

对网络安全团队的考评虽然有良好的出发点，但也无法回避其弱点。其中的局限性，最为突出的表现就是误差问题。这些误差大致表现在以下方面。

第一，观念上的差异或受其他主观因素影响，对考评内容、方法、流程等细节的理解存在偏差而导致最终结果出现误差，考评者和考评对象都可能出现这种误差；第二，在设计或选取考评内容时，对考评特征的兼容性考虑不足，导致不同考评对象的适用性偏差问题，而考评对象未能就此及时发现或无法进行有效反馈，进而导致考评结果出现误差，这类误差主要集中在考评对象之中；第三，在考评操作过程中由各种技术原因或其他主观因素（如光晕效应、趋中效应、迫近效应、完美主义者效应、盲点效应等）造成的误差，这类误差主要集中在考评者之中。

解决或避免这些误差问题，需要有的放矢：一方面要借着团队文化建设的过程，与相关人员充分进行沟通，包括团队内部、团队成员之间、团队与企业管理层、团队与合作伙伴之间的多层次、多角度沟通等，消除或控制误差的存在基础或客观条件；另一方面要立足于群体观察和经验，尽可能地完善考评方法和具体操作流程，修补考评内容及考评体系自身的漏洞，及时发现并修正已经存在的误差，依靠团队的力量维护考评体系正常运作。

此外，网络安全团队的考评工作费时费力，其操作复杂程度与企业规模或团队规模成正相关关系，极端情况下可能会形成全网状交互，效率将会很低。好在可以基于这样一种合理的假设：网络安全团队成员都是"由特殊材料制成的"高素质人员，只要他们秉持自己一贯的内驱、志愿和协作的职业精神，依靠必要的技术支撑手段，一定可以很好地克服这些局限性——没有人能够比他们自己更了解自己。

5.7 小结

历史已经走入网络空间的时代，对企业而言，网络安全工作需要的是"大象跳舞"而绝不应再像以前那样"小打小闹"。网络安全工作是专业性很强的工作，基本上不能以个体的力量来完成，也不太可能以松散的或灵活性不足的组织来完成，这是一项需要由专业的团队持之以恒地认真对待的工作——企业的管理当局应当充分认识到，这是一个讲求合作共赢、长期发展的领域，不是一个需要处处提防人们形成小团体的场合。

网络安全团队有其组成和运作的规律，团队文化在促进团队发展方面具有特殊重要的作用。以人为本的原则并不是一句空谈——缺失沟通的意愿、缺乏理解与尊重的善意，就不能调动网络安全团队的积极性。从根本上说，从真正的网络安全从业者的价值观来看，我们很难将一个没有积极性的从事网络安全工作的组织称作是网络安全团队。简单招徕几个掌握一定网络安全技能的人很难将网络安全工作做好，最多也就是能够将某些琐碎的细节做得还能看得过去而已——如果只将网络安全工作做到这个程度，那么，要使企业能够直面运营过程中的安全挑战，抵御风险，则还存在着超乎想象的距离。

企业选用团队负责人的成败可以在相当大的程度上决定其网络安全工作的成败。中国古代经典《道德经》中有这样一段话："太上，下知有之；其次，亲而誉之；其次，畏之；其次，侮之。信不足焉，有不信焉。悠兮，其贵言。功成事遂，百姓皆谓'我自然'"，这或许能给我们带来更多启发。

第6章 网络安全从业者

网络安全工作成为一种职业并得到充分发展，离不开一些能够发挥基础性支撑作用的领域，如网络安全的工作研究、工作实务和培训教育。这些基础领域的发展速度和发展质量，能够直接影响或决定网络安全这一职业的发展水平。只有当这三个支撑性领域得到同步、均衡的发展时，网络安全工作才能真正地成为一门正式职业。

目前来看，网络安全职业培训教育领域的发展最快，已经成为国内近五年来网络安全行业发展的热点领域，这可能和这个领域在资源需求方面的特点有关。通常，发展这个领域所需投入的资源相对较少且获取（或筹集）发展这个领域所需资源的难度也相对较低。其他两个领域，则相对更容易受到各种内部要素和外部条件的限制，发展相对较慢，网络安全工作实务领域整体还处于探索阶段，而网络安全工作研究领域的发展则更加滞后。

"专业性"和"价值"是确定一门职业独特性的首要因素。因此，确立网络安全工作的专业性并确保其价值，就成了网络安全职业获得发展的战略性步骤。而在此之前，有必要弄清楚网络安全从业者应该是个什么样子——他们应当具备哪些知识和技能？否则，网络安全工作的专业性、质量、价值等概念都将容易产生歧义，甚至还将无从谈起。

网络安全工作是预防和应对网络安全问题的一种专门学问。它的任务是协助网络空间中的个体和企业处理各种网络安全问题或应对潜在的网络安全风险，以确保人们的生产、生活秩序正常，确保人们的生产、生活能够"顺利"进行，而不仅仅是"完整"进行。为了能够处理网络安全问题，从业者首先就需要具备发现问题或辨别问题的能力，其次需要具备查找和分析问题成因的能力，最后需要具备解决问题或控制问题影响的能力。鉴于网络空间的泛在性和复杂性，网络安全从业者还需要有能力兼顾安全问题成因中的个体特性和结构性特性，他们所应对和处理的，往往不是网络安全问题的表象或症状本身，而是问题背后的原因，这就需要他们的眼界和视野能够涵盖诸多微观层面和宏观层面的因素。

网络安全工作不是某种简单的"状态性工作"或"过程性工作"，也不是某种"本职"工作的附属性工作。网络安全工作的从业者，除了有能力帮助那些受到网络安全问题困扰的人或企业（即服务对象）解决当下的问题或缓解眼前问题的影响之外，还应当有能力协助他们的服务对象认识到问题的成因，帮助他们采取措施逐步根除或有效规避风险。

目前，在网络安全工作的职业范畴认知上还需要进一步厘清。很多人在不清楚什么是网络安全工作的情况下便开始从事网络安全工作，由此而很容易形成一种恶性循环的怪圈。甚至还会使人们对网络安全工作产生误解：以为会用几个工具就是专业技术人员、会写个 PoC（Proof of Concept，概念验证）便是安全技术专家、能流利地说明项目方案或汇编一些政策法规就算安全管理人员；以为网络安全工作的全部，就是在硬件上一层又一层地码放安全防护设备、在软件上一层又一层地嵌套加密模块、在使用上一层又一层地验证口令……非从业者这样看待网络安全专业尚且还算情有可原，而如今大多数的网络安全从业者也这么看待自己的职业，则只能说是难免显得有些妄自菲薄了，这将使得网络安全从业者对这一职业逐渐失去信心。显然，这种情况对网络安全职业的发展非常不利。

这种情况必须改变。除了政府层面有必要加以适当引导和规范之外，从业者也需要以身作则，树立自身职业的良好形象；要从自我做起，慎之再慎。本章将围绕网络安全从业者所应具有的基本素质和从业特征进行讨论，主要涉及网络安全行业的职业伦理、知识结构和专业技能要求等内容。

6.1 职业伦理

网络安全工作者或网络安全职业的从业者，如同其他职业的从业者一样，首先需要遵从自身的职业伦理要求。所谓职业伦理，就是指某种职业的从业者在从事职业活动的过程中所应肩负的责任，以及应获得的权利与义务等。职业伦理是社会分工的一种结果，具有客观性，不是由某个职业的从业者自行定义而来。某一职业的职业伦理通常会略微晚近于职业的形成，但会与这个职业一同发展。网络安全行业的职业伦理也是如此。网络安全的职业伦理通常包括两个主要部分：一个是一般性的社会道德规范，另一个是专属于网络安全职业的从业者行为准则。

6.1.1 一般内涵

网络安全行业的职业伦理来源于网络空间的发展和传统社会的数字化转型发展，以及与这个过程伴随的社会分工的发展。这是网络安全从业者与非从业者之间相关联的复杂关系需要得到彼此适应、调整或规范而出现的一种必然。在当代社会，无论是否是网络安全工作的从业者，都应当充分尊重这种历史客观。

首先，网络安全行业的职业伦理是一种社会分工的结果，只能是在网络安全的职业活动中，通过人们的实践而逐步形成，具有专属性和相对于其他行业的特殊性。因此，网络安全行业的职业伦理只能是与从事网络安全职业的实践活动相联系的人的心理、思想观念或道德标准，而不能是泛化或模糊的、凭借想象或猜测而形成的规则，更不能是由非从业者来认定的约束或限制（除非是得到了从业者群体的广泛认可）。

其次，网络安全行业的职业伦理对从业者具有朴素的约束力。它不同于社会道德或法律所具有的约束力，只能在网络安全职业领域内对从业者才具有现实意义，只能依靠从业者群体的力量自发地、自治地保证其存在和发展（已经转化为社会法律的除外）。存在一定规模的网络安全从业者群体是表征某个社会中存在网络安全职业的最为显性的标志，同时，这也是网络安全职业自身最为外化的表现形式和组织形式。所以，网络安全从业者群体会作为网络安全职业的代表而被其他职业的从业者群体或社会大众所认知。不遵从网络安全行业职业伦理的从业者个体的行为会被非从业者或外行人有意无意地放大，这将使得整个网络安全从业者群体的名誉在一定范围内都受到"污染"。出于最为朴素的理由，整个从业者群体的集体力量都将会有充分的动机和意愿，去积极、主动地维护本行业的职业伦理并不断在从业者群体内部推行和强化职业伦理——显然，不是网络安全职业的从业者就不必遵从网络安全行业职业伦理的要求——同样，不遵从网络安全职业伦理要求的"从业者"也得不到来自从业者群体的认可与扶助。

再次，网络安全行业的职业伦理具有技术理性的特征，是以相对独特的职业逻辑而非大众逻辑作为自身的根据，具有一定的形式性（或机械性）。这主要由网络安全职业的工作性质和工作需要所决定。网络安全行业的职业伦理不是全体社会成员共有的伦理，更不是社会大众的一般意识，至少并不以在普通的社会大众中流行的看法、观点或意识为基本出发点，因此，它往往会主动地"无视"社会大众的一般看法，与社会中某些普遍的"共同意识"或情感经验（如大众日常生活中的逻辑）之间存在着可能的冲突。

总之，网络安全行业的职业伦理更多的是引导和规范从业者能够从心理和情感的角度来自发地、主动地、无害地完成自身职业活动中的操作，履行自己的职业责任，行使作为社会公共权力中的一部分职业权力，承担起自身在岗位任务责权范围内的社会后果方面的责任，处理好社会整体利益、服务对象的公众利益和自身个人利益等多种利益之间的关系。

6.1.2 主要内容

概括而言，网络安全行业的职业伦理主要是指一种网络安全文化规范，提倡从事网络安全职业的每个从业者，能够基于自身的信念主动对自己所从事的网络安全工作负责，而不是单纯地处在具有权威的法律、命令或规章制度等的强制性约束之下被动地为自己的工作负责。这种信念是指，从业者应当出于技术理性而坚信自己所从事的工作具有恰当的内在价值，哪怕这种价值通常并不能及时被非专业的人群所理解或接受。

网络安全行业的职业伦理可以归纳为爱岗敬业、客观守信、服务人民等几个方面。

（1）爱岗敬业

网络安全工作的从业者应当热爱自己所从事的职业并以此而充满自豪感；应当以恭敬、谦虚的态度对待网络安全领域的专业技术并应潜心钻研和发展自己的业务技术；应当尊重自己的同行并积极融入从业者群体之中。

爱岗敬业是一种基本的职业伦理价值观，是对从业者工作态度的一种普遍要求。从业者只有正视自己的职业劳动，才能有动力专注于提升自己的专业劳动能力，经过长期努力和有针对性的训练后，使自己拥有专长并在具体的职业活动中不断获得成就感。爱岗敬业，会使从业者出于自身发展的考虑，让自己逐渐形成一种高度的职业身份认同意识，伴随自己的成长而逐渐培养出对自己所从事工作的幸福感和荣誉感。如果没有这种幸福感和荣誉感，从业者将很难抵抗市侩气息的侵蚀，很容易使自己发挥纯粹技术性工作能力的过程都受到影响，更有甚者，由于网络安全工作的特殊性，还很可能有些从业者会禁不住各种诱惑而走向社会的对立面，滑向人性黑暗面的深渊。

（2）客观守信

网络安全工作的从业者应当秉持科学精神以使自己在职业活动的过程中保持必要的客观主义和理性态度，但不应以科学的名义有意或无意将自己的思维方式或思想观念认定为科学，或者排他性地认定自己的认知就是真理。网络安全领域尤其需要从业者具有创新、创造和创立的精神，尤其需要从业者在职业活动中能够开拓进取、挑战已知、突破现状。但在这个过程中又不能"只破不立"。网络安全工作的性质虽然是求"破"，但所追求的是"破不足而立有余"，更不是为了"破"而破，或者"破"而后营私——从业者不能根据自己的好恶或者和谁有个人关系等私人理由而做出有关职业方面的决定。从业者应当实事求是地待人做事并付出卓有成效的劳动，不弄虚作假。

"守信"，主要是指网络安全工作的从业者应当具有理解道德理由和按照道德理由行动的能力，信守承诺、值得信赖。在工作的过程中，尊重规则、守时，能够对履行自身特定义务做出及时的回应；注重服务对象的感受并保护他们的正当利益，对他们保有足够的耐心，能够与他们进行坦诚的沟通且在沟通过程中讲求策略和方式、方法；能够坚持原则，保持专业独立性，不迎合服务对象的口味，不利用专业领域的信息不对称牟利。

（3）服务人民

网络安全工作的从业者应当明辨自身专业技术能力为个人发展、企业发展和社会发展所能带来的有益贡献，需要深刻理解自身在创造价值、保护价值方面所肩负的特殊重要的责任，禁止随意的、鲁莽的、不负责任的行为。这意味着从业者不仅要认同"网络安全为人民"的历史使命，更要以自身的职业活动不断实践服务人民的理念，坚持工作的高标准，尽己所能，奉献社会。服务人民，就要以人民的利益为先，始终站在与人民一致的立场上看待自己的职业活动，发挥自身的技能优势和作用，"运用自己的知识和技能促进人民的福祉"，更多地惠及人民并回报社会。

网络安全工作的性质中天然具有对抗性的成分，这使得从业者很容易与各种各样的"规则代言人"发生误会甚至产生冲突，从业者务必应当以服务人民作为自己的执业底线并把这种自愿向善的愿望努力升华为自己的世界观，在工作中凭良心做事，不要因为个人的私利，或者因为害怕、无知等情绪，以及出于对权威的崇拜等原因干扰自己的洞察力和判断力，要敢于在原则问题面前为了人民的利益率性而为，必要时还要勇于揭发和举报不法行为——必须要妥善地保护好自己，发现问题要迅速表达反对意见并留存证据，尽可能地通过正常的组织渠道反映情况和意见，要避免自己被孤立或被卷入未知的局面之中。

6.1.3 黑客精神

在网络安全这个行业里，人们绝对不会对"黑客"（Hacker）这个词感到陌生，甚至，很多从事网络安全职业的人，最初就是受到那些让人激情澎湃的黑客事迹的感染，而于不知不觉中投身到了这个职业之中。本书在前面的章节中满怀敬意地回顾了，在距今半个多世纪的岁月里，网络安全从无到有，逐步发展成为现代社会所必需的一项社会分工的传奇历程。在这个进程中，一代代从业者正是在黑客精神的激励下，不断谱写并正在谱写着这些传奇中的篇章。黑客精神是网络安全从业者宝贵的财富，是沉淀形成网络安全职业伦理的重要组成部分。

"黑客"这个词曾经鲜为人知。美国记者史蒂文·利维（Steven Levy）在其 1984 年出版的《黑客：计算机革命的英雄》（*Hackers：Heroes of the Computer Revolution*）一书中，首次较为系统地定义或刻画了计算机"黑客"这一群体的形象，总结了流行于他们之间的黑客文化。时至今日，对于黑客精神的记述和提炼，仍以他在这本书中提出的"黑客伦理"（The Hacker Ethic）为范。

在很大程度上，正是利维版的"黑客伦理"确认了传统主义黑客时代的存在，也正是他，为 20 世纪 60～80 年代计算机程序员的"疯狂行为"赋予了荣光并使其被珍视为一种光荣的传统，传承至今。他们的"疯狂"体现在：他们只是为了自己的兴趣而不是为了赚钱去编写计算机程序；他们中的大多数人只注重编程的方法或技巧，而有意或无意地忽略这些方法和技巧所依据的理论（仅凭灵感或天赋），导致他们编写的程序代码虽然高效甚至巧妙，但难以维护；他们在工作习惯上更是显得古怪，几乎不在意传统的礼仪且让外行人难以与其相处。根据利维的说法，他们（指传统主义时代的计算机黑客）通常不修边幅，外表平淡无奇，但却是新世界的开拓者、挑战现实世界规则的冒险者以及真正的艺术家。在他们身上体现着追求自由分享知识、提高技术以改善生活和警惕权威并独立思考的思想，主张不以自己的专业技术能力参与政治，不以此谋取经济的、社会的权利。

从更广义的角度而言，黑客是那些理解事物运作方式的基本原理并可以将其运用自如的人，并不局限在计算机科学与工程技术领域。传统主义时代的黑客无疑是浪漫的、率真的，有着纯良而朴素的动机，他们只是恶作剧似地去驯服那些蠢笨的"硅基动物"并从中找到乐趣、获得满足。但不可避免地是，他们当中的一些人对于新鲜事物和技术的驾驭能力，渐渐被技术之外的力量所看中并逐渐被其引诱或利用。

自 20 世纪 80 年代的中后期开始，网络窃贼、网络破坏者等网络世界的负面形象，让黑客在世人心目中的形象一落千丈。普通人甚至执法者对他们既怕且恨，却往往又对这种黑客的行为无能为力。也正是在这个时代里，黑客分化成为黑帽子黑客（Black Hats）和白帽子黑客（White Hats）两大阵营。在后期，这种情况进一步模糊化，通常认为还存在一个介于前两者之间的灰帽子黑客（Grey Hats）群体。这个时代（不妨称之为自由主义时代），大约持续了 25 年时间，直到网络空间时代的到来。伴随人们网络空间世界观的逐步形成，促进了网络安全的职业化发展，黑客迎来了现实主义的时代。

黑帽子黑客，是掌握网络安全技能的专业人士，但不在公序良俗意义上善意的范围内来发挥自己的专业作用，是蓄意的入侵者、破坏者或麻烦制造者。通常，他们与白帽子黑客相对立，两者互为工作对象。白帽子黑客，也可被称为"尽责黑客"（即 Ethical Hackers$^{\ominus}$），他们也是网络安全领域的专业人士，能够出于善意目的运用自己的技能帮助他人，灰帽子黑客则是游走于黑帽子黑客和白帽子黑客之间的黑客，处在灰色地带，会根据情况变成两者中的一种，这取决于他们个人的理解和判断。他们往往会自称是白帽子黑客，或者在大多场合下自认为是合乎道德、遵守法律的黑客。

黑客的世界曾经是简单、纯粹且快乐的，黑客精神是热烈、坦诚而率真的，这一切都鼓舞着计算机技术的爱好者在专业领域内不断追求更加便捷、更加强大、更加美好。纵观近 30 年以来人们的生活方式因科技进步而取得的发展，可以毫不夸张地说，是一批又一批的黑客在创造历史，他们当中的佼佼者犹如群星一般闪耀在计算机科学的历史长河之中。他们之中有：丹尼斯·里奇（Dennis MacAlistair Ritchie）博士、肯·汤普森（Kenneth Lane Thompson）先生、斯蒂夫·沃兹尼亚克（Stephen Gary Wozniak）先生、理查德·斯塔尔曼（Richard Matthew Stallman）先生、埃里克·雷蒙德（Eric Steven Raymond）先生和林纳斯·托瓦兹（Linus Benedict Torvalds）先生等。

黑客精神不仅是黑客的共同秉性，更是一种思维方式或者生活哲学——追求思考能力的独立并且能够进行独立思考；保持好奇心和批判精神，追逐认知，向往探索和发现并能够在自由探索的过程中不失优雅和俏皮；享受创造的美感，分享这种乐趣，动手去改变世界并且让世界变得更加美好。

具备了黑客精神的人，才会有可能成为黑客。而仅仅是掌握了所谓的专业技能的人，如果不认同或不具有黑客精神，则通常不会被认为是黑客。当然，真正的黑客从来不以黑客的名义自居，这不仅仅是因为一种必不可少的谦逊的美德，更是他们内心深处朴素情感的一种自然流露——与其有时间沾沾自喜，还不如奔向下一个需要去解决问题，来得更愉快一些。黑客精神

$\ominus$　该词通常被直译为"道德黑客"，但本书认为这种译法不太符合中文习惯且有贬义，因而从"能力有多大，责任就有多大"的观点出发，将其意译为"尽责黑客"，即自律、审慎、传统的黑客。

也有其边界——它在一般社会中，对于普通人群，没有价值。

本书于此述及黑客精神，更多的是希望后来者，始于兴趣、坚于责任，去传承传统主义黑客的优秀品质，挞伐恶的、假的内容，摒弃糟粕，在自己的实践中对其加以发展，形成新时代的黑客精神——网络安全职业伦理。这应当是每个网络安全从业者融入职业角色时的一种动力和信仰。

6.2 知识与技能

网络安全工作的从业者应当潜心地钻研和发展自己的业务技术，应当构建自己的知识体系，并且还应当尽早做好自己的职业发展规划。网络安全从业者的知识与技能可以分为两个主要的范畴：网络安全的技术和网络安全的管理。

现实工作岗位中对从业者的知识和技能的要求分属于不同层面。对从业者的技术和管理方面的知识与技能的描述，往往出于可比性的需要，而很容易形成一种矩阵似的表述逻辑，即技术知识与管理知识（统称为"专业知识"）、技术技能（即"实操能力"）与管理技能（即"管理经验"）。这些方面的内容，是网络安全工作岗位的招聘求职活动中最为典型的考查点。

6.2.1 基本要求

网络安全的从业者无论是从事网络安全技术工作还是管理工作，都应当完整具备专业知识、实操能力和管理经验，三者缺一不可。网络安全工作分为技术工作岗位和管理工作岗位，只是工作过程中的侧重点不同而产生的表象不同，并不具有互斥性，甚至还具有递进性。在网络安全工作领域中，从业者没有专业知识和实操能力，则无从谈起管理经验，而没有管理经验者则不适合直接从事管理工作。

（1）专业知识

对于网络安全从业者而言，在其专业知识的版图中，最为重要的组成部分就是要对计算机科学技术或计算机工业要有广泛而深入的了解，并且在某些属于个人兴趣点的位置上还要有深厚的知识储备。

中国有句古语，叫作"工欲善其事，必先利其器"，这固然是通过一种比喻来说明，一件趁手的工具对于提高工作效率具有无可置疑的重要作用，但是，从更广泛意义而言，要想让工具趁手，则首先要了解你手中的工具，甚至还要能够选择或者制作、开发需要的工具，还要能够善用工具，使其"利"，才能发挥出工具的作用。计算机既是网络安全从业者的工具，又是从业者的工作环境和工作对象，因此对于计算机的了解必须足够深，才能"使其利"，才能具备胜任网络安全工作的基础。但是，这仅仅是基础，对计算机的了解还远远达不到胜任网络安全工作的要求。这里所说的"胜任"，是指能够以追求卓越成果为目的，系统性地、独立且主动地开展工作。特别要注意，具备扎实的专业知识基础是从业者区别于"脚本小子"（Script Kiddie）的一个显著特征。虽然这种特征对于非从业者来说未必足够明显辨识，但在网络安全领域，任何时候都不应忽视这两者之间的差别。

有关计算机科学技术和计算机工业方面的知识包括哪些内容，本书不再赘述，只希望强调一下其中的脉络，以略作提醒：计算机技术的理论基础知识（含基础学科的原理以及数据结构、算法分析等专业基础知识）、计算机操作系统原理、计算机网络原理、通信（系统）原理、计算机软件系统（含嵌入式系统）开发方法（含项目管理原理和基本方法）、数据处理方法以及计算机工业的发展现状等。

此外，对于网络安全威胁的认识和理解，也是构成专业知识的重要内容。这需要了解网络对抗原理、网络空间安全风险管理方法、网络安全法律体系与伦理等。

（2）实操能力

网络安全方面的实际操作能力来源于大量的实践，几乎可以毫不夸张地说，要想达到胜任工作的水平，则从业者用于实践的时间与用于学习专业知识所花费的时间相比，前者至少应该是后者的 20 倍。

再次强调动手操作的重要性。实际操作方面的能力是学以致用的结果，这是一种无法只通过"读"就能获取的技能。在网络安全这个行业里，在大多数情况下，在"知道"和"做到"之间，存在着一条看不见的鸿沟，这一方面和黑客精神的传统有关，更多的情况是法律和社会环境的自我修补导致了趋于保守的信息传播方式的形成。实际操作能力可以通过实验和练习等手段不断得到加强。特别是在实验和练习的过程中，需要注意总结和反思，不断地进行思考和体会以获得提高。通常，应当主要以完成特定任务的结果为依据，对从业者实操能力的高低做出评价。

（3）管理经验

网络安全管理不局限于对人的管理，更多的是包括对事情的进展和结果进行管理的内容，因此，管理经验是对实操能力的升华和提炼，是需要从业者经历足够多的事情（工作场景）的挑战之后才能总结形成并沉淀下来的认识和方法，以及知识。这当中还包括一些情感、心理等感性内容，如沟通的技巧（包括倾听和表达）等。

（4）知识技能的层次

通常，按照所需知识和技能的深度与广度，可以分为三个依次递进的层次：必需技能（初级）、扩展技能（中级）和特殊技能（高级），如图 6-1 所示。

必需技能（初级）	扩展技能（中级）	特殊技能（高级）
密码学（原理）	信息系统管理	漏洞分析
操作系统（基于UNIX/Linux）管理	渗透测试	威胁建模
网络（路由器、交换机）管理	安全威胁分析	威胁情报
业务应用服务配置与管理（Web）	安全风险评估	数据防泄露/数据保护
安全风险研判	边界防护	网络空间安全评估
编程语言（C、Python）	安全运维	标准体系
软件工程（开发）	安全事件应急响应	法律、法规
项目管理	安全保障体系规划	网络安全治理
……	……	……

● 图 6-1　网络安全从业者知识技能层次示意

必需技能是最低的入门级技能，可以将其认为是对网络安全从业者的通用要求。扩展技能是在必需技能的基础上，针对网络安全工作的特定需要而对从业者应具备的技能提出的有针对性的要求。特殊技能是指一些高级技能，也是网络安全职业需要的核心技能。

不同层级的技能，由从业者在不间断地从事安全工作的经验基础上逐步学习、积累而得。

在一个人的职业生涯中，从业者将有足够的时间去学习必要的技能并不断提升自身所具有技能的层次。

6.2.2 一般路径

网络安全从业者必需的知识和技能涉及诸多专业领域，如何高效地获取这些知识和技能，在很大程度上决定着从业者的职业发展策略。从业者需要一条明确且清晰的路径，在这些纷繁复杂的海量信息中，获取于己有益的内容；否则，要么会迷失自我不知所往，要么会因知识结构的缺陷造成"跛脚"而难以前行。

获取必需的知识和技能，需要学校教育、职业培训和能力认证三方面相结合才能取得较好的结果。这其中的路径，可以简单说成：以兴趣为启蒙，以接受正规的学校教育为起点，以实用的职业培训为辅助，以能力认证为阶段目标，从最基本的工作做起，在团队中成长，以时间和实践换取知识和技能的累积。

这是一条需要较长的时间才能走完的成才之路，虽然中规中矩，但是其效果确有保证。不过，很多从业者其实并没有机会走完这条路，大多数情况下是以从"半途"插入到这条路上的方式，开启了自己的职业生涯。的确，曾经在相当长的时间内，任何人都可以不需要任何特定的批准或认证或学习场所即可开始自己的网络安全之路。但是，时代变了，那些免费（无门槛）的学习和实践的机会正在逐渐消失。

所幸，还有一些机会被保留了下来，比如那些公开的安全（挑战）竞赛或漏洞悬赏行动等。遇到这样的机会则无须等待或者观望。尽你所能参与进去，在兴趣中开始学习——你只需要知道，毅力和耐心，总可以帮助你获取需要的技能并且最终让你的技能达到一个能有所回报的、熟练的水平。但这还仅仅只是个开始，要想成为网络安全领域的技术专家，则还需要进行大量的研究——需要在学习过程中投入资源，比如，拥有一个计算机科学的学位或者网络安全专业的学位等。

网络安全领域的涵盖面非常广阔，有很多具体的分支和应用场景，其数量之大不可能一一列举。从业者可以对网络安全、应用安全、终端保护、移动安全、加密技术、身份验证、访问管理、网络钓鱼、威胁情报和社交工程学（Social Engineering）等领域充满热情；也可以在商业公司或公共部门，作为供应商或客户，以运营角色或领导角色，使用已知技术或正在开发的新技术、新产品或服务而工作，……这个清单实际上可以很长——虽然许多工作都是高度技术性的，但也有一些是高度个性化的，需要大量具备人际交往技能、领导才能和业务理解力的人才。

（1）路径目标

无论是何种路径来获取网络安全的知识和技能，从业者所应达到的水平，可以通过以下一些方面的标准进行判断。

知识体系方面，应构建起自主的知识体系，包括数学、自然科学和网络安全的基础知识和专业知识并掌握基本的管理原理和一般的项目管理方法，能够解决较为复杂的工程及应用问题，具备一定的工程项目规划与管理能力，能够完成工程管理任务。

问题分析方面，应能够应用数学、自然科学、工程科学和管理科学的基本原理，对复杂工程问题进行识别、分析、归类和表达，能够进行数学建模，对网络安全专业新知识、新技术有较敏锐的洞察力。

工具使用方面，应能够合理利用已有的资源和技术，自主开发、选择与使用恰当的技术方法或现代工具，能够理解工具的局限性，理性、客观地评估工作局面和形势，做出恰当的判断。

解决问题方面，应能够归纳和理解网络安全需求，综合考虑社会、健康、安全、法律、文化以及环境等制约因素，分析、设计、开发并综合运用网络空间安全体系的基础构件，能够理解应承担的责任。

学习与研究方面，应掌握基本的科学研究与创新方法，具有追求创新的态度和科学研究的意识，具有不断学习和适应发展的能力，能够基于问题和知识进行抽象研究、仿真试验等并通过科学方法得到合理实用的结论。

沟通与协作方面，应能够有能力在多学科背景下在团队中发挥积极作用，能够进行团队合作和组织管理，能够在跨文化背景的情况下与业界同行及社会公众进行有效沟通和交流。

（2）里程碑

在学习并获取知识、技能的路径上，应该有一些阶段性的成果作为激励自己的里程碑，包括但不限于（并未严格按照时间先后排序且不排除其中的内容可以螺旋递进）以下内容。

里程碑1：完成学校教育并获得学位。

里程碑2：以项目管理的方法确立自己成长的目标，规划自己的职业生涯。

里程碑3：建立起第一个专属于自己的专业实验室（可以是虚拟的）。

里程碑4：做出某种公开的贡献，或者获取某种公开的奖项或奖金。

里程碑5：获得某个得到广泛认可的职业认证的证书。

里程碑6：与同行建立链接，参加同行会议并以某种形式公开表达自己的见解。

里程碑7：找到第一份网络安全领域的正式工作并获得报酬。

里程碑8：理解自己的岗位的业务，熟练运用岗位工作所需技能。

里程碑9：表现出影响力，能够在工作中独当一面。

里程碑10：遇到志同道合者，可以讨论并准备好组建团队。

里程碑11：组建自己的团队，或者能够在合作伙伴那里获得额外的影响力。

里程碑12：成为卓越者，充满激情，愿意取得更大的成绩。

……

6.2.3　职业标准

应当根据职业活动的内容，对从业人员所必须具备的专业知识和必须达到的技术能力水平做出综合性规定，形成一定的评价标准（可以将其理解为"职业标准"），以便能够用来具体描述职业活动对从业者知识结构和能力水平的要求。

一般应以该职业从业者的平均水平为基准，分等级地说明从业者技能水平的高低。可以按照从业者所从事职业活动涉及范围的大小、工作责任的大小、工作难度的大小或技术方面复杂程度的高低来划分等级，不仅要反映该职业在当前情况下的主流技术和主要技能方面的基本要求，还应兼顾不同地域或行业间同一职业之间可能存在的差异。所谓平均水平是指多数从业者经过一定的教育培训或在岗位实践后能够具备或达到的水平。

为更直观地描述有关网络安全从业者所必须具备的知识和技能方面的内容，试以网络安全渗透测试人员的"职业标准"为例进行一些简要说明（详见本书附录C）。建议从业者能够结合前述的"一般路径"进行思考,以便能够更好地选择自己的发展方向并谋划好提升自身执业能力的路径。一般而言,网络安全领域的职业,通常可以分为安全管理人员、设计研发人员、技术服务人员、运维保障人员等若干较大的类别,并且根据具体工作性质和岗位需要的不同还可进一步细分出精细化程度更高的小类别。例如,在技术服务人员中,可以进一步细分出系统集成服务人员、数据安全保护人员、网络安全渗透测试人员等。针对渗透测试工作对象的不同,网络安全渗透测试人员还可以进一步细分出针对不同软硬件体系结构和业务模态的职业方向,比如,关键信息基础设施安全渗透测试员、移动应用(App)安全渗透测试员、供应链安全渗透测试员等。需要指出的是,职业分类的方式和标准并不唯一。

6.3 小结

从工作实际来说,网络安全工作所需的许多基本技能与传统的入门级 IT 工作具有很大的相似性,这导致很多人将网络安全工作人员等同于普通的 IT 维护、支撑人员,例如,服务台(Helpdesk)技术员(即很大型企业中的 OA 服务支撑人员)、IT 的系统或网络(小范围的局域网)维护技术人员等。而且,很多时候 IT 部门的技术人员也会习惯性地承担一些安全方面的工作,特别是会习惯性地将自己负责维护的系统或网络的访问控制、流量监测、终端管理等与 IT 关联性较大的事务也视作安全工作,一并放在本职工作中进行处理。在这种现状下,也就难怪绝大多数企业会将网络安全工作当作是 IT 的附属。坦率地讲,这些都是对网络安全从业者必备知识与技能的误解所导致的认知偏差,甚至可以说,这是外行人对网络安全从业者的误解和轻视。在特定的历史发展阶段,这种看法尚属务实,毕竟网络安全工作的出现和发展是晚近的事情,属于新事物,难免会让人认识不足。进入新时代后,数字化转型或许能改变这一切。

知识永远无法与能力画等号。对于有志于从事网络安全工作的人来说,要投入去做网络安全工作,就要甘心做"幕后英雄",要植根于企业目的的核心,讲究职业伦理、秉承职业精神,必须比 IT 人更懂 IT,比业务人更懂业务,否则,网络安全工作就只能是流离于表面而已。

网络安全工作并不限于 IT,实际上也从来并不一定属于 IT。网络安全不是一门常规科学,甚至它都不能被称为是科学,而是经常要被冠以艺术的名义。网络安全也不是一种常规职业,而是一种批判性与创造性兼具的职业,其从业者必须要具备职业化的反思能力,要不断地寻求当前工作对象的弱点和不足。

这些特色都具有更深层次的内涵,需要从业者去思考、去表达。未来已来,未来究竟如何,还待网络安全从业者亲手去创造。

第7章　网络安全治理与协作

从企业 IT 部门的计算机安全保护到企业整体的网络安全运营，是一个巨大的飞跃。从企业的网络安全运营再演进到企业的网络治理，更是一个巨大的飞跃。这种飞跃，既是对开展网络安全工作实践经验的总结，更是对这些经验进行升华之后得到的理念上的进步。"网络安全管理"与"网络安全治理"，虽只有一字之差，但两者工作性质所涉及的内部角色和内部层级之间，却有着本质不同，两者的结果具有"天壤之别"。

一般而言，两者的区别主要在于：网络安全治理是决定"网络安全要做什么"，而网络安全管理是决定"如何做到网络安全"。两者的层级不同，前者是由企业的高层管理者主导完成或决定的企业级网络安全战略规划，是关于企业发展的规划、总体战略和方向。后者是企业中分管网络安全工作的管理层或网络安全管理部门来主导完成的网络安全战略计划的交付以及在实现交付的过程中的工作组织。网络安全管理最多只能关注到如何去实现网络安全的战略要求，有着"就事论事"的战略局限，而网络安全治理则是需要去引领和把控网络安全工作的走向，负有"走路看路"的战略担当。

网络安全治理，主要应该关注于：确定网络安全工作的任务并制定明确的任务目标和整体战略，委任能够胜任的执行者（管理者）并对他们进行监督，对治理工作自身进行管理并为网络安全管理部门提供领导力、洞察力和判断力方面的保障，能够对管理风险进行战略评估和预判。网络安全管理，则主要是关注于：根据网络安全工作的任务目标和战略制定并实施具体的策略和计划，组织和运作专门的工作团队来完成具体工作并对他们进行考核，交付网络安全服务并进行日常的网络安全运营，控制运营过程中的技术性风险。

7.1　企业的网络安全治理

在不需要严格区分的场景下，治理和管理的概念几乎没有区别，可以相互替换使用。例如，两者都是指在某种范围内为了某种目标而进行控制。如果能更深入一些来看，对治理的内涵的理解还可以包括以下内容。

1. 避免"极简主义"

要避免过于简化地看待治理工作，应当对其重要性和复杂性保持清醒认识。网络安全治理不是单纯的"顶层设计"，但它又确实需要强调自己所具备的"顶层设计"的属性。开展治理工作既要研判发展趋势，提前谋划；又要妥善地调度资源、开发工具⊖；并且还要确保资源投入和工具运用的过程和结果均能符合预期，都能够满足"实现网络安全"这一企业战略目的的需要。

⊖　此处，"工具"是广义地指企业管理范畴内的政策工具，如制度体系、组织机构等。

治理工作是综合性的战略工作，虽然对于企业中的大多数人而言是一种不直观的工作，但从企业决策者的角度来看，在具备条件的情况下越早启动治理工作就能越早获得企业发展的主动权。同时，这也恰恰说明了，如果企业尚未发展到一定阶段而过早启动了网络安全治理工作，则往往会遇到巨大的内部阻力，这些阻力既有现实的技术局限性方面的阻力，也有涉及观念、思路等人员局限性方面的阻力。

治理的过程，就是企业的成长与成熟的过程。如果企业只是就事论事地进行局部的调整而不是彻底进行改变，则往往会引发自身结构的不稳定并失去对外部环境的适应性。

2. 避免"教条主义"

要避免过于"教条"地看待治理工作，应当保持治理工作的灵活性和适应性。每个企业的情况都不尽相同，网络安全治理的理念和方法也必然存在个性化的差异，资源禀赋的不同还直接制约了治理政策工具箱的组成，不能照搬照抄任何所谓的成功经验或实践方法。

寻求灵活性和适应性是治理工作的重要组成部分，需要围绕企业的战略目的来实施，这种做法虽然难免会被人认为具有实用主义的色彩，但治理工作所涉及的灵活性和适应性是在企业宏观环境和自身资源禀赋与人员能力方面寻求平衡，是战略方向的把握与现实能力的结合，不能与那种专在规则的薄弱之处进行"取巧"的实用主义来相提并论。

网络安全治理工作的广泛性，要求治理工作应当具有足够的灵活性和适应性。网络安全治理工作需要考虑应对的内容包括网络犯罪和网络战等（潜在）损害对企业造成的影响，必须要了解网络安全风险并保守地估计企业在业务受到影响之后的可容忍水平，这当中还必须包括对最终用户的立场和利益进行考虑或进行深入的了解。这些内容是企业的管理层所无法胜任的工作，他们在企业中的层级和位置决定了以他们的意见来回答上述问题时，将必不可免地得到本位主义的结果。

网络安全治理工作的兼容性，需要治理工作保持足够的灵活性和适应性。网络安全相关的工作并非都可以"照着规矩来"，企业文化、员工个人的文化、甚至最终用户的文化（或行为模式、行为习惯、人际交互等）都可以强烈地影响企业网络安全工作的价值和风险。对这些情况的处理，体现了网络安全治理工作的兼容性，应当统筹考虑这些因素并将其纳入战略和战术层面的安全措施之中。从这个角度也可以印证：网络安全管理是相对于网络安全治理的战术行动的一部分，是一项被限制在具体事务（指利用资源并照看日常运营状态）范围内的任务。理解并能够区别网络安全治理和网络安全管理之间的这种关系，有助于在更高层次理解企业网络安全工作与企业运营之间的协调一致性。

7.1.1 主要任务

企业在网络空间环境中运营，需要系统地应对网络安全方面的挑战。这主要是因为，无论是受到经济利益、社会利益等驱动的网络犯罪，还是受到政治利益、文化利益等驱动的网络战，以及与它们相关或类似的各种网络破坏、网络攻击，所针对的几乎都是系统中最薄弱的环节。因此，网络安全必须被理解为一个由相互依存的要素和这些要素之间的联系所组成的，具有活性的生态系统。要想有效开展网络安全工作，需要树立系统观，需要全面理解这个动态的系统，需要认识到不能孤立地看待安全治理、网络安全管理和网络安全保障，应当系统化地建立和发展网络安全领域。这是网络安全治理工作的主要任务。

网络安全工作涉及整个企业的方方面面和众多专业领域，特别是，有许多因素可能或已经超出了企业的范围，从企业内部进行网络安全管理也就显得有些力不从心。这时，网络安全治理将发挥作用，将有机会更全面地考虑相关因素之间的关系。通过网络安全治理，将在企业利益的范围内，准确、合理并且可控地界定或厘清网络安全管理和网络安全保障的范围，确保这些范围或边界是已知的或可知的。只有当这些界限是明确且合理的，才会为网络安全工作的发展提供方向感，使网络安全成为企业及其成员的价值观或运营目标的一部分。这是一个动态变化的过程，是一种不断进行着的变革。

可以从企业对所面临的网络安全风险的期望值和可容忍值两方面（即网络安全风险偏好），通过对业务价值的具体描述来定义这些界限。这些"具体描述"的内容，可以主要概括为：对网络安全风险采取零容忍策略时所需的资源⊖投入和在工作过程中的努力，相比于与之共存的相应的剩余风险之间的平衡关系。这些具体描述将在很大程度上决定企业在整体上所要采用的安全策略。企业的网络安全治理，将使企业中所有级别的管理人员，完全理解这些安全策略并在日常工作中主动地将其融入企业的主流文化和价值观当中。

网络安全治理，是一种立足于持续改进的长期过程，是对不断取得的成熟度进步的迭代与继承。这需要在考虑企业面临的网络安全风险状况的变化，以及企业的网络安全风险偏好的变化的基础上，不断地审查和检视企业的网络安全战略。这个过程的目标是将整个系统受控地从当前稳定状态推进到下一个更恰当的稳定状态，是一种主动的、系统性的转变，离不开企业内部的多方博弈。

7.1.2 多方博弈

如前所述，网络安全治理工作应当包括：网络安全管理以及在整体层面为网络安全相关管理活动设置行动方向、方法框架和资源界限。在表现形式上，网络安全治理包括企业内所有团队、员工都必须遵守的政策、流程和其他具有指导性的内容。除此之外，在实施网络安全治理时，还需要从"做正确的事"的角度出发，在很大程度上要考虑到，网络安全工作的落脚点在于妥善处理网络安全事件以及与网络安全相关的意外事件。这是因为，网络攻击或任何破坏安全特性的行为，通常都是违反规则的、意外出现的。在其被发现的时候，通常表现出一种非常规的状态。例如，最常见的非常规状态，就是企图规避企业内保持业务运行的那些流程或多方达成的共识。请注意，网络安全治理工作需要处理的安全事件不再局限于"技术"的层面。

基于这样的事实而言，网络安全治理既是预防性的，也是纠偏性的，二者的统一，就要求治理的原则和方法必须相当灵活。获取灵活性的最直接的方法，就是充分考虑多方博弈的现实并且尽可能地使其发挥良性的作用。甚至可以说，这将在很大程度上决定治理工作的成败。以下将简单举例，略做说明。

第一，网络安全治理的前提是需要确定利益相关各方的需求并在此基础上明确企业的网络安全保障工作应如何支撑企业的整体目标，以保护各方的利益。各方需通过协商确定彼此沟通或报告网络安全事项的方式和形式（如适用的文件格式、内容、范围等细节）。还需明确说明各方与企业发生业务联系的过程或在处理业务的过程中所必须依赖的其他知情方或相关方的情况并为彼此的身份识别过程确定安全方面的要求。总之，在这个前提的范畴内，必须明确识

⊖ 此处所指的"资源"包括：人力资源、资金、物力、时间等。

别企业内、外部利益相关者⊖及其在企业网络安全方面的利益或其对企业的网络安全保障水平的要求或兴趣。

第二，以利益相关各方的安全需求为出发点设计网络安全战略。例如，充分考虑现行法律法规或监管规定的要求以及业务特性后，限定企业的管理层对网络攻击（含相关的管理违规）行为的容忍度并获得管理层对容忍度的承诺，明确定义对网络安全的期望并制定网络安全意识目标，与各方协商确定任何可能在无意中助长网络攻击的僵化的或脆弱的治理要素⊜并加以改善等。

第三，良好定义并设计网络安全治理工作的框架。例如，组建一个适当的网络安全治理委员会并使其能够有效地调度负责网络安全或风险控制的职能部门，规定网络安全职能的负责制和问责制并保障相关的咨询权和知情权，明确授权有关人员或岗位拥有适用于危机处置或安全事件处理等情况的必要的临机决策权并建立危机模式或应急模式下的决策流程，获得管理层对明确规定企业中其他⊜团队和个人所负有的网络安全义务、责任和任务的承诺，根据一定的原则⊕优先向利益相关者沟通网络安全事务等。

第四，不断优化网络安全资源供给并监控资源利用的有效性。例如，持续关注网络攻击（违规）事件的变化情况以跟踪网络安全工作的成果和影响，根据具体目标和目的验证网络安全资源的有效性，将对网络安全的测量和相关指标纳入绩效考核和问责机制等。

网络安全治理的关键成功因素是调动多方参与的积极性并保持合作共赢的理念和操作方法。网络安全治理的全过程中都需要尊重这样一个事实，即网络攻击（违规）事件总是针对企业价值链中那个安全保护最薄弱的环节，这要求网络安全治理工作应当在明确网络安全保护的意图和总体目标的情况下，特别是当企业并不是总面临已知的风险和威胁时，必须聚焦于处理好防范和处置网络安全攻击与保持企业的业务连续性之间的关系，允许在很大程度上保持网络安全工作的艺术性，要避免过于僵化、呆板的治理活动，引入一些"即兴创作"以应对那些不可预测的或高度智能的攻击（违规）事件。

7.1.3 典型模型

开展网络安全治理工作已有一些可供参考的模型，现整理出其中较为典型的若干内容，希望有助于读者进行思考。

1. 风险治理框架（Risk Governance Framework，RGF）

"风险治理框架"是一个适用于风险（不特指网络安全风险）治理的流程工具模型，由国际风险治理委员会（International Risk Governance Council，IRGC）提出⑤。该模型为早期识别和处理风险提供指导，其宗旨是帮助决策者、监管机构和风险管理者理解风险治理的概念并将相关方法应用于风险处理的过程。该模型利用风险特征来确定最有效的风险管理战略并选定用以实施这些战略的适当工具，建议利益相关各方（可不局限于企业的组织边界）在评估、管理以及沟通有关风险的问题的过程中，采用一种包容性的方法来描述或评价那些重要的问题，以

⊖ 此处，企业外部的利益相关者是指那些处在限定范围内（如具有直接利益）的相关者。
⊜ 例如，过度控制，或者在企业文化或职业伦理方面存在或出现的与安全需求不一致、不连续等情况。
⊜ 指除网络安全专业团队和网络安全职能部门之外的团队、个人。
⑭ 例如，"最小特权"原则（Principle of Least Privilege，POLP）、"知所必须"原则（Need-to-know Principle，NTKP）等。
⑤ 该模型由奥屯恩·雷恩（Ortwin Renn）博士领导的团队为 IRGC 制定。IRGC 是一个独立的非营利性基金会，成立于 2003 年，总部位于瑞士洛桑。

便能够适应它们（指与风险相关的问题）所具有的复杂性、不确定性和模糊性。该模型具有良好的通用性和适应性，刻画了宏观尺度上系统性⊖风险治理的方法，可以由企业针对自身的风险情况进行定制使用。

该框架描述了一个可以被划分为5个阶段的动态过程。这个过程由4个相互关联的要素以及这些要素相互交织而成的3个工作面组成。

1）5个相互衔接的阶段：风险预估、风险认定、风险评估、风险管理和各方沟通。

2）相互关联的4个要素："认知"要素，指在广泛的背景下识别风险并描述与风险有关的重要问题，用以设置治理工作的周界。"评估"要素，指对构成这些风险的原因，以及这些风险可能给企业造成的后果进行评估。评估的内容限于那些技术性的（或可被感知的）部分。"定性"要素，指对风险的性质以及对风险采取管理措施的必要性做出判断。"管控"要素，指决定采取何种方式对风险进行管控并实施这些措施。所有这些要素，又都可以由行为者、规则、惯例、流程和机制等基本元素组成。

3）相互交织的3个工作面：利益相关各方之间的沟通、接触以及在风险管控工作中的前后衔接。

2. 有关安全治理的框架和模型

2003年，企业治理工作组（The Corporate Governance Task Force，CGTF）在商业软件联盟（The Business Software Alliance，BSA）的工作基础上，定义了一个有关信息安全治理的初级框架（模型），主要包括参与者、业务驱动力、角色和责任、审计4个组成要素。

2007年，扬·埃洛夫（Jan Harm PetrusEloff）博士与其学生阿黛尔·达维加（Adele Da Veiga）博士在其前期（2005年）工作的基础上发展了PROTECT方法（Policies，Risks，Objectives，Technology，Execute，Compliance，and Team），提出了一个具有4个层次的信息安全治理框架，整合了安全战略、安全管理（实施）过程、技术保护措施、动态更新（适应变化）等主要内容，从管理、操作和技术角度进一步完善了安全治理的逻辑框架。

2010年，美国MITRE公司⊖在其"网络空间战备"方法论（Cyber Prep Methodology）中提出了网络安全治理（Cyber Security Governance）模型作为其方法论的组件之一，主要用以应对高级持续性威胁（Advanced Persistent Threat，APT）。该模型结合了治理成熟度的概念，共分为5个级别，对战略整合、相关学科、减少网络风险的方法、适应性和灵活性、高参与度、网络风险分析6个要素应该达到的程度进行了详细的规划。该模型为企业评估网络安全治理结构和识别实践中的差距并找到可能的发展方向提供了一个基本的框架。

近年来，研究者相继在面向服务的体系结构（Service-Oriented Enterprise Architecture，SOA）、云计算环境（Cloud Computing Environment，CCE）、身份管理和计算机取证（Computer Forensics）等领域中定义了专门的安全治理框架。

在这些模型中，通常会引入一种被称为GRC（治理、风险管理和合规）方法的企业风险管理方法。GRC方法可以适用于所有类别的企业风险，或者可以集中在一个特定的风险领域（如财务风险、IT风险等）中进行运用。GRC方法源于对某些法律法规⊖（在风险管理或治理方面的要求）的遵从性需求。

⊖ 此处"系统性风险"是指社会正常运行所依赖的系统（如电信、交通、医疗等行业）所面临的风险。

⊖ MITRE公司（MITRE Corporation）是一家被特许为美国联邦政府提供工程和技术指导的私营非营利性公司，1958年成立于美国，其前身是美国麻省理工学院林肯实验室，总部位于美国弗吉尼亚州麦克莱恩。

⊜ 例如，美国2002年版萨班斯法案（Sarbanes-Oxley Act of 2002，SOX）。

7.2 企业的网络安全协作

网络安全治理的过程离不开多方的参与以及相互之间的协作。协作的目的是寻求所有利益相关方的共赢，这也是企业构建网络安全生态所能得到的红利之一。有必要首先区分一下合作与协作的概念。协作与合作在含义上虽然都包含共同完成任务或实现共同目标的过程等内容，但并不相同。

合作是指参与者选择以一种能够获得支持或者有益于各方中至少一方的方式进行互动。从冲突模式的观点来看，合作是动态的，是处理冲突的三种方式的一种（另两种分别是妥协和迁就）。参与者采用妥协的方式达成"中间立场"的过程中可能会表现出合作的行为，但这个过程是一方选择默认和适应另一方的愿望，其结果是双方或多方无法实现双赢或共赢——总有一方的利益受到了损害（或未达成预期目的）。

协作是指一种双赢或共赢，各方都对最终的解决方案或结果感到满意。协作不是一个单纯的技术性的过程，涉及各方的想法、理念，甚至是个人感觉的共同作用，是各方在彼此的互动中在寻求互惠互利的心态的作用下而产生的一个彼此满意的最佳结果。

由此可以发现，如果将网络安全治理、网络安全管理或网络安全运营保障视作一个共同生态的一部分，所有各方以一种休戚与共的"命运共同体"的理念积极参与其中，形成协作，则将在很大程度上为网络安全工作整体减轻负担，也为企业的运营减轻负担。

网络安全治理为网络安全协作提供了制度保障和资源保障，是网络安全协作的基础。

7.2.1 以共赢为愿景

传统上，偏技术（操作）性质的安全部门在开展工作时有各自为政的习惯，管理性质的安全部门往往因为"眼高手低"而被诟病。在当前时代，中国社会正在快速进行的数字化转型将有力地淘汰这些工作方法或工作习惯。利益相关各方能争取到协作，必然需要各自都拥有一个成熟、开放的视角，需要各方付出大量的时间、努力、坚守、创造性思维和开放的交流，需要各方坚定地相信在彼此之间存在更大的利益和更长久的利益，需要各方都能自信拥有足够的能力和资源在互动中各取所需，互补互惠。

例如，对于企业的业务团队而言，网络安全团队就是一个值得进行协作的伙伴。对于网络安全团队而言，研发团队和业务团队都是自己需要争取能够协作的对象。甚至，从技术层面而言，企业外部的——比如，安全行业中的同行——都是企业网络安全团队潜在的协作对象。这是因为，安全行业的信息共享已经历史性地具备了物质基础和技术基础。人工智能技术和大数据技术，为网络安全态势感知和威胁情报处理提供了更多可靠的选择。安全信息的孤岛时代即将过去，通过第三方平台进行的安全威胁和安全事件信息的交流已经越来越普遍，甚至成为某些探针类设备或基于传感器的体系的内置、标配功能⊖。这表明，协作至少可以是一种有效的安全手段。

网络安全领域中，一些劳动密集型的场景，例如在网络安全运营的过程中持续的安全威胁监测以及供应链安全风险跟踪等，已经成为企业的"重成本运营"领域，不仅是因为组建网络

⊖ 例如，威胁狩猎（Threat Hunting）之类的云端（Cloud-based）增强功能。

安全团队导致的人工成本的增加，还包括大量的随着线性扩容而来的技术装备的采购和使用成本（虽然自动化技术和集约化运营有望降低人工成本，但现阶段，自动化技术本身也非常昂贵且集约化运营的灵活性还不令人满意）。除了重成本运营问题之外，企业在人力资源方面也面临挑战。例如，缺乏能够胜任且有经验的首席信息安全官（或技术专家）。除了教育之外，合格的首席信息安全官和技术专家必须在网络安全涉及的所有方面拥有丰富的实践经验。寻找、雇用和保留合格的首席信息安全官和技术专家的成本会高得有些让人望而却步。

因此，如果能够在宏观的尺度上开展同行协作，将有望通过吸引低成本的高效资源（不仅仅是来自企业的生态系统）来有效地阻止威胁，也有望提高运营效率、促进安全团队之间经验教训的共享和知识的积累。事实上，企业组建专门的网络安全团队就是一种协作的结果，安全团队将时间集中在安全工程和安全管理架构设计与优化上，为业务团队有效地减轻了在其内部频繁进行安全操作的负担，在整体上降低了企业的运营成本并提高了工作成效。

7.2.2　谋求共同安全

不可否认，网络安全是国家和经济安全的重大挑战。无论对于个人、企业还是国家（包括其他形态的行为者）来说，网络世界中的各种威胁都是现实的、真实的，或者即时的，有可能在瞬息之间便可决定成败，由此而产生的安全问题，始终都是一种深远而艰巨的挑战。局面如此之复杂，不由得促使人们在思想和方法上倾向于选择进行协作，以共同之力应对网络安全问题。

协作的需求，促成了利益相关各方发展出某种"伙伴关系"。在网络安全治理的实践之中，这种"伙伴关系"可以成为一种有力的工具。企业与企业之间、企业与政府之间、企业与服务对象之间都可以通过构建和调整伙伴关系，发展出一个强大的网络安全生态，这将使得各方有能力应对各种可能的网络打击或网络安全威胁。

不妨以美国的情况为例，进行一些观察和思考。

公私伙伴关系

美国历史上一直存在各种形式的公私伙伴关系，在网络空间安全领域也不例外，并且显得尤为重要。公私伙伴关系既是美国社会的一种事实上的传统，也有其现实的基础和约束。因为，在美国，几乎所有的关键（信息）基础设施都是由私人控制，离开公私伙伴关系谈网络安全，会显得十分不切实际。事实上，公私伙伴关系在美国联邦机构中一直都存在。一百多年来，NIST 始终在倡导政府和私营企业之间进行合作并不断推动这一进程。

公私合作一直是美国网络安全政策的基石。特别是，美国保护关键基础设施免受网络威胁的政策一直构建于私营企业和联邦政府之间的半自愿的伙伴关系基础之上。之所以说这种公私伙伴关系是半自愿的，主要是因为，美国联邦政府在一些行业（如金融、电信、能源等）实施了监管或其他有目的的政府干预，以强制、诱导或促进这些企业在网络安全方面采取某些行动。而另外的私营企业"自愿"的那部分，则主要是联邦政府机构在私营企业之间采取某些协调行动开展网络安全信息共享。无论是否"自愿"，公私伙伴关系可以很好地将私营部门的专业知识和创新，与政府的独特能力和资源相结合，发挥出互补的作用，也在客观上为实现共赢的目的（国家利益）提供了保证。

早在 1998 年，美国第 63 号"总统令"（Presidential Decision Directive 63）规定：关键基础设施的所有者和运营商应共同收集、分析和传播可操作的威胁信息并为其成员提供降低风险和增强弹性的工具。这促使每个关键基础设施部门都建立了一个"信息共享和分析中心",专门负责网络安全协作工作。历经 20 多年的发展,它们中的许多单位已经取得大量成果,显著增强了网络安全威胁监测、预警方面的能力。例如,美国通信信息共享和分析中心,也称为美国国土安全部国家协调中心,是美国国土安全部国家网络安全和通信体系整合中心的一部分。这个中心负责美国境内的网络安全态势感知以及网络安全事件的响应和管理,7×24 小时全天候运作,是"为美国联邦政府、情报界和执法部门整合网络空间和通信能力的国家级枢纽",致力于降低所有关键基础设施内部和彼此之间的网络安全风险,并且与其他国家和私营部门的计算机应急小组合作并分享有关信息,包括控制相关系统的安全事件影响的措施和方法、缓解相关系统面临的网络安全威胁的措施和方法等信息或情报。

2013 年,美国政府第 13636 号行政令要求"(美国政府)要通过与关键基础设施的所有者和经营者建立伙伴关系,以改善网络安全信息的共享。(美国政府)要与之合作制定并实施基于风险的标准,从而增强国家关键基础设施的安全性和恢复能力,促进创新和效率"。美国国会于 2015 年立法,通过《网络安全信息共享法案》进一步创建了一个框架,以促进"公—私"和"私—公"两个方向的网络安全信息共享,鼓励公共和私营部门实体之间共享网络威胁信息,允许更多的合作和协作。2018 年,美国政府第 13800 号行政命令强调了美国政府"支持国家关键基础设施所有者和经营者管理网络安全风险的努力",呼吁多方进行"合作"以提高应对网络安全挑战的能力。

除此之外,在技术手段上,美国政府已经开发出以"自动指标共享"(Automated Indicator Sharing,AIS)为代表的技术,"使联邦政府和私营部门之间能够以机器速度交换网络威胁指标"。这为巩固公私伙伴关系的方法论和政策,打下了坚实的技术基础和物质基础。2021 年,美国国家安全局在美国马里兰州米德堡成立了网络安全协作中心,以便政府和私营部门的网络安全专家能够实时交流来自对手的网络安全威胁信息,目的是面对威胁可以采取一致行动或提高一致行动的效果。

总结美国的做法可以得到一些启发:我们的网信部门强有力的领导是做好网络安全工作的必要条件。可以转变思维方式,从主要关注网络安全的技术或管理转到关注网络安全治理上来,以此为出发点,将政府、行业主体乃至个人纳入某种团结、紧密、有效的网络安全战略的框架之内,主动调整彼此之间的关系,构建广泛、丰满、公平的伙伴关系,推动网络安全生态的形成和发展,以共赢为愿景,谋求共同安全。

7.3 小结

建立一个全面的网络安全治理框架并实现网络安全治理,是企业开展网络安全工作的必由之路,也是前进的方向。我们应当警惕这样一种思路:以保护安全的名义对所有的个体进行监控。这种思路不是网络安全治理的初衷和本意。网络安全治理不是为了回答有多少攻击被阻止(企图)以及这些攻击的来源是什么的问题。网络安全治理工作的首要任务是要在企业内部帮助全体员工乃至全体利益相关者各方意识到他们在网络安全工作中的责任与义务。这是一种综合性的工作,是企业运营过程中不可回避的问题,也是在企业中培养可接受的网络安全文化的必要步骤,需要强有力的领导者在管理、技术、人员等不同层面或层级上建立解决问题的体系,要使这些体系能够协同运作,以便发挥出预期的效能。

真正的挑战是,在网络安全问题上没有一个企业可以独善其身。

第 **2** 部分
企业网络安全管理实务操作

企业的网络安全管理工作在实践操作的过程中具有很多细节，不同于传统的专业技术工作中的循规蹈矩、按部就班，而是在其基础上有传承和创新，具有新的特点和风格。例如：首先，网络安全工作的政策性非常强，需要工作人员在坚持足够的原则性的同时还要具备足够的灵活性，要善于沟通和协调；其次，网络安全工作的工作环境相对恶劣，工作强度和工作压力都非常大，需要工作人员的心理素质和身体素质都要好；再次，网络安全工作的工作内容的专业性和技巧性要求都非常高，需要工作人员不但要技能过硬，还要勤于思考，不断加以总结、改进和提高。所有这些特点，如果单独来看并无什么特别之处，但如果综合在一个工作人员的身上，则显然可见其难度之大。

具体来说，网络安全管理人员的主要工作职责和内容可以归纳为5个方面：①网络安全管理体系的设计、运作与维护；②组织开展网络安全防护或保障工作；③网络安全危机管控或（突发）事件处理；④组织开展安全性测试、评估与审查；⑤组织实施网络安全威胁治理。还有其他一些临时性的工作，比如在重要时间段或时期内的加强保障以及检验性质的实际操作演练（实操演练）或演习等。

企业中的每位成员（包括：企业的所有权人、决策者、管理执行团队、管理者、员工）以及与企业有直接联系的利益相关各方（包括：产品供应者、服务提供者、业务合作伙伴、债权人或投资方、监管机构或组织等）同样也都需要承担各自的网络安全责任或义务。这是企业的网络安全管理实务操作中经常容易被忽略的问题。我们务必需要树立一种观念，网络安全是企业中每个人都要承担的责任：从最高管理层到最初级的员工。

企业网络安全管理实务的本质目的应当是企业在网络空间中与可能的冲突者进行对抗并确保得到生存的机会，或在某种可接受的情况下与冲突者之间维持某种平衡，确保获得持续的生产力来支撑企业不间断地、按要求地向外提供服务并得到回报。这是企业开展网络安全管理实务的底线。企业的网络安全工作绝对不是单纯为了"安全"而对抗、不是单纯为了"安全"而管理、不是单纯为了"合规"而安全。此外，企业的网络安全管理实务应不主动涉及任何军事目的的网络安全行动或行为，当然，在面临军事行动的威胁时也不能坐以待毙。

第 8 章　网络安全管理体系运作

网络安全管理绝不是一个 IT 问题或者所谓的"技术"问题，也不是某种业务问题，而是企业的一个运营问题、管理问题或者治理问题。没有任何两个企业能够以相同的方式实施网络安全管理。

网络安全管理体系的运作就是在企业中进行网络安全管理实践。这代表着灵活的、生机勃勃的力量和希望，运作网络安全管理体系将在很大程度上使得网络安全管理变得可感知——使其变得具体而形象，即通过适当的控制和审查，可以有效地弥合各方面控制手段的空隙——这对于通常情况下救火队似的网络安全管理部门和网络安全专业人员而言，无疑将会提供更为有效的工具。

网络安全管理实务与网络安全管理的理论或者模型、方法论之间，往往会存在一定的客观差距，这是两者之间信息不同步形成的现象。实务通常应该由理论来指导和引领，理论应当来源于实务的经验总结和反思。网络安全从业者应当尊重这两者之间的辩证关系，争取在实务过程中取得良好的效果。

从实务的角度来看，网络安全管理体系的传统运作主要包括：划分边界、设立不同的安全域，加固系统、夯实根基，安排"哨位"、设立"关防"，鉴别身份、核实授权，感知威胁、分析态势等。所有这些并不局限在技术手段，而是务必要充分考虑企业管理的工具性并发挥其应有的效能。

8.1　安全域划分

通常，安全域的概念在等级化安全保护和网络结构（拓扑）安全的话题中出现最多。从历史发展的角度看，安全域的概念起源于"隔离"的需要，是最为传统的防御手段之一。本书在"ECMA 的若干模型"一节中，对此已经进行了说明。出现安全域概念的地方，基本上暗示了将要构建"纵深防御"体系的想法。构建"纵深防御"体系是最为简便易行的方法，也是经历考验最多、实务操作最为成熟的方法，至今，已经成为广泛流传的网络安全解决方案的基石。

划分安全域的目的，主要是在限定的区域内（有限的边界内）实施统一的控制策略和管理要求，同时还能在一定范围和一定程度上兼顾安全性与便利性之间的平衡。这种思路，比较好地融合了技术要求和经济成本以及管理难度之间多种要素的交叉约束关系，是一种务实的做法，也为等级保护思想的形成提供了原初的素材。

所谓"域"，就是指被确定边界所包围的区域或空间。出于安全目的而划分的域，往往被统称为"安全域"。最初的域，是指物理的、具象的实体，比如，在地理空间上的区分格划、聚落、区域等，还可以是堡垒要塞、城池、工事等。在现代技术的条件下，域的概念渐渐从"物理"域的范畴扩展到了"逻辑"域，能够基于信息系统的功能、性能的不同而形成诸如网络域、计算域、管理域等不同的概念。

在安全域的基础上布防安全手段是纵深防御体制下最重要、最基础的手段之一。在进行信息系统建设时，需要对安全域的划分优先予以细致考虑并进行良好设计，甚至，在某些重要性极高的场合，安全域的设计是整个信息系统设计的起点和基础。划分安全域时，可以根据视角的不同和安全策略的不同而分为基于网络的安全域、基于授权的安全域等多种形式。

8.1.1　基于网络划分安全域

基于网络划分的安全域（Networking-based Security Domain，NSD）是指，在规定的网络⊖的范围内，以具体的网络设备为基点，循设备之间的通信链路为界而划定的用以安全保护目的的识别区域和操作区域。提及这类安全域的概念时，通常都会包括其物理的和逻辑的两个层面的含义。物理层面的含义是指，每个基于网络划分的安全域都会有与之相对应的物理意义上的区域，例如，机柜、机架、槽道、机房、杆路、站点等。逻辑层面的含义是指，依照该网络系统中的逻辑部件或功能部件（组网结构）而划定的区域，例如，网关、中继、核心（包括计算、存储、应用等）。在描述这类安全域的概念时，往往会具体指明是某个网段或某个 VLAN（Virtual LANs，虚拟局域网）。有时，也会根据网段之间的隔离情况而将不同的安全域称作内网、外网、"非军事区"（Demilitarized Zone，DMZ）等。在内网，还可以继续细分为办公区、生产区、外联区、应用区（普通业务区、核心业务区）、数据库区……

基于网络划分的安全域具有操作简便、简单易懂的优点。它类似于轮船中的水密舱的概念。在网络中划定安全域后，一旦遭到攻击者的入侵或打击，则可以有效地迟滞攻击者进行"横向"的渗透攻击，可以将恶意的网络流量、失陷主机、攻击者等限制在并隔离于一个相对较小的或明确的区域之内，可以在一定程度上减小攻击造成的损失；或者，也可以"集中火力"与之进行对抗并寄希望于"御敌于国门之外"。

1. 网关与马其诺防线

网关（Gateway）是基于网络划分的安全域的核心。在形态上，网关可以是路由器、交换机或者防火墙的任何一种或它们中的任意组合，但通常是泛指所有具备"防火墙功能⊖"的设备（群）。某些特定功能的网络设备（如网闸）也会被包含在网关的概念之中。在作用上，网关是构建安全防御体系的核心。全部安全保护策略和措施，均以网关为界，网关内、外的安全策略不同：对于（来自）网关之外的网络流量或服务请求，均视为不可信，需要进行严密设防；而对于能够通过网关或域内（即未穿行网关）的网络流量或服务请求，均视为可信，通常不再对其设防或减少设防。这种安全策略，也可被称作是以网关或边界为中心的安全策略（Boundary-based Security Policies，BSP）。

基于网络划分的安全域、网关以及配套的安全策略，大致就可以快速构成企业版的"网络马其诺防线"。如果网关数量足够多，或者安全域划分得足够细密，就可以构成某种"纵深防御"体系。这是近年来普遍见于网络安全行业的做法。

⊖　可以是物理意义上的网络，也可以是逻辑划分的网络（虚拟网络）。
⊜　含虚拟局域网或虚拟可扩展局域网（VxLAN）等逻辑隔离功能的组件。

2. 防火墙

防火墙是一种网络安全设备，它监控传入和传出的网络流量并根据预置的安全规则决定是允许还是阻止指定的流量。几十年来，防火墙一直是网络安全的第一道防线，人们对它的大名耳熟能详，拿它作为网络安全的代名词，甚至还发展出了一种"防火墙崇拜"⊖，比如，网络安全服务提供商经常为甲方量身定制"防火墙三明治"式的网络架构从而换得甲方愉快的认购和持续的资金投入。

防火墙的作用就是在可信任的和不可信任的外部网络和受控内部网络之间建立屏障，在构成上，可以是硬件或软件，也可两者兼有。防火墙可以分为代理型防火墙、状态检测型防火墙、包过滤防火墙等类型，包括统一威胁管理防火墙（UTM⊖）、下一代防火墙（Next-generation Firewall，NGFW）、狩猎型下一代防火墙（APT NGFW）和虚拟防火墙（Virtual Firewall，VFW）等代际形态。其中，虚拟防火墙通常是软件定义网络中的关键组件，以虚拟设备的方式部署在私有云或公共云之中，以监控和保护物理网络和虚拟网络之间的网络访问。在此基础上，还发展出了类似虚拟私有云（Virtual Private Cloud，VPC）等微分段（Micro-segmentation）技术以进一步适应在云化环境进行安全域划分的需要。

防火墙只是一种必要的工具。它们并不是网络安全管理实务的核心，更不是网络安全的核心，而且从来都不是。如果以防火墙作为企业的网络安全工作的基石和全部追求目标，则企业必将在适应互联网或数字化运营的过程中，被对手远远抛下。

3. 网闸与隔离

网闸是一类以物理隔离技术为基础的网络安全设备，主要作用是在通信两端的网络链路上切断两端设备之间的直接连接的同时保证其应用数据得以交换。通常，其实现方式是：依次在网闸上的某对网络接口之间，分配用于读写数据的硬件资源，通过"摆渡"的方式完成数据在端口之间的交换。在这个过程中，网闸通过在链路层重新封装数据的方法，阻断了内部网络与互联网的直接连接（协议不兼容），使用不可编程的硬件在内部完成数据的"摆渡"，本质是一种利用异构冗余技术提高安全性的方法。网闸主要应用在一些保密要求较高的场合。例如，涉及政务、金融、能源等事务的内网通常都需要根据监管要求与外网（互联网）实行严格的物理隔离。

除网闸之外，还可以使用单向数据传输设备来完成内部网络和互联网隔离的任务。而更加稳妥的方法是，组建专门的网络并严格根据数据流向的要求限定网络的运行。网络的隔离可以天然形成基于网络的安全域，但在云化的环境下，传统的网络架构和（物理含义上）边界的概念变得模糊，这使得事情变得有些复杂。为此，除这些纯硬件机制的物理隔离技术外，还相应发展出了虚拟机技术（隔离硬件）、容器虚拟化技术（隔离操作系统）、编程语言虚拟机技术（隔离运行环境）等，使网络隔离的概念也得到了丰富和发展。

4. 非军事区

非军事区（DMZ）是指在两个不同的网络之间充当缓冲区的计算机网络。这些网络配备有自己专用的 IP 地址，通过访问控制策略和规则来实现隔离并且不直接与本地网络中的任何设备相连。这种设置在一定程度上实现了本地局域网（内部网络）和互联网分离。但这只是逻辑上的分离，理论上，在这种情况下防火墙作为桥接通道，仍然无法为不同网络之间提供可靠的

⊖ 指盲目崇拜以防火墙为代表的网络安全防护的技术能力，认为防火墙可以解决一切网络安全问题。这是将网络安全保护工作庸俗化、机械化或工具化的一种不恰当的且不负责任的观点。

⊖ Unified Threat Management，UTM。也可称作"统一威胁网关"。

隔离。

现实中，大多数的组网方案都使用了"非军事区"这种"标准"方法，将所有网络汇聚到网关的三个不同方向的端口上，通过设置访问控制列表（Access Control List，ACL）来实现网段之间的隔离（即"T"构型）。在一些极端的情况下，"非军事区"的结构还可以堆叠（即"Ⅱ"构型）。

8.1.2 基于授权划分安全域

基于授权划分的安全域（Authorizing-based Security Domain，ASD）是指根据操作者属性的不同而授予其必要的权限，在此基础上，以操作者为基点，循其授权范围为界在网络或系统中划定的用以安全保护目的的识别区域和操作区域。

这类安全域的划定，是在给定的范围内，以操作者为客体，从人员管理（责任制管理）的角度来实施相关工作。并且，对于"操作者"的概念还可以进行外延，不一定只有人类才是"操作者"，任何对资源（硬件、数据、服务、工作流、用户账户等）的存取（访问）行为的主体，对资源而言都可以是"操作者"。

ASD方法强化了授权的意识和作用，在一定程度上弥补了基于网络划分安全域方法中的一些不足。这些不足，主要指管控灵活性方面的不足，访问控制的管控粒度较大，不利于进行细粒度管控或不适用于需要进行细粒度管控的场合。例如，在NSD模式下，"受信任"网络中的用户，有能力在网络中进行完全访问或对自身可访问的任何数据进行完全控制（如传播给其他人等）。

ASD方法和传统的基于域而进行授权的方法正好相反。后者是一种相对简单的信任机制，无法精确地控制细粒度的访问活动，例如，基于网络划分安全域并对流量进行控制就是一种基于域的授权。还有，近年来兴起的"零信任架构"为ASD应用提供了很好的范例。

1. 零信任体系结构(Zero Trust Architecture，ZTA)

零信任的理念将网络安全防御从基于固定的、显性的网络边界转移到了基于动态的、个性化的用户可访问对象的最小实体，可将防线构筑在资源访问的行为之上。零信任假设不基于可见资产（指具有物理或网络位置的实体）或用户账户进行授权，不接受或默认由此授权而带来的信任关系。零信任机制下，仅基于资源的所有权授予访问权限，并且，这种授权是在建立网络通信的会话之前就执行的离散功能。

零信任的中心思想是不信任任何人或物或事，对企业资源的任何访问行为都需要进行身份鉴别和权限验证等访问管理过程才能获得最低级别的授权，不留例外。零信任的体系结构中，所有的网络（或信息系统）用户，以及网络中所有设备、服务或应用程序，彼此之间都默认互不信任。

这种思想正深刻地影响当前网络（或信息系统）的建设思路。传统上，网络都是"从外到内"进行构建，这个过程可以概括为：在已有资源的边缘建设互联的通路，将它们相连，然后向内建造新的系统。只有在网络构建的最后，用户才会被允许将资源⊖插⊜入该网络。整个过程中几乎从不考虑安全方面的需求以及潜在的影响（在这些影响中当然也包括安全方面的原

⊖ 同上，指硬件、数据、服务、工作流、用户账户（身份标识）等。
⊜ 之所以用"插"字而不是"接"字，是为了更形象地突出"先有网络再有用户"的这种模式。

因而对网络自身所造成的影响）。甚至可以说：网络用户更关心的是网络基础设施——这些"路"而不是数据——这些通信的"目的"。

"修路"相对更容易而保障"行路"的安全却要复杂得多。以零信任的概念来说，网络通信的过程应当侧重于保护资源而不是单纯保护网络。可以从构建网络的方式开始改变传统——"从内到外"地构建网络，从需要保护的资源以及需要合规的地方为起点构建网络，先确定目的和值得保护的资源，然后想办法"修路"（即组网）。

零信任的概念试图改变"安全于网络而言只是一层附着物"的现状和观念，试图将安全作为一种基因刻入网络本身之中，使之成为网络的先天禀赋而不再是后天的机缘。

时至今日，零信任体系结构中所规划的技术和构件并不都已经存在于现实之中，很大程度上还处在技术更新的过程之中。人们并不能简单地去市场上买回一个零信任的网络来用，而是寄希望人们能够从一个新的角度来看待网络设计，能够用零信任的概念来纠正某些偏见，去改进已有的构建网络的方法，或者最终能发展出新的有效保障安全的组网方法。这个过程不能简单地用技术的大规模替代来完成。

根据 Forrester⊖公司的零信任模型，零信任体系结构中主要规划了基于微核心（Micro Core）与微隔离（Micro Segmentation）技术的三种技术要素（场景）。

第一，使用集成的"隔离网关"（Segmentation Gateway，SG）作为网络的核心。当前的网络依赖于大量的安全设备和控制措施来保护网络及其数据。而零信任的愿景是设想能够将所有用来"分段"（即隔离）的技术（如 NAC、xFWs⊖、VPN 等）集成在一个设备上实现，并且，以这个设备作为网络的核心，进行高速转发的同时能够提供服务质量控制或数据包整形功能以保持网络的性能，使网络本身能够通过某种嵌入式的方式适当地确定"分段"（即划定安全域），从而安全地完成通信任务。幸运的是，这一技术目前已经取得较大的进展。

第二，创建并行、安全的网段。隔离网关（SG）负责进行全局策略定义，使得每个连接到 SG 接口的交换区都成为一个隔离区。每个隔离区都有自己的微核心，可以在隔离区（即由软件定义的"边界"）内决定特定资源共享过程中的功能和策略属性。所有微核心最终聚合到一个统一的交换结构中，接受统一的控制，能够从单一控制台进行集中式管理。

第三，创建数据采集网络（Data Acquisition Network，DAN）以获得完整的网络可见性。通过数据采集网络（DAN），隔离网关（SG）将提取来自于每个微核心和微隔离区的监测数据（通常形式是采样的数据包、syslog 或 SNMP 消息等），这些数据在检查和记录进出每个微核心和微隔离区的所有流量时近乎实时产生。隔离网关（SG）将采集的数据送到后端的集中处理系统（如态势感知系统）中，最终完成网络安全信息的集中捕获、分析和可视化呈现。

2006 年，在美国率先出现了零信任的概念。其原型⊖由美国国防部及其下属的国防信息系统局在《全球信息网络架构愿景》中提出。2010 年，时任 Forrester 公司副总裁兼安全和风险团队首席分析师的约翰·金德瓦格（John Kindervag）先生发明了"零信任"这个术语并促进了零信任概念的广泛传播。

2. 基于数据划分安全域

随着零信任理念的兴起，有些对于网络安全的新看法认为：数据逐渐成为企业的核心资

⊖ Forrester 公司（Forrester Research，Inc）是一家研究和咨询公司，于 1983 年成立于美国，总部位于美国马萨诸塞州剑桥市。
⊖ 指各种类型的防火墙。
⊖ 称为"黑核"（Black Core）技术，设计用于为目标 GIG 中任何位置的用户和服务提供端到端的保护，以保护他（它）们相互之间进行信息交换时的安全。

产，数据安全和隐私保护已经成为企业的关注点，安全体系架构应由之前的"以网络为中心"过渡到"以数据为中心"。在这种观点的影响下，基于数据划分安全域也就成了一种可能的技术路线。

基于数据划分的安全域（Data-based Security Domain，DSD），就是指人们要能够认识到数据的可流动性并在尊重这种流动性的基础上，进一步将安全域划分的原初含义中所隐含的静态性的意义加以改变，赋予其同步的动态性和进一步的可分性，从而形成以数据为中心的设防区域，加强对数据或使用数据目的的保护。

数据可以流动，是所谓"数据时代"的特征之一。数据的主体权利则是对数据流动性的锚定，是在更宏观层面表现出的对 DSD 存在价值的需求。对于可以流动的保护对象加以识别，区分出其生命周期的含义，则是划定 DSD 的基本方法。这是将单纯的空间概念转变为时空概念，将是一种对安全域理论和实践的突破与尝试。比如，数据的载体将可能成为一种 DSD 的承载形式。

综上，在具体的网络安全管理实务中，应当注意是否有必要因循传统的安全域思想，是否可以尝试选取更恰当的技术路线或关键措施，是每个从业者必须要考虑的问题。那么，我们是否可以彻底舍弃基于网络边界的策略而完全转为更细小颗粒度（灵活的）的安全体系呢？答案显然是否定的。传统的边界至今仍可以有效地抵御一定程度的网络攻击，层出不穷的各种"花式"防火墙方案在一定程度上很好地证明了这个情况。

如果将现有的网络边界（"城墙"）推倒重来，一是不能保护已有投资造成较大浪费，二是没有完全的必要。因此，在传统的边界防护的基础上（即在"城墙"内部）构建新型的防御体系则不失为一种理性的选择。使用防火墙、软件容器或者其他的手段来划分安全域的具体方法，比如，制定网络安全策略表⊖、配置边界防护设备等，在相关书籍中已多有介绍。本书于此不再赘述，读者可自行参阅相关资料。

8.2 系统的加固

企业中常见一种场景：任何新购置的设备或新交付的软件系统，在其软、硬件的安装、调试工作结束后，通常都只是在业务功能方面进行确认，而作为系统整体的安全性能，却鲜有人问津。

这种情况必须改变。在企业的网络安全管理实务中，一项重要的任务就是要组织力量对企业的网络和系统（基础设施）的各种配置参数进行调整和优化，以满足本企业的网络安全管理要求，这个过程就是一种加固。此外，作为针对各种安全性能测试结果或安全事件监测结果的处置工作的一部分，企业的基础设施也将会被实施一系列安全管控措施，包括：①漏洞修补；②策略调整；③管理优化等。

8.2.1 安全基线

安全基线（Security Baseline），顾名思义，是指安全的基准线或起始水平的标准。也可以理解为：在已知的情况下，对一个目标系统进行网络安全保护时所需采取的安全措施的最小集

合，或者是使目标系统应当获得的最低安全保护能力的集合。这种最低安全保护，意味着将会有一个或多个特定的安全类别，通常，这些类别会被称作网络安全保护的等级。安全基线实际上就是不同安全保护等级所对应的安全控制措施的初始集合。

在网络安全管理实务中，企业往往会习惯性地或者有些盲目地表现出较大的风险偏好，难免会以侥幸心理为出发点，去权衡成本与风险。这导致了安全基线往往成为网络安全团队与企业管理层之间意见的分水岭和事实上的分界线，双方的争论在很大程度上最终都将停留在安全基线附近：对于管理层而言，突破安全基线意味着将要毫无例外地去承担网络安全风险的全部管理责任甚至会被追究法律责任；而对于安全团队而言，安全基线是与所有非专业力量进行妥协或让步的最终技术底线。"基线"或"安全基线"也因此现实原因而成为广受关注的概念，与"防火墙"一样，成为网络安全专业的明星代表。

企业在运营的具体实践方面各不相同，但需要遵循共同的原则：不管其所属行业、所处国家或地域如何，不管其规模如何，都应有一条完整的安全基线。安全基线是一种基准性的要求，涉及很多方面的内容，既要有框架性质的结构，又要有具体的操作规范，需要全面、完善、专业的开发并且要对其自身进行稳妥的管控。

1. 主要内容

由于安全基线具有特殊重要的现实意义，因此各行业已经开发出很多安全基线的标准。一些大型的企业，甚至还有自己更加精细的关于安全基线的政策要求。归纳而言，安全基线应当是一个三维的结构。只是在习惯上，人们通常会根据具体的场景而只引用其中某一个维度的向量来执行。

从安全需求的角度来看，安全基线至少要包括：（甲）身份管理⊖；（乙）访问控制⊜；（丙）运行监测⊜；（丁）审计管理四部分基本内容。这是安全基线的第一个维度。

根据业务要求、功能结构和系统实现等现实因素的制约，安全基线的四部分基本内容还需要和具体的设备、系统形态相匹配，因此，形成了安全基线的第二个维度，包括：（a）网络设备；（b）安全设备；（c）操作系统；（d）Web 中间件；（e）数据库系统；（f）可控部分的业务应用的运行情况。

第三个维度，主要是从安全保障的角度来看，安全基线需要包括：①固有脆弱性（技术性漏洞）；②配置脆弱性；③运行脆弱性。

以业务系统为工作对象，安全基线就是由以上三个维度中所必须满足的要求的最小集合构成。任何安全基线都可以写成"甲乙丙丁—abcdef—①②③"的形式。这也是自动化开展安全基线配置与核查的基础之一。

广义上，网络安全等级保护标准也是一种基线，在后面的章节中将会对其进行介绍。

2. 主要方法

安全基线的方法基础，仍然是对安全属性的五个基本要素⒄的保护以及在其面对安全挑战时企业所应具备的应对能力。应用安全基线的基本方法是一种分类分级法。这需要预先设定一个关系矩阵，用来明确描述安全基线中每一条控制措施的具体内容和安全属性之间的耦合关系，进而通过查表的方法，根据实际情况通过"裁剪"生成一个适用的子集。

⊖ 包括授权、鉴权、赋权。
⊜ 包括对数据处理的安全要求，即数据安全要求。
⊜ 包括记日志在内的各种记录方式。
⒄ 也可进一步扩展为六个属性：机密性、完整性、可用性、可控性、可审性和主体性。

目前，常用的网络安全基线大约可以包含数千项控制措施，涵盖网络安全的管理和技术等众多方面。安全基线必须应当是动态的，需要至少每年审查一次其中的控制措施，如有必要，还要对这些控制措施进行修订或扩展。保持这种必要的动态性将会为提高安全基线的实用性提供帮助：第一，可以把上个周期中使用控制措施获得的经验固化下来，沉淀形成新的标准操作内容；第二，根据经验，企业内外部的安全要求会随着时间的推移而变化，整个安全工作的体系都需要不断适应这些变化，安全基线也不能例外；第三，可以回顾上个周期以来出现的新技术情况，根据可用性按需对现有安全基线的内容进行升级。第三点尤为重要：在这个过程中，安全控制基线的调整必须与企业的管理层协调并获得其批准，由此产生的新的安全基线的内容必须明确记录在案。这里所说的"企业的管理层"至少应当包括被安全基线所函纳的业务系统的管理者以及企业的网络安全负责人。

3. 实务难点

通常情况下，安全基线的规范、操作手册和对其实施情况的检查，是由网络安全管理部门来负责的；所有业务系统（含必要的终端设备）的安全基线的配置与实施，是由系统的开发部门（必要时还包含业务管理部门）或运维部门（或承担直接安全责任者）来负责。

根据网络安全的管理统筹原则，为了形成网络安全工作的合力，在系统开发阶段就需要综合考虑安全基线的问题，应当协调业务需求、系统开发、系统运维之间的关系：①安全人员应建议业务系统的基础环境，包括选用的操作系统、容器、框架等，以及后期的运维规则等；②运维人员应建议业务系统的开发载具和版本控制方式等；③开发（含外包开发）人员应设计并实现除业务逻辑之外的安全逻辑并为安全基线的自动化管理预留充足的接口。

安全基线相关工作在实务过程中的表现，可以说是"理想很丰满、现实很骨感"，其涉及的内容过于细碎且与业务运维绑定的内容过多，操作过程烦琐，效率不高，还经常带有强制性，很容易在工作人员之间引发矛盾。

这会给网络安全管理实务带来一些困难。管理方面，同一目的的工作团队的不同统属，必然会带来一部分"内耗"，网络安全管理部门需要与运维部门做好协调、配合，才能真正发挥出安全基线的作用。技术方面，如果运维部门对安全工作的要求理解不到位或缺乏必要的工具支持，则实施安全基线的效率将会非常低，安全基线实施的正确率和覆盖率也都会不那么理想。

要想解决这些痛点和难点问题，除了发挥安全管理的艺术从共通的工作内容中找融点之外，恐怕只能寄希望于推动安全基线自动化手段的建立和运用。

8.2.2 自动化手段

复杂性总是给安全带来巨大的挑战。安全基线具备了使用自动化手段来辅助人类员工开展工作的全部技术要件和场景要件，是配置、管理安全基线所不可或缺的工具。目前，自动化安全基线配置（管理）仍是一个正在进行快速发展的技术方向。

自动化的安全基线工具可以将运维人员和安全人员从繁重的机械劳动中解放出来，大幅减少他们执行重复工作任务的总体工作量，使他们有机会能够保持思考的裕度，能够更具有"智慧"地去完成工作任务。企业也将因此而节省大量资金。

配置安全基线的工作主要表现是，根据一定的规则（称为安全策略）去设置特定的参数。手动完成这项工作非常耗时，而且容易出错。自动化的工具将有效克服这些困难，为高水平地开展基线配置和管理工作提供保证。自动化工具主要有两项功能：①控制正在实施的安全基线配置过程；②对这个动态的、持续的过程进行适当的监控。

当前，已有很多比较成熟的用于安全基线配置或管理的自动化工具。例如，支持安全内容自动化协议⊖（Security Content Automation Protocol，SCAP）的工具，都可以用来完成这类任务。其主要原理是：在操作系统的配合下，以一系列可批量（自动）执行的操作脚本程序作为工具，通过读取特定的日志文件或试探特定的系统状态，在比对预设阈值或特征的结果上，使其自动验证目标系统中修补程序的安装情况、检查系统安全配置的设置情况以及在特定位置查看是否存在攻击痕迹等。在 SCAP 协议中，还衍生出了一种"通用配置枚举"技术（Common Configuration E-numeration，CCE），为跨信息源（工具）的配置数据的交换或关联分析提供了标准。

通过 CCE 定义的规则，工作人员可以使用通用的唯一标识符（CCE-ID）来标记各类系统中与安全相关的配置信息，并且可将这些信息纳入基础性的信息数据库进行统一管理（分发或交换）。在此基础上，工作人员可使用自然语言在基于段落的配置文档的环境下控制自动化工具（机器可读、可执行）并能够与工具进行交互。这种方式和 CVE⊖被用来管理安全漏洞相关信息的情况相类似。CCE 也可通俗地被称为"通用基线库"。目前，CCE 只适用于基于软件的工作场景。

下面举两个例子来简要说明一些常见的安全基线的内容：例一是美国国防部主导的"安全技术实施指南"，例二是互联网安全中心的"安全基准"。

例一："安全技术实施指南"

最初出于保护美国国防部信息系统的安全需要，美国国防信息系统局研发了一系列的"安全技术实施指南"（Security Technical Implementation Guide，STIG）。这些指南可以被视为安全基线以及自动化配置和管理安全基线的典型代表。每一份指南都是由一系列具体的实施要求组成，包含关于软件和硬件的详细配置信息，用以在特定的技术领域中实现经过安全性验证的、标准化了的、可分步骤实施的系统安装、系统配置和系统维护。

特定的技术领域是指操作系统、数据库、中间件系统、网络设备等，甚至还包括对每个计算机用户来说都很常见的防病毒、Web 浏览器安全、即时消息安全等范畴。

针对特定技术领域的安全技术实施指南被称为"分类指南"，通常需要与针对共性内容的"通用指南"相配合使用。

安全技术实施指南对安全基线设定了三个合规级别，将其称为"类别"。这些类别表征了因未能修补特定的配置方面的漏洞所引发的安全风险的严重性。按照安全技术实施指南实施的必要性而言，将这些"类别"由高到低排列，则依次是"Ⅰ类""Ⅱ类"和"Ⅲ类"。

Ⅰ类安全基线是指在未满足其要求时将直接且立即导致人员生命损失、设施损坏或任务失败的配置要求，包括任何会直接且立即导致网络或系统丧失应有的机密性、可用性或完整性的漏洞。如果不达到这种配置基线的要求，网络或系统不得获准投入使用。

Ⅱ类安全基线是指在未满足其要求时将可能导致人员人身损害、设备损坏或任务失控的配置要求，包括任何可能导致网络或系统丧失应有的机密性、可用性或完整性的漏洞。不配置Ⅱ类安全基线，将导致Ⅰ类安全基线所针对的工作情况的出现，或者造成人员人身伤害、设备或设施损坏、任务延期或失控。

⊖ 详情可参见 NIST 特别出版物 800-117 和 800-126（第 3 版）。

⊖ 即 Common Vulnerabilities and Exposures，一般会被通俗地称为"通用漏洞库"。

Ⅲ类安全基线是指在未满足其要求时将降低已采取的保护措施效力的配置要求。不配置Ⅲ类安全基线，将导致Ⅱ类安全基线所针对的工作情况的出现，或者会迟滞灾难恢复的进度，或者影响网络或系统中的受保护数据或信息的准确性。

STIG 为人们提供了一种解决这个问题的指导，通过遵循指南中的流程和步骤，人们可以大大降低日常工作中的人为因素所导致的网络安全风险。谨慎、一致地使用这些指南，能够提高任何登录到网络或系统的用户行为的安全性。每一个分类的 STIG 都会对应有一个或多个检查单。这些检查单都会具体到目标系统的特定版本。比如，仅对于操作系统而言就会细分为：Red Hat Enterprise Linux（或者 CentOS）5/6/7/8、Debian 8/9、Ubuntu 16/17/18、Window Server 2008/2016/2019、z/OS ACF2/RACF/TSS、HP-UX 11、Solaris 9/10/11 基于 SPARC 或者 x86、SUSE Linux Enterprise Server 11、Apple OS X 10、BlackBerry 10、BlackBerry Enterprise Service 10、Samsung Android（含 Knox 2）……

在这些检查单中有一个或多个被称为"安全就绪审查"（Security Readiness Review，SRR）的脚本，这些脚本就是一种可自动化使用的工具。脚本中含有可调的变量，可以一次运行所有检查项目，也可以通过调整变量进行控制，每次只运行某些特定的检查项目。这种脚本不仅会审查目标系统的漏洞存在情况，还会审查操作或运维过程的痕迹，可以间接评估"人—机"系统相结合的程度以及网络安全保护工作的能力。

应用这种脚本开展工作的灵感，来自于美国国防部于 1994 年开展的名为"安全准备审查过程"的大型评估活动。当时，美国国防部委托其国防信息系统局成立特别工作组来评估大型国防中心的安全态势，其结果直接影响现场认证和认可过程。随后，这种审查自动化的思路作为长效机制得以保留并被逐渐引入民用领域。直至今日，美国国防部仍在持续定期开展这种安全准备审查工作并持续发展 SRR 脚本技术。

例二："安全基准"

"安全基准"（CIS Benchmarks）是由互联网安全中心⊖（Center for Internet Security，CIS）开发和维护的用于安全地配置系统所应遵循的配置方法、规则和实践经验总结的集合。其中包括若干指导建议和应用了这些建议后形成的强化系统的镜像（即"母盘⊜"），覆盖 25 个供应商产品系列的 100 多个产品⊜。

安全基准提供两个级别的安全设置（级别 1 和级别 2）并为用户提供成熟的自动化工具 CIS-CAT 开展工作。级别 1，即基本安全需求，可以在任何系统上配置。这些配置很少或不会影响服务器的功能和性能，不会导致服务中断或功能减少。级别 2，即加强安全需求，用于需要更高安全性的环境。但这些配置可能会导致服务器或应用的某些功能和性能的降低。

局限性

传统的安全基线方法面临着诸多可操作性和困难度方面的挑战。无论是工作人员在系统完成部署后手动应用设置策略来强制实施安全配置或在系统上线并能够被在线管理之后使用工具推送设置策略，还是通过镜像初始状态的方法（即"母盘法"）来周期性地重置干净的系统环境，都在很大程度上面临着持续的挑战：如何在系统上线时识别需要进行基线配置的部分？如何确定需要在这些系统上做什么样的基线配置？如何来验证这些基线配置的适用性或者合法

⊖ 互联网安全中心是一个非营利实体，成立于 2000 年 10 月，总部位于美国纽约州。
⊜ 有的资料上称为"金盘"（Gold Disks）。
⊜ 类似于分类 STIG 所覆盖的不同领域中的目标系统的特定版本。

性？……即使是对于最成熟的团队来说，这些问题也并不能轻易被解决，也是一个十足的挑战。除此之外，系统的整个在役期间内，如何验证或者适时升级基线配置且不会影响系统的可用性或业务鲁棒性，同样是一个巨大的挑战。

这些挑战，无一例外地都被基线配置的自动化手段所继承。更有甚者，自动化手段还引发了新的漏洞（如越权或提权漏洞）或者成为某种"后门"留存于目标系统中，削弱了防护体系的整体防护强度。以目前的眼光来看，要解决这些问题，远景在于引入人工智能技术，以机器学习的方法，比如可以将深度强化学习（Deep Reinforcement Learning，DRL）作为技术方向，由机器在与复杂运维环境的互动过程中学习如何进行基线配置，包括应采取的策略和具体的实施过程等。

还应当从全生命周期的（训练期、在役期、退役期）角度统筹考虑自动化安全基线的问题，不要陷入瀑布式思维的陷阱。比如，应尽可能地在整个生命周期的早期阶段，就进行小批次的试验，通过监控自定义实现相对较少的开拓性的安全基线（规则）后，再开发其他规则或由机器自主地发现那些隐藏的需求或挑战，迭代出足够使用的规则，从而避免浪费精力或为了纠正安全基线的配置与业务应用之间的异常而不断进行返工。当然，这些场景仅仅是面向软件系统的应用，在实际应用时还需要进行推广和适配。

8.3　访问与控制

我们在网络安全管理实务的过程中听惯了"访问控制"（Access Control）这个词，但是，作为一个网络安全从业者，您有没有想到过，这其实是两个词："访问"（Accessing）和"控制"（Controlled）？

在大多数人的概念中，提到"访问控制"就意味着：账号、口令和访问控制列表……而且账号和口令还是一种现象级的存在，是网络安全的象征。甚至，网络安全的攻、防双方所争夺的焦点也是账号和口令所代表的"权限"：作为攻击者，似乎拿到了所谓的"权限"就是取得了最终胜利，而作为防守者，似乎所有工作就是如何保守住手中的"权限"……事情果真如此吗？不妨从我们身边实际举个例子来看。

对于逻辑访问而言，关于账号口令的策略，是几乎所有企业对员工进行安全意识教育的重中之重，不论是否是网络安全从业者都肯定对这样的内容不会感到陌生：①账号的口令必须包含 8 个以上的（最好是 12 个）字符，组成口令的字符串中必须包含一个标点符号或特殊字符、一个数字、一个小写字母和一个大写字母；②口令必须至多在 90 天内（最好是 30 天或 45 天）更换一次；③新口令不能与以前使用的口令有关联（至少在字符串的体现形式上）；④不允许将口令写出来或分享给他人……

前三个要求通常还会被固化到系统中作为由电子化手段来保证执行的强制要求。而第四个要求，则几乎是所有人都违反的要求。因为，我们大多数人没有精确、持久的（或可控制的）记忆，所以不得不用可见的形式（如借助纸笔）记下口令或者把它存放到某种用以保存口令的工具中。

这种账号口令的策略充其量只是一种安全措施，而且还是一种充分考虑了经济效益之后的安全措施，本不该承载其他太多含义，对其泛化是一种误解。受这种误导影响使得人们在实施逻辑访问控制方面存在着相当普遍的错误。

虽然许多人将访问控制与账号口令相关联，但访问控制的内涵意味着更多内容。将访问控制等同于账号口令进行管理，最大的一个疏忽就是忽略了这样一个事实：我们无法根据账号口令来认定拥有账号口令的身份实体是否真的应该拥有这个账号口令。

8.3.1 基本模型

我们为什么会对这样大的疏忽视而不见？这大抵需要从计算机安全领域中的一个基础模型说起。这个模型就是大名鼎鼎的"认证、授权和记账[⊖]"访问控制模型，即 AAA（Authentication, Authorization, and Accounting）模型。在这个模型中，认证是指系统识别用户身份的过程和结果。当用户的身份被确认后（即通过认证），系统可以根据预先设置的权限分配规则，使用户具有某种访问系统资源的权限，这个过程和结果称为授权。记账是指系统在用户访问系统资源时跟踪用户活动的过程和结果，包括记录访问过程的起止时间、位置、流量等信息。AAA 模型的设计初衷可能并不是出于保护网络安全的目的（早于网络安全就已经出现），而是和确保"交易"过程具备不可抵赖的特性有关，即，用以阻止系统中的任何一方否认自身曾经是网络中的活动主体。

1. AAA 协议/模型

无论 AAA 框架还是 AAA 协议，都可以统称为 AAA 模型，是指一组用于协调网络访问的协议。一般认为，最先（约 20 世纪 80 年代早期）得到实现的 AAA 模型是终端访问控制器访问控制系统（Terminal Access Controller Access-Control System，TACACS），主要用于电话拨号用户和终端通过网络访问服务器的场景。其后，（约 20 世纪 90 年代晚期）出现了另一个 AAA 模型：远程认证拨号用户服务（Remote Authentication Dial In User Service，RADIUS）协议[⊜]，用于宽带拨号用户、移动互联网用户通过移动通信网或以太网互相通信的场景。RADIUS 协议的主要步骤就是分为三步：认证、授权和记账，形象地诠释了 AAA 模型。这个协议是 AAA 模型历史上最为著名且最为成功的一个实现。随后，大约晚至 4G 通信的时代（约 21 世纪 10 年代），在 RADIUS 协议的基础上，为满足更加复杂和精密且大量的网络接入服务器对 AAA 的需要，并且为了弥补 RADIUS 协议中的安全隐患，出现了进一步得到完善的 DIAMETER 协议（中文可直译为"直径协议"，但通常还是直接用其英文原名进行称呼）。

可以认为"直径"协议（族）是由 RADIUS 协议进化而来，并且取而代之。"直径"协议并不直接兼容 RADIUS 协议而是以向其提供升级路径的方式来完成"进化"。"直径"协议（族）分为基础协议和扩展认证协议两种。"直径"基础协议提供了 AAA 协议所需的最低要求，可仅用于实现 AAA 模型最基本要求的目的。为了能够与各种应用程序更好地衔接，"直径"扩展认证协议能够通过"属性—赋值对"（Attribute-Value Pair，AVP）功能，使用可变长度的属性字段加强了通信主体之间的交互。甚至，允许用户（应用程序）在不中断已存在通信协议执行的前提下自行定义新的属性。"直径"扩展认证协议应用不是软件应用，而是一个基于"直径"基础协议的协议层应用，能够为那些出于安全保障目的而采用访问控制措施的网络

⊖ 在大多数中文材料中，将其称作"认证、授权和计费"。但此处"计费"并不是其字面形式所表达的费用计算的意思，而是指基于账号来记录网络资源的使用情况（记"流水账"）。"计费"一词在此处的含义中带有历史痕迹，略使人费解。因此，本书为了突出其中的现代含义，即，"日志记录"以及"基于日志的审核与分析"等，而将其直接译为"记账"且未引申为"审计"，以示区别。下同。此外，本书认为，"审计"与"记账"的原理、适用范围和实现方式均不相同，不宜将两者混用。

⊜ 《远程认证拨号用户服务，RADIUS》（Remote Authentication Dial In User Service，RFC 2865）和《RADIUS 记账》（RADIUS Accounting，RFC 2866）。

通信服务或其他业务应用的开发（如移动/在线支付环境中的实时结算/交易需求等）提供便利。

1999 年 2 月，互联网工程任务组（Internet Engineering Task Force，IETF）正式将制定和研发 AAA 模型的相关规范纳入计划，于 2007 年 1 月正式按计划完成并进入技术冻结状态。这一系列规范（或协议）包括：《记账的属性和记录格式》（*Accounting Attributes and Record Formats*，RFC 2924）、《记账管理导论》（*Introduction to Accounting Management*，RFC 2975）、《网络接入的 AAA 协议评估标准》（*Criteria for Evaluating AAA Protocols for Network Access*，RFC 2989）、《认证、授权和记账：协议评估》（*Authentication，Authorization，and Accounting：Protocol Evaluation*，RFC 3127）、《认证、授权和记账（AAA）传输配置文件》［*Authentication，Authorization and Accounting（AAA）Transport Profile*，RFC 3539］、《DIAMETER 基础协议》（*Diameter Base Protocol*，RFC 6733⊖）、《DIAMETER 扩展认证协议（EAP）应用》［*Diameter Extensible Authentication Protocol（EAP）Application*，RFC 4072］、《DIAMETER 信用控制应用》（*Diameter Credit-Control Application*，RFC 8506）等。

这一系列标准最初广泛应用在通信网络的信令控制过程之中，后被推广至几乎所有需要（网络）通信的应用场景（即网际应用）。它们通常是作为底层的通信协议存在，因此并不引人注目，甚至非专业人员几乎感觉不到它们的存在。例如，即便是程序开发人员，如果经验并不丰富，往往只会通过标准接口调用它们，而并不能真正理解其中的安全机制。这种"代码复用"可能导致应用程序中遗留众多安全隐患。（可参阅本书第 12 章相关介绍）

2. IETF

互联网工程任务组（IETF）是一个致力于开放标准的工作组织，负责开发和推广自愿的互联网标准。IETF 向任何感兴趣的个人开放，虽然没有正式的成员名册或成员资格要求，是一个松散的自组织⊖的任务组织，但它却是制定国际互联网（Internet）标准规范的主要组织，当前绝大多数国际互联网技术标准出自 IETF。IETF 的所有成员都是志愿者，但不区分他们是自由志愿者还是受到雇主或赞助商资助的志愿者。

IETF 的技术工作由其工作小组（Working Groups，WGs）完成。每个工作小组会归属于一个具体的工作领域，比如，通用域（General Area，GEN）、实时和应用域（Applications and Real-Time Area，ART）、互联网域（Internet Area，INT）、运行和管理域（Operations and Management Area，OPS）、路由域（Routing Area，RTG）、传输域（Transport Area，TSV）和安全域（Security Area，SEC）。常年保持活跃的工作小组合计约有 100 个，成员约有 1000 人。

IETF 于 1986 年 1 月正式成立于美国加利福尼亚州圣迭戈。根据 RFC 1 的记载，实际上，其工作机制和组织雏形可以追溯到 20 世纪 60 年代末，起源于当时的美国国防部高级研究计划局（Defense Advanced Research Projects Agency，DARPA）的网络研究人员中的一个非正式小组。IETF 的总部位于美国加利福尼亚州弗里蒙特。

3. RFC

RFC 的全称是 *Request for Comments*，虽然字面意思是"征求意见稿"或"请求评议稿"，以备忘录的形式存在，但其实质是描述国际互联网和 TCP/IP（族）的标准文本或技术文献。其中描述了适用于互联网运转的方法、行为、研究或创新，以及互联网或与互联网相连的系统

⊖ 原版本号为 RFC 3588，已被取代。

⊖ "IETF 行政管理有限责任公司"（IETF Administration LLC）是 IETF 在法律意义上的实体。

本身。

根据国际互联网的传统，设计师、工程师和计算机科学家可以用 RFC 的形式发表论文或论述，供同行评议或征求意见（这也是 RFC 名字的由来）。或者，发表 RFC 就是这些设计师、工程师和计算机科学家单纯为了分享新的概念或信息而进行的通信。

IETF 负责发布 RFC。RFC 一经发布，将由相关的工作小组进行审查和标记（按优先级降序分为"必需""推荐""可选""限制使用"或"不推荐"）。由美国南加州大学信息科学研究所对它们按顺序编号后发布。只有很少的 RFC 会被标记为"必需"。一旦 RFC 没有被标记为"不推荐"，则会作为互联网草稿由相关研究团队和工程技术团队或个人进行讨论和测试。最终可能经历以下发展阶段后成为正式的互联网标准：①建议标准，其自身内容稳定，可以广泛地被恰当理解而不易有误解且通常被认为是有用的；②标准草案，其自身内容稳定到足以在应用和网络技术方面获得实现，即其功能可被正确地实现或应用；③互联网标准，其技术成熟，广泛实施，对互联网大有裨益。

由于 RFC 的作用是同行们进行技术交流，因此往往保留了问题的开放性，行文也通常不太正式，甚至还有一些工程师之间的幽默。例如，《网络礼仪指南》（*Netiquette Guidelines*，RFC 1855），《超文本咖啡壶控制协议》（*Hyper Text Coffee Pot Control Protocol*，RFC 2324）等。这是早期 RFC 的显著特点，也是那个时代的计算机工程师和科学家们旺盛创造力的一种表现。

时至今日，这种传统依然得以保留，秉承了 Internet 理念中的浪漫主义精神。了解这种人文传统，是理解计算机工程师文化的一种途径，对理解黑客文化也有益处。1973 年 6 月，IETF 发布《阿帕沃基》（*ARPAWOCKY*，RFC 527）以嘲弄刘易斯·卡罗尔（Lewis Carroll）的诗作 *Jabberwocky*（《贾伯沃基⊖》）。自 1989 年以来，为纪念这一传统，IETF 偶尔会在"愚人节"（4 月 1 日）当天，发布一个或多个用来讽刺或展现幽默的 RFC。例如，2018 年的"愚人节"，IETF 发布了《使用 128 位 Unicode 将 IPv6 国际化》（*Internationalizing IPv6 Using 128-Bit Unicode*，RFC 8369），就是这一文化现象的展现。

现代 RFC 的行文和管理规范则要严谨、正式得多。此外，RFC 的修订需要作为独立的 RFC 发布，较旧的 RFC 被这些较新的修订文本取代，编号会随之变更。

RFC 为记录和分发由 Internet 开发人员执行的研究提供了方便、有用的工具，其中通常会包含非常详细的技术信息。尽管它们仍被命名为"征求意见"，但已成为 Internet 的设计决策、体系结构和技术标准的官方记录。近 50 年来，IETF 已经发布了超过 2000 个 RFC，用于描述、记录各种涉及 Internet 或 TCP/IP 的协议、应用或概念。

回到 AAA 模型，还记得前面提到的"直径"协议（族）吧？现在，读者朋友们应该能够理解：所谓"直径"一词，其实仅仅是将这个词作为一个标识罢了，与"直径"毫无关系，并没有"直径"（Diameter）一词所代表的实际意义。其前代的 RADIUS 协议的名字中的"RADIUS"，单纯从英文的字面意思来看，是"半径"的意思，作为从 RADIUS 协议演化而来的协议，自然可以形象地说是从"半径"升级到了"直径"。协议的开发者们就这样为这个协议起了一个可爱的名字，而 IETF 则一本正经地使之成为国际标准。

⊖ "Jabberwocky"是英国逻辑学家、数学家、摄影师和小说家查尔斯·卢特威奇·多奇森（Charles Lutwidge Dodgson，1832—1898，化名为 Lewis Carroll）写的一首毫无意义的诗，讲述的是杀死一只名叫"Jabberwocky"的生物的故事。它被收录在他 1871 年的小说《爱丽丝梦游仙境》的续集《爱丽丝镜中奇遇记》中。

8.3.2 典型策略

进行访问控制所遵循的原则和实施过程中涉及的各项要求，通常被统称为"访问控制策略"。谈及访问控制策略，我们听到最多的内容就是："我们不能这样做，这违反策略"。对一些人来说，策略似乎是用来阻止人们做任何事情的工具。并且，往往还会遇到的情况是，在策略和人们正常行事的正当目的两者之间，策略的优先级往往高于现场的人们的意愿，哪怕是人们对于处理事情、处理工作而采用的有用的、应变的行为也不行。

我们不妨讲一个真实的案例。

某保密单位有一个对安全区的访问控制策略，其中载明：要对员工进行一个 30 分钟时长的训练，教会他们如何使用卫生间。原因是，卫生间与员工的工作区在不同的楼层，员工需要穿越安全区才能从工作区到达卫生间。因此，建立了一套细致的行为策略，包括大量细节：要求每个人以特定的方式进入安全区（目的是配合安全区的监控摄像头来识别企图进入者的意图……），进入安全区需要使用特殊的钥匙，如何使用钥匙还需要进行额外的培训……实际上，需要经过 8 个不同的步骤并得到安全部门的签字后才能去卫生间方便一次。

这个案例看起来有些让人有些啼笑皆非，但这就是人们通常情况下对访问控制策略的理解。不要疑惑，访问控制策略从来不是专指操作计算机或某种信息设备，或存取数据时才需要的策略，涉及任何对"访问"行为进行控制的策略，都是访问控制策略。为了区别，前者会特意被称为"逻辑访问控制"。

访问控制策略的作用，应当是引导人们在特定的场合内所施行的行为能够处在一个"安全"的水平，而不应该是刻板的禁令列表。大多数访问控制策略内容都是相同的，只是名称可能各不同。策略的内容，应当适当地分出层次，不应把操作标准和操作流程与策略（目标）混为一谈（见图 8-1）。

例如，在一个规定机密数据的传输和存储应使用加密手段的访问控制策略中，需要首先阐述或规定为何需要进行加密，由谁来进行加密，数据的访问者（或存取数据者）应当使用何种可接受的加密算法和密钥的长度，然后是关于在各种设备上如何设置加密所需参数或方

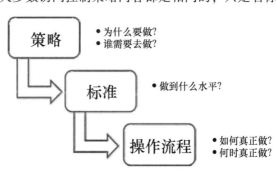

● 图 8-1　访问控制策略、标准与流程之间的关系示意

法的操作流程。此外，还需要规定留档的记录内容，用以证明访问者的行为与策略要求之间的区别。这些记录可以包括机器生成的日志以及会议纪要、决策摘要、备忘录、进度表和后台支撑系统的工单等。这些都是人们开展日常工作时所产生的记录。留档记录供审计人员查阅和处理，用以验证数据的访问者做且仅做了应该做的事情。

可以看到，一个访问控制策略绝对不是简单的"允许—拒绝"列表。事实上，人们之所以会对访问控制策略产生一种"允许—拒绝"列表式的刻板印象，大抵就是因为防火墙的概念深入人心，并且"允许—拒绝"列表足够简单明了，不需要太多的专业知识，掌握起来快捷有效——非常适合业务需求量大而供给能力相对较弱的时期。所幸，这个现象已经引起有识之士的重视，近年来，在平衡访问控制策略的简便性和全面性方面，取得了进展，逐步完善了一种

被称为 AAAA（4A）的技术，在 AAA 模型的基础上，整合并加强了审计（Audit）的功能，在应用上取得了一定进步。相关内容详见 8.3.3 节的介绍。

为便于读者理解，本书给出一个逻辑访问控制策略的范本，如图 8-2 所示。

逻辑访问控制策略（范本）

组织将根据定义的业务和安全要求，控制对 IT 数据和系统的逻辑访问。组织将为每个需要访问的人员分配一个唯一的访问账户。IT 部门和安全部门将共同管理这些访问控制。IT 部门将负责维护访问控制系统和账户。安全部门将负责定期审查授权，确保只有经授权的用户存在，身份认证的标准被执行。

目标是使用户只能访问到执行其指定功能所需的 IT 资源，并在所有用户访问和使用组织中的那些受限访问的 IT 资源之前，对他们进行正确的认证。

安全部门和 IT 部门将共同负责维护认证标准。这些标准将包括：

- 标准用户的认证标准，应描述密码使用情况：包括密码长度、密码复杂度和密码更改频率
- 标准用户的访问控制标准，应包括账户锁定时间、会话超时以及用户管理流程
- 诸如 Active Directory、RADIUS 或 Kerberos 这样的可接受的网络认证协议，应在认证实施标准中进行描述
- 访问企业资源的身份验证要求
- 对关键系统进行管理类操作的或提升特权类操作的访问控制的身份认证要求
- 对可进行管理类操作或特权提升类操作的用户的访问控制标准，包括账户锁定持续时间、会话超时和用户管理流程
- 系统管理的存取访问标准，应定义系统管理员将如何向服务器/域授权并验证
- 数据库管理的存取访问标准，应定义数据库管理员将如何向数据库服务器/数据库/数据相关系统授权并验证
- 远程访问的认证标准，用于从组织的设施之外远程访问组织的资源
- 服务账户的认证标准
- 忘记密码或丢失令牌情况下的访问程序以及重置密码/令牌的程序
- 紧急访问标准，用于当系统处于故障状态时进行管理访问

• 图 8-2　逻辑访问控制策略范本

其中所涉及的一些基本概念，简单介绍如下。

1. 认证（Authentication）

逻辑访问控制包含两个基本的功能：标识（您看起来是谁）和认证（证明您是谁）。对于大部分使用现代 IT 技术的系统来说，这两个基本功能会被捆绑实现在其身份认证功能（模块）之中。

从现有的软件技术的角度来说，在任何系统中的身份认证功能（模块）中所标识的对象并不是自然人，而是仅在系统中某种特定上下文中有意义的数据记录，即特征、属性、标签……各种身份代理的信息。经过身份认证的对象可以是用户账户、软件对象、服务甚至是网络地址。所有这些可认证的实体都可能受到不同级别的访问控制。

执行身份认证的方法，大致有三种：①根据被识别者所应知道的信息进行验证，可称为"基于秘密的认证"；②根据被识别者所应携有的物品或信息进行验证，可称为"基于信物的

认证"；③根据被识别者自身所应具有的事物或信息进行验证，可称为"基于存在的认证"。所谓"被识别者"是指其身份需要被认证的对象。

（1）基于秘密的认证

被识别者所应知道的信息，通常包括：口令（Password）、识别码或验证码（PIN）、秘密问题（某种仅特定范围知晓的信息）以及密钥信息（内容）等。这种方法的基点是基于一个不为人知的秘密。这意味着，如果通过一些研究可以猜出或者发现这个秘密，那么这种认证方法就会失去应有的效能。因此，作为一种加强措施，通常会将多个秘密组合起来进行验证。比如，在一些账号口令重置的场景下，常见的情况就是系统要问几个问题，这些问题都是由用户自己在首次注册账号的时候设定的。

这种方法的最大优势是简单、便宜，这就是在任何地方都能看到口令和 PIN 的原因。因此，才有了现在都已经习以为常的访问控制策略：口令需要至少包含 8 个字符（最好不少于 12个）；构成口令的字符串应当包含大小写字母、标点符号以及数字；每 90 天更新一次口令；防止重复使用已有的口令或口令片段；口令中的字符排列顺序最好是杂乱的等。

（2）基于信物的认证

这种认证方法的经典代表就是用钥匙开锁。被识别者通过信物进行电子方式的认证，就好比把钥匙插在锁上一样，信物就好比是钥匙，认证程序就好比是锁。

信物的形式多种多样，可以归结为软件形式和硬件形式两种。软件形式的信物，通常包括数字证书、系统票据、加密密钥、Web-Cookie、标识号等，而硬件形式的信物，通常是一种用某种硬件介质存储着的软件信物，比如加密卡、USB 介质、电子钥匙、IC 卡（身份证就是一种 IC 卡，是一种信物）等。

本质上说，这种方法还是基于秘密，只不过在一定程度上对这个秘密进行了加密转换而使其变得并不那么直观罢了。就拿钥匙和锁的例子来说，普通的锁其实就是一种"筛子"，只不过用在这个"筛子"上规则不再是普通的"网眼"而是事先刻画好的图案（指钥匙的齿线集合）。这就相当于把锁芯的排列顺序这个秘密加密成为一幅齿线图案。根据经验，单纯依靠描述钥匙的形状则永远无法打开锁，但是，一张清晰的钥匙照片就足以让有经验的人据之复制一把钥匙出来。这就是秘密和信物之间的转换关系。同时，这揭示了基于信物进行认证时所需要加强的要点，那就是，在保守秘密的基础上还要对信物的发放、轮换和撤销进行额外的管控。这意味着成本方面的明显提高，也意味着便捷性方面的显著下降。

（3）基于存在的认证

首先，需要澄清的是，这里所说的"存在"是个名词，用来泛指某种事物或现象。例如，作为人类，区别于机器或人工智能等非人类的特征主要有两种，一种是人类的思考能力，另一种是在生物学意义上的与生俱来的或者无法被动复制的特征。这些特征就是人类的"存在"。基于这些存在，就可以构建基于存在的身份认证手段。

其次，需要特别需要指出的是，基于存在的认证并针对甄别人类或非人类的场景，也可以用于其他的必要场合，单纯对于非人类，也有基于存在的认证。例如：

1）CAPTCHA（Completely Automated Public Turing test to tell Computers and Humans Apart，全自动区分计算机和人类的公共图灵测试）就是目前最常见的生物测量方法。这种方法利用了人类大脑可以轻易读取和辨别相近事物的特有能力，来确定应答对象是否具有接近人类的思考水平，进而推论应答者是不是人类。例如，从古旧书籍中截取一部分难以被 OCR 识别的字符供应答者进行识别，或者使应答者从一堆相似场景的照片中识别出具有不同外在形态的特定类型的物体等。还有，通过设计某种简单的交互界面，使应答者以物理接触的方式与系统完成特定的交互动作（如打手势或按要求进行眨眼、摇头等肢体活动等），也可以视为是一种 CAP-TCHA，这类方法目前正得到广泛的应用。虽然 CAPTCHA 在某些深度机器学习的算法面前有些力不从心，但至少作为一个技术方向来说，很值得肯定。并且，即便是某些非人类能够挑战 CAPTCHA，那也只是它们背后的人类针对特定算法进行了优化而取得的进展，距离在真正意义上打败 CAPTCHA 还有很长的路要走。

2）针对不同人类个体的独特生物特征，如指纹、面部构造、虹膜图案、手掌几何形状、某些血管的分布形态以及步态等，都可以作为特定的依据，用来完成身份的识别。在某些极端的情况下，人类的 DNA（Deoxyribonucleic Acid，脱氧核糖核酸）也可以作为识别身份的依据。这类知识在法医学领域已经得到了深入研究。

3）根据网络资源或信息系统资源的配给唯一性，来设定识别身份的特征。这类方法，通常用来识别非人类。比如，依据 IP 地址或 MAC 地址来识别一台机器，根据散列函数的结果（哈希值）来识别软件对象，通过 IMSI（International Mobile Subscriber Identity，国际移动用户识别码）识别移动通信用户身份，利用 IMEI（International Mobile Equipment Identity，国际移动设备识别码）识别移动终端等。

基于存在的认证，虽然在识别的精度上有很多优势，但用来作为识别依据的特征，非但很难被有效保密，更有甚者，它们中的很多是完全公开的。比如，我们几乎不可能始终戴着手套或面具来对指纹或者面部特征进行保密。而对于非人类对象的特征也同样存在这类问题，其中一个原因就是非人类对象更缺乏自我保密的条件。

以上是对几种认证机制的简单说明。可以归纳来说，单纯使用任何一种方式进行身份认证都是不安全的，而将它们综合起来运用，则会收到意想不到的效果。因此，也就出现了多因素认证（Multi-Factor Authentication，MFA）的方法。

2. 多因素认证

说到多因素认证，首先可以想到的实例就是日常生活中常见的场景，比如，在各种支付场景中需要进行扫码支付或者刷卡支付时，通常都需要在扫码或刷卡后正确地输入账户的口令或者一个专属于账户的 PIN 码才能完成交易。还比如，在某些需要登录系统的场合，除了输入用户名或账号或扫码之外，手机上还会收到一个由系统自动发送的验证码，正确地输入后，才能获得系统的使用权限。

多因素认证有时称为双重身份验证或 2FA（Two-Factor Authentication），是一种增强型的身份认证手段。所谓增强，就是指在单独的身份认证手段的基础上叠加了其他的方法。例如，在前面提到的三种方法中任选至少其二，就是一种加强措施。而输入两个不同的口令则不会被视为是多因素认证。但这会给被识别者的使用体验造成负面的影响或者增加了使用过程的复杂度。

因此，在具体的实现上通常会采取一种折中的方法，让系统"记住"被识别者所使用的终端设备，或者让系统经过"学习"被识别者在系统中惯常的行为规律（如基于时间的规律）而形成特征因素，借以作为多因素认证时的身份识别依据。此时，这些终端设备的特征将作为第二个因素，而只需要被识别者按照惯例输入口令即可使用系统。当然，作为风险控制的手段之一，系统还需要"记账"，并且及时进行审计，当发现异常行为时，就要进行二次认证。而作为被识别者的信物之一，手机等终端设备上也需要进行一定的保护，以防止"信物丢失"这个使用信物过程中的传统问题所带来的麻烦。比如，终端设备应该启用锁定功能，需要使用 PIN 或指纹等才能解锁等。

多因素认证作为一种策略，可以很自然地启发"零信任"的想法。正是"零"信任，才需要不断在任何场合，都要核实系统中的任何使用者的身份。多因素认证策略也可以用在网络安全管理的过程中，对于管理动作的结果、责任的确认都可以使用多重因素综合判断的方法来加强或巩固。因此，广义而言，对认证、授权、记账等的审计，也是一种多因素"认证"，应当能够在一定程度上提高网络安全管理工作的效果。

总结以上的概念和现实中的经验，可以归纳出访问控制策略的一般原则：授权才可访问，访问必须受控，受控必须存证。

8.3.3 4A 系统

在 AAA 模型的基础上，整合并加强了审计（Audit）的功能，就形成了一个被称为 4A（Authentication，Authorization，Accounting and Audit，AAAA）的系统（认证、授权、日志和审计系统）。其相关理念也逐渐发展形成了 4A 技术，近年来，4A 技术随着国内电信和互联网行业监管要求的牵引和推动而得到了快速发展，并且成为目前为止我国在网络安全领域为数不多的几项原创输出概念中的一个，正走向世界舞台并被逐渐接受。

4A 系统有时也被称作是"堡垒机系统"或"运维安全审计系统"，其核心功能是身份认证、权限控制、账号管理和安全审计。严格地讲，这与"认证、授权、记账和审计"还存在一些差别，并且在逻辑上也有瑕疵。本书更倾向于认为 4A 是在认证和授权的机制下，在记账基础上的全面审计和情报发掘，而不单纯是其被认为的那样，仅仅作为跳板机为了给运维人员提供方便的同时也加强操作方面的安全管控。

1. 代际演进

出于提高运维人员工作效率的需要，同时也为方便运维人员管理手中大量设备账号口令的需要，引入了类似被称为"单点登录"（Single Sign On，SSO）的身份认证解决方案，允许用户使用单个 ID 和口令登录到几个相关但独立的软件系统中的任何一个。早期，这种解决方案是在应用层实现，借助位于拓扑中心位置的服务器，桥接维护终端和服务器之间的登录过程。这台中心服务器更像是一个登录代理或登录跳板，模拟成终端并代理真正的用户向目标服务器发起登录请求并在这个过程中，顺带着完成自然人身份和系统运维人员身份的映射（即账号管理⊖）。随后，还将集中日志存储的功能加了进来并在日志管理的功能上强化了一些审计功能。这个时期的 4A 系统，在自身定位上，还追求一种"账号防火墙"或者"操作行为防火墙"的地位，在监控运维人员的操作过程中，根据预先设定的"高危命令黑名单机制"，限制运维人员使用某些删除、重启、变更等功能的命令。可以看到，整个系统在技术体制上就是在应用层外延了认证和授权机制并综合了账号分配和日志管理的功能。整体而言，这可以说是初代 4A 系统（4A1.0）。

接下来，4A 系统从适用于一个省级维护单位的场景逐步向多层级场景演进，形成了"全国级—省级—市级"的管理架构。这个时期，4A 系统虽然定位是"集中、统一的安全服务系统"，但实际情况却是开始变得复杂和臃肿，引入了很多辅助功能和运维管理方面的功能。比如，开始将一些配置基线当作知识库，集成在操作员的交互界面上。还加入了一套与资源管理系统的接口和工单系统的接口，甚至是重新实现了其中的某些功能。而对于是否能够嵌入到整体的业务系统架构，或者成为新的管控核心等实质性的问题，并没有太多进展，这当然是受限

⊖ 采用金库模式管理账号。

于系统建设的现实约束，更重要的是，这个时期的4A还是没有准确地找到自己的定位，不太能做到它所声称的那样集中授权、鉴权和审计。姑且将这个时期的4A系统称为二代系统（4A2.0）。

随着大数据技术的兴起，4A系统在数据的处理能力上和处理数据的范围上都有了很大提升，特别是，将可以首次从真正意义上实现对操作行为的连续审计，借助大数据技术完成对操作者的画像，为网络安全管理中的情报工作提供了技术可能。并且，还可能借助内生安全的理念，在新一代的网络安全设备中预置接口，进而逐步形成集中管控、集中运维的系统。更为重要的是，云化的环境为4A系统的实现提供了更加友好的环境和更广泛的业务需求场景。4A系统将迎来自己的3.0时代（4A3.0）。

2. 框架结构

4A系统也有自己的体系框架，从结构上说，大致包括两部分。一部分是4A系统的管理平台，是4A系统的控制中枢和数据总线，负责用户主从账号管理、认证管理和调度、权限分配和控制、审计信息搜集和管理、流程管理、应急管理以及平台系统管理；另一部分是配合4A系统的管理平台协同工作的各种功能组件，如外部认证组件、外部审计组件等。在实现上，4A系统分为交互层、功能层、接口层和资源层四个逻辑分层。4A体系通过4A管理平台提供的平台接口层直接或间接地（经由外部组件）实现对资源层的管理。同时，4A管理平台也需要通过接口层来支持与其他管理平台的互联互通。严格地讲，资源层是4A系统管理的对象（称为"纳入管理的对象"，简称为"纳管对象"），但由于需要考虑兼容性的问题而在资源层可能需要采取一些适配性的改造措施，因此，为方便系统的建设与管理，通常也将这部分纳管对象（至少是适配部分）一并算入了4A系统的逻辑体系之内。

考虑到广域网分布的特点，在4A系统未采用云化设计的时代，基本上是靠中心节点互联组网的方式完成4A体系的部署，灵活性和可维护性较差。随着云计算技术的成熟，以及业务系统云化的趋势，4A系统的框架结构也将逐步演进到云化结构，从生态的角度，形成新的体系。

3. 局限性

4A系统解决了一些问题，但同时，也受到其自身结构和实现方式的限制而成为企业中整体安全防护中的薄弱环节。因为它太过重要，存储着所有的账号和口令，可以访问所有的设备，因此，必然成为攻击者的首选目标。这就出现了一幕怪状，在所谓加强戒备、提高安全保障工作等级的时候，它往往会成为首选的被临时关停的系统，并且还顺理成章地成了首选的被临时关停的系统。这多少有些让人无奈，但也折射出许多更深层的问题，这很值得人们思考。

此外，4A系统大多数时候是维护工作的效率瓶颈。其"操作代理"的属性决定了它对强交互的人机界面的支持能力非常有限，很难支持视频、音频等操作手段，甚至对动态图形界面的支持都不是很令人满意。而且，为了安全起见，4A系统一般都保留了被旁路（Bypass）的能力，而且通常采用的是"失效放通"的策略。因此，现实中在很多维护工作的现场，4A系统往往总会有理由被故意地设置于这种旁路状态。

8.4 威胁的发现

网络安全管理的一项重要任务就是要做好防御。从攻防对抗的经验来说，防御一方如果要想取得理想的效果，就不得不重视威胁的发现。攻、防双方，谁先发现对方，谁就具有主动权。攻、防双方，谁隐藏到最后谁就获得了胜利。传统上认为，知道对手是谁、在哪里、何时来、来之后能做什么，是战争活动的初始条件。对这种规律的认识，在很大程度上引导着网络安全攻防对抗的行为。

因此，威胁的发现就具有了"正""反"两层含义。所谓"正"就是如何发现对手，如何察觉（潜在）对手，以及如何预测对手的行动。这三者是逐层递进的关系。所谓"反"就是如何隐藏自己以及如何尽可能持久地隐藏自己。这两者也是递进的关系。威胁的发现也应当是一项系统性的工程，可能并不像想象中只用 IDS/传感器的方法就能取得理想的效果。对于攻击者而言，绕过那些"高墙深壑"和"要塞堡垒"，可能就是更加经济、更加可靠的选择了。如果攻击者都不需要进入要塞堡垒，那他们还有什么必要对要塞堡垒发动攻击呢？

关于网络安全威胁有很多解释和定义，本书选取了其中两个在文字表述上较为精炼的，摘录如下。

《互联网安全词典（第二版）》（*Internet Security Glossary*，Version 2，RFC 4949）认为网络安全威胁是"当存在可能造成伤害的实体、环境、能力、行动或事件时，就存在违反（破坏）安全（期望）的可能性"，或者"任何可能通过未经授权的访问、破坏、泄露或篡改数据、拒绝服务而对系统产生不利影响的情况或事件"。

《系统安全工程：可信安全系统的工程中关于跨学科方法的注意事项》（*Systems Security Engineering：Considerations for a Multidisciplinary Approach in the Engineering of Trustworthy Secure Systems*，SP 800-160 Vol.1）认为网络安全威胁是"有可能造成资产损失的事件或情况，以及由此造成的不良后果或影响"，其中，造成资产损失是指"所有形式的有意、无意、意外、偶然、误用、滥用、错误、弱点、缺陷、故障和/或故障事件及相关条件。"

一般情况下，人们常说的网络安全威胁是指那些造成"网络的攻击、侵入、干扰、破坏和非法使用以及意外事故"的主体。或者，是指对网络中所存在的可能导致信息泄露、数据破坏、资源被非授权使用或失控等缺陷的潜在利用。

通过比较可以发现，威胁其实包含两层意思。一层意思是，用超然的能力胁迫对手（使之就范）。另一层意思是，使对方面临危险。威胁既是战术性的、当下的现实危害，也是战略性的、有预谋的（或蓄意的）潜在危害。

人们在未加专业训练的情况下，往往会习惯性把威胁与漏洞的概念相混淆。的确，这两个概念并不能彻底割裂开来：没有办法被利用的漏洞可能很难算得上是真正需要被理会的漏洞，而当威胁只有意愿却没有手段的时候也不太可能轻易就达成目的。与漏洞不同的是，威胁是超越性的，可能并不总是存在于绝大多数人们的视线之内，却又始终从未离开一小部分先知先觉者们的认知范围。

如果换成概率论的视角来看，对威胁的理解可能就会更加接近它的本来面目：威胁其实就是违反人们的安全期望的人或物或事——任何使安全的概率不为 1 的那些存在。应当认识到：无论人们采取什么对策措施，威胁总会存在，这似乎是某种更深层次的局限性所致。比起追求彻底的无威胁的状态而言，更有意义的就是，要尽可能让人们有可以使用的措施，把威胁发挥作用的可能性降到最低。

因此，人们的对策措施，至少应当涵盖：①去发现和定义威胁；②去了解威胁所包含的人、物、事以及这些因素之间可能的关系；③去修补漏洞或者破坏威胁所能发力的条件；④去做好善后，要能够接受并承受冲击之后的一切。

可以把发现和定义威胁以及了解威胁因素之间的联系和机制，统称为威胁发现。前者即"监测"，后者即"感知"，此两者之间有一定的先后继承顺序。这就是近年来，在网络空间不断被军事化和实体化的过程中，网络安全专业所走过的发展路径和其发展过程中的内在逻辑。

在"监测"中，有五花八门的各种"监""测"和"检"的技术和产品。比如，包检测（Deep Packet Inspection，DPI）技术、流检测（Deep Flow Inspection，DFI）技术、行为建模与检测（Behavior Modeling and Detection，BMD）技术等，以及入侵检测系统（Intrusion Detection System，IDS）、全流量分析系统（Full Flow Analytics，FFA）、蜜罐（诱捕）系统（Honeypot/Honeynet，HPT）、用户行为检测（User and Entity Behavior Analytics，UEBA）系统、数据防泄露（Data Leakage Protection，DLP）系统等产品。

在"感知"中，则有大数据技术、机器学习技术等，以及集成日志分析（Security Information and Event Management，SIEM）系统、威胁情报（Cyber Threat Intelligence，CTI）系统、态势感知（Cyber Situational Awareness，CSA）系统等。

8.4.1 威胁建模

为了回答诸如"什么地方最容易受到网络攻击""如何判断受到的威胁程度的高低"以及"如何防范这些威胁"之类的问题，人们发展了一种称为"威胁建模"（Thread Modeling）的技术和方法。其原理是通过识别或枚举所能认知到的所有威胁（特别是那些潜在的对手），形式化的标记、分类和描述有关要素，采用系统性分析的方法，根据设防系统的性质或价值，以及有关潜在攻击者的情报和攻击向量的概率分布等因素，进行预测和选择，最终对制定防御策略或选取安全措施提出全面、完整的建议。

威胁建模本身是一种过程。如果在网络安全管理工作的开始阶段就能够执行，将会非常有助于尽早地正确理解和处置威胁。当然，在网络安全管理工作的任何阶段开始进行威胁建模都不能算是错过了最佳时机——这是一种动态的、螺旋上升的过程。通过威胁建模，可以更好地理解潜在攻击者的情况，包括他们的动机、方法、目标和能力等，以便于能够及时或更早地开展系统的加固工作，做好应对。

威胁建模通常也是风险评估的一部分。现有的方法主要可以分为以下几类。

第一类是基于攻击者行为和目的的方法。主要是从理解和定义威胁的一般形式或特定模式入手，然后将其与特定的保护环境或目标的场景进行结合，根据对手的特征和行为，给出具体的模型。

第二类是基于保护对象的运行状态的方法。主要是从保护对象的系统、数据和边界入手，然后分类并枚举所有可能与威胁相关的环节，确定它们之间的相互关系后，根据系统的行为或异常，给出具体的模型。

第三类是基于资产价值的方法。主要是从识别和梳理可能受到威胁影响的资产入手，通过描述可能影响或针对这些资产的威胁，最终从价值或业务连续性方面，给出具体的模型。

除此之外，近年来，还出现了第四类方法，即基于数据的方法。本质上，也可算作是第二类方法，但更强调了数据全生命周期的威胁构成。需要指出的是，虽然每种方法都以某种特别予以关注的方面作为建模工作的起点，但并未排除其他方面因素的影响，并且还在一定程度上有很多交叉的地方。这并不矛盾。

有关威胁建模的基本概念可以通过相关术语之间的逻辑关系进行更宏观的了解（可参见图 8-3所示）。下面，举例介绍一些常见的威胁建模方法。

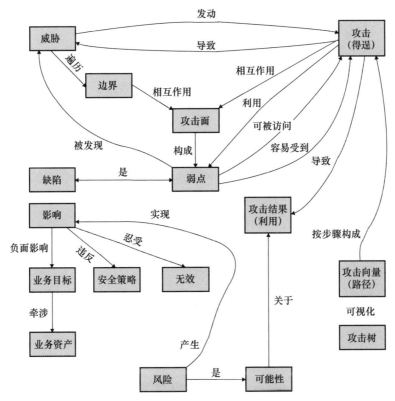

● 图 8-3 威胁建模的基本术语示意

（图源：John Steven & Sammy Migues @ OWASP）

1. STRIDE 方法

STRIDE 方法是一种基于 IT 技术的威胁建模方法，是众多威胁建模方法（框架）的基础。"STRIDE" 是身份欺骗（Spoofing Identity）、数据篡改（Tampering with Data）、行为抵赖（Denial of Responsibility）、信息泄露（Information Disclosure）、拒绝服务（Denial of Service）、权限提升（Elevation of Privilege）等词语的英文短语首字母构成的缩写。这个名字恰好代表着潜在攻击者所能使用的攻击手法的六个分类。例如，"身份欺骗" 的方法对抗的是认证措施、"权限提升" 的方法对抗的是授权措施、"行为抵赖" 的方法对抗的是审计措施，"信息泄露" 攻击的是机密性、"数据篡改" 攻击的是完整性、"拒绝服务" 攻击的是可用性等。使用 "STRIDE" 这个名字，可以很好地提示或引导安全专业人员去系统地理解并寻找潜在攻击者的目的和可能的来源。

STRIDE 方法由洛伦·科恩菲尔德⊖（Loren Kohnfelder）先生和普拉瑞特·加格（Praerit Garg）先生在 1999 年发明，其前身可追溯至 20 世纪 90 年代发展起来的 "威胁树⊖"（Threat Tree）的概念，再向前还可以追溯到 "决策树图"（Decision Tree Diagram，DTD）的技术。该

⊖ 1978 年，科恩菲尔德先生在其学士学位论文中描述了一种应用公钥密码技术保护网络通信的实用方法。在这篇论文的基础上，后世形成了用于定义 PKI（公钥基础设施）中公钥证书格式的国际标准 ITU X.509。该标准是构成现代国际互联网的技术基础之一。ITU，即国际电信联盟（International Telecommunications Union）。

⊖ 这一概念，在美国军方被称为 "攻击树"（Attack Trees），由布鲁斯·施奈尔（Bruce Schneier）先生在 20 世纪 90 年代末期开创，被 NSA 和 DARPA 发展和应用。

方法曾一度成为微软公司安全开发生命周期（Security Development Lifecycle，SDLC）模型的核心内容。STRIDE 方法虽然是从软件开发的角度看待威胁，但其理念被众多网络安全从业者所认可，因此，这种方法并不严格局限于软件开发的场景而被广泛使用。2008 年，微软公司改进了 STRIDE 方法，开发了 DREAD 方法。"DREAD"是潜在损害性（Damage potential）、攻击可重现性（Reproducibility）、可利用性（Exploitability）、受影响性（Affected users）、可发现性（Discoverability）的英文首字母构成的缩写。

DREAD 方法可以评估使用 STRIDE 或其他方法识别的威胁向量并确定其优先级，可用于量化风险评估的场景，能够"计算一个平均值来代表整个系统的风险"。然而，微软认为 DREAD 方法过于主观，自 2010 年起，停止在其内部的 SDLC 中使用该方法。但 DREAD 方法的理念仍然有其价值，在一些特定的场合（民用场合）仍然被使用。

2. PASTA 方法

2012 年，托尼·乌塞达韦莱斯（Tony UcedaVélez）先生、马可·莫拉纳（Marco Morana）博士发明了"攻击模拟和威胁分析流程"（Process for Attack Simulation and Threat Analysis，PASTA）。这是一个以风险为中心的威胁建模框架，从以攻击者为中心的视角出发将业务目标和技术需求结合在一起，主要通过 7 个步骤（目标设定、技术视野框划、应用程序分解、威胁分析、脆弱性和脆弱点分析、攻击建模、风险和冲击分析）综合运用多种技术来完成建模和分析工作，是一种兼具战略性、高效性和可衡量性的方法。

例如，在"技术视野框划"阶段，通常会使用宏观的架构图而非具体的技术细节来确定技术范围；在"威胁分析"阶段会使用数据流图的方法⊖，同时，对威胁的识别主要使用STRIDE 方法；在"攻击建模"阶段会建立攻击树以结合案例进行分析等。这种方法的特点是需要大量的文档作为分析和沟通的依据，因此，在运用过程中会显得有些烦琐。这种方法可以照顾到企业利益相关方的诉求，鼓励各方以控制风险为共同的出发点，进行合作。图 8-4 展示了一个攻击树的示例。

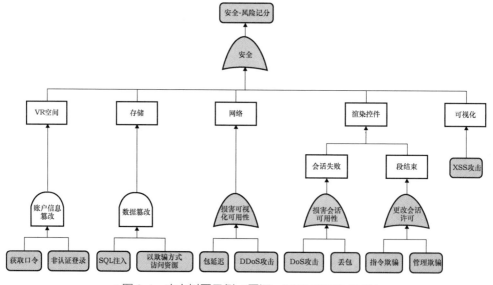

• 图 8-4 攻击树图示例（图源：IEEE CCNC 2019）

⊖ 图 8-3 即为莫拉纳博士和乌塞达韦莱斯先生 2011 年 6 月在爱尔兰三一学院介绍 PASTA 方法时所用图。

PASTA 方法中所依据的"攻击者"视角主要是指从 Web 环境中发起攻击者。这些攻击的手法，按照"Web 应用安全开放项目[⊖]"（Open Web Application Security Project，OWASP）的"WASC Web 入侵事件数据库"进行分类，共有约 12 种类型。

OWASP 于 2001 年成立，总部位于美国马里兰州贝尔埃尔，是一个非盈利的全球性安全组织和在线安全社区，免费提供 Web 应用安全领域的方法、工具和相关技术资料。OWASP 每年会发布"十大威胁"（OWASP Top 10）的榜单，标记上年度全球范围内 Web 应用最常受到的 10 种攻击手段并按照攻击发生的概率进行排序。这份榜单通常会被视为 Web 应用安全领域最为权威的参考之一。

3. OCTAVE 方法

"可操作的关键威胁、资产和漏洞评估"（Operationally Critical Threat, Asset, and Vulnerability Evaluation，OCTAVE）方法最初由美国卡耐基梅隆大学软件工程研究所于 1999 年 9 月发表，后被改进，称为 OCTAVE Allegro 方法，于 2007 年 6 月发布。严格地讲，OCTAVE 方法（族）的目标是完善信息安全风险评估流程，并不只是为了用来进行威胁建模，但依据它所提供的方法，可以使操作者在不需要大量的风险评估相关背景知识的情况下得出更为可靠的风险评估结果。OCTAVE Allegro 方法是对传统 OCTAVE 方法的一种简化和优化而得到的信息安全风险评估方法，能够使操作者可以通过在时间、人员和其他有限资源上的少量投入而获得足够的结果。其方法上的特点是，使操作者可以重点关注信息资产被使用、存储、传输和处理的方式以及它们所面临的威胁或暴露的漏洞等。在这个过程中，对如何识别威胁也给出了具体的步骤。

OCTAVE Allegro 方法的威胁建模部分，主要包括识别关注领域和开发威胁场景。关注领域是指从威胁源及其对信息资产的影响的意义上来说，具有代表性的领域，即可能受到威胁的目标和对应的威胁代理的综合体。开发威胁场景是指使用威胁树的形式直观地表示威胁场景。这种威胁树的形式包括四种要素（指树的节点）以及它们之间的关系（指节点间形成连线的原因）。四种要素分别是使用技术手段的人类攻击者、使用物理手段的人类攻击者、技术问题和其他问题（如自然灾害等）。这里所说的技术手段或技术问题是指借由网络或信息系统而发挥作用的因素，与自然原因或物理原因相对。要素间关系包括参与者、资产（威胁代理的目标或可能受到影响的目标）、对资产的访问（存取或接触）路径、对资产的访问动机和结果（泄露、篡改、破坏、损失或中断）。

4. ATT&CK 模型

美国 MITRE 公司于 2015 年提出了"对抗策略、技术和常识"（Adversarial Tactics, Techniques, and Common Knowledge，ATT&CK）框架模型，用于描述对手在企业内部网络操作时可能采取的行动。这是一种针对内网渗透行为的特定的威胁建模方法，详细分析了攻击者在成功进入目标内部网络后所采取行动的特征细节。这种方法可以用来分析和应对高级持续性威胁（APT）。ATT&CK 方法给出了 10 个战术类别（固守/常驻、提升权限、防御规避/逃避、合法访问、发现、横向移动/客观行动、执行、收集、渗漏/汲取情报、命令与控制），涵盖了网络杀伤链（Cyber Kill Chain，CKC）模型的后期阶段（控制、维护和执行）中的行动。每个类别都包含一个技术列表（目前已经列明超过 230 项技术手段），攻击者可以使用这些技术来执行相关行动。这些技术列表中包括对技术的描述、具体参数或指标、防御传感器数据特征、检测

⊖ 也有资料将其称为"开放网络应用安全项目"。

分析和潜在缓解风险的措施等。其中一些技术可以用于不同的目的，因此会出现在多个类别中。

应用 ATT&CK 框架模型可以更加精确地构建威胁向量，还可以结合大数据技术对威胁代理进行画像，是威胁建模的有力技术手段。基于此理念，还启发了出现 UEBA 技术，专门用来应对 APT 的挑战。UEBA 试图借助机器学习能力，在来自不同系统的海量数据中"学习"用户、机器、网络和应用程序的行为特征，进而识别或检测出行为中的细微变化，及时标记出攻击序列并提醒安全团队。

网络杀伤链模型，由洛克希德·马丁⊖（Lockheed Martin）公司的计算机安全事件响应团队的埃里克·哈钦斯（Eric Hutchens）先生、迈克尔·克鲁珀特（Michael Cloppert）先生和洛翰·阿明（Rohan Amin）博士等人于 2010 年提出，是"情报驱动型防御"（Intelligence Driven Defense，IDD）系统中识别和预防网络入侵活动模型的一部分，用来建立一个循环高效的早期网络安全检测和风险缓解系统。CKC 描述了一种经典的网络安全场景——外部攻击者通过各种手段渗透进入目标网络并达成其目的，包括潜伏并监视、获取机密信息或重要情报等。CKC 模型是一种基于对网络攻击生命周期理解的模型，将网络攻击的过程拆解成了 7 个阶段（攻击者侦察、入侵安全边界、利用漏洞、获取和提升权限、横向移动以访问更有价值的目标、混淆或藏匿、从目标中汲取数据或情报等）并据此为防御一方的准备工作提供指导和知识帮助。网络攻击生命周期的概念来源于美国军事战略中对"侵入—杀伤"行动的链式过程的理解。值得注意的是，从方法上讲，完整应用 CKC 的方法，可以形成 APT；为及时发现 APT，可以尝试使用 UEBA。

5. 有关云计算的威胁建模方法

对于云计算场景的威胁建模工作目前还在持续进行，学术界和工业界至今为止仍然没有对云计算的攻击理论或威胁建模方法达成共识。通常认为，对云计算设施的攻击或威胁，可以从以下一些角度实施：数据泄露和数据丢失（包括托管方违反约定的"监守自盗"问题）、来源逃避、云设施服务攻击、云设施管理员攻击、虚拟机（Virtual Machine，VM）攻击（包括对应用程序或操作系统的攻击、虚拟机逃逸、来自虚拟机管理程序的攻击、对虚拟机管理程序的攻击以及贴近物理层面的攻击）、对网络设施的攻击等。特别需要注意，云计算虽然依赖于虚拟化技术，但并不等同于虚拟化，因为虚拟机并非只能在云架构中使用。同时，还需要考虑使用云设施的终端的问题，包括实体终端和各种虚拟化的终端或应用程序（App）。

归纳而言，这些思路仍然没有跳出经典的方法论，即网络攻击分为四个元类：阻断、篡改、伪造（或仿冒）和截获（见图 8-5）。在此方法中，建模对象的选取通常分为两类：面向应用和面向运营。

6. 其他方法

以上几种方法并没有涵盖威胁建模的所有方法，也没有涵盖威胁建模的所有领域，仅仅是作为示例，试图说明威胁建模的主要内容和方法在各自发展过程中的基本历史沿革。还有一些其他典型的方法，一并简单列举如下，供读者参考。

2014 年，美国孟菲斯大学的克里斯·西蒙斯（Chris Simmons）博士等人提出了一种称为 AVOIDIT 的网络攻击分类方法。广义而言（或从实际的应用价值），这个分类法也可算作是一

⊖ 简称为洛马公司（LM），这是一家美国高科技公司，主要业务领域集中在航空航天、国防和信息安全与技术，由洛克希德公司和马丁·玛丽埃塔公司于 1995 年合并而成，其总部位于美国马里兰州北贝塞斯达。

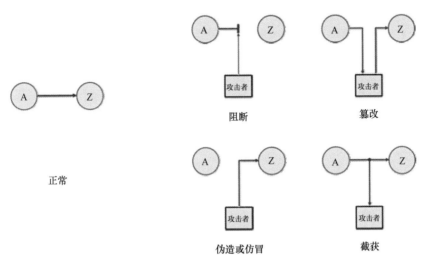

● 图 8-5　网络攻击方法的基本分类

种威胁建模方法。2016 年，加拿大国防研究与发展局（Defence Research and Development Canada，DRDC）提出了一种网络威胁模型并集成在加拿大国防部的"自动计算机网络防御系统"之中。该系统是一种具有主动和反应性计算机防御功能的集成（工具）系统，能够从网络威胁的探测工具中获取输入，自动向人类管理员提供处置网络安全风险的行动建议，也可在人类管理员授权下自动采取措施以保护网络中的目标。

2017 年后，随着物联网以及移动网络应用的普及，对于威胁的建模范围进一步得到了扩展，但在方法上趋于稳定——所有威胁建模过程都是从创建被分析的应用程序或系统的可视化表示开始。目前，得到扩展的建模范围已经包括了供应链（上下游均被纳入）、物理—网络空间映射（地理位置信息）和支付手段（经济活动）等。未来，对威胁建模的方法将会更加贴近网络空间的实际，将远超出 IT 系统的范畴。

7. 典型工具

微软公司已将 STRIDE 方法进行了工具化处理，在其网站上提供一种免费的工具⊖。此外，还有一些工具，例如，由 OWASP 提供的 Threat Dragon、PyTM（Pythonic Threat Modeling）、Threat Model Cookbook、Threat Modeling Cheat Sheet 等，以及其他一些工具，比如 Threagile 的开源工具 Agile Threat Modeling 等。

8.4.2　态势感知

对网络安全威胁的观察、分析必然带来对安全威胁的理解，在这个基础上必然需要得出某些结论，用于确定需要进一步采取的对策。这个过程，就是网络安全的态势感知（Cyber Situational Awareness，CSA）。

1. 基本概念

原本，"态势感知"自 20 世纪 80 年代中后期以来只是一个军事领域的概念。美国空军首先将其作为自身军事行动（空中战术）和军队管理的基础理论之一并不断加以实践和研究。其

⊖　下载链接为 https：//docs. microsoft. com/en-us/azure/security/develop/threat-modeling-tool。

重点在于：在有人类直接参与的复杂（或复合）自动化系统中，必须充分考虑人的因素，并且要充分认识到在这个系统中"人类组件"的重要性，以及人的行为对系统的运转所产生的各种影响。例如，无论系统的自动化程度有多高或人类操作员在其中所执行的操作有多少，系统中都必须要留有"人类组件"的位置，目的是确保相对于自动化的机器而言，人能够负责系统的运行状态，以防止出现问题，并且使人有能力对系统的行为进行干预。

美国军方对此理论进行大量研究和实践，约在 2010 年前后，在网络空间被正式认定为第五作战域之后，随即发布了基于态势感知理论的网络空间作战行动方法，将传统的军事理论投射到了网络空间，意图谋求更大的军事优势。例如，美国陆军的培训手册（*TRADOC*⊖ *Pamphlets* 525-7-8，TP 525-7-8）中，将网络空间态势感知定义为：在网络空间和无线电频谱中，对友好的或敌对的活动等相关信息的即时了解，这些信息是从网络空间、无线电频谱以及其他领域的情报和行动中所获得，还可以是通过与己方开展统一行动的公、私伙伴进行的合作过程中所获得。此外，《美国国家安全系统委员会指令 第 4009 号》（*CNSSI* 4009）中，将态势感知定义为：在一定的时间和空间范围内，对企业安全状态及其威胁环境的认知，以及对两者共同作用意义（即网络安全风险）和它们在不久的将来的地位的理解。

可以看到，态势感知的概念本质上，是试图将动态的概念引入网络安全的防御之中，要在静态设防的情况下，不断对自身所处环境中的变化做出必要的、及时的"智能"响应，从而在对抗中获得优势和安全性。也就是说，在网络空间中还寄希望于通过设计一个能够抵御任何类型的攻击或足够抵御所有攻击的"堡垒"的方法来获得安全，已经成为一种"不可能完成的任务"，不足以用来应付网络空间中的安全挑战或竞争。

从这个意义上说，企业在日常的网络安全管理体系的运作过程中，于威胁发现的环节，除了能够识别威胁之外，更重要的是，要能够为应对威胁而做出正确、有效的响应。毫无疑问，整个过程必须是"智能化的"，离开了智能，也就无从谈起"感知"。

习近平主席在 2016 年的讲话中指出："全天候全方位感知网络安全态势，增强网络安全防御能力和威慑能力"。自此，有关网络安全态势感知的工作方法和要求也纳入了我国网络空间安全工作的范畴，受到越来越多的重视，众多企业都开始建设并积极应用态势感知系统，以应对网络空间安全的挑战。特别是在关键信息基础设施安全保护领域，态势感知技术已经称为不可或缺的技术要素。

态势感知理论体系主要由米卡·恩德斯利（Mica R. Endsley）博士于 1988 年提出并建立。她曾担任美国空军首席科学家（2013—2015 年），对美国军方网络安全态势感知理论的形成发挥了重要影响。网络空间态势感知的概念由蒂姆·巴斯（Tim Bass）先生于 1999 年提出。他曾为美国空军服务（1993—2004 年）。

2. 主要技术

网络安全态势感知技术主要是为了解决威胁监测、分析以及决策的问题。在其实现过程中，需要充分考虑到所处工作环境的复杂性。在威胁的监测当中应当尽可能采用自动化的技术手段以至少保证监测过程中可以获得足够的时效性，这既包括传统的入侵检测系统等传感器类的设备，也包括多渠道来源的情报信息处理平台等。这意味着，需要开发专门的系统，而不能寄希望于依赖于人工收集或半人工收集的方式来开展工作。监测所得数据或信息需要经过多维度的加工和处理，在海量数据的情况下，需要依靠大数据技术来完成任务。分析的结论最好应

⊖ TRADOC 是指美国陆军训练与条令司令部（United States Army Training and Doctrine Command）。

当足够直观，或者，最起码要具有可读性，以便于网络安全的管理人员理解并将其作为决策的依据。在整个过程中，涉及的主要技术有多传感器组网技术、数据采集与融合技术、数据挖掘技术和可视化技术等。

3. 多传感器组网（Multi Sensor Networking，MSN）**技术**

此处说的"多传感器"，是指多种类型的传感器（Multi Sensor）。这些传感器的用途是发现或侦测、察觉各种网络安全事件。"传感器"一词是一种相对形象的比喻说法，泛指所有可以用来发现网络安全事件的硬件设备或软件系统。传感器的概念自身也经历了一个发展过程，从最初的入侵监测系统和各种探针（Probe），到后来的融合了一定数据处理能力的系统模块，再到现在的虚拟化的大型平台等。形式上，也从纯软件实现的应用程序，发展到专用的即插即用的"硬件盒子"，再到纯软件的功能组件或云服务等。体积上，也从小巧的便携式软件，发展到具有庞杂结构的智能系统。

因此，对态势感知而言，如何将异构、多址的多传感器合理地布放到位，就是个首先需要得到解决的问题。通常，如果在网络设计过程中事先充分考虑了网络安全事件监测的需求，则各种传感器的布放和组网问题，就会相对简单和明确。但如果是在既有网络环境中补充传感器，则将可能面临巨大挑战。传感器的物理位置、能源供应、通信带宽、操作管理、工程管理（传感器数量、布放范围、资金成本）等问题，都是需要考虑的内容。本书将这些工作涉及的内容，统称为多传感器组网技术。

以传统的入侵检测系统为例，根据不同类型的 IDS 的工作原理，需要综合考虑监测链路的流量工程问题（包括分光、镜像等）或宿主系统的资源管理问题（包括访问控制、数据存储等），还需要考虑 IDS 自身的控制信道问题以及在整体网络中的拓扑问题等。

此外，多传感器组网还可以被视为是一种构建分布式传感器系统的过程，相关技术可以借鉴广域网组网技术，以及云服务弹性组网的技术。

4. 数据采集与融合（Data Collection or Fusion）**技术**

数据采集与融合技术主要用于组合来自多个、异构传感器或监测数据源的数据，以对网络安全事件、用户活动和相关情况进行分析提供基础。通常，这会用到人类仿生学的某些概念，例如，将整个过程与人类的认知过程相比较：在人类的认知过程中，大脑将融合来自不同感觉器官的感觉信息，评估情况，做出决定并指导行动。

数据采集与融合技术，关注的是多传感器组网的结果，要确保传感器中的数据，例如，来自众多的数据包嗅探器、系统日志文件、SNMP 通信/查询、系统消息和操作符命令等的数据，能够有效地输入态势感知系统的数据容器之中。在当前的技术能力下，这些数据容器可以是数据仓库（Data Warehouse）、数据湖（Data Lake）等。作为数据采集与融合技术的输出，则是对观测对象（如入侵者）的身份（也可能是位置）、行为、频率（或概率）以及网络攻击严重程度的评估（基于阈值的统计）等。这些信息，好比是在典型的导弹防御战斗中受到防御一方指挥官高度关注的那些信息，例如，来袭导弹的发射阵地、弹头的飞行速度、弹头的威力估计以及弹头的落区（攻击所威胁的目标）等，这些信息都是通过指挥与控制（Command and Control，C2）系统自动解算出来的。

数据采集与融合的过程中需要考虑到传感器采集数据时的一些特性，主要包括：①传感器的检出特性，即在给定的网络噪声背景下的误报率、漏报率等。②传感器的空间/时间分辨率，即在空间或时间上区分两个或多个网络安全事件的能力。这和传感器的覆盖范围或视场的范围有关，而这些覆盖范围或视场的范围则和多传感器组网的技术直接相关。③检测/跟踪模式，即传感器的工作模式，包括点对点盯梢或在一定范围内轮询、扫描，或记录、跟踪多个网络目标，以及它们的混杂模式等。④再入率，即传感器的两次监测行动之间的间隔，或传感器受控再次执行特定监测行动的速率。⑤测量精度，即在传感器网络空间测量或观测的准确性的统计概率。⑥测量向量，即传感器可以执行测量、监测任务的目标或变量的类别与数量。⑦报告过程的状态，即传感器是否可以在没有相关性的情况下做出决定，例如，是否需要人类管理员的确认等。⑧检测/跟踪报告，即传感器是报告单个网络事件，还是维持一个事件日志等。

其中，数据层就是指传感器的测量和观察；信息层就是经过索引和结构化的置于上下文中的数据；知识层就是可被解释和理解的信息，即数据融合之后所得到的结果（见图8-6）。所有这些内容，可以参考人类决策过程中的"观察—定向—决策—行动"机制，通过推理的方法由态势感知系统进行融合。整个过程可以映射到数据层、信息层和知识层三个层次，分五个步骤实现。

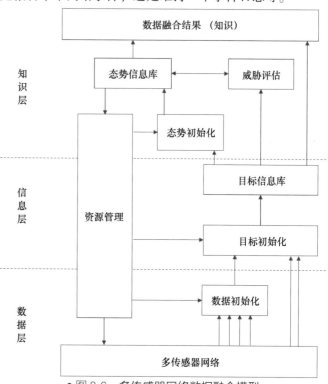

● 图 8-6　多传感器网络数据融合模型

第一步，由于传感器提交的数据的数据格式、数据内容、数据质量千差万别，存储形式各异，表达的语义也不尽相同，因此，首先需要对采集所得的原始数据进行校准或过滤，这实际上是一种数据预处理。这一步的情况需要看传感器的能力大小，如果传感器自身的处理能力足够好，则可以省略这一步。

第二步，将校准后的数据归一化，放入一个共同的参考系中，使其具备可比性。归一化的方法，可以根据时间相关性确定，也可以根据空间相关性确定，并且，还可以根据它们之间的相对重要性进行加权，目的是将不同数据源进行某种程度上的互补集成。归一化的结果，就是原始数据被关联、聚合、重组之后得到的数据，称之为目标。在这一步，原始数据开始归并到目标数据，形成目标信息库。

第三步，将目标信息库中的上下文进一步聚合，通过计算它们的状态、相互依赖性、通信协议的场景、相关攻击速率等，进一步形成关于攻击场景的记录，即对态势信息进行初始化。

第四步，根据安全策略（约束条件）对目标信息和态势信息进行比对和关联，抽取其中的相关性，则最终形成可被理解的融合信息。

第五步，通过对系统的资源进行调度管理，完成对前面四步过程的控制。例如，控制态势感知系统对某些指定目标的信息，以更高的优先级进行处理等。

上述只是一种简化的描述。在实际工作中，还需要用到数据挖掘的技术，才能应付真正的多传感器网络的数据。

5. 数据挖掘技术

数据挖掘是一个以数据为输入，输出知识的过程。态势感知所追求的对威胁做出"智能"的反应，所依据的就是对"知识"的理解与掌控。这是态势感知技术的核心特征，也可以称之为"原教旨"的态势感知。如果抛开了对威胁监测数据进行知识化处理的最终过程，而单纯地以收集数据并进行诸如去重、排序、筛选等初级的处理⊖而作为态势感知的过程，则显然是十分不完整的。从这个角度说，我们应当对成本低廉的态势感知系统持有一定的谨慎态度。当然，这是题外话，不在本书的讨论范围之内。

数据挖掘技术出现于 20 世纪 90 年代后期。最初的含义就是指"识别有效、新颖、潜在有用且最终可理解的数据的模式"。这里需要注意，数据挖掘的目的在于，使数据因为其规模效应所隐含的信息可被"理解"，而不是被"整理"，这一目的性的存在，是数据挖掘的基础理念。这意味着，任何数据挖掘的过程必须是自动化的，或者至少是建立在半自动化的基础之上，整个过程都深刻依赖于专门的算法（可以称之为"数据挖掘算法"）。

数据挖掘可以等同于一个决策过程，根据历史的（或现存的）数据来理解（或预测）历史的行为并试图有限地预测极短的未来。用于挖掘的"原料数据"必须是潜在的庞大且多样化的数据，是"大数据"（Big Data），否则，"挖掘"的结果将不会具有太多价值（即形成"新"知识）。数据挖掘过程还是一个迭代过程，在过程的初始运行完成后，还需要评估运行的结果并决定是否需要进一步工作或确认结果是否足够。通常，最初的结果要么不可接受，要么被期望有可能进一步改进，因此在进行一些调整后需要重新开始这个过程形成一种计算循环，直至结果令人在一定程度上可接受为止。这个迭代的过程是数据挖掘的常态，即便不是因为结果不可接受也可能需要不断地进行迭代，因为源数据的分布可能在随时间而改变，或者，对结果的评估标准也在发生变化。

数据挖掘的思想基础主要包括基于统计学原理的抽样、估计和假设检验等数学方法以及基于人工智能、模式识别和机器学习等领域的算法建模技术（如最优化算法、进化计算等）。数据挖掘的过程，大致包括数据汇聚或预处理、数据转换、算法实施和结论输出四个步骤。

数据挖掘可分为描述性挖掘和预测性挖掘。描述性挖掘用于刻画数据库中数据的一般特性，预测性挖掘主要是在当前数据上进行推断并加以预测。

数据挖掘方法主要有关联分析法、序列模式分析法、分类分析法和聚类分析法。关联分析法主要用于挖掘数据之间隐含的联系。序列模式分析法侧重于分析数据间的因果关系。分类分析法通过对预先定义好的"类"建立分析模型，进而对源数据进行分类，为进一步的分析做准备。常用的模型有决策树模型、贝叶斯分类模型和神经网络模型等。与之相对的是聚类分析，不依赖预先定义好的"类"模型进行分析，而是通过模糊聚类法、动态聚类法和基于密度的方法等，在计算中完成源数据的分类。分类是识别数据之间的关系并形成对某种规律的认识的必经之路，是决定数据挖掘结果是否可以接受的必要步骤。

例如，通过数据挖掘来提取威胁特征，就是分类结果的一种具体运用。通过一系列数学方法（如层次分析法、模糊层次分析法、综合分析法等）的处理，可以将大规模的有关网络安全情况的信息归并融合成一组或者几组在一定值域范围内的数值，这些数值将用来表征网络实时运行状况的一系列特征，这就是"特征提取"。使用这些提取出来的特征，可以在很大程度上准确反映网络安全状况和受到的威胁程度等情况。掌握这些情况是评估和预测网络安全态势的

⊖ 这种初级处理，通常被称为"平凡处理"（Trivial Process），包括简单的计算和统计测量等。

基础，对整个风险评估和风险控制有着重要的影响。

所谓预测网络安全态势，就是根据网络运行状况发展变化的实际数据和历史资料，运用各种经验、判断、知识去推测、估计、分析网络安全态势在未来一定时期内可能的变化情况。这种预测主要是建立在科学的基础之上，但也不排除部分地建立在依赖特定环境的经验总结的基础上，因此是个交叉领域，不可避免地存在一定的争议性。所谓科学的基础是指，网络在不同时刻的安全态势彼此相关，安全态势的变化有一定的内部规律，利用这种规律可以预测网络在将来时刻的安全态势，从而可以有预见性地采取安全措施，比如，预防性地调整安全策略、灵活地更换部分安全策略等。在方法上，科学预测的部分，通常基于神经网络预测法、时间序列预测法、基于灰色理论的预测法。而所谓非科学的预测，则更多的是依赖于具体工作人员对现实环境的理解，包括对威胁的认识、日常应对威胁的习惯，以及资源配置策略等。但总体而言，这部分非科学的内容只是尚未以科学的理论加以证实，就实际效果而言，通常是具有建设性的。

6. 可视化技术

在网络安全的攻防对抗中，所采取的行动始终取决于了解给定环境中的当前条件。态势感知技术所追求的是对复杂和不断变化的环境的全面了解，对于人们决策采取适当行动至关重要。态势感知是对复杂和不断变化的环境的全面了解，它涉及理解网络空间环境中的关键因素以及它们在时间和空间跨度上的关联关系和彼此较高关联性方面的上下文语境。因此，需要让人们通过态势感知系统几乎可以一目了然地理解当下的网络安全风险，否则，在态势感知系统的基础上还要进行复杂的决策讨论，则将使态势感知系统的必要性变得大打折扣。通常，通俗地理解这种让人"几乎可以一目了然地理解"的技术手段，指的就是态势感知系统中的可视化技术。

可见，这里所说的可视化技术并不是单纯的某种人机交互的操作界面，或者用以展示数据报表的界面，而是指将描述网络安全态势情形的分析数据、信息、知识以可视化的手段展现出来，便于人类理解。通过传统的文本或简单图形表示的方法来寻找有用或者关键的信息，非常困难。这需要利用机器学习的能力，从海量的数据中解放和增强、加速人类操作员在空间、时间和视觉上解释数据所代表含义的能力。

可视化是多层次的数据结果呈现和多维度交互能力的综合体，至少需要包括动态的全局性指示、针对特定兴趣点的探索式展开以及针对特定活动的局部细节还原等功能，支持人类操作员查看随时间变化的事件和对象并能够理解系统所预测的未来趋势。

这在本质上是将现实和虚拟现实系统中的情境感知联系起来。而且，这种联系的唯一技术基础，基本上要依赖于计算机系统的支持。就如同人类操作员只具有有限的感知能力或认知资源一样，态势感知系统也只能拥有有限的可视化资源。因此，只在这样的条件约束下的可视化才有现实意义，过度地可视化或单纯地以可视化为目的的做法，都不是态势感知系统所应该追求的目标。可视化技术应经过专门设计或选择，根据监控、检查、探索、预测或沟通的不同需要而有所侧重，不应寻求一种大而全的可视化方案来同时满足所有需求。可视化技术未来应当还会和仿真技术进行深度的融合。

8.5 DDoS 防御

针对业务系统的分布式拒绝服务（DDoS）攻击是一种最为常见的网络威胁。DDoS 攻击的效率通常都比较高，实施过程相对简便，破坏力或影响力巨大。DDoS 攻击是网络空间内进行较量的常见"武器"，它总是可以在事实上严重地冲击甚至总是可以冲垮那些采用了复杂且昂贵的技术措施所构筑的防线，甚至还可以"物理"地破坏掉这些防线。据报道，已知的最大规模的 DDoS 攻击的峰值速率已经达到 10 Tbit/s 数量级，峰值攻击包的数量达到了 100 Mpps 数量级。

甚至，为此已经形成了全球范围内的地下产业链（商业化的僵尸网络，Botnets）。发动或威胁发动 DDoS 攻击成为现代犯罪组织的有力工具。各国执法力量因此也将 DDoS 攻击作为网络犯罪的一种主要形式而予以高度关注和持续打击。

对于保障网络安全一方而言，防御 DDoS 攻击则面临着系统性和复杂性、长期性和艰巨性、合理性和可操作性等多方面因素的综合挑战，在应对的过程中必须考虑费用（资源消耗）和效率（即费效比）的平衡关系。那种试图以资源投入压倒资源消耗的应对策略，都不是企业的最优选择。广义上讲，网络空间的对抗是整体的对抗，"拒绝服务"是攻击者发动攻击所希望达到的目的而不单纯是手段，在资源投入上让防御一方陷入困难，同样也是一种拒绝服务攻击。

近 3 年以来，受到在线服务重要性提高的影响，DDoS 攻击得到了前所未有的大发展。电子商务、流媒体服务、在线学习，以及服务于疾病控制与流行病学调查、医药制造与销售等的服务，已经成为人们所必不可少的在线服务。因此，这些行业或服务就成为非常具有攻击价值的目标。

根据美国 NetScout⊖公司的 ATLAS 安全工程和响应组织（ASERT）的报告，2020 年，全球的 DDoS 攻击频率同比增加了 20%，2020 年的最后六个月，这一数字更是上升到了 22%。DDoS 攻击迎来了历史上的又一个"黄金时代"。2020 年 8 月中旬，在全球范围内出现了一种名为 Lazarus Bear Armada（LBA）的网络勒索活动（Ransom Related DDoS，RDDoS）。

LBA 是一个涉及范围很广的 DDoS 勒索攻击活动，主要针对一些区域性金融行业目标和旅游行业的目标，在某些情况下还会针对上述目标的上游行业。这些攻击的特点是，攻击者会首先对勒索目标的在线服务或应用程序中的某些特定要素发起演示性的 DDoS 攻击，然后通过电子邮件进行敲诈并要求通过比特币交付赎金，否则将面临至少 2 Tbit/s 的 DDoS 攻击以及后续更多、更持久的 DDoS 攻击。但实际的观测表明，攻击量只是 50 Gbit/s ~ 300 Gbit/s 和 150 Kpps ~150 Mpps 不等，并未发现任何一起达到或超过 2 Tbit/s 的攻击。攻击向量包括 NTP、DNS、ARMS、SSDP、MemCached、CLDAP 和 TCP 反射/放大攻击、UDP/4500 和 UDP/500 Flooding（洪泛攻击）、HTTP/S Request-flooding、Spoofed SYN-flooding、GRE & ESP Packet-flooding、TCP ACK-flooding、TCP 反射/放大攻击。

在这些攻击向量当中，没有任何"新鲜"的手法或特征。这说明，很大程度上，攻击者只是通过已有的攻击产业链实施了这次攻击，其"攻心效果"远大于其实际攻击行动。从攻击手法上看也并不那么老练，更为俏皮的是，攻击者向他们的目标发送勒索信时，为了增加可信性，他们会表明自己来自三个著名的 APT 组织，包括拉撒路组织⊜（Lazarus Group）、花哨熊⊜（Fancy Bear）和阿玛达组织⊗（Armada Collective 或 Armanda Collective）。但事实上，没有更直

⊖ NetScout Systems，Inc. 于 1984 年成立于美国，总部位于马萨诸塞州韦斯特福德市。
⊜ Lazarus Group 从 2009 年起开始活跃，研究者认为该组织应对 2014 年 11 月索尼影业娱乐公司遭受的破坏性网络安全袭击负责。
⊜ Fancy Bear 从 2008 年开始运作，惯用的手法是通过网络钓鱼使用精密的跨平台植入物（通常称为 XAgent）来获取目标的网络凭证。
⊗ Armanda Collective 从 2015 年左右开始运作，习惯以金融机构为攻击（勒索）目标。

接的证据表明 LBA 的行动与这三个组织有直接关系。

8.5.1　典型攻击过程

　　DDoS 攻击，即分布式的拒绝服务攻击，是将拒绝服务攻击的单一发起代理通过傀儡网络（Botnet），复制、聚集、分布在整个网络环境中，形成地理上分布、空间上分散、控制上统一的攻击平台，以几何级数的方式加强了单一拒绝服务攻击的强度和破坏力。在一个典型的DDoS 攻击中，攻击者首先必须依靠傀儡网络筹集所需要的攻击资源；之后，按照统一的策略调集这些资源对目标系统发动攻击。图 8-7 示意了一种典型的 DDoS 攻击过程。

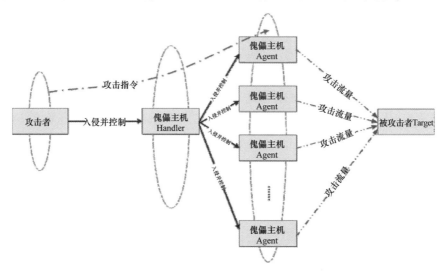

●图 8-7　一种典型 DDoS 攻击的过程示意图

1.　Ⅰ型攻击和Ⅱ攻击

　　根据攻击造成破坏的宏观特征，可以将 DDoS 攻击分为服务器计算资源耗尽型（称为"Ⅰ型"）和网络资源耗尽型（称为"Ⅱ型"）两类（可将这认为是一种不精确的攻击向量分类，但足够通俗，便于描述）。

　　Ⅰ型攻击的一种典型实现方法是，利用面向连接的协议构造（或伪造）随机状态下的连接请求并维持相对长的时间，从而导致服务端的计算资源被大幅消耗，直至被耗尽为止。任何具有面向连接概念的协议都可以成为被Ⅰ型攻击所利用的媒介，例如，传输层的 TCP、应用层的HTTP、DNS 协议等。Ⅰ型攻击的重点在通信双方的"端"⊖，目的是使"端"瘫痪，从而使目标（系统）失去服务的能力。广为人知的 SYN Flood、HTTP Flood、DNS Query Flood 等，都是典型的Ⅰ型攻击。除此之外，Ⅰ型攻击者还可以专门构造畸形数据包（Malformed Packet）来实施攻击。当然，这种方法目前已经较少出现，很重要的一个原因是，这种畸形数据包相对更容易被基于签名的监测系统发现。

　　Ⅱ型攻击的实现原理与之类似，只是未必会使用面向链接的协议，而是以耗尽网络设备的计算资源为目的，合法地利用通信协议发动攻击，最终阻断目标系统的网络路径，从而使目标系统离线（即断网）而"拒绝"服务。例如，著名的 ICMP Flood 和 UDP Flood 等，都是典型

　　⊖　"端"是指通信过程中的任意一方，并不特指服务端。

的 II 型攻击方法。

II 型攻击往往伴随有流量特征（即在网络流量的监视图中突然出现的波峰或流量监测曲线的"尖刺"），更容易被人所知。甚至，在人们的印象里，像包洪泛攻击（Packet Flooding）和连接数放大攻击（Sessions Amplifying）等具有流量特征的攻击，在一定程度上就是 DDoS 攻击的代名词。但是否具有流量特征并不是察觉是否发生了 DDoS 攻击的标志。虽然早期的 DDoS 攻击通常伴有流量特征，然而随着攻防对抗技术的进步，这种流量特征呈现出越来越弱的迹象——毕竟，能够被肉眼直观察觉的攻击流量，更容易惊动被攻击目标。当然，如果是利用 DDoS 攻击进行勒索的话，还是会伴有比较明显的流量特征，以便加强对勒索对象施加恐吓的效果。

2. 甲型攻击和乙型攻击

根据攻击过程所体现出的手法上的特征，可以将 DDoS 攻击分为直接攻击型（称为"甲型"）和间接攻击型（称为"乙型"）两类。这种分类法可以和前述的 I 型、II 型攻击的分类法交叉，两者并不冲突。

其中，乙型攻击通常包括反射/放大（Reflection/Amplification DDoS，RDDoS/ADDoS）攻击、次级攻击（Subordinate DDoS，SDDoS 或 Level2 DDoS，L2DDoS）、低烈度持续攻击（Low-Intensity-Persistent DDoS）和低带宽慢速攻击（Low-and-Slow DDoS）等。

次级 DDoS 攻击，是一种相当有谋略的攻击过程。当 DDoS 攻击者遭遇到 DDoS 防御机制的对抗后，在战术上可以主动进行适应，将攻击目标灵活地调整为更有价值的部位。例如，主动激活被攻击目标的防御机制，使得合法用户被列入防御机制的黑名单，客观上使得受攻击目标自行脱离互联网，从而阻断正常的服务；或者对防御机制进行"火力侦查"（ReDoS）进而采取针对性的打击手段来破坏防御机制，当防御机制被破坏后再攻击最终的目标；也可以向与直接攻击目标紧密相连的上游寻求攻击机会，例如，某个公共域名服务器、VPN 汇聚点/接入点等，通过使第三方系统拒绝服务，从而使受攻击目标系统受到连锁反应影响而拒绝服务。

即便是乙型攻击，也可以是某种形式的组合攻击，例如，反射攻击和次级攻击也可以结合起来应用。攻击者可以利用某些常用的 P2P 服务客户端，将攻击目标指定为 P2P 协议的交换源，从而利用该 P2P 网络发动反射式的攻击。

对于攻击者而言，无论使用 I 型还是 II 型攻击，甲型还是乙型攻击，其目的都是要将目标正常的服务阻断，因此，实际攻击的过程中往往是将 I 型和 II 型攻击、甲型和乙型攻击混合使用。因此，现实中的 DDoS 攻击几乎都是混合式攻击。这种混合式攻击手法不单单是指攻击工具自身具有多种工作模式可供选择，而更重要的是，攻击者可以发挥自己的创造力，随时根据具体情况选择不同的工具实施攻击。

典型的攻击工具：HULK⊖、Slowloris⊜/PyLoris、SlowPOST、LOIC⊜/HOIC/XOIC、DDoSIM㉙、R. U. D. Y㉚/RUDY、Tor's Hammer/TorsHammer、OWASP SwitchBlade/DoS HTTP

⊖ 全称为 Http Unbearable Load King（HTTP 不堪重负之王），由 Barry Shteiman（巴里·施泰曼）先生于 2012 年开发。

⊜ 英文原意是指"间蜂猴"（一种特产于南亚地区的灵长目珍稀动物），由 Robert Hansen（罗伯特·汉森，绰号"RSnake"）先生于 2009 年开发。

⊜ 全称为 Low Orbit Ion Cannon（低轨道离子炮），出现于 2009 年。另有类似的工具，称作 High Orbit Lon Cannon（高轨道离子炮），出现于 2011 年。

㉙ 全称为 DDoS Simulator（DDoS 攻击模拟器），由 Adrian Furtuna（阿德里安·傅图纳）先生开发。

㉚ 全称为 R-U-Dead-Yet（你的应用宕机了吗）。

POST、DAVOSET⊖、GoldenEye 等。

DDoS 攻击是专门针对"边界"的攻击方法，只要有"边界"就免不了会受到 DDoS 攻击。事实一再证明，对信息系统的运营者来说，他们自备的网络设备和传统的防火墙、入侵检测系统等网关型安全措施，都很难有效地防御 DDoS 攻击。即便是在普遍"上云"的今天，DDoS 攻击也依然有着顽强的生命力和适应能力。云同样可以成为 DDoS 攻击的目标，而且对云的 DDoS 攻击正在变得越来越有威胁。泛在物联的场景将 IT 系统的风险延伸到了物理世界，一切"智能"的设备，从便携设备、终端设备到可穿戴设备、可植入设备等，受限于它们自身的计算能力，通常在 DDoS 攻击面前都不堪一击。这对基础设施运营者提出了新的挑战，在一些情况下还伴有深刻的伦理问题方面的考验。

8.5.2　典型防御手段

从对抗的角度来说，针对 DDoS 攻击应该采取的对策包括检测、防御和追踪三个主要方面。以安全风险控制的角度来说，只有防御这个环节是目标明确、范围可控的环节。典型的防御手段就是依赖专门的 DDoS 攻击防御系统（Anti-DDoS System，ADS），通过所谓"流量过滤"或"流量清洗"等方法，以缓解、抑制或者偶尔地消除 DDoS 攻击。

针对 DDoS 攻击的过程和技术特点，对其进行防御/对抗的技术体系需要有针对性地兼顾 3 个环节，分别是：①在 DDoS 攻击来源端（称为"远端"）或靠近远端的位置进行防御，即"近源防御"（Near-Source Scrubbing，NSS）；②在 DDoS 攻击的传输环境（称为"路径"）进行防御，即"网络路径防御"（Networking-Based Mitigation，NBM）；③在 DDoS 攻击受害者端（称为"近端"）进行防御，即"近的防御"（Near-Target Defence，NTD）。防御的方法主要分为主动防御和被动防御两种。

1. 设计要点

针对 DDoS 攻击的防御体系，是以技术手段为基础的复杂"生命体"。不应将防御系统视作完全的机器装置，它需要一定的"智能"。从策略上来说，ADS 的设计原则可以归结为两条，第一，只保护值得保护的目标且只保护能够保护的目标；第二，常态化准备，快速响应、协同防御。

ADS 的设计不应以"预防攻击"为目标。只针对攻击的"近端"和"路径"进行防御并且只以削弱攻击强度为目的方法，和针对攻击的全过程（尤其是防御方几乎不可控的"远端"）进行防御并且以消除全部攻击为目的的方法相比，前者的整体费效比要高。虽然理想情况下，防御能力应当是 100%的覆盖受保护对象（即目标）所拥有的全部资源，但在逻辑上做到 100%覆盖比在物理上做到 100%覆盖要更划算一些，能够在投入-产出方面得到一个比较好的平衡。例如，用目标出口带宽的 20%为限度设计"物理的"防御能力，就可以达到比较理想的防御效果。

此外，防御体系应该是一种选择性介入手段，应当在受保护目标需要的时候快速接管、控制和恢复目标的工作环境，可以在攻击开始后通过策略激活防御体系。防御措施自身应该以某种受控方式协调一致地进行工作，体现出整个防御体系的"智能"。

⊖　全称为 DDoS Attacks Via Other Sites Execution Tool（通过其他站点执行 DDoS 攻击工具），由 Eugene Dokukin（尤金·泽金，绰号"MustLive"）先生开发。

2. 系统结构

可以将 ADS 的系统结构归纳为"感知、引流、抑制、回送"四个主要功能部件，针对 DDoS 攻击实施时的步骤，有针对性地发挥作用。

1）感知攻击。采取合理的技术手段正确感知到攻击，是有效防御攻击的第一步。感知攻击的技术手段主要有三种：①通过安装专门的探针（代理，Agent）方式，在客户端（"近端"）进行感知；②通过全流量分析的手段，在特定链路或中、小带宽链路（"路径"）上进行感知；③通过网络流量工程或态势感知系统，在大带宽或超大带宽链路（"路径"）上进行感知。三种技术中，使用前两种的精确度高，但是受带宽限制，感知的范围较小或受限。使用第三种技术则受限范围小或几乎不受限，但是感知精确度、数据处理效率较前两种的要求要高得多。

2）牵引流量，即"引流"。为了灵活适应不同的网络架构，通常需要将检测发现了包含有 DDoS 攻击的网络流量牵引到能够对攻击采取措施的专用节点之内进行处置。这种方法可以用较小的代价换取较大的灵活性，尤其适合网络设施的运营者使用。具体的方法有两种。一种是直接利用路由协议的特性，例如，用宣告 BGP 的方式，把需要保护的目标 IP 地址通过 IBGP 广播的方式广播给相邻的路由器（这个路由器一般是最靠近攻击源的出口路由器），从而把含有攻击的网络流量（称为"含污流量"）送入 ADS。另一种是利用网络自身对用户的认证鉴权设施来重定向含污流量。无论使用哪种方法，都基本可以做到在牵引流量的整个过程中，使最终受保护目标几乎不受到额外的扰动（即"无感知"）。

3）抑制攻击。ADS 应综合采用多种技术手段来抑制攻击；一是基于策略进行阻断，根据事先的声明策略阻断非必要的网络流量到达受保护目标并动态调整这个过程，例如，根据算法去除伪造源 IP 地址的流量、去除不符合协议模型的流量、动态丢包限速等。二是基于学习来识别流量异常并对其进行抑制，例如，堆栈自动编码器（Stacked Auto Encoder，SAE）、卷积神经网络（Convolutional Neural Network，CNN）等深度学习模型。所谓抑制攻击，也可以认为是对流量进行"整型"，即以各种模式有选择地将网络中正在传输的数据包丢弃。

4）回送流量。由于在抑制攻击的阶段是将原本的流量路由进行了人为扰动，因此，在处理完毕之后还应将其送回到正确的目的网络之中。常见的回送的方式有策略路由（Policy-Based Routing，PBR）、多协议标签交换虚拟专用网（Multiprotocol Label Switching VPN，MPLS VPN）、通用路由封装隧道（Generic Routing Encapsulation Tunnels，GRE Tunnels）等。

需要指出的是，这种"感知、引流、抑制、回送"的四步法并不局限在 DDoS 攻击防御的工作场景之中，在任何需要在现有系统中叠加网络安全管控机制的场合中都可以应用，更本质一些的说法，这是一种"察打一体化"的方法，这种"感引制复"法可以提供非常高的性价比，将广泛应用于云化环境的各种场景之中。

3. 云网一体化和电信级抗 DDoS 服务

截至目前，应对 DDoS 攻击仍然是一个世界级的难题，还没有能够将其彻底解决的办法。防守一方只能依靠某些技术手段对 DDoS 攻击进行抑制、压制等缓解性的处理。在防御 DDoS 攻击的过程中，网络运营者——包括基础电信服务运营者（Telecommunications）、网络服务提供者（Internet Service Provider，ISP）和云设施服务提供者（Cloud Service Provider，CSP）相比信息系统的运营者而言，更具技术优势（见图 8-8）。其中，基础电信服务运营者则在大多数情况下，拥有比 ISP 或 CSP 更大的优势。

信息系统的运营者应当注意，要充分认识到自身网络接入条件具有特定性。在这个前提

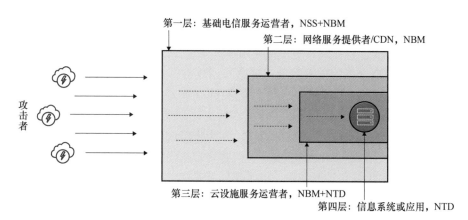

第一层: 基础电信服务运营者, NSS+NBM

第二层: 网络服务提供者/CDN, NBM

攻击者

第三层: 云设施服务运营者, NBM+NTD

第四层: 信息系统或应用, NTD

● 图 8-8 一种 DDoS 攻击防御策略的示意图

下, 高效应对 DDoS 攻击的最终方案应当是充分利用基础电信服务运营者、ISP、CSP 三者能力的特长, 在综合考虑成本效益的基础上, 向最合适的供应商选购 DDoS 攻击保护服务。建议信息系统的运营者尽量不要考虑完全依靠自身能力的防 DDoS 攻击的解决方案。图 8-7 简要示意了其中的原因。

基础电信服务运营者运营着网络世界的基础设施, 任何公众的互联网访问都很难离开基础电信服务运营者的服务和保障。基础电信服务运营者天然地对于协助用户防御 DDoS 攻击具有优势。任何公众或信息系统的运营者在为自身构建一个完整有效的防御体系的过程中, 都应充分尊重基础电信服务运营者在其中所能发挥的作用, 以及由此而产生的价值和效率。

基础电信服务运营者通过自身的数据积累或态势感知的能力, 可以有效地对 DDoS 攻击进行早期预警。在攻击处于初始阶段时即可对其予以一定的识别或标记并有能力尽早缓解 DDoS 攻击对用户造成的压力。在攻击过程中, 基础电信服务运营者可以利用其网络设施, 包括专门的"攻击防御设施"(Anti-DDoS Infrastructure, ADI) 在内的丰富的资源, 及时将含有攻击的流量从用户网络转移出来进行处理(包括抑制和压制), 并最终将有效流量重新回注到用户网络。这些可以被转移出来的流量, 主要是指真实去往用户网络的流量, 包括那些发生在应用层或云设施中的 DDoS 攻击所对应的流量。受攻击一方可以借助基础电信服务运营者的帮助, 尽最大可能对攻击来源进行跟踪和追溯, 为后续采取其他压制措施提供基本信息。此外, 通过与基础电信服务运营者的长期合作, 共享有关的网络安全情报信息, 公众或信息系统的运营者, 可以未雨绸缪, 提早做好必要的准备, 以应对潜在的威胁。基础电信服务运营者的处理既可以是近源防御(NSS), 也可以是网络路径防御(NBM), 还可以是近的防御(NTD), 这其中的便捷性与融合性, 远非其他 ISP 或 CSP 提供的 DDoS 攻击保护措施所能比拟。

更重要的是, 基础电信服务运营者的 ADI 作为一种基础设施具有规模和成本方面的巨大优势, 能够以经济实惠的方式平衡好处理 DDoS 攻击的效果和效率之间的关系。这并不是否定基础电信服务运营者之外的网络服务者或云设施服务者在为用户对抗 DDoS 攻击的过程中所发挥的作用, 比如, 用户的应用所接入的上游 ISP, 就可以利用自身网络容量为用户提供一定的"蓄洪"能力或预警分析方面的算力支援。再比如, CSP 就可以利用 CDN 的巨大"弹性"为用户有效地消除应用层的 DDoS 攻击提供了可行性, 包括内容分发网络/云分发网络(Content Delivery Network / Cloud Delivery Network, CDN)或者边缘云(Edge Cloud)在内的云设施, 以及物联网和其他宏观趋势等正在极大地增加网络安全环境的复杂性, 为 DDoS 攻击者发动大规模破坏行动提供了新的场景和机会。

　　基础电信服务运营者正在对传统的通信设施进行升级和改造，通过数据集成的方法，将一个个"孤岛"相连，释放它们能力的同时，还在努力将各种感知、控制和处理能力相连接，以实现更加灵活的互操作性。这种过程称为云网一体化运营。届时，用户将通过自助操作的方式，赢得更加强大且满足个性化需求的安全服务与保障。

　　网络安全的保障与服务已经成为通信网络自动化安全架构演进过程的一部分，在持续的基于机器学习的情报收集活动中，防范 DDoS 攻击将成为大数据分析、SDN 和自动化网络配置的一种专门应用——这意味着 DDoS 攻击将不再具有超越性，人们距离最终战胜或控制 DDoS 攻击，将不再遥遥无期。

　　有关 ADI 的内容，读者还可参阅本书第一部分有关 ECMA 的介绍。

8.6　小结

　　随着云化基础设施的普及，由 IT 系统和通信系统组成的庞大的现代网络通信系统正在悄然"进化"——通信系统正在逐步 IT 化（即云化），而 IT 系统正在进一步的层次化——传统的以设备的硬壳子为边界的世界正在慢慢消退，无形的数据逐渐回归舞台中央。网络安全，必然需要适应这种变化。

　　直观地看，似乎数据安全将会更加凸显其重要性，但数据安全并不能脱离它们的基础设施（即网络空间）而单独存在。认识到这一点，更有助于人们理解网络安全的内涵。

　　对于企业而言，网络安全管理的实务，除了在有形的世界构筑防线之外，还应当将目光投向对数据载体施行安全保护的过程——它们更加灵活，更具有不确定性。

第9章 等级化网络安全保护

等级化网络安全保护是指分等级地对目标实行网络安全保护，此外，还可以指分等级地对各类安全事件进行响应和处置。这是网络安全保护工作中一种常见的方法。

在我国，习惯上将不涉及国家秘密的等级化网络安全保护工作简称为"安全等级保护""等级保护"或"等保"。这是对等级化网络安全保护工作的一种广义理解。同时，基于这种广义理解还时常习惯用"等保"一词来泛指所有应用了等级保护方法而开展的网络安全工作，包括等级保护制度体系和相关的技术标准体系，以及测评认证、产品研发、生产服务等产业体系等。狭义来讲，"等保"是指"等级保护测评"，这只是等级保护工作中的一个分支。在一些场合，狭义的"等保"往往会被赋予更多的含义而变得扩大化，这在客观上很容易产生一定的混淆，应当引起注意。

通常，将涉及国家秘密的信息系统的等级保护工作称为"分级保护"，简称为"分保"，并且，在大多数情况下，还特指由国家保密工作部门所负责的对等级保护工作中有关保密工作的监督、检查、指导。

国家密码管理部门对安全等级保护的密码实行分类分级管理，与此有关的工作通常会被简称为"密保"，即"密码保护"或"密码保护测评"。

等保、分保、密保，这三者构成了我国等级化网络安全保护工作的主体结构和主要内容。本书将遵循惯例，在不特殊声明的情况下提到的"等级保护"，均是指狭义的等级化网络安全保护工作，不包含与"分保"和"密保"相关的内容。

国务院于1994年2月颁布施行《中华人民共和国计算机信息系统安全保护条例》⊖（国务院令第147号），规定对计算机信息系统实行安全等级保护，标志着我国正式建立起安全等级保护制度。由此，安全等级保护制度被确立为我国信息技术领域的基本政策和行动方针，从计算机信息系统安全等级保护到信息安全等级保护，再到网络安全等级保护，历经不断发展和完善，安全等级保护现已在《网络安全法》的框架内发挥起规制社会发展和经济活动的重要作用，已成为我国网络空间安全领域的基本国策之一。

9.1 安全等级保护发展简史

对目标进行安全等级保护是网络安全领域中一种国际通行的做法。我国的安全等级保护制度和工作方法是在师法美国的基础上，学习和借鉴了一些发达国家的经验并根据国情进行创新和发展而来的。

⊖ 当前版本为2011年1月修订版。

现代意义上的分等级进行安全保护的思想，可以追溯到美国的军事情报保密制度。这种制度起源于一种具有通用性的使用了被称为"保护性标记技术"的方案。该方案是在第二次世界大战后的冷战时期，由美国主导的北大西洋公约组织（North Atlantic Treaty Organization，NATO），为了更有效地标记军事文件的敏感性，以便加强情报保密工作而开发和使用的。

在该方案中，根据分类对军事文件加注相应标签，用以标明需要采取的保密措施的等级。当时，美国的做法是将军事文件分为公开⊖、机密、秘密和绝密四类，而英国的做法是将军事文件分为公开、限制、机密、秘密和绝密五类。虽然分类略有不同，但基本上是遵循同一套规则对军事文件进行分类。其规则是：①将泄露后可能会导致行动不利但还不直接涉及生命损失等的文件标记为"机密"；②将泄露后可能会导致生命损失的文件标记为"秘密"；③将泄露后可能会导致多人死亡的文件标记为"绝密"；④其他的标记为"公开"，并可以根据"公开"的必要性和程度的不同而另外做出某些具体限制（即英国标准中的"限制"级）。

此外，该方案在保密措施方面规定，官员（或政府雇员）只有在其权限至少与文件的分类一样高时才能阅读文件。因此，获得"绝密"权限的官员可以阅读"秘密"文件，但反之则不然。"机密"文件可以保存在普通政府办公室的上锁的文件柜中，但更高级别的文件则必须保存在保险柜之中；用于存放这些文件的保险柜必须放置在经过加强安保措施的机要室之中，用于加强机要室安保的措施必须经过审核……

这套方案在实际使用过程中也不断得以完善，在文件分类规则的基础上，进一步叠加了码字、描述符、警示符和国际防务组织（International Defence Organisation，IDO）标记等内容，用以适应更为复杂的实际情况。

9.1.1 安全等级保护标准的变迁

20世纪80年代中后期，美国国防部在应用"保护性标记技术"方案的基础上推行"安全等级划分准则"，结合计算机科学的特点，较为系统地提出了计算机信息系统的等级保护标准。《可信计算机系统评估标准》（Trusted Computer System Evaluation Criteria，TCSEC／US TCSEC，1983—1999）就是其中较为著名的一个。由于其正式发行版本的书皮是橘色的，因此，也被称为《橘皮书》（The Orange Book）。和它同系列的相关书籍大约还有 39 本⊖，也同样根据封面的颜色而被命名了不同的名称，并且最终被统称为"彩虹系列丛书"，简称为"彩虹书"（DOD/NCSC Rainbow Series 或 The Rainbow Books）。

"彩虹书"的内容主要涉及为保护政府机密信息而对相关的计算机操作系统、网络、数据库、审计系统等系统组件或信息环境而提出的安全方面的需求或要求。迄今为止，其中的一些内容仍未完全公开。

9.1.2 我国的安全等级保护情况

计算机信息系统在社会生活中牵涉面广，其安全问题并不是某种单独的专业技术工程领域的问题，因此，相关工作内容在我国很早就被纳入了社会面管理的范畴之内。1983 年，公安机

⊖ 20世纪70年代，美国在"未分类"中细分了"仅供官方使用"和"未分类但敏感"两类。
⊜ 在《橘皮书》之后的每一本属于彩虹系列的书通常都有一个正式序号，最终的序号是"NCSC-TG-030"，但《橘皮书》却没有序列号。

关就设立了计算机管理监察机构，专门负责保障公共安全，打击相关违法犯罪活动。

随着时代的发展和技术的进步，安全等级保护工作也在不断"进化"，迄今为止，可以将整个历程大致划分为三个阶段。

第一阶段（2003 年之前）：**计算机信息系统安全等级保护阶段**

自 20 世纪 80 年代早期开始，随着国际学术交往的日益频繁，中国逐步进入了使用国际互联网的时代。1989 年，公安部开始着手起草有关的法规和制度，在经过长期、广泛的调查和研究之后提出，要在我国对计算机信息系统（当时，这一概念泛指"信息技术安全"或"信息安全"）实行等级保护制度。1994 年，国务院颁布了由公安部起草的《中华人民共和国计算机信息系统安全保护条例》，规定"计算机信息系统实行安全等级保护"，由此正式拉开了我国安全等级保护工作的序幕。

1999 年 9 月，公安部组织制定的《计算机信息系统安全保护等级划分准则》[○]（GB 17859—1999）作为国家强制标准正式发布，于 2001 年 1 月 1 日起执行，现行有效。该标准为计算机信息系统安全法规和配套标准的制定和执法部门的监督检查提供技术依据，为安全产品的开发与研制提供技术参考，为安全系统的建设和管理提供技术指导，奠定了我国计算机信息系统安全保护等级工作的技术基础。

第二阶段（2003—2017 年）：**信息安全等级保护阶段**

2003 年 9 月，中共中央办公厅、国务院办公厅印发《国家信息化领导小组关于加强信息安全保障工作的意见》（中办发〔2003〕27 号）明确指出"实行信息安全等级保护"，将计算机信息系统安全等级保护扩展到了信息安全等级保护。

2004 年 9 月，公安部提出《关于信息安全等级保护工作的实施意见》（公通字〔2004〕66 号），对信息安全等级保护工作的实施计划做出了详尽安排。2007 年 6 月，为加快推进信息安全等级保护，规范信息安全等级保护管理，提高信息安全保障能力和水平，公安部等四部委联合印发《信息安全等级保护管理办法》（公通字〔2007〕43 号）。

2008 年 6 月起，一系列有关信息（系统）安全等级保护工作的国家标准陆续发布，主要包括：《信息安全技术　信息系统安全等级保护基本要求》（GB/T 22239—2008）、《信息安全技术　信息系统安全等级保护定级指南》（GB/T 22240—2008）、《信息安全技术　信息系统安全等级保护实施指南》（GB/T 25058—2010）、《信息安全技术　信息系统等级保护安全设计技术要求》（GB/T 25070—2010）、《信息安全技术　信息系统安全等级保护测评要求》（GB/T 28448—2012）和《信息安全技术　信息系统安全等级保护测评过程指南》（GB/T 28449—2012）等。

两份"意见"、一个"办法"和六件"标准"，构成了我国信息安全等级保护工作的基本体系。此外，承担通信网络和互联网基础设施运营责任的电信行业，也在这个阶段内（2008 年）率先启动了具有行业特色的安全等级保护工作，称为"通信网络安全防护"，在技术、管理和运营等方面，始终以更高标准落实安全等级保护的有关要求。电力、金融、交通运输、广播电视等行业也各自制定了符合本行业实际的政策和标准，共同推动了安全等级保护工作的有效开展。

○ 该准则借鉴了 EU ITSEC 的功能性分级部分的内容，将保护等级划分为了 5 个级别，舍弃了 US TCSEC 中的 D 级和 A1 级。

第三阶段（2017 年之后）：**网络安全等级保护阶段**

2017 年 6 月，《网络安全法》生效，规定"国家实行网络安全等级保护制度"。

2019 年 4 月起，《信息安全技术　网络安全等级保护测评过程指南》（GB/T 28449—2018）、《信息安全技术　网络安全等级保护基本要求》（GB/T 22239—2019）、《信息安全技术　网络安全等级保护定级指南》（GB/T 22240—2020）、《信息安全技术　网络安全等级保护安全设计技术要求》（GB/T 25070—2019）、《信息安全技术　网络安全等级保护测评要求》（GB/T 28448—2019）等由公安部主导修订后的一系列国家标准正式实施。并且，还补充了《信息安全技术　网络安全等级保护测试评估技术指南》（GB/T 36627—2018）、《信息安全技术　网络安全等级保护测评机构能力要求和评估规范》（GB/T 36959—2018）、《信息安全技术　网络安全等级保护安全管理中心技术要求》（GB/T 36958—2018）等配套标准，进一步完善了相关工作的技术支持体系。

至此，我国的信息安全等级保护正式演进为网络安全等级保护。

近 20 年来，我国的安全等级保护制度不断得到完善的发展，在各个行业中得到了广泛实践和应用，展现出强大的生命力。目前，我国的安全等级保护工作正处在第三阶段。有理由相信，随着技术发展应用和网络安全态势的消长，在未来相当长的时期内，等级保护工作将不断丰富制度内涵、拓展保护范围、完善监管措施，强化标准体系和支撑体系，将在我国的网络安全事业中发挥出重要的作用。

9.2　安全等级保护主要内容

安全等级保护的理论基础是多层级安全（Multilevel Security，MLS）策略，其核心思想是"重点保护、适度安全"，即分级别、按需要对重要目标实施保护，寻求安全风险和安全保护所需成本之间的平衡，注重实际效果。这种思想和方法，直到今天仍然发挥着作用，已经超越军事领域，广泛应用于政治、社会、经济等各领域。

等级保护工作可以分为识别认定、定级备案、测评整改、风险评估和动态管理等几个主要步骤。

9.2.1　识别认定

等级保护工作的起点应当从确定保护对象开始。保护对象是保护工作的实施对象，必须事先加以明确；否则，后续的保护工作将无从谈起。

明确保护对象的过程就是识别和确定保护对象的过程。

虽然通常情况下可以按照一定的技术标准识别出需要受到等级保护的对象，但还有两种情况需要格外注意。第一，由于现实世界的复杂性，始终可能存在某些特例使得技术标准的适用性和准确性受到影响，因此还需要对保护对象的确定进行人工的复核与讨论。第二，虽然可以无争议地识别出需要进行等级保护对象的范围，但受到管理职责或授权的限制等，不能对范围内的对象进行进一步的精确分解，此时，也需要进行人工的复核与讨论。处理上述这两种情况涉及的复核与讨论过程，就是对保护对象进行认定的过程，应当与保护对象的识别过程相互衔接。

1. 等级保护对象的类型

广义上，可以将等级保护对象分为信息系统、通信网络设施和数据资源三类。

（1）信息系统

信息系统主要是指依赖计算机技术的业务系统或受计算机控制的业务系统，可以分为云计算平台/系统、物联网、工业控制系统以及采用移动互联网技术的系统等。这里强调了"系统"的概念，某个单一的系统组件，如单台的服务器、终端或网络设备等通常不被视为等级保护对象。

（2）通信网络设施

通信网络设施是指可以使网络或信息系统彼此连接、通信并能够进行管理和业务运营的起基础支撑作用的网络设备设施。虽然其范围可以适当扩大到对应用程序或计算机操作系统的进程提供计算服务的资源，但更多情况下只是指用于实现连接和通信的网络，如电信网络、广播电视传输网络等，以及一些行业单位的专用通信网络（专网）等，特别是承载了重要信息系统或者规模较大的网络。

（3）数据资源

数据资源主要是指信息系统在提供服务过程中产生或者获取的，具有价值或预期具有价值的数据集合或大数据。例如，个人敏感信息数据（身份信息、位置信息、财产信息等）、政务数据（社会保障信息、医疗保险信息、公共服务信息等）、宏观经济数据、科学技术研究数据等。数据资源具有属主迁移的特性，在其被汇聚、共享、交换的过程中，其价值与价值主体可能会不同步地发生变化。

以上三种类型，涵盖了《网络安全法》中定义的"网络"和"网络数据"的概念。即"由计算机或者其他信息终端及相关设备组成的按照一定的规则和程序对信息进行收集、存储、传输、交换、处理的系统"和"通过网络收集、存储、传输、处理和产生的各种电子数据"。

2. 等级保护对象的单元化（Unitizing Protection Object，UPO）

识别认定等级保护对象所依据的单位是"网络单元"，即一个网络单元就是一个等级保护对象，而一个等级保护对象可以不对应唯一的网络单元。网络单元与保护对象的规模没有直接关系，一个较大的（或较为复杂的）保护对象可以被划分为若干个较小的、可能具有不同安全保护等级的网络单元。

划分网络单元时，主要是根据等级保护对象的分类，综合考虑其归属地域、业务服务范围、责任主体、便利性和成本等方面的情况来认定最终结果。原则上，每个等级保护对象整体上应作为一个网络单元，其内部组件都应属于同一类型的网络或系统且只归于单一的确定的责任主体负责。

需要注意以下三个要点：

（1）网络单元应具有唯一确定的安全责任单位

保护对象的网络安全责任单位，可被称为该保护对象的网络安全责任主体，包括但不限于企业、机关和事业单位等法人，以及不具备法人资格的社会团体等其他组织。责任主体应该能够被唯一地确定，但单位或组织中的部门则不适宜作为责任主体，主要是因为单位或组织中的部门通常不具有完全支配所需资源的权力和能力，无法完全负责。

例如，一个单位的某个下级单位负责某个保护对象的规划建设、运行维护等过程的全部安全责任，则这个下级单位可以成为这个保护对象的网络安全责任单位。如果一个单位中的不同下级单位分别承担某个保护对象不同方面的安全责任，则该保护对象的网络安全责任单位就应是这些下级单位共同所属的单位。

应当注意，虽然数据资源可被视为等级保护对象，但在通常情况下，不单独将其识别为网络单元，而是将其宿主或载体一同识别为网络单元。比如，某个互联网业务平台的数据分布在多个平台之上，如果所有这些平台的法人均相同，则应将这些业务平台连同其中的数据资源识别为一个网络单元；如果每个平台都有独立法人，则有可能需要把数据资源单独认定为等级保护对象，而将每个业务平台分别识别为另外的网络单元。

（2）网络单元应相对独立地承载某种业务应用

网络单元应拥有明确的相对独立的业务应用目的，不同的业务应用应各自划入不同的网络单元之中。即，同一业务应用应整体划入同一个网络单元之中，不应当将其拆分成不同的网络单元。

例如，对于物联网，虽然其包括感知、网络传输和处理应用等多种组件，但仍应将这些组件视作同一业务应用不可缺少的组成要素，而将其整体认定为一个网络单元，各要素不单独识别为网络单元。采用移动互联技术的网络与物联网的情况类似，应将移动终端、移动应用、无线网络等要素与相关有线网络业务系统认定为一个网络单元。对于工业控制系统，应将现场采集、动作执行、现场控制和过程控制等要素整体认定为一个网络单元，而其生产管理部分则可以灵活对待，可以根据其业务复杂程度决定是否将其认定为单独的网络单元。

（3）网络单元应包含相互关联的多个资源

网络单元应该是由与其承载业务应用所相关的和配套的设备、设施按照一定的应用目标和规则组合而成的系统，是相对独立的整体，但不是孤立的、单一的实体。出于实现业务应用的目的而彼此关联的多个资源，应划分为同一个网络单元。对于资源的识别，需要综合考虑物理形态和地理空间的分布所造成的约束。

某一个设备（或功能实体）可以归属不同的网络单元，但至少应根据相对的关联程度确定彼此的逻辑边界。

例如，对于电信网、广播电视传输网、互联网等基础信息网络，应分别依据服务类型、服务地域和安全责任主体等因素将其划分为不同的网络单元。某些跨省的业务专网既可以整体视作一个网络单元，也可根据区域划分为若干网络单元。

再比如，某个网络单元"甲"所包含的系统通过公用网络传输设备完成组网，则该公用设备的控制端的归属单位"乙"是该网络传输设备的主要网络安全责任单位。该公用网络传输设备应整体应划入"乙"的某个网络单元之中，而被"甲"占用的端口、时隙、信道等，可以划入"甲"的网络单元，也可以仅作为其网络单元的逻辑边界，予以明确标识。

以上三点有交叉或重叠、冲突时，优先以网络安全责任主体作为划分网络单元的依据，其次是根据业务应用的可分割性作为依据，最后以多个资源的相互关联程度作为依据。划分网络单元后，有必要时，还需经认定后才可最终确定。

3. 识别认定工作的主体

虽然在标准中未明确定义由谁来完成等级保护对象的识别认定工作，但根据"谁主管谁负责""谁运营谁负责"和"谁使用谁负责"的基本原则，等级保护对象的运营者是等级保护工作的责任主体，应当完成识别认定等级保护对象的工作。

习惯上，可以将"等级保护对象的运营者"等同于在《网络安全法》中提到的"网络运营者"，即"网络的所有者、管理者和网络服务提供者"。这包含三方面的含义：

（1）根据物权确定识别认定工作的主体

等级保护对象首先是值得保护的实物或信息（数据），即其自身在一定意义上具备价值，可以被纳入广义上"资产"的概念之中。资产的所有权人，或资产的物权属主，有保护资产安全的义务，应当完成识别认定等级保护对象的工作，责无旁贷。此外，也只有资产的物权属主才有能力比其他任何人更清晰地了解资产的实际情况，比任何其他人更有能力阐明资产的详细情况。

（2）根据授权确定识别认定工作的主体

对等级保护对象拥有管辖权限或管理权限，才能对等级保护对象采取必要的安全保护措施，才能使识别认定等级保护对象的工作具有实际意义。在某些情况下，资产的物权属主并不会对资产直接行使管理权，而是委托或授权给他人（或组织）对资产进行管理，此时，获得授权者（称为"受权者"）则实际上承担了对资产的保护义务，应当完成识别认定等级保护对象的工作，义不容辞。受权者所完成的识别认定工作，只是初步结果，还需要经过物权属主的确认，才能最终确定等级保护对象。

（3）根据收益确定识别认定工作的主体

在实务操作过程中，还有一些较为特殊的情况，主要是资产物权的归属复杂或授权不清晰，例如，未严格按照项目建设规范交付或处于各种名目下的测试阶段（如试运行、试商用、公开测试、模拟测试等）的系统或服务、出租或合作经营的系统或服务、已出售或转让但未完成交割的系统或服务等，都可被认为属于这类情况。对于这类情况，可以从"获利者"的角度确定识别认定工作的主体，几方获利就由几方分担，有约定则按约定执行，无约定则根据获利比例分摊义务；协商不成的，可以分拆，由各方分别识别认定自己物权或受权范围内的等级保护对象。

4. 识别认定工作的流程

识别认定等级保护对象的工作主要分为 5 个步骤（见图 9-1）。

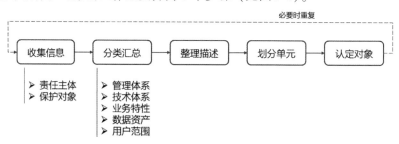

● 图 9-1　识别认定等级保护对象的主要步骤

（1）收集信息

收集的信息主要包括两部分：一是责任主体的基本信息，需要调查了解等级保护对象所属单位的业务范围、主要社会功能/职能和生产产值等信息，分析主要社会功能/职能在保障国家安全、经济发展、社会秩序、公共服务等方面发挥的重要作用；二是等级保护对象基本信息，需要调查了解单位内主要依靠信息化处理的业务情况以及这些业务各自的社会属性和业务内容，确定单位的等级保护对象，并确定等级保护对象的业务范围、地理位置以及其他基本情况，获得等级保护对象的背景信息和联络方式。

（2）分类汇总

按照管理体系、技术体系、业务特性、数据资产和用户范围五个类别，将上述收集的信息梳理、汇总。主要内容包括：①等级保护对象所属单位的组织管理结构、管理策略、部门设置和部门在业务运行中的作用、岗位职责等管理类信息；②等级保护对象的物理环境、网络拓扑结构和软、硬件设备/设施的部署情况等技术类信息；③等级保护对象主要依靠信息化技术手段处理的各种业务及其业务流程等业务类信息；④等级保护对象处理的信息资产的类型以及这些信息资产在保密性、完整性和可用性等方面的重要性程度等数据类信息；⑤等级保护对象的业务服务对象，业务用户群的分布范围、作用，以及业务连续性方面的要求等用户类信息。

（3）整理描述

对分类汇总的信息进行整理、分析，形成对等级保护对象的总体描述。一个典型的总体描述文件应包含以下内容：等级保护对象概述和管理框架、重要性分析、边界描述、网络拓扑、设备部署、支撑的业务应用的种类和特性、处理的信息资产、用户的范围和用户类型等。

（4）划分单元

根据 UPO 的方法和原则，划定符合要求的网络单元。

（5）认定对象

对划定的网络单元进行复核、讨论，最终认定等级保护对象。必要时，重复识别认定工作，以纠正可能的错误或使各利益相关方能够达成共识，完成等级保护对象的认定。

9.2.2 定级备案

等级保护对象的安全保护等级分为以下五级。

第一级，等级保护对象受到破坏后，会对公民、法人和其他组织的合法权益造成损害，但不损害国家安全、社会秩序和公共利益。

第二级，等级保护对象受到破坏后，会对公民、法人和其他组织的合法权益产生严重损害，或者对社会秩序和公共利益造成损害，但不损害国家安全。

第三级，等级保护对象受到破坏后，会对公民、法人和其他组织的合法权益产生特别严重损害，或者对社会秩序和公共利益造成严重损害，或者对国家安全造成损害。

第四级，等级保护对象受到破坏后，会对社会秩序和公共利益造成特别严重损害，或者对国家安全造成严重损害。

第五级，等级保护对象受到破坏后，会对国家安全造成特别严重损害。

习惯上，也将第一级至第五级依次称为自主保护级、指导保护级、监督保护级、强制保护级和专控保护级。

1. 定级原理与方法

确定保护对象的安全保护等级的原理，主要依据的是专家断言法：由若干关键因素（称为"定级要素"）的情况结合一定的规则（如查询事先给定的对照表）给出断言，即完成定级。定级通常分为初步定级和定级认定两个阶段。

（1）定级要素

国家标准《信息安全技术　网络安全等级保护定级指南》（GB/T 22240—2020）指明的定级要素有两个："受侵害的客体"（称为"客体要素"）和"对客体的侵害程度"（称为"害度要素"）。在实际操作过程中，可以根据行业特性来选择定级要素，例如，可以将"社会影响力""规模和范围""服务重要性"三个要素作为定级要素（见图9-2）。

无论怎样选择定级要素，都应该保证这些要素之间相互独立，彼此内容不能交叠、重合。如果有重叠的内容则应进行分拆。定级要素的数量通常不宜过多，主要是为了兼顾操作过程中的便利性和科学性。

标准名称	定级要素	主要内容
GB/T 22240—2020	客体要素	公民、法人和其他组织的合法权益
		社会秩序、公共利益
		国家安全
	害度要素	一般损害
		严重损害
		特别严重损害
YD/T 1729—2008	社会影响力要素	国家安全
		社会秩序
		经济运行
		公共利益
	规模和范围要素	用户数
		地区范围
	服务重要性要素	业务的经济价值
		业务的重要性
		(网络和业务运营商)企业自身形象

注: YD/T 1729—2008标准里, 将损害程度分为无损害、轻微损害、一般损害、严重损害、特别严重损害5个等级, 并未将其作为定级要素。

● 图 9-2 等级保护定级要素不同内容的示例

（2）定级方法

对定级要素进行评估后，即可初步确定等级。评估方法可以采用定性评估法（见图9-3），也可以采用半定量评估法（定量评估与定性评估相结合的方法）。

定级要素与安全保护等级的关系

受侵害的客体	对客体的侵害程度		
	一般损害	严重损害	特别严重损害
公民、法人和其他组织的合法权益	第一级	第二级	第三级
社会秩序、公共利益	第二级	第三级	第四级
国家安全	第三级	第四级	第五级

● 图 9-3 等级保护定级要素的一种定性评估方法（图源: GB/T 22240—2020）

例如，国家标准《信息安全技术　网络安全等级保护定级指南》（GB/T 22240—2020）采用了定性评估法，行业标准《电信网和互联网安全等级保护实施指南》（YD/T 1729—2008）采用的是半定量评估法。

（3）注意事项

对于新建网络、运营者，应当依照等级保护相关法律法规要求和标准，在规划设计阶段确定其安全保护等级。对于跨省或者全国统一联网运行的网络，可以由行业主管（监管）部门统一组织定级工作。

2. 一般工作流程

安全保护等级初步确定为第一级的等级保护对象，其运营者应自行确定最终安全保护等级，可不进行专家评审、不报主管部门审核、不进行备案审核。

安全保护等级初步确定为第二级及以上的等级保护对象，其运营者应当对初步结果进行专家评审和主管部门审核，以便最终确定其安全保护等级。图 9-4 示意了等级保护对象定级备案工作的一般流程。

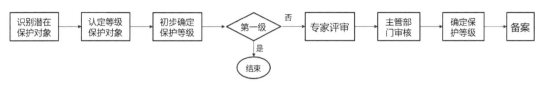

• 图 9-4 等级保护对象定级备案工作的一般流程

第二级以上的等级保护对象的运营者或主管部门，应当在安全保护等级确定后 30 日内，到当地公安机关网安部门办理备案手续。新建第二级以上信息系统，应当在投入运行后 30 日内，由其运营、使用单位到当地公安机关网安部门办理备案手续。公安机关网安部门对符合要求的，应当在收到备案材料起的 10 个工作日内向备案单位颁发网络安全保护等级备案证明（备案证明为制式文件，由公安部统一监制）。

通常情况下，对等级保护对象进行备案的主体与等级保护对象的识别认定主体是同一主体，但并未要求两者完全是同一主体。备案主体主要是等级保护对象的实际运营者，也可以是其主管部门或权利所有人，具体如何确定备案主体，可以由等级保护对象的相关各方协商确定。不能确定备案主体的等级保护对象不得投入使用或实际投入业务运营。关于办理备案手续的地点，可以按以下两个惯例来确定。

（1）备案主体所在地

云平台的物理地址和云平台中的业务系统的运营者可以不在同一地址，此时，通常应当由云平台中的业务系统的实际运维团队，在其所在地向当地地市级公安机关网安部门申请办理备案手续。

（2）监管机构指定地

在能源、金融、互联网等一些执行特定监管政策的行业中，备案主体需要在本行业监管主体的指定下确定备案地点，向当地地市级公安机关网安部门申请办理备案手续。

3. 备案时需提交材料

备案时，需准备的材料通常包括"两份报告"和"两个方案"，以及当地公安机关规定的其他必要材料。"两份报告"是指《网络安全保护等级定级报告》和《安全等级测评报告》。"两个方案"是指定级对象的《网络安全保护总体方案》和《网络安全保护详细设计方案》。

测评报告应加盖测评机构公章和测评专用章。对于第二级及以上的等级保护对象，在首次备案时，可以用本行业监管机构或上级主管部门对定级结果的合理性与正确性的论证和审定意见代替测评报告。

9.2.3 测评整改

等级测评是指通过科学的检测评估手段和方法，判定受测对象的技术和管理能力所实际达到的水平或所处的状态，与其所申报或声称的安全等级所对应的要求之间的符合程度。在有些场合，等级测评也被称作"符合性评测"（简称为"符测"）。

通过等级测评发现差距后，需要针对问题进行整改。在整改结束后进行复查复测，以最终确定受测对象是否符合等级保护的要求。

等级测评工作，是指由测评机构依据国家网络安全等级保护制度规定，按照有关管理规范和技术标准，对已定级备案的非涉及国家秘密的网络（含信息系统、数据资源等）的安全保护状况进行检测评估的活动。

1. 测评机构与测评师

测评机构，泛指从事等级测评工作的机构，但通常特指由公安机关管理的可从事等级测评工作的商业机构。即，依据国家网络安全等级保护制度规定，符合规定的基本条件，经省级以上网络安全等级保护工作领导（协调）小组办公室（简称"等保办"）审核推荐，从事等级测评工作的机构，为测评对象出具测评报告。全国各地的测评机构，按注册地所在省由各省等保办进行目录制管理。

测评机构中需要有一定数量的测评师，专门执行等级测评工作。等级测评工作有职业准入限制，未取得测评师证书和测评机构上岗证的人员，不得正式参与和单独实施等级测评工作。对测评师实行年度注册管理制度和行业自律制度。测评师一年内未参与测评活动的，由行业组织注销其证书。证书年审时，测评机构应将本机构测评师情况报本省等保办注册。测评机构不得采取挂靠方式或者聘用兼职测评师开展测评业务。

测评师开展等级测评工作时，采用的方法主要有：①调研访谈，目的是了解等级测评对象的业务、资产、安全技术和安全管理的现状等；②资料查阅，目的是调取和查阅等级测评对象的网络安全管理制度、安全策略等，掌握必要信息；③现场观察，目的是实地查看等级测评对象的物理环境，验证有关制度信息的执行情况；④配置核查，目的是接入等级测评对象的主机、网络、安全设备等，掌握必要信息；⑤扫描测试，目的是使用漏洞扫描工具验证等级测评对象的系统漏洞情况；⑥综合评价，根据标准，最终综合评价，得出结论。

2. 等级测评的内容

等级测评的内容可以分为安全技术测评和管理测评两种。技术测评主要是对物理安全、网络安全、主机安全、应用安全、数据安全等指标进行检测。管理测评主要是对安全管理制度、安全管理机构、人员安全管理、系统建设管理、系统运维管理等情况进行综合评价（见图9-5）。

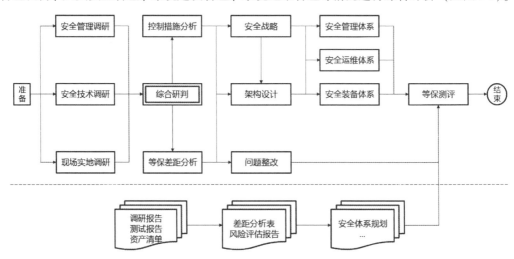

● 图 9-5　等级测评活动主要工作过程和内容

等级测评的具体内容主要是根据当时已有的适用标准来确定，包括网络安全等级保护的国家标准，以及在其基础之上的行业标准（图9-6示意了现行的主要标准）。例如：根据《信息安全技术　网络安全等级保护基本要求》（GB/T 22239—2019）和《信息安全技术　网络安全等级保护测评要求》（GB/T 28448—2019），等级测评的内容可以分为三类，自上而下分别为类、控制点和项。

《计算机信息系统安全保护等级划分准则》	GB 17859—1999
《信息安全技术　云计算服务安全指南》	GB/T 31167—2014
《信息安全技术　云计算服务安全能力要求》	GB/T 31168—2014
《信息技术　云计算云服务运营通用要求》	GB/T 36326—2018
《信息安全技术　网络安全等级保护实施指南》	GB/T 25058—2019
《信息安全技术　网络安全等级保护安全设计技术要求》	GB/T 25070—2019
《信息安全技术　网络安全等级保护测评要求》	GB/T 28448—2019
《信息安全技术　网络安全等级保护测评过程指南》	GB/T 28449—2018
《信息安全技术　网络安全等级保护基本要求》	GB/T 22239—2019
《信息安全技术　网络安全等级保护定级指南》	GB/T 22240—2020
《信息安全技术　网络安全等级保护安全管理中心技术要求》	GB/T 36958—2018
《信息系统密码应用基本要求》	GM/T 0054—2018
《信息安全技术　个人信息安全规范》	GB/T 35273—2020

● 图 9-6　等级测评依据的国家标准（截至 2020 年）

类（也可以称为"层面"）表示整体上大的分类，其中技术部分分为物理和环境安全、网络和通信安全、设备和计算安全、应用和数据安全 4 类，管理部分分为安全策略和管理制度、安全管理机构和人员、安全建设管理、安全运维管理 4 类。

控制点表示每个大类下的具有关键作用的安全保护措施，比如在"物理和环境安全"这个类中的"物理访问控制"就是一个控制点。控制点还会进一步细分为"关键控制点""重要控制点"和"一般控制点"。

在每个控制点内，会有更加详细的具体要求，称为（控制）项，比如"机房出入应安排专人负责，控制、鉴别和记录进入的人员"。等级测评时，需要逐项对这些要求的被满足情况（称为"符合程度"）进行确认，用"得分"来表示。为了方便，也会把这些"项"称为"测评项"或"测评指标"，同样也分为"关键""重要"和"一般"三种。比如，第三级保护对象适用的等级测评标准共有 211 个测评指标，其中关键指标 137 个，占比 65%；重要指标 71 个，占比 34%；一般指标 3 个，占比 1%。

计算"得分"的方法主要有累加得分法（正向计分法）和累减扣分法（逆向计分法）两种。比如，正向计分法是根据测评项的符合程度得分，以算术平均法合并多个测评对象在同一测评项的得分，得到各测评项的多对象平均分，再根据测评项权重，以加权平均合并同一安全控制点下的所有测评项的符合程度得分，并按照控制点得分计算公式得到各安全控制点的得分。

这个"得分"是一种算术平均分，计算公式是

$$控制点得分 = \frac{\sum_{k=1}^{n} 测评项的多对象平均分 \times 测评项权重}{\sum_{k=1}^{n} 测评项权重} \times m$$

其中，n 表示同一控制点内的测评项数，不含不适用的控制点和测评项；m 表示习惯采用的进位计数制，比如 5 分制、10 分制、百分制等。

多对象特指安全物理环境类和安全计算环境类的内容，其含义需要根据具体的类来区分。对于安全物理环境而言，每个机房就是一个对象，有几个机房就有几个对象；对于安全计算环境而言，每一台服务器就是一个对象。

测评项的权重需要根据测评项权重赋值表来确定，不能由被测评对象来确定。例如，对于一般测评指标、重要测评指标和关键测评指标，其权重分别是 0.4、0.7 和 1。对于一些特殊的关键测评指标，还会有额外的权重分配。这种规定权重赋值的方法有一个好处，就是可以简化逆向计分法的计算过程，可以按基础得分的特定倍数来扣分。图 9-7 示意了一种常见的扣分系数的示例。

测评指标	部分符合	不符合
一般测评指标	0.5×	1×
重要测评指标	1.0×	2×
关键测评指标	1.5×	3×

• 图 9-7　等级测评中一种逆向计分法的扣分系数示例（以倍数表示）

通过计算得出分数后，可以初步得到等级测评的结论，分为"优、良、中、差"四个等级，其分类标准是：①"优"，被测对象中存在安全问题，但不会导致被测对象面临中、高等级安全风险且系统综合得分 90 分以上（含 90 分）；②"良"，被测对象中存在安全问题，但不会导致被测对象面临高等级安全风险且系统综合得分 80 分以上（含 80 分）；③"中"，被测对象中存在安全问题，但不会导致被测对象面临高等级安全风险且系统综合得分 70 分以上（含 70 分）；④"差"，被测对象中存在安全问题，而且会导致被测对象面临高等级安全风险，或被测对象综合得分低于 70 分。

计算"得分"的方法在不断改进。还是以第三级保护对象为例，整体上来看，如果超过三分之一的关键指标不符合，测评就可能得"0 分"。以往通过只整改高风险项，技术（物理整改+设备套餐）+管理≥70 分"凑分过线"的情况将会得到有效遏制。

3. 整改和建设

等级测评之后，可以较为清晰地发现存在的问题。可以有针对性地真正从业务安全角度考虑，规划更全的安全措施和更有效策略进行全面的整改和建设。

整改的过程包括整改方案制定、安全整改实施、安全整改验收等。

一般情况下，整改方案需要包括以下内容：①背景情况，简述被测评对象概况以及在等级保护工作方面的进展情况，如定级备案、安全现状测评情况等；②整改依据，列举在整改过程中涉及的国家、行业和上级主管单位等的要求，包括有关法律、法规、政策文件和技术标准等；③需求分析，从技术和管理两方面分析被测评对象的系统架构及业务应用等实际情况与等级保护要求之间的差距，明确具体的整改需求；④方案设计，根据安全需求，结合企业的能力和发展规划，统筹设计出整体的架构方案，应涵盖技术体系和管理体系两个方面，要充分保证方案的可操作性并明确责任主体，特别是要根据本单位的中长期发展规划和近期的资金投入规模，将整改工作纳入本单位的整体发展规划，可以根据情况，有计划地分期分批实施整改工作；⑤实施计划，制订相应的实施步骤和计划，落实相关管理部门和人员，对设备招标采购、工程实施协调、系统部署和测试验收、人员培训等活动进行规划安排；⑥采购安装，依据整改技术方案确定所需设备的功能、性能指标，按有关规定组织采购、安装、调试等，在有关预算中需要将项目集成、测评服务、运行管理等费用纳入预算之中；⑦整改后分析，受限于现实条件的约束，整改可能并不能解决所有不符合等级保护要求的问题，需要在整改后及时分析发现那些仍然没有解决的问题，或在整改过程中可能引入的新问题。

9.2.4 风险评估

风险评估⊖就是量化说明某一事件或事物带来的影响或损失的可能程度。在网络安全领域，风险评估（以下将网络安全领域的风险评估简称为风险评估）是指，对网络安全事件给企业带来影响或损失的潜在可能性，进行量化评估的工作。所谓网络安全事件，是指能够使网络安全遭受破坏的事件，不局限于发生在企业内部与否。所谓影响或损失，主要是指对企业或企业所服务的人们的生命、财产、生活、生产等各个方面造成的不利或破坏。

风险评估要基于确定的评估对象才能开展工作。要围绕评估对象所面临的威胁、所存在的弱点、所能够造成的影响三者，以及三者相互间综合作用的可能性进行定量评估。一般情况下，风险评估主要包括⊖：风险识别、风险分析和风险评价等过程（见图 9-8）。

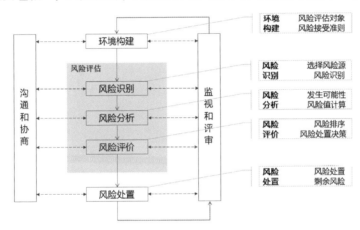

• 图 9-8　风险评估流程示意（图源：国际标准 ISO 31000：2018）

风险评估是基于风险概念对企业进行管理（即风险管理）的基础，是企业实施自身网络安全管理活动的主要过程，也是企业确定其发展战略的重要途径。风险管理，是指以可接受的代价，识别和控制网络安全风险的过程。通常，不能量化说明风险及其给企业造成的影响或损失的评估工作，不被认为是风险评估。比如，仅使用漏洞扫描工具进行扫描，或在漏洞扫描的基础上进行渗透测试等，都不是风险评估。风险评估的目的是尽早发现潜在问题并能够证明这种潜在问题的可信性，引起管理者的注意，使其下决心合理地投放必要的资源对潜在问题加以处理，从而避免损失。

风险评估的基础作用还体现在：①风险评估本身是为了创造并保护价值，形式上的风险评估应当被禁止；②风险评估是企业管理者进行决策的依据，应当适时且系统地开展风险评估；③风险评估应保持动态且应基于事实并充分考虑人的因素。

1. 风险评估方法

根据国家标准《风险管理　风险评估技术》（GB/T 27921—2011），广义的风险评估方法

⊖　此处所说的"风险评估"只是指等级保护工作过程的一个步骤，并非指广义上的概念。早期"风险评估"的概念主要是指漏洞扫描、人工审计、渗透性测试等"纯技术"内容。目前，其概念已逐渐扩展为"采用科学的方法，从技术、管理、运营维护等方面综合考虑，以便整体地、动态地认识安全性"。

⊖　根据国际标准《风险管理指南》（ISO 31000：2018），风险评估活动可以分为环境构建、风险识别、风险分析、风险评价和风险处置，共 5 个主要步骤，以及贯穿于这些步骤之间的沟通与协商、监视和评审。

至少有 30 种，涵盖了风险评估的各个主要过程。风险评估在方法上主要围绕着所涉及的多种基本要素（简称为"评估要素"）及其相互间的关系展开。例如，从基于资产的方法⊖的角度来看，评估要素可以是资产、威胁、脆弱性和安全措施等。在实施过程中，需要充分考虑业务战略、资产价值、安全需求、安全事件、残余风险等与这些基本要素相关的各类属性。我国的国家标准《信息安全技术　信息安全风险评估方法》（GB/T 20984—2022），解释了各要素、属性之间的关系，如图 9-9 所示。

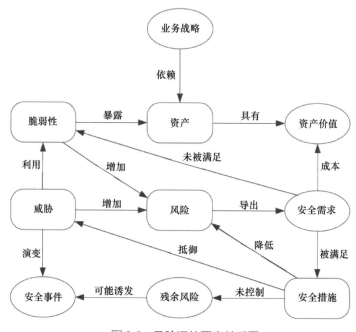

● 图 9-9　风险评估要素关系图

　　评估要素、属性之间的相互关系基于下列的假设或前提：①企业必须依赖其资产实现业务目的或企业战略。这种依赖性决定了企业对其资产面临安全风险的承受能力，依赖程度越高，则资产的安全风险就必须越小。②所谓资产，对企业而言，必须具有价值，企业的业务目的或企业战略对资产的依赖程度越高，则资产价值就越大。③网络安全风险是由威胁引发，资产面临的现实威胁越多，则风险越大。④未满足保护资产的安全需求是一种脆弱性，可以相对加强现实威胁的作用，威胁可以利用脆弱性危害资产。资产具有的脆弱性越多则风险越大。⑤安全需求来源于企业对风险的认识以及对风险的对立面的认识。安全需求可通过安全措施得以满足，安全措施可以抵御威胁，降低风险。安全措施的实现需要统筹资产价值与实施成本。⑥安全措施并不总能消除安全风险，残余的风险有其存在的客观性并且应当受到密切监视。⑦对风险进行控制，可以采用的策略主要包括对风险进行忽略、容忍、缓解、规避和转移等。

　　2. 风险识别

　　对风险的识别可以分解为 4 个部分，分别是资产识别、威胁识别、脆弱性识别和已有安全措施的识别与确认。

　　（1）资产识别（资产赋值）

　　对资产进行识别应当兼顾三个方面：第一分类识别；第二分级识别；第三价值识别。

⊖　基于资产的风险评估方法是实务中最常见的方法，在以下的介绍中，均默认采用这种方法。

首先，资产有多种表现形式，同样的两个资产因隶属关系的不同而可能会有不同的重要性。因此，在识别资产时，应当从企业业务目的的角度出发，对所依赖的资产进行恰当的分类。例如，可以根据资产的表现形式，将资产分为数据、软件、硬件、服务、劳动力（人力资源）等类型。分类的规则由评估者根据评估对象的具体情况和现实要求灵活把握。

其次，还可以根据资产的重要性程度，分级别对其按类别进行识别。例如，可以将重要性从高到低分为若干级别，用以确定识别资产的范围。可以对重要性高的资产进行更加细致的识别和评估，而对于重要性或相关性明显较低的资产，则可以在满足一定条件的情况下，予以粗略识别，从而优化资产识别的过程。

最后，根据资产的价值高低在分类分级的基础上，对其进行确认。同分级识别的方法相类似，可以对价值不同的资产，分别予以不同的识别粒度。这一步，通常是资产识别中最困难的部分，因为许多资产的价值要被主观地确定并且可能会由不同的人共同进行确定。用以确定资产价值的依据，包括其初始费用、替代成本或其他的抽象的价值，比如企业声誉、社会影响力等。

资产识别的结果，一定是要形成明确且全面的资产清单。清单中必须要明确记录资产的责任人、归属地、特征或功能特性，以及资产的安全属性方面的赋值。所谓安全属性就是指资产在网络安全方面的特性，包括保密性、完整性、可用性、可控性、不可抵赖性等。赋值是指按照确定的标准对其属性予以量化，用一个无量纲的数字来表示。

有些情况下，对资产的识别也可以直接简化为对资产的赋值。通过设定不多于 5 个指标的方法，综合考虑分类、分级和价值等因素，直接确定参加风险评估的资产情况。

（2）威胁识别

威胁可以通过威胁主体、资源、动机、途径等多种属性来描述。威胁的来源（威胁源）可根据技术因素、环境因素和人为因素进行分类。技术因素主要是指非人为的或非环境影响的客观因素，例如，设备的故障、设计缺陷之间的耦合等。环境因素包括自然界那些人力不可抗的因素和其他可对企业造成影响的物理因素。根据威胁的动机，人为因素又可分为恶意和非恶意两种。威胁作用形式可以是对企业（的资产）直接或间接地发动攻击，对资产的网络安全属性造成损害；也可能是偶发的事件，或是蓄意、蓄谋的事件，对企业的正常活动造成某种影响。

综合各类因素，还可根据威胁的表现形式对威胁进行分类，例如，可以分为软硬件故障、物理环境影响、不作为或操作失误、管理不到位、恶意计算机代码或病毒、越权操作或使用、网络攻击、物理攻击、泄密、篡改、抵赖或滥用等。

与资产识别类似，对威胁（源）的识别结果应当是能够形成完整的威胁源清单。对不同的威胁，还要根据其现实可能性进行赋值。通常以威胁出现的频率（或在某些条件下的概率）作为这种可能性的判断依据，评估者应根据经验和（或）有关的统计数据，对频率或概率进行判断。例如，可以综合考虑以下三个方面以确定特定评估环境中，各种威胁出现的频率：①以往安全事件报告中出现过的威胁及其频率的统计；②实际环境中通过检测工具以及各种日志发现的威胁及其频率的统计；③近一两年来权威机构发布的威胁及其频率的统计，以及正式发布的威胁预警等。

（3）脆弱性识别

脆弱性（或习惯上称为"漏洞""弱点"）客观存在于资产本身并且不局限于资产本身。但如果没有被相应的威胁所利用，单纯就脆弱性本身并不会对资产造成损害。如果系统足够强健，严重的威胁也不会导致安全事件发生。即，威胁总是要利用资产的脆弱性才可能造成危害。资产的脆弱性具有隐蔽性，有些脆弱性只有在一定条件和环境下才能显现，这是脆弱性识别中的难点。不正确的、起不到应有作用的或没有正确实施的安全措施本身就可能是一个脆弱性。

识别脆弱性可以基于资产，也可以基于业务。基于资产进行脆弱性识别时，可以针对每一个需要保护的资产，逐个识别其可能被威胁利用的脆弱性并对脆弱性的严重程度进行评估（赋值）。基于业务进行脆弱性识别时，可以从业务逻辑出发，对物理、网络、系统、应用等不同层次进行识别，然后与资产、威胁对应起来。业务过程所采用的协议、应用流程的完备与否、与其他网络的互联等也应考虑在内。

识别脆弱性时的数据应来自资产的所有者、使用者，以及相关业务领域和软硬件方面的专业人员。识别工作应当覆盖技术和管理两个方面。前述的基于资产的脆弱性识别，在内容上基本已可覆盖技术方面的问题。管理脆弱性又可分为技术管理脆弱性和组织管理脆弱性两方面，前者与具体技术活动相关，后者与管理环境相关，在识别时需要区别对待。脆弱性本质上是一种基于认知的相对于安全性而言的缺陷，既可以是某种客观的缺陷，也可以是某种人因的缺陷，在表现形式上并不能排除偶然因素的影响。

对不同的识别对象，其脆弱性识别的具体要求应参照所属行业相应的技术或管理标准来实施。没有行业标准可遵循时可以参照国家标准。例如，除按照具体行业标准实施外，对物理环境的脆弱性识别可参照《计算机场地安全要求》（GB/T 9361—2011）中的技术指标实施；对操作系统、数据库的脆弱性识别可参照《计算机信息系统安全保护等级划分准则》（GB 17859—1999）中的技术指标实施。对管理脆弱性识别可参照《信息技术　安全技术　信息安全控制实践指南》（GB/T 22081—2016）、《信息安全管理实施细则》（ISO/IEC 17799：2005）、《安全管理指南》（ISO/IEC TR 13335.1：2004）中的要求。

脆弱性识别所采用的方法主要有问卷调查、工具检测、人工核查、文档查阅、渗透性测试等。对脆弱性进行赋值时，可以根据其对资产价值的暴露程度（或损害程度）、技术实现的难易程度、流行程度（或可获取的难易程度）等因素的情况，采用分等级的方式，从严重程度的角度考虑对其赋值。对于确定的某个资产，其技术脆弱性的严重程度还受到技术管理脆弱性和企业管理脆弱性的影响，此两者的严重程度可直接影响资产的脆弱性。但在实际操作中，对脆弱性严重程度的判断，往往只是根据评估者的经验进行判断。随着越来越多地引入了大数据技术，乐观预计对脆弱性赋值的客观性将会有较大的提升和改善。

（4）已有安全措施的识别与确认

对已有安全措施的识别和确认主要是从其有效性着手，即，要明确这些措施是否真正地降低了系统的脆弱性，抵御了威胁。其证据来源于长期的监测数据。对有效的安全措施应予保持，防止安全措施的重复实施，以避免不必要的工作和费用支出。对确认为不适当的安全措施应核实是否应被取消或对其进行修正，或用更合适的安全措施替代。

安全措施可以分为预防性安全措施和保护性安全措施两种。预防性安全措施可以降低威胁利用脆弱性导致安全事件发生的可能性，保护性安全措施可以减少安全事件发生后对企业或业务系统造成的影响。

一般来说，安全措施的使用将减少系统技术或管理上的脆弱性，但确认安全措施并不需要像脆弱性识别过程那样具体到每个资产，只需要按类识别出具体措施的集合，能为评估者提供判断依据和参考即可。

3. 风险分析（量化风险）

在完成了风险识别（资产识别、威胁识别、脆弱性识别，以及对已有安全措施确认）后，就可以采用适当的方法与工具来确定威胁利用脆弱性导致安全事件发生的可能性。综合安全事件所作用的资产价值及脆弱性的严重程度，就可以定量地判断安全事件所造成的损失对企业的影响。图 9-10 展示了风险分析的原理。

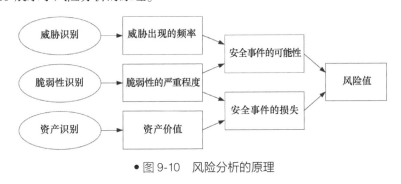

●图 9-10 风险分析的原理

一般来说，可以用下面的范式来形式化地描述风险值的计算。

风险值 $=R(A,T,V)=R(L(T,V),F(I_a,V_a))$

其中，R 表示安全风险计算函数；A 表示资产；T 表示威胁出现的频率；V 表示脆弱性；I_a 表示安全事件所作用的资产价值；V_a 表示脆弱性严重程度；L 表示威胁利用资产的脆弱性导致安全事件发生的可能性；F 表示安全事件发生后产生的损失。R、L、F 均是可以构造的经验函数。

在构造 L 函数时，应综合考虑攻击者技术能力（专业技术程度、攻击设备等）、脆弱性被利用的难易程度（可访问时间、设计和操作知识公开程度等）、资产吸引力等因素，最终以安全事件发生的可能性作为函数的输出值。

在构造 F 函数时，需要综合考虑企业（业务）连续性方面的问题。一些安全事件造成的损失不仅仅是针对该事件所作用的资产，还会对业务连续性乃至企业整体都造成影响，在计算某个安全事件的损失时，应予以充分考虑。同时，为简化计算过程，对于发生可能性极小的安全事件（如处于非地震带的地震威胁、在采取完备供电措施状况下的电力故障威胁等）可以在恰当声明的情况下，不予计算。

构造这些经验函数时，计算规则通常会选定为采用相加法（相乘法）或矩阵法。评估者可以根据实际情况灵活选择，或采用其他计算规则（方法）。当一个资产是由若干个子资产构成时，可以先分别计算各子资产的风险值，然后通过一定的计算方法计算总的风险值。

（1）风险值计算的相乘法

考虑到影响资产风险值的因素之间通常都是正相关的关系，因此，可简单将这些因素的赋值相乘，便可得到风险值。注意，风险值无量纲。由于参与风险计算的因素存在（人为设定的）赋值区间，因此，使用相乘法计算风险值也存在确定的取值范围。因此，同样可以采用等级化的方法，人为划定不同风险等级的取值区间。相乘法的特点是简单明确，直接按照统一公式计算，即可得到所需结果。

（2）风险值计算的矩阵法（查表法）

矩阵法的主要思路是，事先根据一定的方法确定各个要素的值（如资产的价值、威胁、脆弱性的等级），再根据它们之间的具体情况，相应地建立矩阵。然后，对于每一个确定的资产的价值、威胁、脆弱性等的赋值，查询矩阵，行列交叉处即为所需确定的计算结果（具体的风险等级）。矩阵法主要适用于由两个要素值确定一个要素值的情形。

注意：构造矩阵时需要根据实际情况确定，矩阵中元素的取值不一定遵循统一的计算公式，但必须具有统一的增减趋势。比如，通过相乘法得到的结果呈现一定的规律性，因此，可以直接将这些结果转化为矩阵，之后就可以直接采用矩阵法进行风险值计算。

矩阵法的特点在于可以清晰罗列要素的变化趋势，具备良好的灵活性，直观易懂。

经过计算，可以得到风险的量化数值。对这些数值的判读，就构成了对风险的评价，这个过程也称为风险判定。

判定的依据是，根据风险值的分布状况，为每个等级设定风险值范围并对所有风险计算结果都进行类似的等级处理。每个等级代表了相应风险的严重程度。通常可以将风险划分为"很高、高、中等、低、很低"五个级别，等级越高，风险越高。这种"五分评价法"，是一种经过检验的，在可操作性、准确性、易推广性等方面都具有均衡优势的方法。

对风险值进行等级化处理的目的是使得风险管理过程中对不同的风险之间可以直观比较，从而帮助企业确定安全策略。企业应当综合考虑风险控制成本与风险造成的影响，提出一个可接受的风险范围（相应的取值称作"阈值"）。对某些资产的风险，如果风险计算值在可接受的范围内，则该风险是可接受的风险，应保持已有的安全措施；如果风险评估值在可接受的范围外，即风险计算值高于可接受范围的上限值，是不可接受的风险，需要采取安全措施以降低、控制风险。此外，也可以根据等级化处理的结果，不设定可接受风险值的基准，将达到相应等级的风险都视作不可接受风险，进而一律给予处理。

对不可接受的风险应根据导致该风险的脆弱性制订风险处理计划。风险处理计划中明确应采取的弥补弱点的安全措施、预期效果、实施条件、进度安排、责任部门等。安全措施的选择应从管理与技术两个方面考虑。安全措施的选择与实施应参照有关标准进行。

在对于不可接受的风险选择适当安全措施后，为确保安全措施的有效性，可进行再评估，以判断实施安全措施后的残余风险是否已经降低到可接受的水平。残余风险的结果仍处于不可接受的风险范围内，应考虑是否接受此风险或进一步增加相应的安全措施。

9.2.5 动态管理

安全等级保护只是网络安全保护工作的基础内容，需要不断通过测评、整改等措施，逐步地落实网络安全保护的要求并以落实网络安全保护为目的。这是一项长期的工作。等级保护对象的应用类型、覆盖范围等条件会随着企业的发展过程而相应地发生变化，其安全保护等级是否固定不变就存在变数，应根据等级保护的管理规范和技术标准的要求，动态地进行审视并进行必要的调整，应根据其安全保护等级的调整情况，及时调整、实施相应的安全保护措施。

安全等级保护工作必须具备动态管理的机制。网络运营者必须在等级保护与业务发展之间实践并遵循"三同步"原则。整体上，安全等级保护的工作的动态管理过程还体现在，要在全生命周期内分阶段完成相应的"规定动作"。

"三同步"原则是指网络安全工作应当与被保护对象的规划、运营和发展过程相同步。有关的管理措施和技术措施应当整体与企业实现自身主要业务目的的措施同步规划、同步建设、同步使用。

"三同步"原则是安全工作中一种重要的方法，是经过各行业长期实践检验被证明行之有效的方法，甚至可以说是用"血的教训"得出的宝贵的经验总结。这一原则，已被写入《网络安全法》，成为网络安全工作的法定工作原则之一。

"三同步"原则强调"谁主管、谁负责",在网络安全保护对象的生命周期各阶段明确责任者及相关职责,在全过程中保证安全措施的同步展开,强化了安全工作的"关口前移""防患于未然",提升安全保护工作的主动性,可以有效降低运维阶段的工作压力和工作强度,为安全工作人员专注于攻防对抗,聚焦于主要矛盾打下坚实基础。

具体到操作层面,"三同步"原则包括的主要内容是:

1) 同步规划,就是要在业务规划的阶段便从企业的职能或业务目的的角度同步分析安全需求并提出安全要求(预先评估确定应该达到的安全保护等级),明确有关安全措施。要在开展工程设计时与主体工程同步设计网络安全措施,包括同步设计安全体系结构,同步详细设计安全功能、安全机制和安全措施等。工程设计单位和工程建设单位是这个过程的主体和责任者。

2) 同步建设,就是要在项目建设阶段,通过建设管理的制度和手段落实系统集成商、设备供应商或产品开发商的责任,保证相关安全技术措施得以按时按需完成建设。在项目投产或上线运行时,同时对主体工程和安全措施进行验收,确保只有符合安全要求的项目才能投产或上线运行。工程建设单位是这个过程的主体和责任者。

3) 同步使用,就是在项目验收投产后的日常运营(运行)和维护过程中,要保持安全措施的完整有效,保障安全措施始终伴随主体工程的运作而同步地、常态化地被正确使用,而不是将其闲置、弃用,或只在迎检被查时临时使用,更不能对其进行破坏。在项目主体工程的运行环境发生明显变化时,要及时评估其风险,同步改进安全设施。运维单位是这个过程的主体和责任者。

9.3 关键信息基础设施安全保护

安全等级保护制度和相关工作,在《网络安全法》生效后,取得了新的发展,主要表现在两方面:

一方面,进一步明确对安全等级保护工作也要分级分类实施,对关键信息基础设施的安全保护,应当在等级保护的基础上采取更多必要措施。例如,《网络安全法》第二十一条规定,国家实行网络安全等级保护制度。网络运营者应当按照网络安全等级保护制度的要求,履行安全保护义务,保障网络免受干扰、破坏或者未经授权的访问,防止网络数据泄露或者被窃取、篡改。《网络安全法》第三十一条规定,国家对关键信息基础设施,在网络安全等级保护制度的基础上,实行重点保护。《关键信息基础设施安全保护条例》第六条规定,运营者依照条例和有关法律、行政法规的规定以及国家标准的强制性要求,在网络安全等级保护的基础上,采取技术保护措施和其他必要措施,应对网络安全事件,防范网络攻击和违法犯罪活动,保障关键信息基础设施安全稳定运行,维护数据的完整性、保密性和可用性。

另一方面,安全等级保护的标准全面进行了更新和升级,涵盖了更多技术细节。例如,将网络基础设施、重要信息系统、大型互联网站、大数据中心、云计算平台、物联网系统、工业控制系统、公众服务平台等全部纳入等级保护对象。将风险评估、安全监测、通报预警、案事件调查、数据防护、灾难备份、应急处置、自主可控、供应链安全、效果评价、综治考核、安全工作人员培训等工作措施也全部纳入等级保护制度。安全等级保护的新标准体系形成了覆盖全社会、覆盖所有已知类型保护对象的新格局。

关于安全等级保护的标准已有大量文献资料进行阐释和说明,本书在此不予赘述,仅对关键信息基础设施保护工作中的一些"新"内容进行介绍。

9.3.1 配套立法

根据《网络安全法》，关键信息基础设施的具体范围和安全保护办法由国务院制定。历经4年，2021年7月，国务院在广泛听取社会各方意见后，正式颁布《关键信息基础设施安全保护条例》，完成配套立法任务。

《关键信息基础设施安全保护条例》确立了我国关键信息基础设施安全保护的具体制度要求，为相关工作的开展提供了系统指引和操作遵循，界定了适用范围、明确了责任主体、确立了工作标准、规定了措施和方法，使关键信息基础设施安全保护工作不仅在制度上做到了有法可依，在操作细节上也做到了有法可依，具有十分重要的法律意义、现实意义和实务指导意义。

《关键信息基础设施安全保护条例》性质是行政法规，虽属于"法"的范畴，但从属于《网络安全法》。其效力低于宪法和法律，高于部门规章。根据法理，"上位法效力大于下位法；新法优于旧法；特别法优于一般法"，关键信息基础设施安全保护工作将主要以该条例作为基本依据。从落实《关键信息基础设施安全保护条例》的角度来理解，其全篇内容可以概括为：关键信息基础设施安全保护工作在法律意义上的地位、工作责任制及其要求、主要工作内容与业务要求，以及法律责任四个主要部分。

就其法律意义，可以归纳为：关键信息基础设施安全保护工作是法定工作事项，受到国家网络安全法律体系的制约并受国家执法机关的强制监督。此处，需要把握两点内涵：第一，国家网络安全法律体系；第二，执法机关监督的强制性。

1. 国家网络安全法律体系

我国的国家网络安全法律体系，是指以2016年颁布的《网络安全法》为基础的，由若干现行的与网络安全相关的法律、法规所构成的体系。主要涉及：《数据安全法》《个人信息保护法》《国家安全法》《反恐怖主义法》《保守国家秘密法》《密码法》《刑法》《治安管理处罚法》《民法典》《关键信息基础设施安全保护条例》《电信条例》《计算机信息系统安全保护条例》等。

国家网络安全法律体系也是国家法律体系的一部分，不能与其他相关法律法规相割裂开。根据相互关系的密切程度，在理解国家网络安全法律体系时，还需要考虑到《立法法》《人民警察法》《标准化法》《规章制定程序条例》等法律、法规。

此外，还需要理解立法的精神，包括立法定位、立法框架和制度设计等。

法律只能由全国人大及其常委会制定。行政法规（一般简称为"法规"）只能由国务院制定。国务院的部门只能制定部门规章（一般简称为"规章"）。2017年后，在形式上，法律通常以"法"为名，法规通常以"条例"为名，部门规章通常以"管理办法"为名。

2. 执法机关监督的强制性

在我国，执法机关分为司法执法机关和行政执法机关两类。

司法执法机关，包括法院、检察院和特定身份下的公安机关和国家安全机关等。

行政执法机关是指，拥有法律、法规授权可以行使行政处罚权的政府机关。例如，国务院公安部门、电信主管部门等。

执法是以国家的名义对社会进行监督、管理，执法机关执行法律法规的过程就是执法的过程，具有国家权威性和国家强制性。这种强制性表现在，为制止违法行为、防止证据损毁、避免危害发生、控制危险扩大等情形，执法机关依法对公民的人身自由实施暂时性限制，或者对公民、法人或者其他组织的财物实施暂时性控制，可申请人民法院对不履行执法机关决定的公民、法人或者其他组织，依法强制其履行义务。

9.3.2　责任制度

关键信息基础设施安全保护工作实行责任制，树立安全意识是做好相关工作的战略支点，提高技、战术能力水平是做好相关工作的主要保障。

需要把握的重点是：责任制既是做好关键信息基础设施安全保护的工作制度，也是工作方法和要求，强调严格的组织纪律性。

关键信息基础设施安全保护工作责任制，是指关键信息基础设施的相关各方在关键信息基础设施安全保护有关法律体系的规制和约束下，厘清各自保护关键信息基础设施网络安全的责任和义务，落实保障措施，开展评价考核并依法进行责任追究的制度。

落实责任制的过程，通常会形成一种工作体系，称为责任体系。其中，较容易混淆的有关责任主体的概念，需要读者朋友们引起注意。

责任主体是指对关键信息基础设施安全保护工作负有责任的主体。通常，依据"谁主管谁负责"和"属地管理"的原则，分"横向"和"纵向"两个维度认定"协调监督""组织管理"和"运营操作"三个层级不同层面的责任主体。责任主体可以具有双重身份。

谁主管谁负责的原则，通常有"管行业必须管安全、管业务必须管安全、管生产经营（含行政）必须管安全"的含义。

以上是从普通意义来理解责任主体的概念。责任主体在法律层面还有其特定含义。从法律意义上来说，责任主体还被进一步细分为"法人"（单位或组织）和"公民"（单位或组织的工作人员以及单位或组织之外的其他社会人员）两类。"公民"中的"单位或组织的工作人员"又细分为"直接负责的主管人员"和"其他直接责任人员"两类。

此处，法人不是指单位或组织的法人代表，而是相对自然人而言的法人资格。单位或组织（以下简称为"单位"），是指公司、企业、事业单位、机关、团体。"公司、企业、事业单位"包括任何形式的公司、企业、事业单位。"机关"是指国家机关。"团体"包括人民团体和社会团体。

直接负责的主管人员，是指单位的主要负责人中实际行使关键信息基础设施安全保护工作管理职权的负责人，对本单位开展关键信息基础设施安全保护工作的具体行为负有主管责任。

其他直接责任人员，是指单位内部的直接实施或完成关键信息基础设施安全保护工作具体事项的人员（即当事人），可以是单位的经营（含行政）管理人员，也可以是单位的职工（包括聘任、雇佣的人员）。

除上述主体外，所有其他有可能与关键信息基础设施发生关联的社会主体，均须对自己的行为负责，不得危害关键信息基础设施的安全。因此，在广义上，也可将这部分主体算作一类责任主体。

9.3.3　相互关系

安全等级保护制度是我国网络安全的基本国策、基本制度。关键信息基础设施保护制度同样是我国网络安全领域里的基本制度，两者之间相互有何区别？有何联系？值得思考。

1. 相同点

关键信息基础设施的安全保护不应游离于安全等级保护之外，应当在网络安全等级保护制度的基础上，实行重点保护；应按照网络安全等级保护制度要求，开展定级、备案测评、建设整改、安全检查等工作。安全等级保护制度是关键信息基础设施保护工作的基础，关键信息基础设施是需要被重点保护的对象。对关键信息基础设施的安全保护通常不会低于第三级保护要求的水平。

2. 不同点

两者具体的工作流程各有特点，但整体而言，关键信息基础设施安全保护的工作流程更具实质意义。比较而言，两者的工作流程都可以分为 5 个步骤。第一个步骤，识别认定阶段，两者相同；第二个步骤，安全等级保护侧重资料的完整性和监督过程的合规性，而关键信息基础设施安全保护更侧重整体的布防；第三、第四两个步骤，两者工作内容类似，安全等级保护侧重防护措施的达标程度和阶段性的风险状态确认，而关键信息基础设施安全保护更侧重对安全风险的持续监测和评估；第五个步骤，安全等级保护侧重动态调优持续改进，而关键信息基础设施安全保护更关注自身保护工作的完备性，侧重于控制安全风险。

此外，从定义可知，关键信息基础设施必然具有自己所处行业的鲜明特色，对安全属性的要求各有侧重。如果照搬或者不加区别地套用通用的等级保护制度的标准或方法，则存在很大风险。更深刻的关键是，等级保护制度面向的对象通常脱离不了属地的制约，而关键信息基础设施则可以是跨地域、跨部门、跨运营主体的多系统组合。了解关键信息基础设施的行业归属特性，有助于对其开展安全保护工作，可参见图 9-11 所示。

		中国	美国	欧盟	俄罗斯	日本
1	公共通信和信息服务（包括：电信、互联网/公共信息网络服务、广播、电视、新闻/通讯、传媒/文化传播、卫星导航等）	√	√	√	√	√
2	能源（包括：电力、石油天然气、石油化工等）	√	√	√		√
3	交通（包括：铁路、公路、水运、民航、邮政、城市轨道交通等）	√	√	√	√	√
4	水利	√	√	√		√
5	金融（包括：银行、证券、保险等）	√	√	√		
6	公共服务/公用事业（包括：教育、卫生医疗、社会保障、环境保护、市政服务等）	√	√	√		
7	电子政务（包括：政府行政机构、司法机构等）	√	√	√	√	√
8	国防科技工业	√	√		√	
9	工业制造（包括：化学工业等）	√	√			
10	科研生产	√			√	
11	信息技术		√			
12	食品和农业		√	√		
13	灾害处置/核设施		√		√	
14	商业设施		√			
15	物流					√
16	其他一旦遭到破坏、丧失功能或者数据泄露，可能严重危害国家安全、国计民生、公共利益的重要网络设施、信息系统等	√				

● 图 9-11　关键信息基础设施涵盖行业示意

9.4　数据分类分级保护

分类分级保护的方法同样适用于数据安全保护领域。

国家建立数据分类分级保护制度，根据数据在经济社会发展中的重要程度，以及一旦遭到篡改、破坏、泄露或者非法获取、非法利用，对国家安全、公共利益或者个人、组织合法权益造成的危害程度，对数据实行分类分级保护。国家数据安全工作协调机制统筹协调有关部门制定重要数据目录，加强对重要数据的保护。

关系国家安全、国民经济命脉、重要民生、重大公共利益等数据属于国家核心数据，实行更加严格的管理制度。各地区、各行业应当按照数据分类分级保护制度，确定相关的重要数据目录，对列入目录的数据进行重点保护。

1. 数据分类分级

数据分类是把相同属性或特征的数据归集在一起，形成不同的类别，以方便人们通过类别来认识和处理数据。这些属性和特征通常包括敏感性、合规性、机密性、完整性、可用性。其中，最为常见的是以敏感性作为数据分类的衡量标准。

数据分级是根据数据的敏感程度和数据遭到篡改、破坏、泄露或非法利用后对受害者的影响程度，按照一定的原则和方法进行定义。严格地讲，数据分级其实更多关注数据敏感度分级或数据的安全性。数据的定级离不开数据的分类。因此，通常将它们统称为数据分类分级。

数据分类分级需要遵循科学性原则、适用性原则和灵活性原则。分类规则要相对稳定，不宜经常变更，分类分级结果应符合普遍认知且应便于操作和评估。分类分级的基础是要识别数据，要确认所分类别之间能够"相互独立，完全穷尽"。即，颗粒度要一致，涵盖全面且不重复。

对数据进行分类分级，通常以"打标签"的方法来完成，以知识图谱、人工智能等技术工具作为应用方向。但在越来越多的场合下是依靠人工和工具相结合的混合方式进行数据的分类分级，人工预处理为数据分类提供上下文环境的语义规则，工具则用来保证分类分级的效率。

数据的分类分级保护默认了数据的资产属性和资源属性。在这个意义上，企业有必要建立一个数据安全保护的整体框架，作为网络安全管理体系的一个有机组成部分。数据安全是网络安全工作的一部分，但表现出自己相对独特的特性，例如，数据（资产）的安全风险包括但不限于对数据未经授权的销毁、修改、公开、访问、使用和删除等。进行数据分类分级的主要目的是确保敏感数据、关键数据和受到法律保护的数据的安全得到保护，降低发生数据泄露或其他类型网络攻击的可能性。这个过程通常可以统称为数据分类分级保护。分级过程主要涉及分级对象、分级因素等。

2. 分级对象

可以对数据项进行分级，也可以对数据项集合进行整体分级，还可以既对数据项集合整体进行分级，又同时对其中的数据项进行分级。如果仅对数据项进行分级，默认数据项集合的级别为其所包含数据项级别的最高级别。如果仅对数据项集合进行分级，默认其包含的数据项级别为该数据项集合的级别。如果对数据项集合和其中的数据项同时分级，数据项集合整体级别不应低于其包含数据项级别的最高级。

数据项或数据项集合与业务应用场景有关，因此在不同应用场景下，数据的级别也会发生变化。

3. 分级因素

数据分类分级的具体级别，可以基于分级因素进行综合判定。分级因素包括数据发生泄露、篡改、丢失或滥用后的影响对象、影响程度和影响范围等。

影响对象是指数据发生泄露、篡改、丢失或滥用后受到影响的对象，包括党政机关、公共服务机构、企业和社会组织、自然人等社会主体，也可以包括国家安全、公共利益或者公民、组织合法权益等主体。

影响程度是指数据发生泄露、篡改、丢失或滥用后造成损害的程度，一般按照直观感受（通常很难量化）来指定为高中低或大中小三个等级。例如，一般影响（仅造成轻微损害且损害造成的影响可以补救）、严重影响（可造成严重损害且损害造成的影响不可逆但可以采取措施降低损失）和特别严重影响（可造成不可承受的损害且损害造成的影响不可逆）等。同时，还应对损害的程度是否可控或可控程度的强弱进行考虑。

影响范围是指数据发生泄露、篡改、丢失或滥用后产生不利影响波及的范围。通常可以定性地描述为较大范围影响、一定范围和较小范围影响等。

4. 分级描述

在确定了影响对象、影响程度、影响范围的分级后，便可以根据实现设定的对照表最终确定数据对象的分级结果。例如，图 9-12 展示了一种对照表的示意（分为四级）。

影响程度	影响范围		影响对象		
	影响规模	可控程度	国家安全	公共利益或者公民	组织合法权益
一般影响	较小范围	可控	一级	一级	一级
		失控	二级	一级	一级
	较大范围	可控	二级	二级	一级
		失控	三级	二级	二级
严重影响	较小范围	可控	三级	二级	二级
		失控	三级	三级	三级
	较大范围	可控	三级	三级	三级
		失控	四级	三级	三级
特别严重影响	较小范围	可控	四级	四级	三级
		失控	四级	四级	四级
	较大范围	—	四级	四级	四级

● 图 9-12　数据安全分级示意

其中，分级对象的影响对象涉及国家安全、公共利益或者公民、组织合法权益中的两类及两类以上时，分级对象级别应为其影响对象类别中的最高级。

数据分类分级保护的过程中应根据数据级别采取相应的管理措施和技术手段对数据采集、传输、汇聚、存储、加工、共享、开放、使用、销毁等环节进行有针对性的保护（技术要求），对于涉及的个人信息、敏感数据和重要数据要加强安全管控措施。

9.5　"分保"与"密保"

本节简要介绍有关"分保"和"密保"的基本概念。

1. 分级保护

对涉密信息系统的"分级保护"，主要是针对所有涉及国家秘密的信息系统开展工作，由各级保密工作部门根据涉密信息系统的保护等级实施监督管理。

涉密信息系统的保护等级根据其处理信息的最高密级确定，可划分为秘密级、机密级/机密级（增强）和绝密级三个主要的等级。安全保护要求是：①对于"秘密级"，其防护水平不低于安全等级保护三级的要求；②对于"机密级"，其防护水平不低于安全等级保护四级的要求；③对于"绝密级"，其防护水平不低于安全等级保护五级的要求。

"分保"对过程控制较为严格。通过对系统的运行和变更进行完备的管理和监控，针对系统运维过程中的不可预见性和不可控性，采取了必要的技术措施。"分保"的管理过程较为复杂，包括定级、安全保护方案规划设计、工程实施、测评、系统审批、运行及维护、定期检查和系统隐退终止等。

"分保"工作主要遵循三个国家强制标准：《涉及国家秘密的信息系统分级保护技术要求》（BMB17—2006）、《涉及国家秘密的信息系统分级保护管理规范》（BMB20—2007）和《涉及国家秘密的计算机信息系统分级保护测评指南》（BMB22—2007）。

2. 密码保护

《信息安全等级保护管理办法》规定："国家密码管理部门对信息安全等级保护的密码实行分类分级管理。根据被保护对象在国家安全、社会稳定、经济建设中的作用和重要程度，被保护对象的安全防护要求和涉密程度，被保护对象被破坏后的危害程度以及密码使用部门的性质等，确定密码的等级保护准则。""各级密码管理部门可以定期或者不定期对信息系统等级保护工作中密码配备、使用和管理的情况进行检查和测评，对重要涉密信息系统的密码配备、使用和管理情况每两年至少进行一次检查和测评。在监督检查过程中，发现存在安全隐患或者违反密码管理相关规定或者未达到密码相关标准要求的，应当按照国家密码管理的相关规定进行处置。"

密码技术是保障网络与信息安全的核心技术和基础支撑，《密码法》及相关法律法规明确了商用密码应用与安全性评估的法定要求。《密码法》规定："法律、行政法规和国家有关规定要求使用商用密码进行保护的关键信息基础设施，其运营者应当使用商用密码进行保护，自行或者委托商用密码检测机构开展商用密码应用安全性评估。"有关工作主要可遵循国家标准《信息安全技术　信息系统密码应用基本要求》（GB/T 39786　2021）执行。

密码保护工作由国家密码管理局负责，在普通场合，更多的是以"商用密码应用安全性评估"（简称为"密评"）的形式被大众所知。"密评"是指对采用商用密码技术、产品和服务集成建设的网络和信息系统密码应用的合规性、正确性、有效性进行评估。

基础信息网络、涉及国计民生和基础信息资源的重要信息系统、重要工业控制系统、面向社会服务的政务信息系统，以及关键信息基础设施、"等保"三级及以上的信息系统，都是需要进行"密评"的对象。"密评"的具体操作过程遵循《信息系统　密码应用测评要求》《信息系统　密码应用测评过程指南》《信息系统　密码应用高风险判定指引》《商用密码应用安全性评估量化评估规则》和《商用密码应用安全性评估报告模板（2020版）》等指导性文件的规定。

9.6　小结

等级化的保护是网络安全工作实践的基础，是安全保护和运行使用的过程平衡点。等级化的目的是有效地识别保护工作的目标和方向，为保护工作的有效性和适当性提供可靠、合理的依据。等级化的保护可以为企业的资源分配与精力投入提供操作性更强的依据，为企业合理预期安全工作的效果奠定基础。等级化的保护还可以为企业的网络安全保障工作逐步专业化、正规化提供可行路径，通过为不同的场景提供差异化解决方案并管理相应的实施过程，能够监督并调控安全工作的质量并最终提升安全工作的可视化水平。

等级化网络安全保护也是一种方法论。企业中所有的部门和工作人员不可能都对网络安全工作拥有同等的理解，因此，无论企业的管理者还是网络安全工作的团队领导者，都应当理解这个背景，听取专业意见，以便正确地定位网络安全工作与企业发展之间的关系，利用好等级保护这个工具，推动网络安全工作不断发展。

第 10 章 安全事件的应急处置

实务操作过程中，不同企业对网络安全事件的定义和理解都具有很鲜明的个性。大多数场合中，人们似乎还普遍倾向于，把网络安全事件等同于信息安全事件（或信息技术安全事件），认为两者所指代的问题和研究的领域几乎一样，并且，在某种程度上，两者可以相互替代。显然，这种概念上的个性化现象反映出这样一个事实：对于拥有不同知识背景的人来说，同样的事实却意味着不同的含义。更重要的是，面对相类似的事实或场景，人们所采取的措施可能大相径庭。在越来越实体化了的网络空间中，这种差别则很有可能带来巨大的负面影响——应当在厘清基本概念的基础上，讨论有关网络安全事件应急处置的话题。

10.1 几个基本概念的辨析

本节主要从网络安全事件和网络安全事件的应急处置两方面说明一些基本概念的内涵。

10.1.1 网络安全事件

从对国家关键信息基础设施的网络安全攻击和大规模有组织网络犯罪，到常见的针对每个企业或个人的恶意软件攻击，以及发生在企业内部的系统滥用或软件故障，有许多类型的信息安全事件（或信息技术系统安全事件）可以被归类为网络安全事件。事实上，对于什么是网络安全事件没有一个广泛统一的定义，未经过专业背景熏陶的人很难分辨什么是漏洞、什么是威胁、什么是攻击，什么是网络安全事件，或者什么不是上述的这些。

网络安全事件通常与恶意攻击或高级持续威胁有关，但似乎没有明确的共识。例如，美国政府最初将网络安全事件定义为"受国家支持的针对关键信息基础设施或国防能力进行的攻击（甚至战争）"。这种定义现在仍然有效，但却已经泛化，常常被用来描述传统意义上的信息安全事件（或信息技术系统安全事件）——网络这个词既时髦，又有可预见的长生命周期——因此，很多企业和场合便不加区分地使用了这个术语。关于网络安全事件的两种最常见的理解里，要么认为网络安全事件与传统信息安全事件（或信息技术系统安全事件）没有区别，要么认为它们仅仅是使用网络进行的攻击，甚至还有些呈现出两极分化的特点。这导致不同的企业出于对这个术语的不同理解，采取了不一致或不适当的网络安全事件应急处置方法。

如今，人们的工作和生活对网络的依赖越来越深，这为企业的网络安全防护工作带来巨大压力。根据"结果导向"和"问题导向"的方法论，网络安全应急体系将在网络安全工作中发挥越来越重要的作用。事实上，早在 2016 年 12 月，中国发布的首份《国家网络空间安全战略》中就明确规定："完善网络安全监测预警和网络安全重大事件应急处置机制"，将网络安全应急工作作为网络安全工作的重要一环纳入了国家网络安全顶层设计。2017 年 1 月，中央网信办印发了《国家网络安全事件应急预案》并于当年 6 月向社会公布。该预案是中国国家层面组织应对特别重大网络安全事件的应急处置行动方案，也是各地区、各部门、各行业，乃至各企业开展网络安全应急工作的重要依据。

1. 网络安全事件的概念

根据中国《国家网络安全事件应急预案》，网络安全事件是指由于人为原因、软硬件缺陷或故障、自然灾害等，对网络和信息系统或者其中的数据造成危害，对社会造成负面影响的事件，可分为有害程序事件、网络攻击事件、信息破坏事件、信息内容安全事件、设备设施故障、灾害性事件等。

这个定义把网络故障纳入了网络安全事件的范畴，对"故障"和"安全事件"的概念进行了简化，这在一定程度上有利于信息系统运行维护体系和网络安全保障体系之间的简并与协同，但并未关注到两者性质上的不同。设备设施的故障虽然会导致系统功能失效，造成影响，形成安全事件，但和网络安全破坏活动所形成的安全事件具有的不确定性不同。故障可以复现，只要导致故障的条件存在，故障就一定可以重复出现。因此，修复故障的策略和方法就相对明确。而"安全事件"却未必可以被精确地复现，其中的认知盲区、偶发性或概率因素应是很难被忽略的重要特征。两者之间的这种差别能为应急处置工作带来较为明显的影响。限于篇幅，本书不过多讨论这些概念上的变迁及其影响，仅略做提醒以供读者参考。

对网络安全事件的认识也需要建立分类、分级的概念。可以认为上述定义其实就是一种事件分类的方法。而对于事件的分级，则需要考虑三个要素：①事件影响的实体的重要程度（或关键程度）；②事件可能带来的损失；③事件对社会的影响。显然，越重要、越经受不得的损失，以及对社会影响越大的事件，越应该被优先处置。图 10-1 示意了网络安全事件分级的原理。

重要网络和信息系统遭受的系统损失	对国家安全和社会稳定构成	其他对国家安全、社会秩序、经济建设和公众利益构成		安全事件的分级
特别严重 大面积瘫痪 丧失业务处理能力	**特别**严重威胁	**特别**严重威胁、造成**特别**严重影响	⇒	**特别重大**网络安全事件
严重的 长时间中断或局部瘫痪 业务处理能力受到极大影响	严重威胁	严重威胁、造成严重影响	⇒	重大网络安全事件
较大的 造成系统中断 明显影响系统效率，业务处理能力受到影响	**较**严重威胁	**较**严重威胁、造成**较**严重影响	⇒	**较大**网络安全事件
	一定威胁	一定影响	⇒	**一般**网络安全事件

● 图 10-1 网络安全事件分级原理

其中，重要程度要素主要考虑网络或信息系统所承载的业务对国家安全、经济建设、社会生活的重要性以及业务对网络或信息系统的依赖程度。系统损失要素是指由于网络安全事件导致业务中断，从而给事发组织所造成的损失，认定其大小时主要考虑，恢复网络或信息系统正常运行和消除安全事件负面影响所需付出的代价。社会影响要素是指信息安全事件对社会所造成影响的范围和程度，认定其大小时主要考虑，国家安全、社会秩序、经济建设和公众利益等方面受到的影响的大小。

根据上述要素间的关系，网络安全事件的等级由高到低依次可以分为特别重大、重大、较大和一般四个级别，与之对应的网络安全事件预警等级则依次用红色预警、橙色预警、黄色预警和蓝色预警表示。预警是指应急处置团队根据监测和研判情况在授权范围内发布的警示信息，用以调动应急处置工作人员和资源。

2. 与信息安全事件概念的异同

不同类型的网络安全事件之间的主要区别在于事件的来源（或动机）而不是事件的类型。因此，根据攻击者的类型、能力和意图来定义网络安全事件会更具有实战意义。但对于任何给定的网络安全事件，对其定义或描述的效果可能会有很大差异，因为攻击者选定目标的方法、理由、目的等可能并不唯一或并非一成不变。

传统的"信息安全事件"和当下的"网络安全事件"两者含义之间的不同点主要体现在，后者通常包括四个特征：①强制受到攻击的责任主体在发生网络安全事件时履行事件报告的义务；②须依靠专家来有效应对而非自发、自愿或自行进行处置；③在某些情况下须依靠政府（或行政当局）动用行政力量提供支援来进行处置；④需要在调查人员之间共享有关网络安全攻击和应急处置的数据，以便他们从情报合作的角度开展工作。

网络安全事件和信息安全事件的关键区别是责任人针对攻击的态度的不同。传统的信息安全事件的处置过程中通常不得不需要企业（或仅局限于信息系统的管理者）进行自我支持和自我防护，最多也只是能得到来自警方或其他单位的一些帮助而已。而对于网络安全事件的处置，则需要动用更广泛的资源，并且还在一定程度上禁止任何私自的处置行为，例如，禁止瞒报等。但无论如何，网络安全事件更像是某种攻击而不是纯粹的业务连续性问题，这两者在任何时候都不应被混为一谈。

10.1.2 安全应急处置

网络安全事件应急处置，通常也简称为网络安全应急处置或安全应急处置、安全应急响应等。所谓"处置"是强调对网络安全事件进行应对，通过控制或干预的方法来消除或减小事件造成的影响。所谓"响应"是强调要对网络安全事件进行快速的反应，强调时效性。"处置"过程可以当然地包括"响应"环节并依赖广义的"响应"流程，而"响应"的目的和结果是完成当然"处置"。

出于习惯，通常并不严格区分"应急处置"和"应急响应"在含义和范畴上的差别。两者的概念可以互指，即两者均是指系统性地对网络安全事件做出恰当的反应，减轻或消除网络安全事件对人和业务过程、业务功能、业务环境等的影响。

1. 主要挑战

企业在应对网络安全事件的过程中通常面临巨大的困难，尤其是在复杂环境中应对网络安全事件时，更是如此，即便是一些具有强大能力的企业，也并不能感到轻松。在网络空间的攻防较量中，"防御一方必须防范各种攻击，而攻击者则只需要找到一个漏洞即可"——此言难免有夸张之嫌，但形象地说明了安全应急处置的过程常常处于"防不胜防"或"防无可防"的尴尬状态。

应对网络安全事件时将面临的挑战通常包括：①如何准确地发现可疑的网络安全事件或确定可能的网络安全事件；②如何确定对事件进行调查或排查安全隐患行动的目标；③如何快速地、有效地分析与潜在网络安全事件有关的所有已经掌握的资料；④如何确定实际发生了什么，确定哪些系统、设施或数据已被破坏，确定哪些信息已泄露、被盗或被破坏等；⑤确认影响范围和（潜在的）对业务的影响；⑥查明肇事者的身份和动机；⑦查明事件是如何发生的，例如，弄清楚攻击者是如何制造了事件；⑧进行后续的更加细致充分的调查和溯源分析以追踪并确定应当承担责任的人。

除此之外，大多数企业为网络安全事件应急处置所做的准备工作中，通常也会面临各种问题。例如：①如何组建适用的应急处置团队，包括人员招募、人员结构优化、人员培养与日常管理等；②如何确定适用的应急处置流程，包括知道做什么、如何做以及何时做（与业务运营团队的配合）等；③如何选取适用的技术以及正确的研判技术信息，包括确定安全防护的技术体系、收集关于业务运营和优先级的信息、关键的业务资产（含数据安全）的相互依赖性、在云化场景下的依赖于云设施运营者承诺的适当的控制或服务水平协议（Service Level Agreements，SLA）的支持等；④成本问题，包括为采取应急处置措施而需要的真实的直接成本，也包括因为处置安全事件而附加的各种机会成本等。

2. 应对策略

应对这些挑战的对策，已经在实践中逐渐得到归纳和总结。例如，在决定如何为应急处置进行准备并在出现网络安全事件时进行应对方面，常见的策略有：①遵照政府提供的建议、指引和标准开展工作，比如遵循《国家网络安全事件应急预案》《公共互联网网络安全突发事件应急预案》以及各地方政府或各行业主管部门颁布的预案及标准等；②购买专业化的应急处置服务或雇用提供商业化网络安全事件应急处置服务的专家等；③与相关第三方进行合作，比如参与信息共享或情报交流活动，引入双向的网络安全预警机制，参与基于场景的联合演练等。

但这些策略的局限性显而易见，在寻求应对网络安全事件的指导时，企业很难知道该去哪篇文档或哪个手册中找到所需的内容。他们只想知道在哪里可以获得有用的信息——在遇到网络安全事件时，该打电话找谁，以及能够找谁。更为尴尬的是，在这些可供参考的公开资料中，通常并不会针对特定的网络安全事件具体阐明要做什么（事实上，也不可能详细阐明怎么做），而是只能阐述一些一般原则作为指导。

3. 响应/处置的能力

应对网络安全事件——尤其是复杂的网络安全攻击——是一项非常艰巨的任务，即便是对最先进的企业来说也是如此。因此，企业应开发适当的网络安全事件应急处置能力，采用系统的、结构化的方法响应/处置网络安全事件。

不妨从生命周期的角度入手，构建企业的网络安全事件应急处置能力。这将比较容易借助结构化的方法来构建可预期的、可测量的应急处置能力。此处所谓"生命周期"，是指连贯于网络安全事件发生之前、发生期间和发生之后这三个明显的时间跨度范围之内的全过程。

图 10-2 示意了这种基于网络安全事件生命周期观点，分"事前、事中、事后"三个阶段共 15 个步骤构建应急处置能力的整体过程。

第一阶段（事前准备阶段）是最重要的打基础的阶段，非常关键。这个阶段的工作做得好，将帮助企业在发生网络安全事件时能够更快地恢复，有助于增强企业的客户的信心，甚至从长远来看，还能为企业节省资金并赢得成本方面的优势，但由于缺乏意识、支持或资源，很容易被忽视。为了有效地做好准备，企业应该能够确定自身的关键性，分析针对这种关键性的威胁，部署一套互补的措施，为这种关键性提供适当级别的保护，还要在这个过程中充分考虑到人、过程、技术和情报之间的相互影响。

第二阶段（事中响应阶段）是需要根据典型的实时场景实施应急处置的阶段。这个阶段的工作的重点是调查或"感知"。不要忘记，事实上，对于真实的网络安全事件来说，当企业能够觉察到它们之时，通常是它们已经发生了一段时间，并且，并不是每一次攻击告警都意味着

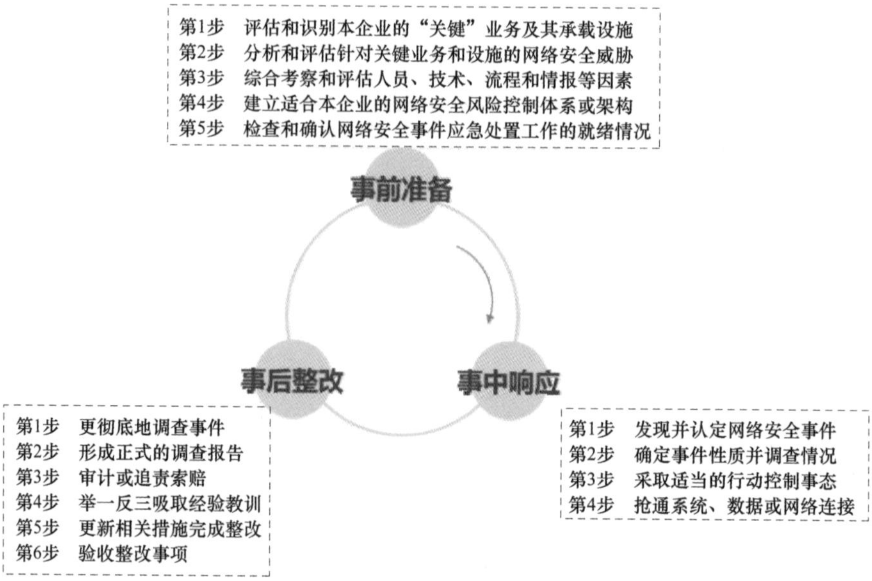

第1步 评估和识别本企业的"关键"业务及其承载设施
第2步 分析和评估针对关键业务和设施的网络安全威胁
第3步 综合考察和评估人员、技术、流程和情报等因素
第4步 建立适合本企业的网络安全风险控制体系或架构
第5步 检查和确认网络安全事件应急处置工作的就绪情况

事前准备

事后整改   事中响应

第1步 更彻底地调查事件
第2步 形成正式的调查报告
第3步 审计或追责索赔
第4步 举一反三吸取经验教训
第5步 更新相关措施完成整改
第6步 验收整改事项

第1步 发现并认定网络安全事件
第2步 确定事件性质并调查情况
第3步 采取适当的行动控制事态
第4步 抢通系统、数据或网络连接

● 图 10-2 基于生命周期观点的事件应急处置能力体系示意

一次网络安全攻击。这需要正确地理解网络安全事件或网络安全攻击的含义。在这个阶段，网络安全业务专家和企业的业务任务专家的作用不可或缺。

第三阶段（事后整改阶段）是在吸取经验教训的基础上提高企业网络安全防护能力的重要阶段。企业需要从教训中汲取前进的能量，而不是在遭受网络安全事件后听之任之，更不能得过且过。

以上仅是简单示意了若干个网络安全事件生命周期内的工作步骤或任务，最终，它们将汇聚成整体的网络安全应急处置过程。这些过程最终将演变成为"应急保障"工作。

10.2 几种典型的应急处置

根据《国家网络安全事件应急预案》，网络安全事件可分为有害程序事件、网络攻击事件、信息破坏事件、信息内容安全事件、设备设施故障（事件）、灾害性事件和其他网络安全事件七类。分别是：①有害程序事件，可分为计算机病毒事件、蠕虫事件、特洛伊木马事件、僵尸网络事件、混合程序攻击事件、网页内嵌恶意代码事件和其他有害程序事件；②网络攻击事件，可分为拒绝服务攻击事件、后门攻击事件、漏洞攻击事件、网络扫描窃听事件、网络钓鱼事件、干扰事件和其他网络攻击事件；③信息破坏事件，可分为信息篡改事件、信息假冒事件、信息泄露事件、信息窃取事件、信息丢失事件和其他信息破坏事件；④信息内容安全事件，是指通过网络传播法律法规禁止信息，组织非法串联、煽动集会游行或炒作敏感问题并危害国家安全、社会稳定和公众利益的事件；⑤设备设施故障（事件），分为软硬件自身故障、外围保障设施故障、人为破坏事故和其他设备设施故障；⑥灾害性事件，是指由自然灾害等其他突发事件导致的网络安全事件，通常，突发事件是指由人力不可抗因素所导致不利影响的事件；⑦其他事件是指不能归为以上分类的网络安全事件。

上述分类方法虽然全面，但并没有突出"来自网络空间的攻击是造成网络安全事件的主要原因"这一动态特征。为简化描述起见且为了更贴合实务操作的需要，本书在上述事件分类的基础上，以企业在日常中最为常见的若干场景（如网络中断或拥塞、系统瘫痪或异常、数据泄露或丢失等）作为典型举例，分别介绍一些常见的工作方法和流程。

通常，企业的网络安全应急处置团队应根据工作需要分为监控调度、研判分析、情报处理、应急保障和综合支撑等若干工作小组。各小组之间相互配合，在团队内部完成网络安全事件的处置，并且视情况代表企业的网络安全管理当局与监管机构或利益相关方进行配合，直至完成网络安全事件的最终处置。

10.2.1　网络中断类事件处置

网络中断类事件主要包括两类场景：①网络系统（设备）因遭受外部攻击的原因而出现的性能劣化或功能丧失；②因为网络系统（设备）自身的故障原因导致的性能劣化或功能丧失。

网络中断类事件非常直观，也是常见的网络安全事件类型。通常，只有急剧的（相对较短时间内的快速的）网络性能劣化或功能丧失才会被常规的监测手段发现，从而被识别为网络中断类安全事件。其他的，进近缓慢的或对时间要素不敏感的网络性能劣化或功能丧失，通常只会被列为传统意义上的网络故障进行处理，或被作为网络性能优化工作的一部分，由网络维护人员进行处理，并不会交由网络安全人员进行处理。

一般而言，网络会因为遭受 DDoS 攻击的原因而出现性能急剧劣化或功能丧失（不区分是永久性的功能丧失还是暂时性的功能丧失）。因此，对于网络中断类事件的处置会主要围绕抗DDoS 攻击而进行准备。图 10-3 简要示意了一种典型的 DDoS 攻击事件应急处置流程。

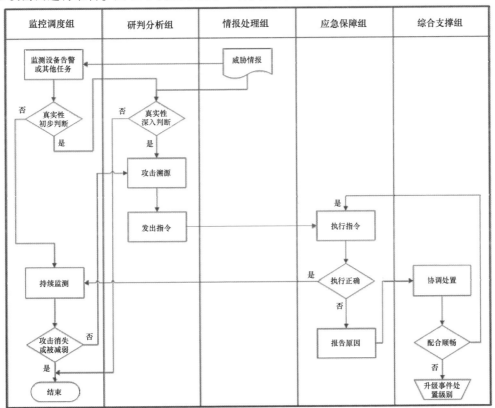

● 图 10-3　DDoS 攻击事件应急处置流程示意

1）监控调度组根据预先设定的监控设备告警门限值判定是否发生了疑似 DDoS 攻击事件，并根据设备提示确定 DDoS 攻击的直接源 IP 地址（Direct Source IP Address，DS-IP），随即将有关情况移交研判分析组继续跟进处理。这个过程也可以称为攻击真实性的初步判断过程。

2）研判分析组在情报处理组的协助下，结合周边网络安全态势情况，对该疑似攻击事件的真实性进行更为深入的分析，确认或界定该疑似攻击事件的影响（范围）并尝试对该疑似攻击事件进行溯源并最终判定该疑似攻击事件的真实性。如果研判分析组最终判定该疑似攻击事件是真实攻击事件，则确定该攻击事件的级别并同时给出具体的处置建议，将处置建议以处置指令的方式发给应急保障组并抄送综合支撑组。这个过程也可以称为攻击真实性的深入判断过程。处置指令中须至少包括四个要素，依次为处置对象、处置动作、处置时限和指令有效期。

3）应急保障组可直接执行处置指令或组织相关人员（主要是受攻击设备的管理员和操作员，必要时还包括网络系统的管理员和操作员）执行处置指令并确认指令是否得到正确且完整的执行。如果应急保障组发现处置指令未按要求执行，则向综合支撑组报告情况并尽可能给出原因。

4）监控调度组持续关注监控设备告警情况并随时向研判分析组报告进展。研判分析组根据事态变化情况，适时调整处置策略并发出恰当的处置指令。处置策略通常是指一个基于优先级的处置顺序，即在优先级允许的情况下，按照"先本地—后网络"的顺序进行处置。首先，依靠受攻击目标或其所处网络系统自身的性能与攻击进行对抗（消耗）。在效果不理想或攻击加剧的情况下，激活专用的 DDoS 攻击防御系统进行对抗。如果情况仍在恶化或得不到有效控制，则向上游的网络服务商提出协作要求或向有关监管部门报告。

5）综合支撑组在事件处置的过程中，根据研判分析组的建议，按照应急预案启动授权范围内相应等级的事件响应，并根据时限要求向更高层级指挥人员报告情况或联络必要的人员协助处置事件。在处置结束后，组织各工作小组汇总事件情况并出具事件处置报告。

需要注意，并不是所有的 DDoS 攻击都可以被有效遏制或清除。必须要做好最坏的打算，一旦攻击持续不断或超出了防护措施的预期能力，则应当果断地迁转重要业务或激活依托于备份网络系统的业务系统以保证业务连续性，必要时应及时向有关监管部门寻求帮助。

本书在"DDoS 防御"一节简要介绍了 DDoS 攻击的分类、成因和应对措施等内容，有兴趣的读者可以参考。

10.2.2　系统瘫痪类事件处置

系统瘫痪类事件主要包括四类场景：①系统因遭受网络安全攻击而直接丧失业务处理能力或停止正常业务服务；②系统的业务服务部分因遭受网络安全攻击而丧失功能；③系统的承载设施（即操作系统及以下层级的部分）因遭受网络安全攻击而丧失功能；④系统因其关键数据被破坏而丧失业务处理能力或停止正常业务服务。

此处所说系统是指业务系统，不包括业务系统所依赖的网络接入设施。

系统瘫痪既和网络中断事件相关联，也和数据安全事件相关联，更是和自身运行故障事件相关联，是一种相对较为复杂的事件类型。在实际的应急处置过程中，需要综合运用多种手段进行研判后，才能相应地采取措施。固然，针对系统瘫痪的直接原因而采取措施是一种逻辑正确的应急处置方法，但在实践中，对系统瘫痪事件的最优先处置措施往往还是以尽快恢复业务并减小影响为目的。因此，无论此类事件的起因如何，"先抢通、再抢修"的意义会显得更为突出。

实务中，对此类事件的应急处置中最为常见且最为直接的方法是：在必要时尽早启用异地、异构的备份系统（含其关键数据），以便尽快地恢复系统的正常功能。

图 10-4 简要示意了一种典型的系统瘫痪类事件应急处置流程。其中：

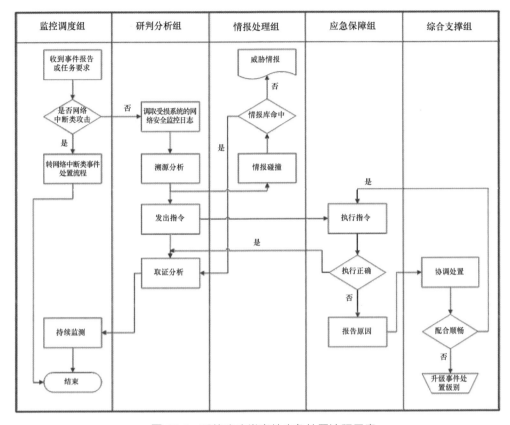

• 图 10-4　系统瘫痪类事件应急处置流程示意

1）监控调度组根据事件报告查看有关网络安全设备的监控日志，初步判断是否同时伴随了网络中断类的攻击。根据初步判断的结果将有关情况移交研判分析组继续跟进处理。

2）研判分析组在受损系统的管理员的协助下开展工作，通过调取相关网络安全监测设备的日志开展溯源分析。同时，将有关情况同步给情报处理组，在已有情报信息库的记录中进行碰撞比对，搜集更多的线索，为后续的工作提供协助。研判分析组确定事件的级别并同时给出具体的处置建议，将处置建议以处置指令的方式发给应急保障组并抄送综合支撑组。通常，处置建议中应当包含提取样本和固定证据的要求并必须要明确与应急恢复操作之间的优先级要求。

3）应急保障组可直接执行处置指令或组织相关人员（主要是受攻击设备的管理员和操作员，必要时还包括网络系统的管理员和操作员）执行处置指令并确认指令是否得到正确且完整的执行。如果应急保障组发现处置指令未按要求执行，则向综合支撑组报告情况并尽可能给出原因。

4）综合支撑组在事件处置的过程中，根据研判分析组的建议，按照应急预案启动授权范围内相应等级的事件响应，并根据时限要求向更高层级指挥人员报告情况或联络必要的人员协助处置事件。在处置结束后，组织各工作小组汇总事件情况并出具事件处置报告。

需要注意，在事件的整个处置过程中，监控调度组要坚持连续监测网络安全方面的各种数据，为研判分析组提供第一手信息支持。研判分析组要果断指挥应急处置组设立临时防线，抵御正在进行的攻击，控制事态蔓延。应急处置组要密切协同受损系统的管理员进行操作并应当以系统管理员为主来完成具体的操作。综合支撑组要协助平衡好调查取证与业务恢复之间的矛盾。

只有各组的密切协同才会有可能在较短的时限内恢复受损业务。必要时应及时向有关监管部门寻求帮助。

10.2.3 数据破坏类事件处置

数据破坏类事件主要包括数据篡改事件、数据仿冒/假冒事件、数据泄露事件、数据窃取事件、数据丢失事件五类场景。此外，还包括其他通过各类技术或非技术手段给企业的数据要素的完整性、保密性、可用性等造成破坏的各类场景（例如，企业或企业的用户的重要数据被未经授权的披露/存取、被滥用或被非法使用等）。

数据破坏类事件与网络中断类事件、系统瘫痪类事件不同但可能存在相关性，并且还有可能在较大的时空范围内持续存在关联性，因此，数据破坏类事件的处置与网络中断类事件、系统瘫痪类事件的处置存在较大的差别。通常，每个数据破坏事件都具有特异性，高度依赖事件发生时的具体场景。

数据破坏类事件的应急处置在很大程度上依赖于事先的准备，以及在事件发生后尽早、准确地识别事件场景并确定事件影响的范围。监控调度组在其中的作用非常重要，检测和报告潜在的数据破坏事件，必须依托专业的技术力量在一线开展密切的监测。同时，情报处理组对数据破坏事件的舆情监测和信息收集，往往决定了数据破坏类事件的识别和报告的及时性。对数据破坏类事件的监测和预警依赖于自动化的网络流量和系统访问/操作日志分析体系。识别可疑行为至关重要，可能需要长周期地、持续开展对可疑行为的研判分析和预报工作。

其中：

1）监控调度组收到突发事件报告时，要能够初步地识别事件的场景，根据初步判断的结果将有关情况移交研判分析组继续跟进处理。

2）研判分析组需要审核并评估事件的性质，识别事件类型。一旦确认，则需要开展直接的溯源分析，根据需要协调广义的情报处理活动，涵盖技术和法律方面的多情报源在更大的范围内收集数据破坏所造成的影响并根据舆情方面的情报，协助调查和追踪事件的源头。在情报处理方面，需要包括企业自身，以及企业的客户或第三方（可不必局限在利益相关方的范围内，而是可能会扩大到相应的公共关系的范围内）。

3）研判分析组给出的指令中，不仅需要在技术层面对数据进行"亡羊补牢"似的修复/重建、保护、替换、更新、删除等，还需要进行技术或取证调查并在安抚公共关系方面实施正确且有益的行动。例如，要及时通知受事件影响的客户，安排专门的团队响应收到通知的客户的要求等。

数据破坏类事件得到纾解、补救或解决后，还需要企业的相关技术、工程、运营团队广泛地进行事后反思并建立长期的改进计划，需要专门的团队来从事长期工作。

作为示例，图10-5简要描述了一种数据破坏类事件应急处置流程：数据破坏类事件不能在相对较短的时间周期内彻底得到处置，需要在实施补救措施之后吸取教训及时实施预防措施，以控制企业面临的长期风险。

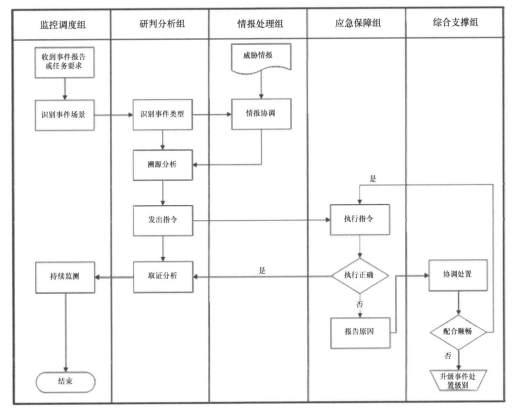

● 图 10-5 数据破坏类事件应急处置流程示意

10.2.4 其他的典型事件处置

除上述简单归类的三种典型安全事件之外，企业在日常的运营中还经常会遇到一些其他类型的典型事件，比如，漏洞渗透攻击事件、社工钓鱼攻击事件、域名劫持事件、网页篡改事件、数据泄露事件等。对这些事件类型的确定基本上可以从攻击手法或造成危害的形式来判断，相对较为直观。

1. 漏洞渗透攻击事件处置

漏洞渗透攻击是指攻击者利用目标系统的漏洞非法获取目标系统的控制权限的攻击。通常，攻击者的主要目的是，对目标进行操作系统级控制，或对目标的数据库进行控制，掌握或窃取目标的敏感数据或重要数据。理解这类攻击事件时，需要把握一个关于漏洞分类的基本概念。即，可将漏洞分为两种类型：一种类型的漏洞是已被披露并具有公开编号的漏洞（CNVD⊖编号、CNNVD⊖编号、CVE 编号等），称为"公开漏洞"。其影响范围主要是未及时

⊖ 国家信息安全漏洞共享平台（China National Vulnerability Database，CNVD），主管单位是国家计算机网络应急技术处理协调中心（National Computer Network Emergency Response Technical Team/Coordination Center of China，CNCERT/CC），于 2018 年起隶属于国家互联网信息办公室（Cyberspace Administration of China，CAC）。

⊖ 国家信息安全漏洞库（China National Vulnerability Database of Information Security，CNNVD），主管单位是中国信息安全测评中心（China Information Technology Security Evaluation Center，CNITSEC）。

进行软件更新的系统，处置难度相对较小且一般都有较为成熟的解决方案。另一种类型的漏洞是"隐秘漏洞"（也可称为 0Day 漏洞）。该类型漏洞一般都尚未被公开，知晓漏洞细节的范围极为有限，很难通过"打补丁"（对存在漏洞的软硬件进行更新或替换）等方式及时进行处置，只能在发现危害后或研判风险后通过临时手段进行干预或控制，处置难度较大。

利用漏洞进行渗透攻击通常没有标准方法，因人而异。在处置这类事件过程中，需要投入较大的人力、物力和耐心。

2. 社工钓鱼攻击事件处置

社工钓鱼攻击是指攻击者通过欺骗那些掌握着关键信息的人，以获得有价值的信息，从而入侵目标系统的一类攻击。"社工"即是"社交工程学"的简称，是指一类通过与人开展交互活动来骗取所需信息的手段。"钓鱼"是最基本的社工手法之一，取义"愿者上钩"。

社工钓鱼攻击的目标锁定的是关键的人，而不是直接针对信息系统。越是掌握核心机密信息的人，越容易成为（且必然成为）这种攻击活动的目标。

这类攻击手法并不局限于交谈、沟通等直接的交互方式，还广泛涉及电子邮件、即时消息、网络媒体、网络社区等形式。处置这类事件时需要注意：被钓鱼攻击的个人很难自主发现受到攻击，一旦发现，则被攻击的人需要立即更新所有已知的可能泄露的信息并尽早向企业的网络安全团队报告情况，以便尽可能地争取主动。网络安全团队日常需要结合本企业的情况建立自己的情报信息数据库，以便在接到社工钓鱼攻击的事件报告后能够第一时间判断并且尽可能地准确判断受到影响的范围，为后续处置工作提供情报方面的支持。

3. 域名劫持事件处置

域名劫持攻击（DNS Hijacking）是指攻击者通过控制域名系统（DNS）或域名解析的结果，对目标实施的攻击或打击。域名是互联网的基础设施。一旦某个域名被解析到了不正确的位置，便可以给攻击者提供很多攻击的机会。受害者既包括访问者，也包括服务提供者。攻击者可以直接对 DNS 的缓存进行污染，也可以伪造 DNS 服务器，还可以直接在通信链路中插入非法内容，从而劫持正常的解析请求。域名劫持事件可以导致严重后果，能够对一定范围内的社会秩序造成严重扰乱，却又可以表现得相对温和，令人不易察觉。

此外，域名劫持攻击通常是更进一步攻击的前奏，是 APT 的一种重要手法，同时兼具潜伏期较长和短期爆发力较强的特点，但是其处置难度相对并不大。通常可以在域名解析服务单位的协助下利用冗余解析、强制解析、清理缓存、回灌备份数据等方法快速恢复被逻辑劫持的域名，但消除域名被劫持的影响则往往需要一定的时间周期。

4. 网页篡改攻击事件处置

网页篡改攻击事件是一种通过非授权获取网页系统的控制权限，篡改网页应用中的内容、植入不良信息或意图传播恶意信息、危害社会安全或牟取不当利益的网络攻击行为引发的安全事件。这种事件通常发生在网站服务器被攻击者突破而获取控制权限之后，是一系列攻击行为中的结果或者过程。

在这类事件的应急处置过程中，最为推荐的策略是：在控制局面的情况下采取措施予以根除。要坚持这个策略并按照顺序进行处置，而不能弄错顺序，以免贻误战机。可以引入自动化的网页防篡改和恢复机制，组合使用域名监测、信息内容监测、网站服务器完整性监测、网站访问流量建模等方法，一旦监测到网站遭受篡改，便自动完成现场痕迹的直接取证、使用备份数据或预置数据恢复网站的正常页面，按照目前的业界平均水平，响应速度可达到秒级。之后，再由人工介入，完成事件分析和调查并最终修补漏洞以阶段性地根除导致篡改事件发生的直接原因。

5. 数据泄露事件处置

数据泄露事件是数据破坏类事件中最为常见的一种事件类型。这类事件可以不单独存在，往往伴随其他攻击行为出现，既可以是攻击的目的，也可以是攻击的手段，还可以是攻击过程本身。这类事件与日常运维工作的关系较为紧密，对于来自内部人员的恶意行为的防范（"防内鬼"）是一个值得关注的重点（当然，对于无心之失的误操作也需要有同样的监测和预防机制），在处置过程中需要放眼于数据的全生命周期进行考虑，需要系统化的处置方案。

数据泄露事件情况通常较为复杂，不单纯是网络安全事件，往往还牵涉隐私保护的问题，可能需要（根据法律）通知受影响的个人、监管机构、媒体等。在这类事件的处置过程中，需要汇集多方面的人员，除包括企业的管理者以及数据安全取证、信息通信技术、风险控制、人力资源、法律、投资者关系、公共关系等专业领域的技术人员外，还需包括业务合作伙伴的代表。

和其他的网络安全事件处置略有不同的是，在这类事件的处置过程中需要格外注意保存证据。根据需要，有针对性地将受影响的系统从网络中隔离出来以保护现场。不要贸然关闭机器，否则可能会导致证据的灭失。与此同时，要尽早按照程序向各方报告情况，不得隐瞒或编造有关情况。

所谓按照程序，就是要事先根据当地法律规定和事件发生后所能感知到的数据安全方面的伤害，来确定谁需要了解到事件的详情（即须知情人）并且确保须知情人在规定的（根据法律）时限内收到相关情况的通知。并且，还需要在管理层和法律顾问的许可下，在必要时通知执法部门。还要兼顾公共关系方面的挑战。

有一点需要特别强调：对数据泄露事件反应迟缓、风险管理失误或缺乏公关规划等应急处置不当，可能会损害企业的声誉，甚至还可能成为企业形象或品牌上的永久瑕疵。

10.3 情报分析方法的应用

网络安全工作在很大程度上是攻防双方在情报信息方面的较量。安全事件的应急处置则是这种较量活动的一个集中体现。安全团队在事件的处置过程中应该对他们的分析、推理和判断的过程保持警惕，应该时常思考如何做出判断并得出结论，而不仅仅是做出判断或得出结论。

这意味着，情报分析方法是事件处置过程中所需要遵循的重要方法论。

10.3.1 情报分析及其方法简介

负责处置网络安全事件的团队中，通常由负责研判分析的小组和负责情报处理的小组配合开展工作，两者工作性质相近但并不能相互完全替代。情报处理小组需要长时间地收集和积累情报并在所掌握的情报渠道、情报线索和情报实质上为研判分析人员提供支持，帮助甚至是引导他们找到事件处置的方向。研判分析小组需要对情报结论加以研究和判别，结合情报信息及时压制和克服自身思维定式（Mind-Sets）可能带来的局限性，才能在复杂的、凌乱的、模棱两可的信息环境中准确地完成攻击溯源任务，为后续的处置找到正确、有效的途径。

情报分析通常需要面临一种困难的境地。了解对手或其他攻击者的意图和能力，通常都具有相当的挑战性，尤其是在敌明我暗的情况下，收集情报本身就已经足够复杂且困难，更何况是有可能在面对有组织的攻击者的情况之下开展这些工作。这些有组织的攻击者能够比那些试图监控和遏制他们的人更快地适应环境并转变或隐藏自己，因为通常情况下他们更加专业、更加训练有素，更加容易获得充沛且精准的资源支持。最后，当技术演进、经济利益或整个国际体系等复杂的互动系统不断变化时，网络空间的现实变化将极大地增加安全情报的多样性。正是这种不可避免的多样性客观地体现了情报分析在网络安全事件处置工作中所具有的独特且重要的意义。

情报分析所面临的基本挑战是，如何从数据不断增加的信息中（最终将是海量信息）识别出有价值的信息。此外，还需要在有限的时间内识别并且避免那些被人精心设计以用来迷惑和误导分析者的假情报。因此，从方法上讲，情报分析的重点应当是不忽视潜在的相关假设和支持信息，避免错失线索或发出预警的机会。这需要专门的训练，因为单凭经验无法避免人类认知局限和感知偏差所带来的影响，很容易被反情报分析的手段所利用。

根据研究⊖，所有人都是通过"思维定式"来吸收并评估所获取的信息。本质上，这个过程是基于经验的假设和期望而进行的一种构造，既包括一般的世界，也包括专门的知识领域。这个构造过程强烈影响着人在情报分析中对信息的接受——也就是说，与情报分析人员的无意识心理模型一致的数据比与其不一致的信息更容易被情报分析人员感知并记忆，尤其是在个人处理原本难以理解的大量信息时更加凸显这种规律。但问题是，受到这个规律的支配，情报分析人员很容易忽略、拒绝或忘记与他们的假设和期望不相符的信息，不管是输入的信息抑或是忽略的信息，也不论这些信息的重要性如何。越是经验丰富的分析人员越是可能更容易受到这些思维定式的影响——他们会更倾向于感知他们期望感知的内容——一旦思维定式形成就难以改变。在思维定式的作用下，新的信息被其"同化"进入现有的框架内。在此过程中，那些相互矛盾的信息往往会被忽视或遗漏。这意味着，处理网络安全问题所必须具有的批判性思维，将因此而遇到强烈的挑战。从事网络安全工作所需要具备的批判性思维是指要不断反思并追索思考的过程，这是任何事件调查过程取得成功的关键。

1. 情报分析方法

本书所指的情报分析方法是指一种尽可能结构化了的方法，不讨论基于经验的个性化方法。此处所说的情报分析方法建立在认知理论的基础之上。情报分析在本质上应当是一种对既有信息的知识化过程的迭代，或者，应当是将已知信息系统化以得出推理结论的一种循环往复的递进过程。在这种过程中将包含若干阶段，每个阶段包含三个基本要素，分别是情报目的、阶段结论以及推理过程。图10-6简单示意了情报分析的结构化特征。

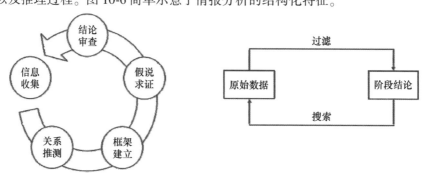

● 图10-6　情报分析（结构化）方法示意

⊖　主要是指基于认知心理学的研究。

　　情报分析人员需要在信息收集、关系推测、框架建立、假说求证、结论审查等不同阶段执行以数据处理为中心的任务。推理过程需要运用信息诊断、逆向思考和想象等技术/技巧来兼顾分析对象在功能、资源和结构之间的联系。随着分析工作的推进，分析人员可以不断开发并回顾一组越来越结构化的阶段结论，直到最终得到一个可以被公开引用的结论。同时，这个结论也在此过程中得到了足够的证明。这个循环的过程并没有固定的时间限制，分析人员可以根据任何给定的任务，以不同的顺序从其中某个阶段开始并在每个阶段停留不同的时间，直至在情报目的的约束下得出结论。

　　结构化的情报分析方法提供了一种机制，可以帮助分析人员更严谨地思考问题，过滤一些先入为主的观念和假设。通过这种机制，原本由情报分析人员个人掌握的思维过程可以被系统地外化，每个情报分析人员的思维过程都可以被团队成员共享、评价和改进，甚至还有助于不同团队之间的交流与协作。同时，还可以使不同分析人员之间的分歧在分析过程的起始阶段就能得以暴露，这将有利于增加最终结论的可靠性。

　　从具体的技术层面来看，情报分析方法其实是试图用一套完整的假设进行相互间的替代和优化，系统地评估与每个假设一致和不一致的数据，根据选定的阈值将包含太多不一致数据的假设排除后得到最终的结论。这个过程中，通常包括情报信息分类和可视化、线索生成与情景建模、假说与检验、决策与评估、挑战分析和冲突管理等具体的技术步骤。根据实践效果来看，情报分析可以有效识别（系统性的）欺骗行为，能够在网络安全事件处置过程中发挥出巨大作用。

　　除此之外，还有一些不同侧重的情报分析方法。例如，基于目标的情报分析（Target Centric Intelligence，TCI）方法和基于行动的情报分析（Activity Based Intelligence，ABI）方法等。但无论哪种方法，情报分析都是一个非线性的过程。

　　TCI 方法认为，情报分析始终与目标（或目的）有关，更强调因果关系，需要与目标的制定者频繁地进行交互，因而并不会太过关注分析过程所需的资源（包括时间）开销问题。良好定义的目标往往会成为 TCI 方法的瓶颈。对于复杂的目标，相关的情报分析必然也很复杂。

　　ABI 方法认为，情报分析应将"发现"作为核心任务，发现未知、发现如何去做以及这样做意味着什么。ABI 方法更强调相关性，因而需要分析人员在更高的维度建立基于因果关系的结论才能被人类理解，而这往往会成为 ABI 方法的瓶颈。ABI 方法专注于在找到数据的位置组合数据（任何数据），在地理位置和时间上进行集成（称为"地时模式分析"），将数据"融合"成基于行动的信息，而并不关注情报信息是否来自独特的、隐秘的来源。

　　ABI 方法构建在"大数据"处理技术的基础之上，是基于数据融合技术的复杂过程。情报分析人员通过有效地将核心证据与从多个来源收集的大量的、多样化的且可能相互冲突的数据相融合，以产生关于实体、行动或事件的具体和全面的归一化的估计，更准确地评估情况。在网络安全事件的情报分析过程中，识别、提取、定位和跟踪目标等各种场景都可以应用 ABI 方法，融合入侵检测、流量监测、行为监控、数据交互等来源于传感器网络的机器数据，有望更加真实地还原攻击事件的真相。图 10-7 示意了其中的一些基本概念。

　　网络安全态势感知技术在一定程度上就是 ABI 方法的"机器"部分。读者可以在本书前述"态势感知"一节找到更多内容作为参考。

2. 分析方法的演变

　　总结历史资料可以看出，现代意义上情报分析方法的演进大致可以分为 4 个阶段。

　　第一阶段（1944—1962 年），可称为人工情报分析阶段。其特征是由受过专业训练的人有

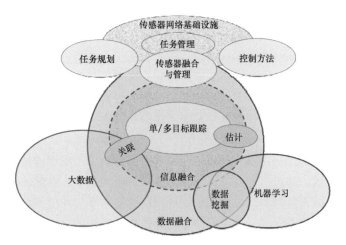

● 图 10-7　基于行为的情报分析方法中的大数据融合概念

组织地直接采集情报并进行分析，通常只能关注单一的任务目标。

　　第二阶段（1962—2001 年），可称为条线情报分析阶段。其特征是通过一些近现代的技术手段广泛地采集信息以进行情报收集（即基于物理量的技术测量，信号分析），再由人工按专业领域进行加工和分析，通常只能关注单一的任务目标但效率较第一阶段要高出很多。

　　第三阶段（2001—2014 年），可称为分布式情报分析阶段。其特征是在传统的技术手段之外，广泛使用信息技术和互联网自动化工具等技术开展情报收集工作并开始在计算机辅助技术的帮助下以结构化的方法分析情报。任务目标已经可以覆盖一定区域范围的全部有价值对象，无论是效率或范围都较第三个阶段有明显提升。

　　第四阶段（2014 年至今），可称为整合情报分析阶段。其特征是使用多元情报处理技术进行情报信息的采集和分析，通过迭代和人工确认的过程进行筛选，对不同类型的情报数据进行融合，由人工智能驱动的算法来完成分析过程。ABI 方法是这个阶段的标志性技术特征之一。从这一阶段开始，情报分析人员将开始获得许多新的机会来完成以往各阶段都不可能完成的任务。

10.3.2　情报获取及其方法简介

　　在网络空间或通过网络空间获取网络安全情报并不是一个新鲜话题，其中时常闪现着国家战略影响的影子。最近五年以来，随着技术、能力和监管政策等各方面条件日趋成熟，企业的网络安全团队比以往任何时候都应当关注情报获取工作，并且应当尽可能地具备自主生产网络安全情报产品的能力。这一点，对于较大规模的企业而言，尤其重要。在可预见的未来，网络安全情报产品将是网络安全产业发展的重要市场方向。

　　长久以来，一些获取网络安全情报的手段始终超然于法律和道德的约束，为了达到目的而采用许多针对性的技术，比如有些获取情报的手段可以主动压制网络安全检测的技术系统或数据分析系统，还有些获取情报的手段可以直指人类心性中的弱点并加以诱导和利用。毫无疑问，这些事实很容易使人对网络安全情报工作乃至情报获取工作都充满了抵触甚至敌意，但这并不能作为轻视或无视情报获取工作的理由。恰恰相反，越是在这种氛围中就越要坚持正视和重视情报获取工作所能为企业带来的积极利益及其发挥的深远影响。

1. 途径和方式

早期的网络安全情报获取活动，主要是从计算机系统、信息或通信系统中不经授权、未经授权或超越授权而收集或采集特定的信息，进而加工形成情报产品。时常处在法律监管的灰色地带，常置利益人于不利境地。当前情况下，伴随社会大众在网络空间的自我保护意识的崛起，如果仍然延续这种"古早"的情报获取手段和思路，必然会遇到越来越多的麻烦，也将很难取得理想的效果。而网络空间的发展恰恰也为情报获取工作提供了新的途径，利用越来越多的开源数据和大数据产品，同样可以找到新的方法来完成情报获取工作。

"新"的情报获取途径和方式包括：

（1）开源情报

开源情报主要是指从公开可获得的来源收集信息并对这些信息资源进行基于规则的开发而形成的情报。一般来说，开源情报的情报源包括：各种传统媒体和数字化媒体、网络社区以及各种公开的数据资源（如研究报告、统计数据、公共数据库）等。开源情报天然的是多源情报，适合宏观监测或长周期监测，往往需要依靠基于代理的信息采集与挖掘体系。例如，通过对广泛使用的社交媒体平台进行信息聚合就可以形成有效的情报。图 10-8 展示了一种开源情报系统的逻辑结构。

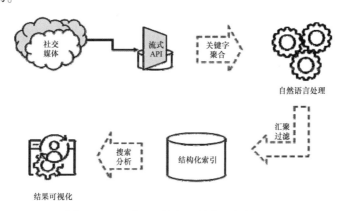

● 图 10-8　一种开源情报系统的逻辑结构示意

利用这种开源情报系统可以在互联网和社交媒体平台上随时收纳大量可用的信息，包括但不限于：通过近似穷举的方式获取目标人群在网络上留下的无形数字踪迹，从而映射他们的社交网络和社交关系；通过获得交叉比较的提示从而增强其他那些来自于封闭来源的常规情报的效能等。不过，其局限性也非常明显，通过开源情报获得的具有可操作性的情报的质量，在很大程度上取决于情报分析的质量。

（2）威胁狩猎

威胁狩猎主要是采取相对更加积极和主动的策略来获取情报。就好比狩猎一样，在主动的动态过程中去探索、搜寻和锁定（潜在的）攻击者或网络安全威胁（源）。与其相对的是传统的"守株待兔"式的情报获取，即在可能的防御区域内进行例行的、预先进行了规划（设防）的情报获取。威胁狩猎可以比较有效地应对探测（攻击者暴露）机会窗口期越来越小的挑战，因为，通常情况下没有哪个攻击者会不加掩饰地发起攻击，藏匿行踪和隐藏痕迹是每个攻击者都必然要使用的攻击技巧。

威胁狩猎是一种主动的情报获取行动，目的就是要发展出包括探测隐身攻击平台和发现隐蔽攻击者在内的情报获取能力。比如，发展多维度的网络测量技术，努力将技术推向极限，通过不对称的方式增强发现目标的能力。或者，保持并加大持续"关注"的能力，以时间成本换取提高发现和捕获目标的概率。一般来说，威胁狩猎的情报源包括企业的网络安全事件历史记录、针对企业基础设施进行侦查尝试的历史记录以及其他商业或政策性的情报源等。

（3）持续感知

持续感知主要是对特定目标的长期监测和历史数据的挖掘，通过行为分析等方法构建某种对情报背景信息的知识体系。通过这种途径既可以为前面两种获取情报的途径增加恒定的情报来源，又可以用潜在对手最不期望的方式谋得某种战略优势。图 10-9 粗略示意了"新""旧"途径和方式彼此之间的关系。

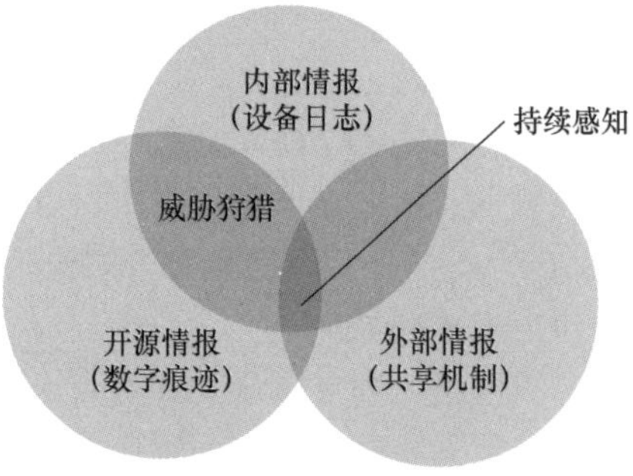

● 图 10-9　获取情报的途径和方式间的关系

2. 方法与技术

获取网络安全情报除了依靠企业网络安全团队自身能力之外，还可以通过情报共享机制延展情报获取能力，或者，通过网络安全情报行业提供的服务来加强情报获取能力。

（1）情报共享机制

网络安全的情报共享是指在政府或有关实体之间酌情交换情报（信息或数据）的行为。通过情报共享机制，可以更广泛地促进各类、各层级的决策者使用具有可操作性的情报来完成战术层面的工作。例如，美国于 2016 年前后基于《网络安全信息共享法案》，启动了共享威胁情报的机制，称为"自动指标共享计划"（Automated Indicator Sharing，AIS）。一旦 AIS 参与者发现并报告了威胁，所有该计划的参与者都将同步知道相关信息。整个过程以"机器速度"进行，能够在辽阔的"战场"上提供更加广泛的情报源乃至情报本身。

情报共享机制的实质是通过成员之间共享最新的网络安全威胁信息而在利益相关方之间建立起某种态势感知，利用集体的知识、经验和能力来共同提升网络安全情报的生产和使用。通常，用于交互的情报信息主要包括三部分内容。

1）威胁行为者采用的战术、技术和流程信息，含有关威胁源的详细信息、特定的日志详情或摘要、已被证明有价值的技术特征、参数或形式化描述信息等。例如，用于描述恶意软件特征的"YARA 规则"、用于描述入侵行为的"Snort 签名"等。

2）用以检测、遏制或防止该威胁行为者发动网络攻击的措施和建议，含某些用于加固、增强或强化现有措施的配置脚本等。

3）与该威胁行为者相关的网络安全事件的分析结果，含历史数据或研究报告等。

这些内容可分为两类：一类是非专业情报，即可以被没有完备的网络安全专业背景的人理解的情报，通常以（行政）简报的形式体现，主要供各类行政决策者参考使用；另一类是专业情报，通常需要使用者具备一定的专业背景知识，例如，关于漏洞的 POC（Proof of Concept，"概念验证"）、关于威胁的 EXP（Exploit，"利用"）等⊖。图 10-10 给出了一种情报共享信息交换的格式示例。

（2）共享机制的结构

现阶段有两种基本的情报共享机制可供企业进行选择。

⊖　两者概念相近但并不相同：POC 是概念演示，用以描述漏洞的原理，本身无害却足以供专业人员据之开发出 EXP。EXP 是指利用漏洞的工具（或武器），通常带有破坏性。

1.收发信息	
情报发送时间	YYYY-MM-DD
情报发送方	AAAAA(报送信息的单位)、联系人、联系方式
指定接收方	ZZZZZ (接收单位,可指定该情报信息的传播范围)

2. 情报内容	
情报信息类别	NNN (代码)
涉及对象类型	mmmm (代码)
涉 及 范 围	(尽量描述影响地区、影响单位、影响行业等) (暂时无法确定的写暂不确定)
情 报 概 述	……
样本系统情况	系统名称/域名、IP地址及端口、IP归属信息

3.简要分析	
简 要 分 析	描述情报信息产生原因、发现方式、验证情况及情报信息后果影响（可提供截图等证明）

4. 处置建议	
处 置 建 议	针对情报信息提出处置建议

5.备注信息	
备　注	……

● 图 10-10　一种情报信息交换的格式示例

第一种是集中式结构，类似集线器，即需要一个处于核心位置的组织负责管理所有参与该交换机制的实体之间的情报交换活动。此外，这个居于核心位置的组织还可以对用于交换的信息进行进一步处理以生产更丰富的情报。这需要这个核心位置上的组织制定、推广、协调标准数据格式和传输协议，来确保情报能够安全地传递和交换并由此而确保共享机制具备必要的互操作性。我国在《网络安全法》中对网络安全信息共享做出了规定。原则上，政府主管部门和行业管理组织应在各自管理范围内建立网络安全情报共享机制并纳入国家统一的情报交换机制，关键信息基础设施的运营者以及有关研究机构、网络安全服务机构等均可加入。

第二种是端到端结构，基于自愿的原则，各类实体可直接进行情报共享。这种结构可以保证最高的共享效率和较大的共享便捷性，可以消除集中式结构中所带来的信息瓶颈和单点故障问题。但也意味着将会存在较为突出的情报质量、情报信任、保密、隐私保护等方面的问题和隐忧。通常，这种结构更常见于某些"内部"场合或一致利益者之间。

可以预见，未来将会有第三种结构——混合型结构，在集中式结构的基础上，于局部的一定范围内优化采用端到端结构，从而在整体上可以整合形成兼顾高效和便捷性的结构。

（3）情报共享的法律问题

我国在《网络安全法》中对网络安全信息共享做出了原则性规定。企业通过安全检测、风险评估、信息搜集、授权监测等手段获取的，以及有关单位掌握的威胁网络安全的信息，原则上都可以进入共享机制。

公开环境对情报共享工作整体持谨慎态度，例如，对安全漏洞的披露多是以禁止性规定为主。"网络产品、服务应当符合相关国家标准的强制性要求。网络产品、服务的提供者不得设置恶意程序；发现其网络产品、服务存在安全缺陷、漏洞等风险时，应当立即采取补救措施，按照规定及时告知用户并向有关主管部门报告"（《网络安全法》第二十二条），"开展网络安全认证、检测、风险评估等活动，向社会发布系统漏洞、计算机病毒、网络攻击、网络侵入等网络安全信息，应当遵守国家有关规定"（《网络安全法》第二十六条）。我国《刑法》第二百八十五条、第二百八十六条规定了非法侵入计算机信息系统罪、非法获取计算机系统数据罪、非法控制计算机信息系统罪、破坏计算机信息系统罪等，通常将情节和后果作为认定犯罪的依据，客观上对情报共享行为尚未明确支持。

实务中，建议企业可尝试以开放的态度，在坚持"及时、客观、准确、真实、完整"原则的前提下，积极加入受到倡导的情报共享机制。

3. 人员与能力

网络安全团队中应当配备或培养适合情报工作的专门人员。不妨将他们称为"情报处理员"。这些专业人员的工作专长对于满足聚合和整合海量数据的工作至关重要，因为他们可以认知、理解原本难以察觉的信息，从而形成情报，为网络安全事件的处置发挥作用。

大致可以把情报处置工作概括为一项使用科学方法、经过科学过程、在计算机算法和计算机系统的支持下，从网络安全事件的相关信息中提取知识，形成认识的工作。这是一个需要专门技能的领域。情报处理员需要综合拥有网络安全和数据分析等不同方面的专业技能。比如，在网络安全方面，要求情报处理员应具备实质性发起网络攻击的能力；在数据分析方面，要求情报处理员应具备数学和统计方面的能力。此外，作为两者的某种交叉、复合能力，还需要情报处理员具备一定的软件开发能力，要熟悉机器学习等专业方向的发展情况。

情报处理员通常以小组行动的方式开展日常工作，称为情报处理组，其规模应随着情报处理工作的任务性质和需要的不同而进行调整。比如，在具体事件的处置层面，通常都需要量身定制的情报技术支持，此时就需要收拢情报处理组，聚焦主要目标开展工作。而在企业的宏观层面，情报支持的范围往往会从对威胁行为者的态势感知一直到提出支持特定操作的建议等，几乎涵盖网络安全事件处置的全部过程，这就需要扩充情报处理组，以便尽可能地在众多场景中开展协作。

此外，在事件处置的过程中仅将各类安全监测设备操作员获得的数据发送到情报处理组还不够，应当保证情报处理员能够在必要时亲自操作所需的安全监测设备。同时，情报处理员还必须能够理解和汇总这些设备所产生的数据，以便快速将相关信息融合而形成情报，及时支持研判分析工作组、应急保障工作组等各类工作人员对网络安全事件的处置。

10.4 应急预案体系及演练

网络安全事件的应急处置是一个需要各方力量在紧急情况下密切协调配合的过程，需要事先进行充分准备，在整个过程中需要动态应对不断变化的挑战。应急处置的突发性和高度紧张性，在客观上要求承担保障工作或应急处置任务的团队应当预先形成相对完整的工作方案，这些方案就是应急处置预案，简称应急预案。

应急预案在逻辑上整体是一个嵌套的层次结构，包含一系列公开且标准化的处置流程，用以指导事件处置人员能够按照预先的周密计划和最有效的实施步骤有条不紊地展开事件处置工作。

应急预案和业务连续性计划不同。前者通常考虑更为广泛的情况，而且关注于在危机（事件）发生时应当做什么。后者主要侧重于有效恢复或重建受到网络安全事件影响的业务，更侧重于受影响系统的情况。

应对网络安全事件是一个企业全员参与的过程，需要获得企业全体相关人员广泛的理解和支持。应急预案的制定或规划，需要其规划者和协调者以一种资源管理者的身份开展工作。制定应急预案的人应当具备将应急处置的不同要素与企业的一贯战略联系起来的能力并且要卓有远见。

10.4.1　应急预案

应急预案是开展应急处置工作的行动计划和操作指南，应当系统地经过完整设计并得到持续改进。由于应急预案是事先制定，因此，在实际应用当中无法保证其完全适用性和正确性，甚至，在一些情况下预先制定的"应急预案"还有可能是完全不可行的方案。以实际操作的经验而言，在应急处置的过程中，越是靠近事发点的场合越是容易出现预案预料之外的情况，越是容易出现需要处置人员随机应变的情况。这种情况下，应急处置的过程在很大程度上就蜕变成为事件处置人员与知情者之间的信息交互过程。处置人员个人的准备工作更需要的是从积累专业工作的经验着手并且还需要有目的地加强信息收集、与人沟通交互等方面的能力。但真正的应急处置从来都不会是某个个人的工作过程，需要有团队协同努力，才能在尽可能短的时间内尽可能快地摆脱安全事件的影响。

应急预案通常是一种基于时间序列（时序）的"工作流"描述，其内容应当包含人员角色/职责、工作流程和适用条件（场景）等方面的规定。这些内容通常可以称为应急预案的三要素。

1. 人员角色和职责（组织要素）

基于应急处置是多部门协同工作的前提，应急预案需要明确定义应急工作过程中各部门、机构在应急处置过程中的组织结构，需要明确定义工作角色和指挥过程的命令链条。关于人员角色和职责的描述，实质是对（联合）指挥体系的规定。图 10-11 描述了应急处置体系的基本组织结构，在实际场景中可根据具体情况（如事件的严重程度、企业的组织结构等）进行扩展（如继续细分成若干工作组、工作小组等）和剪裁（或合并）。

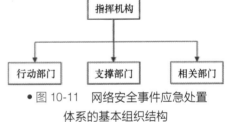

● 图 10-11　网络安全事件应急处置体系的基本组织结构

指挥机构中通常包括指挥人员（指挥长）、网络安全专家、发言人（公共关系专家）和联络人员等工作角色。通常，指挥机构本身又分为领导小组（或协调委员会）和工作小组（或办公室）两级结构，负责应急处置全过程的准备和决策、指挥工作。

行动部门是负责在应急处置期间具体执行指挥机构的调度指令的部门，通常是网络设施（系统）的运行维护部门，能够在第一时间执行处置指令。支撑部门是为行动部门开展行动提供支援、服务、保障的部门，包括第三方的技术服务单位、企业内的行政、人力资源部门等。相关部门是指在事件处置过程中所有可能涉及的部门。

实际工作中，应急处置人员会根据需要充当不同的角色参与到具体的工作任务之中，每个角色具有相应的职能和责任，但可能会随着事态的发展进行相应的调整。

应急预案的正文需要对组织要素进行详细描述，至少需要明确说明各级组织（机构、部门）的名称、性质、职责、任务等，需要附列部门清单、角色清单、能力清单、人员清单和通讯录。描述的方法遵循"实体-关系"范式，即什么部门、什么角色、什么人承担什么职责、拥有什么能力、执行什么任务。

2. 工作流程（过程要素）

应急处置的工作过程主要是指根据时序、资源、场景等约束条件，对必需的工作任务的执行，通常包括上下级之间的指挥/调度/汇报方式，时序、时限要求、预期目的等内容。应急预案的正文中对过程要素的描述至少应当包括：组织结构对任务执行的映射关系、任务之间各种工作活动的约束关系（先序关系、继承关系、使用关系）等内容。图 10-12 展示了过程要素中工作任务、工作角色、工作资源之间的相对逻辑。

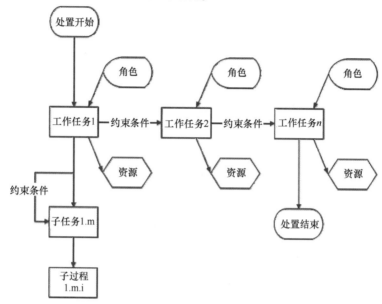

● 图 10-12　网络安全事件应急处置工作流程示意

实践和理论研究表明，为最大限度地科学、合理、有序地处置网络安全事件，应急处置的工作流程大致可分为准备、检测、遏制、根除、恢复和跟踪（随访）六项主要的工作任务，史称 PDCERF 方法$^\ominus$。该方法论强调了应当根据企业整体的安全策略为六项主要工作任务定义适当的目的并明确它们之间的约束条件，以便顺利地开展工作。图 10-13 简要概括了这种方法的基本概念。

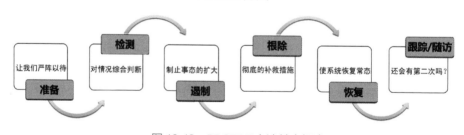

● 图 10-13　PDCERF 方法基本概念

PDCERF 方法并不是对安全事件进行应急处置的唯一方法。实际的事件处置工作可能也并不会严格地归类为六项任务。而且，即便能够划分为六项任务，它们相互之间的顺序也未必需要被严格遵循。但这种方法是一种通用的且具有悠久历史的并不断得到验证的经验方法，具有很强的适用性，值得参考。

$\ominus$　据小尤金·舒尔茨（E. Eugene Schultz）博士在其《事件响应：处理系统和网络安全漏洞的战略指南》（*Incident Response: A Strategic Guide to Handling System and Network Security Breaches*）中记载：1989 年 7 月，在匹兹堡软件工程研究所举行的网络安全事件响应邀请研讨会上，由大约十几位与会者共同创建了该方法。其名称来源于六个阶段的英文名称（Preparation, Detection, Containment, Eradication, Recovery, Follow-up）的首字母。

3. 适用条件和场景（环境要素）

网络安全事件应急处置工作尤其强调维持企业关键业务系统或网络设施持续运作保持最基本服务能力（简称为"服务能力基线"）的重要性。事件应急处置预案的设计应当围绕保持服务能力的基线开展工作，要匹配对应的适用条件和场景。

首先，服务能力基线通常具有强的相互依存性，容易受到连锁事件的影响，即服务能力的供应链是复杂、脆弱且缺乏保护的环节。如果应急处置预案对这部分没有进行充分的考虑，则在严格意义上来说，就不能称之为有效的应急处置预案。例如，通信和电力系统相互依赖才能发挥作用，其中一个的严重损坏必然会影响相连的另一个。因此常用的网络安全事件处置的预案中就需要声明类似"基于电力系统稳定"等前提条件，否则，这样的预案将会留有巨大、直白的隐患。

其次，服务能力基线的稳定依赖于企业和关键信息基础设施运营者之间的配合与协调的程度，特别是关键信息基础设施运营者拥有在紧急情况下管理其系统的专业知识和主要责任，因此脱离他们的支撑和保障，对于较大规模的网络安全事件的处理将无从谈起。相应地，应急处置预案中这些跨行业甚至跨地域的协调工作应当有较为充分的考虑，否则，预案的有效性可能将大打折扣。

换言之，应急预案在适用条件和场景方面，必须应当尽可能完整地考虑到企业、供应链、关键信息基础设施运营者之间的级联影响和交互支撑的问题。这在网络空间条件下，具有非常重要的意义。

由此可以推论，设计应急预案时所应遵循的若干原则如下。

1）有效性原则，要保证在网络安全事件发生后，根据预案开展事件应急处置应当及时、准确、快速、有效。

2）可行性原则，要保证资源的可调动性、可实施性，还要留有业务的成长、发展空间和应用便利性等方面的裕量。

3）整体性原则，要保证应急处置策略的全局一致性，应急预案要在整个组织内综合运作，兼顾管理能力和技术能力。

4）协同性原则，要保证多方参与并保持协调，既要各司其职，又能通力合作。

10.4.2　应急(预案)体系

应急预案应形成体系，可以根据作用层级的不同分为三层。

1）顶层——综合预案。这类预案是面向整体的、全面的、综合性的工作预案，是从总体上阐述企业处置网络安全事件的策略、原则、组织结构、人员职责（岗位角色）以及对应急处置行动、措施和保障等方面的基本要求和程序，是应对各类网络安全事件的综合性文件。它更多的是体现应急预案的规范性和全面性，是整个预案体系的基础，应具有较强的鲁棒性和通用性。即使是对某些未能预料的事件的应急处置，也能起到基本的指导作用。

2）中层——专项预案。这类预案应按照综合预案规定的程序和要求而组织制定，是针对具体专业（如根据业务系统或网络设施的不同而分专业）制定的预案，是对综合预案的延伸和细化。面向的对象主要是具体实施应急处置的工作人员，侧重于对各个工作对象的应急处置程序和具体的应急措施做出周密而细致的安排。专项预案不止一个，相当于是某个专业所有应急处置工作的综合预案。

3）底层——现场预案。这类预案实质上是业务指导书或操作手册，具体规定或指导在网络设备或业务场景中针对特定网络安全事件的应急措施的技术细节，载明具体操作步骤、指标（参数）等内容，同时，还需兼顾应急处置的过程完整性，确保现场处置人员的工作规范、合理。

应急预案形成体系不能一蹴而就，可参照图 10-14 所示的路径循序渐进，逐步建立。

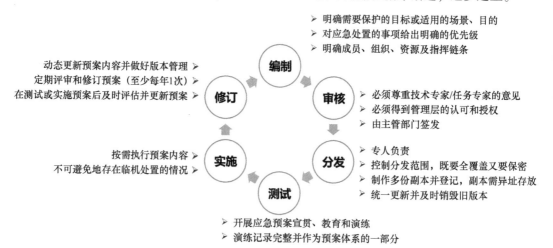

• 图 10-14　应急预案体系的发展路径

除了参照基本原则进行规划设计、统筹考虑之外，还应当注意一些细节，具体如下：①集中管理应急预案的版本和发布。必须建立规范的流程，明确"需求提交、问题解决、状态更新、形势跟踪、预案发布"的工作步骤，确保开发预案体系的过程完整性。②建立合理的应急预案保管制度。要保证应急预案在得到安全妥善的保管的同时，还能最大限度地得到易取得性的保证。这对一线应急工作人员而言，具有不可替代性。③定期审查应急预案的内容。注意应急预案内容的分布情况和细节描述的颗粒度，要能够根据预案版本和内容的更新频率，适当地分散应急处置的工作任务。要注意应急预案的适应性。④必须保证应急预案的可操作性。应急预案的内容必须是可操作的，在应对安全事件时，是有效的，其表述应当简洁、明了、有力。⑤各级应急预案应当相互兼容和协调，以便在应急情况下可以用以进行快速响应和当事各方之间的互相支援。

应急预案体系折射了应急处置工作的体系构成和运作关系（见图 10-15）。

网络安全应急处置工作体系							
指挥体系		处置体系			保障体系		
机构	人员	预案	协作	支撑	经费	物资	技术
领导机构 办事机构 业务部门	应急人员 业务人员 领域专家	综合预案 专项预案 现场预案	情报信息 内部协调 社会资源	技术实施 技术支撑	专项经费 统筹资金	基础平台 工具装备	技术研究 技能提升

• 图 10-15　网络安全事件应急处置工作体系

10.4.3 应急(预案)演练

应急(预案)演练不仅是评价应急预案有效性的重要手段,还是培养和检验应急处置能力的一个重要手段。开展应急演练的主要目的有:验证应急预案的正确性,发现准备不足的环节或为修改不切实际的内容提供现实依据,提高并不断加强有关部门、机构、人员之间的整体协调性。

应急演练的形式众多,例如,按应急演练内容的不同,可以分为专项演练和综合演练;按应急演练工作的组织形式的不同,可以分为桌面推演、模拟演练/实战演练(可分为指定科目或预先不告知科目两类);按演练工作的动员、组织范围的不同,可以分为内部演练、行业/跨行业演练、地域/跨地域演练等;按演练目的作用的不同,可以分为检验性演练、示范性演练和研究性演练等;按演练深度的不同,可以分为系统级演练、应用级演练和业务级演练等;按演练准备情况的不同,可以分为例行演练和临时性的突击演练等。

应急演练的过程通常可划分为演练准备、演练实施和演练总结(复盘)3个阶段。各阶段的工作要点分别如下。

(1)演练准备阶段

首先,应制定详尽的应急演练方案,明确演练目的和依据,对演练过程中的风险进行评估和控制。其次,要确定组织架构和人员分工,确定演练科目,在此基础上制定演练脚本(剧本)。参演人员应由企业中的主管领导、安全专家、相关业务系统负责人与技术人员、应急指挥机构及其办事机构和相关业务部门的人员、安全服务人员等组成。演练科目应精心选择并尽可能地贴近本单位的实际。演练脚本应包含时间、主线步骤、角色、动作、同步场景等要素。第三,演练方案应由相关领导和专家审定确认后提前下发至有关各部门。要严格限定演练范围,特别是对现网业务(真实环境)的实战演练,要慎之又慎,要提前进行充分的测试准备并准备好回退方案或应急预案,以保证演练的顺利开展。

应急演练的分类、组织机构、工作方案、脚本、流程、评估方案、保障措施等细节内容,可以参照国家标准《网络安全事件应急演练指南》(GB/T 38645—2020)要求确定。

(2)演练实施阶段

在这一阶段,参与演练的人员应各司其职,严格按照演练剧本操作并做好演练记录工作(最好可以留下相应的影音记录资料),便于演练结束后的分析和总结。

演练时应以备用系统为对象,避免对企业日常的经营生产活动产生不利影响。

(3)演练总结(复盘)阶段

参演人员按照脚本完成演练任务后应及时进行复盘总结,主要有三方面内容:一是监测与应变能力,主要考察安全事件发生时,应急处置人员能否及时发现并进行初步研判和上报;二是处置与控制能力,主要考察处置工作的及时性和有效性,是否能有效控制安全事件影响的范围并将损失降到最低,能否保证业务系统运行的连续性;三是回溯与追责能力,主要考察应急处置人员能否熟练、准确地完成既定任务操作,能否采集和固定证据,以便协同有关单位(如监管机构)进行责任追究。

参与演练的人员应分组提交总结报告,归纳本次演练中发现的问题和不足。相关专家应对报告进行评审并根据情况对应急预案进行相应修订。

10.5　小结

　　透过网络安全事件纷繁复杂的表现形式，如果能够对其进行归纳，那么所有的网络安全事件都可以被归类为某种涉及人的事件，即在所有的事件中都离不开人以及人的动机。从这点来说，网络安全事件的处置方法也就可以归为两类，一类是取证，另一类就是执法。取证的最终目的是便于执法，执法的目的是遏制人因的影响。因此，应急处置工作的体系也就是围绕这条主线展开：在具备最大可能收集证据能力的基础上，威慑、预防或消除不利行为主体所施加的影响。预防工作需要有预案加以指导和规范，工作的繁杂又需要预案应当形成体系以便覆盖全部已知领域，但这并不意味着应急预案可以因庞杂而臃肿，而是应当精炼得当，要有重点。过于追求应急预案的形式，会导致预案的可操作性变差并最终沦为一个专门用来应付检查的"标准文档"。

第 11 章　网络安全测试与评估

网络安全的保障水平需要通过评估进行确认和识别。网络安全管理的重要内容之一就是要不断对已有的防御机制的有效性和整体强度进行拨测和验证，即开展测试工作，其范围包括物理环境、操作系统、网络服务、应用程序，甚至是终端用户的行为等。

毫无疑问，这些测试工作所采用的方式、方法和过程都应当可控且无害。根据测试活动的功能性的不同，往往可以分为合规性审查、漏洞挖掘（弱点评估）和渗透测试三种。

渗透测试首先应当是一种系统的方法论。狭义上，渗透测试是泛指测试人员在获得测试目标（Object Under Pentesting，OUP）管理者授权的情况下，在限定的环境中，以尝试突破测试目标的安全防御措施和安全策略为目的而主动开展的网络攻击。渗透测试可以确定测试目标中是否存在可被利用的安全漏洞或弱点，包括软件的缺陷、配置的疏忽以及危险的行为等。广义上，渗透测试也可以用来较为客观地评估一个企业的安全策略的合规性、员工的安全意识，以及企业识别和应对安全事件的能力等。

另一角度来看，不妨将渗透测试理解为针对企业安全设防能力的某种"压力测试"。虽然渗透测试可能听起来与漏洞评估有些相似，但它们是两种不同的事务。漏洞评估的重点是确定漏洞的客观状态，即目的是要弄清楚某种漏洞的存在与否的问题，其结果是一份明确的漏洞清单和整改台账。而渗透测试则是在验证网络安全的目标导向下，使用（模拟）攻击等更具侵彻性并可能带来一定程度的破坏性（例如，导致系统拒绝服务或性能劣化，降低工作效率并危害业务）的手段，将能否成功打击特定目标作为重点来开展工作，其结果不仅包括漏洞清单，更重要的是需要明确回答是否存在某种可以成功打击目标的方法。

一般而言，"渗透测试"的含义更侧重于"由人工探查漏洞"，而漏洞扫描则更侧重于表达"由机器自动化比对漏洞特征"的含义。

11.1　测试与渗透

执行渗透测试任务是一个复杂的过程。测试人员一不小心就可能会对被测系统造成灾难性的影响。因此，对渗透测试过程的管理和对渗透测试技术应用的管理同样重要。渗透测试应当是自上而下的成体系的活动，并且还应当自下而上地建立完备的测试标准，以确保测试的完整性和组织性，这是有效控制渗透测试工作风险的基本方法。

11.1.1　测试方法的分类

渗透测试与普通的网络安全测试类似，从方法上可以分为黑盒测试（Black Box Testing）、白盒测试（White Box Testing）和灰盒测试（Gray Box Testing）三种基本类型，并且往往还会结合某些具体的场景要求而进一步细分为内部测试、外部测试、内外部结合测试、特定需求测试等应用类型。在更为复杂的场景下，还会区分出（单）盲测试和双盲测试两种策略类型。在实务场合里，渗透测试通常是组合了上述若干类型的某种综合性的测试，其"综合"的程度在一定程度上可以表征渗透测试的水平。

1. 黑盒渗透测试

在黑盒测试的情况下，测试人员不会被告知目标的任何信息（零知识）并将近乎完全地模拟真实世界的外部攻击者对目标系统展开攻击。测试人员将把目标系统看作一个不能打开的黑盒子，在完全不考虑内部结构和内部特性的情况下，在不特定的触点对目标系统开展攻击行动，一旦发现缝隙则将全力"渗入"并不断扩大战果——这也正是渗透测试这种方法的原初含义。

黑盒渗透测试通常着眼于目标系统的安全保护措施的功能是否正常而并不需要考虑这些措施的内部结构。测试人员可以不受限地发起全面攻击，以识别和利用所有可能存在的弱点。在这个过程中，测试人员将不断"试错"甚至还会使用暴力破解等蛮力攻击方式，可能需要很长时间才能完成测试任务。

2. 白盒渗透测试

与黑盒渗透测试的方法相反，在白盒渗透测试中，测试人员会事先得到目标系统的详细信息（全知识），例如，目标系统基础设施（软件）的架构、配置策略、操作员口令等，甚至还会在必要的情况下得到应用程序的源代码。这使得测试人员可以专注于目标系统的特定部分来有针对性地执行测试操作并分析结果。测试人员将深入目标系统的内部，以每项安全措施作为整体安全功能的"组件"进行测试和验证，相当于穷举了目标系统的安全组件来进行测试。受限于产品封装和测试人员的技术水平，对于每个安全组件的测试往往可能还会是某种黑盒渗透测试法。

白盒渗透测试比较关注"路径问题"，通常会人为制造一些临界条件下的场景，尝试利用较为复杂的组合条件对目标系统进行测试。由于测试人员已经掌握了目标系统的全部知识，因此，白盒渗透测试能够发现一些较为隐蔽的安全隐患，并且工作的进度通常要比黑盒渗透测试快一些，但可能需要更加复杂、精密的工具来提供支持。当然，成本相应地也要高出很多。

3. 灰盒渗透测试

灰盒渗透测试是一种在对目标系统内部安全防护措施的工作状况了解有限的情况下测试安全措施有效性的技术。灰盒渗透测试是黑盒渗透测试与白盒渗透测试的综合体，是自动化工具攻击和手工尝试的综合过程。顾名思义，这是一种介于"黑白"之间的方法，平衡了渗透测试过程中时间成本、资金成本和效率成本等因素之间的关系，是实务中最为常用的方法。这种方法允许测试人员事先得到一定程度的背景信息，以便能够在制定测试计划时更好地准备测试数据和测试场景并可能有机会深入目标系统的内部，在直接跨过一部分甚至是全部安全防护措施的情况下展开测试。

综上，图 11-1 简单示意了三类渗透测试方法的分类特征。

● 图 11-1　渗透测试方法分类特征示意

4. 其他类型的渗透测试

还有一些特定类型的网络安全攻击（或针对特定威胁的渗透测试）方法，主要有：

（1）社交工程类方法

此类方法主要聚焦于通过企业的员工来突破网络安全防护措施。其主要思路是尝试诱使或迫使目标员工或相关的第三方人员泄露敏感信息，例如，账号口令、业务数据或其他用户敏感信息等。常用的策略或手段包括：通过电话、电子邮件（或信件，以及不易辨识的伪造公文等）、不知情人帮忙或当事人无意识行为等，传递假消息给特定人员以骗取信任或伪装身份，从而得到敏感信息。

近些年来，一些利用（可能是非法的但却是真实的）公开数据源得到的大数据分析结果，也有力地提升了此类渗透测试方法的成功率，使之成为灰盒渗透测试的重要工具。

（2）逆向工程类方法

此类方法主要聚焦于对企业用以提供业务服务的应用程序（包括客户端）进行渗透测试。这类方法的主要思路是通过破坏或渗透业务应用程序本身来获得突破整体防御措施的机会。通常会利用应用程序的自身弱点进行渗透。无论是通过对应用程序的通信协议进行分析还是对应用程序使用过程中产生、存储或汇集的数据的分析，都是这类渗透测试的重点。

在日益广泛使用基于 Web 的 App 场景下，通过对 App 的逆向分析、沙箱分析等方法，直指程序本身，会有很多意外的收获。此外，适用这类方法的典型范围还涵盖与应用程序的设计、实现和使用有关的 Web 浏览器及其组件（中间件）等。当然，可以进行逆向工程的对象并不需要局限于此，比如，还可以尝试对各种个人身份识别设备或令牌（Token）进行破解或分析等。

（3）物理接触类方法

此类方法主要在直接接触目标系统的物理实体的过程中寻找管理或技术薄弱点并加以利用的一类方法。例如，测试人员会试图穿越物理屏障来接触企业的基础架构、建筑物、系统本体或肩负特定责任的员工。对于大多数企业来说，物理屏障通常并不是其网络安全保护的专门措施，因此很容易留有不为人知的隐蔽通道使其他严密的保护措施"短路"。想象一下，如果服务器机房被他人控制，那么服务中断、数据丢失的风险将会有多大。此处所说的物理屏障，是指安保、门禁系统等，包括锁、摄像头或传感器、墙体、限制行动区域等。

除此之外，通过物理信号的监听、窃听、截获等手段进行渗透测试，也可以归入此类方法。比如，对机房、服务器等的通信线、缆进行测试；对电磁辐射（含可见光、红外线或紫外线信号）进行测试；对公共区域或设施（会议室、走廊、餐厅、机房的消防或冷却系统等）进行测试；对公共设备或物品（如办公室垃圾桶、打印机等）进行测试等。

以上简要介绍了渗透测试方法的大致分类。下面将从实务操作和业界实践标准的角度，再介绍一些具体的方法。

11.1.2 开放源码安全测试方法（OSSTM）

安全和开放方法研究所（Institute for Security and Open Methodologies，ISECOM⊖）开发了

⊖ ISECOM 在西班牙加泰罗尼亚注册为非营利组织，在纽约和巴塞罗那设有商务办公室，是一个开放的、致力于安全研究的社区。

一种称为"开放源码安全测试方法学手册"（Open-Source Security Testing Methodology Manual，OSSTMM）的体系，系统地归纳了渗透测试的方法，结合了普通法的合规性要求、渗透测试的技术要求、多场景的可定制性要求以及对不同类型的企业（或组织实体）的可支持性要求等特性，为企业根据具体需求进行渗透测试提供了经过同行评审的操作指导，经过多年的实践检验，其在业界具有较大的影响力。

渗透测试曾经和未来相当长的时间内都需要跨学科的专家来实施，因为整个测试过程中需要测试人员对相关法律法规、行业习惯、业务技术操作、项目实施流程等多领域知识的理解，要与他们对网络安全的理解一样深刻。但是，可能是出于效率的原因或成本的原因，渗透测试的工作准入门槛已经大幅降低，这导致在市场上大量出现了某些经过简化的方法框架、工具软件、快速检查列表（Checklist）、工具包和其他许多形式的工具，使安全测试变得足够"简单"，几乎任何人都可以上手操作，甚至还出现了渗透测试工具化、自动化的情况。

以发展的眼光来看，这是一件好事。但任何复杂问题的简化过程并不会比这个问题本身简单。这意味着，为了使渗透测试的工作简单到非专家也能执行，那就一定需要一个可能比专家还要复杂的支撑体系才行。根据 ISECOM 团队的看法，OSSTMM 已经在很大程度上实现了这种复杂的支撑体系⊖。

OSSTMM 自身的方法论是基于审计的方法，有较强的理论完备性。遵循 OSSTMM 进行渗透测试的过程非常清晰且工作简便性较强。只需要需求方明确指定测试的目标以及禁止的目标，然后，测试人员就可以按照自己的习惯开展测试，最终以测试人员能回答 OSSTMM 的"安全测试审计报告"（Security Test Audit Report，STAR）中的问题为止，即可结束测试工作。但这意味着，在实际的应用 OSSTMM 时供需双方需要依赖一定的商业生态。

OSSTMM 于 2000 年由皮特·赫尔佐格（Pete Herzog）先生提出。在他所倡导的开源社区的共同努力下，OSSTMM 于 2010 年前后基本定型，当前版本号为 3.0。

OSSTMM 认为任何接受渗透测试的目标系统，其中的任何物理实体以及与这些物理实体发生的任何互动都是渗透测试的工作范围。在这个范围（空间）内，与目标系统的物理实体互动的手段，被称为"渠道"（Channel）。所有"渠道"可以归纳为 3 类，分别是通信安全（Communications Security，COMSEC）渠道、物理安全（Physical Security，PHYSSEC）渠道以及频谱安全（Spectrum Security，SPECSEC）渠道。每个渠道又可以分为 5 个逻辑部分，分别是人员心理、物理环境、无线通信、（有线）通信和数据网络（含操作系统）。其中，将人员心理和物理环境部分归类为物理安全渠道的范畴，将无线通信部分归类为频谱安全渠道范畴，将数据网络和（有线）通信部分归类为通信安全渠道的范畴。

OSSTMM 规定渗透测试的流程从审查目标系统的态势（Posture）开始。这个态势包括目标系统的企业文化、管理规则、运行规范、遵从法律法规和安全策略等的综合体。流程的第一步是要了解与目标系统进行互动的操作要求，最后一步是审查跟踪记录（过程记录或日志）。而中间的步骤将遵循"渠道—模块—任务"的范式，逐层展开。

在每个渠道中包含 17 个模块。每个模块都有一个输入和一个输出。输入是执行每个任务时使用的信息。输出是完成任务的结果，并且可能进一步作为不止一个模块的输入。未能完成某些模块或任务可能会限制其他模块或任务的成功完成。没有输出的任务可能意味着以下 5 种情况之一：①在执行任务的过程中，渠道以某种方式被阻断；②任务没有正确执行；③任务不

⊖ 工作工具化的趋势很值得商榷。

适用；④对任务结果数据的分析不当或错误；⑤任务显示出优越的安全性。

所有模块都归属于同一个整体，因此，任何模块都不应被省略，除非是没有输入的模块。出现没有输入的情况，通常是因为测试活动自身原因导致或任务不能被执行，只需在随后的报告中说明任务没有执行的原因即可。OSSTMM 还引入了 RAV（Risk Assessment Value，风险评估值）的概念，用以分析测试结果。这是一种量化的方法，通过对三个要素（运维强度、控制措施、限制条件）给定评估值（称为 RAV 得分）的方法来计算渗透测试的结果。这为渗透测试人员与企业管理层进行沟通提供了简明工具，有利于优化企业对网络安全工作的认识和投入，从企业管理的角度来说，具有较强的实用性。当然，这也涉及了一些巧妙的商业生态方面的考虑（相关内容可参见本书"等级化网络安全保护"章节）。

图 11-2 示意了 OSSTMM 的操作过程，对照了"渠道—模块"之间的相互关系。测试人员需要首先规划好模块的工作方式，按阶段通过测试边界防护和访问控制安全、业务流程安全、关键数据的安全控制，以及人员的安全意识水平、相互信任关系，反欺诈控制措施等诸多细节，分 4 个阶段执行完成不同的测试任务。这 4 个阶段分别是规范阶段、定义阶段、信息阶段和互动控制测试阶段（图中用不同颜色对不同阶段的活动进行了标记）。"安全测试审计报告"（STAR）的主要内容分为 17 大项 93 个小项，分别对应于操作过程中的 17 个模块。这份报告可以作为 RAV 精确计算的简报，能够准确地说明被测试目标系统在特定范围内面向攻击的暴露面特征，可作为最终测试报告的技术附件一起交付给委托方。

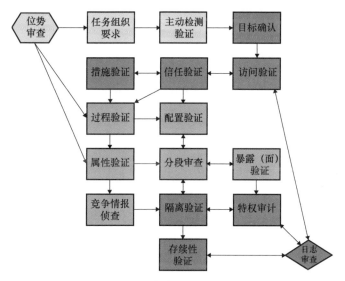

● 图 11-2　OSSTMM 操作过程示意（渠道—模块）

11.1.3　信息安全测试和评估技术指南（NIST SP800-115）

信息安全测试和评估技术指南是由美国国家标准和技术研究所（NIST）创建的用以进行信息安全测试和风险评估的方法，其正式版于 2008 年 9 月公布。这份技术指南主要面向计算机安全工作人员以及程序管理员、系统管理员和网络管理员等，为设计、实施、管理信息安全测试的流程和机制提供了切实可行的建议，能够协助相关组织在规划和开展信息安全测试（含渗透测试）时用以分析结果并制定控制（主要是减缓）风险的策略。

该指南对信息安全测试的规划方法与流程、测试执行及测试之后的活动进行了描述和说明，主要包括审查法、测试法和访谈法三种方法。分别是：

1）审查法。这是最不具破坏性的方法，主要是根据组织的内部规程和要求，通过分析和查找目标系统日志文件中有无异常情况，来验证目标系统确保自身安全控制措施有效性的过程。这种方法的局限性是很难客观评价所能提供的准确信息究竟有多少。

2）测试法。这是与检查法相反的一种方法，由测试人员模拟攻击者对网络设施或系统等进行的恶意活动，从而对安全措施的有效性进行验证。虽然这种方法能提供最准确的结果，但必须谨慎，因为一些利用漏洞的活动往往对目标系统具有不利影响，必须慎重权衡其中的利弊。

3）访谈法。这是指对关键人员就其负责的网络设施和系统的安全措施的效能情况进行对话，在了解大致情况后，再使用测试法进行验证或评估。相对而言，这是一种综合法。

图 11-3 展示了该指南确定的渗透测试活动的基本工作流程。

在制定计划阶段，主要是设定测试目标并确定渗透测试的工作规则，由管理当局最终确认和批准。在目标发现阶段，包括两部分内容：一部分是信息收集和扫描，目的是识别或确定潜在的测试目标。这个过程会随着渗透测试的进展而不断获得附加的发现，这些新的发现将会不断地被补充到测试目标的清单中。另一部分是漏洞分析，由测试人员通过手动过程或机器自动过程来识别目标系统的漏洞情况。渗透测试的攻击过程和目标发现阶段之间存在反馈回路，直至已

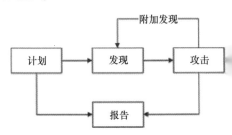

● 图 11-3　NIST SP800-115 的渗透测试
四段法工作流程示意

知漏洞和攻击方法全部得到验证为止。图 11-4 简要示意了这个过程中的主要工作内容。在总结报告阶段，通过标准化的方法编写详细的工作报告来描述已识别的漏洞和威胁，标识风险并给出风险评级，提出风险控制建议。

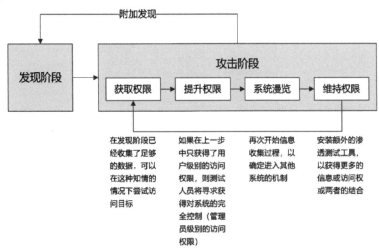

● 图 11-4　NIST SP800-115 的渗透测试过程示意

一般来说，NIST 的这份信息安全测试和评估技术指南更倾向于被认为是一个安全测试工作的框架，而不是一种渗透测试方法。但是其中的思想对后续的相关实践工作具有深远的影响。

11.1.4 渗透测试执行标准（PTES）

"渗透测试执行标准"（PTES）是一组基于技术的标准化操作程序，整体是由相互支撑的"渗透测试指南"和"技术指南"两个主要部分组成，其中，"渗透测试指南"描述了渗透测试的主要内容和步骤，"技术指南"部分则讨论了每个步骤中要使用的特定工具和技术。

PTES 将渗透测试的过程分为 7 个步骤，内容涵盖了渗透测试工作涉及的所有关键内容。包括开展测试的初始动机和沟通、相关的情报收集和威胁建模、漏洞探测和利用、安全专业技术与业务间的结合与理解以及渗透测试报告的编制等。这是一套"标准"的渗透测试流程，是一些最佳行业实践经验的总结，能够为规划和执行高层次的渗透测试提供通用的方法框架，具有较高的参考价值。

该标准由克里斯·尼克尔森（Chris Nickerson）先生、大卫·肯尼迪（Dave Kennedy）、克里斯·莱利（Chris John Riley）先生、埃里克·史密斯（Eric Smith）先生、伊夫塔赫·阿米特（Iftach Lan Amit）先生、安德鲁·拉比（Andrew Rabie）先生等多位业界专家于 2009 年初首倡提出，成型于 2014 年前后，当前版本号为 1.1。

PTES 的建立，旨在为满足业界（包括接受渗透测试委托方和执行渗透测试认为的服务提供商）对渗透测试工作基础性操作标准的需求。PTES 除了能指导渗透测试的专业人员之外，还试图告知委托方（需方）应该从渗透测试中获得什么并指导他们与服务方进行具体的接洽。PTES 能够帮助各方创建一个关于渗透测试工作的基线（或基准认识），使安全从业者和安全服务提供者在渗透测试的要求方面有一个最低期望的参考。

即便如此，PTES 也有其局限性，虽然对渗透测试过程的描述比较详尽，但没有为这些过程以及在实际应用场景中对它们进行的实务操作提供足够明确的说明。事实上，PTES 自身的结构就并不完备，虽然有着较强的可操作性，但其来源于实践的经验还需要更多的提炼与升华。

PTES 将通用的渗透测试工作的全过程定义为 7 个阶段（Stage），分别是：①预先交互（Pre-engagement Interactions）阶段；②情报搜集（Intelligence Gathering）阶段；③威胁建模（Threat Modelling）阶段；④脆弱性分析（Vulnerability Analysis）阶段；⑤漏洞利用（Exploitation）阶段；⑥后漏洞利用（Post-exploitation）阶段和⑦报告（Reporting）阶段。每个阶段的功能各不相同但却互补。根据经验，每个阶段的主要任务和工作任务大致如下。

1）预先交互阶段⊖。委托方应与测试人员进行充分的沟通，共同确认测试的覆盖范围（即授权⊜）以及委托方所能承受的底线。委托方要听取测试人员详细说明测试活动的技术方案，确定测试活动实施方面的细节，比如工作目标、工作周期、时间地点、人员配置、工具配备、方式手段、信息披露与取证、联络机制、应急处置等。

2）情报搜集阶段。测试人员需要尽可能多地收集目标系统的信息（网络拓扑、系统配置、安全防御措施等），在此阶段收集的信息越多，后续阶段可使用的攻击方式就越多。通过信息收集可以通过公开渠道和其他授权的渠道收集情报，内容包括但不限于：测试对象的组织信息、关键人员的个人信息、物理环境和网络设施的基本信息、目标系统承载业务的信息、供应

⊖ 也可称为"事先沟通"阶段。
⊜ 任何未获授权的渗透测试活动，在大多数情况下均不受法律保护。

链信息等。

3）威胁建模阶段。测试人员利用信息搜集阶段搜索到的信息综合分析目标系统可能存在的风险，建立威胁模型并根据模型对下一步的渗透攻击路径和方式进行规划。测试人员进行建模的方法并未受到限定，但必须采用可靠的方法进行建模。这个阶段的成果是精确实施测试活动的必要条件。

4）脆弱性分析阶段，也可称为是脆弱性评估阶段。在这个阶段测试人员主要是对目标系统可能存在的漏洞进行枚举，通过实地检验的方法来确认目标系统所具有的漏洞。测试人员将为每个测试点建立起所能想象得到的威胁源列表或攻击载体目录，进而评估基于此的成功攻击所能够给委托方带来的影响。

5）漏洞利用阶段。测试人员将试图有效地利用上一阶段漏洞分析中获得的关于目标的所有知识，有组织地对目标系统发动攻击（或尝试进行操控），坚持不懈地调查和证明对目标系统的所有潜在威胁并最终验证是否能够获得数据或信息。

6）后漏洞利用阶段[⊖]。测试人员在渗透攻击阶段的成果需要得到进一步巩固以便在保持不被察觉的情况下获得对目标系统的更多的控制，在目标系统的内部范围内进行"漫游"（或"自由"移动，即试图获取、提升并保持对系统或内网的访问权限）并清除所有渗透活动的痕迹等。这种扩展行动的目标通常是测试目标系统中那些处理敏感数据的"节点"。这一阶段的工作将为更深层次或更长周期的测试活动进行必要准备。

7）报告阶段。测试人员须将所有测试活动的内容、范围、成果等按照前期沟通阶段议定的要求全部提供给委托方。形式上，报告应分为两份，一份是给委托方的管理人员阅读使用的"执行摘要"（或"管理简报"），另一份是给具体的技术人员（网络和系统管理员、应用开发人员、业务管理人员等）阅读使用的"技术报告"，两者缺一不可。管理简报的内容主要侧重对渗透测试期间发现的问题进行简要总结并以图表等易于阅读的形式进行呈现，需要评估并解释目标系统的总体风险情况并给出解决方案建议。技术报告的内容主要侧重阐述测试过程的技术细节，详细描述测试发现的问题（漏洞或脆弱性的位置、被利用条件、危害程度等）、攻击路径、业务影响和整改建议等。

图 11-5 示意了 PTES 的主要工作流程（不排除在某个阶段会有循环往复的情况）。测试人员在提交报告前必须将所有在渗透测试过程中对目标系统使用的渗透工具彻底清除并在技术报告中明确说明曾经使用过的工具的位置、类型、数量和特征，以便委托方的技术人员进行确认。

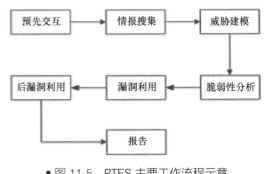

● 图 11-5　PTES 主要工作流程示意

渗透测试工作在方法论上可能存在一些固有的局限性。第一，渗透测试的成果在很大程度上依赖于测试人员的水平。从理论上说，只有穷举了所有的攻击方法才能确定是否有未足够设防的薄弱点。但事实上，这个过程中不仅要测试已知的方法，可能还要针对目标系统的特点而研究和应用新的方法，是否可以做到"穷举"则存在较大的相对不确定性。第二，在测试活动中无法发现或很难避免，因测试方法或测试数据出现错误而影响测试结果的情况。渗透测试的重心还是在

⊖　也可称为"横向扩展"阶段。

于"验证",不能过分夸大渗透测试的作用,更不能以渗透测试作为安全工作的主要内容。

此外,还有其他一些较为知名的方法,比如,"OWASP 测试指南"(OWASP Testing Guide,OTG)、"信息系统安全评估框架"(Information Systems Security Assessment Framework,ISSAF)、"渗透测试框架"(Penetration Testing Framework,PTF)等。我国在渗透测试领域尚未提出自己的方法论或者参考模型,相关工作仍在研究,但已从职业教育和人才培养角度找到了突破口。限于篇幅,本书不再一一介绍。图 11-6 简单示意了它们之间的一些比较信息。

	OSSTMM	NIST SP 800-115	PTES	OTG	ISSAF	PTF
渗透测试的"管理"内容	较详细	较详细	较详细	详细	较少	较少
渗透测试的"技术"内容	详细	较少	缺失	较详细	少	较详细
关于渗透测试方法的阐述	较详细	详细	较详细	详细	详细	较少

● 图 11-6　常见渗透测试方法之间的比较

渗透测试是安全评估中最具有实战性、挑战性和潜在破坏性的手段,因此,渗透测试必须由具备相关技术能力的专业人员,在其承诺遵守网络安全从业人员职业伦理的前提下才可实施。否则,将为当事方乃至社会大众引发潜在的巨大风险,对网络安全行业的发展也会形成蝴蝶效应,业界应当对此保持警惕。

11.2　测试用工具

测试人员使用的工具是影响渗透测试工作效果的一个重要因素。中国的古语"工欲善其事必先利其器",就是这个意思。如果没有合适的工具,渗透测试人员可能会错过或忽略目标系统中的漏洞或弱点,或者根本无法有目的地去利用它们。这将使得测试人员最终可能会提交不完整的报告,误导委托方形成虚假的安全感并可能放松警惕。

渗透测试中使用的工具种类繁多、表述复杂,为了简化起见,可将渗透测试的过程理解为一个带约束条件⊖的三阶段方法(见图 11-7),并由此根据每个阶段的主要任务的不同而选取所需使用的工具(集合)。

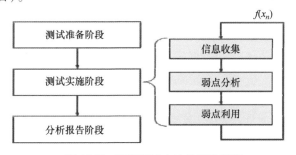

● 图 11-7　渗透测试方法的简化模型

⊖　以 $f(X_n)$ 表示约束条件,即开展渗透测试工作受到的时间、资金、保护等级或特定目的等条件的限制。

根据粗略统计，从"数量—用途"的分布情况来说，渗透测试涉及的工具主要（超过70%）是各类用以收集信息和扫描发现弱点的工具（含 PoC 类工具），只有约 20% 是各类验证弱点的专用工具（EXP 工具），而用以支持渗透测试全过程的项目管理类工具则为数寥寥。从使用对象的角度来说，渗透测试工具主要集中在针对 Web 应用的方向上，其他针对物理环境、物理设备设施、人类心理以及数据的工具则相对较少。

渗透测试工具数量巨大，品种繁多，浩如烟海，以下仅简要介绍一些著名工具。

（1）NMap

NMap 全名"网络测绘仪"（NMap 是 Network Mapper 的缩写），是一种免费的开源网络探测工具和网络安全（或网络端口）扫描器，以其高效、多能和准确而著称于世。戈登·里昂（Gordon Lyon）先生（更为著名的是他的化名"费奥多尔·瓦斯科维奇⊖"，Fyodor Vaskovich）于 1996 年之前发明了 NMap 并在 1997 年 9 月将其发表于《黑客电话⊖》（*Phrack*）杂志（第 7卷，第 51 期）。而后引起广泛关注，不断发展至今。Zenmap 是 NMap 的图形化界面程序，方便初学者使用。NMap 是网络安全业界最为古老且深受人们喜爱的工具之一，可以说是网络安全业界的一颗活化石。

（2）Nessus

Nessus 是一款商业化的漏洞扫描工具，由雷诺·戴勒森（Renaud Deraison）先生发明于1998 年 3 月。其早期版本定位为免费的远程网络安全扫描器（其中使用了 NMap 的源代码）。2005 年 10 月后，Nessus 自版本 3 起开始转为封闭许可软件，除教育用途外需付费使用。Nessus 的核心是一个基于 Web 的应用程序，在其搭载的各类插件（已超过 15 万种且仍在增加）的协助下来识别目标设备设施上的网络安全漏洞。

（3）Wireshark

Wireshark 最早由杰拉尔德·库姆斯（Gerald Combs）先生于 1997 年末发明（原名为 Ethe-real）。由于商标问题，Ethereal 于 2006 年 5 月更名为 Wireshark。这是一款免费的开源数据包分析器程序（也可称为"流量嗅探器"），可以解码约 3000 种网络协议，可识别超过 25 万个不同协议字段的含义，还可以识别、过滤和跟踪网络连接。Wireshark 具有良好的可扩展性，允许使用者自定义流量分析的规则，能帮助使用者轻松快速地从网络流量中提取感兴趣的内容，用途广泛。

（4）Burp Suite

Burp Suite（通常简称为 BP）是一套对 Web 应用程序进行安全测试的集成工具，最初由达菲德·斯图塔德（Dafydd Stuttard）先生发明于 2003 年 6 月，使用 Java 语言开发。Burp Suite 内置了 HTTP 的代理功能，使渗透测试人员能够使用"中间人"（MitM）攻击的方法，位于 Web 服务器和浏览器（含各种相关应用程序）之间，截获、重放和修改流量中的数据包，从而可以检测和利用 Web 应用程序中的漏洞（含数据泄露）。Burp Suite 是 Web 渗透测试的必备工具。

（5）John the Ripper

John the Ripper（通常简称为 JtR）是一个免费的密码破解/恢复工具（也有性能更好的商业版本），由开源组织 Openwall 开发和维护，其作者是亚历山大·佩斯利亚克（Александр

⊖ 据戈登先生自述，"费奥多尔"之名取自俄罗斯作家费奥多尔·陀思妥耶夫斯基（Fyodor Dostoyevsky）。

⊖ Phrack 是英语 Phreak 和 hack 两词的合成词，本意是描述利用音频信号控制电话系统的活动，后引申为指代研究、实验（或探索）电信系统的技术爱好者们所从事的活动。

Песляк 或 Alexander Peslyak）先生（更为著名的是他的化名："太阳能设计师"，Solar Desig-ner）。虽然 JtR 是专为 UNIX 操作系统开发，并且是 Owl、Debian GNU/Linux、Fedora Linux、Gentoo Linux、Mandriva Linux、SUSE Linux 和许多其他 Linux 发行版的一部分，但也可用于其他操作系统（例如，在微软的 Windows 操作系统上使用的 Hash Suite，其内核就是 JtR）。John the Ripper 可以破解的密码类型包括：Unix 风格的用户密码（Linux、xBSD、Solaris、AIX、QNX 等），操作系统 macOS、MS Windows 以及数据库（SQL、LDAP 等）的密码，加密的私钥（SSH、GnuPG、加密货币钱包、WiFi WPA-PSK 等），文件系统和磁盘（macOS. dmg 文件、Windows BitLocker）的密码，（ZIP、RAR、7z、PDF、Microsoft Office 等）文件的密码。

John the Ripper 的最初版本（当时名为 *Cracker John*）发布于 1996 年（其原型开发于 1995年，甚至更早）。虽然 JtR 是最古老的密码破解和测试工具之一，但时至今日，它仍然是渗透测试工作必不可少的工具，其功能依旧强大。

（6）Cain & Abel

Cain & Abel 是专用于 MS Windows 的一种免费的密码恢复工具。它可以使用网络数据包嗅探等方法恢复多种密码，通过使用字典攻击、暴力破解和密码分析攻击（使用彩虹表）等方法破解（碰撞）各种密码的哈希（Hash）值。彩虹表（Rainbow Tables）可以由 Cain & Abel 自带的 winrtgen 工具生成。其中的 Abel 是后台服务程序，鲜有提及，因此，Cain & Abel 通常缩写为 Cain。

Cain & Abel 由马西米利亚诺·蒙托罗（Massimiliano Montoro）先生于 1998 年前后发明。Cain & Abel 内置的嗅探器可以分析加密协议（如 SSH 1 和 HTTPS）并可自动从监听流量中捕获各种身份验证机制中的凭据。Cain & Abel 几乎可以破解 Windows 平台上所有类型的密码。

（7）Netcat/Ncat

Netcat（通常缩写为 nc）是一个开源的工作于 UNIX 系统环境下的使用 TCP 或 UDP 在网络连接中直接读写数据的实用工具，可以用作服务器的"后门"程序。它可以生成几乎任何类型的连接并具有许多用于网络调试和调查的内置功能，因此而被业界称为"TCP/IP 瑞士军刀"。

Netcat 的最初版本（Netcat 1.0）由一位化名为"霍比特人"（Hobbit@ avian. org）的匿名作者于 1995 年 10 月通过 Bugtraq 邮件列表发布于互联网。该作者于 1996 年 3 月对 Netcat 进行了一次更新（Netcat 1. 10），这既是 Netcat 的第一次公开更新，也是来自原作者的最后一次更新。NMap 项目继承 Netcat 的精神和功能（即并未建立在原初的 Netcat 或其任何衍生版本的代码之上），于 2007 年 1 月发布了一个类似的工具，称为 Ncat，内置于 NMap 中。Ncat 以其功能性能的卓越表现，已成为 Netcat 的完美替代品。Netcat/Ncat 提供的足够强大的简便性和实用性，使其成为每个渗透测试人员在工作中使用最为广泛的工具之一。

（8）Web Shell

Web Shell 是一类工具的统称。它们是一种类似 UNIX 系统中的 Shell 界面的交互工具，它使 Web 服务器能够被远程访问并可使访问者利用 Web 浏览器与之进行交互，甚至可以就像在本地操作服务器一样。例如，访问者可以利用 Web Shell 发出 Shell 命令，在 Web 服务器上提升权限，从而可以在 Web 服务器中上传、下载、删除或执行指定的文件。严格地讲，Web Shell 不是指某一个具体的工具而是指一类工具——一类可以让渗透测试人员充分发挥想象力的工具。

Web Shell 可以由渗透测试人员利用服务器上所支持的任何类型的编程语言来实现，很容易根据需要进行修改或定制，可以给基于签名的入侵检测机制造成棘手的麻烦，可以让测试人员完美地突破那些初级的防御措施。Web Shell 也可以是精致的成品。例如，在国内较为知名的 Web Shell 有"菜刀"（China Chopper，2012—2016 年）、"冰蝎"（Behinder，2016 年）、"蚁剑"（AntSword，2018 年）、"哥斯拉"（Godzilla，2019 年）等。

"菜刀"是其中的代表作，以至于很多后来的各种类似工具都会被冠以某某刀之名。"菜刀"由一位名为"老兵"的匿名作者于 2012 年前后发布，已于 2016 年停止公开更新。"冰蝎"是一款开源的基于 Java 语言开发的动态加密通信流量的 Web Shell，使用 AES 机制对交互流量进行加密且加密密钥是由随机数函数动态生成，具有良好的抗检测性。"蚁剑""哥斯拉"的核心与"菜刀"类似，主要借鉴了使用流量加密法规避 WAF 的经验，通过自定义编码器和解码器（即插件方式）对核心进行优化，具有更强的抗检测性。

渗透测试工具还有很多。除开源工具之外，还有很多性能更好的商业工具和功能更强的军事用途的工具，本书无法对它们——进行介绍。随着云和虚拟化技术的不断进步，渗透测试工具的形态已经由基于本地计算机设备的软件工具逐渐迁入云端成为云化设备，利用更强大的计算能力和链接能力，服务于渗透测试工作。这是未来的发展方向。

渗透测试工具（集合）已经呈现出某些体系化的特征，以下进行举例介绍，供读者参考。

11.2.1　Metasploit Framework

Metasploit Framework（Metasploit 框架）即 MSF，是一个用于编写、测试和使用漏洞代码的平台。同时，它还是 Metasploit 项目的一个开源子项目。该框架所面向的主要用户是进行渗透测试、shell 代码（shellcode）开发和漏洞研究的专业人员。

MSF 内置了 Opcode 数据库、shellcode 存档、反取证和检测规避的工具以及相关研究成果知识。Metasploit 是跨平台软件，通常预装在 Kali Linux 操作系统（BSD 许可）之中，也可以从其官网下载使用。

MSF 在渗透测试工作中享有盛誉。MSF 已逐渐被接受成为漏洞开发领域的事实标准，有关零日漏洞（0Day）的报告通常都会包含 MSF 模块（即，可在 MSF 中被使用的载荷）作为漏洞的概念证明信息（PoC）。

MSF 最初[⊖]由摩尔（H. D. Moore）先生在 2003 年夏季创立，使用 Perl 语言开发。2007 年5 月开发团队使用 Ruby 语言完全重写的 Metasploit 项目正式发布，成为真正意义上的 MSF（v3.0）。Metasploit 项目自 2009 年 10 月起由美国的 Rapid7[⊖]公司拥有。

1. MSF 的基础结构

MSF 不单是用作渗透测试的攻击软件，而是一个事实上的渗透测试技术研究与开发平台。因此，为提升代码复用效率，MSF 尽可能地采用了模块化设计的理念。整体结构分为模块（Modules）、库（Libraries）、接口（Interfaces & Utilities）和插件（Plugins & Tools）等若干组件。图 11-8 示意了 MSF 的逻辑结构。

● 图 11-8　MSF 的逻辑结构示意

⊖　严格地讲，当时还不能被称作是 MSF，只能算是 Metasploit。
⊖　总部位于美国马萨诸塞州波士顿，成立于 2000 年 1 月，是一家安全数据分析解决方案提供商。

266

（1）模块

"模块"是执行特定任务的组件，是 MSF 实现渗透测试功能的主体代码（基于 Ruby 语言的脚本），按照不同用途分为 6 种类型，包括：辅助模块（Aux）、渗透攻击模块（Exploits）、后渗透攻击模块（Post）、攻击载荷模块（Payloads）、空指令模块（Nops）和编码器模块（Encoders）等。

辅助模块主要是为渗透测试的信息收集活动提供功能支持，帮助测试人员在渗透攻击之前取得目标系统的情报信息。包括：扫描、探测与标记目标系统的网络服务，收集登录凭证，猜测破解口令，嗅探敏感信息，通过模糊测试⊖（Fuzz Testing）方式发掘漏洞，实施网络协议欺骗等。

渗透攻击模块的主要功能是利用信息收集阶段发现的安全漏洞或配置弱点对目标系统进行攻击尝试，以植入和运行攻击载荷为目的，以便获取对测试目标的系统访问权。例如，帮助测试人员主动地连接目标系统的网络服务，向其注入一些特殊构造的数据包（即攻击载荷）以尝试利用服务端的安全漏洞获取系统的控制权。还比如，帮助测试人员结合社交工程学的方法，伪装成服务端向目标系统的用户（端）发动渗透攻击，诱骗、劫持目标用户的正常服务访问过程，以尝试利用客户端的安全漏洞获取目标系统的 shell 等。

后渗透攻击模块主要是在渗透攻击取得目标系统控制权之后，为在受控系统中进行各式各样的横向扩展活动提供支持，比如，仿冒服务端引诱流量、嗅探内网信息、搭设跳板服务、设置后门等。

攻击载荷模块主要是为测试人员提供恰当的漏洞利用工具（代码），比如，符合目标系统实际情况的 shellcode 等。同时，攻击载荷模块也是一种攻击载荷生成工具，允许测试人员自行生成 shellcode、可执行代码或其他的漏洞利用工具（载荷）并能够封装它们，还可以为 MSF 之外使用它们提供支持。MSF 的攻击载荷有 Singles（投放器）、Stagers（加载器）和 Stage（容器）三种类型⊜，分别对应于创建连接、巩固连接和交互连接的功能。投放器一般都是"小巧精干"的载荷，可不依赖其他的资源独立完成创建连接的任务，例如，添加一个系统用户或删除一份文件等。加载器用于在目标系统巩固所获取的权限，通常都是轻量的工具，能够下载额外的组件或应用程序到目标系统内，为后续开辟和扩大连接点提供支持。容器则是为了达到后续目的而使用的载荷，甚至可以用来维持一个常态化的工作场景。虽然不同类型的载荷在功能上可能有相同之处，但在具体实现上都存有一些随机化的构造，保证不会出现完全相同的可执行文件。这是 MSF 的一个巧妙而实用的设计。

空指令模块主要是为不同的 CPU 指令集适配合适的空指令，这是程序运行过程中必需的内容。通常，攻击载荷需要与空指令一起组装才能形成可执行的指令序列，才能真正成为有"杀伤力"的攻击载荷（有效载荷）。

编码器模块的作用是对有效载荷进行编码以确保攻击载荷中不会出现应当回避或躲避的代码，同时，还要针对目标系统进行必要的封装处理，以免被目标系统的防御工具拦截或杀死。比如，为绕过目标系统的 WAF 或者逃避基于签名的入侵检测设备的监测，测试人员需要利用对所投放的攻击载荷进行伪装，这时编码器模块的功能将派上用场。

"模块"可以很好地封装一些基本功能，具有扩展性。例如，初期通过一些扩展脚本或实用程序方式实现的功能，在经过测试定型后，将被以统一组织方式融入模块的代码中形成基础

⊖ 模糊测试是指介于人工测试和全自动测试之间的一种测试方法，通过利用机器的能力随机生成和发送数据结合人工审查结果的方式来发掘潜在的安全漏洞，从方法论上讲，模糊测试主要是一种灰盒测试法。

⊜ 也有资料将这三种类型依次译为独立载荷、传输器载荷和传输体。

功能。通过这种方法，MSF 可以平滑地迁移、演进，不断得到完善。得益于针对"模块"结构所进行的良好设计和预先定义，"模块"可以在 MSF 启动时即被加载，可在用户的指令下进行组合，能够灵活地支持信息搜集、渗透攻击与后渗透攻击等任务。

（2）库

库也被称为基础库（文件），为相邻的组件提供了基本的服务。它们位于 MSF 源码根目录下的 libraries 目录中，包括 Rex、Framework-core 和 Framework-base 三部分。

Rex（Ruby Extension）库是 MSF 的基础，为 MSF 开发者提供基础功能的支持，例如，封装的网络套接字、网络应用协议客户端/服务端的实现、日志系统、渗透攻击支持例程、PostgreSQL 及 MySQL 数据库支持等。

Framework-core 库是 MSF 的核心，负责实现与上层模块及插件的交互。Framework-base 库是对 Framework-core 库的扩展，用于支持用户接口与功能程序调用 MSF 自身功能。

（3）接口

接口可以为用户提供 CLI 和 Web 等不同方式来访问 MSF。接口可进一步细分为用户接口和应用程序接口。例如，msfcli 是通过命令行形式的接口、msfconsole 是控制台终端形式的接口、msfapi 是远程调用形式的接口、msfgui 和 armitage 都是图形化方式的接口等。除了通过上述的用户接口直接访问 MSF 主体功能之外，还可以提供实用程序的方式支持用户快速地利用 MSF 完成一些特定任务。比如，msfpayload、msfencode 和 msfvenom 可以将攻击载荷封装为可执行文件、C 语言、JavaScript 语言等多种形式并被其他程序调用。

（4）插件

插件是一类定义比较松散，能够扩充 MSF 功能或者组装已有功能以构成新功能特性的实时组件（仅在需要时被加载）。插件可以集成外部的工具，为用户接口提供交互功能。

2. MSF 的工作流程

使用 MSF 的最直接目的是在测试人员和目标系统之间建立并保持双向通信渠道（称为"MSF 连接"）。图 11-9 示意了这种必要步骤的时序。一旦测试人员和目标系统之间建立了这种 MSF 连接，则标志着渗透攻击已经取得成功。

每一种被投放的攻击载荷，都应当包含某种可以建立回联通路的功能（建立后门），否则，在无法维持自由访问的情况下，测试人员最终取得的成功将会非常有限。

根据官方指南，使用 MSF 的典型步骤包括：①创建任务；②收集情报；③发现目标；④扫描漏洞；⑤嗅探网络；⑥利用漏洞；⑦扩大成果；⑧固定证据；⑨清理现场；⑩编制报告。这个流程不仅包括如何操作 MSF 进行渗透测

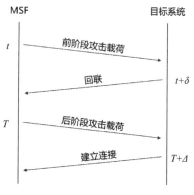

● 图 11-9 "MSF 连接"示意

试，还包括对完整开展渗透测试的过程管理。图 11-10 大致示意了使用 MSF 开展渗透测试的典型工作流程。

需要指出的是，在"发现目标"的环节，测试人员需要保持开阔的视野，应当在授权范围内将所有与目标系统相关的设备设施、数据资源和人，都纳入渗透攻击的视线范围。这是一个广义概念，既包括各类服务器和网络设施，也包括相关的各类固定终端和移动终端，还包括各类应用软件，甚至还可以包括目标系统的数据资源以及关键的操作人员和管理人员。除了通过扫描探测的方法外，还可以通过人为指定的方法来发现目标。

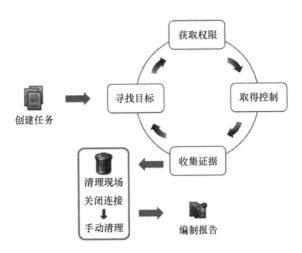

• 图 11-10 MSF 典型工作流程示意

（图源：https：//docs. rapid7. com/metasploit）

11.2.2 Kali Linux

Kali Linux（通常被简称为 Kali⊖）是一个基于 Debian 的 Linux 分发版本，于 2013 年 3 月基于 BackTrack Linux 重建后发布。其前身 BackTrack⊖ Linux 被发明于 2006 年 5 月，是一个基于 Knoppix 的 Linux 分发版本，主要特点是可以在便携式介质上启动，内置专用安全工具用于网络安全取证和审计。Kali 是在这些前期探索的基础上结合更强性能的 Linux 内核专门为满足渗透测试专业人员的需求而定制开发的工具，可被专门用来执行渗透测试、安全研究、计算机取证、逆向工程和安全审计任务。

Kali 是一个纯粹的安全工具，一个可以免费获得的开源工具⊜，由马蒂·阿哈罗尼（Mati Aharoni，绰号 Muts）先生、德文·卡恩斯（Devon Kearns，绰号 Dookie）先生和拉斐尔·赫佐格（Raphaël Hertzog，绰号 Buxy）先生发明于美国。

1. 工具和载荷

Kali 内置了大量渗透测试工具和攻击载荷（或 EXP）。其中，渗透测试工具大致可分为信息收集、漏洞分析、数据库分析、口令分析、网络嗅探、无线信道攻击、漏洞利用、权限维持、逆向工程、数字取证、社交工程攻击和 Web 应用攻击 12 大类，以及用于编制报告和自身服务两类工具。包括：Nmap、Burp suite、Metasploit Framework、Armitage、John the Ripper、Aircrack-ng、NetCat、Ettercap、Hashcat、Lynis、Wireshark、Cisco Global Exploiter、Sqlmap、Kismet、BeEF、Maltego 和 Autopsy 等 600 余种 1800 多个知名工具。

Kali 内置了 ExploitDB（漏洞利用数据库），包含攻击载荷约 20000 个（截至 2019 年数

⊖ 虽然 Kali 的创始人说 "Kali" 只是他们为 BackTrack Linux 的重构版本想出的新名字，但考虑到作者最初重写 BackTrack Linux 时的设计重点是要将新版本用于内核审计并将其命名为 "内核审计用 Linux"（Kernel Auditing Linux），因此不妨将 "Kali" 理解为是这个曾用名的缩写（K-A-Li）。

⊜ BackTrack Linux 源于 WHAX（早期称为 Whoppix，由 Mati Aharoni 发明）。

⊜ Kali 日常由美国 Offensive Security 公司维护。该公司成立于 2006 年，总部位于美国纽约市，除维护 Kali 之外还维护着 ExploitDB（在线漏洞利用数据库）。出于安全原因，Kali 并未完全开源。

据）。ExploitDB 是全球开源网络安全社区集体贡献的易受攻击软件和系统漏洞信息的数据库，其中还收录了大量 PoC。依托 ExploitDB 可以及时了解最新的漏洞信息并跟踪其变种。

当工具和数据相结合时，Kali 赋予了渗透测试人员无与伦比的专业技术工作能力。

2. Kali 的门槛

Kali 并不适合普通用户（未受过网络安全专门训练的用户）使用，也不适合初学者在没有指导的情况下自行学习使用，具体可以简单归纳如下。

（1）权限设置问题

Kali 虽然具备 Linux 系统的基本安全机制，但根据其设计用途的要求，Kali 专注于攻击而不是致力于防御。其本身并未像普通 Linux 的分发版本那样，为保护使用者安全而完整提供（或激活）安全机制和保护措施，而是默认使用者是一位有经验的用户，熟悉 Linux 系统的工作机制并能够熟练操作 Linux，能够为自己的安全负责。

例如，Kali 将用户权限默认设置为 root，不提供普通用户账户。这意味着，用户将被迫以 root 身份使用 Kali，因此，用户在系统中运行的所有软件也将以 root 权限运行。这对用户而言，将处在一种比较危险的环境之中——无论是使用或安装某些工具（这对渗透测试人员而言是无可避免的事情），抑或是访问某些互联网资源之时，都有可能使得用户在 root 权限的状态下直接暴露在互联网之上——黑暗之处的力量将可能会以你尝试渗透攻击别人的方式攻击你并得手。

从事渗透测试工作的任何时候都不要低估安全工作的危险性，也不要高估自己的警惕性和技术能力。尤其是在使用 Kali 的时候，更要牢记这条忠告。

（2）兼容性问题

Kali 虽然是可定制的 Linux 分发版本，但是其兼容性并未完全开放。Kali 的开发团队一直致力于以封闭性来保证 Kali 的纯粹性和可控性，因此，Kali 所使用的上游软件源包（Source Packages）或资源库（Repositories）始终保持在绝对最低限度。这种封闭性使得用户向 Kali 中添加其他⊖源包或资源库很容易破坏 Kali 并为后续的正常使用带来严重的威胁。

通常，Kali 开发团队对源包或资源库的测试和认可在很大程度上是基于某种信用机制。只有受到开发团队信赖的个人和组织提交的测试请求才会被响应或得到优先响应。更重要的是，如果用户提交的测试请求与渗透测试技术无关或者被认为与 Kali 的设计理念不相容，测试请求则会被直接驳回或忽略。

例如，Kali 和其他基于 Debian 的衍生 Linux 一样拥有高级软件包工具（Advanced Package Tool，APT），可以用来自动化安装和管理程序、库、文档，甚至内核本身。但 Kali 完全不支持 apt-add-repository 的 command（命令）、LaunchPad（快捷启动）或 PPA（Personal Package Archives，个人包存档）。根据 Kali 的官方说明，添加到 Kali *sources. list* 文件的任何其他资源库都很可能会损坏当前的 Kali。官方解释的原因是，从系统上讲，Kali 预装了非常多的资源包，数量庞大的软件包相互之间的依赖项和依赖关系非常复杂，其自身的内部平衡非常脆弱。此外，Kali 采取了滚动（rolling）发行策略，Kali 的原生文件在高级软件包工具中默认的权值都是 990，优先级最高，当包的更新失败时会触发回滚过程（kali-rolling），将优先回滚到原生状态。

（3）法律与职业伦理问题

Kali 并不是个玩具。毫无疑问，使用 Kali 内置的工具可以做到一些会产生真实危害或破坏的事情。未受到严格教育的用户很容易在使用 Kali 的过程中无意识地惹出法律方面的麻烦，并

⊖ "其他"是指未经过 Kali 开发团队测试并认可。

且很快就会发现自己因此而陷入非常无助的境地。滥用或在未经特定授权的情况下，在网络上使用安全渗透测试工具，可能会造成无法弥补的损害并导致肇事个人需要承担法律方面的责任。根据 Kali 的免责声明，审判人员不可能接受肇事人以 Kali 作为借口来开脱自己的罪行。因为 Kali 只是提供了软件，如何使用它们则完全是用户自己的责任。

使用 Kali 并不是一件轻松事情。渗透测试人员应立志遵守职业伦理，保持谦逊并恪守职业道德和法律底线，记住"你越是安静，你就越是能听到"这句格言，在学习使用 Kali 的过程中"更加努力"。

11.2.3　OWASP Web Testing Framework

针对 Web 应用程序的渗透测试不应当仅侧重于评估 Web 应用程序的安全性，也应包含对 Web 基础设施（包括承载服务器和底层软件架构）的测试，甚至在一些特定的情况下，对客户端应用或浏览器等也要进行测试。根据 OWASP 的框架，这些工作所涉及的工具大致可以分为常规测试类、特定测试类和源码测试类等类别。

1. 常规测试类工具

（1）OWASP ZAP

OWASP ZAP，即 OWASP Zed 攻击代理器，专为测试 Web 应用程序的安全性而设计，用于查找 Web 应用程序中的漏洞。ZAP 是一个集成的渗透测试工具，免费且开源，设计精巧，界面友好，非常适合初学者使用，在业界应用广泛。

ZAP 的工作原理是，类似使用"中间人攻击"的方法，位于测试人员的浏览器和 Web 应用程序之间，通过拦截并修改它们之间的消息，来完成攻击测试。ZAP 可以用作独立的应用程序，也可以用作守护进程。ZAP 内置了爬虫功能，除了可以爬取普通的 HTML 页面外，还可以有效适用于采用了 AJAX 应用程序的 Web 应用环境。

ZAP 支持"组件生态"。第三方可为 ZAP 提供附加组件以增强 ZAP 的功能，使得 ZAP 能够更加灵活地适应渗透测试的需要。

（2）W3AF

W3AF 全称是"Web 应用程序攻击审计框架"（Web Application Attack and Audit Framework）是一款免费的开源工具。该框架的作用是帮助渗透测试人员发现和利用所有 Web 应用程序漏洞，可以和 MSF 集成使用。W3AF 已经集成了大约 9 类安全审计及攻击插件，在查找跨站脚本（Cross Site Scripting，XSS）和 SQL 注入漏洞点方面，具有特色优势。

（3）相关的浏览器插件工具

借助浏览器的功能和使用过程中的天然优势，借助相关的插件可以很方便地扩展出一套浏览器"插件工具"，常见的有：Firefox HTTP Header Live（在浏览页面时查看页面的 HTTP 头信息）、Firefox Tamper Data（构造临时数据以查看和修改 HTTP/HTTPS 头文件并传递参数）、Firefox/Chrome Web Developer（在浏览器中增加各种 Web 开发工具）、HTTP Request Maker（捕获网页发出的请求，可定制 URL、标题和 POST 数据或发出提出访问请求）等。

有一些专门配置 HTTP 连接参数的调试工具也可以用作渗透测试工具，例如，HTTP Request Maker、Cookie Editor 和 Session Manager 等。

2. 特定测试类工具

（1）测试 Java 脚本的安全性（DOM XSS）

跨站脚本漏洞（XSS）是常见的 Web 漏洞，可以将恶意 HTML/JavaScript 代码注入受害用户浏览的网页上，进而劫持用户会话。XSS 根据恶意脚本的传递方式可以分为 3 种，分别为反射型、存储型和 DOM 型。DOM 型 XSS 则是诱使（钓鱼）用户访问构造的 URL 时直接对客户端进行攻击。利用漏洞的步骤和反射型 XSS 类似。而前两种 XSS 都需要经过服务器端"转接"给客户端，相对 DOM 型来说比较好检测与防御。因此，对 DOM 型 XSS 的测试就成为比较常见的一种特定需求。

常见工具是 BlueClosure 公司的 BC Detect（通常简称为 BC）。这是一款可以实时分析 Java 脚本中被执行的各元素的状态并搜索其中可能的漏洞（接近零误报）的工具。BC 可以分析任何使用 JavaScript 框架编写的代码库，如 Angular. js、jQuery、Meteor. js、React. js 等。

（2）测试 SQL 注入漏洞

对此类漏洞进行检测常用的工具是 SQL Map。这是由贝尔纳多·达梅勒（Bernardo Damele A. G）先生发明的一款开源的渗透测试工具，可以自动检测和利用 SQL 注入缺陷以及接管数据库服务器。SQL Map 能够根据系统指纹识别数据库类型，能够通过带外连接在数据库依存的操作系统上执行命令，能够访问数据库的底层文件系统。SQL Map 可以完全支持"布尔型盲注"（Boolean-based Blind）、"时间型盲注"（Time-based Blind）、"基于错误的"注入（Error-based）、基于 Union 查询的注入（UNION Query-based）、堆叠查询注入（Stacked Queries）和带外注入（Out-of-band）六种 SQL 注入攻击技术。

（3）测试暴力破解口令漏洞

口令可以被蛮力破解（机器猜解）是一项重大的安全隐患。暴力破解口令通常主要使用两类工具，一类是 JtR 和 HashCat 为代表的本地口令破解工具，另一类是以 Patator 和 THC Hydra 为代表的网络（云）口令猜解工具。

除此之外，还有一些进行专门测试的工具。例如，测试缓冲区溢出漏洞的工具 OllyDbg、Spike、Brute Force Binary Tester（BFB）等；专门进行漏洞模糊测试的 Wfuzz 等；以及专门用来进行慢速 HTTP 测试的 Slowloris、slowhttptest 等。

3. 源码测试类工具

分析 Web 应用程序的安全漏洞通常需要用到源代码检测技术，包括静态测试和动态测试两种类型。静态测试是在程序不以可执行形式运行时对源代码的测试；动态测试则是在软件编译的过程中即介入安全评估以图发现交互过程中的问题。

对源代码进行测试，主要是借助工具对程序本体中涉及的流、对象、上下文变量在不同执行路径、不同实例调用、不同调用点等情况下的定义和使用情况进行分析和排查，找出程序中由于错误的编码或调用而导致异常的语义或未定义的行为并找到或评估确认由此而可能造成的安全漏洞或隐患。受限于人类自身的局限性，通常不由人工直接（在不借助工具的情况下）进行测试。

常用的工具包括：Find Security Bugs、FlawFinder、phpcs-security-audit、PMD、SonarQube、Spotbugs 以及 Veracode 等。

渗透测试只是对 Web 应用的安全性进行测试的一小部分工作，更多的内容还应包含在 Web 应用的全生命周期视角之下去理解。本书将在"开发与交付中的网络安全问题"话题中介绍更多的相关内容。

针对移动应用（Mobile Application）、物联网设备固件（IoT Firmware）的渗透测试技术和工具体系的发展方兴未艾。相关工作除涉及 iOS、Android 等操作系统以及相关的嵌入式系统（EmbedOS）等软件环境（含用户态）外，还涉及在以 FPGA（Field Programmable Gate Array，现场可编程门阵列）、PLC（Programmable Logic Controller，可编程逻辑控制器）等为代表的硬件环境中，通过 UART（Universal Asynchronous Receiver Transmitter，通用异步收发器）、JTAG⊖等端口直接与设备固件进行交互并读取其中的软、硬端点编码信息等场景（包括操作CANBus、DSP、MCU⊖等）。另外，也包括移动应用和物联网设备在使用过程中所涉及的用户隐私信息保护和数据安全保护等领域的专门问题。

11.3　自动化测试

渗透测试是一项独特而有竞争力的工作。测试人员要像真正的攻击者一样思考，要依靠创造力从纷繁复杂的防御体系中找到薄弱环节并突入其中。渗透测试的过程意味着无视委托方对自身安全的看法，要尽可能地寻找并验证体系的弱点。在真实的渗透测试过程中，最终的突破或结果都是依赖于安全专家的经验所取得，通常需要委托专业人士来协调和执行这个过程。

渗透测试发现的问题在大多数情况下，集中表现在账号口令、基础设施架构、个人身份信息和业务数据等方面，这些信息对企业而言无疑都是敏感信息，即便由受到信任的测试人员所接触，那种信任也只是以合同关系为前提基础而建立的信任。随着合同的终止，企业又有多少能力来主动保护自己的这些敏感信息呢？更重要的问题是，渗透测试人员可以接触到企业最敏感的资源，他们可以进入一些核心区域，如果他们做出了错误的行动（即便是意外或仅仅是因为失误），将可能在现实中给企业造成无法挽回的损失。所有这些问题都意味着，渗透测试的代价不菲。否则，从经济学原理而言，这将很难让人信服执行渗透测试任务的人员真的遵从职业伦理，保质保量地尽职履行了自身应尽的义务。而从行业发展的角度来说，成本的高企意味着需求的萎缩，长久而言也将不利于行业产业的发展。

自 2012 年以来，渗透测试的自动化（Penetration Testing Automation，PTA）作为破解上述困局的一种理想方案逐渐纳入了业界视野，很可能作为未来的发展方向，成为企业的首选。理想的自动化渗透测试可以在保证质量的情况下大幅降低技术门槛并节约专业人员时间，使得在安全领域知识积累有限的用户也能得到一定程度上的专业服务和保护。自动化渗透测试是指依靠机器自动完成渗透测试任务，但对其概念范畴的理解，如对自动化的需求、自动化的实现方法、达到的程度以及对自动化的接受度/容忍度等概念，目前尚未完全统一。图 11-11 展示了人工渗透测试和自动化渗透测试之间的一些显著特点。

目前看来，自动化渗透测试至少应该经历三个发展阶段才能实现真正的"自动"。第一阶段，PTA 的"机器测试员"（Artificial Tester，AT）能够辅助人类测试员（Human Tester，HT）开展工作，承担一些自动处理事务性（重复性）工作流程的任务。第二阶段，PTA 的"机器测试员"应当能够在具备第一阶段能力的情况下，按既定程序自动操作渗透测试所使用的工具，能够分析不同工具在不同阶段和场景中获取的数据，并能够为人类测试员提供完整的参考报告。第三阶段，PTA 的"机器测试员"应当接近或能够达到仿真人类测试员进行渗透测试的水平，在具备第二阶段能力的情况下可以自主完成渗透测试（含一定程度的社交工程攻击）任务。此时，还可将具备这种能力的 PTA 称为"自主渗透测试"。

⊖　指一种集成电路硬件接口标准，以其作者"联合测试行动小组"（Joint Test Action Group）的名义命名。

⊖　CANBus 指"控制器局域网总线"（Controller Area Network Bus），DSP 指"数字信号处理器"（Digital Signal Processor），MCU 指"微控制器"（Micro Controller Unit）。

	人工渗透测试	自动化渗透测试
工作组织	1. 非标准流程 2. 劳动力和资本密集 3. 定制成本高	1. 标准流程 2. 依赖少量专业人员 3. 易于重复且可快速实施
漏洞库维护	1. 手动维护漏洞信息数据库 2. 需要依赖公共数据库 3. 可获得自动更新但往往根据需要重新编写攻击代码	1. 漏洞信息数据库可得到自动维护和更新 2. 可根据自身情况长期积累攻击行为数据库 3. 攻击验证代码可获得自动更新
清理退出	1. 每次发现漏洞，测试人员必须手动撤消对系统的更改 2. 渗透测试完成后，无法确认是否已经全面撤除漏洞利用的载荷，无法直接确认是否留有隐患	1. 依赖内置策略确保执行清理工作 2. 可复核、确认清理工作结果
报表编制	1. 需要手动收集数据 2. 需要手工编制报告	1. 可以自动收集数据 2. 可以自动编制报告后经人工调整确认
人员训练	1. 测试人员需要学习非标准的测试方式 2. 培训高度依赖委托方定制需求 3. 耗时且不易评估培训效果	1. 对自动化工具的培训比对渗透测试更容易 2. 培训可以标准化操作 3. 较省时省事，培训效果可评估

● 图 11-11　人工渗透测试和自动化渗透测试之间的简单比较

自动化渗透测试的发展前景应当比较乐观，本书试从三个方向略做展望。

11.3.1　基于脚本的自动化测试

"脚本"（Script）是指在实时任务系统的架构中常用的一种解释性的交互环境，起源于批处理（Batch Processing）的概念，主要作用就是为了操作计算机自动执行原本由人类操作员执行的任务。

广义而言，所谓"基于脚本的自动化渗透测试"（Script-based Penetration Testing Automation，S-PTA）是指一种任务控制方式，由脚本（部分地）代替人类测试员使用测试工具执行测试任务。这种机制的本质应当是一种任务控制框架，至少应当由基本任务（即"元任务"，Meta-Job）和工具交互接口（Utilities Programming Interface，UPI）等基本要素组成，通过适当地组合基本任务的序列来完成规定的任务。

可以定制开发专门用以执行自动化渗透测试任务的脚本语言来实现自动化的需求，也可以广泛利用现成的脚本语言（如 Python）来达到目的，甚至还可以在渗透测试工具的开发过程中预留应用脚本的空间，形成一种可扩展的环境，通过被外部脚本调用来形成自动化的工作能力。比如，已被广泛应用的插件（Plugin）技术，从理论上讲可以归类在这种基于脚本的自动化测试框架之内。

根据 S-PTA 可以快速地构建一个通用的工具框架。基于这种方法，测试人员可以根据自己的习惯开发独立的框架，可以适配或兼容更多符合自己使用习惯的工具集。不妨把这种基于脚本的方法理解为一种胶水环境，可以快速地和无差别地以极小的代价兼容几乎所有现代意义上的渗透测试工具，这对于方便测试人员执行任务或提高工作效率而言，具有积极的意义。

S-PTA 的一个优点是可以自动地执行重复的或"标准的"任务，从而减轻人类测试员的繁重体力劳动。而其难点在于如何划定"基本任务"。测试人员所拥有的专业经验越丰富，则其 S-PTA 的整体效率可能就越高。在很大程度上，所谓的"基本任务"都需要结合渗透测试委托方的需求来定制，否则将可能因为适用性方面的问题而引发一系列棘手问题，有较大概率会严重影响渗透测试最终结果的准确性。因此，向委托方开放用以指定基本任务的交互渠道非常有必要，是整个任务的关键。虽然这个过程几乎要在每个委托方提交任务时都要重复进行，但却是整个自动化体系中不应依赖自动化的那部分。

S-PTA 的另一个优点是适合执行高容量重复性任务，但局限性在于并不能突破或优化流式任务的约束。在测试过程中，不同阶段的任务并不能完全并行，因此，在某些追求速度的情况⊖下，自动化测试往往只能是走过场，并不能保证测试工作应用的质量。要解决这个问题则需要更加精巧设计的 S-PTA 架构，而这又对成本和知识提出了更高的要求。例如，可以考虑引入网格计算的架构或者引入弹性设计的垂直可扩展架构等。图 11-12 示意了 S-PTA 的框架结构。

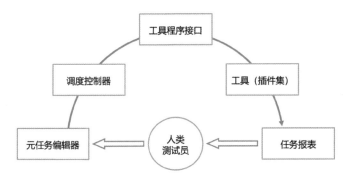

● 图 11-12　基于脚本的自动化渗透测试框架示意

S-PTA 是一个集成系统，表面看并没有明显的门槛限制，任何测试人员（团队）都可以根据自己的需要开发属于自己的 S-PTA 框架。但选定元任务和确定调度规则仍然是只有具备丰富经验和专业知识的少数测试人员才能掌握的核心知识。

事实上，S-PTA 本身也可以被视作一种渗透测试工具。当脚本足够多或者足够适用的时候，脚本的解释器可能就会"进化"成某种新的工具。这种演进的过程将不断持续。例如，MSF 以及 OWTF 中的一些工具已经开始或正在这个方向上进行发展。

11.3.2　基于模型的自动化测试

"基于模型的自动化渗透测试"（Model-based Penetration Testing Automation，M-PTA）是指在对渗透测试工作建模的基础上由"机器测试员"根据状态执行渗透测试任务的过程。所谓"模型"是对渗透测试过程的抽象（表示），源于真实的渗透测试活动，能够演示测试目标在经历渗透测试后所可能出现的预期结果。模型可以解释渗透测试的状态，能够对渗透测试过程的（一些）步骤进行较为精确的描述。威胁建模就是这类模型的典型实例。

可以将模型进一步细分为"独立于对象的模型"（Object Independent Models，OIM）、"独立于工具的模型"（Tools Independent Models，TIM）和"特定于工具的模型"（Tools Specific Models，TSM）三种。

OIM 用以从概念上描述渗透测试的方法和过程，TIM 则是描述渗透测试的目的而不考虑实现的技术，TSM 则是针对特定的工具使用描述渗透测试的技术细节。建模的过程可以从上述三种模型中的任何一种开始并且最终应当包含全部三种模型。最为典型的常见建模范式是：OIM → TIM → TSM。

⊖　这个情况很常见。特别是，委托方往往会出于各种目的而追求快速的渗透测试。

例如，在渗透测试目的的驱动下，测试团队首先建立 OIM，再根据所能使用的攻击方法建立基于某种特征⊖的 TIM，最后根据 OUP 的特征对 TIM 进行优化和细化，最终形成与 OUP 适配的渗透测试模型。实施 M-PTA 时，机器测试员将根据测试模型自动执行测试任务。

为简化起见，不妨以攻击树模型（Attack Trees Model）来理解 M-PTA 的主要过程。如图 11-13所示，机器测试员根据给定的输入 X 按照模型内设的决策条件（图中 P、Q、R、S）自动执行测试任务（图中 Act m …）。决策条件由人类测试员根据 OUP 的漏洞情况和设防措施的技术能力情况等确定并可随着测试进展不断调整。

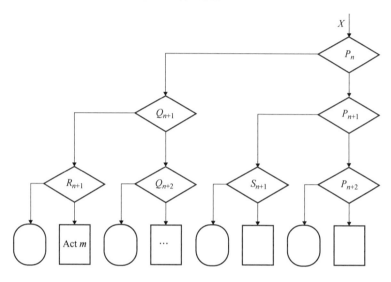

●图 11-13　攻击树模型下的 M-PTA 的过程示意

攻击树模型虽是一种线性模型但却是几乎所有复杂模型的基础。这类模型只能简单根据预设分类和估算的某种阈值来判断和选择策略，对攻击者行为的拟合程度较为有限且不适合复杂场景。攻击树的复杂程度取决于决策条件的输入情况以及攻击行为属性的数量，过于庞杂的条件将使得模型对人类而言不可理解。攻击树的判断阈值往往需要根据先验概率确定，但在现实中，攻击者某种行为可能性的概率可能并不独立且分布并不均匀，因此确定适用的概率值通常较为困难。此外，攻击者有自身的偏好和动机，这也会在很大程度上影响概率值的确定。例如，理想情况下攻击者应当会"理性"地在自身能力⊖范围内选择更容易实施且更加便宜的方法发动攻击，但并不能排除这样一种可能性，即攻击者会忽略这种理性而追求某些对其有特定价值的目标，会不计成本或处心积虑地发动攻击。

网络安全攻击活动同时具有连续性和离散性。因此，刻画攻击活动的模型不应当是单纯的连续性模型或离散性模型，这种内在的模型精度（或客观性）特征将决定 M-PTA 的效果；并且，M-PTA对模型精度具有明显的依赖性。这是 M-PTA 的难点所在。随着数字化转型的深入推进，大数据和人工智能等新技术为提高 M-PTA 中的模型精度带来新的技术支持，"数据驱动的自动化测试"将可能成为 M-PTA 的一个重要分支和发展方向。

⊖　例如，可以使用攻击路径、攻击行为、攻击偏好等作为特征。
⊖　指影响攻击者发动攻击并取得成果的客观因素，包括时间（时机）、资金、技能、设备（工具）与目标的设防程度等。

M-PTA 相较于 S-PTA 来说具有更强的封闭性，不适合在一些普适的和轻量的场合使用。但在一些重要场合，例如，对关键信息基础设施的保护工作等，则具有重要意义，甚至有可能发展成为其领域内的重要技术。此外，M-PTA 也会给渗透测试技术和相关工具的研发带来深远影响。

11.3.3 数据驱动的自动化测试

"数据驱动的自动化渗透测试"（Data-driven Penetration Testing Automation，D-PTA）是指在分析海量数据集的基础上由"机器测试员"根据来自于数据建模的结果执行渗透测试任务的过程。这些任务将使用基于数据建模的测试计划由 D-PTA 自动生成并完成。

对海量数据集的分析需要用到机器学习、人工智能等多种技术。所用到的海量数据集由针对 OUP 的长时间、大范围和高精度的网络安全监测积累所得，也包括那些在更大范围内通过情报共享机制所得的数据。通过对海量数据集的分析，可以得到针对攻击者的手法和 OUP 弱点等的分类信息并获得一定精度的预测信息。数据建模将试图在空间范围内进行广泛的序列决策。在此基础上，D-PTA 可以根据有关 OUP 的"聚合的防御弱点分布信息"（Aggregated Vulnerability Distribution，AVD）和 OUP 业务行为规律预测"尾流⊖"（Wake Flow），此时机器测试员就可以根据已有的知识，借助"尾流"尝试自主进行渗透测试。例如，机器测试员将有能力通过类似深度伪造（Deep Fake）的方法获得 OUP 的权限。或者，机器测试员也可以高精度模拟 OUP 的用户行为，对真正的测试活动进行伪装，以便通过伪造（或变造）的用户身份来执行渗透测试任务等。

严格地讲，数据驱动的自动化渗透测试是一种更加精细的基于模型的自动化渗透测试。通过大数据分析获得的相关性模型可以很好地为通过归纳事实或逻辑推导所获得的因果性模型提供补充。数据驱动的模型将有力地补充从攻击者的角度处理不确定性的思路，并且还能够从人类测试员不易察觉的角度"感知"各个攻击组件之间的互动关系，甚至可以发现降维打击的可能路径。

无论 S-PTA 还是 M-PTA，除了在很大程度上依赖熟练的网络安全专业人员之外，还依赖于网络安全环境。随着新攻击方法和攻击载体的不断出现，无论是"规则"还是"模型"都应当随之迅速变化，但这种变化所需的开发和维护工作却都是网络安全专业技术领域中的挑战，普通企业根本无力应对。幸好，大数据和机器学习技术的出现提供了一种可能的思路，使得机器测试员可以仅通过与环境的互动来学习得到最佳的策略，这将极大地方便渗透测试工作的实施。D-PTA 将是渗透测试自动化的自然进步。

D-PTA 可以经历大数据预处理、学习与建模、评估与验证等至少三个步骤即可确定驱动渗透测试的模型。

在大数据预处理的阶段，需要训练 D-PTA 能够正确理解 OUP 的业务和相关的数据并确定足够大的数据源以完成数据准备。

在学习与建模阶段，D-PTA 综合应用以下一些技术来完成建模，包括：①针对"异常"进行检测，识别异常数据记录或需要进一步调查的数据，例如，错误值检测、变化值检测、偏

⊖ "尾流"是一种比喻，指伴随或附着在正常业务活动之后的不易被人类察觉的某种数据通道。或者，可以从广义的供应链安全的角度尝试理解这个概念。

差值检测等；②根据规则（相互间的依赖关系）的关联学习，搜索（或交叉验证）攻击向量之间的关系、搜索 OUP 核心功能单元之间的关系、搜索攻击向量与 OUP 核心功能单元相互之间的关系；③对数据或信息分类、聚类与回归，探索具有相似性的结构并应用于不同关系主体间的耦合或关联等；④汇总或萃取有意义的结论，包括展示和报告（即需要人类测试员一定程度的介入）等。

在评估与验证阶段，需要对没有经过假设检验的概率问题进行研判和澄清，解释模型的意义并纠正或摒弃某些不符合需要（如过度拟合、无意义相关等）的模型。得以合理解释的模型将被确认，成为 D-PTA 后续工作的依据。图 11-14 简单示意了一种 D-PTA 中的可能逻辑。

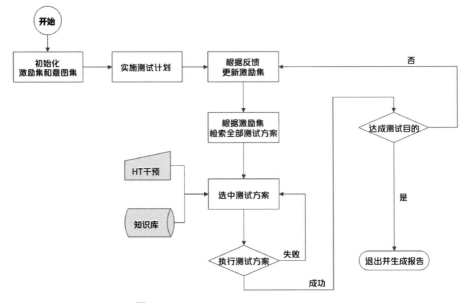

●图 11-14　一种 D-PTA 中的机器学习示例

D-PTA 中的机器学习技术会通过不同的算法使机器测试员通过与环境的互动学习到最佳策略，整个机器学习的过程基于人类的知识库并在一定规则范围内受人类测试员的干预（例如，对算法置信度进行调整优化等）。

如同人们对人工智能的担忧一样，D-PTA 也有一定的风险。D-PTA 可以"思考"，能够向人类测试员或渗透测试的委托方提出"如果"问题——能够自主地评估威胁和风险，挑战系统、环境和防御团队；能够使用其精心设计的预测模型和攻击工具，在恰当的时机做出精确的攻击。D-PTA 显然是一柄"双刃剑"，如何去用，值得人们深思。

11.4　红蓝对抗

红队（Red Team）、蓝队（Blue Team）、红蓝对抗等概念自美国的 911 事件之后开始在网络安全领域中被经常提及。我国则自 2016 年起，在网络安全业界开始越来越广泛地应用这些概念。这些概念可以被宽泛归为一类，是指：在模拟的对抗活动中扮演对立角色并有意识发起挑战的专业团队。

"红队"一词通常作为这个概念的统称，指模拟的挑战者。

　　模拟的对抗活动，既可指军事演习、准军事演习，也可指民事范畴内的各种形式的演练，比如，网络安全应急演练等，甚至还可泛指任何旨在测试人们的防御或反应的检验性活动。

　　红队是从对手的角度看问题。因此也可以说，通过红队做工作是一种保障安全的工作方法。其出发点是，安全管理团队希望让包括技术团队在内的全体人员，都能通过直面安全挑战并战胜挑战的实际行动，来增强自身的实力。

　　红队的概念本身并不复杂，但是在实务中却有一个不可回避的问题：很多时候，大多数人们口中的红队、蓝队、红蓝对抗……很可能指的是意义完全相反的概念。

　　1. 到底是红队还是蓝队？

　　所谓"红队"，原本是一个与 20 世纪后半叶（1947—1991 年）的冷战（Cold War）有关的军事术语（当然，它至今仍然是一个军事术语），由当时的美国军方率先使用。

　　在兵棋推演中，军事对抗的双方用红蓝两色命名。蓝色代表北约国家（NATO），红色代表北约国家的假想敌（专指当时的苏联⊖）。两者的对抗过程，被形象地称为红蓝对抗。在美国兵棋推演或军事演习中，美军永远是蓝队，美军的对手永远是红队。时至今日，已延续 40 多年的著名的美国空军"红旗"军事演习（Exercise Red Flag）的名字就是源自这个传统。而在苏联的兵棋推演和军事演习中，虽然也使用相同的颜色指代攻防双方，但含义颠倒，红队是指苏联，蓝队是指苏联的对手。从历史沿革和文化背景中可以看出，"红队"一词带有一定程度的"情感"色彩。

　　随着网络空间概念的发展，"红队"一词率先被美国借用在网络安全领域中，用以指代实施网络安全渗透测试的团队。但这种指代的含义本质上并未脱离军事传统。由于我国在此领域的有关研究相对滞后，一些资料直接翻译使用国外的文本，因此，客观上讲，在脱离或忽略其文化背景含义的情况下使用"红队"这个词，一定程度上会引发概念混淆⊖。

　　本节将重点讨论在网络安全渗透测试领域通过模拟攻击进行挑战检验的概念，指的是一般意义上的主动（进攻性）安全的概念。在网络安全渗透测试的模拟对抗活动中，对立双方角色可以互指对方为"红队"或自称为"红队"。但本书习惯上，将受到挑战的一方称为红队，将发动挑战的一方称为蓝队，将两者之间的攻守交锋称为红蓝对抗。

　　2. 到底是队伍还是方法？

　　《孙子·谋攻》中有句名言说"知己知彼，百战不殆"，在网络空间安全的问题上，这句格言显得弥足珍贵。"了解你的敌人、了解你的朋友、了解你所处的环境"，这是我们这个传统上"非黑即白"的世界在网络空间的时代背景下，最简单却又最复杂的一个命题。如何去了解？自然生态环境、社会、经济、科学技术和国际政治等诸多领域的问题交织投射在一起，你中有我，我中有你的互联世界，谁是敌人？谁是朋友？显然，知道如何去"知己知彼"可能成为一个和知道"自身和周边世界是什么"同样重要的问题。

　　网络安全是网络空间环境下的竞争形式和载体。在这种竞争中我们需要拥有如何"知己知彼"的工具并适当地使用这些工具，我们还需要了解我们应当知道关于谁的什么。我们需要了解自己，以了解我们自己在竞争中的优势和劣势。只有这样，我们才能知道在何种场合需要发挥优势，在何种场合应当隐藏自己的劣势以免暴露出脆弱性而招致受损。更为重要的是，在一

⊖　苏联（Union of Soviet Socialist Republics，USSR，1922—1991 年）的国旗、军旗等旗帜均以红色为主，因此美国及以美国为首的国家集团（如北大西洋公约组织）常用"红旗"一词代指苏联。

⊖　引起混淆的一个表现是：有些人认为，根据网络安全业界"戴帽子"区分攻击者属性的传统，渗透测试人员扮演的是"红队"角色，是应该戴红色帽子的"红帽"黑客，可以被统称为"红客"……

个复杂的环境中，问题的定义会处于不断变化之中。这更增加了我们"知己知彼"的难度。

中国古代的先贤同样面临如何"知己知彼"的难题。《韩非子·难一》中记载的"以子之矛，攻子之盾，何如？"不禁给人以启发，人们找到了历经千百年历史检验行之有效的方法——既然竞争无法避免，那就不如在竞争中学习竞争，融入竞争之中，主动以竞争者的方法来审视自身，未必需要真的"知己"，只要知道"以彼看己"是什么样子，或许将能够在竞争中获得先机。

红蓝对抗正是这种古老方法的最新诠释和演绎。这是一种在企业的组织规模框架范围内的大规模的、持久的网络安全攻防实验与模拟。把网络安全团队分为红蓝两队，红队扮演"我们"的角色；蓝队扮演"他们"的角色，故意挑战需要应对竞争的红队。使用这种方法可以检验和评估企业网络安全工作的"足"与"不足"。在红蓝双方彼此的交互中，一个更加贴近实际的网络安全防御体系将得到加强。

由于红蓝对抗在网络安全工作中不单是某种"角色扮演类"的演习活动，而是一种方法和体系，因此，还可以放到更宏大的有关主动安全的话题中讨论。但从实务角度出发，人们可能更关心如何应用这种方法。

本节将仅简要介绍红蓝对抗团队的组建、运用和改进等方面的内容并兼顾一些红蓝对抗方法应用方面的介绍。

11.4.1　组建蓝队

选择和招募蓝队的成员并在投入实战前使他们成为一个有凝聚力的团队，是在组建蓝队之前（或之初）就应当被充分考虑的事情。组建蓝队应当是企业的管理者在听取专业人士的建议，结合企业自身需要，经过仔细规划之后的决定。对于蓝队，不应当为了组建而组建，企业必须能够理解蓝队所承担的工作天然带有的两面性，这是一种具有风险的行动。同样地，也不能走向另一个极端，不能为了规避风险而对这种到目前为止已被公认为最先进的网络安全保障技术无动于衷。

有多种策略可以用来组建蓝队。例如，可以是由企业内部产生，从企业现有的网络安全团队中抽调若干人员组建蓝队（显然不能是将现有的安全团队随机分成红队和蓝队）；也可以是通过外购服务的形式，由服务供应商根据合同向企业派驻蓝队；还可以是，企业委派骨干人员并外聘、租借、临时雇佣部分服务人员，以联合勤务的方式组建蓝队。无论哪种策略，都必须明确蓝队的任务目的、发展规划、组织方式、资源投入，以及对人员的技能要求等基本问题。特别是要注意蓝队的报告层级和沟通机制的问题，这对运用蓝队以及蓝队自身的运作，都具有深远的影响。

蓝队也是安全团队，因此组建蓝队也需要遵从类似于组建网络安全团队的方法，但还不止于此。受到自身工作性质的限制，蓝队必须具备更强的攻击性、敏捷性和可控性，否则一支由"绵羊教练"带出来的红队，不可能成为"虎狼之师"——如果是这样的话，蓝队也就失去了其存在的意义。因此，组建蓝队的原则之一就是，要对蓝队预设更多的社会结构方面的设计，通过团队成员间的互补来维持蓝队的结构稳定和能力稳定。否则，蓝队将失去活力或难以发挥出预想的作用。

蓝队的成员应当是网络安全技术最好的那部分人。但目前在企业中常常见到的情况是，从事网络安全工作的员工有相当大的比例是从其他岗位转岗而来，他们往往是一些只具有计算机

（信息）系统管理、网络工程或电气设备监控等工作经验的人，并且，他们个人以及认可他们转岗资历的管理人员或人力资源部门的负责人都会习惯性地将他们多年的 IT 或系统运维与保障方面的工作经验算作是网络安全工作经验的一部分。这使得确定合适的蓝队成员候选人的工作，变得非常微妙。

1. 选择蓝队成员的标准

蓝队的工作依赖于其成员拥有广博的专业知识、高水平的专业技能和丰富的专业经验，同时，对他们个人的自我认知和心理成熟度也有较高的期望。蓝队成员通常要面对来自业务技能和攻防竞争方面的双重压力，这是一种较大的职业压力，这使得他们通常会表现出某种较为敏感的特质，很难和周围的其他同事在一般意义上融洽地相处。

因此，在物色蓝队成员时，不妨重点考虑并努力遵循以下标准：①候选人是否表现出了足以让人信服的针对网络安全领域的热情？②候选人是否有足够的资历能够证明他们已经可靠地做好了从事蓝队工作的准备？③候选人是否能够认同自身可以在更大的场合中发挥出更大的价值并且乐于或者能够为此而表现出团结、协作与善意？④候选人是否背负有法律和职业道德方面的污点？

显然，我们无法对这些标准进行量化。这意味着，在挑选蓝队成员时，接受值得信赖的人的推荐，可能是一个比"海选"更具有合理性和可操作性的方式。严格来讲，这其实是一种同行评议法，和标准化的批量招募有本质区别。

特别要注意，蓝队成员应当都是被"请来"而绝对不是单纯地被"雇来"。符合蓝队需求、合格的、有经验的候选人的数量通常都远远小于需求，他们几乎永远都是那个相对少数，因为，能够被大多数人所掌握的技能并不足以形成有效的攻击能力，而追求有效的攻击能力是蓝队存在的基础。任何优秀的蓝队成员都有很大可能随时被其他工作机会所征召，他们有更多的机会流动到对他们更具吸引力的地方。在组建蓝队的问题上，企业面对的是个"卖方市场"。那些有经验的人都是相关专业领域的资深人士，他们期望得到的报酬和他们的资历相匹配，这无可厚非。对于企业来说，这是些不会轻易得到的人力资源，通常都需要为得到他们而付出不菲的代价并且还很容易失去。但这不意味着企业应当放弃组建蓝队或降低标准，恰恰相反，组建蓝队是企业的一项长期战略投资，越早认识到这一点就越有助于推动企业获得持久发展。

2. 关于蓝队的队长

蓝队的队长对是否能够成功组建蓝队具有重大影响力且责无旁贷。这名队长不仅要有实力得到蓝队成员的集体尊重，还要得到企业管理当局的信任并能够争取到他们的支持。那么是应当先有队长？还是应当先有队员？事实是，无论两者先有哪一个，企业都首先要有包括首席安全官在内的网络安全专业团队（可参见本书第 5 章）。

蓝队的队长应当与企业的管理当局甚至是红队（网络安全团队的另一部分人）进行合作并发展工作关系，带领蓝队完成既定工作任务并不断为企业发展提供意见。队长应当融入团队成员之间，与他们一起工作，审查他们的成果，引导他们的工作方向。队长还要代表蓝队与红队进行沟通，要求澄清和授权——是否允许进行某种测试？这个规则是否意味着某某？某某结果是否可以受到鼓励？……诸如此类的问题。此外，队长还要反过来不断回答红队的问题——这个报警事件是因为蓝队的行动吗？蓝队是否做了某某？我们看到的某某是你们的人吗？……

蓝队的队长在工作时间上的分配必须兼顾技术与管理。队长通常会像其他成员一样是个专业技术人员，保有强烈的探索欲望和挖掘漏洞的兴趣。但是，为了团队的发展和利益，队长必须要在自己的管理责任和技术兴趣之间进行取舍。

11.4.2 运用蓝队

蓝队的规模不宜过大或过小。初创阶段的蓝队，在规模上通常以三人为宜，一名队长，两名队员。蓝队中每一位队员首先都应当是专注于或精通于至少两个技能领域的专家。他们的技能至少要包括：多平台或跨平台操作、漏洞发掘与利用、持续并隐蔽实施攻击，以及有效开展社交工程的能力。并且，作为一支有组织的攻击性力量，蓝队还必须拥有合理的人员搭配，队员的专业技能必须是经过精心设计并能够形成合力的某种组合。蓝队必须在其候选人的选择和培训中考虑其成员间技能组合的问题，例如，互补、互备和互利等。

在对蓝队的运用过程中，应当注意遵循其特点来设定任务目标，切忌"大材小用"。

1. 蓝队的目标

蓝队的任务目标可以主要包括执行攻防演练任务、主动挑战防御措施、尝试非常规行为、探索可能性空间以及提出降低或控制安全风险的建议等。强调一下，执行攻防演练只是蓝队的任务目标之一而并不是蓝队存在的全部意义。实务中切勿舍本逐末，单纯为了演练而运用蓝队的力量。蓝队的目标应当是为企业发挥出一些关键作用。例如：

（1）发现漏洞

蓝队的一项重要能力是要刻意挑战企业已有的各种安全防护措施，甚至是企业的整个安全防护体系。每当蓝队寻找到有效的途径来穿透现有防御措施（体系），则意味着企业中的一些关键环节暴露在危险或威胁之下。这些漏洞一旦被发现或被揭示出来，就给红队的修补改进工作提供了机会，通过对漏洞整改的举一反三，将在整体上提高企业的网络安全防御水平。

在发现漏洞这一点上，蓝队是一个"必备工具"。如果在高阶的风险评估活动中不使用蓝队，风险评估很容易被"想当然"所左右，其结果充其量只能是某种由各种检查表掺杂历史经验和想象力而构成的文字报告，很难保证结论的真实性、可靠性和可信性。

（2）强化训练

蓝队是红队最好的教练。蓝队能够用实际行动教授红队应当做什么，并且能够促使红队主动学习应当如何去做到。红队能够在整个过程中，从当局者的角度接受适应性的训练，学会即时思考并不断积累处置突发事件（快速反应）的经验。

红蓝对抗可能会随时发生，蓝队将从红队的反应中适时施加更多的方法来挑战他们，在保障安全的总目标范围内不断评估红队的表现，这在事实上用更多的薄弱环节场景对红队展开了训练。当然，这种训练也是相互的，蓝队也将从与红队的交锋中得到教训，也会促使他们研究和发展更多的技术来完成任务。

蓝队的运作可以改变以往训练中那种"匀质化"的情况，蓝队甚至可以对每个不同的参与者都能进行"定制"的挑战。例如，红队成员的知识、能力、组织以及运作过程的时机等情况发生任何变化时，蓝队都将予以捕捉并试图加以利用，这是一种潜在形式的"互动"，不仅能够训练网络安全团队提高执行任务的成功率和效率，还能够帮助整个团队提高适应未知挑战的能力。

（3）刷新观念

蓝队为网络安全工作引入了主动的动态因素，将会通过"多一双眼睛"的相互支持和对现状的"不同观点"，给企业的网络安全团队乃至管理当局带来更多的启发。比如，蓝队的行动可以促使红队发现固有的认知偏差（或打破思维定式），能够帮助红队开阔视野、寻求并掌握新的方法，还能够帮助红队弥合事件响应、攻击监控和威胁情报等不同防御能力之间的差距等，这显然将有助于企业提高应对网络安全挑战的能力。

综上，进一步总结还可以发现，蓝队的工作范畴并不局限于所谓的网络安全技术范畴之内，图11-15 示意了蓝队（或红蓝对抗）的任务目标范围。

蓝队将对手的心态和能力与红队的工作习惯整合起来，将范围扩大到了不同的领域，既包括网络技术（信息技术），还链接了社交与人，以及物理环境的不同要素。

● 图 11-15　红蓝对抗的任务目标范围示意

2. 误区

通常情况下，蓝队如果不能突破红队的防线或者取得明显的成果，将会被视为不合格。但一些来自企业内部的人为干扰很可能会最终导致蓝队无功而返。这些人员从动机上可能会存有较大的认知误区，对于蓝队而言，应当想办法尽早对其予以纠正。

1）基层的技术人员，主要是各种系统或网络基础设施的管理员/运行维护人员以及许多与整体安全有直接联系的人员（甚至可能包括红队的成员）。这一群体往往会对蓝队抱有某种程度的"敌视"态度，担心因为蓝队发现了问题而最终被追究工作不力的责任。例如，会有人试图将一些目标排除在真正应该接受蓝队检验的范围之外，还有人会针对蓝队专门临时施加监控或在网络链路上做各种限制，甚至还有人会通过消灭现场的方式或者提供假消息误导蓝队开展工作并篡改报告文本以试图破坏蓝队取得的成果等。

2）企业各级管理人员也会有类似的干扰行为。例如，一些管理人员经常会以业务需要为由，要求尽可能地限制蓝队的工作范围并缩小任务期的时间窗口，或者反过来，以满足某些监管政策的要求为由，限定蓝队在指定的时间内进行规定形式或数量的活动。也有一些管理者会把蓝队的工作范围故意推向他们需要资金的特定领域，希望蓝队能发现一堆问题，以便借蓝队之口提出预算申请计划。还有一些管理者会从"做而不为"的角度利用蓝队，只允许蓝队开展工作但并不会真的听取蓝队的建议，这一方面既展示了他们重视安全工作，展现出合规性，而另一方面他们又会尽力掩盖或搁置蓝队所提出的各项建议。

3）企业中的其他员工，有时也会干扰蓝队的工作。一般情况下，企业中的普通员工（指与安全工作无直接关联关系或强关联关系的人）并不会关注蓝队的工作，但是当蓝队使用社交工程的手段进行攻击测试时，那些受骗而被钓鱼攻击的人，将会使情况将变得复杂。还有更复杂的情况是，蓝队可能会因为发现"地下世界"而被广泛敌视。例如，发现某个员工不遵从企业的安全政策或进行了非法或违法行为等。

需要注意到，简单根据蓝队取得成果的多少来认定蓝队的价值甚至是据此兑现蓝队的报酬，是一种具有巨大破坏性的认知误区。例如，为了尽可能地获得成果彰显自身的实力或兑现报酬，蓝队将很可能变得"贪婪"。根据收益递减法则，这种贪婪的索求，最终很可能是企业管理当局可能无法承受之重，局面将因之失控。

上述所有这些误区仅仅是举例做出的说明。蓝队在整个工作过程中必须保持足够的专业性，树立并充分发展全局观，不断积累经验，才能克服这些来自认知误区所造成的阻碍。同样，企业的管理当局必须正视这些可能的误区，及早完善企业治理体系，防微杜渐。

11.4.3　发展蓝队

理想的蓝队应当是由受过专门教育和训练且拥有一定实践经验的成员所组成。他们不仅是安全技术或管理方面的专家，更是企业网络安全体系的系统分析员。红蓝对抗的过程应当是由这些专家所反复执行的结构化的过程（具体内容可能并非结构化），他们将从防御者的对立面出发，在实际环境中不断挑战防御者在制定安全保护计划、采取安全保障行动、加强组织管理等方面进行努力的能力，旨在为企业的网络安全管理者提供独立的专业意见，促进企业的网络安全工作不断取得实质进展，减少网络安全风险。

蓝队应当在对抗中走向成熟，大致可能会经历以下的发展阶段。

（1）单一测试阶段

这是蓝队发展的早期阶段。在这个阶段，红蓝对抗以蓝队和红队之间配合进行渗透测试为主，将主要根据通用的方法在技术层面执行单一形式的对抗任务。蓝队负责攻击、红队负责防守，重点是检验技术防御措施的有效性以及防御体制机制的运行流畅程度。

（2）复合测试阶段

在这个阶段，蓝队将学会如何突破、利用、扰乱红队的防御策略或措施，将开始试图摆脱纯技术层面的局限，将攻击的目标设定为红队本体及其整个防御体系。

（3）过程对抗阶段

在前面两个阶段获得能力的基础上，蓝队将开始更加侧重于关注防守者行为，将在数据分析手段的帮助下，更加系统地刻画红队的特点并在此基础上，进一步扩大对抗行动的范围，将试图逐步建立起主导红蓝对抗过程的能力。

（4）复杂对抗阶段

蓝队将全面超越技术层面的对抗手段，将目光投向组织架构、企业治理等更加深远和宏大的架构，所采用的手段也将更加社会化，仿真程度将初步达到以假乱真的地步，红队将因此面临巨大的压力。

（5）系统仿真阶段

蓝队的批判性思维能力将在分析性和操作性方面达到更高的协同水平。蓝队将有可能发展出系统性的仿真手段，通过研究所有影响网络通信、业务处理、人员管理和业务运营等所有方面的可能性并加以融合运用，促进蓝队不断超越自身极限。

无论怎样，蓝队的发展离不开明确的目标和明确的对手。以上各阶段可能都是蓝队发展所必须经过的历程，大多数情况下它们之间还应该会是相辅相成的接续递进关系。

11.5　小结

失败为重新开始提供了机会，而重新开始的人会比失败之前更有准备。网络安全的测试和评估就是要用挑战去验证防御措施的有效性和科学性。对任何测试和评估都采取积极的态度是安全管理团队和技术团队所应具有的基本职业素养。安全评估不仅是判断合规性，更要和测试结合在一起，所谓"动静结合两相宜"。在每一次的渗透测试中遇到挫折都是一种宝贵的学习经历，会让防御体系变得更加适应网络空间安全环境，会让防御一方更加接近得到持久的安宁。

也要看到测试评估工作的巨大成本和风险控制过程中的难点。例如，数字孪生问题，对敏感的工业控制系统或不方便进行真实测试的系统，则应当考虑在仿真环境中进行渗透测试。

还应看到，在网络安全攻防的较量中，知识就是力量。尤其是渗透测试会使得安全团队所能做的不仅仅是验证漏洞、评估风险和提高安全意识，而是更进一步地，通过汲取经验教训获取知识来武装他们，使他们能够有机会在网络安全攻防对抗的较量中领先一步。

第12章　开发与交付中的问题

"数字化"这个词在最近几年热度很高，数字化转型更是成为一种潮流，与网络空间的发展进程呈现出一定的耦合。目前尚不清楚是网络空间的发展由于数字化转型的出现而变得具象化，还是数字化转型让网络空间发展得到了某种切实的推动。但不管怎样，数字化带给社会的变革和影响正日益显现且不可避免地会对企业的发展产生冲击，其中的网络安全风险如何，值得研究。

直观而言，数字化应当是比信息化更进一步的发展形式。比如，有很多企业表示，搞了30年的信息化可能还没搞出大名堂，怎么突然之间就要转型搞数字化？是不是信息化搞失败了，所以需要重新搞个数字化出来？事实上，数字化并不是要对企业以往的信息化全盘否定，反而恰恰是在信息化的基础上，进一步进行整合、优化和演进以促进企业进一步提升管理水平和运营水平。数字化是在用新的技术手段提升企业的技术能力：从微观讲，数字化是实现企业信息化的服务化演进，以便企业的服务能力能够敏捷地直接满足终端客户的需求；从宏观讲，数字化是对企业信息化的演进创新，将涉及企业的方方面面甚至更繁杂的场景。

数字化转型绝不是简单的"信息化2.0"概念，更不是作为对IT"云化"的另一种表述方式那么简单。数字化转型是指，要向着数字化的方向迈进并最终通过数字化技术将物理世界改造成为新的形态以更好地被人类所利用。这个过程不仅涉及人们与物理世界交互过程中的运行秩序的改变，还将因为这种改变促进不同价值观的碰撞融合而引发社会结构的改变，人们的世界观会变，价值观也会变。数字化转型将因此而成为一场深刻而深远的变革。

数字化转型的一个标志性模式是"基础设施即服务"（Facilities as a Service，FaaS）。这里，"基础设施"不仅是指传统的物理世界中那些需要靠某种物理形式的接触才能发挥功能的基础，更是指那些依靠网络空间的集成与连接即可发挥功能的设施。通过数字技术，原本孤立的有天然边界的业务流将会变为高度集成且全连接的受数据流驱动的跨边界业务流，业务流的可编程形态就形成了全新的"基础设施"。其结果是，将会产生海量的数据并且会持续不断地对其加以利用，这意味着几乎无限的可能。

对数据的操作只能依靠软件才能实现，而数字化转型的场景千差万别，怎么办？只能在这充满个性化需求的场景中开发适配的软件来完成任务。因此，企业在数字化转型的大潮中，必须要为提供满足数字需求的产品和服务而不可避免地需要发展和强化自身的软件开发与交付能力。

无论企业是通过自研还是外购来获得软件开发与交付的能力，出于保障网络安全的目的而创建系统需求（框架）并管理项目实施过程，都将是企业的网络安全团队责无旁贷的工作内容之一。因为，数字化转型的雄心和基本实现方式都是要将一切事物都连接起来并允许对它们进行访问和控制，从而使一切事物都能被数字化记录（即形成数据）并且因此而变得可被编程。可以肯定的是，网络安全问题将与这一切相伴而生。

数字化转型的话题过于宏大且处在快速发展的阶段，为简化起见，本章仅以"IT化运维"作为一个示例，简要探讨开发与交付中的网络安全问题。

12.1　IT 化运维的安全问题

所谓运维工作泛指运行和维护某种业务系统的工作。这里所说的运行和维护，包括两层含义：一层含义是指传统意义上的为使业务信息系统保持业务功能正常和业务服务连续而对目标系统进行的监督、配置、操作、巡护和排障等工作。本质上讲，这是一种风险管控性质的工作，但有个约束条件，就是当且仅当业务系统的性能或功能不能或可预测的不能满足其最低设计要求的时候，才会实施这些工作；另一层含义是指，对目标系统中的业务软件进行适度的修改、更新（包括纠错）以提高其性能或功能属性的工作。此处，业务系统是个特定概念，是指为实现特定业务需求而使用的基于信息技术的且具有较大规模的作业系统，不是指纯机械（或电气）系统（或装置），也不是指轻量的、简易的或规模较小的业务系统（无论这种业务系统是否采用了信息技术来实现）。

运维工作通常内容单调、重复且通常不会有太多的创新性，枯燥无味，其目的单纯就是为了保证业务系统的稳定运行和可靠运行。这是一种脑力劳动中的体力工作，需要从事这些工作的人员（被称为运维人员）牢固地融入业务系统的运转链条之中，成为"会思考的机器"，不但要具备过硬的专业技术、敏捷清醒的头脑、良好的心理素质，还要有强健的体魄（因为工作作息不稳定，需要经常临时加班和持续加班）。显然，没有多少企业可以寻找到足够数量的同时具备上述 4 个条件的人类员工作为运维人员。因此，长久以来，人们对实现运维工作的自动化（或去人类化）的呼声一直存在，并且，运维工作自身朝着自动化体系的方向进行演进的步伐也一直没有停歇。数字化转型浪潮的到来，更是极大加速了运维工作自动化的发展进程。

所谓运维工作自动化（或自动化运维工作），是指在满足运维工作要求的前提下，在其过程中尽可能地减少人为干预（或人工参与）行为。"自动"是指"物"（人造装置）在人的控制下，通过预先被设定的（或按照算法自主建立的并符合预期的）决策标准、序贯关系和相关操作来完成工作任务。

运维工作自动化主要是通过电子设备和计算机手段（即信息技术）来实现，因此也可被称为是"基于信息技术的运维"。通常，将其简称为"IT 化运维"。

IT 化运维的主要目的是：①代替人类劳动力执行单调重复的、艰苦的、高体力消耗的或超出人类能力的任务；②提高工作效率并提高工作的质量和可预测性与稳健性；③节省时间等。

以当前技术水平来说，IT 化运维：①无法自动执行所有需要执行的运维任务；②不能代替人类解决业务系统运维过程中的方向性问题（例如，对业务系统的功能改进提出建议或方案等）；③很难完全妥善应对突发事件，并且也离不开人类管理员为出现的意外结果进行善后（包括额外的投入成本和容忍对正常业务的延迟等）；④更重要的是，运维工作自动化越高效，就越需要人类操作员做出重要决策，越是需要更少人类参与的 IT 化运维，则人类在其中的参与就越重要。

简单而言，IT 化运维就是 IT 了的自动运维。在这个过程中，需要基于控制论（Control Theory），结合特定业务系统场景，借助计算机软件完成具体任务。这些用来完成任务的软件就是 IT 化运维的应用软件，属于 ICT⊖应用系统的一种。此时，所需的计算机软件开发任务当

⊖　信息通信技术（Information and Communication Technology，ICT）泛指以数字形式处理电子信息的集成技术和产品，强调使用单一且统一的链路系统将电信系统和计算机应用系统集成在一起。

然可以委托给专业的软件开发人员来完成，但是软件开发方和需求提出方之间的"天然鸿沟"必将成为 IT 化运维的瓶颈，因为，运维工作的即时性和突发性决定了需求的多变性，而这种敏捷的多变需求，很难由传统的软件供应模式来满足。

除此之外，考虑到数字化转型浪潮的忽然而至，客观上，这种潮流在给软件工业带来巨大发展机遇的同时，短期内也耗尽了几乎所有有经验的软件开发劳动力。计算机软件开发是一个专业领域，需要从业者具备相当的专业技能，但是随着业务需求的爆发和时势的冲击，企业的管理当局所能做的唯一选择可能就是："武装"自己的运维人员——这些最了解需求且也具备一定技术能力基础的人员——让他们转岗去开发所需的软件并采用敏捷开发的策略，在不断的迭代中逐步完善软件。短期来看，这样的做法，其成本效益比不会太差，更重要的是，其综合效果肯定比请一些不了解情况的"外来"新手要好得多。

不能说这种做法不对，但同样也不能说这种做法没有风险。我们不难发现，在这个过程中，网络安全问题被有意或无意地忽略了——IT 化运维所需软件在开发过程中的网络安全风险控制问题被习惯性地退化为了一个纯技术话题——这种决策的逻辑默认：只要软件开发人员足够细心，就不会存在网络安全问题，或者，即便有些安全问题也没关系，只要在后续的迭代中纠正就行。

这种做法是不是看起来让人觉得有些眼熟？

造成今天我们整个文明世界全体面临的网络安全问题泛滥成灾局面的原因，与此何其相似。当然，我们于此只是在举例说明开发和交付中如何控制网络安全风险的问题，但也希望能提醒读者见微知著，于实务中早做谋划。

12.1.1 IT 开发中的安全问题

根据经验以及不断获得的实证表明，网络安全漏洞中有非常大的比例是由于软件在开发之初缺乏良好的架构设计所造成。在越来越多的情况下，企业为了加快软件的交付速度，通常会采用敏捷方法开发软件：开发团队在相对较短的周期内迭代产生代码并交付使用，再通过与用户建立较高频次的反馈循环来不断修正软件（即对软件进行不间断维护）。这样做的好处是可以在最短的时间内用最快的速度响应并实现使用者的需求。

但这一切都建立在软件开发受业务需求驱动的基础之上。无论是软件开发团队还是各级软件使用者，都很少具备足够的知识能够意识到其中所面临的安全威胁、安全架构乃至安全编码等相关的问题。他们更没有能力在开发的过程中充分考虑或优先考虑安全保护的问题，甚至无法理解安全保护要求的重要性以及这些要求与软件使用过程中的安全机制之间的相关性。

当软件投入使用后，由于架构设计方面存在的缺陷，即便是进行快速迭代，可能也无法以便捷的方式或较低的成本修复其中的漏洞，只能采取某种变通办法加以抑制，但这却又可能在无意中破坏了既有防御体系的完整性。

1. 方法问题

软件开发工作通常是团队任务，因此，应当立足于团队视角来讨论相关的方法问题。

首先，需要在方法论上统一团队的思想，使他们明确地了解在开发过程中使用的安全方法将会带来什么样的安全保证，以及为什么需要在开发过程中获得这样的安全保证。最好能在企业的管理当局对软件开发安全工作的支持和承诺下，邀请网络安全团队的专家与开发团队（含远程参加开发工作的团队或外包的合作伙伴）建立联系，由安全团队通过某种短期的培训来建立他们共同工作的基础。安全专家可以围绕企业曾经历过的某些由正在开发的软件中的安全漏洞或缺陷所引起的安全事件，对开发团队进行案例教育并延展出方法培训。最理想的培训结果是使开发团队的成员对安全产生兴趣并能接受基本的安全理念。

其次，开发团队可以在安全团队的建议下采用威胁建模的方法，对软件架构进行优化或设计并在此基础上进行开发。应当确保有安全专家参与所有的威胁建模活动，引导开发团队进行讨论并记录结果，但却不能将威胁建模工作甩给安全专家独自完成。事实上，安全专家并不是开发团队的成员，随着工作的开展，开发团队中那个对安全理解相对最深最快的人将逐步接替安全专家的角色。这是使安全工作在开发活动中得以维持的最佳方法。

再次，威胁建模的范围必须得到良好定义并能够被严格控制系统复杂性。应当充分理解软件使用者的业务任务目标，要确保完全识别了那些至关重要的数据和服务并在此基础上明确所开发的软件的安全保护等级。应当遵循已明确取得共识的内容进行开发工作。例如，可以花一些时间仔细讨论并确定"STRIDE"的定义，绘制数据流图（DFD），展开讨论并决定系统的哪一部分需要优先予以安全保护等。在这个过程中，切忌"坐而论道"、切忌追求绝对安全的"大而全"和"一步到位"。

最后，选用恰当的开发工具，为安全开发的过程提供技术基础。不要试图只使用受到开放环境支持的工具来完成软件开发工作，要防止源代码不受控制。同时，要能够使用工具对开发过程本身进行管理和记录，以便于对开发工作自身进行审查和评估。例如，使用工具建立一个台账（可以包含在开发团队的问题跟踪系统中），将已被识别的每个风险点都记录在案，同时，在对应的代码中建立标签，通过对这些标签的追踪（安全审计）将能很好地评估已知风险是否得到了妥善控制。图 12-1 结合一些 IT 开发过程中较为重要的安全工作事项，简要示意了在 IT 开发中可供参考遵循的安全方法，给出了实施步骤和重要程度方面的建议。

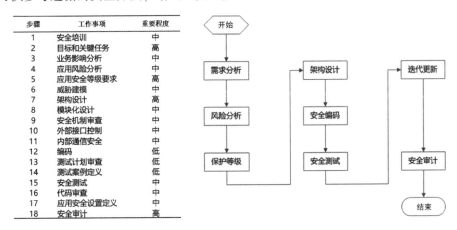

● 图 12-1　IT 开发中的重要安全风险控制节点示意

2. 技术问题

在编码层面，软件开发人员必须了解构建安全软件的基本方法，需要针对特定的威胁情况进行加强防御。

虽然不需要这些开发人员从头学起，那样可能需要他们花费大量的时间翻阅数千页的资料而仅仅只能获得适用于他们手头工作的那一小块"有意义"的内容，但确实需要他们至少能为正在编写的代码进行思考，要确保那些代码实例符合安全规范和最佳实践的要求。例如，软件开发人员可以留意类似 OWASP Top10 这样的年度漏洞清单，并且能够根据清单有针对性地进行准备。图 12-2 示意了近年来观测到的一些因为软件开发失误导致的较为常见或危害较大的典型漏洞分类（按数量进行对比）。

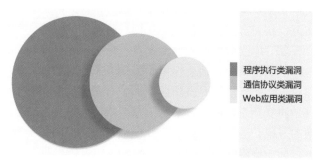

程序执行类漏洞
通信协议类漏洞
Web 应用类漏洞

• 图 12-2　IT 开发人员常见漏洞分类示意

（1）Web 应用类漏洞

最常见的 Web 应用类漏洞是"SQL 注入"（SQL Injection）类漏洞。这是一种非常严重的程序编码缺陷，任何用于与数据库连接的编程语言都可能受到影响，例如：高级语言中的 Perl、Python、Ruby、Java、ASP/ASP. NET、JSP、PHP、C#、VB. NET，以及较低级别的语言中的 C 和 C++等。

开发人员在开发使用数据库驱动的 Web 应用程序时都需要注意规避此类漏洞。最为常见的利用这类漏洞的方式是通过应用程序的交互界面用字符串连接法建立一个 SQL 语句，这使得攻击者可以改变 SQL 查询的语义从而对数据库或数据进行攻击获取权限。显然，任何不执行数据库操作的代码不可能受到借助这类漏洞发动的攻击。攻击者通常会通过在目标系统中查找加载数据库访问用代码的情况，来决定是否尝试发动 SQL 注入攻击。例如，对 Python（MySQL），会以"MySQLdb"作为关键字进行查找；对 Ruby，会以"ActiveRecord"作为关键字进行查找；对 Java（JDBC），会以"java. sql""sql"作为关键字进行查找；对 C/C++（ODBC），会以"#include <sql. h>"作为关键字进行查找；对 SQL，会以"exec"以及"execute""sp_ executesql"作为关键字进行查找等。

此外，"跨站脚本漏洞"（XSS）、"跨站请求伪造"（Cross Site Request Forgery，XSR/CSRF）、URL 泄露认证信息（Magic URLs）等漏洞也很常见。用于建立网络应用的语言或框架几乎都会受到影响，例如，Python、PHP、C++、ASP/ ASP. NET、C#、VB. Net、J2EE（JSP、Servlets）、Perl 和 Common Gateway Interface（CGI）等。

（2）程序执行类漏洞

程序执行类漏洞是指可执行程序因为开发设计中的逻辑错误或而导致的先天缺陷，在其执行过程中容易被特定条件触发，可造成严重危害。常见的类型有："缓冲区溢出"（Buffer Overflow，BO）、"字符串格式化错误""整型溢出"（受到影响的编程语言主要是 C 和 C++）；"命令注入"（受到影响的主要是各类应用程序接口 API）；"错误信息处理错误"（所有使用函数错误返回值方式或依赖异常中断的编程语言，例如，ASP、PHP、C、C++、C#、Ruby、Python、VB. NET 和 Java 等，都会受此影响），以及"信息泄露""过度索权""数据保护失效"等。

由于移动程序（Mobile App）的开发日益普及，需要防范的漏洞已经不再局限于程序本体，对于程序所采集、调用和维护的数据保护方面的设计缺漏，也需要特别注意。

（3）通信协议类漏洞

网络环境中使用的应用软件离不开网络通信协议。这当中最常用的 DNS、HTTP、TLS/SSL 等基础协议，自身就很容易受到攻击，这使得直接使用这些的应用软件构建在了一种不牢固基础之上。由于这些基础协议产生的年代久远，默认并没有可靠的安全加固手段，因此，在开发过程中不宜直接引用这些协议，否则将会由于未使用加密手段或加密手段不足而给最终交付使用的成品软件留下巨大安全隐患。软件开发团队应当对此高度重视，应该尽可能地使用它们的替代协议或遵循它们各自的最新规范。

对网络通信过程应采取的最基础的保护措施，是需要应用软件能够在通信信道和通信连接等底层实现中确立可靠的身份认证、通道加密和通信完整性校验等机制。例如，最为常见的安全套接字协议（Secure Sockets Layer，SSL）就是一个基于连接的协议，其主要功能就是要在通信双方之间通过网络安全地传输数据。使用 SSL 需要首先完成通信双方的身份认证，在这个步骤中必须用到"公钥基础设施"（Public Key Infrastructure，PKI）来完成对密钥证书进行生成、存储、分发和撤销等任务的管理功能。但情况较为复杂的是，建立 PKI 并不是一件简单的事情，PKI 有大量的活动组件⊖、牵涉面广⊜，小规模的软件开发者或非专业的软件开发者通常没有能力按照需求自行开发、建立、运营 PKI。即便抛开 SSL 涉及的关于 PKI 底层实现的细节不谈（因为大多数高级编程语言都提供了良好的功能封装），如果开发人员没有足够的经验，那也经常会出现以下一些失误："忘了"检查认证机构（Certification Authority，CA）的合法性或对 CA 进行认证；"忘了"校验证书的有效期或者设定证书的有效期；"忘了"对证书撤销进行检查或者检查证书是否被撤销；"忘了"在通信端点之间同步证书中的名字；试图将证书用于所有场景或者除了将证书用来验证服务器之外大量使用证书……此外，还有如下一些常见的基础性的问题也容易引发严重的软件缺陷。

1）使用伪随机数。在网络通信功能的实现中，需要大量使用随机数种子来执行各种重要任务，例如，用来生成密码钥匙和会话标识符等。但在编码中，开发人员通常会调用默认的随机数生成功能，而这些功能所提供的其实只是些伪随机数——可以被预测的所谓随机数（即使只有很小的命中概率）。攻击者可以利用这些伪随机数的生成问题作为漏洞来破坏系统的安全。

2）使用（弱）口令。弱口令是个管理问题，但却有肥沃的技术基础来滋养这种不良的习惯。例如，系统对口令的复杂性不做校验，或者依赖于只使用由用户输入口令作为身份认证的手段等。而跳出编码的局限性来说，软件的架构在设计上如果不认真考虑口令被盗用或集中认证口令导致的全局风险等问题，同样会导致大量的安全防护措施被"短路"失效。任何使用口令机制的软件系统都有这类的安全风险，开发人员不可能对此置身事外。

3）错误应用密码学。受限于软件的设计人员和开发人员通常对密码学没有深入系统的研究，因此，他们很难主动地正确运用密码学，甚至很多开发人员会非常自信，认为自己确实了解所使用的开发工具中的加解密模块的功能。而任何加解密的工作都会带来系统开销，在未受过专业训练的情况下，几乎所有的开发人员都不会为了保证安全而去平衡系统开销与功能实现之间的关系。

正确和适当地加密，需要开发人员的时间和经验来沉淀。

⊖ 可参见 ITU X.509 标准。

⊜ 可参见 RFC 2459。

12.1.2　移动 App 开发中的问题

移动 App 是指应用于移动互联网的应用软件，也可称为 Web App（简称为 App），是近些年来获得快速发展的一个软件开发和应用领域。App 可以为使用者借助移动互联网提供无处不在的业务服务，能够满足使用者对便携性和个性化计算的需要，在越来越多的场合为摆脱传统上的个人计算机的使用局限性提供了更多的可能。例如，当前阶段，较为理想的 IT 化运维架构，完全可以用"云+App"的方式来实现（见图 12-3）。App 作为终端和交互接口，负责提供个性化和适应性。云计算作为后台，负责提供更多计算能力以完成在移动平台（含 App）上无法完成的任务，并且提供一个"永久在线"的基础，为 IT 化运维整体业务功能的实现提供可靠的支撑。

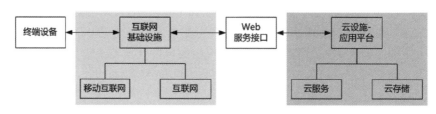

● 图 12-3　"云+App"架构示意

架构带来的安全需求

"云+App"的方式作为一种通用架构，有其特殊性，需要特殊设计其安全保护功能，使其尽可能具备原生网络安全能力。

首先，"云+App"是一种分布式的架构，结构较为复杂，对开发人员的要求比较高，其自身在开发过程中先天形成脆弱性的概率明显提升。此外，分布式的架构在客观上增加了潜在攻击者的选择余地，在云端、终端、链路等各环节都为他们提供了更多候选目标，系统所面临的网络安全威胁增大。

其次，"云+App"的结构将原本封装在同一个软件范围的功能进行了拆分，主动打消了业务应用系统传统上可以从基于软件封闭性而能获得的部分安全优势。因此，在设计上，需要补充或额外加强其安全保护方面的原生功能，这就进一步加大了系统的编码难度，对开发人员提出了更高的要求。例如，根据经验，因为额外的加强网络安全设计和编码，大约将使系统开发的总工作量增加 25% 到 50%。

最后，"云+App"的架构中数据安全问题将更为突出。产生于或归属于终端使用者的数据将会被收集并集中在不受终端控制的环境之中，这除了会产生传统的网络安全问题之外，还可极大地引发有关隐私保护问题的担忧。这也为加强安全保护功能提出了新要求。例如：①开发人员需要注意到数据可能会长时间以不受控的方式存储在第三方（云端或客户终端）设备之中，因此，在系统编码实现的过程中应当关注如何将数据和应用分离的问题；②所有存储数据的位置都需要加密且避免将关键信息直接存储于终端设备之上；③严格控制在终端和云端服务器中存储和使用的 cookie 以及各种环境变量，防止它们被不同的 API 不受控地调取和使用；④严格限制应用程序针对数据的备份操作；⑤防范和阻止来自 App 的身份仿冒等。

App 通常搭载在轻资源环境平台之上，所使用的计算能力和能源供应都非常有限。强的加密措施意味着强的资源开销。需要在不影响使用者体验感的情况下开发出更适合供 App 使用的代码，这是开发人员所必须面临的挑战之一。

12.2 开发与安全软件工程

开发人员在工作开始之时与安全专家的协同，以及威胁建模方面的工作对正确设计软件架构具有重要帮助，但并不能自动成为最终的软件成品，具体的细节还需要开发人员在编码、调试、发布、更新等各环节中加以注意。

12.2.1 安全编写代码建议

以下一些来自于编码工作过程的简要总结，可以作为开发人员实现编码安全的建议。

1. 数据库操作

开发人员务必要了解所使用的数据库的基本原理和功能。例如，要熟悉所有的注释运算符、熟悉所有的扩展功能调用方法、熟悉存储过程原理等。

开发人员须遵循数据库操作规范的要求，编码要严谨。例如，不得允许应用程序直接对数据库对象进行底层操作、不使用高权限账户（sa 或 root）的身份连接到数据库、要使用参数化形式构造数据库操作命令、要养成在服务端检查输入有效性和可信度的习惯（过滤或屏蔽任何外部输入的数据库查询命令，对客户端输入的信息进行转码等）、对于动态查询过程须构建定界函数、数据库连接信息（账号、口令、地址、端口等）不得编码在应用程序之内等。

开发人员应妥善处理包含敏感信息的数据库，要对敏感信息进行加密处理。

部署应用程序后，要妥善管理数据库配置文件，不得将其存放在默认的文件目录中。

2. Cookie 操作

开发人员应当对源自用户输入的所有输出进行转码，检查所有基于网络的外部输入数据的有效性和可信度（如参数化传递信息、建立时间戳机制、将 Cookie 标记为 HTTPOnly 等）。

开发人员须注意，不得将未加识别的源自网络的输入回显到用户界面，不要使用 GET 方式更改服务器状态或写入数据，不要在 Cookie 中携带包括认证信息在内的敏感信息，可以尝试尽可能地使用 TLS/SSL⊖或 IPSec 等加密技术来提供保护。

3. 内存操作

开发人员须熟悉应用程序所依托的平台特性，应当反复测试确认自定义的实现缓冲区读写功能的代码，尤其要注意确定内存分配和数组索引的计算过程（例如，数组偏移和内存分配大小所使用参数、指针的符号问题、截断问题等），确认是否规范使用了地址随机化功能（如/dynamicbase）、是否规范使用了基于编译器的保护功能（如/GS、ProPolice 等）以及操作系统级的保护功能（如 DEP、PaX 等）。明确限定程序对异常的处理且只处理特定的异常。

开发人员应当尽可能使用更加安全的高级语言编译器。这通常意味着应当保持对常用编译器（如 C/C++）的更新和跟踪。

虽然现代大型软件系统中直接操作内存的开发场景已经并不常见，但在涉及物联网（含工业互联网）和各种移动应用程序的场景中还会需要一定量的此类开发工作，开发人员应当保持

⊖ 建议使用 TLS v1.3 / SSL v3.0。早于这些版本的 TLS/SSL 都存在安全问题，切勿尝试使用。

对内存操作的谨慎态度。

4. 移动端操作

开发人员应当使用更安全的技术（如 . NET 和 Java）编写移动代码；应当使用代码签名私钥和证书对通过应用程序下载到用户系统的任何代码或数据进行签名；产生的临时文件应当写入用户空间，而不是写入共享的临时文件夹之中；对终端用户进行多重身份验证等。

5. 口令机制

开发人员应当对口令和敏感信息的管理引起重视，避免使用弱口令并应当对口令复杂度进行验证；尽可能使用基于"零知识"的口令协议并尽可能使用加盐的哈希函数保存用户口令；为重置口令操作设置多重校验机制；应当设置初始化程序，强制首次使用程序的用户在登录后立即修改默认口令。

开发人员应当避免在应用程序的后端基础架构中存储明文口令；避免将口令存储在程序代码中；避免记录失败的口令；对于高敏感度的场合应当考虑使用一次性口令机制等。

6. 其他建议

养成良好的代码编写习惯，所有变量或被引用的类均应被正确地初始化；构造函数和赋值运算符应当被良好封装，避免其向外抛出异常或失败跳转；正确关闭类成员的引用或在使用完毕后对其进行释放；白名单机制优先，尽可能避免使用黑名单机制；避免在未锁定的情况下修改全局变量或资源；在开发的起始阶段就为最小权限做计划，以尽可能低的权限运行代码；对于失败的登录尝试，请务必给出一条日志信息等。

12.2.2　面向安全的软件工程

在网络空间环境下，网络安全保障将是设计 ICT 软件产品和服务的一个指标性要求。在一些较大规模的应用项目中（例如，为政府客户建立某种大型的公众业务自动化服务系统等），安全问题将影响甚至决定软件产品的开发过程。更宽泛地讲，在类似这种受到监管的环境中，软件产品必须对包括开发、测试、部署与运维在内的全过程进行特定的安全保护，并且还需要软件产品的使用者建立并不断完善以安全为导向的内部管理（安全治理）机制。软件工程的复杂性决定了将安全工程整合到软件工程中，将会有效减轻开发人员的工作量并降低他们工作的难度。下面以"冲刺法"（Scrum/Sprint）为例，将安全保障与敏捷开发相结合，以安全软件工程的视角进行一些讨论。

安全软件工程，即"面向安全的软件工程"（Security Oriented Software Engineering，SOSE），是指在应用程序的开发过程中系统地应用各种安全控制措施的一种工程方法。

敏捷开发是当前已得到广泛应用的一种软件开发方法，强调由开发人员采用迭代的方式，"尽早交付、持续改进"，灵活响应需求变化，不断调整、优化和改进软件的性能和功能。敏捷开发有很多种实现方式⊖，冲刺法是其中较为常见的一种通用框架。

在这个框架内，开发人员首先根据使用者的需求把需要完成的产品分解成规模较小的组件（功能组件），然后将功能组件进一步划分为工作包或项目并编入产品待办列表中，最后以短期（1~4 周）开发冲刺的方式集中完成待办列表中的任务。冲刺结束后，对工作进行展示（进度

⊖ 例如：测试驱动开发法（Test-Driven Development，TDD）、持续集成法（Continuous Integration，CID）、结对编程法（Pair-Programming，PPD）、小版本发布法（Frequent Releases，FRD）、代码共享合作法（Collaborative Focus，CFD）等。

管理），交付使用者试用，根据情况进入下一轮次的开发。

安全需求可以作为最终软件产品的功能组件而嵌入冲刺法的框架中。安全人员在对开发人员进行必要的安全培训后，将在威胁建模的基础上专注于最终产品的安全，在划分功能组件的过程中全程参与创建或审查包括系统架构、风险管理、测试计划、系统日志和安全审计必需证据在内的相关需求。软件开发人员将在冲刺周期中根据工作包或项目要求完成迭代开发任务。

此时，安全功能、安全测试和安全审计成为最终产品的一部分，是最终产品被用户接受的绝对标准之一，而不再如传统的冲刺法那样，将安全部分的要求作为非功能需求使其在开发过程中无法受到应有的关注。

将安全要求和冲刺法相结合最大的困难是，很难或根本无法估计安全工作所涉及的工作量。这将非常容易让开发人员认为，实现安全功能是给自己增加不可预期的工作量并将影响工期，是一种额外开销和负担。这种观点会给整个开发工作带来挑战。针对这个难点，需要安全人员和开发团队的管理者建立互信，通过为开发人员颁发开发工作许可的方式，使他们建立起恰当的安全观念——软件的安全性是软件的一种属性，而不是软件的一种功能特征。图 12-4 大致示意了这种使用面向安全的冲刺法进行软件开发的过程。

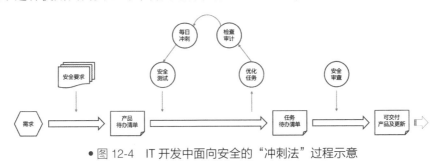

● 图 12-4　IT 开发中面向安全的"冲刺法"过程示意

12.3　安全开发的最佳实践

软件开发的技术和方法仍在不断地发展，在开发阶段即着手保护软件的安全已经成为一个逐渐获得软件工业认可的共识。保护软件安全是一个动态的过程，对应用软件所需采取的安全控制措施的设计与实现，必须要像支持它们业务功能实现的开发过程一样灵活可靠。当然，软件安全的范畴会更大一些，将涵盖软件的设计、开发、维护、操作和管理方式等更多领域。

整体情况虽然在好转，但是仍然在很大程度上存在这样一种情况：安全团队还经常需要通过各种方式去说服开发团队去重视原本他们就不能忽视的安全问题，甚至，企业不断变化的运营目标使得这个问题更加复杂。对于安全团队而言，在软件开发的各个阶段哪怕是最低限度地控制相应的安全隐患也是一件非常有意义的事情。这是来自于最佳实践的经验，这将有效地减缓企业所面临的系统性风险。

12.3.1　现代软件开发方法

早在软件工业的前期发展阶段（20 世纪 60 年代中期）便已出现了软件工程（Software Engineering）的概念，确立了软件开发过程中的方法论传统，其中最为典型的是 20 世纪 80 年代被确立的"瀑布模型"（Waterfall Model）方法。这是一种被美国"国防系统软件开发"标准所采用的"重型"的软件开发方法，要求软件开发工作应当至少是一个包括需求分析、初步设计、详细设计、编码和单元测试、集成和测试 6 个环节的完整周期。不难看出，这种方法强调了在特定的专业化场景下，对软件开发过程施以严格监管并深入到了开发工作的微观层面。但这对于民用软件开发工作而言，这样的方法过于臃肿和沉重，很难适应需求变化较快、较多的场合。

与之对应的是"轻量"的软件开发方法，例如，"迭代和增量开发"法（Iterative and Incremental Development，IID）、"快速原型"法（Rapid Prototyping，RP）等。这些方法最早都可以被追溯到和瀑布模型法一样古老的时代，并且在 20 世纪 90 年代都得到了快速的发展，出现了"快速应用开发"法（Rapid Application Development，RAD，1991 年）、"冲刺"法（Scrum，1995 年）以及"功能驱动开发"法（Feature Driven Development，FDD，1997 年）等方法。在这些方法的基础上，还进一步发展出了一些现代软件开发方法，包括："持续集成"法（Continuous Integration，CI，1998 年）、"敏捷"软件开发方法（Agile，2001 年）、"站点可靠性工程"法（Site Reliability Engineering，SRE，2003 年）、"持续部署"或"持续交付"法（Continuous Deployment/Delivery，CD，2010 年）等。在不严格区分的情况下，这些方法可以统称为"敏捷类方法"。

与此同时，人们对整个开发过程的管理思想也在发生演变，正在逐步展现出这样一种趋势：根据场景条件的限制而尽可能地采用轻量活动而避免重型活动。甚至，这还启发并发展出了基于敏捷的方法论或思想，例如，"研发与运营一体化"（Development-Operations，DevOps）和"架构与运营一体化"（Architecture-Operations，ArchOps）等，被广泛借鉴或应用到了软件开发以外的行业和场合（如企业业务的敏捷管理、家庭抚育的敏捷管理等）。

应当看到，现代软件开发方法所推崇的敏捷类方法并不是在根本上排斥其他"非敏捷"类方法。在实际的开发过程中，项目管理人员可以根据场景需要来选定具体的方法并可能需要在不同方法之间进行交叉借鉴。敏捷类方法适合具有相当经验的小型专家团队在松散型组织或知识密集型组织中使用，而在拥有基础设施的大型组织或劳动密集型组织中使用这类方法将通常会遇到较大的阻力。随着技术的进步，目前也出现了适合大型团队的敏捷类方法。

整体而言，现代软件开发方法仍处在不断的发展和变化之中。

1. 关于敏捷

根据《敏捷软件开发宣言》中的记载：①敏捷法的价值观是"个人和互动高于流程和工具，可工作的软件胜过详尽的文档，客户合作胜过合同谈判，响应变化高于遵循计划"。②敏捷法的原则是"通过尽早和持续地交付有价值的软件来满足客户；以简洁为本，这是最大限度地减少不必要工作量的艺术；最好的需求分析、软件架构和设计出自能够自组织的团队"。③敏捷法的内容主要是，采用动态、非确定性和非线性的方法开发软件系统和产品。使用敏捷法来提高软件开发工作的适应性，以能够被良好接受的确定性作为基点，通过小范围高频次的迭代开发所实现的"进化"来最终完成开发任务并为后续的软件运维工作打下良好的基础。

敏捷法在整体上遵循的范式仍然是"确认需求→实现需求→测试验证"的循环往复。这是一种螺旋递进、持续前行的方法。敏捷法更加关注架构设计阶段的需求分析和任务分解工作，依靠和充分信任团队中能力最强的个体所发挥的作用，基于小型团队成员之间更易获得相互信任的前提，激发团队成员的信心并促使他们提高工作效率，以尽量削减形式化的工作内容和团队管理方面的开销并采用轻量化或简化的审查和审计策略，通过维持较高速度的迭代不断修正开发项目的负责人的预期与软件最终用户需求之间的偏差，最终完成各方都可接受的交付物成品软件。较为著名的敏捷类方法的框架有："自适应软件开发"（Adaptive Software Development，ASD）、"敏捷建模"（Agile Modeling，AM）、"敏捷统一流程"（Agile Unified Process，AUP）、"严谨敏捷交付"（Disciplined Agile Delivery，DAD）、"动态系统开发方法"（Dynamic Systems Development Method，DSDM）、"极限编程"（Extreme Programming，XP）、"精益软件开发"（Lean Software Development，LSD）、"快速应用开发"（Rapid Application Development，RAD）、"扩展敏捷框架"（Scaled Agile Framework，SAFe）等。

2. 软件开发生命周期

软件开发生命周期（Software Development Life Cycle，SDLC）就是软件产品的生存周期，是指软件从被构思、研发、使用到废弃、灭失的全过程。典型的 SDLC 通常可以划分为"定义""研发"和"运维"三个主要时期，每一个主要时期又可划分为若干阶段，在每个阶段可进一步明确若干任务，每个任务还可进一步被拆解成若干小任务。例如，常见的较为完整划分了阶段的 SDLC 通常包括 6 个阶段，分别是：需求管理、架构设计、软件编码、软件测试、软件运维、软件退役等。

建立软件开发生命周期的观念，是一种按时间分程的思想方法，可以在一定程度上降低软件开发工作过程的管理复杂度，使得开发工作工程更容易得到控制，软件质量也可得到可靠保证。SDLC 概念与管理方法中的 PDCA 模型的思想相通，是软件开发方法中的通用基础。SDLC 的思路实际是按"计划→行动→回顾→改进直至结果正确"的循环顺序来组织软件开发工作的实施的。

从更宏观的视角来看，SDLC 是一个受限于有限资源约束条件下的最优解问题，是软件开发团队与软件需求方之间，基于软件使用环境需要而采用的系统性方法的基础。基于这种全局观念，可以更好地帮助需求方管理需求，也可以帮助开发团队优化设计和开发活动的节奏，使得供需双方整体的效益最大化。当软件的开发与其使用环境（例如某些专门化的业务任务）相结合时，软件开发这种基于知识的创造性工作就没有了简易的替代方案，开发过程中的迭代性和灵活性将会显著降低，批量制造将变得非常困难，从方法上将不得不回归到某些线性的过程。在这种线性过程中存在顺序阶段，每个阶段的工作都将只能建立于前一个阶段的可交付成果的基础之上。因此，不加区别地一味追求当下的需求或超前于需要进行开发，将可能产生较大浪费并带来负面效应。

12.3.2 安全开发的"左移"

当人们逐渐认识到并接受这样一种观点：软件开发中的失误，包括设计不周、编码不严、测试不足所造成的软件缺陷是引发网络安全问题的一个主要薄弱环节后，加强软件开发的安全性便成为一个风险控制的热点领域。

首选的方法是，向开发团队引入软件开发的安全保护任务，通过改进开发活动来查找、修复并最好防止应用程序中的安全问题。这是一种特定的专门化的工作。

基于 SDLC 的观点来看待整个工作，将会更有助于理解具体的任务目标和工作方法。

根据软件的生命周期，开发活动涉及需求分析、架构设计、编码实施、测试验证、运行维护、脱敏废弃等各个阶段，如果按照这个顺序（或在进度计划时间表上）将后续的一些步骤尽可能地向左移动——从项目开发的一开始就有计划地解决软件的安全性问题（或构建软件本体的安全保护措施）并在整个过程中的每一步都着力解决安全问题，将会非常有助于完成安全开发软件的任务。

1. **"左移"**（Shifting Left）

"左移"是个形象的说法，意思是指提前做了通常要在后期才做的事情。更通俗一些来说：所谓"左移"就是指为了防患于未然而主动采取措施。

虽然这个术语起源于软件开发行业，但它也可以应用于更广阔的场景内，将流程中的任何测试、验证、准备或执行活动转移到早期的情况，都可以称为是"左移"。例如，为了安全的目的，而将软件开发中的设计、编码、测试等安全活动从流程的末尾提前到流程的初始阶段，就是安全左移。这意味着在开发过程的早期就考虑安全方面的需求和要求，考虑合规和防护问题，将有助于减少、规避并提早发现、修复和防止软件产品中的缺陷，而不是等到软件完成后再处理安全问题。

更进一步来看，之所以在传统上会将安全控制放在开发流程的最终环节，就是因为大多数人的思维习惯是更倾向于推迟处理特别棘手的问题，安全问题对开发团队而言从来都是一个棘手的问题——增加了软件的设计难度和实现难度且经常可能严重拖后软件产品的快速交付进度。在当前"生于云端"的应用程序的世界里，在"平台即服务"的环境中，安全受到前所未有的重视，不断因为安全问题（安全检测不合格）而被拒绝的产品使得开发团队越来越意识到安全开发的重要性。特别是当敏捷开发成为习惯后，越来越多的项目经理认识到，是整个开发团队的协调一致性决定了，只有利用基于设计的思维方法来建立愿景，实现安全的左移，才能为交付进度提供可靠的保障。

要实现安全左移，就首先要使得开发团队的每个人都清楚地了解他们的安全义务并准备好履行这些义务。安全团队将不能再"越俎代庖"，开发团队必须有责任心，自己完成开发过程中的安全工作并且要能够证明他们没有辜负这些期望。基于安全左移的策略，开发团队必须要注意这样几个问题：①软件设计人员不仅要基于需求创建解决方案，更要在设计的过程中考虑到如何审查这些解决方案的潜在安全问题；②编码人员应当普遍使用防御性的思维方式来完成编程开发，即便很可能每天都要发布新代码，也要保证在代码实现过程中已经采用了必要的防御性方法；③尽早开始安全测试并经常进行安全测试，追求适当安全而不是彻底安全等。

安全左移并未和 SDLC 冲突——需求仍在被收集，架构和设计仍在被构建，编码人员仍在写代码，测试人员仍在测试，操作人员仍在部署和管理应用程序——所不同的只是，在原来的工作中，安全职责被赋予了各环节所有人员角色，让那些熟悉应用程序的人在他们的范畴中去做必要的工作并且向安全团队证明他们已经做了他们必须要做的事情。

安全左移既是一种方法，也是一种理念，是在认识到了"软件安全是一个人因问题而不是技术问题"这样一个本质问题，结合人员能力、经济效益、时间成本等约束条件后找到的一种有益实践，是用已知的工作方式上的改进来应对已知工作方式中的人因问题，这样远比一味追求使用更多的工具来解决问题，更容易取得良好的效果。

2. 研发与运营一体化（DevOps）

DevOps 是软件开发团队和软件运营团队协同工作的一种工作方式。传统上，软件开发团队由软件架构设计人员、代码实现人员、测试人员所组成，软件运营团队主要由软件的实施人员（或运维人员）和系统管理员所组成。两个团队的构成基本上是按照软件工程的瀑布模型所对应的各个阶段的工作角色要求所组成，并且，即便是应用敏捷法的团队，也只是在人员上可能会存在复用但相应的各种角色并未减少。因此，在"左移"的思想影响下，运营团队由软件交付后才开始工作变为逐步主动提前介入开发工作，好比接力赛跑一样，软件就是"接力棒"，运营团队在开发团队"交棒"前即开始陪跑并与开发团队调整频率保持一致，以更适当的状态从开发团队手中"接棒"。

对 DevOps 的理解主要需要把握以下两点：

1）开发团队和运维团队之间建立起真正的协作。要打破两种团队之间的人为壁垒，通过将一定量的开发人员分配给运维人员作为其后台支撑的方法，引入更具协作性和全局观的思想，树立起协作的文化。

2）专注于提高发挥软件效能的能力。提高软件端到端部署的有效性和工作的效率，减少往复返工造成的浪费、消除开发与使用之间的需求沟通瓶颈、加快上下游反馈的速度，利用持续交付的流程完成一体化的协作。"开发-运营"的持续交付就好比一种"脉动生产线"，开发人员按照设计开发软件的组件，运维人员围绕部署和实施的结果对设计进行反馈或者直接在可选的组件库中自行组装概念原型并经确认后交由开发人员定型交付。从整个软件生命周期角度来看，这将能有效提高软件使用的整体效果。

但是，这里面隐含着风险。在 DevOps 模式当中，开发团队和运维团队之间在大部分时间内都是竞争关系，虽然提倡了彼此协作，但是难掩一种事实：开发团队迫于压力，需要更快地做出改变以响应业务需求，运营团队被鼓励去降低风险和减少变化，因为他们负责软件和服务的稳定、可靠和安全。可问题是，一旦出现安全问题，两个团队都会习惯性地指责对方团队应当承担责任——理想状态中的"开发—运营"模式，在安全风险控制的现实压力面前，不可避免地会出现裂隙。因此，不妨将专业的安全团队补充到这个裂隙中，形成"开发、安全、运营一体化"的模式。

3. 开发—安全—运营（DevSecOps）

"开发—安全—运营"（Development-Security-Operations，DevSecOps）的模式是基于安全保障的需求和实践，在不影响现状中的 DevOps 模式的情况下，通过整合网络安全团队扩展"开发—运营"模式而得到的增强模式，也可称为"研发、安全与运营一体化"。

建立 DevSecOps 模式大致需要经历以下四个步骤。

第一步，邀请网络安全专家融入 DevOps 模式的运作过程之中。网络安全专家通过分析运维团队的变更管理、访问控制和事件处理等日常操作过程的日志或流程痕迹，来建立对当前开发团队和运维团队的工作场景的概念。这种分析将需要一些时间，最终安全专家将在开发团队、运维团队之间建立一种持续的且相互信任的关系。这个过程中必须要平衡好开发、安全和运维三方团队之间的关系，彼此达成共识是后续工作的基础。如图 12-5 所示，各方关注内容的焦点就是安全运维的主要范畴。

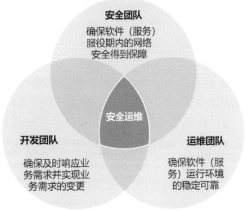

● 图 12-5　开发团队、安全团队、运维团队各方关注点的不同

第二步，结合业务需求，在软件的编码实现过程中引入对网络安全风险的分析。从架构设计入手，针对关键资源构建更加健壮、完整的保护措施并在软件开发的过程中予以实现。关键资源可以是人力资源、业务数据、计算设施或系统组件（数据库、中间件、配置文件等）。

例如，可以采用威胁建模法来实施这个过程。将威胁建模的结果应用到架构设计之中，形成某种设计原型（称为可行性原型）。安全团队将利用这种原型来试验那些针对某些高风险的事项而采取的措施的有效性并可借助数据分析进行验证，确认那些出于安全考虑的设计暴露在潜在威胁之下时的工作情况。一旦发现了纰漏或测试的结果低于预期，将直接召集开发团队进行修改完善。图 12-6 展示了一种架构设计中的网络安全检查清单的一部分示例。（该清单应该根据实际情况扩展，以适应不同的场景，包括微服务、Web 服务、物联网和云迁移等。）

集中验证	当前安全控制措施的漏洞	1. 集中验证是否适用于所有请求和所有输入？
		2. 集中验证检查是否阻止了所有的特殊字符？
		3. 是否有任何特殊类型的请求可以从验证中跳过？
		4. 设计中是否留有白名单，使其中的参数或特征免于被验证？
入口数据	不安全的数据处理和验证	1. 所有不受信任的输入数据都经过验证吗？
		2. 会话在两端都被正确地验证了吗？
外部整合	不安全的数据传输	1. 数据是否通过加密通道传送？
		2. 设计中是否涉及组件/模块之间的会话共享？
	权限提升	1. 设计中是否对外部连接/命令的权限进行了限制？
		2. 设计中是否对外部连接/命令升高自身的操作系统/应用系统权限进行了核查？
外部API	第三方API存在的已知缺陷	1. 所使用的API是否有任何已知的安全缺陷或漏洞？
		2. 设计中是否建立了外部API的清单并标记了其已知漏洞情况？
内置控制	常见的安全控制措施	1. 设计框架中是否使用了开发环境内置的安全控件？
		2. 现有的内置安全控件是否有已知的安全缺陷？
		3. 设计中是否启用了所有的安全设置？

● 图 12-6　对软件架构设计的网络安全检查清单示例

第三步，引入自动化的安全测试与合规性验证，提高效率并促使运维团队可以在日常工作中感知网络安全态势的变化。在运维团队部署（或维护）软件（服务）的过程中，越早发现软件中的缺陷或安全漏洞则解决问题的成本和工作量就越少，开发团队可以对其快速修复并能够控制局面，对其他人的影响就相对可控，否则，在后期阶段进行的同样的代码修改可能会影响使用该代码的其他组件，很容易造成局面失控，整体的进度控制也将会受到影响。例如：

1）代码提交前的安全检测。安全团队组织开发团队采用静态分析的方法对新编写的代码进行一些自动化的测试，包括安全编码合规性检查、最佳实践经验一致性检查和代码级控制策略合规性检查等。

2）代码集成后的安全检测。安全团队将与开发团队在软件的各组件的集成活动中共同测试安全特性，集成环境中将内置安全检测功能，无法通过预制的安全策略测试时，软件的集成活动将被中止并等待问题被排除。只有通过安全检测后，工作才可推向下游。

3）软件交付时的安全检测。软件用户的验收测试将会更加系统地测试网络安全方面的问题。安全团队将结合投产前的测试环境中的实际使用情况，分析软件运行时的安全特性，以发现在设计文档中难以发现的漏洞。通常情况下，涉及软件性能方面的测试不是安全测试的主题，但不应忽视因为安全而可能影响性能的事项。

第四步，正式交付之后的持续监控和改进。对于安全团队而言，运维团队以确定的流程开展日常工作将会有利于安全监控的实施，临时性的行为（或例外的许可）将会被尽可能地削减，这需要运维团队与安全团队保持一致并且尽可能遵从安全团队的建议。

综上，理想的 DevOpsSec 是这样一个过程（见图 12-7）。

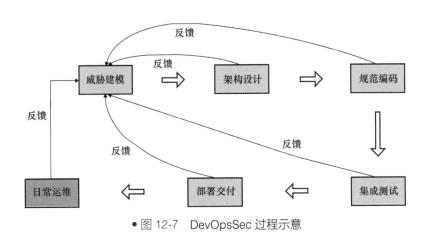

● 图 12-7 DevOpsSec 过程示意

1）在安全团队的帮助下，开发团队的代码在提交前即开始进行安全测试，安全团队和开发团队将同步从静态分析或代码级安全编码结果中获得反馈并由开发团队开始加固或修复，之后可正式提交代码进行后续工作。

2）针对正式提交的代码，安全团队将与测试人员和运维团队合作，通过在软件的集成和测试过程中的自动化测试，进一步获得更详细的、更贴近使用场景的有关安全特性的评估结果。相关结果将会被交由开发团队尽早进行处理。

3）经过反复的测试和修改后，软件基本开发完毕进入部署状态，结合实际应用环境进行配置和调测，安全团队将在这个过程中给出具体的建议，即给出正式的软件上线前风险评估的报告。在通过风险评估的情况下，软件上线。

4）软件成功部署上线之后，开发团队、安全团队和运维团队将同步获得有关软件（服务）运行过程中的性能、故障、安全审计等方面的实时监测数据和日志记录。这些反馈将为 DevOpsSec 团队提供一种评价标准并赋予 DevOpsSec 团队一种洞察力，任何一个出现在反馈回路中的故障或不及预期的事件发生之后，DevOpsSec 团队都将有针对性地予以解决。DevOpsSec 团队的注意力将有可能更容易集中在那些真正需要解决的问题之上。

安全团队将在整个 DevOpsSec 过程的早期就可以获得额外的风险分析数据，这将对提高安全团队的态势感知能力提供重要帮助。此外，所涉及的软件（服务）——即，此时已经转化为安全团队的保障对象——上线之后，在其运维过程中的数据也可以被共享到安全团队之中，这将使得针对于网络安全威胁的分析得以强化，从整体上，为基于业务的网络安全保障提供了基础。

4. DevSecOps 的局限性

DevSecOps 应当可以被归类为软件安全开发（或基于业务的安全保障）的一种最佳实践（或至少是当前最佳实践之一），在一定程度上代表了当前的网络安全风险管控的实际绩效水平。需要注意的是，应当对 DevSecOps 持谨慎态度，它只是在目前能够在较大范围内被接受为优于其他替代方法的一种方法，它能否产生预期的效果，还受到众多约束条件的限制，比如（不限于以下内容）：

①要有组织保障，企业必须自上而下推行 DevSecOps 且有相应的组织结构作为支撑，单靠网络安全部门或几个网络安全人员通常不会有效果，更不要说如果连安全部门或安全团队都不具备时的情况；②要有体系保障，企业已有的质量管理体系或研发销售体系要与 DevSecOps 相结合，不能将 DevSecOps 作为一个独立的流程来操作；③要有具备服务化能力的网络安全工作

体系（有关网络安全工作服务化的内容可参见本书"网络安全视角下的企业管理"部分）；④要有教育培训体系，安全不仅仅是安全专家的事，而是企业中所有人的事；⑤要有自动化的技术手段作为支撑，特别是要有网络安全自动化测试手段；⑥要有可视化的手段，应及时将DevSecOps的成果直观展现出来；⑦要注意管理第三方软件（供应链）的风险，这往往会成为DevSecOps看不到的一个盲区；⑧要对DevSecOps进行精益管理。

12.4　小结

软件的缺陷导致了几乎全部的网络安全变得脆弱并鼓励了潜在的人因网络安全威胁。数字化转型的大趋势也在迫使企业从源头上处理好在软件开发和交付活动中必须把控软件缺陷的问题。根据梅厄·雷曼（Meir Manny Lehman）博士的"软件进化定律"（又称"雷曼法则"，*Lehman's Laws of Software Evolution*），业务应用系统的行为与其运行的环境密切相关且需要适应其运行环境中的不同需求，以保持用户在其生命周期内的满意度。业务应用系统必须不断地被调整，其复杂性也因此而不断增加，必然会形成多层次、多循环、多代理的结构，这意味着业务应用系统（软件）的网络安全风险将不断积累，从设计开发—安全保障—运行维护的角度来看，网络安全事件的分布可能会接近于一个常量。

安全团队以特定的策略帮助软件开发团队和运维团队避免和减少软件的缺陷，从源头上提供安全保障，可能是应对这种常量安全事件挑战的最佳实践。尽管实现无漏洞的（软件）产品极其困难，甚至可能是不可能完成的任务，但这至少应该永远是我们的目标。

第13章　网络安全威胁的治理

网络安全威胁通常分为人因网络安全威胁和非人因网络安全威胁两种类型。人因网络安全威胁，通常不仅是指意图发动网络安全攻击的人或制造（引发）网络安全事件的人，以及被他们用来完成攻击、破坏行为的工具。非人因网络安全威胁，主要是指来源于网络空间或物理空间一些客观因素，不以人的意志为转移。

此外，网络安全威胁源有内部威胁源和外部威胁源之分。企业内部的威胁源可以通过企业构建的网络安全管理体系加以应对，相对难度较小，效果也相对较好，而企业外部的威胁源显然不受企业网络安全团队的管控，因此只能寻求一种新的方法加以应对。实务中，人们引入了网络安全威胁治理（简称为"威胁治理"），来解决或尝试解决应对外部威胁源挑战的问题。当然，威胁治理并非只能用来解决有关外部威胁源的问题，也适用于处理内部威胁源的问题。本章将只涉及处理外部威胁源问题的威胁治理话题。

1. 威胁治理

威胁治理是指在一定的网络空间范围内，在所有处置网络安全威胁源问题所涉及的行动者之间形成共识并产生约束力的互动过程，是构建、维持和执行基于这种共识的规则的活动。本质上说，威胁治理是一种社会活动，可能会表现为多种形式，受不同的动机驱动并可能产生许多不同的结果，但无论何种方式的威胁治理，都有一致的目标，就是要消除、遏制和防范网络安全威胁的产生和发展——统称为控制网络安全的威胁源。

形成威胁治理机制的前提是参与威胁治理的主体是理性行为者。通常他们都来自于不同的组织（或利益方），彼此间不存在明显的隶属关系。但伴随着他们之间的彼此互动过程——主要是通过协商和互惠而形成利益诉求之间的平衡——会形成一个或多个居于主导地位的治理机构，来代表大多数主体的意见并形成合法性。治理机构会得到全体参与者的授权，可以采用一些监管性的手段来维持治理过程自身的稳定性并形成可持续性。

政府是最正式的治理机构，通过制定法律或法规而维持有约束力的治理活动。例如，2017年8月，工业和信息化部制定印发了《公共互联网网络安全威胁监测与处置办法》用以积极应对严峻复杂的网络安全形势，维护公民、法人和其他组织的合法权益。

除此之外，企业也可在其业务和外包关系中，充当（非正式）治理机构的主体角色，在业务（产品或服务）合同中，构建起威胁治理的框架，用以保证或寻求相关方的合作而非对抗（或敌对）。

2. 积极预防

开展威胁治理工作或积极参与威胁治理工作，可以有助于企业更好地控制自身的网络安全风险。已有的最佳实践表明，"积极预防、及时响应"，是有效控制网络安全风险的主要策略，通过聚焦于目标的"价值""脆弱性"和"所面临的威胁"三个方面，有针对性地持续对威胁（源）进行侦察、反制以及对脆弱性进行探查、修复和加固，能够很好地控制网络安全风险

（不是追求绝对的安全而是追求当前及可预知的最近未来的相对安全）。所谓"积极预防"，是指一种针对源头（事因）主动采取措施以防止事态出现（或快速发展）的策略，也可称为是一种根本性的预防，是与被动预防相对的概念。

与在开发工作中引入"研发安全运维一体化"的做法类似，控制网络安全的威胁源，即从源头治理网络安全威胁，都是一种积极预防性质的工作，通常会包括三个层面：①要在宏观层面针对网络安全威胁源的主体（或"宿主"）形成约束机制，通常需要考虑政策、文化、技术等多方面的因素；②要在业务环境层面针对约束机制提供可靠的执行力，形成针对网络安全威胁源主体（或"宿主"）的约束力，这通常会涉及供应链、业务运营、内部风险控制等多方面的措施；③要在业务系统或高价值对象层面针对具体的威胁部署体系化的监测手段，有目的地加强态势感知和应急处置准备等。

威胁治理是一种更具成本效益优势的方法，能够更有效地利用有限的预算和安全保障资源，防患于未然；但也有可视化程度低且不易得到理解、需要长期坚持投入并进行坚守等明显的局限性。成功进行威胁治理需要至少三个必要条件：①具备足够的专门知识，有能力采取正确的或有效的行动；②能够对网络安全风险有清醒的认识并能够进行早期预警；③在预防的过程中能够获得实际的收益，即采取预防措施的成本应当小于安全威胁（将要）带来的损失。

早期预警意味着需要掌握足够的数据或情报，这主要需要通过长期监测和收集才能获得。通过数据科学的方法可以标记、识别并锁定可能的威胁源，通过溯源可以确认威胁源的更多细节并为后续采取针对性措施提供依据。

13.1 长期监测

网络安全威胁源的具体表现形式有很多。例如，根据《公共互联网网络安全威胁监测与处置办法》，公共互联网网络安全威胁是指公共互联网上存在或传播的、可能或已经对公众造成危害的网络资源、恶意程序、安全隐患或安全事件，包括：①被用于实施网络攻击的恶意 IP 地址、恶意域名、恶意 URL、恶意电子信息，包括木马和僵尸网络控制端、钓鱼网站、钓鱼电子邮件、短信/彩信、即时通信等；②被用于实施网络攻击的恶意程序，包括木马、病毒、僵尸程序、移动恶意程序等；③网络服务和产品中存在的安全隐患，包括硬件漏洞、代码漏洞、业务逻辑漏洞、弱口令、后门等；④网络服务和产品已被非法入侵、非法控制的网络安全事件，包括主机受控、数据泄露、网页篡改等；⑤其他威胁网络安全或存在安全隐患的情形。

1. 僵尸木马网络

僵尸木马网络（Botnet，roBot-Network）泛指由众多自身安全性已被破坏、系统控制权被第三方攫取（如被植入木马程序）却又连接在互联网的设备（如计算机、智能手机或物联网设备等）所组成的"机器人网络"。这些设备被称为受控端或染毒终端，会在远端的"命令和控制器"（Command and Control，C&C 或 C2）控制下被用于执行网络攻击、窃取数据等破坏网络安全的任务。命令和控制器能够通过由标准的网络协议（如 IRC、DNS、HTTPS 等）构建的信道来控制受控端，具有较强的隐蔽性。

僵尸木马网络本质上是被恶意软件感染而形成的分布式的攻击网络，被广泛认为是一种主要的安全威胁。虽然僵尸木马网络并非起源于（网络）犯罪行为，但却越来越表现出有组织犯罪的特征，并且其规模和影响也受到包括互联网服务提供商（Internet Service Providers，ISP）、软件供应商、电子商务平台运营商、硬件制造商、域名注册服务商以及最终用户在内的众多合法网络活动参与者的决策和行为的影响。由于范围巨大、涉及的利益方众多，简单的直接清理受控端的措施并不会发挥太多作用，不足以减少问题。因此，越来越多的实践倾向于从威胁治理的角度来寻求解决方案。

2. 恶意软件

恶意软件（Malware，Malicious-softWare）是指一种被专门设计用来对计算机（设施）的正常使用进行破坏或干扰、窃取或泄露数据的软件。与那些因开发人员无心和无意失误而造成的存在缺陷的软件给人带来伤害或损失的情况不同，恶意软件是人为故意编制的用以造成伤害和损失的软件。包括很多类型，例如，从技术形态上可以分为计算机病毒、计算机蠕虫、特洛伊木马软件等；从危害类型上可以分为勒索软件、间谍软件、广告软件、流氓软件、恐吓软件等。

恶意软件在设计和实现上都会精心采取专门措施，以逃避检测工具的发现。这些专门措施所使用的技术和方法统称为"免杀"技术（即免于被防护软件"杀死"）。比如：①恶意软件会监测自身运行所处系统环境的特征，通过多重跳转、分片存储、加密保存的方法隐藏自身C&C的某些特征，则可以逃避常见的基于签名技术的防护软件的检测；②恶意软件为了逃避基于时间特征的行为检测机制，可以根据预设策略在非敏感时段执行任务而在"危险"时段进行静默或休眠；③恶意软件通过盗用的证书来进行伪装，或者干脆通过注入过期证书的方法诱使防护软件激活自我保护机制而失能；④恶意软件通过隐写的方法逃避检测，会根据一些策略在目标系统中构建某种隐写系统（包括文件、消息、图像或视频）来隐藏自身，只在执行过程中动态提取和执行它们所需的资源；⑤恶意软件通过"无文件化"的方法，常驻内存，不需要保存实体文件就能运行等。

恶意软件和社交工程学的结合可以更加完美地绕过各种防护机制。事实上，单纯在终端侧对恶意软件进行处置，已经越来越困难，甚至已经变得非常困难。

13.1.1 网络服务商的能力

网络基础设施的运营者，能够为终端用户提供互联网接入服务，因此被普遍认为是天然的能够对僵尸木马网络的活动施加客观而有力的影响的一类主体，甚至可能成为独立的治理僵尸木马网络的控制节点，但事实果真如此吗？

网络服务商，即那些面向最终用户提供互联网接入服务的实体，在监测或治理网络安全威胁（主要是僵尸木马网络）方面确实具有重要作用，但却能力有限。

首先，无法直接确认特定的受控终端就是处于某个网络服务商的网络之中，而不是经由某个网络服务商的网络接入互联网之中。网络服务商可能只是提供了网络接入服务或者提供的是网络传输服务，被监测到的 IP 地址只是网络资源，和终端用户并没有直接的唯一对应关系。例如，被监测到的"受控终端"的 IP 地址很可能只是个网关地址，并不能直接将其认定为终端设备的标识 IP 地址（即基于真实身份的代理）。如果出现了非标识 IP 地址的情况，除非是在某种强制性的授权许可之下，否则网络服务商对于治理活动将无能为力。

其次，网络服务商对威胁治理工作的决策复杂，在相关工作中未必拥有理想的自主权。例如，如果为了威胁治理而投入了大量资源，势必会受到来自内部的质疑或牵制，因为，这些专门投入的资源并不会给网络服务商带来明显效益。而通常情况下，在一个竞争的环境中，目标相近的网络服务商在这种不会带来明显效益的方面的投入将会趋于相同的克制，最终表现出相似的水平。而且，不会有服务商会主动打破这种平衡。这种来源于竞争环境的制约，在很大程度上使得服务商在威胁治理方面的自主权非常有限。

第三，能够或者有兴趣开展威胁治理工作的网络服务商通常只能是那些具有一定规模的服务商，它们是被人们所熟悉并拥有良好口碑的服务商，占据大部分市场份额，是值得信赖的服务商（即主导服务商或主导运营商）。这些主导服务商通常已经被纳入一定的公共监管制度之下或乐于加入某种形式的合作，具有很高的信誉。而对于一些处在市场边缘或游离在主流服务商体系之外的小型的或非专业的网络服务商，则情况就会变得复杂。它们有时只有极短的运营周期（无论是主动的还是被动的），或者也会有意或无意地回避行业自律等协作过程，因此，对它们的服务对象的调查工作将非常困难，更不用说通过行业协作或公共监管来让它们发挥威胁治理的作用了。

第四，从技术层面而言，网络服务商出于普遍服务的义务或遵从服务合同的约定，通常只能采取有限的措施来处置受控端，例如，仅能通知客户自行对涉事设备进行检查或关注自身受控的情况等，基本上没有能力/权力或动力对受控端设备的责任人采取更加强有力的措施。网络服务商虽然可能保有在需要时将受控端从所属网络中隔离开的能力和权力，但通常不会贸然进行这种操作，否则将会很容易招致非常多的麻烦。

根据公开渠道获得的长期观测数据也表明，从僵尸木马网络和恶意软件在网络中的分布的情况大致呈现出以下几个特点：①受控端相对集中于若干网络服务商的网络之中，约可以认为可能存在"二八定律"现象（或"帕累托分布"，Pareto Distribution）；②不同国家或地区的网络中僵尸木马网络和恶意软件的分布通常会有明显的差异，这可能是技术原因和社会文化的综合影响所导致；③存在较多受控端的网络中会长期存在较多的受控端，并且可能更容易长期存在相对较多的受控端等。这些特点也从实践的角度证明了，网络服务商在威胁治理工作中只发挥了有限的作用。

但是，借助网络服务商的基础设施，可以用较低的成本，通过自动化工具来实施长期的监测计划。威胁治理的机制可以建立在对这些数据的交换、发掘与开发利用之上。

13.1.2　网络威胁的监测

通常，对网络威胁的监测是指不间断地对僵尸木马网络和恶意软件进行检出、测试和标记等相关的工作。监测方法有很多种，如何选用合适的方法则还需要较多的实践经验。图 13-1 展示了不同方法之间的关系。

	基于数据包的监测	基于数据流的监测	基于行为模式的监测
面向网络的监测	较困难/不适合	较容易/较适合	较困难/较适合
面向终端的监测	较容易/较适合	较容易/较适合	较容易/较适合
面向数据的监测	较困难/较适合	较容易/较适合	较困难/较适合

• 图 13-1　网络威胁监测方法之间的关系分类示意

可以引入一种较为通俗⊖的分类方法以方便说明问题。例如，根据监测对象的特点和主要适用的技术特点，可以将监测方法粗略分为"基于数据包的监测"（Packet-based Monitoring，PBM）、"基于数据流的监测"（Flow-based Monitoring，FBM）和"基于行为模式的监测"（Behavior-based Monitoring，BBM）三种类别；根据实施监测活动的主体的不同，还可以分为"面向网络的监测"（Network-oriented Monitoring，NOM）、"面向终端的监测"（Endpoint-oriented Monitoring，EOM）和"面向数据的监测"（Data-oriented Monitoring，DOM）三个维度。

以对僵尸木马网络的监测为例，最为常见的技术思路是，通过使用蜜罐网络等手段来诱捕活跃的受控端，之后结合沙箱分析等方法从其行为或其 C&C 通信中发现规律，最终形成签名并在更广大的范围内进行检出或标记。本质而言仍然是一种基于特征的方法。

1. 基于数据包的监测（PBM）

现代通信技术的主要基础之第一广泛应用了分组（或数据包）交换的概念，自然而然，对网络威胁的监测技术也会首先实现在基于数据包的监测场景之中。所谓基于数据包的监测，就是从网络中传输的数据包着手，采用逐包拆解的方法与签名库进行对比，以发现并记录网络威胁情况的监测过程。通常，为了平衡效率和成本，PBM 只拆解数据包的报文头（位于 OSI 模型的第 2 层和第 3 层），只在必要的情况下才会拆解数据包的载荷部分。

应用 PBM 技术最典型的产品是入侵检测系统（或入侵防御系统）。尽管这类产品收集和分析数据的技术多种多样，但它们中的大多数都拥有相对通用的架构（见图 13-2）。主要组成包括：采集器、传感器、识别器和执行器，以及附带的知识库和配置器等。

采集器通常用来和数据源进行适配或者就是某种数据采集系统的组件或其对外的应用程序接口，负责将被监测系统中的原始数据采集至 PBM 中。传感器负责将采集到的原始数据

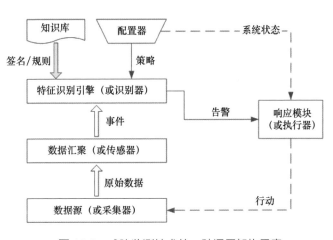

● 图 13-2　威胁监测技术的一种通用架构示意

收集、汇总并按照一定的规则进行格式化，将结果送至识别器（分析引擎）。识别器根据来自知识库的签名信息，进行查询、归并和匹配等一系列的数据处理以最终识别出潜在的威胁，一旦发现符合策略的情况则通过告警的方式通知执行器，由执行器结合当前状态和配置预设的策略执行一些可能的行动。策略通过配置器由人工指定并下发至识别器和执行器，其内容主要是对 PBM 的运行状态进行的管理和控制。

PBM 具有较强的适应性，采集器所依赖的数据源可以是来自服务器或终端设备的审计跟踪信息（系统日志或应用程序日志），也可以是网络环境中的流量（数据包），还可以是级联其他的监测、采集系统所共享的数据。

图 13-3 展示了一种应用于广域网的分布式 PBM 的结构。

⊖　并未严格定义各种分类之间的界限，不排除不同分类之间存在交叉的可能。

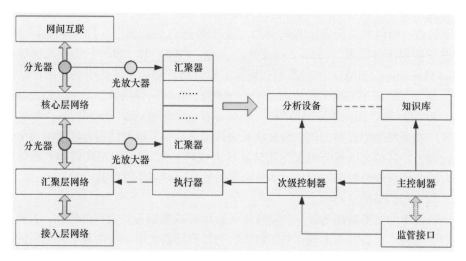

● 图 13-3　面向广域网的分布式 PBM 通用架构示意

主控制器通常由上级负责部门使用，与外部监管机构建立接口，共同对次级控制器进行控制。由于受到广域网场景下网络链路的限制，通常需要额外使用链路复刻设备，比如"分光器—光放大器"的组合体。注意，这种系统并不适合在大规模的广域网范围内使用。

2. 基于数据流的监测（FBM）

大规模网络中的数据包的数量通常是天文数字，逐包对它们进行分析意味着需要投入同样是天文数字的资源和成本。借鉴与压缩算法相类似的思路，可以发现，如果从宏观一些的视角来看待网络流量，完全可以在保持一定精度的情况下，将在特定时间间隔内通过网络中观察点的一系列具有相同特征的 IP 数据包抽象理解为一个"长"数据包，可以形象地将之称为"流"。同样地，基于数据包的监测就可以简化为基于"流"的监测。

根据 TCP/IP，用来归并不同数据包的特征，可以至少是一个包含源 IP 地址、目的 IP 地址、源端口、目的端口和协议类型五个要素的组合，称为"IP 五元组"（Five Tuple IP）。具有相同 IP 五元组的数据包可以被视为一个"五元组流"，简称为"流"。"流"也可用来表示单个流的集合。流记录是关于流的信息汇总，记录了网络中不同主体间通信的情况，包括通信发生的时间、流量传输的方向、大小以及其他有关网络会话的基本信息等，但是，流记录并不会记录通过网络连接所交换的数据。例如，通过查询流记录能够说明某个终端在什么时间访问了某个特定的 IP 地址，与该 IP 地址建立了多少网络连接，交换了多少数据，但不会知道这些交换中的内容。

流记录的体积比较小，而且，大多数网络硬件都可以用流的方式报告流量情况。这意味着，在对这些数据进行加工和开发的过程中将会节省大量的计算资源和时间成本。使用 FBM 技术，将会有效改善基于数据包的监测技术所面临的成本控制难题。只记录流量信息而不是完整的数据包，这听起来会让人感觉对网络威胁的监测效果可能会很有限，但事实上，知道谁和谁在通信，他们什么时候通信，以及每一方收发了多少量的信息，这本身就是非常有价值的情报。

FBM 技术在实现上和 PBM 技术并没有本质不同，其架构依然可以参考图 13-2。一个典型的 FBM 系统通常至少会包括传感器、收集器和分析器三个主要组成部分。传感器，也被称为探针（Probe），是一个监听网络并捕获流记录的设备或软件，它能够自动跟踪网络连接，在它认为一个连接已经结束后（或超时）就会向收集器传输所记录到的流数据。收集器将接收传感器的消息并将其写入数据库。最后，分析器将读取采集器生成的数据（文件）并根据操作员的交互指令或预制策略完成分析。

FBM 适用于大规模网络，与 PBM 配合使用，可以提供相当高精度的威胁监测成果。

3. 基于行为模式的监测（BBM）

在广泛获取网络流量中的包信息或流信息后，面对海量的数据，可以借助机器学习、数据挖掘和数据可视化的方法，进一步揭示出其背后的规律。这些规律与网络威胁的行为呈现明显的相关性，在很大程度上（例如，在时间跨度较大的长期监测场景中），可以用来进行更高层级的威胁监测，尤其是可以较为有效地用来发现那些能够逃避 PBM 的威胁或无法用 FBM 直接发现的威胁。无论是网络流量还是监测系统记录产生的数据量的增长速度都已经超乎想象，需要大量人工工作的监测方法已经无法适应不断变化的网络威胁形势。例如，无论是 PBM 还是FBM 都需要依赖安全专家给出的签名（知识库）才能开展工作，而且签名的局限性就是这类监测方法的瓶颈所在，如果是在长期监测、海量数据的场景下，基于人工签名的工作方式最终将崩溃。这种基于签名的方法本身并没有问题，而问题的焦点在于，人工生成签名的效率相对太低。

幸好，可以使用数据科学技术来改善这种状况。从 BBM 的角度来看，僵尸木马网络的控制端程序是一个包含明确行为的可执行程序，在其执行过程中一定产生特定的行为，而且这些行为符合特定的心理模型（僵尸木马网络幕后控制者的心理模型）。因此，借助数据科学技术能够从还原行为模式的视角，找到更加准确的"签名"。

举例来说，在僵尸木马网络中每个受控端都会独立执行经由 C&C 网络发送而来的命令，这些命令通常都是参数化的命令并且通过 API 形成命令集。每个参数都表现为以某种固定的顺序所组成的一种特定类型的特征，通过调用受控端的操作系统服务来实现特定目的。当受控端上的控制软件运行后，控制端上的一些特定的系统调用参数中将会出现来自于网络数据包的内容，其调用范围、调用序列、参数格式等因素在数据挖掘的计算过程中，可以被回归为构成归属于某种控制软件所特有的行为模式。这些控制软件的行为模式通常不受其变体的编码实现方式影响，因此可以作为识别僵尸木马网络控制端软件家族的可靠标识。BBM 不依赖于特定的C&C 通信协议或僵尸木马网络的结构，即便在通信被加密的情况下仍然可以基于概率分布对控制软件的行为模式进行刻画。基于行为的监测技术不是使用预先设置的计算来判定结果，而是依赖于适应性。

BBM 还处在深入研究阶段。通过不断提高其中的机器学习部分的准确程度可以有效避免行为模式回归不准确的问题，例如，如何应对基于触发条件（特定的时间、系统事件和网络输入等）的行为等，这些问题将是 BBM 的系统所要遇到众多挑战之一。

13.1.3 对 IP 地址的溯源

监测数据中所能标记的威胁源通常只是一些 IP 地址信息。这种机器编码方式的信息让人难以理解威胁源到底来自何方。在实务中，经常需要将 IP 地址映射为其在物理空间的实体或社会实体，这对于处置威胁源具有重要意义。

1. 威胁源的溯源

IP 地址溯源是指根据 IP 地址信息反向查询其用户的真实（或有意义）的身份信息的活

动。这是网络威胁溯源工作的基础但并不是网络威胁溯源工作的全部。在不严格的场合，往往不加区别地使用"IP 地址溯源"来代指"威胁源溯源"（或简称为"威胁溯源"），本节的讨论也将遵从这个习惯。

威胁溯源的直接目的就是要准确地定位威胁源的实际来源，以方便后续与当事人协商处理相关问题。理想情况下，只通过对 IP 地址的分配信息进行回溯应该就能够识别真正的威胁源。但事实却是，这些 IP 地址要么是伪造所成，要么是几乎没有可以被直接用来定位的特征。这使得实际情况变得极为复杂。

IP 地址溯源通常主要分为"地址锁定""身份锁定"和"信息验证"三个步骤。①要使网络威胁监测系统尽可能地记录到真实的威胁源 IP 地址，这个过程被称为"地址锁定"；②由网络安全团队的专家结合威胁情报的数据，搜索确定被锁定 IP 地址的真实（或有意义）的身份，这个过程称为"身份锁定"；③对溯源所得信息进行可能的验证或交叉比对，以提高其可信度。

地址锁定是监测系统内置的功能，不仅仅是根据监测设备的日志记录来宣称某个 IP 地址是直接的威胁源，更是要能够识破各种伪装、伪造和隐藏技术。例如，概率包标记（Probabilistic Packet Marking，PPM）技术、ICMP 回溯技术、中心回溯（Center-Track）技术等。身份锁定是在给定的 IP 地址信息的基础上，通过人工驱动的查询过程，在结合威胁情报的情况下近似确定 IP 地址使用者的真实身份。给定的 IP 地址信息应当是一个包括 IP 地址、端口，以及精确到秒的时刻信息所组成的"三元组"。

最简单的身份锁定方法包括三个步骤：首先，要根据 IP 地址的公开登记信息（可在 IP 地址分配机构的官网⊖或 whois 服务器上查得）或者根据监测设备记录的路由信息中的自治域号（Autonomous System，AS）来确定其所属的网络服务商。其次，寻求对应的网络服务商的帮助，给他们留出足够的时间在登记资料（或某些在线的资源管理系统）中查询具体的 IP 地址分配信息，这个过程往往耗时很长，因为网络服务商很可能需要登录到网络设备上进行在线查询（还很可能需要进行轮询）或者需要一级级地协调上下游网络服务商重复这个过程。最后，结合威胁情报资料推测或判定使用者的身份（只有极少数的情况可以直接确定最终的使用者身份）。

需要注意的是，溯源结果未必会很理想，很多情况下得到的最终信息都是模糊或不确定的，甚至是错误的（而且，用来验证溯源结果的代价同样也很大）。这很正常。受到法律的约束，IP 地址信息通常都是受到保护的数据，在没有正式授权的情况下，任何人不得随意提供或非法提供 IP 地址的分配信息。实务中，所谓地址溯源在很大程度上已经蜕变成在一定的范围内根据内部资料确定 IP 地址分配信息的工作，其准确性取决于溯源者内部所能掌握的相关资料的准确性。

2. 威胁源的处置

根据我国的网络安全威胁治理政策（例如，工业和信息化部制定的《公共互联网网络安全威胁监测与处置办法》，2017 年 8 月）要求，对于溯源确定的 IP 地址使用者，网络服务商需要

⊖ 主要的 IP 地址分配机构有：非洲地区网络信息中心（African Network Information Centre，AfriNIC）：https://www.afrinic.net/美国互联网号码注册中心（American Registry for Internet Numbers，ARIN）：https://www.arin.net/亚洲与太平洋地区网络信息中心（Asia-Pacific Network Information Centre，APNIC）：https://www.apnic.net/拉丁美洲和加勒比地区互联网地址注册中心（Latin American and Caribbean Internet Address Registry，LACNIC）：https://www.lacnic.net/

至少尽到告知义务。工业和信息化部和各省、自治区、直辖市通信管理局（统称为电信主管部门）对专业机构提供的公共互联网网络安全威胁认定和处置意见进行审查后，可以对公共互联网网络安全威胁（源）采取以下一项或多项处置措施。

①通知基础电信运营企业、互联网企业、域名注册管理和服务机构等，由其对恶意 IP 地址（或宽带接入账号）、恶意域名、恶意 URL、恶意电子邮件账号或恶意手机号码等，采取停止服务或屏蔽等措施。通知应当通过书面或可验证来源的电子方式送达相关单位，紧急情况下，可先电话通知，后补书面通知。②通知网络服务提供者，由其清除本单位网络、系统或网站中存在的可能传播扩散的恶意软件。③通知存在漏洞、后门或已经被非法入侵、控制、篡改的网络服务和产品的提供者，由其采取整改措施，消除安全隐患；对涉及党政机关和关键信息基础设施的，同时通报其上级主管单位和网信部门。④其他可以消除、制止或控制网络安全威胁的技术措施。

威胁源的处置只是网络安全威胁治理的一个环节，通常只能对威胁源产生一过性的临时效果。威胁源很可能会和有关实体进行"躲猫猫"的游戏。长久来看，只有建立治理机制并坚持不懈地努力，才可能寻得有效的手段来彻底消除或控制住各种已知的威胁源。

13.2 威胁画像

威胁源是造成网络安全损害或危害的重要能动一方，没有威胁源则很难谈及实质的网络安全损失。威胁源的含义中有人力威胁源和非人力威胁源之分。人力威胁源也称可为人因威胁源，是指给网络安全造成损害或可能造成损害的人类及人类行为。非人力威胁源是不以人的意志为转移的自然环境客观或社会客观、物理客观等的存在。

通常，在讨论威胁源的话题中主要是指人力威胁源，因为只有讨论人力威胁源才有实际意义——可以通过研究而采取措施来控制或影响这些威胁源进而达到保护网络安全的目的，而对非人力威胁源的研究则相对薄弱一些，一般不作为讨论内容。本节的内容将遵从这个习惯。

威胁画像

威胁治理需要针对特定的治理对象（即网络行为者），才能使各治理主体之间形成共识。对于治理对象的刻画需要长期监测数据的支持，特别是，对一定范围内所有用户行为进行长期监测，将有助于更加准确地对威胁（源）进行画像。

所谓"威胁画像"（Threatener Portraits，TP），就是从多个维度对威胁源的特征属性进行分类和描述，并对这些特征的属性进行分析，以挖掘潜在的有价值的信息，进而形成新的知识。对威胁源进行画像所采用的主要方法是使用标签来量化威胁源的特征属性，构建数据模型，用形式化的方式来描述符合特定条件或关系的威胁源。从这个意义上也可以把威胁源画像理解为一种对威胁源进行的数字化的过程，威胁画像是对威胁源的抽象的、特定的、具体的描述，代表着具有共同行为特征的目标网络行为者的集合（也就是说，威胁画像是真实网络行为者的一个尽可能逼真的假设原型）。本质上说，威胁画像是以人为中心的威胁治理的基础，是一种试图将威胁源纳入威胁治理机制的设计过程之中的一般方法。这种方法将试图从人的心理特征和其受到所处环境的客观性影响的角度入手，研究制定威胁治理的机制和过程，从而提高或保障威胁治理的效果。

通常，用于威胁画像的标签，可以分为人口属性标签和行为属性标签两类。人口属性标签包括：地域、年龄、性别、文化、职业、收入、生活习惯、使用网络的习惯等。行为属性标签包括：网络安全的风险偏好、活跃频率、行为类别、行为动机、行为习惯、行为影响力等。

威胁画像为威胁治理主体提供了足够多的信息，能够帮助威胁治理机制快速、精准地找到适用群体，来进行各种有针对性的操作。

13.2.1　非主观恶意者

人具有意识。从给他人造成影响或带来利益、损害的角度，可以较为直观地分出善意和恶意。显然，这只是当事人根据自身利益给对方贴上的"标签"，具有相对性和主观性，因此需要加以规制。在网络空间也是如此。

1. 善意和恶意

善意和恶意都是无实体意义的抽象概念，都是人的意识活动，是一种主观心理状态，只存在于人们的头脑和观念之中，无法被直接读取，只能通过行为展现出来并被相对人理解才有意义。

就其自身含义而言，善意主要包括"诚实""守信""不欺骗或伪装"等利他的内容，以及在特定情形下为利己目的的"服从""合作""不反抗或对抗"等内容。恶意与善意相对，有广义和狭义之分，从相对于善意的角度所理解的恶意是狭义上的恶意。从广义上说，恶意是指在事实上或被问责的情况下进行伪装、误导或欺骗他人、拒绝履行某些责任或应尽义务的一种心理状态及其直接行为，含有"坏""错误""破坏""歹毒"的意思。

因此，在实务中，认定善意的标准通常是：威胁源（人）在施行具体行为时不知道或无理由相信或不能知道其行为会给他人造成网络安全方面的损害或危害，且该人承认其行为施加的对象拥有网络安全的权利，则可以认定该人是善意者，否则不为善意。特别地，在威胁源（人）明知其行为缺乏公认合理的根据或其行为施加的对象缺乏公认合理的应得权利时，该人即为恶意，在特定情形下，威胁源（人）应当知道由于其疏忽、放任等而导致的未知情况也属于恶意。

无论善意、恶意，都是人的心理状态，都受到特定情形时的主观影响，因此，并不存在"非黑即白"的善意、恶意之分。为了简化讨论，本节将只讨论非主观恶意和伪客观善意两类典型的善意与恶意。目的是为了有助于采取不同的策略，使威胁治理工作取得更好的效果。对于非主观恶意的威胁源，威胁治理工作的策略应当以教育、引导为主，本着"治病救人"的态度开展工作；而对于非客观善意的威胁源，威胁治理工作的策略则应当以防范、打击为主，本着"惩前毖后"的态度开展工作。

2. 非主观恶意者

对于非主观恶意者的形象还并不能精确地予以定义。这一类威胁源主要是一些安全防范意识谈薄的人或技术能力方面的弱者。通常，他们并没有多少网络安全方面的专业知识，对于如何使用计算机设备设施或智能化设备的了解并不深入，对于如何安全地使用这些设备也没有足够的认知，甚至对于如何保护自身的网络安全也没有足够的意识。

根据主要表现，可以将非主观恶意者进一步细分为两个小类，一类是他们自身对网络安全的观念不强，对于网络安全危害表现得毫不在乎，可以说是"无知者无畏"；另一类是他们对自身拥有、使用或管理的设备的责任心不足、重视程度不够，疏于防范或管理。例如，非主观恶意者的特点经常包括：年龄较长或较幼；受教育程度偏低或信息化知识背景较浅；职业以非科技工作为主或以学生为主；使用智能化设备的频率接近或略高于平均水平；对网络安全风险的偏好倾向于保守等。

　　非主观恶意者对自身成为威胁源几乎处于完全不知情的状态，并不含有希望他人因己而受到攻击或破坏的成分，也并不清楚他人将会遭受到何种网络安全方面的损害。比如，一位七年级学生在浏览网页时，其浏览器被网站植入了木马软件，之后在和同学使用即时通信软件讨论作业的过程中，发送的文件被嵌入了病毒，并且，随着不同同学之间相继传递了这个染毒的文件，最终导致上百台计算机受到感染。此时，我们通常会倾向于认为这位同学具有非主观的恶意，虽然这位同学在行为上客观造成了病毒传播事件并可能给他人造成了损失。

　　因此，对非主观恶意者的治理，就应当以精准宣传和科普教育为主，以正向鼓励和激励为主，应当可以取得较为理想的威胁治理效果。例如，向他们教授简便易行的防护方法并引导他们培养良好的网络使用习惯，必要时，还可以结合在他们的社会利益或经济利益方面加以激励的方法。

13.2.2　伪客观善意者

　　主观恶意者是真正的威胁源，但他们往往会表现出客观上的善意。这是他们的一种生存之道，目的是伪装自己，以免过早地暴露自己或惊动潜在的破坏对象。

　　这类威胁源的特点是，在主观上存在不友好的心态，并且当这种不友好的主观状态通过各种形式表现出来之后，就会给他人的网络安全造成真实的损害，其自身也成为实质性的网络安全威胁。

1. APT 组织

　　APT 组织是指从事高级持续性威胁行为的团体，是一种隐蔽的威胁源。他们通常掌握先进的网络安全技术，出于窃取资料（或物资）或者意图引发混乱等各种恶意目的，会定向且有组织地尝试针对特定目标（例如，敌对国家间的政府部门、立法机关或法律事务设施、金融服务设施、工业生产设施等常规意义上的关键信息基础设施以及军事、国防目标等）的网络安全进行深入、持久的破坏。他们有能力在较长的时间内保持静默或隐秘，能够在不易被察觉的情况下实施网络攻击或破坏行动并取得战果（例如，将攻击目标作为一个有机整体对待，对其形成欺骗、迟滞、扰乱、阻塞、损毁或操纵的能力）。

　　从来没有一个 APT 组织正式地承认过其组织形式。这些所谓的"APT 组织"原本只是研究人员根据可以归类的相关网络安全攻击活动的特征而聚合的代称，以方便研究和情报共享之用。这些分类的方法和使用的术语并未统一。不同的研究人员对 APT 组织的定义各不相同，甚至存在分歧，这使得某些 APT 组织能够关联不同的名称。这是威胁画像中常见的现象。因此，在讨论 APT 组织时，往往会尽可能地标注其"别名"以便于研究。例如，美国的 MITRE公司的 ATT&CK 团队就已经公开了至少 100 个 APT 组织的情况。有理由相信，出于某些原因而未被公开的 APT 组织的数量应该不会少于这个数量。

　　对 APT 组织的描述通常会包括 APT 组织的动机、目标、常用技术、造成的影响等多重标签。其中，最为复杂、丰富的标签主要集中在对 APT 组织的常用技术部分的描述。构建这些标签往往会结合攻击树的方法或者生命周期的方法，将其划分为若干阶段后，再分别予以标记和说明。例如，画像时通常会根据"选点→试探→渗入→巩固→扩展→维持→撤出"等不同阶段中的指挥控制、情报处理、火力打击、机动保护等能力构建标签体系而建立适当的模型。APT 组织通常会使用自动化工具完成任务，因此对自动化工具的跟踪与分析往往可以发现 APT

组织的蛛丝马迹。

APT组织的惯用手法是通过"钓鱼""鱼叉""水坑"等展现出"伪装的善意"来作为其攻击活动的起点。

2. 网络犯罪分子

网络犯罪分子主要是指通过网络攻击手段达到犯罪目的的人。他们区别于APT组织最大的特点往往是其表现出来的动机和组织性。表现出一定组织性的网络犯罪分子可以被看作是网络犯罪团伙或集团，他们的运作方式通常与APT组织不同。网络犯罪分子受到经济利益的驱动更为明显，策划实施网络勒索案件就是他们的典型特征。在攻击手法上，他们通常是依靠社交工程来获得对受害者环境的初始访问。在过去的几年里，这些犯罪分子在医疗、零售、教育等行业内获得了丰厚的赎金。此外，网络犯罪分子还在互联网上所谓的"暗网"（Dark Web）购买或销售网络犯罪"服务"。

大多数网络搜索引擎无法检索到属于暗网的网站。在不使用特定的加密应用程序或协议的情况下，无法访问这些网站。暗网是互联网当中的一个隐蔽层，可以保持其网站和通信的匿名性，为那些希望保持低调的网络犯罪分子保留了足够的空间，使得它成为犯罪分子"销赃"以及购买或传播恶意软件的绝佳场所。

网络犯罪团伙使用的恶意软件往往来自于定制开发或是在暗网的公开销售渠道。隐藏在恶意软件背后的团伙或个人是整个链条上的顶级"操盘手"，他们决定着谁可以访问恶意软件及这些软件支持的基础设施（僵尸木马网络）。这种分配和控制的权力，决定了网络犯罪分子之间的等级体系。低级别的犯罪分子倾向于使用"商品级"恶意软件，这些恶意软件可在暗网上通过公开交易获得。级别稍高一些的犯罪分子会在购得的"商品级"恶意软件基础上进行集成或修改，打磨出适合他们特色的新式武器，以躲避检测并让它们用起来更加得心应手。但即使如此，这些犯罪工具通常也不像在APT组织的活动中所看到的那样先进。

某些技术较为先进的网络犯罪集团，通常会与APT组织共享许多技术、战术和资源，也确实会对一些重要目标进行攻击，但他们只是网络犯罪领域的一小部分。更主要的网络犯罪行为被认为是出售所谓的"服务"——即，网络犯罪分子或团伙成为所谓的"赏金猎人"或"服务提供商"——受雇于匿名雇主并根据匿名要求而发动网络安全攻击并获取酬金。例如，已知的被用来出售的"服务"包括：黑客入侵即服务、恶意软件即服务、僵尸木马网络即服务等。

一些追求网络安全技术的狂热者，也混迹于网络犯罪分子之中。虽然他们通常并不是出于经济利益或主动地发动攻击或提供"服务"，但其行为确实展现出了一定的"真实恶意"。

网络犯罪分子隐藏于网络之中，大多数情况下，受害者和执法者不能轻易将他们的示人面目与他们的实际行为联系起来。

3. 网络恐怖分子

网络恐怖主义是指出于政治、宗教或意识形态方面的动机，利用网络安全技术进行暴力行为，通过威胁或恐吓公众而谋求或取得某些意识形态方面的利益或政治利益。这些暴力行为中最为典型的特点就是，试图通过网络空间对实体空间造成物理破坏，导致或谋求威胁公众生命受到损失或受到重大的身体伤害。

从狭义理解，由恐怖分子实施的网络安全攻击行为就可以算作是网络恐怖主义行为，从事网络恐怖主义行为的人就是网络恐怖（主义）分子。这些网络安全攻击行为未必能够轻易造成很大的实质性破坏，但却"攻心为上"，通过给政府或社会造成持续的安全警报而渲染形成恐慌氛围，进而伺机进行更大范围的破坏并谋求政治利益。经验丰富的网络恐怖分子在网络安全攻击方面非常熟练，能够给政府的信用造成重大损害并迫使政府担心受到进一步的打击。

网络恐怖主义分子可以采取不同的策略来实施网络恐怖主义行动。例如，比较激烈的网络恐怖主义行径，会通过网络安全手段，无差别的攻击或严重干扰关系国计民生的关键的社会基础设施，造成直接的生命损失、社会经济秩序的混乱或生存环境的破坏与劣化等，以恐吓政府或公众而谋求利益。也有相对较为温和一些的网络恐怖主义行径，通过网络安全攻击而操纵社会舆论，误导并煽动公众，给政府制造压力而谋求利益；也可以是通过长期渗透或蚕食控制关键的供应链，来胁迫政府而达到政治目的等。

网络恐怖主义是超越现实国界的存在，不应当忽视其受到国际关系变化的影响和驱动的事实。

以上，简要说明了一部分伪客观善意者的典型特征，除此之外，还有一些内容，也可给企业的网络安全保护带来较大威胁。比如：企业管理当局默许放松安全管理，削减网络安全工作的必要预算而导致投入不足；片面的追求眼前经济利益，裁撤网络安全团队，削弱网络安全管理的能力和潜力；漠视责任或滥用职权，欺上瞒下、弄虚作假，曲解网络安全规则，故意破坏网络安全工作体系等。

13.3 信用评价

威胁源的网络恶意行为正在从某种恶作剧演变成涉及重大金钱收益的某种遍布全球范围的"网络业务"。网络服务商虽然能力有限，但却可以在威胁治理体系的框架下，与信息系统的管理员、终端设备用户一道发挥各自应有的作用，在一定程度上削弱威胁源的动机或能力。例如，如果网络服务商、系统管理员甚至终端用户如果能够可靠地确定某个 IP 地址随对应的设备是否是僵尸木马网络的成员，那他们一定可以采取适当的措施来遏制这些受控端所实施的攻击。可问题就在于，仍然没有有效的技术方法来准确、及时地检测和识别威胁源。事实上，用来发现威胁源的方法中最为先进的技术也只是利用复杂的关联性算法，从基于用户的投诉或举报、本地化的蜜罐诱捕、入侵检测系统的长期监测数据，或者通过情报渠道所收集的数据当中，寻求某种基于关联性的证据来推测威胁源的可能存在情况。但，至少是在理论上，这种努力可以被轻易化解。比如，攻击者只需要更换 IP 地址——使用"干净"的 IP 地址——即没有被任何防护机制所标记过的 IP 地址——就可以重新获得一定时间内的攻击能力。而这种"干净"的 IP 地址本身也会成为威胁源在地下交易中的"抢手货"。

既然威胁源已经从个别人的单打独斗转向了社会化运作，那就不妨试着通过社会化的治理体系来助力完成威胁治理的任务。可以借鉴社会治理领域的信用体系建设相关经验，以行业自律为基础，探索建立网络安全领域的信用评价机制，为网络用户建立信用档案并通过信用评价的方法，借助大数据技术在网络用户中进行广泛的威胁画像，将有可能构建信用监管和联合奖惩体系，通过教育、惩戒、威慑等手段，有效地压缩威胁源的生存空间。

1. 信用评价机构

由行业组织牵头组织成立非营利的中立组织，作为信用评价机构，为上下游提供专业的网络滥用或网络安全信用方面的评价服务。

让我们想象一下具体的情况。

首先，对于网络服务商而言，在无数的潜在服务对象中，如何来标记或发掘哪些对象是值得鼓励的服务对象？哪些是可以得到正常网络服务的对象？对于没有网络安全方面的劣迹或污点的客户（即保持良好网络安全信用的客户），是不是可以给予他们某种费用方面的优惠，以此来鼓励他们继续保持这种良好的网络安全信用记录？当然，这种费用优惠的成本可以由多种渠道筹集而来，未必完全都是网络服务商的成本让渡。退一步讲，即便是网络服务商为此做了一些利益让渡，但在和他们的经营策略相结合的情况下，未必不是一个划算的措施。

其次，对于政府的监管部门来说，可能会更关注如何约束网络服务商加强自身的网络安全保障能力建设以保护公众利益，要求他们只能为"安全的"客户提供服务。如果那些"不安全的"客户也可以无差别地得到普遍的网络服务，则这些客户的网络活动会引发系统性风险——这正是当前的困境——因此，如果有一个来源于第三方的、技术上独立的、易于理解的网络安全信用评价结果，可能将非常有助于监管部门客观地了解网络服务商的真实情况。

最后，对于网络使用者来说，如果他们是一些真正负责任且谨慎的网络用户，而其他的人，比如他们身边的人或同业竞争对手，在履行网络安全责任和应尽义务方面却劣迹斑斑或表现糟糕，那为什么不能让这些网络安全信用良好的用户在同等条件下优先得到服务？或者，为什么要让表现良好的用户支付与那些表现不佳的用户相同的费用而丝毫得不到鼓励呢？要知道，这将形成口碑效应，会有力地促进网络安全信用的建立并有助于促进形成良好的网络安全生态。由谁来表明网络用户的信用情况呢？

从上面的这些问题可以看出，如果能够在威胁治理体系中建立起信用评价机制，则社会对网络安全信用评价机构的需求，将会是系统性的。

2. 信用评价的作用

科学、全面和标准化的网络安全信用评价将对政府、网络空间的实体、社会等各个层面推动网络安全威胁治理工作起到推动作用。

（1）对政府的作用

加强网络安全领域的信用管理，规范网络空间秩序是当前及今后一段时间内数字化转型条件下政府宏观社会管理的重要内容。从理论上讲，政府很难克服客观上存在的信息不对称问题，难以充分掌握所有社会主体真实的网络安全信用情况，因而也难以找到有效的整治威胁源的办法；从技术上看，政府很难对一个社会主体的网络安全信用状况做出明确的判断，因为这可能是一个需要一定专业技术的领域；从过程上看，各社会主体的网络安全信用信息必然应当分散在不同的场合，政府管理这些信息的效率可能会低到忽略不计。因此，（借助由第三方完成的）信用评价将在统一标准的基础上，为政府掌握必要的信用信息提供有效的解决方案。

（2）对网络空间实体的作用

网络安全领域的信用评价将可促进社会区分良莠，以奖优罚劣。例如，一些行业中的实体在网络安全方面信用状况良好，却无法让社会对此有明确的感知。良好的信用不但不能为这些实体带来收益，反而可能会让他们因为抬高了日常成本而遭受损失；而一些社会主体为了短期经济利益而"打擦边球"，放弃应尽的网络安全社会义务，放任网络滥用或甘愿充当威胁源的基础设施，网络安全信用记录很差，却受不到应有的惩戒甚至还可更容易地获得经济回报，堪称赚取不义之财。如此下去，必将毒化网络空间环境形成恶性循环并蔓延至实体社会，使社会秩序变得越来越混乱。

网络安全信用评价就是要将信用状况好的实体与信用状况差的实体区分开来，以事实上的"准入"设计来树立起良好的自律自觉形象，以拥有更高的知名度，得到政府部门、各经济主体和社会大众的认可，有助于以较低的成本获得更多的发展机会。

（3）对社会的作用

网络安全信用评价与不同的社会运行机制相结合，可以发挥出更多的作用。例如，在市场机制的作用下，可以对市场主体起到"鼓励先进、鞭策后进"的作用，使他们更容易处在"高信用者厚利、无信用者无利"的环境中，进而受到市场无形之手的规制。长此以往，将逐步净化市场环境，降低交易成本，提高资源配置效率，促进经济发展。

网络安全信用评价是一种将人与人之间的信任关系可视化的方法，这有助于控制网络安全风险。网络安全信用评价的目的是为威胁治理提供依据，可以通过"抵制"来制裁那些不检点的网络实体。

随着自动化能力的提高，人工输入的情况将会减少，信用评价自身的客观性将会显著增强。这也将有助于网络安全信用评价机制的完善和发展。

3. 信用评价方法

信用评价的有效性主要取决于用来完成评价所需的数据以及评价过程所使用的算法。如何获取所需的数据并保证这些数据的质量（包括其来源、类型和操作过程），如何选定合适的算法，以及如何运用评价结果等内容，统称为信用评价方法。图 13-4 展示了一种信用评价方法的框架结构。

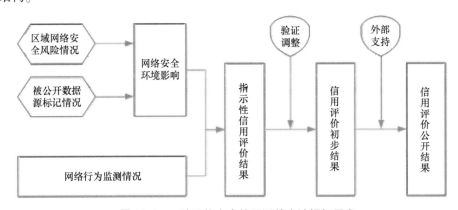

● 图 13-4　一种网络安全信用评价方法框架示意

信用评价主要是针对网络用户开展工作，识别其所处网络的安全环境，结合长期的网络行为（如特定网络行为的稳定性、持续性、多样性等）监测数据，根据一定的威胁画像方法得出一个指示性的原始评价结果。进而，根据评价情况和评价需要，进行一定的验证和调整后得出初步的评价结果，再经过一定的外部支持（通常是针对不同评价体系进行数据归一化），最终得到可以公开的评价结果。其中，网络安全环境影响是信用评价的基础内容，由被评价网络用户所处区域的整体网络安全风险情况结合其被公开数据源（例如，开源情报和其他层级的信用评价体系的正式公开结果等）标记的情况综合形成。结合一些必要因素进行的调整验证是一种模型修正过程，是对于给定被评价对象形成评价结果过程中必须要经过的步骤。这种个性化的步骤是为了简化威胁画像的设计和实现以提高整体工作效率，并且能够较为准确地反映出特定被评价对象所具有的独特情况。

信用评价工作应尽可能在自动化技术的基础上结合适量的人工参与来实现。应当在系统层面实现尽可能多的互联互通，比如，可以考虑与其他社会部门所掌握的数据进行共享并加以二次利用。

13.4　小结

历史经验表明，任何防御措施的出现都会触发攻击策略的调整。同样地，一旦攻击的强度有所降低都可能诱使企业减少安全防御的动力。这意味着，单点设防、独善其身的思路在网络空间安全的攻防对抗过程中所能发挥的积极作用，可能远比人们预期的要少。攻击者更倾向于利用环境噪声隐藏自己（无论是物理位置还是行为特征），作为应对之法，威胁治理将可能会成为最有必要的选项之一。

要想在攻防对抗中追求主动，就需要未雨绸缪。而扩大防范工作的范围和目标，则是基于这种考虑的一个天然选择。企业应当结合自身的资源禀赋和意愿决心，优先考虑那些影响大、可行性高的行动，同时，还要努力完善其他具有可行性的防范措施。这需要跨专业和跨部门的合作，以及全员的参与。政策制定者、项目规划者、团队负责人和每个人，都应当在他们各自的影响范围内，主动推动落实积极防范的策略。威胁治理将是一场没有边界的广泛活动。固然，网络安全威胁治理工作前进的道路可能不会是坦途，但更重要的是，从现在起就采取行动，以免为时过晚。

第 14 章　网络安全的攻防战略

网络安全的过程是动态对抗的过程，是攻防双方的意志、力量和手段的全方位较量。几乎不可否认，在这样的对抗过程中，凡有网络所及则皆有攻防"战场"。双方的意志决定对抗的整体进程和最终结果。这种较量体现在方方面面，导致了网络安全工作成为一个庞杂的现实话题。当今社会中，没有哪个企业可以回避这个话题，数字化转型浪潮的兴起更是巩固了网络安全成为企业必修课的事实基础。

网络安全的攻防对抗有其独特的规律性，表现在网络安全的攻防具有独特的组织、实施和演进。其中，用以指导攻防对抗的方法，即网络安全的攻防战略，更是有其脱出人们寻常习惯的特点。以这种战略的观点来看，网络安全的攻防其实就是攻防双方相互恶意对立的过程，如果不能理解这一点，于攻击一方而言则极易浅尝辄止、无功而返；于防御一方而言则极易心存侥幸、麻痹大意。只有习惯了这种体验，才能在网络安全攻防过程中争取到理想结果。

14.1　阵地战的原则

实务中，越来越多的场合和越来越多的人在网络安全领域提及"纵深防御"的理念。这个概念的前提是，防御一方需要依托自身的"阵地"和"工事"才能遂行防御任务并达到目的。因此，所谓"纵深防御"就是默认了网络安全攻防对抗一种"阵地战"的观点。

事实果然如此吗？

阵地战是一种颇为"讲究规则"的对抗形式：攻防双方要有"阵地"，"作战"界面清晰、"战线"明显，双方通常都会事先在各自能力范围内进行比较充分的准备，各种"作战"保障都相对比较完整、严密。

此时，我们再来和网络安全的攻防对比来看，应该可以发现一些端倪，事实是，可能并没有那么多"讲究规则"的对抗——网络安全的攻击可能来自于漫长遥远的供应链上的某个薄弱的环节，也可能来自于针对目标人群的文化影响和情绪引导，还可能是毫无征兆或特征的非人类……所有这些并不一定直接和"阵地"或"战线"相关。

可见，如果不能跳出"当下"的视角来审视这一切，恐怕无法理解"阵地战"所固有的认知局限和实务困难。网络安全的攻防绝对不会局限在那些被防御方预先划定的"战线"或"暴露面"之上，否则，攻击方哪还有什么主动可言？或者，如果攻击者没有必胜的把握，为何要一次次徒劳地冲击防御方的既设阵地和防线？将攻击行动的成功寄希望于防御方在"阵地"配置上的可能失误或误区，虽说不是不能取得一定的战果，但终究不是一个有作为的攻击者所首先需要考虑的问题。换言之，如果攻击者只是这个档次的话，那所谓的网络安全攻防充其量也就只是个简单的体力活动，不足为患，甚至可能都算不上是真正的对抗。

"阵地战"通常是攻防力量相当、彼此僵持不下之时的一种典型战法，是一种拼资源、拼消耗的打法。当然，如果防御一方占有绝对优势，也可以选择这种对抗方法，但这需要持续投入大量资源来维系这种优势。否则，极易出现致命纰漏。需要注意的是，选择阵地战意味着需要投入足够的资源来维系优势，如果没有优势可言，则投入的资源毫无意义。

但不可否认的是，在当前的情况下以及未来相对较长的时期内，"纵深防御"可能仍然是大多数企业的必然选择。因此，谋求、取得和保持优势就成为更加现实的战略考虑，是企业在网络安全攻防对抗的"阵地战"当中所应当主要遵循的原则。

14.1.1　谋求优势

多年来，企业对网络安全的资源投入，已经从纯粹的成本考虑逐渐转变为对未来的投资，从聊胜于无演变到现在的必须要有，几乎所有富有责任心的企业都已经意识到持续投资于网络安全的重要性。这种投资将确保企业在竞争中保持竞争力——如果不能适当地进行网络安全保护，企业就可能会受到不可弥补的损失，而这种损失之重足以在某些情况下直接摧毁企业。鉴于目前的网络安全威胁情况，企业仅立足于"保护"而投资于网络安全已经渐渐不够，还必要在"积极预防、及时响应"的原则下立足于网络安全的攻防对抗，进行全方位的整体强化。

泛在网络和远程办公的影响

有一个客观事实，企业不得不予以正视。即随着数字化转型浪潮的兴起，在可预见的未来，"一切在线"将是个不折不扣的社会趋势。这种泛在的网络连接，必然会使得员工远程办公成为企业的一种常态。

通过专用的办公设备组网来处理业务的模式，正在悄然转变，这种由网络隔离所带来的天然边界也正在慢慢变得模糊并最终消退。基于肉眼可见的网络边界的安全防御也终将退出历史舞台。越来越多的从未被正视过其安全保护措施情况的设备，正在接入更大范围的网络之中。这些设备迟早会被攻击者"俘获"并被加以"开发"应用，成为僵尸木马网络的天然"资源"。例如，2016 年 10 月，一个名为 Mirai⊖的由物联网设备⊜构成的僵尸木马网络，针对 Dyn 公司⊜的 DNS 服务器发起了一系列 DDoS 攻击⊗并取得成功，峰值流量达到了创纪录的 1.2Tbit/s，导致美国互联网受到较大冲击，一些重要的互联网服务一度停止，美国数百万互联网用户和数十万互联网企业受到直接影响。Mirai 攻击以其规模、强度、形式，以及对基于互联网的影响而创造了历史。

一般情况下，远程办公的员工会使用自己的网络基础设施来访问企业的资源。受此影响，来自家用设备的漏洞将很可能会殃及企业的网络服务。通常，家用设备都缺乏足够的安全保障、版本繁杂、位置分散，维护和管理水平参差不齐，如果企业的网络安全防护策略中没有考虑到这个动态因素的影响，那势必给"阵地"的构筑留下了缺口。这种网络安全规划和业务基

⊖　源自日语，"未来"的意思。

⊜　主要由家用闭路电视摄像头和录像机构成。

⊜　Dyn 公司是美国一家主要的 DNS 服务提供商，其 DNS 解析业务量约占全美国的 25%。

⊗　该攻击手法后被命名为"DNS 水刑"（DNS Water Torture）攻击，主要原理是由受控端向 ISP 的 DNS 发送正常的域名解析请求但其请求域名中会随机加一个前缀，这将引发 ISP 的 DNS 失败重传查询机制，最终瘫痪目标的解析服务器，使得目标离线。这是一种典型的"次级攻击"（可参见本书第 8 章相关内容）。

础架构方面的缺陷，将无可争议地给企业带来网络安全风险。例如，在这种模式下，员工通常会凭借某种凭证（如用户名、口令、证书等）而获得远程登录企业网络的授权。不论这种用户凭证的强度有多大，拥有和使用这个凭证的用户都会成为攻击者的目标，像网络钓鱼这样的古典手法定然不会缺席而且大概率会发挥作用。人类（人性）是"阵地"上最薄弱的环节。出于这个原因，通过涉及用户心理层面的钓鱼，诱使他们犯错误，则他们脆弱的家用设备就可能会被恶意软件破坏，或者被攻击者远程控制。攻击者基本上就可以由此渗入企业精心构建的"阵地"。

当然有人可能会说，不就是因为可能存在这种情况才需要在企业构建"纵深防御"阵地的吗？虽然攻击者可以利用远程办公用户的身份或设备作为跳板突进阵地的前沿，但是在企业内部不还有相应的防御措施会发生效用吗？这个有必要担心吗？没错，这种情况下，确实不用担心企业的设施设备会被攻击者轻易控制。但不要忘记，攻击者此时完全可以通过其控制的用户设备（或用户身份）"暗度陈仓"，潜伏下来，耐心地进行后续行动，在数据、情报方面取得战果——这就是攻防对抗的本来含义。重温"特洛伊木马"的经典案例，则可能会更有助于理解这一点。

如果情况再复杂一些，企业使用了公共云资源构筑自己的业务服务网络，则应当如何构建"纵深防御"的阵地呢？难道要云资源服务商按照不同客户的要求去定制实现不同的"阵地"吗？如果这样的话，云资源服务商的成本怎么办？云资源服务商和客户之间的网络安全防御体系该如何衔接？事情是不是会变得太复杂了？有人可能会说，追求高度安全性的企业可以接受这种成本，这不是安全体系要考虑的问题。但不要忘记，这种情况下企业的安全体系将因为其自身的复杂性而存在塌缩的可能。

泛在网络和远程办公这样的"新"场景所带来的挑战，为企业构筑阵地的战略带来了困难，只有拥有技术上的安全控制能力才可能消除来自于终端用户的弱点。

14.1.2　建立优势

网络安全威胁源的动机和攻击手法因人而异，也因目标的特点而异。因此，对他们建立优势需要足够的灵活性。比如，用户的身份将是防御阵地的新的边界。无论用户身处外部网络还是内部网络，企业都必须特别关注于任何用户的身份认证、授权及其鉴权和访问权限。基于用户身份的行动将是攻防对抗双方争夺的要点。攻击者获取到合法用户的身份凭证只是他们冲击防线的第一步。一旦获取到合适的身份凭证进入企业内部后，他们将在企业内部四处尝试，进行"横向移动"并在某些时候找到合适的机会提升自身的权限。因此，阵地设置上的层层嵌套，将帮助防御一方建立优势。

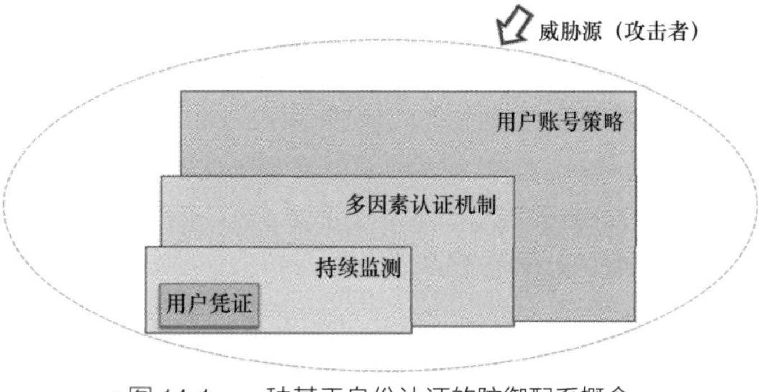

图 14-1 展示了一种类似阵地配系概念。假设有三道防线。第一道防线可以是基于用户账号的常规安全策略，例如，口令强度、定期更换、账号的开销户及变更管理等方面的要求。在这个基础上，第二道防线是使用多因素认证机制来确认用户身份，例如，

● 图 14-1　一种基于身份认证的防御配系概念

可以通过实时通信手段回拨至用户的某种终端以确认身份（手机短信验证码）等，而并不局限在要求用户出示两种不同的凭证以求验明身份。第三道防线，是对任何身份的用户的行为都进行持续的监测和分析，实时阻断被判定为异常的行为。

更进一步，对于构筑防线的一方，以下的场景需要重点考虑。

1. 客户端程序

无论是基于"客户端—服务端"（C/S）模式还是基于"浏览器—服务端"（B/S）模式，都会需要一种客户端程序（应用程序）⊖作为用户于系统进行交互的界面。在这个程序中，用户将可以传输、处理或存储信息到特定的业务系统，并且还可以根据授权使用来自于系统的数据。

通过移动设备不恰当地共享数据将是一个新的威胁并且将会越来越普遍。

一方面，员工使用的自带设备中安装了企业的某种应该在内部使用的应用程序，那么这些应用程序是否会面临失去企业网络安全防御体系保护的风险呢？这些应用程序是否足够健壮以适应完全开放的操作系统环境？还有，如果企业使用了外部的（第三方的）应用程序（比如，某些即时通信软件、某些在线的文件编辑器、网盘等），是否需要考虑企业的信息泄露或数据泄露的问题？

另一方面，如果用户将企业的文件通过授权的应用程序下载到了个人设备上，之后再上传到个人的云存储中，那这种行为，无疑将存在数据泄露的风险。需要把防线设立到用户（员工）的个人设备上吗？或者，只靠没有技术手段支撑的管理条文来让用户凭自觉去遵守吗？防御阵地在哪里？

2. 数据的安全

无论如何（在采集、传输、存储和使用的所有环节），企业的数据或用户的个人数据都应当始终受到保护。并且，还应当考虑到不同主体之间的差异（来自于合规性的强制要求或各自独特的需求）。

特别要注意，企业出于保护自身的数据安全的需要而加强了应用程序的健壮性，这意味着可能要对应用程序的运行环境进行一定的控制或干预。如果运行环境属于企业，则这种方法当然无可厚非；而如果运行环境不属于企业，则会出现现实冲突。此时，企业应当首先遵从合规性的要求来寻求解决这个问题的途径，而不能一味地只寻求有利于自身的方式来解决问题。

例如，针对在客户端中保存的数据，可以通过文件加密或存储介质加密的方式来应对威胁。此时，对于企业而言，其防御阵地就延伸到了客户端的设备，而这些设备的物主是否会接受这些方式，就成为企业必须要考虑的前提条件。显然，这需要企业额外为这种"飞地防线"付出成本。否则，将很有可能触及合规性要求的底线而招致不必要的麻烦。

14.1.3 保持优势

谋求优势和建立优势的前提是要有完整的战略。在确定战略之前，过分关注具体的技术措施是一种常见的错误做法。不做通盘考虑的优势，只能算作是战术优势，作用有限。

企业有必要获得切实的数据以分析当前所面临的网络安全态势，这有助于评估和修正企业的网络安全战略。在这个过程中，持续的网络安全监测仍然是最易被理解和使用的方法。但更

⊖ 很多场合已经出现将各种类型的客户端程序统称为"应用程序"（App）的趋势，本书将遵从这一习惯。

有效的方法是，持续教育员工和用户，培养并保持他们的安全意识，这可能是企业在建立优势之后，用以保持优势的最为经济有效的方法。

足够的安全意识将为安全团队的工作赢得宽松的空间和充分的理解，受人尊敬的安全团队是"阵地"上最为可靠的力量。安全团队将以恰当的频率持续地开展红蓝对抗演习。安全团队将不断地尽可能逼真地模拟威胁源，通过跟踪对手的行动来测试阵地的可靠性，寻找阵地的薄弱环节并根据这些演习的结果寻求适当的对策，或发展新的技能或弥补旧的缺漏，在动态的过程中不断适应新的挑战，在不断的演进中巩固已经取得的优势。

攻防对抗的过程中，只有人在，阵地才在。只有各种所谓监测设备和防御设备而没有人的"阵地"终究好比只是"稻草人"看守的麦田——前来觅食的鸟儿可能会非常乐意在田里吃饱之后，站在"稻草人"的草帽上歇歇脚，再"扑棱"地一声飞起，赶往下一块麦田。

14.2 防守三部曲

网络安全的攻防对抗中，攻击者通常倾向于这个过程是一个缓慢而长期的过程以便长时间获取利益（例如，不断获取新鲜的数据等），当然，这不能排除攻击者也有采取突击行动（例如，短时间内瘫痪目标的业务能力）的可能。攻击者通常会始终尊重所希望得到的结果，以避免过度行动而付出不必要的代价，或者，要谨慎地避免招致同等程度的反制（报复）。于防御一方而言，则主要需要考虑如何摧毁攻击者的企图并尽可能地瓦解或消灭对手的力量。根据攻击的严重程度，防守一方的目标将按照以下的顺序依次提高：从采取措施保护基础设施，到恢复正常的业务运行，再到改善防御措施保护重要数据，最终到预防或遏制（未知的）攻击等。

防守策略的设计会涉及企业的整体运作，利益相关者之间的合作是成功的关键。

14.2.1 基础策略

防守一方构筑防御阵地时，首先需要有强有力的领导者、专业的网络安全团队以及企业的全体员工的配合与支持，这是成功构筑阵地的基本条件。

首席安全官应当富有能力，需要展现出其领导力，推动企业的决策者做出恰当的决定：他们不仅要像以往一样组织完成例行的安全工作（打补丁、修漏洞、作响应等），还必须要关注传统的和新兴的网络安全威胁的发展趋势，要关注来自于供应链的风险，要关注新技术与业务结合之后的众多创新过程中的风险，要关注与不断完善的法律法规方面的合规性风险，要关注人员技能差距方面的巨大压力……这些挑战交织在一起，显然不仅仅是个技术问题，只有各方面需求在企业内部达到平衡，才会构筑起一个像点样子的阵地——企业的网络安全才会有基本保证。

网络安全技术措施只是构筑阵地的一部分基础，虽然不可或缺，但却不完全是成功构筑阵地的决定性因素。这涉及其布局、体系、运用、更新等诸多方面关系的协调。

构筑阵地的策略应当立足于整体的解决方案。网络安全团队必须要用企业的语言来影响所有参与者，而不是以安全的专业语言和他们沟通；要促进他们的思维方式、习惯和技术方法的更新，让他们能够理解构筑阵地的意图，接受并能够遵循科学的业务操作规范，持续地以有利于网络安全的方式行事；最终与他们共同为实现这意图做出积极的努力。

防御阵地必须构筑在员工的入职、供应商的选择、业务的开发与交付和运营，乃至企业的运营管理的全过程之中。阵地自身就是一个复杂系统，有梯次、有掩护、有配系，并不是一个点或一个面，而是一个立体。

人防、技防和管防相结合的方法，是构筑阵地的基本策略。

1. "人防"

所谓"人防"原本是指以人力进行防御，依靠从事网络安全工作的人员或团队的手工作业过程来完成网络安全攻防对抗中的防御任务。这是一种原始的防御方法。但是，从策略的角度来说，"人防"又可以被赋予新的含义，强调以人作为防御工作的核心。简单说，就是要"有人做事"和"教人做事"。

"有人做事"是指，要依靠专业的网络安全团队作为具体工作的主力和指挥中枢，建立不间断的监测值守制度，结合必要的设备及时发现威胁或对安全事件做出响应，采用各种手段来延迟或阻止攻击者的活动并尽力控制局面、减小损失。

"教人做事"是指，要构建企业的网络安全文化，在企业内部不断地强化宣传和舆论引导，利用安全意识教育和培训来创造安全文化氛围，构建网络安全理念的持久影响力，将"重视安全、保障安全"的理念渗透到企业的每个业务流程当中，覆盖到与每个客户、每个合作伙伴的交互关系当中，嵌入企业所提供的产品、服务或解决方案当中。

人防的实现，需要企业的决策者展现出管理决心。

2. "技防"

"技防"是指以特定的技术手段对人防过程中的监测、分析、处置等环节进行加强，强调了技术手段的重要性、必要性和客观性。从策略的角度来说，技防只能建立在人防成功经验的基础之上，只是对人防中的某些技术环节的强化和优化，用以降低人工劳动的强度并提高效率。在某些场合当中，技防会带有一定的绝对性和过程性，但技防归根结底是对人防的补充，是为人防提供服务而不能取代人防。

一方面，技术手段必须由人最终控制和使用。技防为人防提供必要的依据和支撑，是辅助人防开展工作。引入技防的目的，只能是以技术的手段来实现防御者（安全团队）的意图，要么是为了更高的效率、要么是为了更低的代价、要么是为了更可靠的质量，总之不能是为了以技术的手段来代替人工或控制人工。技防只是应防尽防、当防必防，而不是为了防而防。

另一方面，运用技防可以不断提升人防的效果，甚至可以启发、引导、促使人防的相关工作方法得以改进。技防可以为人防提供更多的选择（空间），甚至是形成数据、信息和情报方面的优势，有利于安全团队在更高的维度和更广阔的空间中调度资源，构建并巩固防御阵地。因此，技防应当是体系化的工作，需要有其自身的战略规划，而不能脱开人防来"单打独斗"。

此外，投入技防所能节省的只是专家级的人力，而并不能节省技防设施和手段自身在运行维护过程中所需的保障性人力投入。事实上，夸大技防的投入是借技防降低网络安全的专业门槛，削弱了专业的网络安全团队的话语权。在严重缺乏专业团队的情况下，这可以作为一种应急举措，但切不可迷失了这么做的初心而错失了工作重心。否则，企业的网络安全防御将逐步陷入严重的对外依赖之中，将会处处被动。

3. "管防"

"管防"是"管理防御"的简称，意思是说，要通过加强对人员的管理来巩固和提升人防和技防的效果。由于技防是体系化的手段，当其形成一定规模之后，它和包括安全团队在内的人防机制之间，必须要有足够的协调和配合才能发挥出双方的作用，"管防"因此而成为必不可少的策略。

管防将介于人防和技防之间，起到沟通彼此的作用。那些技术手段不便实现的人防策略可以借由管防来实现，而对管防中的固化机制进行技术支撑也可以列入技防的范畴统筹考虑。

人防、技防、管防三种策略应当相互融通。这是企业构筑网络安全"纵深防御"阵地过程中应当尽早落实的"金标准"。

首席安全官将是那个融通三种策略的"操盘手"，任重而道远。

14.2.2　战术步骤

企业构建防御阵地的战术任务大致可以分为布防、侦察和反制三个步骤。这三个步骤构成一个完整的战术生命周期。

1. 布防

简单来说，"布防"就是对防御阵地的布置，是指网络安全团队根据企业预先设立的防御决心，结合企业的现状（例如，风险评估的结果、业务属性、网络安全技术手段的特点等）制定并实施防御计划，是对防御体系的配置与使能。包括：①对防御人员的征召、整训与任务分派；②对防御区域的标定、通联与协调组织；③对防御手段的安装、联调与运行值守等。

布防是将企业的网络安全策略由文件转进为行动的过程，是对"实战"准备的激活过程。布防结束后将形成展开状态的作战指挥体系，指挥机构、"作战"人员、"作战"装备、"作战"物资、"作战"支撑力量等将全部就位。所有上述信息将被记录在"作战图"之中，这是布防过程结束的一个重要的标志性成果。这份"作战图"将成为一份"战时"的现场手册，用以指导全体防御力量完成既定任务。对于这份"作战图"的维护，将是安全团队负责人的一项重要工作，也是其开展工作的一个抓手。

布防并不纯粹是个静态的概念。"防区"可以根据需要随时划定或进行调整。一旦防区的概念发生了变化，则所有布防工作将重新开始并按照步骤依次重新进行。

2. 侦察

正常情况下，布防任务的结束就是侦察任务的开始。当然，两者的衔接未必会如此分明，大多数情况是，一旦防御所用的技术手段部署成功并上线正常运行，则利用这个手段所能开展的侦察工作就即刻宣告开始。

侦察是防御一方主动实施的一种防御行动，是通过收集和搜集恶意行为者的组织、技术、装备、（人员）能力、活动特征以及相关环境条件等情况，积极探索并确定威胁源、分析判断其意图，为后续的防御措施做出预先准备的工作。侦察是执行防御任务的安全团队所要发挥自身专业能力的主要场合，具体任务包括，情报收集、对象识别、行为监视和目标获取等。

侦察的目的是用于防止被潜在攻击者（威胁源）实施（突然的）破坏（或打击），以便防御方的指挥机构有充足的信息做出恰当的决定，能够迅速有效地组织起对攻击行为的抵抗或反制。

侦察任务并不局限在防御区之内，可以根据时机、风险和需要（兴趣点）而开展。

3. 反制

"反制"，顾名思义，就是"对攻击的攻击"，是指防御方的安全团队为回应所遭受的网络安全攻击而向发动攻击的对手进行的攻击。

反制是一种应对攻击的谋略和战术。所谓"谋略"是指，反制的过程就是要拖住对手并将对手置于不利的环境之中，进而寻求机会打击对手并尽可能摧毁对手。所谓"战术"是指，反制的任务目标一般是抵消或挫败对手在攻击过程中所获得的优势或成果，为其制造混乱和干扰并尽可能与其陷入胶着状态，消耗对手的时间、耐心，甚至资源，从而积累己方的主动性。

反制的具体任务通常包括：承受攻击、遏制攻击、主动出击、打击或消除攻击（源）等内容。其中，用来打击或消除攻击源的那些反制手段，通常都需要企业在法律框架下依靠某种威胁治理机制来建立，几乎不可能依靠自身的能力独自来完成。企业对攻击源的反制应当符合法律法规的要求，不可"以暴制暴"——以违法行为对违法行为不可取。

应急处置工作通常只是反制工作的一部分，单独提到它时，是为了强调其中的防御属性和克制的成分。事实上，应急处置工作包括了"承受攻击"和"遏制攻击"这两个阶段工作中的大部分内容。

反制体现出一定的攻击性。这就要求实施防御的团队在技术上要有足够的实力且具有充足的主动性，事先必须做好相应的准备，否则很难在攻击者实施攻击的过程中（时机往往会稍纵即逝，时间窗口通常非常有限）对攻击者进行有效的溯源、取证和处置。

14.2.3　技术范畴

世界在变化。传统的企业运营技术也在变化。到处都是"24×7"的无间断连接，现实世界中的边界正在被网络空间的泛在性所溶蚀。无论是企业的员工还是企业的供应链参与者等第三方，都被网络连接起来。所有人、所有事务都被信息化设备或数字化设备连接在一起，无论是在内部网络还是在各种各样的云设施之中。并且，物理意义上的工作场所也变得不再那么重要，远程办公和居家办公将成为一种新常态，工作场所和个人空间将融合。事实是，员工将越来越多地在家庭网络上参与企业的日常活动，与同事们在（公共的）线上平台保持协作，在企业之外的云设施中使用或管理企业的数据……从网络安全的角度来看，所有这些，都应是网络安全防御的阵地所在。

即便员工在家庭网络上使用了 VPN 技术或其他的某种安全通道技术，其终端部分仍将不可避免地暴露在自己的家庭网络之中——否则，操作的便利性问题、安全保护的成本问题、员工个人隐私保护的问题等，都将不易被妥善解决，甚至，这将会诱发更多的不安全因素或留下隐患。

虽然这些问题都涉及具体的技术范畴，但却不可能面面俱到。没有人从一开始就在网络安全的视角为企业今天的现状做了充分考虑，也无法为将来的情况做出精确的规划。既然无法将最新的安全技术全部运用，那就不如从风险最大的情况入手，在增量范畴内保持同步的网络安全保护，在时间的进程中逐步淘汰落后的部分。唯有此，才能在具体的技术范畴内寻得可接受的平衡。

1. 云化技术（云计算）

向云计算的转变、前进的趋势不可阻挡、不可逆转。云计算使企业可以将智能化技术的"体力"部分有效地移交给第三方，企业因此得以有机会并且有能力从自己未必擅长的领域解放出来，可以更专注于他们最擅长的业务领域，从事"脑力"部分的工作。这为企业剥离了沉重负担，企业几乎可以在所有情况下都不必再为采购、开发、管理、运行和维护信息化的基础设施（含软件）而投入过多精力。云计算技术满足了企业对敏捷性、高效率和创新开拓的几乎全部的需求。

然而，无论是公有云、私有云还是混合云，在云中开展业务工作都需要在网络安全方面做出额外的努力和规划。每个云服务的提供者都存有变数，他们通常只承诺为他们自己的底层基础设施提供安全保障，而将保护关键的远程访问、应用和数据资源的责任留给企业。

特别是在合规要求方面更是如此。比如，企业如何在没有控制权的云中实施监控？在这种背景下，由于应用云计算技术，受其自身供应商繁杂、功能设施分散的特点而带来了复杂的网络安全管理问题，网络安全防御的阵地将会被分割或稀释，防线将越来越长，甚至会变得无法连续或形成孤岛。

2. 物联网和边缘计算

物联网连接了物理世界和网络世界，物理环境、数据、甚至人们的情感，一切都可以在企业中相互连接。但是，企业在建造和应用物联网的时候，一些安全保护问题没有得到充分考虑的部分，比如，一些旧的网络接口就可能在没有评估连接风险的情况下而被激活——防线将可能因此而被撕开一个口子"透气"，甚至还可能使得整个阵地崩溃。中国有句古语"千里之堤，溃于蚁穴"，很好地诠释了其中的道理。

设置阵地的过程中，不要忽视这个技术领域。物联网及其边缘计算的部分，将是一个快速发展的领域，这带来挑战的同时也带来了机遇。所谓挑战是说，阵地包括的范畴更大了，从所有类型的传感器到所有的智能设备，再到内、外部的所有物联网边缘计算中心，甚至远端的云数据中心，都将纳入阵地的考虑范围，毫无疑问，这提高了阵地设置的难度和复杂度。但是，这种复杂的场景也创造了新的机会，所有连接在网络中的传感器都可以提供安全监测的数据，拓展情报分析的来源。这种情况能够使阵地变得更加有层次感，甚至可以为防御者提供更深广的视野，使他们对阵地有更加深刻的理解。

3. 软件定义网络

网络本身终将发展成为巨大的软件——事实上，计算机网络从一开始不就是由建立在软件基础上的专用硬件所组成的吗？这种技术发展史上的进程被大多数人忽略，导致了一系列的二分法错误认识，例如，将计算机（计算设施）和网络设施对立看待，将网络安全和业务应用对立看待、将软件和硬件对立看待等。

伴随技术的进步，信息技术和通信技术的融合使得计算机网络回归本源，将安全（设计）融入网络技术的工程实现和应用之中，使安全与网络无缝衔接，将安全直接建立在网络之中，从用户终端到应用程序接口到远程访问再到云端的容器，一个基于软件定义的"空间"将成为安全实践的标准场景。安全策略将成为那个用来构筑防御阵地的最有力基石，将被一致地应用于全业务链条当中。无论用户在哪里，都将得到安全的网络服务和网络的安全服务。例如，网络只在必要时创建，网络了解每个人是谁，他们要做什么，他们能做什么，然后根据他们的权利为他们创建一个单独的路径，允许他们到达那里，观察他们做了什么……网络对于每个用户而言都将是一个独一无二的环境。

显然，在这种情形下构筑阵地将会是另外一种样子。

14.3　大规模的网络纵深防御

大规模的网络安全攻防对抗可能令人生畏，但对于了解网络安全的人来说，成功的起点在于选择了正确的战略。在网络空间，企业可以自行采取措施改变"地形"，这是一个十足的好消息，因为这种做法可以颠覆对手手中的"世界地图"——这将有利于攻击者失去方向和目标并最终被阻止。

传统上，构建网络空间的防御阵地只有一种方法，那就是依托业务系统的结构（即，"地形"），一层层的配置技术手段，然后将所有的技术手段置于统一的控制系统之下，通过网状网的布局来达到"多一双眼"的监视效果。之后，当警报响起的时候，所有的资源、力量和时间都一窝蜂似地聚集在事发位置，通过备份、冗余等关注于可用性的手段来进行对抗，直到攻击者的兴趣或耐心被消耗殆尽，主动停手或放弃攻击为止。这种阵地当然是一种纵深防御的阵地，但是，这种方法的局限性是那样的刺目，以至于让这种战略都受到了广泛的质疑。在实务中发现，这种方法存在一个"极限"，在这个极限附近，企业为了安装安全技术手段而需要投入的成本将大到不可承受，已经安装并投入运营的安全技术手段的维护和使用工作将复杂到不可持续且其效率将低于企业正常业务系统运营的平均水平，从而成为企业的巨大负担。要想实现大规模的网络纵深防御，是时候另辟蹊径了。

14.3.1 换一种互联网思维

不妨将视角稍微翻转一下，何不尝试以技术措施作为中心，通过改造"地形"的方法，让阵地变成更适合用来对抗的样子呢？

由于历史原因，企业的网络空间地形可能是由单立的软件、封装的设备、分散的模块集合而成，因此，直接改变它们将很有可能是一件不可能完成的任务。因为，对它们的任何改动都将涉及业务系统的变更，这对业务的影响将无可回避，除非企业的业务休克或彻底更换在役系统，否则，永远无法在其现有的结构上实现任何实质性的改变。

网络空间起源于互联网，互联网就是网与网的互联。将网视作互联网的细胞和元体，就可以发现，互联网是一个聚合体，每个细胞都是小而全的存在，通过互联在一起实现功能的互补而各自发展壮大。受到这样的启发，不妨将"小而全且广泛互联"（Small Smart and Stirring）视作是一种互联网思维，从这个角度再来审视纵深防御，可能就有了新的看法。

地形改造法（Topographic Reconstruction Methodology，TRM）

对网络空间的地形改造是个逻辑概念，最好是通过策略来实现。通过配置、映射和编排的方法可以比较方便地实现基于策略的结构调整，这将会更好地应对网络安全的挑战。地形改造法不是简单地在宏观层面上对网络设施或业务系统进行结构调整，而是采用精细的方法，在关键的业务功能、应用程序、可编程设备、服务器之间建立规则并配置规则，将相对单一、便于控制的功能（通常是围绕核心数据及其最小载体），人为地划定为逻辑区域，在这样的区域内构建效率更高的防御阵地。以阵地为单位（称为"阵地单元"），将它们互联起来，则可以构成最终的完整阵地。

每一个阵地单元都构建了只有企业内部授权可访问的防线，这将严格且灵活地实现企业的网络设施或业务系统的访问控制并将限制数据流动。这就使防御体系具备了"弹性"。理论上，每个阵地单元都相互异构（至少是不同型），这使得防御者可以对攻击者进行层层阻击，使企业的业务链条成为具有"纵深"的阵地。攻击者突破一个或有限数量的阵地单元将不会影响全局，因为更多的阵地单元将得到警告并被组织起来进行对抗，安全团队将负责具体的策略配置。

应用 TRM 的过程中，应当避免一些误区。例如：①失焦，在设置阵地单元时不知道或者忽视了关键的核心业务；②失据，没有让熟悉关键业务/核心业务的团队成员参加到设置阵地的工作中；③冒进，试图一下子在全部范围内设定阵地单元进而连缀成片；④散乱，没有做好必要的技术准备，缺乏必要的技术工具，例如，用于配置管理和策略跟踪等的手段；⑤短视，没有关注即将投入使用的业务及其应用等。

阵地单元的设立，需要基于准确的原始数据。通常，这些数据会以一种列表或清单的方式存在。确定这样的列表并没有太多的挑战，但如果要保持这些列表的内容准确却是个巨大的挑战，因为它们所刻画的对象可能时刻都在变化（尤其是在云化的环境中），但这些变化却很难及时得到更新或记录。为获得高质量的原始数据，可以尝试以下的几个技巧：①将获取原始数据的工作任务嵌入业务操作的流程之中，在每一项增、删、改的变化过程中，都同步更新阵地单元的原始数据；②使用自动化的手段和人工复核相结合，利用强大的内部治理手段来促使和保持阵地单元的原始数据得到及时的更新；③建立强制更新的机制，一旦阵地单元的原始数据因为人为原因而变得不准确或不正确，就触发一些保护措施。例如，在安全策略中确保使用白名单机制，这样，一旦阵地单元的原始数据出错，则会导致业务功能出错，此时无论是业务运营团队还是安全团队，都将同步收到系统报警，进而将触发必要的纠错机制，更新那些不正确的原始数据。

阵地单元的核心策略是应用最小特权原则。这是一个持续改进的过程，从设定合理的目标开始，不断迭代。阵地单元没有绝对的对错之分，只有是否够用的区别。保持对环境的控制和及时更新结构的过程，就已经足以支撑起阵地单元的日常运作。阵地单元之间的联系应当应用可视化的手段加以呈现，这将有利于安全团队了解它们之间的联系，然后通过调整规则来控制和改造企业在网络空间的"地形"。

构成对"地形"的可视化概念，通常需要三个步骤。

1）构建业务应用的依赖关系图，对每个应用以及其内部和外部的依赖关系进行清晰的描述，在图中要能够标记出具体的流量和流向情况，特别要注意使用了负载均衡设备的情况。

2）要在监测数据中筛选有价值的目标，进而对其进行持续关注，对监测数据的过滤将有助于达到这个目的，这将会有力促进可视化，将加深来自于对行为和政策的理解。

3）审查已经存在的策略，建立针对合规性的视图，这将确保企业内部的其他团队能够接受和理解当前的"地形"，他们将会自觉地独立验证并确保任何受保护的区域没有受到干扰。当事实清楚时，相关团队会迅速就所需的行动、可能的后果和补救计划达成共识，这个过程使得阵地单元成为"可见"的存在。这增进了彼此沟通，在业务运营、安全保障、基础设施、应用开发等团队之间建立了信任。当一个阵地单元在业务流的上下文中被"看到"时，每个团队都将从中受益。

14.3.2 看看攻击者的视角

以往的技术条件下，攻击者遇到坚固设防的目标系统时，传统上，因为设防者足够谨慎，所暴露出来的信息足够少，攻击者将通常只能在某些方向上进行试探（如 DDoS 攻击、社交工程学攻击、供应链打击等）并寻机而战。而当技术的演进促使许多个人和企业向云端迁移后，老派的设防方法在新的空间中并不自动生效，因此对于攻击者而言，传统的阵地战已经不是那么棘手。

随着边界概念的模糊，基于边界的纵深防御自动退化成了独立运作的"烟囱"状的结构，网络设施的安全、用户终端安全和业务应用安全，各自为战，自然也就失去了作为整体时所能发挥的作用。

比如，一些远程用户仍然可以习惯性地获得无限制的访问授权，就如同他们在本地环境中所常见的那样。这使得，一旦这些用户远程登入企业的业务设施后，不仅可以访问特定目的的特定应用，还可以访问受到访问控制保护的整个范围。而攻击者将会非常清楚地知道，针对这种远程用户的渗透将会得到丰厚的回报。因此，针对脆弱的家庭网络的无差别攻击、潜伏、监视、控制、干扰等将成为突破纵深防御阵地的新的首选方向。

再比如，VPN 的问题。坦率而言，VPN 的设计并不那么友好，使用它的过程中需要用户额外付出很多处理网络连接问题的代价，以至于一个用户可能需要为不同的应用而使用不同的VPN，这种复杂性为攻击者基于社交的活动创造了机会。一旦某种原因导致远程办公者数量陡增，VPN 这种并不是为了大流量业务所设计的安全防御手段，通常会在压力下"一崩了之"。此时，VPN 以及基于 VPN 的防御措施将会被企业的维护人员主动"短路"——远程的访问将暂停使用 VPN。此时，业务系统将不得不"直连"外部的网络环境，攻击者将有机会大摇大摆地"登堂入室"——VPN 是理想的攻击目标——无论是对零日漏洞（0day）的利用，还是直接发动 DDoS 攻击，都可能导致企业的关键业务受到直接威胁，而原有的纵深防御措施将无法发挥作用。

"端到端"与"云到端"

以攻击者的角度来看，纵深防御的思路就是希望尽可能在攻击路径上给攻击者"沿途"制造麻烦、拖延时间，以便使防御者能够争取到各种外部支援或转移重要的保护对象。这种思路本身没有明显的错误，只是过于厚重、烦琐，在实施的过程中难免会有各种失误，对防御者的"备战"训练水平、"应战"操作水平、"战时"动员水平、战略"储备"水平等都具有很高的要求，体系化能力是决定纵深防御成败的关键因素。

如果防御者不能及时完成整合阵地方面的工作，则呈现在攻击者面前的阵地将会是一个个处于独立工作状态的"据点"，这种点状防守难以对安全事件进行关联处理和协调响应，给防御的阵地造成很多漏洞，是复杂的网络安全环境中的致命弱点。

各自为战的据点的成本会非常高，对管理和维护工作带来巨大的挑战。比如，每个据点都会产生警报，这些警报对于监控和优先处理来说就是一场噩梦，顾此失彼将是常态，更不用说彼此协调了。企业的网络安全生态也将由此变得越来越复杂——有太多的供应商，太多的警报，却总也没有足够的熟练的工作人员来应对攻击。

寻找能够运作和维护所有据点的专业人员也是一个挑战，当他们离开企业或安全团队时，就会产生人才断档的问题，这种差距却又很难在短期内得以弥补，这将大概率形成一种恶性循环——越缺人则越没人。于是乎，企业将不得不转向一两个包含了更多功能的"套装"服务，试图来整合这些分散的据点。理论上，这是一种改进，但在实践中，一个据点叠加另一个据点仍然改变不了这是两个据点的事实，这些被套装了的"据点"往往只是一个平庸的"据点套装"，并不是一个满足需要的新的据点。"据点套装"无法应对新技术出现后的情况并增加了许多潜在的故障点，需要更多的人力监控，为已经人手不足和工作过度的安全团队增加成本、维护和运营方面的负担。更重要的是，用于和攻击者对抗的手段与信心并没有得到加强和提升。

这种松散的"据点套装"是攻击者的理想攻击目标，因为它看上去足够安全——防御者的自信心将会给攻击者提供足够的帮助。无论是面对散装的据点还是据点套装，攻击者的行动重点都是瞄准端点发力。这将为攻击者成就一种典型的"端到端"的攻击，甚至是"云到端"的攻击。单就这种技术压迫，就很容易形成一边倒的不对称态势，防御者几乎没有机会在这个过程中幸免。

14.3.3 设防等级基本模型

网络安全保护遵从等级化的方法，对不同的业务系统都设定了不同的保护等级。实务中，从网络安全的攻防对抗的角度来说，为了评价防御方所布置的阵地的完善程度、所动员的防御团队的效能、所需资源的筹集情况等，经常需要一种标准来说明设防的情况。可以用"设防等级"来描述这种标准。

设防等级，即设立防御措施情况的等级，是指防御一方对防御工作所需的管理要求、技术手段、人员组织等情况的等级化评价，用以衡量防御者的劳动强度、工作难度和战略深度等客观情况。设防等级由高到低可依次分为五个等级：坚固设防、强化设防、标准设防、简易设防、未设防。

1. 坚固设防

坚固设防，即对阵地有最高标准保障要求，涉及国家重大活动保障或企业的重大行动保障。或者，针对企业的网络安全威胁的敌意已经十分明显，其恶意行为已经得到了多渠道的证实，企业需要针对阵地进行超乎常规的监测、巡查和实战准备等。

安全团队的主要工作：成立临时联合指挥机构，与保护对象的业务和基础设施的管理团队和运维团队代表联合办公、统一调度；进入全员动员状态，全体成员轮班进入 24×7 小时双人双岗值班值守状态；在扩展点位临时加装必要的技术手段；监测手段和情报分析手段全负荷运转，每日定时开展分析和研判工作，随时向企业的管理当局汇报最新情况；完善各项应急预案，与各层级技术支撑单位建立心跳联系（Heart Beat Link，HBL）保持联络畅通；应急处置人员进入待命状态。

2. 强化设防

强化设防，即对阵地有较高标准保障要求，涉及企业的关键业务设施的保障行动或企业承担的社会责任方面的保障行动。或者，针对企业的网络安全威胁短期内有较大量的增加，网络安全态势呈现出恶化趋势，企业需要针对阵地进行密集的监测、巡查和实战准备等。

安全团队的主要工作：建立临时联席沟通机制，与保护对象的业务和基础设施的管理团队和运维团队代表定期见面沟通，完善行动方案；进入动员状态，指定人员轮班进入 24×7 小时值班值守；监测手段和情报分析手段满负荷运转，定期开展分析和研判工作，定时向企业的管理当局汇报最新情况；完善各项应急预案，临时开展应急预案的校验性演练并总结改进；与各层级技术支撑单位保持联络畅通；应急处置人员进入待命状态。

3. 标准设防

标准设防，即按照阵地的设计要求开展常规性的防护工作，整体防护能力达到行业标准或符合最佳实践要求。或者，针对企业的网络安全威胁情况与长期监测数据相比变化相对温和，行业内或企业的供应链发生若干网络安全事件但企业的网络安全态势平稳，企业按常规对阵地进行监测、巡查和应急准备等。

安全团队的主要工作：与保护对象的业务和基础设施的管理团队和运维团队代表保持定期沟通；保持正常工作秩序；保障监测手段和情报分析手段按要求运转，定期开展分析和研判工作，定期向保护对象负责人通报最新情况；修订各项应急预案，按计划开展应急预案演练工作并总结改进；与各层级技术支撑单位保持联络。

4. 简易设防

简易设防，即保持阵地主体功能正常运转的情况下开展防护工作，具备符合安全等级保护标准要求的最低能力。或者，企业网络安全态势整体平稳，企业按只在力所能及的范围内进行最低限度的监测和应急准备等。

安全团队的主要工作：按职责界面与保护对象的基础设施运维团队代表保持联络；保持正常工作秩序；定期开展情报分析和研判工作，定期在团队内部进行总结报告；团队成员开展业务技术培训和技术交流；检修设备等。

5. 未设防

未设防，不是指没有进行防御，而是指仅有各业务系统自身的默认安全防护能力，在企业层面没有团队专门开展网络安全防御工作或者并未设立防御阵地。这是企业在法律允许的情况下所保有的最低水平的网络安全防御状态。

一般情况下，设防等级对攻、防双方而言都意味着成本问题。设防等级越高则攻防双方需要投入的成本就越大。设防等级体现了防御方的防御决心，也是相关防御准备工作就绪程度的一种体现。防御一方对其保护对象的设防等级越高，攻击者攻击得手的难度越大。

设防等级和保护对象的安全等级、企业的网络安全能力成熟度等均不相同。高安全等级的保护对象的设防等级一般应当高于低等级的保护对象，但在实务中，未必一定如此，这受限于企业的实际情况。同样地，企业具有高成熟度等级的网络安全能力时，通常应当有能力进行高等级的设防，但却未必在实务中实施高等级的设防行为，而是会综合考虑企业的实际情况来决定如何设防。因此，也可将设防等级理解为企业对自身网络安全防御活动运行状态的一种描述。

设防等级是个动态概念，可以根据不同的需要临时调整。比如，在重要时期进行重点保障的时候，可以提高设防等级；在网络安全态势较为平稳的时候，可以降低设防等级。通常情况下，设防等级主要根据网络安全态势、网络安全工作的准备情况以及企业管理的要求等各方面因素综合确定。

应当由企业的首席安全官与安全团队的负责人共同做出调整设防等级的决定。此处，网络安全态势主要是考虑对手的能力、意图和威胁的变化趋势等因素；网络安全工作的准备情况主要是考虑安全团队的人员就位情况、专用装备设施的妥善率等因素；企业管理的要求主要是考虑企业的风险控制情况、合规要求等。

确定设防等级需要遵循一定的模型，其实质是一种基于综合因素的决策。

14.3.4　游击战可能更适合

纵深防御是现阶段网络安全攻防对抗的过程中，防御者所能接受的最为现实的一种高性价比的方案，可以说是攻防双方交锋的正面主战场。体系化的防御为防御者带来的好处是，阵地坚固、配套完善、应战正规、结果可期。但是，这种"重型"的防御是典型的阵地战。阵地就摆在那，选择攻击与否、何时攻击、何时停止的主动权实则并不在防御者手中，这使得防御者在战略层面就失了先机。此外，还有一些现实中的问题摆在防御者眼前。比如，凡是"重型"的工作通常就意味着其组织难度大、实现周期长、响应速度慢，对于瞬息万变的战场而言，"慢"就意味着被动，防御者在"过招"时将再失一步先机。

再比如，纵深防御需要"工业化"的团队支撑——需要大量的人手、装备和时间，当然还需要大量的资金、训练和耐心，这将需要漫长的供应链和复杂的支撑保障体系，它们当中的任何一个环节的问题，最终都将传递并影响到防御者。防御体系受到蝴蝶效应影响的概率明显增大。这些不确定性和脆弱性，使得防御者在与攻击者的对抗过程中又失一步先机。

虽然如此，可摆在攻击者面前的仍然是那个被精心构筑的阵地，说要突破也绝非易事。对攻击者来说，与其拉开架势和防御者的"正规军"正面冲突，强打强攻啃硬骨头，就不如选择机动灵活的战略战术——在运动中不断袭扰防御者的阵地，在虚实结合中不断消耗防御者的资源，寻机找到突破点。

因此，对于攻防双方而言，"游击战"可能就成了更加合适的战略。所谓"游击战"是指，尽量避免与对手正面交锋而只是以消耗对手为目的进行有限的小规模交锋。对攻击者而言，游击战就是打了就跑，伺机再来：多波次、小规模地进行试探；多角度、多场景、多模式地进行渗透；集中优势力量因时而变、因事而变地长期潜伏；盯关键人、打关键物（设备），努力发挥自身技术优势。对防御者而言，游击战就是在守好阵地的同时，广泛地依托情报工作主动出击，积极参与威胁治理机制，不断地削弱威胁源的力量，积小胜为大胜，将攻击者暴露在真实的网络空间和现实空间，以不对称的手段取得更多的主动。

14.4　小结

网络安全的攻防是一体之两面，彼此相生相克，防御中有攻击，对抗中有妥协，不能抛开其中任何一方而谈论另一方。攻防的过程虽是信息博弈的过程，但却真实地存在"你死我活"的较量，任何一方都应致力于保持自身的主动性和灵活性，发展适应性，遏制对手的效率，而不应心存侥幸。攻防战略有生命力，其本身就是攻防过程的一部分。审时度势、因时而变才是攻防过程中最基本的战略。新技术的应用给攻防双方都带来了变革的机遇，手段的提升可能会引起战略的改变，但动机和目的决定攻防的过程。

网络安全的攻防对抗是双方的人的较量，需要跨学科的方法和全面的战略才能解决问题。任何业务、设施和数据的安全，都不能寄希望于没有手段的谋划之上。战略再高明，如果没有可以落实的手段和实力，则毫无意义。

第 *3* 部分
案例分析

企业的网络安全管理有其自身的内在逻辑，是一系列的准则和实践，主要用以管理企业的网络安全风险乃至于企业的运营风险。网络安全管理当中优先考虑批量的、灵活的和具有成本效益的可复制的方法，以防范和挫败各种网络威胁，提高企业的业务韧性和在网络空间的生存能力。了解并实践网络安全管理的框架，对企业具有重要意义。

多年来，网络威胁伴随着网络空间的成长而发展，企业所面临的网络安全风险仍然难以驾驭，但管理和控制这些风险的方法已得到了长足的发展。应该看到，网络安全管理工作增强了企业面对网络攻击时的抵御能力，为企业带来了一些帮助，包括控制或减少风险、促进和保障业务增长、获得更高的投资回报或经济社会效益等。

当我们了解了网络安全管理的重要性和大致框架之后，接下来的一个重要的问题就是如何运用这些经验和知识。有许多内容，但只有那些适合企业自身情况、适合特定的业务需求的内容才是企业的最佳参考。没有人能够完全代替企业的决策者、管理当局、业务专家和安全专家设计出符合企业实际需求的网络安全管理体系来，但已有的案例和其中蕴涵的经验，却可以帮助他们定制属于自己的作品。

接下来的部分，本书将试图汇集一些来源于实际工作的案例并提出一些技术上的见解，内容将包括：识别网络安全漏洞和隐患、保护企业资产和关键信息系统、检测内部和外部网络安全威胁、应对网络安全事件，以及在发生网络安全事件后的恢复等。

由于内容将主要是从案例的角度进行说明，并且出于充分尊重保密要求或保护隐私的要求，本书将模糊化处理所有案例中的具体细节，所提及的任何内容都不代表所举案例具有任何指向特定企业和个人的目的、企图或暗示。

第15章　结合业务控制风险

任何企业都有自己的业务使命，每个企业都是某种社会服务功能的一种具象和实例。对于企业而言，最朴素的网络安全目的就是要保护企业的业务承载系统不受到来自网络空间的威胁或破坏，或者即便在无法彻底避免网络安全风险的情况下，最差也要能有可应对风险的谋划和举措。因此，企业的网络安全与业务安全密不可分，业务安全的要求就是网络安全的需求。风险控制是实现业务安全保障的主要方法，提供了最低限度的保护能力。

从业务安全的角度来看，网络安全只是其中的一部分。业务逻辑的正确与否、合规性、运营的方法和效率等，同样都是业务安全问题的考虑范畴。甚至在大多数人的概念中，这些内容远比网络安全的挑战更具体、更重要。

传统上，企业先有业务活动才有业务承载系统，业务承载系统作为附属于业务活动的工具而存在。但现实社会的发展已经颠覆了这种经验，数字化转型进一步驱动了人们的创新能力，新的业态层出不穷。先有业务承载系统后有业务活动的情况已经越来越普遍，业务活动作为社会化了的业务承载系统的应用而存在。业务承载系统虚拟化于网络之中，网络已经成为社会的基础设施（称为"信息通信网络"或"云网"）。这种主次位置的反转，决定了业务安全在企业内部将不再享有传统上那样强势的话语权。而认识不到这一变化的企业，通常都在网络空间中面临着巨大安全风险，这些风险不只是网络安全风险，还是其生存所要面临的风险。

不妨把传统的先有业务活动才有业务承载系统的企业称为"业务—系统"型企业，相应地，把当下及未来的先有业务承载系统后有业务活动的企业称为"网络—业务"型企业。

目前，这两种类型的企业正处在过渡期和成长期，网络安全风险因此也正处在高位。比如，"业务—系统"型企业为了数字化转型，在"业务优先"的观念主导下会非常容易地相对忽视网络安全方面的考虑。一个非常典型的表现就是，业务团队会催促研发团队和运维团队尽快"上线"、尽快"打通"、尽快"交付"、尽快……那最简单的办法不就是把原有的业务承载系统（内网）直接连入互联网（外网）吗？"是的，就这么干吧"……所有人都很开心，因为业务计划进展神速、顺利。可是，安全团队（如果有的话）能开心得起来吗？

再比如，"网络—业务"型企业适应新业态，在"业务优先"的观念主导下会很"自觉"地把企业的所有运营数据都托管在"云"端，因为这是"云原生"的环境，业务承载系统的源代码都存放于"云"端，那运营数据作为业务应用所必需的生产原料和中间产品则必然也应当存在于"云"端。要不然，应该放在哪里呢？"是的，就这么干吧"……所有人又都很开心，因为业务计划按期兑现、业务交付顺利……又有谁会注意到，角落里的安全团队（如果有的话）正在忧心忡忡。

让我们来看具体的案例。

15.1 内网不内与外网不外

企业如果在业务承载系统的规划和实现上缺乏足够的网络安全方面的考虑，则非常容易将内网和外网之间的界限打破。同时，由于缺乏足够的规划和专业的建议，在业务承载系统的运维过程中，既有网络之间的必要区隔也很容易被打破。特别是，如果企业的组织结构复杂，层级广而多，则更容易受到这种伤害。

15.1.1 案例简况

某企业甲，成立年代较为久远。其内部信息系统庞杂，贯穿四级地理行政区划且形成了完整的内部专用网络（以下简称为"甲单位内网"）。某日，监管部门决定，要对甲单位内网整体进行例行网络安全渗透测试（授权测试单位可以采用"自由射击"模式⊖）。

1. 情报工作

D 日，接到任务后，测试团队指派专人利用互联网开展针对性的情报收集工作。随着情报的不断汇聚，测试团队的情报分析人员（以下简称为"情报分析人员"）逐渐将兴趣点锁定在了：甲单位内网中可能广泛使用了基于某外国品牌的常见数据库系统（情报1）。

D+2 日，根据情报1，情报分析人员检索了已知的漏洞信息库，确认：当前时间点，存在适用于甲单位内网数据库系统（应用）的高危险等级漏洞（情报2）。

D+2 日，根据情报2，测试团队负责人（以下简称为"团队负责人"）向行动小组下达指令：甲单位内网中肯定存在没有及时修补这些漏洞的设备，找到它并进入（任务1）。

2. 寻找目标

行动小组并不熟悉甲单位内网的数据库系统，在相关领域积累并不多，无奈之下，尝试使用互联网辅助了解相关情况。经过努力，D+4 日，在某在线文档共享平台中发现了和目标数据库应用系统类似的某系统的安装说明和操作手册（情报3）。

D+4 日，根据情报3，行动小组在互联网进行信息检索，发现公众搜索引擎提供了大量的指向目标系统的页面（情报4）。

D+5 日，根据情报4，行动小组与团队负责人进行了讨论。团队负责人向行动小组下达指令：试探目标数据库应用系统的开发商——某软件公司（以下简称为"甲单位供应商"），尝试寻找突破口（任务2）。

D+5 日，行动小组随即在甲单位供应商的官方网站进行观察，发现可以下载到目标数据库应用系统适用的客户端软件及安装手册。客户端有多个版本并标示了所适用的地区（情报5）。

3. 选定目标

D+5 日，根据情报5，团队负责人向行动小组下达指令：对所有适用客户端进行分析，找出各客户端之间的不同点（任务2-1）。

⊖ 自由射击模式（Weapons Free Mode，WFM）是指在渗透测试时，测试员可以在总体授权的框架下自由决定测试目标并对测试目标实施渗透测试的工作方式。

D+5 日，行动小组在虚拟机中对每个下载所得客户端进行了测试，发现不同的客户端会请求不同的互联网地址（情报 6）。任务 2-1 完成。

D+7 日，根据情报 6，情报分析人员确认这批 IP 地址归属为甲单位所使用或管理（情报7）。与此同时，行动小组逐个访问了情报 6 中的 IP 地址后发现，存在与目标数据库应用系统相同的互联网服务（情报 8）。

D+7 日，综合情报 7 和情报 8，行动小组与团队负责人进行了讨论。团队负责人向行动小组下达指令：以情报 6 指明的 IP 地址为本次渗透测试的正式目标（任务 1-1）。任务 2 完成。

4. 突破边界

D+7 日，根据情报 2，行动小组在情报 6 的 IP 地址中成功利用有关漏洞，获得系统权限。任务 1-1 完成。

由于情报 6 的 IP 地址恰好涉及不同省份（A 省和 B 省）。测试团队负责人下达指令：以 A 省的服务器（以下简称为"A 入口"）作为了主要工作方向，以 B 省服务器（以下简称为"B 入口"）作为备份路径，隐蔽待机（任务 1-2）。

行动小组从 A 入口进入甲单位内网后，首先便遭遇负载均衡器，其挂接的服务器（群）的 IP 地址处于漂浮状态。受其影响，行动小组一时无法进一步锁定目标。

经过反复尝试，D+7 日，行动小组终于利用负载均衡器的配置缺陷，将其成功越过，在其挂接的服务器中成功上传了网页木马并获得了系统权限。

5. 横向移动

随后行动小组开始探测甲单位内网的结构，继续搜索有价值的目标。在其中一台服务器中发现了网络资产表、内网系统拓扑图、漏洞扫描报告、某系统管理员的运维用内网 IP 地址等资料（情报 9）。

进一步分析发现，该服务器是甲单位运维人员和某第三方服务外包人员共用的服务器，作为外包服务人员远程访问甲单位内网的跳板机（情报 10）。

D+9 日，围绕情报 10 的跳板机开展工作，经过文件恢复等操作，行动小组成功获得甲单位在某地机房的数据中心的登录资料（情报 11）。

D+9 日，根据情报 11，团队负责人下达指令：扩大行动范围到情报 11 所记录的数据中心，视情况扩大战果（任务 1-2）。

6. 惊动"守军"

D+10 日，行动小组未按照要求评估现场条件，贸然使用了自动化扫描工具。随后，A 入口以及从 A 入口派生出来的若干渗透路径全部突然关闭。推测是惊动了甲单位的安全团队，导致其进行了应急处置，全部断网。

行动小组启用 B 入口，在短暂恢复对甲单位内网的远程访问后，B 入口被切断。

D+10 日，团队负责人下达指令：取消任务 1-2，全队静默，转为梳理情报 9，寻找战机（任务 1-3）。

7. 发现转机

D+10 日，情报分析人员重新梳理情报 9 并扩大了公开渠道的信息收集范围，发现甲单位在 C 省的服务器存在情报 2 所指漏洞。行动小组展开行动并成功获取服务器权限，开辟了 C 入口。任务 1-3 完成。D+11 日，团队负责人下达指令：以 C 入口为原点，扩大并巩固入口，搜索前进（任务 1-4）。

情报分析人员提出建议，注意收集甲单位的远程办公系统或办公系统的相关信息（情报

12）。据此，D+13 日，行动小组在 C 省的服务器中成功发现某 OA 系统登录地址和版本信息（情报 13）。

D+14 日，根据情报 13，情报分析人员确认：当前时间点，存在适用于该 OA 系统的高危险等级漏洞（情报 14）。

D+14 日，根据情报 14，行动小组获取了情报 13 所指 OA（Office Automation，办公自动化系统）服务器的系统权限，巩固了 C 入口。经继续横向移动，取得若干由甲单位内网向外的连接并发现某运维平台可能存在高风险漏洞。整个渗透测试情况出现转机。任务 1-4 完成。

8. 收官

D+14 日，团队负责人下达指令：尝试利用甲单位的安全团队可能出现的麻痹大意，于非工作时间，开展测试行动，寻机扩大战果（任务 1-5）。

D+14 日，行动小组于当夜展开突击行动，成功取得运维平台的系统权限，获取可观的运维资料，包括一些网络设备的口令和服务器管理员的账号、口令（情报 15）。

D+15 日，根据情报 15，行动小组获取了甲单位内网的更多访问权限，以及托管于云数据中心的若干业务主机的权限。任务 1-5 完成。

D+15 日，团队负责人根据授权，下达指令：结束任务 1。

行动小组清场。

测试结束。

15.1.2　印象与体会

在这个案例中可以看到，甲单位真正做到了"内网不内"——除了内网设施的物理位置在单位内部之外，几乎没有和外网不相连的地方，只要机会合适，测试人员完全可以从互联网直接访问甲单位的内网。此外，甲单位还做到了"外网不外"——在云端（公众设施）中存储了大量的业务数据和管理数据，甲单位的工作人员可以通过内网顺畅地访问它们，就像和在自己单位一样方便。

这种情况在现实中并不是个例。

首先，对内网的管理和运维越来越市场化，第三方外包服务人员成为重要的安全风险隐患——因为，几乎没有人会认真地监督和管理这些驻场服务人员。甲方既没有能力也没有时间去监督这些驻场人员，甚至都不知道从网络安全的角度应当提出一些什么要求来。而这些驻场人员的派出单位通常也不需要展现出足够的管理能力——因为，甲方没要求。指望这些服务单位能够克服地域阻隔的困难，去完全对自己的员工进行监督管理，是很不理性的想法。这就形成了管理真空，在现实中，这种真空往往比案例中看到的还要大。事实上，如何评价服务能力，始终是个难题。在这个难题的诱导下，不良商家通过降低服务标准的方式恶意竞争压低价格（常见的现象是：产品价格畸高，服务价格畸低）来迎合某些采购方的需求。被压低的服务标准并不是那么直观地摆在那，非专业人员无法分辨也不愿分辨这些情况。最终，应当请师傅完成的工作就这么稀里糊涂地交给了学徒去做，结果能好到哪去？

其次，对内网的合理隔离可能是设计要求，也确实在建设过程中实现了设计要求。但是有人为了图方便，私自改动网络结构的现象却屡禁不止。双网卡、无线热点、VPN、远程桌面或屏幕共享，都可以直接大开方便之门。内网之所以内，不是因为物理上在单位内部，更主要的是其控制以及为实现控制所需的信息也要在内。这个道理并不高深晦涩，但是要想做到这一点却需要投入大量的资源和精力，现实的困难很容易让人打消念头。

最后，盲目相信所谓的"内外有别"——以为在内网就足够安全。归根结底，运维人员和管理人员的相互脱节以及安全人员的缺位（外包为主的安全人员，恐怕不可语"管理"），单纯依靠所谓执行力来处理技术问题，难免会落入这样的境地。很多时候，不是运维人员没有责任心，而是他们实在没有什么话语权去落实责任。这样的两难处境，只能进一步加剧对内网的迷信和对管理的盲从，形成恶性循环。这样一个看似是内网还是外网的技术问题，实则是企业的管理问题。

15.2　轻信盲从与社交工程

社交工程之所以难于防范，不单是因为受骗员工的安全意识薄弱，更多的是因为攻击者深谙人性的弱点，让人无法拒绝地受骗。伪装，是社交工程的要义所在，而伪装得好或不好，都只能由那个受骗的人以实际行动来给出评价。人习惯于相信自己的眼见和耳听，特别是来自身边人的行为更容易使他们相信自己的所见所听。这就使得轻信和盲从成了比伪装还要直观的社交工程利器。越是坚固设防的目标，越值得首先使用社交工程的方法进行试探。

15.2.1　案例简况

某企业乙，成立年代较为久远。但近些年致力于业务服务的现代化工作，从人员到设备、从技术到管理都充满朝气。某日，监管部门决定，要对乙单位整体例行网络安全渗透测试（授权测试单位可以采用"自由射击"模式）。

1. 侦察和初步试探

D 日，接到任务后，测试团队指派专人利用互联网展开针对性的情报收集工作。

出乎意料的是，网络上几乎没有关于乙单位的信息，除了一些有关乙单位的业务广告和产品、服务（官网）介绍之类的信息外，再没有更多信息。这种"反常"的情况，引起情报分析人员的警觉。

D+1 日，情报分析人员初步断定，乙单位要么是处于坚固设防状态，要么是根本就不使用网络（情报 1）。

在这一天多的时间内，行动小组按测试工作纪律要求，在未得到 1 号情报之前始终处于静默状态，按兵未动。

D+2 日，根据情报 1，行动小组采取谨慎测试策略，开始对乙单位的官网进行侦察。乙单位的安全团队（或安全防护设备）果然警觉，行动小组甫一动手，发起探测的 IP 地址即刻就被封锁（情报 2）。

团队负责人下达指令：测试工作转为以社交工程的方法为主，收集情报，寻机突破（任务 1）。

2. 伪装和目标画像

D+2 日，行动小组在乙单位的官网中获得了该单位完整的组织架构图和部门负责人的姓名、履历、背景情况等较为详细的信息（情报 3）。

信息如此详细，团队负责人随即下达指令：尝试进行人物画像，争取伪造特定身份（任务 1-1）。

D+3 日，根据情报 3，情报分析人员最终选择伪装成乙单位安全部门的某位负责人。向行动小组确认了伪装身份和信息，包括姓名、任职部门、职衔级别、邮箱、座机、传真、头像等（情报 4）。

D+3 日，根据情报 4，行动小组构造了带有伪造的签名样式的电子邮件，以询问某文件是否收到为内容，向所有能够收集到的乙单位员工的电子邮箱（约 20 个）发送了钓鱼邮件。

如果能够收到回复，情报分析人员将可进一步筛选出乙单位中安全意识薄弱的员工。

3. 钓鱼和顺藤摸瓜

D+5 日，行动小组收到一封回信，内容是询问所收到的邮件中指的是哪一份文件（情报 5）。行动小组谨慎回复了这封邮件，将一款远程控制木马文件伪装成常见格式的文档，作为附件，随信附上。

D+5 日，行动小组收到此前回复的那封钓鱼邮件的附件被激活后回传的信息。经验证，该员工的工作终端可被远程控制（情报 5）。任务 1-1 完成。

至此，行动小组已可直接访问乙单位的内网。

经过监听，D+6 日，行动小组从该受控终端获取乙单位内网一些 VPN 账号、口令信息（情报 6），可直接拨入乙单位内网。同时，经过对该终端中往来邮件的分析，确定此邮箱对应的人员应当是 IT 运维人员（情报 7）。

D+6 日，根据情报 7，情报分析人员通过第三方社工库等方式，发现多个相关互联网平台的历史账号信息（以电子邮箱作为账号），但经过验证，发现所有账号的口令均已失效。随后，情报分析人员对所有历史口令进行分析，发现口令之间存在一定规律性（情报 8）。

D+7 日，根据情报 8，行动小组使用邮件爆破方法，成功获取属于该运维人员的另外几组电子邮箱的口令。在其中一个邮箱的"已删除邮件箱"中发现一份乙单位的内部通讯录（情报 9）。

D+7 日，根据情报 9，情报分析人员进一步丰富和细化了伪造的乙单位安全部门的某位负责人的画像（情报 10）。

D+7 日，根据情报 9，行动小组向一些重点干系人发送了若干钓鱼邮件。在随后的几日内，陆续捕获多台内网终端。

D+7 日，根据观察，乙单位的核心业务系统的运维人员平时习惯使用某常见即时通信工具进行业务沟通（情报 11）。情报分析人员推测，在该即时通信工具的群组中，应当可以接触到核心业务系统的合法登录凭证信息（情报 12）。

团队负责人下达指令：潜伏进入运维人员即时通信群组，寻找机会（任务 1-2）。

D+8 日，根据情报 11 和情报 10，行动小组注册了该即时通信工具的账号，克隆了情报 4 中被伪造的乙单位安全部门的某负责人的昵称、头像、地址等，向群组管理员发起添加好友请求。

略等一段时间，管理员通过添加好友请求并主动发来消息"××总，您好"。行动小组谨慎答复，发送消息询问："最近系统运行情况怎样？是不是其他部门有些人申告登录异常故障？"对方随即回复"我正在整理记录，随后向您汇报"。此时，行动小组果断发送消息"好，这段时间辛苦你了"，以此向对方暗示将要结束本次对话。对方答复"这是我应该分内事，谢谢××总关心"便不再发送消息。

情报分析人员判断伪造身份已经得到对方信任，建议直接加入情报 11 所指群组。

D+8 日，行动小组加入群组成功（情报 13）。迅速查阅聊天历史记录、查看群文件。发现一个培训用文档中，比较详细地描述了乙单位核心业务系统的结构和运维信息，含运维账号的分配信息（情报 14）。任务 1-2 完成。

为防止节外生枝，团队负责人下达指令：结束任务 1 并于当日夜间非工作时间，全面突进目标系统（任务 2）。

4. 突破和收获目标

D+9 日，根据情报 6 和情报 14，行动小组通过 VPN 成功登录乙单位内网并通过若干受控终端，使用登录凭证顺利登录进入其核心业务系统。任务 2 完成。

团队负责人下达指令：尝试获取该核心业务系统的操作系统权限，验证是否存在其他隐蔽通路（任务 3）。

D+9 日，行动小组在该核心业务系统中利用系统自带的插件管理功能模块，向服务器上传自定义扩展插件，成功植入 WebShell 后门。任务 3 完成。

D+10 日，行动小组发现使用伪造身份混入的群组已将傀偏账号踢出，同时群组管理员也删除了对傀偏账号的好友关系。至此，情报分析人员初步判断行动小组身份暴露（情报 15），根据情报 14，再次登录乙单位的核心业务系统失败，转而登录几个小时前植入的后门，正常。

团队负责人下达指令：结束测试任务。

行动小组清场。

测试结束。

15.2.2 印象与体会

在这个案例中可以看到，乙单位的技术防护实力不容小觑，但却在信息披露环节一不留神造成了信息泄露。人员信息的重要性，可见一斑。尤其是系统的运维人员，更是应当受到重点保护和管理。

首先，企业在工作流程的设计上，应当避免运维人员不受审查地直接与外界进行通信联系。在安全等级较高的场合（例如，关键信息基础设施的保护），更是要加强运维人员在工作期间的通信管理或审查。

其次，企业的核心业务系统（例如，关键信息基础设施）的运维岗位应当被识别为关键岗位，其上岗工作人员应通过社交工程背景审查。社交工程背景审查是指，由专门的安全团队通过社交工程学的方法调查运维人员的情况，包括：对暴露在互联网上的个人信息进行挖掘，特别是通过公开的社工库进行检索、梳理，对其从业经历和供职经历进行综合研判，评估其社交工程风险。

最后，企业应当培训全体员工提高安全防范意识，养成合理使用电子邮件等通信手段的良好习惯。不要在公共的即时通信系统中建立工作群组，或者在工作群组中保存、谈论涉及核心系统的细节情况。在提高员工的安全防范意识方面，要让员工切实理解并执行：①安全是全体员工的义务，而不仅是从事安全工作的人员的责任；②不要随便透露个人真实信息，在使用各类公共服务时，除了不可避免的"实名认证"之外，就不要留下自己的真实信息（真实姓名、身份证号码、手机号码、个人爱好等）；③不要把重要信息（和工作有关的涉及授权的信息，如账号、口令、IP 地址分配表、拓扑图等）保存到工作终端、个人手机、网盘或云存储设施中，以免信息被窃取；④切不可在不同账号中使用通用口令；⑤保护好各种类型的验证码，不接受以任何接口索取验证码的要求；⑥不允许网络浏览器保存密码，要养成清除浏览痕迹的习惯；⑦尽量不要在公共网络上发布个性化的照片（包括个人、家庭、单位的照片），尤其应当注意保护自己和家人的证件照或高分辨率的照片。

企业的管理当局更要以身作则，不做违法采集员工个人信息的事情并尽到保护员工个人信息的义务。

15.3 数据流动的艰难选择

数据成为生产要素，必然需要流动。但是企业对数据流动情况下的保护工作却还没有跟得上新时代发展的步伐。一个突出的问题是，数据具有沉积性的特点（即历史不灭性），一旦被存储在网络中的某个位置（如"云"端），数据无法自己主动变更或灭失。通过深度的检索与归并分析，攻击者可以利用这种历史不灭性给遗留数据的历史属主带来巨大的网络安全风险。

15.3.1 案例简况

某企业丙，成立年代较为久远。由于其经营的业务原因，保存有大量的公民信息以及使用其业务的客户业务活动数据（以下简称为"丙单位数据"）。某日，监管部门决定，要对丙单位整体例行网络安全渗透测试（授权测试单位可以采用"自由射击"模式）。

1. 情报分析并选定目标

D 日，接到任务后，测试团队指派专人利用互联网展开针对性的情报收集工作。D+1 日，测试团队的情报分析人员（以下简称为"情报分析人员"）逐渐将兴趣点锁定在了：丙单位官网中可能广泛使用了基于某外国品牌的常见 Web 系统（情报 1）。

D+1 日，根据情报 1，情报分析人员检索了已知的漏洞信息库，确认：当前时间点，存在适用于丙单位官 Web 系统的高危险等级漏洞（情报 2）。

D+1 日，根据情报 2，测试团队负责人（以下简称为"团队负责人"）向行动小组下达指令：针对丙单位官网展开测试工作，搜索前进（任务 1）。

2. 突入边界并开辟据点

D+2 日，根据情报 2，行动小组在确认目标系统没有 WAF 的情况下，利用情报 2 所指漏洞，成功获取系统权限。随即，行动小组向目标系统上传并安装某网页木马，建立远程命令执行通道并设置内网代理功能，成功开启后门，在目标系统直接建立隐蔽入口（以下简称为 A 入口）。

D+2 日，行动小组对该网站进行了全站代码审计和配置文件分析，在其中一个配置文件中发现了数据库的连接配置信息，明文获知相关用户名、口令和访问控制列表等情况（情报 3）。行动小组成功登录相关数据库后，可查阅全部数据。团队负责人向监管部门报告此时情况后得到授权，下达指令：分析数据库内容，寻机扩大战果（任务 2）。行动小组随即制作了该数据库的副本（情报 4）提交情报分析人员。

D+3 日，根据情报 4，情报分析人员断定该数据库并非丙单位官网的主要数据库（情报 5），建议行动小组确认 A 入口属性，是否为丙单位的内网（情报 5）。

D+3 日，根据情报 5，行动小组复核了楔入目标系统以来的流量记录，发现第一次突入时存在疏漏，未注意到疑似运维登录的 IP 地址（情报 6）。团队负责人下达指令：重新确定测试行动方向（任务 2-1）。

3. 重新试探再开新据点

D+3 日，行动小组对情报 6 所指 IP 地址进行了远程探测，发现丙单位某业务系统的 Web 服务的中间件可能存在高危险等级的漏洞（情报 7）。经情报分析人员确认，漏洞情况属实且比较理想，建议尝试（情报 8）。

D+3 日，根据情报 8，行动小组成功利用相关漏洞，获得新的服务器权限，在新的目标系统成功建立隐蔽入口（以下简称为 B 入口）。任务 2-1 完成。

D+3 日，行动小组确认进入丙单位内网。设置流量监听程序后，静默。

D+5 日，行动小组被监听脚本的报告唤醒，监听中发现一台服务器的 SSH 信道中出现疑似"用户名—口令"的组合字符串（情报 9）。随即，情报分析人员从情报 9 的数据中成功提取到若干 SSH 登录凭证（情报 10）。

D+5 日，行动小组现场制作工具，经验证发现情报 10 的凭证是丙单位内网的通用登录凭证之一，可使用该凭证登录数千台服务器（情报 11）。

4. 横向移动有重大发现

D+6 日，团队负责人根据情报 11 下达指令：取消任务 2，探测丙单位内网结构，寻机扩大战果（任务 3）。情报风险评估人员梳理情报 11 发现众多属性相似的服务器，推测存在域控结构，建议行动小组重点寻找并锁定类似目标（情报 12）。

D+7 日，行动小组使用口令破解工具发现一个域管理员的登录凭证。该域是丙单位内部一个私有云平台的管理域（情报 13）。经过一番工作后，在其中一台数据库服务器中找到一个备份文件，日期是 3 年前（情报 14）。

D+10 日，行动小组获得一个丙单位 OA 系统的用户凭证，直接登录后可以通过 SSO（单点登录功能，即 Single Sign-On）跳入某业务系统后获得重大发现，可直接根据授权读取丙单位所有重要客户的全部身份信息和业务活动信息（情报 15）。

团队负责人与行动小组商议后，认为取得战果应不只这些，随后下达指令：继续围绕数据库服务器开展工作，若无较大成果则结束任务（任务 3-1）。

D+11 日，行动小组在多方试探无果后，准备结束测试任务。D+12 日，在清理现场时，无意中发现情报 14 的备份文件中有一个数据库连接配置文件。与情报 4 的副本结构非常相似。行动小组随即将情报 13 提及的私有云平台的 IP 地址，代入这个数据库连接配置文件进行尝试，连接成功。

随后查询发现，在某个库表中存储了几亿条用户数据，包括公民姓名、身份证、手机号等诸多敏感信息（情报 16）。后经进一步确认发现，情报 16 的表结构和情报 4 的表结构完全一致，只是情报 4 的数据量远小于情报 16。

D+12 日，团队负责人根据授权，下达指令：结束所有任务。

行动小组清场。

测试结束。

15.3.2 印象与体会

在这个案例中可以看到，一些企业在业务运营过程中收集海量公民个人信息，却缺乏妥善保管，随意保存于"云"端。而对"云"端的保护却停留在面向独立系统的场景所采用的方法，技术落后、低效。这里面的数据安全保护问题，值得各方深思。

首先，采集个人信息的企业通常对其获得的数据的权属问题不愿明确表态。这是一个涉及数据的所有权和使用权的法律问题，普通人没有能力对此提出明确的主张。例如案例中的丙单位这样，出于业务活动需要采集公民信息，基本上是既获得了数据的使用权，也几乎获得了数据的实际所有权。尽管用户在名义上仍然保留对数据的所有权，但是大多数人不会要求提供服务的企业在使用数据之后即时销毁数据。更重要的是，即便用户这么要求了，企业也不愿或不能证明自己确实照做了。长此以往，甚至还会派生出所谓"用户数据运营"的新行当——数据得来得不受约束，自然也就会被开发得不受约束——其中的风险，不容小觑。

其次，违规操作导致的数据泄露风险远不止于危害数据本身。虽然各种政策和管理手段日臻完善，但当大量的数据遇到保密意识相对薄弱的企业工作人员时，难免会被他们有意或无意地进行违规操作，例如，为了图方便而在非涉密环境中处理含有敏感信息的数据；将数据分发、上传至外部的"云"环境等。在疏于管理的情况下，这些数据最终将流入不法分子手中。

最后，沉积的数据可能会无言地说话。一旦历史数据被汇聚、融合，将会很容易引发新的问题：比如，有些看似独立的数据（一过性的数据）一旦和个人行为（特定的业务活动痕迹）关联起来形成的组合数据，就有可能成为涉及国家安全的涉密数据或涉及个人隐私、企业经营的敏感数据。再比如，有些数据单独在一段时间内可能并不构成敏感信息，但当以增量方式汇总起来形成某种全量数据时，将很有可能暴露某些规律性的内容，造成信息泄露。

15.4 小结

还有很多案例。但本书无法列举更多。所有上述案例都指向了一个问题：应当是时候重新审视企业的业务活动和网络安全之间的关系。

网络安全管理从来都不应是"只看技术不看人"，但时至今日，一起起让人触目惊心的安全事件，不断地证明着网络安全管理在企业中所处的地位是多么弱势。事实上，几乎可以肯定的是，一旦发生较大规模的网络安全事件，企业受到损失的部分绝对不是其业务技术系统。

那么，问题来了：会受到什么损失？谁会受到损失？

随着网络空间的发展，数字世界为企业的业务发展打开了新的机会之门。然而，大到政治团体间对利益的争夺，小到个人之间对利益的纠纷，恐怕都将离不开网络安全的话题。特别是，针对各类企业的业务基础设施的网络攻击的风险可能还要持续增加一段时间。这将使得网络安全风险管理成为企业正常开展业务活动的先决条件和必需基础。

第 16 章　运营网络安全服务

网络空间安全话题的内涵是如此丰富，影响范围是如此之大，以至于，越来越多的企业、个人都需要一年 365 天，每天 24 小时时刻关注自身的网络安全情况，特别是企业的管理当局需要时刻保护自身的业务服务及其设施免受来源于网络空间的敲诈、恐吓和其他各种形式的破坏，要时刻应对 DDoS 攻击、勒索软件、APT 攻击等的侵害，同时还要保持对法律、法规和所处行业的各项标准的合规性。

情况是如此复杂，人们探索出了"安全运营中心"（Security Operations Center，SOC）的解决方案。立足于防御，整合了各种网络安全监测手段，形成了"警报—响应"的工作范式，探索了从海量的监测日志中归并分析出供人类理解的信息的方法——这包括大量复杂的检测技术和预防技术，一个隐藏在无边无界的网络空间中的情报世界，以及对快速扩大和变化的业务应用的同步适应和进化等——同样充满着挑战。

诚如人们对安全运营中心的认识正在逐步提高一样，运作安全运营中心的最佳方法应当是贯彻安全工作"预防为主""积极主动"的整体方法论而不是囿于技术地、被动地或补救似地开展工作。事实是，大多数的安全运营中心在阻止对手达到目的的任务中表现得还并不理想。显然，对于攻击者而言，只需要找到一条进入目标系统的通路就可以实现目的，但对于安全运营中心的团队来说，则是不能错过任何一条可疑的通路——他们要找到和消除疑点、要评估和控制风险、要不断改进方法以不断内省并跟踪或探索新的技术——这种难度上的巨大差距，在很大程度上会让从事这项工作的人感到迷茫。

还有比这个更糟糕的情况，安全运营中心的工作所遇到的最大挑战可能完全是来自于企业的内部。在安全运营中心的发展历程上，可以清晰地看到，很多时候，安全运营中心的建立和运作都是以所谓网络安全技术为重点，并没有充分解决网络安全工作必然涉及的人员和流程问题。这使得安全运营中心在实际的运作过程中，不得不将更多的精力用于与不同的人去打交道，去不停地处理职责、协调、权限等方面的问题而不能专注于识别和应对网络攻击。

复杂的环境要求每个企业都应该针对自身环境的特点量身定制更加适合自身发展需要的安全解决方案。时代在进步，人们可以在安全运营中心所取得的成功和实效方面再进一步，将安全运营中心发展成为"网络安全服务运营中心"（Cyber Security Services and Operations Center，CSSOC）。这将是一个进一步基于能力整合的实体组织：

①通过有效地组织安排和适当的政策和流程要求，得到企业管理当局的授权，能够行使必要的管理职能，向管理当局负责并保持有效沟通；②将网络安全事件的监测、响应、协调处置以及网络安全防御体系的工程、运行和维护等技术、运营职能整合到一起；③重视工作人员的技能互补性和协调性，而不追求人员数量，保持组织规模适当，实现敏捷性和稳定性之间的平衡；④谨慎且有效地保护网络安全工作所取得的成果；⑤保持与监管机构和执法机构之间的合作关系，参与网络安全治理机制并融入网络安全生态环境。

本章将就如何组建 CSSOC 以及如何依托其开展网络安全服务运营的相关内容进行一些简要的案例分析和介绍。有关内容的原理部分已在本书的第一部分进行了介绍，一些实务方面的经验依据主要引自本书的第二部分，本章将重点介绍一些更具有代表性的细节。

16.1　安全运营中心

安全运营中心主要由它所要完成的职能和任务来定义。

历史上，安全运营中心的含义曾经被专指为某种用于网络安全事件监测和分析的系统，后来逐步演化为是指一个主要由安全专业人员组成的团队，专门从事监测、分析、响应、报告和预防网络安全事件的工作。

在这个定义范畴内有很多相似的术语。例如：

计算机安全事件响应小组（Computer Security Incident Response Team，CSIRT）、计算机事件响应小组（Computer Incident Response Team，CIRT）、计算机事件响应中心或能力中心（Computer Incident Response/Capability Center，CIRC）、计算机安全事件响应中心或能力中心（Computer Security Incident Response/Capability Center，CSIRC）、网络安全事件响应小组（Cyber Security Incident Response Team，CSIRT）、网络安全运营中心（Cyber Security Operations Center，CSOC）以及计算机应急响应小组（Computer Emergency Response Team，CERT）等。在这些名称中，最常见的变化是使用包括"网络""计算机""安全""网络空间""信息技术""应急""事件""运营""企业"等在内的词语进行排列组合。

"网络安全事件响应小组"的称呼是这些术语中，在技术上最准确的一个，是指为发现和应对网络入侵而组建的团队。但是，这个术语的使用并不普遍，而且近年来变得越来越"小众"。因此，仅仅通过称呼的名称来区分这些团队并不容易。现在，已经有很多网络安全专业人员也在使用 SOC 这个词来指代 CSIRT，尽管 SOC 这个词的含义并不那么准确且在一些场合还存在歧义，但这种称呼的方法迎合了大众的口味。为了尽量减少出现因为术语的不同而可能会分散读者注意力的情况，在不特别指明的情况下，本书也将 SOC 一词作为一种通用术语使用，不加过多严格区分。

此外，本书所指的"网络安全服务运营中心"的概念是对"网络安全事件响应小组"这个概念的引申和发展，将在后续的相关介绍中对其保留独立称呼并为了行文方便而将其简称为 CSSOC。

16.1.1　基本概念

安全运营中心的概念中具有明显的"域"的特点。安全运营中心只能为特定区域内的对象（简称为"受众"）提供服务，例如，处在某种界限之内的用户、某种有界的业务服务的基础设施，或者某种社会组织、经济组织、政治力量等。安全运营中心必需基于"域"或"适度大小的有边界的范围"来创立并开展工作。抛开这个前提，安全运营中心将毫无实际意义，因为安全运营中心不能用来处理它不能处理的事情。例如，某种跨组织的安全运营中心，如果没有同时得到所跨组织的同等授权，就没有实际意义——"有令不行"或"令行不止"的"安全运营中心"，其存在的象征意义大于实际意义。

"适度大小"是相对于安全运营中心的规模和能力水平有意义的概念，不是某种绝对的概念。可以根据需要来确定如何划定安全运营中心所依赖的"域"（即，其存在的前提范围）。例如，可以根据企业的组织情况、地理分布、技术架构等特点划定范围，也可以根据服务合同来划定范围等，诸如此类。

一个组织或团队要被视为安全运营中心，应当至少具有以下的功能或职能：①能够为其服务范围内的人员提供一个用以报告网络安全事件或相关线索的可靠途径和方法；②能够为其服务范围内的人员提供有助于其应对网络安全事件的专业建议或实际援助；③能够为其服务范围内的人员提供专业的网络安全服务并正确地传播有关的信息。

不妨将安全运营中心和紧急情况的管理部门的运作方式做个类比。例如，消防员、海上救生员或其他的应急工作人员的主要社会职责和作用是在紧急情况（通常，在非战时环境）下为公众提供帮助，保护人们在突发灾难事件中得到救助而免受伤害或免受更大的伤害。除此之外，在灾难并未发生的时候，他们的一项重要工作就是要进行灾难应对的准备工作和相关的预防工作，要开展消防安全教育或逃生技能教育，要开展家庭和企业消防安全检查，要组织开展应急演练和培训等。这些外联性质的工作对预防火灾和预防安全事故有很大的帮助。而且，这些工作基本上都有明确的范围，我们可能从来没有遇到自己所处的片区之外的消防队来直接组织我们参加消防安全培训。

16.1.2　概念演变

人们对安全运营中心的组成和预期的理解，随着时间的推移而改变。这种改变是人们不断适应变化的结果。人们总是需要不断地适应自身所受到的网络安全威胁的变化，否则将无法在网络空间得到生存和发展。同时，人们对安全运营中心的理解，也反映了人们在对安全保护、安全保障、安全运营等关键特性的认识上的变化和调整。时至今日，受到法律规制和行业标准的要求，人们已经越来越多地采用正式的网络安全工作模式，不管是在事前的规划、事中的管控还是事后的审查过程中，都离不开网络安全领域的相关内容，这些都需要网络安全正式进入"运营"的模式。

安全运营中心从出现到发展至今，已经大概经历了 20 年的历史。一般而言，可以将这个历程划分为四个阶段。这四个阶段的安全运营中心在能力上呈现出递增的状态，每一个阶段都是建立在前一个阶段的发展结果之上。理想情况下，没有一步到位的安全运营中心，虽然在实务过程中这种发展历程可能会缩短，但能够缩短历程的前提一定是找到了极其富有经验的专业人员参与了其中的过程，否则，总是要为这种跨越式发展付出代价。

1. 第一阶段的安全运营中心

在这一阶段，安全运营中心是个新鲜的概念。只有很少的行业先锋企业意识到了这样一个问题，在网络安全设备日益增加的趋势下，应当如何处理这些告警？并且，随着业务系统规模的急剧扩大，计算机设备和网络的安全事件可能需要安排专门的人力进行处理。在这种情况下，负责系统运维的团队中，例如设备操作员被分配了兼职的责任，要在做好设备维护的同时，兼顾计算机安全事件的处理和安全设备（通常是防火墙）的交付。这些人员未必具备处理计算机安全事件和系统故障（两者在那个年代几乎不加区别）的技能，可能也没有接受过相关的培训，他们的操作仅限于对计算机设备和网络等 IT 相关设施的运行状态进行监控、执行一些防病毒方面的任务，以及做一些简单的日志审计的工作。

在当时，安全运营中心所能用来执行日志审计工作的日志，仅限于那些能够产生日志的来源，通常是一些防火墙、入侵监测系统、业务服务器、路由器、交换机等网络设备。在许多情况下，这些日志会存储在产生日志的源设备本地。只有一些未加密的系统日志或设备运行日志，会通过文本流（Log）或 SNMP（简单网管协议）消息的方式，被集中传送并存储在某个中心日志服务器当中，供日后的分析或审计使用。即便如此，也很少有主动调用这些日志的时候，只是在报告安全事件或需要某种故障排除时才会使用。

受限于安全事件响应的概念在当时尚未正式确立，识别、协调和对潜在安全事件做出反应的过程通常非常缓慢，甚至都是临时活动，完全依靠系统管理员手动操作来完成。

2. 第二代阶段的安全运营中心

这一阶段的标志是为业务系统的管理员装备并使用一种名为"安全信息和事件管理"（Security Information and Event Management，SIEM）的工具。这是一种承诺可以用来检测网络威胁的集成化工具，可以让系统管理员用来以一种半自动化或简易自动化的方式，在较短的事件内分析较大量的日志信息。SIEM 工具可以接收不同来源、不同格式的日志信息，通常，还会配合一定数量的入侵监测系统一同使用，从而使使用者具有一定的实时分析网络威胁的能力。事实上，当入侵监测系统的数量与维护人员的数量比例超过 5∶1 时，就会考虑配合使用各种形式的 SIEM 工具，以形成初等规模的安全威胁管理（Security Threat Management，STM）或安全事件管理（Security Event Management，SEM）能力。

可以将 SIEM 视为 SEM 与 SIM（安全信息管理，Security Information Management）相结合的工具。SEM 会以事件的形式聚合来自操作系统、安全设备和应用程序等各种来源的日志信息。然后，将事件关联起来识别它们之间可能的关系，然后以仪表板警报的形式向操作员报告事件以进行进一步调查。SIM 主要是一种信息搜索引擎，可以在大量采集的日志数据中快速地搜索、呈现特定信息。

在这个阶段的后期，通常都会根据使用者要求为 SIEM 类工具补充某种符合习惯的工单系统（Service Ticketing Systems，STS）或将 SIEM 与已有的 STS 打通，使 SIEM 工具操作员可以为安全事件创建案例跟踪能力，以提高安全事件的处置效率和管理效率。

在这个阶段，已经开始有专职的 SIEM 工具操作员日常开展工作。他们都接受过专门的安全培训，具有一定的跨专业协作能力。但，尚未为他们组建正式的工作组织和机构。他们通常还从属于企业中的 IT 部门或类似性质的生产运维部门中的某个班组之中。

3. 第三阶段的安全运营中心

随着 SIEM 工具逐渐展现出无可替代的重要性，更多的与网络安全相关的服务开始快速汇聚，SIEM 工具操作员开始承担更多的任务。例如，与漏洞管理相关的任务，以及大量需要他们参与制定和执行的与安全事件响应相关的任务。这是因为，在企业中，只有他们接受过安全专业的培训并且具备一定的实践经验。

漏洞管理相关的任务，主要是指发现和确认漏洞、评估其影响、整改并跟踪和报告其状态，直至漏洞的影响得到完全的控制的工作。发现漏洞并评估其影响，是与企业开展安全风险评估实践活动相关联的最为重要的工作任务之一，这意味着管理漏洞这项工作的整个过程。它必涵盖企业范围内的所有设备设施，甚至是管理和运营，而不能只针对某些特定部门或团队的平台或系统。

在这个阶段，除了 SIEM 工具操作员之外，已经开始引入专门的漏洞管理人员，由他们执行漏洞扫描任务，与 SIEM 工具操作员配合执行初级的安全事件的全生命周期管理过程，并且，随着越来越多地参与安全事件的应急响应工作而开始形成属于他们自己的工作文化和专业独立意识。一些情况下，出现了专门的工作组织，但是并不普遍，并且还是会从属于企业中的 IT 部门或类似性质的生产运维部门之中。

4. 第四阶段的安全运营中心

这个阶段的安全运营中心开始承担起更多高级别的网络安全服务职能，采用专门的技术以应对新出现的安全威胁。

例如，SIEM 工具更加专注于其本源的功能，在大数据技术的帮助下可以把有限的事件关联扩展到大数据的尺度和范畴。将长时间历史数据分析和数据可视化的能力赋予了 SIEM 工具操作员（事实上，这个阶段的 SIEM 工具操作员已经开始转变为具有网络安全专业知识背景的情报分析人员和数据科学家）。基于大数据技术的 SIEM 工具能以高速率、大吞吐、泛联系的能力处理任何来源的数据，能够执行实时的或离线的复杂的网络安全数据分析任务，能够不再局限于企业内部的相关性，而可以摄取世界各地的相关情报源的信息并生产新的威胁情报供企业运营过程中的风险管控使用。

消费并产生威胁情报是这个阶段的安全运营中心的典型特征。通过使用地理信息数据、域名系统数据、网络访问控制集成日志、网络实体行为信用评价数据等来源丰富数据，安全运营中心第一次具备了为企业的业务运营提供全流程网络安全视图的能力，甚至还可以发展出面向业务的网络空间遥测能力，实施复杂的网络安全保障任务。

另一个典型的特征是，随着威胁情报的积累，安全运营中心将具备将企业的网络安全保护功能分层的能力，可以更加灵活有效地对抗更高级的威胁，以自动化的手段大幅缩短网络安全事件的反应时间，提高处置效率。

通过回顾安全运营中心的发展历程不难看出，真正可以被称为是安全运营中心的阶段，只是最近的这个阶段。在这个阶段，安全运营中心通常已经是专门的团队，但层级和位置仍然不十分明确，工作分工和 IT 部门或类似性质的生产运维部门之间还存在一定的交叉和模糊地带。一个典型的特征是，安全运营中心的负责人通常没有资格参与任何外部决策，例如企业级的决策。这种情况，距离安全运营中心真正承担起适合其发展趋势所带来的业务而言，还有些差距。

安全运营中心将继续向前发展，进入新的阶段——"网络安全服务运营中心"阶段。

16.1.3　新发展阶段

当安全运营中心（或安全团队）的发展经历过完整的四个阶段之后，其安全方面的专业化程度越来越高，"安全即服务"的模式呼之欲出。在第四阶段的安全运营中心的基础上，面向服务的运营将是 SOC 发展的方向。

1. 组织

网络安全服务运营中心首先是一个安全运营中心。在组织上，应当独立于任何 IT 部门或类似性质的生产运维部门。虽然网络安全服务运营中心的工作任务带有运行、操作的性质，但这些运行和操作的对象不是纯的非人类对象，会大量涉及与具体的业务团队或运维团队进行协调的工作，因此在组织上不应当将他们附属于他们的服务对象。此外，网络安全服务运营中心的服务可以是对外付费服务或对内服务结算的性质，会带来收入或撬动成本，因此，更理想的组织形式应当是类似"事业部""子公司""业务单元"或"业务板块"等性质的结构。

2. 业务

首先，明确几个常用术语的含义。

定义 21　CSSOC 的服务对象（简称为服务对象），是指接受网络安全服务运营中心提供的服务的实体。

定义 22　CSSOC 的业务对象（简称为业务对象），是指服务对象中接受网络安全服务运营中心具体服务的事或物。

定义 23　业务实体是指，承载或实现具体业务对象的实体，包含人员、管理、流程、IT 资产、数据等。

人员，包括服务对象的员工和为服务对象提供服务的第三方供应商的工作人员。管理，是指服务对象自身的管理机制，包括企业正常运作所需的内部管理制度和管理流程等。流程，是指业务实体正常运作所遵循的业务流程，既有内部流程，也有需要遵守的外部流程，例如与第三方的合作关系所涉及的流程等。IT 资产，既包括软件也有硬件，但不包括单独存储的数据（含大数据及其衍生产品）。

网络安全服务运营中心的业务主要是：在服务对象的授权下，跟踪来自业务对象的监测数据、监控信息、威胁情报等，分析它们以识别潜在的威胁，评估并管控网络安全风险；采取必要措施应对可能的网络攻击，保护业务实体的安全；以及对这些工作的管理、协调和促进等的全过程。

3. 运营

CSSOC 的服务运营将确保使用最先进的安全解决方案，由完全合格的安全专业人员，依托完备的技术体系，在广泛的网络安全领域中，以合理的成本为服务对象提供优质的网络安全服务。包括但可能不限于：可操作的网络安全咨询服务，以及漏洞管理、补丁管理、事件处置、应急响应、合规性达标等安全管理服务。

CSSOC 的运营过程中通常包括以下内容。

首先，CSSOC 的服务将覆盖服务对象的运营足迹，或者在特定的业务部门的控制范围内提供专属的服务，这些服务的运营对服务对象具有战略价值。因此，CSSOC 将通常是被派驻在服务对象的指定位置（虚拟化的服务通常也满足整个要求）开展工作，这种派驻特性是 CSSOC 在运营过程中的一个特色。

其次，要确保 CSSOC 所使用的技术和平台与其伙伴之间能够保持良好的同步并可以在同一种协调机制内顺畅地共同工作，要考虑到物理安全因素对 CSSOC 自身的影响。忽视对 CSSOC 自身的保护将导致严重后果。

再次，谨慎地对待服务对象在合规性方面的需求，关注所有适用合规性要求之间的差异并尽可能地协调所有合规性要求都得到满足。要谨慎地对安全问题进行适当的补救。

从次，CSSOC 在服务过程中需要理解与服务对象进行"共同管理"的意义，要能够向服务对象提供某些定制化的非标准服务，或能够对服务质量标准进行协商。

最后，主动跟踪新技术的发展在现代云计算和自动化能力的支持下，有效地缓解服务对象所遭受的威胁并尽可能地遏制和消除那些威胁源。

16.2　工作组织

CSSOC 必须针对其服务对象的业务实体执行任务，而这些业务实体几乎都不属于 CSSOC 管理或使用，因此，对 CSSOC 的授权问题或其工作权限问题是一个首要的问题，必须在 CSSOC 的工作组织中予以明确的说明和确认，这个说明和确认的过程称为 CSSOC 的"章程制定"，是 CSSOC 投入运作前的必需步骤。

16.2.1　章程

安全运营中心通常还是以面向内部的服务对象为主，但是进入网络安全服务运营中心阶段后，其服务对象将包括大量的外部客户。即便是面向内部的服务对象，也由于业务实体的主要所有权和操作权可能归属于其他部门（业务对象），因此，CSSOC 所主张的行为必须通过书面授权来明确，要么是几方共同商议确认，要么是继承于 CSSOC 归属的上级组织或部门。

1. 书面授权

CSSOC 的成立必须要由某种书面的文件来确认。这种文件通常是一份被冠名为"关于成立某某网络安全服务运营中心的公告"（或通知）之类的官方文件。所谓官方文件就是由企业的决策者签发或由企业的决策者授权企业的管理当局发布的正式文件。这份文件证明 CSSOC 存在的合法性并授予 CSSOC 在企业中享有机构设置、人员编制、预算使用、资源采购、施行管理、操作业务等开展工作所需的权力。同时，还会在这个文件之下，配套许多支持性的规章制度，比如 CSSOC 的机构章程、管理办法等，主要涉及与各业务对象划定工作界面和权责界限等内容。所有这些配套文件、策略、制度等应当有正式的发布程序。

2. 机构章程

机构章程是 CSSOC 基于书面授权开展服务的依据，包括授权者对 CSSOC 的预期服务内容、服务质量、服务时效等原则要求以及在企业内部谁对 CSSOC 负有何种支持性的责任等内容。同时，也可以包括 CSSOC 随着自身成熟度和资源的增加而逐渐可以提供的扩展服务的相关内容。机构章程主要描述 CSSOC 应该做什么，包含一定量的对 CSSOC 服务能力的规划，不描述 CSSOC 当前能够做什么以及如何完成其使命等相关内容。

机构章程有助于消除对 CSSOC 是什么以及它必须做什么等方面可能存在的误解。一旦缺失了这个文件，则 CSSOC 往往将要花更多的精力去"求"它的业务对象在服务实施的过程中提供各种帮助。这听起来很滑稽，但却有事实依据。因此，要想 CSSOC 不跛足，必须要有明确的机构章程。虽然每个企业都有不同的内部治理结构，治理水平也各不相同，但这个 CSSOC 的机构章程不可或缺。

3. 服务承诺

CSSOC 在做出有关服务承诺（Service-Level Agreement，SLA）时，应当包含以下内容：①网络或基础设施的容量与可用性方面的指标；②上述约定指标出现劣化时的应急计划；③网络中断或基础设施提供的服务中断时，发出事件警报的时限、在事态升级时进行报告的时限；④发生网络安全事件时的警报时限、应急响应时限、事态升级报告时限；⑤相关各方在建造、运营和维护其签约范围内的设备设施时，必须采用的网络安全控制措施、机制等。

16.2.2　结构

CSSOC 的组织结构必须与其服务对象的结构相一致。其结构的选择应当满足其服务对象对其预算和授权方面的限制，因此，CSSOC 的结构要确保其可以与业务对象保持在逻辑或组织上的接近，以便于开展工作。

CSSOC 通常可以分为实体 CSSOC 和虚拟 CSSOC 两类，在组织结构上也完全不同。每类

CSSOC 又可以按照其规模的大小，主观地分为小型 CSSOC、中型 CSSOC 和大型 CSSOC 三种。而在大型 CSSOC 中，又会进一步细分为层级式 CSSOC 和分布式 CSSOC 两种模式。

小型 CSSOC 应当是大多数需要安全运营中心的企业的起点。在这个基础上，由小及大，CSSOC 将渐次得到发展并日臻完善。

1. 小型 CSSOC

小型 CSSOC 是最基本的 CSSOC 形态。一个典型的小型 CSSOC 应包括服务运营、装备运维和行政运营三个部分（见图 16-1 所示）。

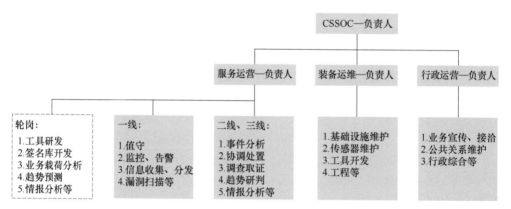

● 图 16-1　小型网络安全服务运营中心的组织结构示意

（1）服务运营

服务运营部分由负责提供网络安全专业服务的人员组成，日常主要工作包括：①提供值守服务，响应业务对象的专业技术需求；②监视、处理 SIEM 工具的各类业务信息；③通过公开渠道收集有关的网络安全威胁信息；④深入分析 SIEM 工具的各类信息，研判当前的网络安全态势；⑤响应或协调处理网络安全事件。

这部分工作人员通常应当细分为 2~3 个"层级"：主要从事上述①~③项工作的人员称为"一线"人员，主要从事上述④和⑤项工作的人员称为"二线"或"三线"人员。每个层级的工作人员初期至少 1 人，末期可以发展到 2~3 人。"二线"或"三线"人员初期可以复用，随着业务量的增加以及人员水平的提升可以逐渐分开。"一线"人员向服务对象提供了最基本的服务（是服务活动的接口），其工作结果是"二线"或"三线"人员工作的输入。"一线"人员没有能力处理的工作，交由"二线"或"三线"人员处理。"一线"人员在工作过程中应配合"二线"或"三线"人员。

（2）装备运维

装备运维部分由负责运行维护 CSSOC 业务系统的人员组成，日常主要工作包括：①维护、照料 SIEM 工具（包括其可能分散各地的子系统），确保它们稳定运行；②实施工程或部署技术手段，向服务运营人员交付技术能力和工具；③开发或协助开发专用工具，提供技术装备。

这部分的工作人员是服务运营部分工作人员的技术保障单位，要确保 CSSOC 自身所有工具、系统和平台的稳定运行并保持它们的先进性和适用性。必要时，还需要配合服务运营人员，为他们提供技术手段上的支持。

（3）行政运营

行政运营部分由负责行政服务的人员组成，主要负责对"外"的联络、接待以及对"内"管理和服务等工作。例如，对外负责维系与服务对象的良好公共关系、开展业务宣传等，对内负责行政管理等。

每个部分只设置一名负责人，初期可由该部分人员中的核心人物来兼任，后期视情况可转变为专职。整个 CSSOC 设置一名专职负责人，前期还可以兼任某个部分的负责人，后期则可以设置一名副手，这名副手通常应当是自于服务运营部分的负责人。

CSSOC 负责人除了对 CSSOC 的整体工作负责外，还应当注重发展整个团队的能力，包括：①储备或加强"三线"服务运营人员的网络安全事件分析能力；②跟踪更高级的网络安全威胁检测和响应工作进展；③研发新的网络安全服务能力；④改进团队的业务流程；⑤保护、鼓励和发展团队成员表现出的主动性和创新思维，培养健康的团队文化等。

小型 CSSOC 的总人数以 20 人为上限、以 5 人为下限较为适宜。适合服务于 10000 个 IP（或用户）以内规模或自身呈现较强地理集中特点的服务对象。服务运营部分和装备运维部分的人员比例总体应保持在 3∶1 左右且两部分合计人数占团队总人数的比例以不低于 60% 为宜。在稍具规模的情况下，服务运营部分的"二线"和"三线"人员应当在 CSSOC 负责人的指导下进行一定程度的轮岗。

2. 大型 CSSOC

大型 CSSOC 由小型 CSSOC 发展而来，在具备小型 CSSOC 的全部能力的基础上，还具备更多的能力以及与之配套的结构特点。

例如：大型 CSSOC 的整体组成将在小型 CSSOC 的三个分组的基础上升级成为风险评估、应急处置和支撑保障等三个内设部门。在风险评估部门还将包括进行渗透测试的团队，以满足红蓝对抗方面的需求。在应急处置部门将会补充有关业务连续性计划支持、事件预防等方面的能力。在支撑保障部门将引入 CSSOC 的架构设计与工具开发方面的能力。大型 CSSOC 将会具备较为系统的态势感知分析能力和生产与消费威胁情报的能力，这将是一种战略优势，也是大型 CSSOC 典型的技术优势之一。大型 CSSOC 将会进一步完善对服务对象的服务能力和项目管理能力，自身的管理机制也将进一步得到加强。图 16-2 展示了大型 CSSOC 的内部组织结构。

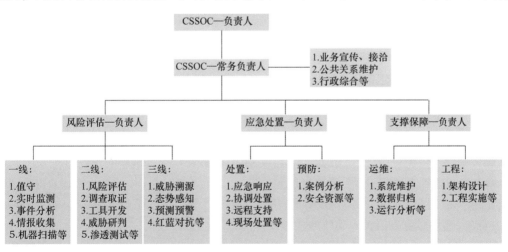

● 图 16-2　大型网络安全服务运营中心的组织结构示意

在大型 CSSOC 中要严格控制人员规模，防止出现"因人设岗"的问题，防止"部门政治"的情况出现，要确保 CSSOC 内部各部门之间的有效衔接。例如，应当常态化地开展交叉培训和轮岗工作，加强 CSSOC 中各岗位之间的相互信任。

大型 CSSOC 往往同时采用层级式和分布式的工作模式。因此，虽然大型 CSSOC 的整体人数可能没有上限，但是每个层级的规模仍然与小型 CSSOC 相当。基层的 CSSOC 往往可能会更加专注于实现某种属于其上级 CSSOC 的功能，执行具体而明确的任务。因此，层级式的 CSSOC 中，基层是"一线"，其上是"二线""三线"，最多不超过"三线"。一旦因为业务需要突破这种规模，则可以进行 CSSOC 的"封装"——在某个区域内形成大型 CSSOC，然后将这些地理上分散的大型 CSSOC 按层级收敛到更大规模的 CSSOC 中，作为其中的层级存在——这样，若干大型 CSSOC 就可以分层级组成更大规模的 CSSOC。这就是大型 CSSOC 的分布式组织的模式。

无论哪种规模或结构的 CSSOC，其位置都应尽可能设置在安全域内或服务对象的总部范围内。任何时候，CSSOC 都应该是相应的各级指挥/决策机构的一部分。

3. 内嵌式结构

内嵌式结构是 CSSOC 一种面向"业务单元"（Business Unit，BU）的组织结构。如果企业的某个特定部分（比如某种业务）非常敏感或情况相对较为特殊，那么就需要在这个业务单元中设置单独的 CSSOC，这会有助于 CSSOC 更顺利地完成监测和响应方面的任务。内嵌式的 CSSOC 通常需要根据业务单元的结构情况进行一些适应性调整。这种结构的 CSSOC 比较适合敏捷组织使用。

在总体结构上，内嵌式 CSSOC 通常不单独存在而是和已有的 CSSOC 按照分层的逻辑来设置，在总体上最终形成一种分布式的结构，以保持 CSSOC 在企业内部的全局可视性和协调处置能力。

16.2.3 人员

CSSOC 中的工作人员可以和企业的安全团队复用，也可以和安全团队相配合，各有侧重，互相配合。这需要根据企业的网络安全战略和运营模式确定，只要适合企业的发展即可。

1. 角色、岗位与职务

CSSOC 的核心工作角色包括：团队领导者、分析人员、运维人员、工程人员以及支撑人员等几类。核心工作岗位通常可以分为交付工程师、情报分析师、运维工程师等三类。在扩展状态下，还可以包括渗透测试、审计取证、架构设计等专门的任务专家。

CSSOC 中人员职位的设置（由高到低）依次是：总经理或主任（总负责人）、业务总监（技术领域负责人）、业务经理（团队或部门负责人）、业务主管（具体业务负责人）和业务主办（服务交付责任人）。视规模和实际需要，CSSOC 的职位层级可能会有裁减。

常见的职位职责举例如下：①总经理（Chief），主要负责 CSSOC 的整体管理、安全事件的升级处理、跨团队协调、利益相关者沟通与报告、服务的项目管控等；②业务总监（Director），主要负责某项技术领域的整体管理和技术水平的把控，带领若干具体的业务团队或部门实现既定发展任务；③业务经理（Executive），主要负责 CSSOC 的具体业务团队的管理，承担 CSSOC 内部业务任务并带领团队执行、交付服务等；④业务主管（Nco），主要负责具体的业务实施，对其服务交付质量负责；⑤业务主办（Clerk），主要职责是执行工作任务，对自己的工作成果负责。

角色和职位之间没有固定的映射关系。惯例是，级别越高的职位承担级别越高的角色。这主要是因为 CSSOC 或网络安全团队是具有相当高专业性的工作组织，各级别的工作人员都应当具有相当的专业背景。一般情况下，在 CSSOC 中通常只有极为有限的不具备网络安全专业背景的职业经理人。

2. 招聘条件

受限于网络安全专业团队自身工作性质的限制，CSSOC 工作人员的招聘条件整体呈现出综合性强，专业性也强的特点，比较注重候选人的心态、专业背景、业务技能组合等多方面的因素。否则，CSSOC 要想形成必要的工作能力则需要相对较长的时间和巨大的资源投入。

在设置招聘条件方面，试举一些简单的例子。

1）要考虑候选人所具备的执业资格或职业资质方面的情况，包括候选人受到过的正规教育情况、专业认证情况、在专业领域的探索/自学情况，以及从业经验（成果）等。

2）宜采用笔试和面试相结合的方式（即结构化面试方法）与候选人进行接触，笔试虽不应当作为重点，但不可或缺。通过笔试部分主要考察候选人对数学以及计算机工程技术方面知识的理解程度，进而评估其专业（技能）背景方面的情况，尽量提供一些模拟环境供候选人展示技能。通过面试部分主要考察候选人的思维方式、认知水平和沟通能力等方面的情况，评估其在网络安全领域的热情、兴趣和活跃度方面的情况。

3）优先考虑那些发散性思维能力较强、沟通能力良好、对快节奏的工作环境有明确心理预期，以及对知识充满渴望、有求知热情和探索兴趣的候选人。

4）优先考虑那些拥有软件开发、漏洞挖掘、渗透测试等经验的候选人。

5）优先考虑那些得到现有的在团队中表现突出的员工推荐的候选人。

6）每个新员工必须在入职后的一定时间（最多不应超过半年）内通过规定的岗位技能考核，这是一种必需的"验收程序"，以确保所有员工都能够至少以基本的技术能力水平来履行其工作职责。

除此之外，还有一些软技能方面的要求，比如：①解决问题的能力，这需要对网络安全行业具有通盘的知识积累；②分析问题的能力，主要是需要能够解决复杂问题的经验和见识；③沟通交流的能力，具有能够进行交涉或谈判所需的表达能力；④注重细节的能力；⑤团队合作的能力等。

3. 留住人才

网络安全的人才缺口大，已经成为这个行业的一大特色。在网络安全领域，拥有合适经验和技能的人员的议价能力相当强，这使得企业在保留员工方面都需要投入极大的精力，否则，企业花在寻找和培养人才上的所有努力，最终只能让挖走这些人才的其他企业受益。

留住人才的方法有很多种，常见的有：提高网络安全团队的福利待遇，为团队成员提供带薪培训或定向培养的计划；资助团队成员的创新实践和成果转化；以及其他一些个人财务方面的支持与优惠等。所有这些措施不应针对某个人而是应该针对整个团队。

16.3 技术基础

CSSOC 不仅要有能力保护它的服务对象，而且还要有能力保护自身不被攻击所破坏。实现这些目标离不开 CSSOC 的技术基础设施（Technical Infrastructure of CSSOC，TIC）。TIC 是一种集成的信息应用系统，由面向网络的分布式业务系统和若干与之配套的安全防护措施所组成。TIC 本身是由 CSSOC 根据需要定制开发而来，并不存在某种通用的 TIC 供所有的 CSSOC 使用。但并不妨碍 CSSOC 采购或外包某些组件来快速获取 TIC 的能力。

在 CSSOC 中专门设有负责 TIC 事务的岗位。从设备的安装、调试和运维工作开始，随着 CSSOC 的规模壮大而需要更多必要的人员参与到 TIC 的相关事务中来，最终在 CSSOC 内部将形成一支围绕 TIC 的规划、建设、维护、运营和优化等工作的一体化的内设团队。他们将为 CSSOC 的技术活动和服务运营活动提供技术保障，这就构成了 CSSOC 整体层面上的技术基础。

16.3.1 工具

TIC 用以支撑 CSSOC 的技术活动和服务运营活动。

TIC 的整体架构可以被划分为三个主要的功能域："运维管理域"（Operation Controlling Domain，OCD）、"业务管理域"（Management Supporting Domain，MSD）和"服务管理域"（Transaction Agent Domain，TAD）。其中，运维管理域的主要目的是实现对基本设备的远程操纵和集中管理的功能，主要是通过面向代理的接口机制来实现。业务管理域的主要目的是实现 CSSOC 运行过程的管理信息化功能，尽可能地以自动化、数字化的手段实现 CSSOC 内部的协调一致，是连接运维管理域和服务管理域的中枢。服务管理域的主要目的是实现对 CSSOC 的服务过程、资费等的管理功能，未必会独立存在，但通常至少会具备相应的接口，能够与其他指定的系统进行互联互通并实现预定的功能。

TIC 的运维管理域是 CSSOC 整个技术基础的核心部分，优先于其他部分的出现。在小型 CSSOC 阶段，只需要拥有这部分就可以开展工作。应当严格限制 TIC 的业务管理域和服务管理域的规模，这将有助于 CSSOC 集中精力于提高服务的交付质量，否则，将极有可能推动 CSSOC 的内卷进程。

OCD 的管理范围可以进一步细分为功能管理区（Cybersecurity Managed Area，CMA）和服务管理区（OCD Management Services，OMS）两部分。前者主要是被管理的用于进行网络安全控制的资源的集合，后者是实现对这些资源的管理以实现服务目标所需的过程。CMA 的内容主要由具体设备及其管理系统来实现，是属地事务，一般是通过远程操作或者应用接口的形式纳入 TIC 或 OCD 中，不直接由 TIC 或 OCD 来实现。OMS 则是一个动态变化的功能集合，包括但不限于：全局配置信息管理服务（OMS.C）、性能跟踪管理服务（OMS.P）、告警信息管理服务（OMS.E）、安全事件管理服务（OMS.I）、漏洞管理服务（OMS.V）、态势感知服务（OMS.S）、知识管理服务（OMS.K）等专用的系统或功能模块，以及用于它们之间进行互操作的系统（OMS.N）。

通常，SIEM 类工具就是一类比较成熟的用于实现安全事件管理服务系统的商业化解决方案。如果在 SIEM 类工具的基础上，进一步集成了全局配置信息管理服务系统、性能跟踪管理服务系统、漏洞管理服务系统和知识管理服务系统等，就初步可以得到一种具有综合服务性质的工具，称为"综合分析系统"（Joint Analysis System，JAS）。在 JAS 的基础上，进一步整合支撑功能模块之间互操作的设施并具备态势感知服务功能后，就可以得到一个基本版的 TIC。此时，CSSOC 就获得了可以完整运作的技术基础的核心部分。

图 16-3 简单示意了 CSSOC 中典型的人员（角色）和技术基础之间的交互关系。

除了上述 TIC 之外，CSSOC 的服务过程中难免需要自用或为服务对象提供一些基础的设备或系统，用以实现基本的网络安全功能或业务服务功能。将这些设备统称为基本工具。

1. 工单系统

该系统主要功能是通过电话、电子邮件、即时消息系统、CSSOC 官方网站（应用程序

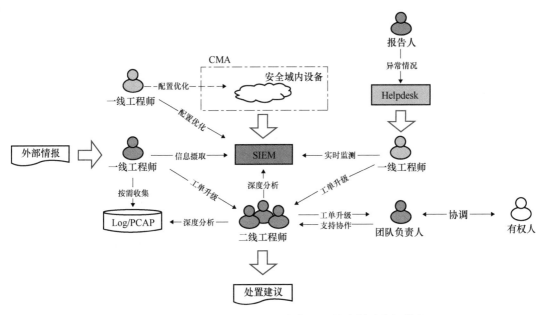

● 图 16-3　CSSOC 中典型人员（角色）和技术基础之间的交互

App）或其他方式与授权的业务对象进行服务事项的信息交互。包括：接收来自业务对象的通知或事件申告、各种网络安全相关的异常情况报告、授权的服务请求等，以及 CSSOC 的服务团队发给业务对象的反馈或通知等。

2. 防火墙系统

该系统主要功能是作为网络或服务边界，实施区域隔离并控制不同隔离区间的访问，防止未经授权的访问进入目标区域。

3. 4A 系统

该系统主要功能是提供认证、授权、日志和审计管理方面的功能，加强对设备操作的管理。应当在 CMA 和 OMS 的区域集成这类设备，增强 CSSOC 的运维工程师在操作各类传感器的过程中的安全性。此类工具应当分层部署、集中管理。

4. 网络访问控制系统

该系统主要功能是用于控制访问网络特定部分的人员和内容。一般工作于接入设备和网络设备之间，加强对指定区域网络的访问控制，防止非授权设备（用户）登录网络，特别是要防止用户自带设备非授权接入办公区域的网络。在 CSSOC 的工作场所部署此类设备十分有必要。

5. 网络代理系统

该系统主要功能是用于对特定的网络内容进行识别和过滤。通常部署在 CSSOC 的核心办公场所的互联网链路中，用以阻止外部的威胁源对 CSSOC 内部造成破坏。对于更高级别的 CSSOC而言，在互联网出口部署强制网络流量"摆渡"的设备，也是一个值得考虑的选项。

6. 入侵检测/防御系统

该系统主要功能是检测或（和）阻断威胁。通常选择旁路部署的方式，以防止串接在链路中造成单点故障。更重要的是，采用这种旁路方式部署可以维持原网络结构不变，部署时的工作量相对较小，装卸都比较简便。

7. 蜜罐系统

一种伪装成具有攻击价值的目标的设备，通常是基于虚拟机的设备，可以部署在网络中看起来像是其中真实的一部分。用作陷阱，吸引攻击者侵入网络时落入其中，进而可以分析攻击者的手法，提取特征并形成特定的签名供加强防御使用。这是一种稍微具有主动性的入侵检测手段。

8. 沙箱系统

另一种形式的入侵检测工具，利用一种隔离的仿真计算环境，运行那些看起来并不确定是否安全的程序或导入某些并不可靠的网络流量后观察其行为。通常不单独使用沙箱，而是和具有审计功能的设备配合使用。反制沙箱的技术和沙箱技术几乎一样成熟，这是个还在快速发展的领域。

9. 终端检测和响应系统

EDR 是安装在终端（客户端）上的一种用来进行安全监测和处置的应用软件，可以监控所有系统进程和文件，以确定与未知恶意软件有关的异常行为。其配置文件通常可以从云服务或物理/虚拟设备的管理系统中推送到终端。

10. 网络流分析系统

复用网络设备中的流量采集和分析数据，也可以为网络安全威胁的监测提供帮助。主要是依靠对网络中的流量进行长期监测学习建立的基线来发现异常的行为，作为入侵检测或异常行为监测的手段。需要注意的是，面向安全的流分析工具与专注于网络性能的流分析工具具有不同的能力，前者会集成一些端口扫描、异常文件传输、DDoS 攻击检测等功能模块。而后者通常只有带宽监控和故障排除、查看网络通话者、验证流量优先级策略等基本功能。

11. 网络取证系统

某些情况下，CSSOC 的工作过程中需要进行取证，以还原或固定某些事实和网络安全事件之间的关系。这需要一套完整的专用工具和经过专业训练的人员。CSSOC 的取证工作并不能取代法律部门的取证并且应当充分协调两者之间的行动，以免证据灭失。

12. 渗透测试系统

执行渗透测试任务所需的工具，其结果可以作为 SIEM 或 JAS 的数据源，可以为风险评估提供原始信息。

其他还有很多工具，不再一一列举。

16.3.2 资源

CSSOC 中包含大量的机密信息和敏感数据，因此对 CSSOC 的访问，无论是物理上的接触还是逻辑上的存取，都应当予以必要的加强保护。一旦这些信息或数据失去控制，流出 CSSOC 或者被滥用或被恶意利用，则会给 CSSOC 的服务对象和 CSSOC 自身，都造成负面影响，甚至还会发生法律纠纷。例如，网络监控和漏洞管理工具可以揭示出服务对象可被攻击者利用的弱点，这些信息显然不应让没有授权的人看到。此外，对数据进行保护是法律法规的要求，同样对 CSSOC 及其服务对象双方都具有约束。

1. 工作环境

必须准备至少一个合适的场所来容纳 CSSOC 的工作人员并能够为他们提供舒适的工作环境。这个工作场所，以及场所中的环境，都应当根据 CSSOC 的规模、所提供的服务以及日常的运作模式等条件，来进行专门的选择、设计和准备。例如，大型 CSSOC 可能会考虑将所有的运营团队安置在一个单独的建筑中，而小型的 CSSOC 可能就只有一个隔间。

对 CSSOC 的工作场所进行精心设计非常有必要。特别是，对其内部的布局设计应当充分考虑人体工程学的原理，不必追求科幻电影中的场景或以航天发射场的任务控制中心为基础，而是应该足够实用，让工作人员能够在最优化和最有效的设置中运作。因为，他们的工作强度通常都很大、工作时间通常都很长、工作的节奏通常都没有规律（突发事件的不确定性大），因此一个合理的且适合放松的环境，将会大有裨益。务必要注意隔音的问题，CSSOC 的工作人员都是高强度的脑力劳动者，安静的环境将会非常有利于提高他们的工作效率。

对工作场所进行"美学"投资，也是一项重要工作。这种外在的整洁感和秩序感，会有助于工作人员展现出良好的职业形象，促进他们的工作。更重要的是，这种环境会为来访者留下积极的印象。常见的情况是，一些非技术背景的高管或要客，在现场参观时看到展示安全数据的大型显示屏幕就会感到很震撼，尽管他们并不完全理解其中的含义。不可否认的是，给他们留下这种深刻的印象，为 CSSOC 将来争取预算的工作会打下一个良好的基础。

2. 关于工作区域

一个典型的工作场所应当至少分为监控区、指挥区、办公区和设备区四个工作区域。

（1）监控区

这是运维人员和承担值守任务的分析人员，以及支撑人员进行日常工作的区域。在这个区域，他们将监视 TIC 的各种仪表盘、处理传入的业务信息、分析和调查安全事件，以及执行其他管理任务。

在布局上，需要注意合理安放所有的显示设备，特别是放置投影仪屏幕和显示各种仪表盘的大屏幕的位置，必须满足一个基本条件：要使所有在座的工作人员的视线均不会被遮挡。

比较理想的方法是，首先根据工作人员的数量来确定操作台（控制台）的数量，再根据操作台的合理位置间隔来决定工作区域的理想形状和大小，然后根据合理的视场范围来确定大屏幕的理想形状、位置和尺寸，最后综合考虑现场的实际条件确定最终的布局。千万不要把顺序弄乱。

必须避免过度拥挤的情况发生，因为大屏幕的散热量巨大，背光的强度也比较大，拥挤的环境会使这些因素影响到工作人员的身体健康，此外，拥挤的环境还会阻碍工作人员之间的交流。这里所说的"合理"是指基于人体工程学的标准所确定的尺寸。

（2）指挥区（也可称为"研判区"）

这个区域是进行情况会商、会议研讨、指挥调度的工作区域，需要配备有会议设施（含视频会议装置）和完备的通信设施。日常用来举行定期会议使用，在重大任务期间，用作指挥中枢的所在地。

（3）办公区

这是一个独立的办公区域，供团队负责人日常办公使用。这个区域应当靠近监控区以便团队负责人可以即时了解监控区正在发生的事件。在这个区域内应可以看到监控区的大屏幕并拥有良好的隔音设施。

（4）设备区

一个加强了物理安防措施的机房区域，用来安放必要的设备。设备区不应当和上述三个区域中任何一个区域共用同一个房间。

其他一些细节，比如电源插口、网络接口、电话接口等，都需要在布局的设计阶段尽可能地考虑周全。

3. 关于操作台

操作台应能为工作人员提供足够的空间。例如，操作台应配备有显示器支架，足以容纳两个足够尺寸的平板显示器，使工作人员能够根据个人喜好调整查看屏幕的方式。显示器的尺寸应当满足仪表盘显示的需要，不宜过小。

来自设备和外围设备（如电话、显示器和键盘）的线缆应通过操作台桌面上适当设计的扣眼进行布线。线缆管道应固定在操作台内。在操作台附近，还应提供保护或存放个人物品的存储柜。

工作人员应有两台工作站进行日常工作。一台专门用来操作各种工具，另一台用来处理日常办公的事务。

4. 关于物理安防

根据 CSSOC 运作的敏感程度，加强一些物理安全防范措施和保安措施。例如：

①应仅限 CSSOC 的工作人员可以进入 CSSOC 的工作场所；②应使用门禁设备来限制和记录所有对 CSSOC 工作场所的访问，外来人员或外部门人员到访 CSSOC 工作场所需要留有必要的登记资料；③设备区应该有独立的门禁设备并安装闭路电视摄像机进行影音监控和记录；④应当设置合理的敏感资料收纳存储功能设施（如保险柜）。

特别要注意，CSSOC 必须要能够在不完全信任安全域的完整性、保密性和可用性的情况下正常运作。这是加强物理安防措施的主要原因。

5. "水密舱"

TIC 所需的资源除了人类能力之外，涵盖了物理空间、网络设施、计算资源、存储资源，以及为协作所需的应用程序等。一种最佳实践是，所有这些资源都应当部署在独立的网络设施范围内。这种独立最好是物理独立，或者可以首先从逻辑独立开始逐渐过渡到物理独立的状态。如果能够为 CSSOC 分配专用的资源，彻底隔离，则是更好的选择。

这种隔离的主要优点是在最大限度上保护 TIC 和 CSSOC 的业务数据与 CSSOC 的服务对象之间互不影响，特别是可以在物理上阻断两者相互之间蔓延网络安全事件的可能路径。如果一旦发生了网络安全事件，则可以将风险控制、隔离在相对明确的范围内，这是一种类似舰船中使用"水密舱"的策略。

TIC 内部也需要进行隔离：分段或划区。SIEM 工具或 JAS 应当单独部署在一个网段内，该网段应与操作台的工作站分区且仅允许这些工作站访问。同时，用来办公、使用工具、分析数据等不同任务的网段也应当彼此隔离并进行访问控制。例如，"污染区"应当与其他所有网段严格隔离。污染区是指因工作需要而必须主动执行恶意软件的工作站及其所属网段，包括沙箱和其他一些类似任务性质的托管系统、取证环境等。只能在这个网段内开展逆向工程和其他类似的高风险活动。污染区在每次任务结束时必须由专人负责及时进行环境消杀和恢复。

TIC 的互联网接口应当使用双链路，接入不同的 ISP。TIC 整体应当配备有必要的冗余硬件和备用电源。TIC 自身的网络安全保护，也是 CSSOC 的重要关注点，切忌"灯下黑"。

16.4　服务模式

CSSOC 通常可以采用现场服务、远程服务和云服务等三种模式中的任一种或它们的混合，为服务对象提供服务。当多模式混合时，可以理解为一种托管服务模式，称为外包服务模式。

现场服务模式是指 CSSOC 派遣工作人员按照要求到服务对象指定的场所开展工作，包括资漏洞扫描、渗透测试、符合性评测、风险评估、应急处置、灾难恢复、调查取证、咨询顾问等。现场服务时，服务对象应当为 CSSOC 的工作人员提供必要的工作环境方面的支持并委派专人陪同或协调与这些工作人员开展工作。在现场服务模式中，还有一种称为"驻场服务"或"驻点服务"的模式，由 CSSOC 派出相对固定的工作人员根据授权常驻（通常不少于 6 个月）服务对象的工作场所内，接受服务对象的管理，例行开展服务工作。

远程服务模式是指 CSSOC 在自己的办公场所内，通过远程的方式为服务对象提供相关服务，除可以用远程方式完成的现场服务内容外，还包括远程监控、信息收集、情报发掘、攻防对抗、应急演练、红蓝对抗等。远程服务模式只是办公场所不在服务对象的现场并且基于网络环境为服务对象提供服务，是对现场服务的补充。

云服务模式本质是一种云服务。云设施运营商可以自行组建 CSSOC 为其租户或托管用户提供网络安全服务，这是一种基本的服务形式，称为云原生安全服务。此外，云设施运营商可以委托专业的 CSSOC 作为其代理和供应商，代其为租户提供网络安全服务，这种形成也很常见，称为云生态安全服务。或者，有需求的企业也可以聘请专业的 CSSOC 在云环境中单独为其提供网络安全服务，称为云托管安全服务。云服务的具体内容与现场服务和远程服务等没有太大的差别，基本上都可以包括在内。在个别情况下，还会有一些结合了云环境的定制化的服务。

16.4.1　内容

CSSOC 可对外提供的基础服务主要有：弱点管控服务、安全事件管理服务、情报分析服务、风险管控服务、重要保障服务、合规性咨询服务、数字化取证服务、代码审计服务、安全意识教育服务以及技术或产品研发服务等。

1. 弱点管控服务

CSSOC 的基本服务或主要任务就是要帮助服务对象实现预防和检测功能，以防止漏洞被引入或存在于业务实体当中。本质上这项服务是风险管控服务的一个子集。CSSOC 提供的弱点管控服务定位是辅助或帮助服务对象加强对自身网络的弱点管理，因此，只侧重于技术层面对弱点进行管控，其他涉及的管理方面的内容则通常交由服务对象自行处理或在合规性咨询服务的框架内完成。

在这项服务中，CSSOC 将主要完成以下工作：

①探测或定位弱点管控服务范围内的所有资产，形成资产清单；②收集关于资产的信息，包括来自于公开渠道的暴露信息，构建资产信息数据库；③对资产开展弱点扫描、验证工作，形成机器判识结果；④人工验证机器结果并报告修补建议；⑤跟踪资产责任人的弱点排除、修补工作结果，更新资产信息数据库。

这些服务可以按日或按周提供。根据 CSSOC 的服务能力和服务对象的需要，在④和⑤之间实施"渗透测试服务"（作为第 6 项工作）。通常，渗透测试通常成本较高，每季度或每半年执行一次即可。渗透测试的频度过密将不利于开展工作。

2. 安全事件管理服务

CSSOC 将主要完成以下工作：

①辅助或协助服务对象建立安全事件应急预案并帮助开展演练；②识别并及时报告业务实体是否发生了预定类型的网络安全事件，目标是否受到破坏，以及被破坏的程度；③呼叫CSSOC 内部负责安全事件应急处置服务的团队，按照标准流程开展应急处置工作，控制事态或抵御对手；④总结报告并记录安全事件处置的全过程；⑤改进应急预案并开始新一轮次的演

练、准备等工作。

在③的范围内，通常会集成情报分析服务，以求利用 CSSOC 的专业分析能力，并会加强或扩展②所涉及的监测/检测服务的内容。扩展的②服务中通常会涉及服务对象自购或租赁监测/检测设备并托管给 CSSOC 的情况。

扩展的②服务是一项容易产生争议的服务项目，主要是假阳性报警和假阴性报警的问题。在建立服务关系时，双方的技术专家应当就此进行充分讨论并做出明确的约定。通常，这部分内容还会和重要保障服务存在一定的交叉。

3. 情报分析服务

CSSOC 将主要完成以下工作：

①收集和处理有关服务对象的外部数据，为特定的目的梳理相关性和因果关系；②生产战略威胁情报，仅供服务对象管理层使用，其中不包括预测特定的威胁行为的内容；③生产战术威胁情报，供业务对象的技术团队参考使用，其中须包括（特定）威胁源的技术、战术细节，以供服务对象改善防御；④生产事件级战术威胁情报，供业务实体的责任人参考使用，其内容将更加翔实，可具体到攻击行为的细节；⑤生产技术战术威胁情报，供 CSSOC 自身在服务对象的项目框架内使用，以支撑安全事件管理服务。

4. 风险管控服务

风险管控服务是 CSSOC 的一项基本服务，本质上，其他服务都可以是风险管控服务的一个子集。CSSOC 将主要完成以下工作：

①综合弱点管控、情报分析、安全事件管理等服务，协助服务对象构建自身的网络安全风险管理体系；②提供咨询服务，优化服务对象的网络安全管理体系的运作；③独立评估服务，协助服务对象客观验证自身网络安全管理体系的成熟度。

5. 重要保障服务

CSSOC 将主要完成以下工作：

①在重要时期，为服务对象提供短期驻场服务，加强服务对象的防御能力，提高设防等级；②为重要目标、重点目标提供远程服务，加强情报支持力度，协助服务对象加强防护。

6. 合规性咨询服务

在安全风险管控服务中，加强合规性审查服务。CSSOC 将主要完成以下工作：

①根据法律要求或监管要求、结合行业标准和企业的规定，审计服务对象的日常行为，寻找差距；②针对差距，提供整改建议；③根据约定，为服务对象的重大决策事项提供合规性方面的咨询意见。

7. 数字化取证服务

CSSOC 将主要完成以下工作：

①出于安全事件管理的需要，从指定计算设施、存储设施或其他媒介中提取证物；②根据授权，在服务对象的业务伙伴、供应链等范围内进行调查取证，提取有关物证；③根据授权，开展一般意义上的数据恢复服务。

CSSOC 通常不是任何侦察或调查机构，虽然可能会在日常工作中发现导致法律诉讼的网络入侵行为，但 CSSOC 的主要职责不是收集、分析和提供将用于法律诉讼的证据。CSSOC 的取证服务仅具有技术意义。

8. 代码审计服务

扩展网络安全事件管理服务，CSSOC 将主要完成以下工作：

①对样本文件进行逆向工程，分析其结构和用途，排除或查找其中的安全漏洞；②根据给定的源代码开展漏洞挖掘或安全审计工作；③根据需要，审查开源软件的安全性。

9. 安全意识教育服务

CSSOC 将主要完成以下工作：

①提供培训和宣传，帮助服务对象的受众提高辨别常见社交工程学攻击手段的能力；②在受控的情况下发动社交工程学攻击测试，开展实战演练；③提供其他经协商定制的培训服务等。

10. 技术或产品研发服务

CSSOC 将主要完成以下工作：

①根据委托，研究新技术或新机制中存在的安全问题；②研究网络安全攻击技术并分享研究成果；③对当前服务项目进行阶段性的审查研究，改进服务；④跟踪法律法规、规章制度的变化，解读新政策，把握新发展方向；⑤研发安全专用工具。

16.4.2 质量

作为 CSSOC 的服务对象，如何判断和评价 CSSOC 的服务是一个现实问题。CSSOC 所运营的网络安全服务具有较强的专业性，其服务对象由于在掌握相关专业知识方面存在不对称性限制，通常会担心无法客观地评价采购的安全服务质量。因此，通常的评价标准都十分笼统且容易走向两个极端，要么是服务对象要求 CSSOC 承诺"万无一失"且"一失万无"——出现网络安全事件就不付费；要么是服务对象要求 CSSOC 按件计费，把知识劳动蜕变成体力劳动，按工时计费付费。还有的服务对象会以明显低于成本价的方式公开采购网络安全服务，则更是助长了行业恶性竞争的风气……无论哪种情况，真正受损的那一个永远是不尊重网络安全服务专业规律的那一方。

CSSOC 能够运营网络安全服务有几个先决条件，它要能够：①接收来自 TIC 的信息；②有能力正确处理这些信息；③有合理的渠道反馈这些信息的处理结果并得到认可。这意味着：

1）TIC 必须被正确部署并覆盖了目标业务实体。如果 CSSOC 在服务对象的网络中部署必要的传感器受到阻碍或受到不合理的限制，则 OMS.I 将无法正确工作。在底层，OMS.I 可能无法从关键部位中"看到"问题，或者无法提供对此类行为的长期观测结果。在较高层级，OMS.I 可能无法向团队发出真正的警报（即假阴性报告）。因为，要么是 OMS.I 错误处理了数据，要么是被人为配置忽略一些事情而有利于其他目的。

2）在 TIC 工作正确、可靠的情况下，CSSOC 的分析人员和任务专家要有能力在其提供的原始数据中发现问题并能够采取正确的对策。这就需要他们训练有素并且掌握了必要的技能，而这一切都是无价的知识。如果不给他们公平、合理的回报，他们凭什么要安心提供服务呢？

3）网络安全事件的影响范围不单纯是业务实体或业务对象所能控制的范围，很多时候都需要服务对象的管理当局或决策者才能权衡利弊做出选择。如果没有顺畅的沟通，则对安全事件的处理必然不会有各方都可以接受或感到满意的结果。这种信任是对 CSSOC 服务团队最基本的认可的基础，哪怕只是站在当前服务项目的框架内所形成共同利益的角度来看，CSSOC 的服务团队也应该得到这最起码的认可。否则，又何必聘请 CSSOC 提供服务呢？只是为了转嫁风险吗？

CSSOC 只能基于服务合同提供服务，超出的部分不具有名义上的意义。因此，CSSOC 服务质量应当被限定在服务合同范围进行讨论才有实际意义。

1. 合理期望

网络安全政策性强、技术性强、专业性强、存在性强，因此，每个人都可以有自己的理解。当脱离实际范围时，各自的期望很容易引发彼此的争论和不信任。因此，管理彼此对服务项目的期望，是评判服务质量的前提。特别是，CSSOC 要尽可能事先与服务对象的管理人员进行沟通，以期尽可能地确立合理的期望。同样的，企业如果需要采购 CSSOC 服务，则应当广泛征求意见并多方开展技术交流活动，而不能想当然，甚至是我行我素。

例如，这些沟通或技术交流的主题可以包括：①CSSOC 服务任务的预期范围是什么？服务对象是否会不断地变化需求？如果存在需要变化，那是否可以考虑直接纳入本次任务的预期范围？②CSSOC 以何种服务模式开展工作最为恰当？CSSOC 直接参与服务对象日常监测和事件处置活动是否合适？是否会在协调方面遇到问题？或者 CSSOC 是否有足够授权协调其他人员？③CSSOC 的服务内容的重心和明确边界在哪里？例如，是只提供态势感知就好，还是要能够实施快速反制？当任务出现临时变化时，应当遵循什么样的原则来确定执行任务的优先级？程度如何？④CSSOC 在需要时可以调用哪些资源？如何得到授权？协调过程怎么实施？

2. 增强信任

CSSOC 的工作人员需要严格奉行职业伦理要求，通过谨慎和专业地处理每一个事件来增强服务对象对自己的信任感。CSSOC 的服务团队应当专注于做好约定的事情，展现自己的专业水准，把一些事情做好而不是做很多事情且时常出现不好的情况。例如，慎重参与服务对象的网络安全边界设备的运维工作，慎重执行针对网络流量内容的审计工作、慎重介入涉及服务对象内部人员的威胁调查工作、慎重实施漏洞扫描和渗透测试工作等。只有在资源、成熟度和任务重点允许的情况下才承担额外的角色或任务，以此不断积累自己的信誉。例如，CSSOC 的服务团队可以在以下细节进行尝试。

1）在按照服务对象的要求做好约定工作的情况下，能否依靠自身的资源结合服务对象的实际情况，提出更加先进的解决方案或在允许的情况下展示出更加先进的技术能力？比如，基于成功处理的安全事件，将处理过程中开发的定制化的威胁签名或专门的小工具共享给服务对象，配合他们的技术人员进行测试和验证，开放讨论其中的深层次细节等。

2）CSSOC 在运用自身能力的过程中是否足以让服务对象感受到所支付的相关成本具有普遍合理性？或至少是让服务对象感受到，CSSOC 的服务不可辩驳地超越了服务对象自身的能力。

3）CSSOC 将自身的标准操作流程公布或张贴在工作场所，详细描述为响应特定安全事件而采取的措施，保持合理的透明度将会赢得服务对象的理解和尊重。

16.4.3　其他

还有其他一些话题，略举几例说明如下。

1. 定员问题

根据经验，1 名一线分析人员的合理工作负荷大致是，在标准工作日（8×5 小时）工作制下最多能够负责位于 CMA 之内的 50 台设备，至少也应是负责 30 台设备。或者，每 30～50 台传感器需要配备 1 名一线分析人员。

但问题远非用一个统计比例就可以计算所需人数那么简单，而且，在 CSSOC 的运营中使用这种方法十分危险——这种方法的后果是限制并破坏 CSSOC 的内在结构稳定性并极有可能使 CSSOC 提早结束自己的使命。

已有的运营经验证明了一个尤为关键的事实：不要让任何监控人员和分析人员盯着完全未经过滤的数据。否则，这将导致他们出现"警报疲劳"，他们将大部分时间花在清除良性警报上，而对真正的异常或恶意内容会显得无动于衷。也就是说，分析人员在一个班次中必须处理的警报数量在很大程度上取决于数据源送来的数据的质量和数量，滚动警报对于分析和发现问题基本没有意义。如果设备的智能化程度足够高，完全可以直接将一线分析人员的工作交由设备自动完成。人数问题在这里是个存在很多灰色区域的问题。

此外，CSSOC 的核心能力的瓶颈是在二线和三线分析人员的能力，以及服务对象整体面临的风险情况。人数问题虽然相对重要但并不是绝对关键。比如，当服务对象遭受攻击的时候 CSSOC 所需要的人手就要比情况相对平稳时要多一些。

由于单独的 CSSOC 的上限人数通常已经确定，在比例限制的情况下，提高单位劳动率就成为 CSSOC 唯一的选择。而提高单位劳动率则需要在技术手段更新、人员技能水平提高、工作流程优化等多方面同时发力，因此，人数问题不是一个通常意义上的推算问题或"摊大饼"问题，而是一个在给定任务的前提下的反算问题——这意味着，CSSOC 的团队稳定性来源于内部，寄希望于不断招募新人来补充缺口或者扩大队伍的做法，没有现实的合理基础。

还需要注意，如果一线分析师的岗位采用 24×7 小时的工作制，则相应的就需要 3~5 倍的人手，这是一种需要慎重对待的事情。

2. 成本问题

举几个数字，直观建立一些概念。

例如，网络安全产业的从业者以 20~30 岁的人员为主体。有统计表明，在美国，安全运营中心中的一线分析人员的平均薪酬达到了 8 万~10 万美元/年。一个 24×7 小时运作的安全运营中心的运营成本中大约有 60% 是人工成本。安全运营中心中固定资产投资的总额与人工成本总额的比例接近 3：5。良好管理的安全运营中心的平均工作效率是管理较差的安全运营中心的 2 倍以上。

3. 新技术

技术的进步为软件定义的网络打下基础。云服务将成为网络空间安全服务的主要承载形式。自动化是安全运营中心发展的方向。

在云服务的过程中自动发现安全问题并进行响应会成为主流的技术特征。"安全编排、自动化和响应"（Security Orchestration，Automation and Response，SOAR）将发挥其应用的作用。虽然受到这些因素的影响，安全运营中心中的一线工程师岗位可能会就此消失，但自动化将永远不会完全取代网络安全服务运营中心对人的需求。自动化技术只能改善 JAS 的运作方式，平凡且重复的过程将被自动执行，人将被解放出来以处理更复杂的任务。例如，EDR 的解决方案将在 SIEM-SOAR 解决方案的帮助下演进成为"跨层检测和响应"（Cross-layered Detection and Response，XDR）解决方案，将会为终端安全提供更加有效的方法。

自动化工作方式的基础概念通常会涉及机器学习的技术。在这项技术的帮助下安全工具将极大提高处理能力并缩短响应时间。

16.5 小结

许许多多的安全运营中心都是在 20 世纪 90 年代建立起来。从那时起，直到今天，安全运营中心在执行其任务时都必须要学会利用一系列广泛的能力，在复杂的体系架构中对五花八门的技术进行相互操作，才能满足全面监测和分析的需求。安全运营中心的运营几乎涉及企业网络安全管理的全部内容。

网络安全服务运营中心作为安全运营中心的新阶段，代表了网络安全专业领域的职业化发展方向，是未来新型的产业形态之一。在不远的将来，网络安全服务有望成为网络空间基础设施的基础功能的一部分。从软件定义网络到软件定义安全，下一个发展方向可能就是安全定义应用。企业的业务运营活动将可能完全交由网络安全服务运营中心来承担，或者，将在网络安全服务运营中心的框架下开展企业的运营。即便如此，网络安全服务运营中心也必须定期与其他的相关机构和团队进行合作。

网络安全工作，任重而道远，并且，可能永远没有终点。

附 录

附录 A 图 目 录

图号	图题	页码
图 1-1	网络安全相似概念关系示意图	11
图 1-2	一种可能的网络空间结构模型：分层结构	11
图 1-3	网络空间安全概念框架示意图	14
图 2-1	常见网络安全管理框架、标准关系示意图	39
图 3-1	"双通道" 结构示意图	58
图 3-2	成熟度模型的一般结构	65
图 3-3	成熟度等级的一种形式化描述	65
图 3-4	"弹性" 防御模型的结构示意图	71
图 3-5	多佛城堡（Dover Castle）鸟瞰照片	72
图 3-6	基于时间的安全（TBS）原理示意图	73
图 3-7	纵深防御体系结构示意图（洋葱头模型）	74
图 3-8	纵深防御体系的发展过程（示意图）	75
图 3-9	"拟态" 防御模型的结构示意图	79
图 3-10	攻击图（Attack Graph）方法示意	81
图 4-1	网络安全管理体系的五年期滚动规划法示意图	97
图 4-2	滚动规划中的差距分析	101
图 4-3	四象限模型示意图	102
图 5-1	网络安全团队结构的去中心化示意图	119
图 5-2	网络安全团队的内部结构示意图	119
图 5-3	网络安全团队中的 "代理者"	119
图 5-4	网络安全团队的环境结构示意图	120
图 5-5	网络安全团队的分级、分类考评矩阵	141

图 5-6   网络安全团队（负责人）考评内容示例   144

图 5-7   网络安全团队（成员）考评内容示例   144

图 6-1   网络安全从业者知识技能层次示意   152

图 8-1   访问控制策略、标准与流程之间的关系示意   179

图 8-2   逻辑访问控制策略范本   180

图 8-3   威胁建模的基本术语示意   187

图 8-4   攻击树图示例   188

图 8-5   网络攻击方法的基本分类   191

图 8-6   多传感器网络数据融合模型   194

图 8-7   一种典型 DDoS 攻击的过程示意图   198

图 8-8   一种 DDoS 攻击防御策略的示意图   202

图 9-1   识别认定等级保护对象的主要步骤   210

图 9-2   等级保护定级要素不同内容的示例   212

图 9-3   等级保护定级要素的一种定性评估方法   212

图 9-4   等级保护对象定级备案工作的一般流程   213

图 9-5   等级测评活动主要工作过程和内容   214

图 9-6   等级测评依据的国家标准（截至 2020 年）   215

图 9-7   等级测评中一种逆向计分法的扣分系数示例（以倍数表示）   216

图 9-8   风险评估流程示意   217

图 9-9   风险评估要素关系图   218

图 9-10   风险分析的原理   221

图 9-11   关键信息基础设施涵盖行业示意   226

图 9-12   数据安全分级示意   228

图 10-1   网络安全事件分级原理   231

图 10-2   基于生命周期观点的事件应急处置能力体系示意   234

图 10-3   DDoS 攻击事件应急处置流程示意   235

图 10-4   系统瘫痪类事件应急处置流程示意   237

图 10-5   数据破坏类事件应急处置流程示意   239

图 10-6   情报分析（结构化）方法示意   242

图 10-7   基于行为的情报分析方法中的大数据融合概念   244

图 10-8   一种开源情报系统的逻辑结构示意   245

图 10-9   获取情报的途径和方式间的关系   246

图 10-10   一种情报信息交换的格式示例   247

图 10-11   网络安全事件应急处置体系的基本组织结构   249

图 10-12　网络安全事件应急处置工作流程示意　　　　　　　　　250

图 10-13　PDCERF 方法基本概念　　　　　　　　　　　　　　250

图 10-14　应急预案体系的发展路径　　　　　　　　　　　　　252

图 10-15　网络安全事件应急处置工作体系　　　　　　　　　　252

图 11-1　渗透测试方法分类特征示意　　　　　　　　　　　　256

图 11-2　OSSTMM 操作过程示意（渠道—模块）　　　　　　　259

图 11-3　NIST SP800-115 的渗透测试四段法工作流程示意　　　260

图 11-4　NIST SP800-115 的渗透测试过程示意　　　　　　　　260

图 11-5　PTES 主要工作流程示意　　　　　　　　　　　　　262

图 11-6　常见渗透测试方法之间的比较　　　　　　　　　　　263

图 11-7　渗透测试方法的简化模型　　　　　　　　　　　　　263

图 11-8　MSF 的逻辑结构示意　　　　　　　　　　　　　　266

图 11-9　"MSF 连接"示意　　　　　　　　　　　　　　　　268

图 11-10　MSF 典型工作流程示意　　　　　　　　　　　　　269

图 11-11　人工渗透测试和自动化渗透测试之间的简单比较　　　274

图 11-12　基于脚本的自动化渗透测试框架示意　　　　　　　　275

图 11-13　攻击树模型下的 M-PTA 的过程示意　　　　　　　　276

图 11-14　一种 D-PTA 中的机器学习示例　　　　　　　　　　278

图 11-15　红蓝对抗的任务目标范围示意　　　　　　　　　　　283

图 12-1　IT 开发中的重要安全风险控制节点示意　　　　　　　289

图 12-2　IT 开发人员常见漏洞分类示意　　　　　　　　　　　290

图 12-3　"云+App"架构示意　　　　　　　　　　　　　　292

图 12-4　IT 开发中面向安全的"冲刺法"过程示意　　　　　　295

图 12-5　开发团队、安全团队、运维团队各方关注点的不同　　299

图 12-6　对软件架构设计的网络安全检查清单示例　　　　　　300

图 12-7　DevOpsSec 过程示意　　　　　　　　　　　　　　301

图 13-1　网络威胁监测方法之间的关系分类示意　　　　　　　306

图 13-2　威胁监测技术的一种通用架构示意　　　　　　　　　307

图 13-3　面向广域网的分布式 PBM 通用架构示意　　　　　　308

图 13-4　一种网络安全信用评价方法框架示意　　　　　　　　317

图 14-1　一种基于身份认证的防御配系概念　　　　　　　　　321

图 16-1　小型网络安全服务运营中心的组织结构示意　　　　　352

图 16-2　大型网络安全服务运营中心的组织结构示意　　　　　353

图 16-3　CSSOC 中典型人员（角色）和技术基础之间的交互　　357

附录 B 缩　略　语

2FA	Two-Factor Authentication	双重身份验证
ABI	Activity Based Intelligence	基于行动的情报分析
ACL	Access Control List	访问控制列表
ADI	Architecture Development Index	网络安全管理体系发展指数
ADI	Anti-DDoS Infrastructure	攻击防御设施
ADS	Anti-DDoS System	DDoS 攻击防御系统
AIS	Automated Indicator Sharing	自动指标共享
Anti-ROP	Anti Return-Oriented Programming	面向重用的编程
APT	Advanced Package Tool	高级软件包工具
APT	Advanced Persistent Threat	高级持续性威胁
ArchOps	Architecture-Operations	架构与运营一体化
AS	Autonomous System	自治域号
ASD	Authorizing-based Security Domain	基于授权的安全域
ASD	Agile Software Development	敏捷开发
ASLR	Address Space Layout Randomization	地址空间布局随机化
ATT&CK	Adversarial Tactics Techniques and Common Knowledge	对抗策略、技术和常识
BBM	Behavior-based Monitoring	基于行为模式的监测
BINSA	Biological Immunology-Inspired Network Security Architecture	类生物免疫机制的网络安全架构
BMD	Behavior Modeling and Detection	行为建模与检测
BSC	The Balanced Score Card	平衡计分卡
BSP	Boundary-based Security Policies	基于边界的安全策略
BU	Business Unit	业务单元
C2	Command and Control	指挥与控制
CAPTCHA	Completely Automated Public Turing test to Tell Computers and Humans Apart	全自动区分计算机和人类的公共图灵测试
CCE	Common Configuration Enumeration	通用配置枚举
CCO/CCSO	Chief Cybersecurity Officer	首席网络安全官

CCRC	China Cybersecurity Review Technology And Certification Center	中国网络安全审查技术与认证中心
CERT	Computer Emergency Response Team	计算机应急响应小组
CET	Control-flow Enforcement Technology	控制流强化技术
CII	Critical Information Infrastructure	关键信息基础设施
CIO	Chief Information Officer	首席信息官
CIS	Center for Internet Security	互联网安全中心
CISO	Chief Information Security Officer	首席信息安全官
CKC	Cyber Kill Chain	网络杀伤链
CLI	Command Line Interface	命令行接口
CMA	Cybersecurity Managed Area	功能管理区
CMD	Cyber Mimic Defense	网络空间拟态防御
CML	Capability Maturity Level	能力成熟度
CMM	Capability Maturity Model For Software	软件能力成熟度模型
CMMI	Capability Maturity Model Integration	一体化能力成熟度模型
CNAS	China National Accreditation Service for Conformity Assessment	中国合格评定国家认可委员会
COBIT	Control Objectives for Information and related Technology	信息及相关技术控制目标
COMSEC	Communications Security	保密通信
CPS	Cyber-Physical Systems	网络—实体系统
CRF	Conditional Random Field	条件随机场
CS	Computer Science	计算机科学
CSA	Cyber Situational Awareness	网络空间态势感知
CSaaR	Cybersecurity as a Resource	网络安全即资源
CSF	Critical Success Factors	关键成果因素
CSF	Cybersecurity Framework	网络安全框架
CSI	Cyber Security Infrastructure	网络安全基础设施
CSIRT	Cyber Security Incident Response Team	网络安全事件响应小组
CSO	Chief Security Officer	首席安全官
CSP	Cloud Service Provider	云设施服务提供者
CSSOC	Cyber Security Services and Operations Center	网络安全服务运营中心
CTI	Cyber Threat Intelligence	网络威胁情报

DAN	Data Acquisition Network	数据采集网络
DARPA	Defense Advanced Research Projects Agency	国防部高级研究计划局
DevOps	Development-Operations	研发与运营一体化
DevSecOps	Development-Security-Operations	研发、安全与运营一体化
DFD	Data Flow Diagram	数据流图
DFI	Deep Flow Inspection	流检测
DHR	Dynamic Heterogeneous Redundancy	基于动态异构冗余构造
DID	Defence in Depth	纵深防御
DIF	Defense-In-Flex	弹性防御
DII	Defense-In-Immunity	免疫防御
DIM	Defense-In-Mimicking	拟态防御
DLP	Data Leakage Protection	数据防泄露
DOM	Data-Oriented Monitoring	面向数据的监测
DoR	Denial of Responsibility	行为抵赖
DPI	Deep Packet Inspection	包检测
D-PTA	Data-driven Penetration Testing Automation	数据驱动的自动化渗透测试
DRL	Deep Reinforcement Learning	深度强化学习
DRM	Dual-Routing Methodology	双通道网络安全管理
DSD	Data-based Security Domain	基于数据的安全域
DTD	Decision Tree Diagram	决策树图
ECE	Enterprise Cybersecurity Ecology	企业的安全生态
ECMA	Enterprise Cybersecurity Management Architecture	网络安全管理体系结构
EOM	Endpoint-Oriented Monitoring	面向终端的监测
EoP	Elevation of Privilege	权限提升
FBM	Flow-Based Monitoring	基于数据流的监测
FFA	Full Flow Analytics	全流量分析系统
FPGA	Field Programmable Gate Array	现场可编程门阵列
GUI	Graphical User Interface	图形用户接口
HPT	Honeypot/Honeynet	蜜罐诱捕系统
IAM	Influential Anchored Method	影响力锚定法
IATF	Information Assurance Technical Framework	信息保障技术框架
ICT	Information and Communication Technology	信息通信技术

IDD	Intelligence Driven Defense	情报驱动型防御
IDO	International Defence Organisation	国际防务组织
IDS	Intrusion Detection System	入侵检测系统
IEC	International Electrotechnical Commission	国际电工委员会
IETF	Internet Engineering Task Force	互联网工程任务组
II	Information Infrastructure	信息基础设施
IMEI	International Mobile Equipment Identity	国际移动设备识别码
IMSI	International Mobile Subscriber Identity	国际移动用户识别码
InfoSec	Information Security	信息及信息系统安全
IoT	Internet of Things	物联网
ISACA	Information Systems Audit and Control Association	国际信息系统审计协会
ISCCC	China Information Security Certification Center	中国信息安全认证中心
ISO	International Organization for Standardization	国际标准化组织
ISP	Internet Service Provider	网络服务提供者
ISSAF	Information Systems Security Assessment Framework	信息系统安全评估框架
IT	Information Technology	信息技术
ITIL	Information Technology Infrastructure Library	信息技术基础架构库
JAS	Joint Analysis System	综合分析系统
KPI	Key Performance Indicator	关键绩效指标
LMCA	The Layers Model of Cyberspace Architecture	网络空间分层结构模型
MECM	Model of ECMA Capability Maturity Level	网络安全管理体系能力成熟度模型
MEP	Mutual Exclusion Principle	互斥原则
MFA	Multi-Factor Authentication	多因素认证
MLS	Multilevel Security	多层级安全
M-PTA	Model-based Penetration Testing Automation	基于模型的自动化渗透测试
MSD	Management Supporting Domain	业务管理域
MSF	Metasploit Framework	渗透测试框架
MSN	Multi Sensor Networking	多传感器组网
MTD	Moving Target Defense	动态目标防御
NBM	Networking-Based Mitigation	网络路径防御
NFV	Network Functions Virtualization	网络功能虚拟化
NIST	National Institute of Standards and Technology	美国国家标准与技术研究院

NOM	Network-Oriented Monitoring	面向网络的监测
NPDSA	Negotiating Plan-Do-Study-Act	协商学习改进循环
NSD	Networking-based Security Domain	基于网络的安全域
NSS	Near-Source Scrubbing	近源防御
NTD	Near-Target Defence	近的防御
OCD	Operation Controlling Domain	运维管理域
OCTAVE	Operationally Critical Threat, Asset and Vulnerability Evaluation	可操作的关键威胁、资产和漏洞评估
ODTM	OWASP Ontology Driven Threat Modeling Framework	本体论驱动的威胁建模框架
OIM	Object Independent Models	独立于对象的模型
OKR	Objectives and Key Results	目标和关键成果
OMS	OCD Management Services	服务管理区
OSI-RM	Open Systems Interconnection Reference Model	开放系统互连参考模型
OSSTMM	Open-Source Security Testing Methodology Manual	开放源码安全测试方法学手册
OTG	OWASP Testing Guide	OWASP 测试指南
OUP	Object Under Pentesting	测试目标
OWASP	Open Web Application Security Project	Web 应用安全开放项目
PASTA	Process for Attack Simulation and Threat Analysis	攻击模拟和威胁分析流程
PBM	Packet-Based Monitoring	基于数据包的监测
PBR	Policy-Based Routing	策略路由
PFD	Process Flow Diagram	过程流图
PKI	Public Key Infrastructure	公钥基础设施
PLC	Programmable Logic Controller	可编程逻辑控制器
PPM	Probabilistic Packet Marking	概率包标记
PTA	Penetration Testing Automation	渗透测试的自动化
PTES	Penetration Testing Execution Standard	渗透测试执行标准
PTF	Penetration Testing Framework	渗透测试框架
QM	Quadrant Model	四象限模型
RADIUS	Remote Authentication Dial In User Service	远程认证拨号用户服务

RAV	Risk Assessment Value	风险评估值
RBA	Risk-Based Approach	基于风险的网络安全管理
RGF	Risk Governance Framework	风险治理框架
RMF	Risk Management Framework	风险管理框架
SCAP	Security Content Automation Protocol	安全内容自动化协议
SDLC	Security Development Lifecycle	安全开发生命周期
SDN	Software-Defined Networking	软件定义网络
SEI	Software Engineering Institute	软件工程研究所
SEM	Security Event Management	安全事件管理
SIEM	Security Information and Event Management	安全信息和事件管理
SIM	Security Information Management	安全信息管理
SOAR	Security Orchestration Automation and Response	安全编排、自动化和响应
SOC	Security Operations Center	安全运营中心
SOSE	Security Oriented Software Engineering	面向安全的软件工程
S-PTA	Script-based Penetration Testing Automation	基于脚本的自动化渗透测试
SRR	Security Readiness Review	安全就绪审查
SSL	Secure Sockets Layer	安全套接字协议
SSO	Single Sign On	单点登录
STAR	Security Test Audit Report	安全测试审计报告
STIG	Security Technical Implementation Guide	安全技术实施指南
STM	Security Threat Management	安全威胁管理
STS	Service Ticketing Systems	工单系统
TACACS	Terminal Access Controller Access-Control System	终端访问控制器访问控制系统
TAD	Transaction Agent Domain	服务管理域
TBS	Time Based Security	基于时间的安全
TCI	Target Centric Intelligence	基于目标的情报分析
TIC	Technical Infrastructure of CSSOC	技术基础设施
TIM	Tools Independent Models	独立于工具的模型
TP	Threatener Portraits	威胁画像
TRM	Topographic Reconstruction Methodology	地形改造法
TSM	Tools Specific Models	特定于工具的模型

UART	Universal Asynchronous Receiver Transmitter	通用异步收发器
UEBA	User and Entity Behavior Analytics	用户行为检测
UPI	Utilities Programming Interface	工具交互接口
UPO	Unitizing Protection Object	等级保护对象的单元化
VPC	Virtual Private Cloud	虚拟私有云
WFM	Weapons Free Mode	自由射击模式
XaaS	Facilities as a Service	基础设施即服务
XDR	Cross-layered Detection and Response	跨层检测和响应
ZTA	Zero Trust Architecture	零信任体系结构

附录 C "职业标准"示例——网络安全渗透测试员

C.1 职业定义

网络安全渗透测试员是通过对测试目标的网络和系统进行渗透测试，发现安全问题并提出改进建议，使网络和系统免受恶意攻击的人员。

C.2 技能要求

三级、二级、一级（由低到高）人员的技能要求和相关知识要求依次递进，高级别涵盖低级别的要求。

C.2.1 三级

职业功能	工作内容	技能要求	相关知识要求
1. 信息收集	1.1 安全扫描	1.1.1 能使用安全扫描工具及技术手段，采集测试目标的相关信息 1.1.2 能根据采集到的测试目标信息，辨明测试目标开放的服务等信息	1.1.1 安全扫描工具及相关技术手段运行结果的查看方法 1.1.2 安全扫描工具及相关技术手段运行结果的判读方法
	1.2 情报收集	1.2.1 能使用互联网搜索工具及技术手段，收集测试目标的相关信息 1.2.2 能根据收集到的测试目标信息，辨明测试目标暴露的敏感信息	1.2.1 互联网搜索工具及技术手段信息搜索结果的查看方法 1.2.2 互联网搜索工具及技术手段信息搜索结果的判读方法
2. 探查渗透	2.1 漏洞识别	2.1.1 能使用漏洞信息数据库识别漏洞 2.1.2 能根据收集到的信息，识别 Web 系统、中间件系统、数据库系统、操作系统、网络设备、智能设备等存在的安全漏洞	2.1.1 漏洞信息数据库检索方法 2.1.2 常见漏洞的定义
	2.2 定位分析	2.2.1 能使用渗透测试工具及技术手段，定位测试目标存在的安全漏洞 2.2.2 能使用工具，提取测试目标存在漏洞的证据或已被入侵的痕迹证据	2.2.1 渗透测试工具及技术手段使用方法 2.2.2 取证工具使用方法
	2.3 渗透测试	2.3.1 能使用渗透测试工具及技术手段，探查测试目标的内部逻辑结构 2.3.2 能根据结构探查的结果使用技术手段，渗透获取测试目标的控制权限	2.3.1 渗透测试工具使用方法
3. 安全优化	3.1 数据处理	3.1.1 能根据测试获得的数据制作报表 3.1.2 能根据模板归档测试获得的数据	3.1.1 报表制作方法 3.1.2 数据归档方法
	3.2 策略优化	3.2.1 能够对已进行修补的漏洞进行复测 3.2.2 能够对已排查的隐患进行复测	3.2.1 漏洞测试方法 3.2.2 隐患排查验证方法

C.2.2　二级

职业功能	工作内容	技 能 要 求	相关知识要求
1. 信息收集	1.1 安全扫描	1.1.1　能调整安全扫描工具及技术手段的工作参数，根据需要采集测试目标的指定信息并处理使用工具及技术手段过程中的异常情况 1.1.2　能根据安全扫描获取的信息，判定目标存在安全漏洞的范围并明确进一步工作的方向	1.1.1　安全扫描工具及技术手段配置方法 1.1.2　各类常见系统的服务端口和网络协议的定义
	1.2 情报收集	1.2.1　能使用互联网搜索工具及技术手段的语法，根据需要收集测试目标的指定信息并处理工具及技术手段使用过程中的异常情况 1.2.2　能根据情报收集获取的信息，判定测试目标存在安全漏洞的范围并明确进一步工作的方向	1.2.1　互联网搜索工具及技术手段配置方法 1.2.2　信息检索方法
2. 探查渗透	2.1 漏洞识别	2.1.1　能根据漏洞信息库数据及信息收集情况，判定测试目标中指定信息的漏洞属性 2.1.2　能根据收集到的信息，判定测试目标中指定系统或设备的漏洞属性	2.1.1　漏洞分类的定义 2.1.2　各类漏洞的定义
	2.2 定位分析	2.2.1　★能据渗透测试工具及技术手段给出的漏洞定位信息，在测试目标中进行无害化验证 2.2.2　能根据漏洞情况和有关技术规范，辨明测试目标可能存在的漏洞的危害程度	2.2.1　漏洞验证方法 2.2.2　漏洞级别分类标准
	2.3 渗透测试	2.3.1　能使用渗透测试工具及技术手段，探查与测试目标有信息交互的其他关联部分的结构 2.3.2　能根据结构探查结果使用技术手段，渗透获取与测试目标有信息交互的其他关联部分的控制权限	2.3.1　渗透测试工具综合运用方法
3. 安全优化	3.1 数据处理	3.1.1　能汇总测试数据报表并检查数据报表的准确性、完整性和及时性 3.1.2　能汇总测试结果数据，分析数据并得出结论 3.1.3　能根据模板编写测试报告	3.1.1　报表数据处理方法 3.1.2　安全信息分析方法 3.1.3　测试报告撰写方法
	3.2 策略优化	3.2.1　能根据测试目标的漏洞情况，提出修补漏洞的技术建议 3.2.2　能按照模板对测试目标的漏洞探查和结构探查的结果进行分析，发现隐患 3.2.3　能根据测试目标的隐患情况，提出优化安全策略的技术建议	3.2.1　安全漏洞修补技术 3.2.2　隐患分析知识 3.2.3　安全加固技术

（续）

职业功能	工作内容	技能要求	相关知识要求
4. 测试管理	4.1 过程管理	4.1.1 能制定测试方案和实施计划 4.1.2 能根据有关规范要求，对测试实施过程情况进行统计、报告 4.1.3 ★能根据有关规范要求，销毁测试期间收集到的和测试目标相关的数据及资料并配合接受验证	4.1.1 测试方案与计划制定方法 4.1.2 工作过程统计报告方法 4.1.3 渗透测试后清理方法
	4.2 应急管理	4.2.1 能判断测试工作实施过程中的异常情况，发现工作失误 4.2.2 能执行测试工作自身风险管控应急预案并协助有关方面完成应急响应工作	4.2.1 测试工作异常情况分类标准 4.2.2 应急预案实施知识
5. 培训指导	5.1 培训	5.1.1 能对网络安全渗透测试人员进行系统培训	5.1.1 培训教学方法和相关知识
	5.2 指导	5.2.1 能指导网络安全渗透测试人员处理工作过程中的异常情况	5.2.1 模拟教学环境使用知识

C.2.3 一级

职业功能	工作内容	技能要求	相关知识要求
1. 信息收集	1.1 安全扫描	1.1.1 能制定和完善使用安全扫描工具及技术手段的工作流程，解决工具及技术手段使用过程中的疑难问题 1.1.2 能制定和完善判读安全扫描结果的工作流程，解决判读过程中的疑难问题	1.1.1 安全扫描工具及技术手段的工作机制
	1.2 情报收集	1.2.1 能制定和完善使用互联网搜索工具及技术手段的工作流程，解决工具及技术手段使用过程中的疑难问题 1.2.2 能制定和完善判读情报收集结果的工作流程，解决判读过程中的疑难问题	1.2.1 互联网搜索工具及技术手段的工作机制
2. 探查渗透	2.1 漏洞识别	2.1.1 能制定和完善漏洞信息查询和识别工作流程，解决漏洞识别过程中的疑难问题 2.1.2 能制定和完善漏洞判定方法和操作流程，对测试过程中疑难情况进行评估并解决疑难问题	2.1.1 漏洞分级标准、漏洞发掘方法
	2.2 定位分析	2.2.1 ★能制作适用的渗透测试工具，解决测试过程中的疑难问题 2.2.2 能制定和完善入侵取证工作流程和操作方法	2.2.1 软件开发方法

（续）

职业功能	工作内容	技能要求	相关知识要求
2. 探查渗透	2.3 渗透测试	2.3.1 能组织实施对测试目标的多层级的结构探查，解决疑难问题 2.3.2 能组织实施对测试目标的多技术方向的渗透测试，解决疑难问题	2.3.1 渗透测试方法运用技巧
3. 安全优化	3.1 数据处理	3.1.1 能设计各种统计报表并制定和完善测试数据处理流程和统计方法 3.1.2 能制定测试数据归档流程和数据分析流程，解决疑难问题 3.1.3 能制定和完善测试报告模板	3.1.1 数据统计工具使用方法 3.1.2 数据分析工具相关知识 3.1.3 测试报告模板开发相关知识
	3.2 策略优化	3.2.1 能够制定和完善漏洞修补工作流程 3.2.2 能按照有关技术规范和测试需要，制定隐患评估模板 3.2.3 能根据测试报告，协助相关专业人员针对测试目标提出技术改进建议	3.2.1 漏洞管理知识 3.2.2 安全设计与集成相关知识
4. 测试管理	4.1 过程管理	4.1.1 能制定和完善测试方案制定流程和实施细则，协调解决疑难问题 4.1.2 能制定和完善测试工作规范，评估测试工作质量并提出优化建议 4.1.3 ★能制定和完善测试工作的安全管理规范，组织测试人员接受测试委托方的核查	4.1.1 测试工作验收及管理方法
	4.2 应急管理	4.2.1 能管理测试工作异常情况指标，确认异常情况类型和级别等指标 4.2.2 能制定测试工作应急预案，解决突发、异常、疑难问题	4.2.1 异常情况处理原则 4.2.2 应急预案管理方法
5. 培训指导	5.1 培训	5.1.1 能编写网络安全渗透测试培训教材或对培训教材提出修改意见 5.1.2 能编写网络安全渗透测试操作规程实施细则	5.1.1 培训教材编写方法和相关知识 5.1.2 信息安全测试操作规程
	5.2 指导	5.2.1 能指导网络安全渗透测试工作过程中的疑难问题、总结经验 5.2.2 能指导网络安全渗透测试人员制定工作方案和应急预案	5.2.1 疑难问题分析方法 5.2.2 相关方案编写方法

参 考 文 献

[1] 海德格尔. 存在与时间 [M]. 陈嘉映, 王庆节, 译. 北京: 商务印书馆, 2016.

[2] 勒博. 国际关系的文化理论 [M]. 陈锴, 译. 上海: 上海社会科学院出版社, 2015.

[3] 陈钟, 孟宏伟, 关志. 未来互联网体系结构中的内生安全研究 [J]. 信息安全学报, 2016, 1 (2): 36-45.

[4] 郭燕慧, 徐国胜, 张淼. 信息安全管理 [M]. 北京: 北京邮电大学出版社, 2017.

[5] 科特. 网络空间安全防御与态势感知 [M]. 黄晟, 安天研究院, 译. 北京: 机械工业出版社, 2018.

[6] 尼葛洛庞帝. 数字化生存 [M]. 胡泳, 范海燕, 译. 北京: 电子工业出版社, 2017.

[7] 孔令飞. 基于网络安全风险控制的 DDoS 攻击防御系统设计分析 [J]. 网络安全技术与应用, 2010, 10 (7): 8-10.

[8] 贝塔朗菲. 一般系统论 [M]. 林康义, 译. 北京: 清华大学出版社, 1987.

[9] 阿罗拉, 巴拉克. 计算复杂性: 现代方法 [M]. 骆吉洲, 译. 北京: 机械工业出版社, 2016.

[10] 倪光南. 工业物联网安全与核心技术国产化 [M]. 物联网学报, 2018, 2 (2): 7.

[11] 工业和信息化部. 企业首席信息官制度建设指南 [Z]. 2013.

[12] 沈昌祥, 张鹏, 李挥, 等. 信息系统安全等级化保护原理与实践 [M]. 北京: 人民邮电出版社, 2017.

[13] 斯托加茨. 非线性动力学与混沌 [M]. 孙梅, 汪小帆, 等译. 北京: 机械工业出版社, 2016.

[14] 邬贺铨. 大数据共享与开放及保护的挑战 [J]. 中国信息安全, 2017 (5): 4.

[15] 邬江兴. Cyberspace mimic defense: generalized robust control and endogenous security [M]. Berlin: Springer, 2019.

[16] 卡斯特. 信息时代三部曲: 经济, 社会与文化 [M]. 夏铸九, 王志弘, 译. 北京: 社会科学文献出版社, 2001.

[17] 徐恪, 朱亮, 朱敏. 互联网地址安全体系与关键技术 [J]. 软件学报, 2014, 25 (1): 20.

[18] 于涵, 王毅, 沈昌祥. 一种基于免疫系统原理的信息安全系统新模型 [J]. 电子学报, 2006, 34 (B12): 3.

[19] 于全, 杨丽凤, 高贵军, 等. 网络空间安全应急与应对 [J]. 中国工程科学, 2016, 18 (6): 4.

[20] 清华大学科学技术与社会研究中心组. 赛博空间的哲学探索 [M]. 北京: 清华大学出版社, 2002.

[21] 圣吉. 第五项修炼: 学习型组织的艺术与实践 [M]. 张成林, 译. 北京: 中信出版社, 2009.

[22] 中共中央编译局. 马克思恩格斯文集 [M]. 北京: 人民出版社, 2009.

[23] 中国信息通信研究院. 中国网络安全产业白皮书 [R]. 2019.

[24] 中国信息通信研究院. 中国数字经济发展白皮书 [R]. 2019.

[25] 霍兰. 隐秩序 [M]. 周晓牧, 韩晖, 译. 上海: 上海科技教育出版社, 2011.

[26] ABUL K. Cellular and molecular immunology [M]. 7th ed. Amsterdam Elsevier, 2011.

[27] CALDER A. IT Governance: an international guide to data security and ISO 27001/ISO 27002 [M]. 7th ed. Kogan Page, 2019.

[28] OSTERWALDER A, PIGNEUR Y. Business model generation: a handbook for visionaries, game changers, and challengers [M]. Hoboken: John Wiley & Sons, 2010.

[29] EVANS A. Managing cyber risk [M]. New York: Routledge, 2019.

[30] BLANCHARD B. Systems engineering and analysis [M]. 5th ed. Hoboken: John Wiley & Sons, 2016.

[31] PFLEEGER C. Security in computing [M]. 5th ed. London: Pearson Prentice Hall, 2015.

[32] CHARU C. Data mining: the textbook [M]. Berlin: Springer, 2016.

[33] ANLEY C. The Shellcoder's handbook: discovering and exploiting security holes [M]. 2nd ed. Hoboken: John Wiley & Sons, 2007.

[34] CHRISTIAN W. Insider threats in cyber security [M]. Berlin: Springer, 2010.

[35] NATHANS D. Designing and building security operations center [M]. Rockland: Syngress, 2014.

[36] DAVID S. Alberts, agility, focus, and convergence: the future of command and control [J]. The International C2 Journal, 2007.

[37] DEBORAH J. Cyber threat modeling: survey, assessment, and representative framework [C] // HSSEDI, 2018.

[38] DONELLA H. Meadows, thinking in systems: international bestseller [M]. Vermont: Chelsea Green Publishing, 2008.

[39] DORENE L. DARPA information assurance program dynamic defense experiment summary [J]. IEEE Transactions, 2001, 31 (4): 331-336.

[40] ENISA. Technical guideline on security measures (Version 2. 0) [R]. European Union Agency for Network and Information Security, 2014.

[41] WEBSTER F. Theories of the information society [M]. New York: Routledge, 2014.

[42] GCSCC G. Cybersecurity capacity maturity model for nations (cmm) revised edition [J]. SSRN Electronic Journal, 2016.

[43] WOOLHOUSE R, BERKELEY G. Principles of human knowledge and three dialogues [M]. Oxford: Oxford University Press, 1988.

[44] MILLER G J, HILDRETH W B, RABIN J. Performance based budgeting [M]. New York: Routledge, 2000.

[45] WINKLER I. Advanced persistent security: a cyberwarfare approach to implementing adaptive enterprise protection, detection, and reaction strategies [M]. Rockland: Syngress, 2016.

[46] COBIT A. ITIL and ISO 17799 for business benefit: management summary [M]. New York IT Governance Institute, 2005.

[47] NETO J S. Metamodel of the IT governance framework cobit [J]. Journal of Information Systems and Technology Management, 2013 (3).

[48] KEITH D. Willett, information assurance architecture [M]. Boca Raton: Auerbach Publications, 2008.

[49] ROHDE K. Nonequilibrium ecology [M]. Cambridge: Cambridge University Press, 2006.

[50] ABLON L. Markets for cybercrime tools and stolen data: hackers' bazaar [M]. Santa Monica: Rand Corporation, 2014.

[51] MAIER M W, The art of systems architecting [M]. 3rd ed. Boca Raton: CRC Press, 2009.

[52] MARTIN C. Libicki, cyberdeterrence and cyberwar [M]. Boca Raton: Rand Corporation, 2009.

[53] ENDSLEY M R. Designing for situation awareness: an approach to user-centered design [M]. 2nd ed. Boca Raton: CRC Press, 2011.

[54] ZENKO M. Red team: how to succeed by thinking like the enemy [M]. New York: Basic Books, 2015.

[55] WHITMAN M E. Principles of information security [M]. 6th ed. Stamford Cengage Learning, 2017.

[56] HAFNER M. Security engineering for service-oriented architectures [M]. Berlin: Springer, 2008.

[57] Network Working Group. Generic AAA architecture [Z]. 2000.

[58] NIST. Framework for cyber-physical systems [Z]. 2018.

[59] NIST. Information security [Z]. 2006.

[60] NIST. National cybersecurity strategy [Z]. 2018.

[61] Oleksandr Potii. Cybersecurity ecosystem [Z]. 2018.

[62] Open Group. TOGAF (Version 9. 1)[EB/OL] [2021-9-15]. https://pubs. opengroup. org/architecture/togaf91-doc/arch/index. html.

［63］ PHILLIPS P. The ROI fieldbook：strategies for implementing ROI in HR and training ［M］. Oxford：Butter-worth-Heinemann，2006.

［64］ MCKENNA P J. First among equals：how to manage a group of professionals ［M］. New York：Free Press，2005.

［65］ DRUCKER P F. The practice of management ［M］. New York：Harper Business，2006.

［66］ KONING P. Agile leadership toolkit：learning to thrive with self-managing teams（The Professional Scrum Series）［M］. Upper Saddle River：Addison-Wesley Professional，2019.

［67］ GLASOW P A. Fundamentals of survey research methodology ［M］. Cambridge：MITRE，2005.

［68］ Project Management Institute. 项目管理知识体系指南（PMBOK 指南)［M］. 6 版. 北京：电子工业出版社，2018.

［69］ HERTZOG R. Kali Linux Revealed：mastering the penetration testing ［M］. New York：Offsec Press，2017.

［70］ CARALLI R A. CERT resilience management model：a maturity model for managing operational resilience ［M］. Upper Saddle River：Addison-Wesley Professional，2010.

［71］ LAYTON R. Automating open source intelligence：algorithms for OSINT ［M］. Rockland：Syngress，2015.

［72］ SHIMONSKI R. Cyber reconnaissance, surveillance and defense ［M］. Rockland：Syngress，2014.

［73］ JONES S. Data audit framework methodology ［D］. Glasgow：University of Glasgow，2009.

［74］ PREIBISCH S. API development：a practical guide for business implementation success ［M］. Berkeley：Apress，2018.

［75］ DONALDSON S. Enterprise cybersecurity ［M］. Berkeley：Apress，2015.

［76］ STALLINGS W. Computer organization and architecture ［M］. 10th ed. New York：Pearson，2015.

后　记

本书的成书过程可谓一波三折。我在写作期间罹患一种法定丙类传染病和一些急性并发疾病，因而不得不放下了手中所有的工作和学习，在一所医院中接受隔离治疗。

感谢先贤遗教的中医仁术，也感谢现代医学的科学妙法，使我逐渐摆脱疾病的缠扰。更要感谢机械工业出版社的人性化规定，使我最终能够克服困难将这本书写完。

在本书的著述过程中，我深刻感受到了自身学识的浅薄和经验的匮乏，本书一些章节的内容在表达上还欠缺完整的逻辑。如果有机会，我将尽可能地完成本书未尽内容的补充并订正疏漏。

排除疾病带来的影响，这本书的写作过程仍然充满艰辛，我个人为此付出了巨大的努力。如果没有我的家人一直以来无尽的鼓励和支持，我将无法完成本书。我只能利用业余时间来写，甚至坐在出差的车上，我都要挤时间思考或者书写。工作日晚上的时间和节假日等所有公休时间几乎都被我用来写书，而我仍时常要忙碌到凌晨时分。常常因为忙于工作的关系，导致我写作思路的中断。而我每每又都要"痛苦"地接续起断茬的思路才能继续写下去，因此丢掉了很多灵感。

由于时间过于紧张，我未能按计划就本书中的每一处引述来源给出准确的出处，而只是尽可能列出了一些代表性的参考文献的名称。谨于此处，衷心地向所有我所参阅资料的作者们，致以最崇高的敬意和最深切的谢意。

其他

大约在 2005 年前后，我曾经在主办本单位的一个有关审计系统的立项研究、方案设计和系统建设的工作过程中，独立提出了一些在较大范围内管理较大规模设备和服务器（集群）的操作审计系统的原型，当时将其称为"访问管理系统"。虽然项目最终未能实施，但非常幸运的是，这些原型在随后的几个月中，在同行那里得到了更多需求的滋养后得以实施。时至今日，这个原型历经迭代进化，被称为"4A 系统"得以广泛推广应用。

另有，2006 年左右，也是出于工作原因，我独立提出了一种基于广域网的 DDoS 攻击防御系统（ADS）的结构模型以及基于这种模型应用的安全服务运营方案。虽然这套方案也并未最终付诸实施，但同样非常幸运的是，同行们实现了这个方案当中的想法，开创出当下已常见于国内外的一种新业态。

这些事情一直被我视作自己职业生涯中的大快之事。值此新书付梓之际，殊有感慰，特记于此处，为自己的青葱岁月做一个小小的注释。

本书作者

2022 年 4 月